混凝土结构设计原理

（第二版）

孙跃东　主编

于述强　彭亚萍　副主编

科学出版社

北京

内 容 简 介

本书根据国家颁布的《混凝土结构设计规范(2015 年版)》(GB 50010—2010)、《建筑结构荷载规范》(GB 50009—2012)编写而成。

全书的主要内容包括绪论,混凝土结构材料的物理力学性能,混凝土结构设计方法,受弯构件、受压构件、受拉构件、受扭构件承载力计算,正常使用极限状态验算,预应力混凝土构件的计算等。

本书着重讲述混凝土结构构件基本概念、基本原理和基本计算方法,做到重点突出、简明扼要、步骤清晰。每章有提要、小结,以及配有适量的例题、思考题和习题,以帮助读者理解和掌握基本概念和基本设计方法。与本书配套的还有由科学出版社出版的《混凝土结构设计原理学习辅导》和《混凝土结构设计》,以帮助读者更加深入地学习、理解和掌握混凝土结构设计原理,更加密切地结合工程实践。

本书可作为高等院校土木工程专业及相关专业的教材,也可作为土建类科研、设计、施工和管理人员的参考书。

图书在版编目(CIP)数据

混凝土结构设计原理/孙跃东主编 .—2 版 .—北京:科学出版社,2020.4
ISBN 978-7-03-064689-7

Ⅰ.①混… Ⅱ.①孙… Ⅲ.①混凝土结构-结构设计-高等学校-教材
Ⅳ.①TU370.4

中国版本图书馆 CIP 数据核字(2020)第 042248 号

责任编辑:童安齐 / 责任校对:赵丽杰
责任印制:吕春珉 / 封面设计:耕者设计工作室

科学出版社出版
北京东黄城根北街 16 号
邮政编码:100717
http://www.sciencep.com
新科印刷有限公司 印刷
科学出版社发行　各地新华书店经销
*
2013 年 6 月第 一 版　开本:787×1092 1/16
2020 年 4 月第 二 版　印张:24 1/4
2022 年 8 月第九次印刷　字数:550 000

定价:68.00 元

(如有印装质量问题,我社负责调换〈新科〉)
销售部电话 010-62136131　编辑部电话 010-62137026(BA08)

第二版前言

“混凝土结构设计原理”是土木工程专业主要的专业基础课程，在土木工程专业的人才培养方案中占有重要地位，对该课程的学习、理解和掌握，直接影响到后续课程的学习和人才培养质量。本书是在第一版的基础上修订的，章节编排顺序没有大的变化，增加和调整了部分内容，主要工作如下。

(1) 根据国家颁发的《建筑结构可靠性设计统一标准》(GB 50068—2018)和《混凝土结构设计规范(2015 年版)》(GB 50010—2010)对本教材内容进行了修订。

(2) 对教材部分内容进行了扩充，第 1 章绪论增加和更新了部分工程案例；第 3 章根据《建筑结构可靠性设计统一标准》(GB 50068—2018)重新编写；第 4 章增加了部分梁的一般构造要求，受弯构件的截面内力分析，均匀配筋的矩形、圆形和环形截面受弯构件正截面承载力计算等内容；第 5 章增加了无腹筋梁和有腹筋梁的受力模型，钢筋混凝土伸臂梁设计例题；第 6 章增加了均匀配筋、圆形和环形截面偏心受压构件承载力计算，双向偏心受压构件承载力计算以及相应的计算例题；第 7 章增加了轴心受拉构件截面应力分析内容；第 8 章增加了矩形截面纯扭构件扭曲截面受承载力计算模型分析和 T 形截面弯剪扭构件的设计例题等内容；第 9 章增加了常见混凝土结构裂缝分析内容。

(3) 第 4～8 章增加了截面设计和截面复核计算流程图，强调对基本计算公式及其应用的理解和掌握。

(4) 第 2～10 章章末的习题增加了选择题和判断题，并对部分习题进行了调整。

(5) 根据课程学时，教材中加“ * ”号的可作为选学内容。

(6) 为了方便教学，对教材内容制作了部分多媒体教学资料。

本次再版是在广泛听取读者意见和建议的基础上进行的，在此对本书再版过程中给予指导和帮助的同仁表示衷心的感谢。

本次再版经过教材编写组成员的认真讨论，主要再版内容由孙跃东执笔完成。

由于编者的水平和经验有限，教材中的不妥之处，恳请广大读者批评指正。

编　者

2019 年 8 月

第一版前言

“混凝土结构设计原理”是土木工程专业重要的专业基础课程，是学习后续专业课程、课程设计、毕业设计以及毕业后从事本专业的基础。本书根据国家颁发的《混凝土结构设计规范》(GB 50010—2010)(简称《规范》)、《建筑结构荷载规范》(GB 50009—2012)、《工程结构可靠性设计统一标准》(GB 50153—2008)编写而成。在编写中力求贯彻全国高等学校土木工程学科专业指导委员会审批的“土木工程专业指导规范”和“卓越工程师教育培养计划”精神。

本书具有内容多、符号多、计算公式多等特点。对初学者来说，往往感觉“杂乱无章”“逻辑性不强”“无规律可循”，不像数学和力学课程有严密的逻辑推理。因此，本书着重讲述混凝土结构构件的基本概念、基本原理和基本计算方法，由浅入深、循序渐进，做到简明扼要、重点突出、步骤清晰。与本书配套的还有《混凝土结构设计原理学习辅导》。配套辅导书中除了有对基本内容的分析、习题(包括大量选择题、判断题、思考题和计算题)和习题讲评外，还有部分扩展内容。扩展内容是在本教材基础上的深入学习和工程应用，以帮助读者更加深入地学习、理解和掌握混凝土结构设计原理，更加密切的结合工程实践。

本书由孙跃东任主编，于述强、彭亚萍任副主编。本书共分 10 章，其中第 1、2、7 章和第 4 章 4.1～4.3 节由孙跃东编写，4.4～4.6 节由高秋梅编写，第 3、5 章由于述强、李柏栋编写，第 6 章由刘锋编写，第 8 章由李柏栋编写，第 9 章由彭亚萍编写，第 10 章由彭亚萍、张玉敏编写。

对本书编写过程中给予指导和帮助的同仁表示衷心的感谢。

由于编者的水平和经验有限，书中不足之处在所难免，恳请广大读者批评指正。

编　者

2013 年 2 月

目　　录

第1章　绪　　论

本章提要

(1) 混凝土结构的定义、分类,钢筋混凝土的优缺点。

(2) 混凝土结构的发展简况和发展前景。

(3) 混凝土结构的工程应用。

(4) 课程的教学内容、特点与学习应注意的问题。

1.1　混凝土结构的一般概念

1.1.1　混凝土结构的定义和分类

以混凝土为主要材料,并根据需要配置钢筋、预应力钢筋、型钢、钢管、纤维等制成的结构称为**混凝土结构**,包括素混凝土结构、钢筋混凝土结构、预应力混凝土结构、钢骨(型钢)混凝土结构、钢管混凝土结构和纤维混凝土结构等,常见混凝土结构构件见图1.1。

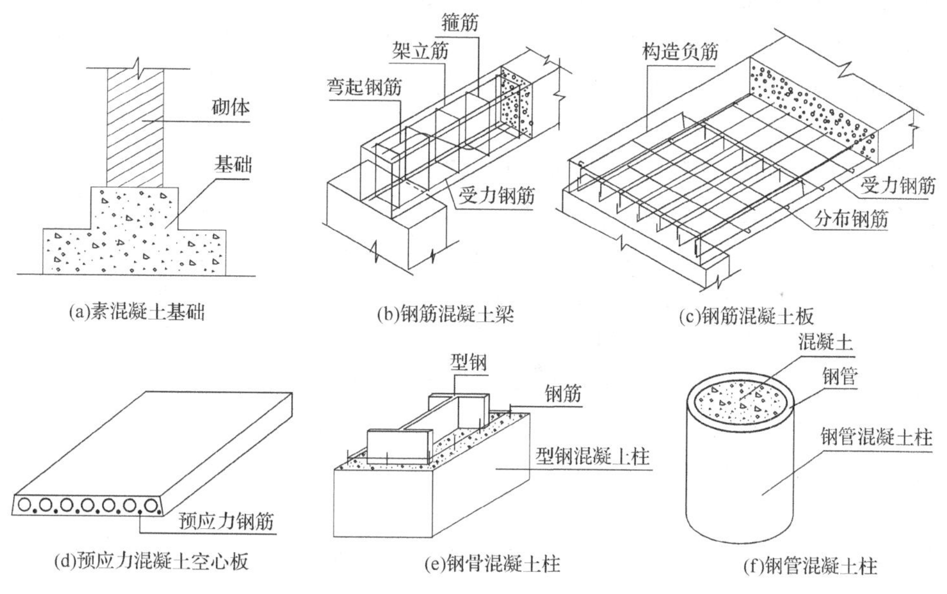

图1.1　常见混凝土结构构件

素混凝土结构是指无筋或不配置受力钢筋的混凝土结构,主要应用于以受压为主的路面、基础、柱墩和一些非承重结构。**钢筋混凝土结构**是指配置受力钢筋、钢筋网或钢筋骨架的混凝土结构,是目前应用最广泛的结构形式。**预应力混凝土结构**是指配置受力预应力筋,通过张拉或其他方法建立预加应力的混凝土结构。**钢骨混凝土结构**是指配置轧制型钢或焊接型钢和钢筋的结构,具有承载力大、延性好、刚度大等特点,主要应用于多、高层建筑结构的各种体系中。**钢管混凝土结构**是指钢管中充填混凝土形成的结构构件,具有承载力高、延性好、抗震性能优越等特点,主要用于以轴心受压和小偏心受压构件为主的高层建筑工程、地铁车站工程和大跨度桥梁工程中。**纤维混凝土结构**是指以纤维混凝土为主制作的结构,包括无筋纤维混凝土结构、钢纤维混凝土结构和预应力纤维混凝土结构,具有抗拉强度高、抗裂性能好、抗渗性能强、抗磨损和抗冲击等性能,主要应用于建筑楼面、高速公路路面、机场跑道、停车场、储液池等结构构件中。

目前,混凝土结构广泛应用于工业与民用建筑、桥梁、隧道、矿井以及水利、海港、核电等工程建设中。

本书主要讲授配置钢筋、预应力钢筋的混凝土结构构件的受力性能、计算理论、设计计算方法和构造要求等内容。

1.1.2 钢筋和混凝土共同工作的基础

图 1.2 为素混凝土梁和钢筋混凝土梁的受力情况。图 1.2 示出的两根除了配筋不同,其他条件完全相同的简支梁。图 1.2(a)为素混凝土制成的梁,在较小的荷载作用下,梁下部受拉区边缘的混凝土即出现裂缝,受拉区混凝土一旦开裂,裂缝将迅速发展,梁瞬间断裂而破坏。破坏时梁的承载力很低,开裂荷载 F_{cr} 和破坏荷载 F_u 基本相等($F_{cr}=F_u=$4.8kN),此时受压区混凝土的抗压强度还远远没有得到充分利用。

如果在梁的底部受拉区配置适量的受拉钢筋,如图 1.2(b)所示,形成钢筋混凝土梁,当荷载增加到一定值时,梁的受拉区混凝土开裂,此时的开裂荷载 $F_{cr}=4.9$kN,基本上和素混凝土梁的开裂荷载(破坏荷载)相等。梁开裂后,由于受拉钢筋的存在,裂缝不会迅速向上发展,梁的承载能力继续提高。随着荷载的增加,混凝土的裂缝不断向上延伸,且数量和宽度不断增加,受拉钢筋的应力也不断增加,直到受拉钢筋达到屈服强度,受压区混凝土被压碎,梁失去承载能力而破坏。梁在破坏前,混凝土裂缝充分发展,梁的变形迅速增大,有明显的破坏预兆,见图 1.2(c)。破坏荷载 $F_u=26.5$kN,远远高于素混凝土梁的破坏荷载,且混凝土的抗压强度和钢筋的抗拉强度都能得到充分利用。

可见,把钢筋和混凝土这两种材料按照合理的方式结合在一起,使钢筋主要承受拉力,混凝土主要承受压力,可以取长补短,充分发挥两种材料的性能。钢筋和混凝土是两种物理力学性能截然不同的材料,为什么能够有效地结合在一起共同工作、共同变形,有效地抵抗外荷载呢?其主要原因如下。

(1) 钢筋和混凝土之间存在良好的**黏结力**,在外荷载作用下,两者之间能有效地进行力和变形的传递。

(2) 钢筋和混凝土两种材料的**线膨胀系数**接近。钢筋的线膨胀系数为 1.2×10^{-5}/℃,混凝土的线膨胀系数为$(1.0\sim1.5)\times10^{-5}$/℃,因此当温度变化时,钢筋和混凝土的黏结力不会因两者之间产生较大的相对变形而破坏。

此外,钢筋埋在混凝土中,边缘混凝土作为钢筋的保护层,使钢筋不易锈蚀,并能提高钢筋的耐火性能。

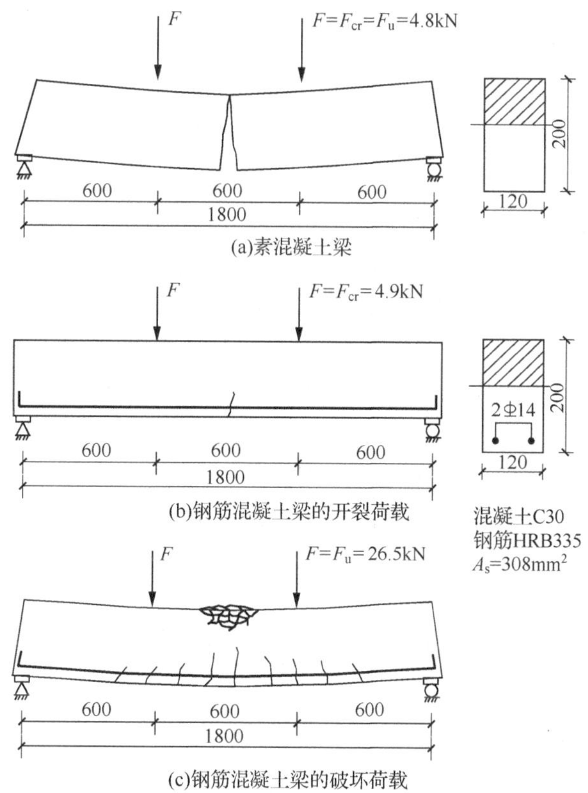

图 1.2 素混凝土梁和钢筋混凝土梁的受力情况

1.1.3 钢筋混凝土结构的优缺点

1）钢筋混凝土结构的优点

易于就地取材：混凝土结构中所用的砂、石等材料，属于地方材料，可就地供应。近年来利用建筑垃圾、工业固体废渣制造再生骨料配置混凝土，利用粉煤灰作为水泥或混凝土的外加成分改善混凝土的性能，既可变废为宝，又有利于保护环境，实现建筑业的可持续发展。

材料利用合理：充分利用钢筋的抗拉和抗压性能以及混凝土的抗压性能，使两种材料的强度均可得到充分发挥；与钢结构相比，钢筋混凝土可以降低造价。

耐久性和耐火性好：钢筋有混凝土作为保护层，在一般环境条件下不会发生锈蚀，当发生火灾时，也不会像钢结构那样很快升温达到软化而丧失承载能力。混凝土的强度随着时间的增长还会有所增长，后期维护费用低。

可模性和整体性好：钢筋混凝土可以根据需要浇筑成各种形状和尺寸的构件或结构，如空间结构、箱形结构等。采用高性能混凝土浇筑的清水混凝土具有很好的建筑效果。现浇式或装配整体式的钢筋混凝土结构整体性好，对抗震、抗爆有利。

2）钢筋混凝土结构的缺点

自重大：普通混凝土的密度一般为 2400kg/m^3，钢筋混凝土的密度一般为 2500kg/m^3，与钢结构相比其自重大,对建造大跨、高层结构不利。因此需要研究和发展轻质混凝土、高强混凝土和预应力混凝土来克服混凝土自重大的缺点。

抗裂性差:由于混凝土的抗拉强度小,钢筋混凝土受拉、受弯和大偏心受压构件受力后易开裂,在正常使用阶段往往是带裂缝工作的,如果裂缝宽度符合规范要求,不会影响混凝土结构的正常使用,但裂缝的存在会影响混凝土结构的耐久性,限制了混凝土在防渗、防漏要求较高的结构中的应用。采用预应力可有效地解决混凝土的开裂问题;在混凝土中掺入适量纤维,也可提高混凝土的抗拉强度,增强混凝土的抗裂能力。

施工复杂:混凝土的施工具有工序多、工期长,受季节和天气影响大等缺点。利用预制混凝土构件,采用装配式或装配整体式混凝土结构,施工采用大模板、滑模、飞模、爬模等先进模板技术,混凝土采用泵送混凝土、自密实混凝土等高性能混凝土,可大大提高混凝土的施工效率。

补强修复困难:混凝土一旦被破坏,其修复、加固、补强较困难。采用植筋、粘贴钢板、粘贴碳纤维布、外包钢等加固技术,可以较好地对发生损坏的混凝土结构或构件进行修复。

1.2 混凝土结构的发展与应用

1.2.1 混凝土结构的发展简况

混凝土结构发展到今天已有160多年的历史。1824年,英国人阿斯普丁发明了波特兰水泥(硅酸盐水泥),距今已有190多年。水泥的发明为混凝土的产生和发展奠定了基础。一般认为,混凝土结构的发展经历了以下三个阶段。

第一阶段是**从钢筋混凝土发明至20世纪初**。1850年,法国人郎波用水泥砂浆涂抹在钢丝网两面做成的小船,成为最早期的钢筋混凝土结构。1854年英国人威尔金森获得真正的一种钢筋混凝土楼板的专利权。但一般认为钢筋混凝土结构最早的发明者和使用者是法国花匠约泽夫·莫尼埃,1861年莫尼埃用水泥砂浆制造花盆,在其中增加钢丝网以提高花盆的强度。他于1867年申请了专利,并在当年巴黎世界博览会上展出了钢筋混凝土制作的花盆,而后又获得制造其他钢筋混凝土构件(梁、板及管等)的专利。当时他把钢筋配置在板的中心,表明他还不了解这种结构的受力特点。1872年美国人沃德建造了第一幢钢筋混凝土构件的房屋,从此钢筋混凝土小构件进入工程实用阶段。这一阶段所采用的钢筋和混凝土的强度都比较低,混凝土结构主要用来建造中小型楼板、梁、拱和基础等构件,计算理论套用弹性理论,设计方法采用容许应力法。

第二阶段是**从20世纪初到第二次世界大战前后**。1928年法国工程师弗列西涅利用高强钢丝及高标号混凝土来制造预应力混凝土构件,使钢筋混凝土用于建造大跨度的空间结构、高层建筑结构成为可能。此阶段开始进行混凝土结构的试验研究,在计算理论上已开始按破损阶段计算结构的破坏承载力,对某些结构也开始考虑材料的塑性发展。第二次世界大战后,由于钢材的短缺,混凝土结构建筑得到大规模的应用。

第三阶段是**从第二次世界大战以后至今**。这一阶段随着高强混凝土和高强钢筋的出现，预制装配式混凝土结构、高效预应力混凝土结构、钢-混凝土组合结构、泵送混凝土、高性能混凝土以及各种新的施工技术得到了发展和应用。世界上建造了一大批超高层建筑、大跨度桥梁、特长跨海隧道、高速铁路、城市地铁、高耸结构等大型结构工程，这些工程已成为现代土木工程的标志，也说明了混凝土结构正逐步走向完善和成熟。其在计算理论上已过渡到充分考虑钢筋和混凝土塑性的极限状态设计理论，在设计方法上已过渡到以概率理论为基础的多系数表达的设计公式。现代计算机技术的发展，计算机辅助设计的程序化，大大提高了设计质量和设计速度；混凝土强度理论和本构关系的深入研究，使人们可以利用非线性分析方法对各种复杂混凝土结构进行全过程受力模拟；而新型钢筋和高性能混凝土材料以及复合（组合）结构的出现，又不断提出新的课题，并不断促进混凝土结构的发展。

1.2.2 混凝土结构的发展前景

混凝土是现代工程结构的主要材料，2011 年中国商品混凝土总产量达到了 14.2 亿 m^3，约占世界混凝土用量的 50%以上，钢筋用量约 3000 万 t，规模之大，耗资之巨，居世界前列。可以预见，混凝土仍将是中国在今后相当长时期内的一种重要的土木工程结构材料，并将在材料、结构、计算理论和设计方法、施工技术、试验技术、耐久性和可持续发展等方面得到进一步发展。

1. 材料方面

(1) 混凝土。随着科学技术的进步，混凝土正朝着高性能、轻质、耐久、易施工、绿色环保的方向发展。

高性能混凝土：高性能混凝土是 20 世纪 80 年代末 90 年代初，一些发达国家基于混凝土结构耐久性设计提出的一种全新概念的混凝土，它以耐久性作为设计的主要指标，这种混凝土有可能为基础设施工程提供 100 年以上的使用寿命。由于高性能混凝土具有高耐久性、高工作性、高强度和高体积稳定性等诸多优良特性，在高层建筑结构、桥梁结构和海港工程结构中得以推广应用。如上海环球金融中心，通过加入聚羧酸盐系高效减水剂，掺入一定量的矿粉和粉煤灰，配制的具有高强度、高耐久、高流态、高泵送等特性的 C60 混凝土，创造了 40 小时连续浇筑 3 万余立方混凝土和主体结构混凝土一次泵送至 492m 高度等多项纪录。

高性能混凝土被认为是今后混凝土技术的发展方向。

超高性能混凝土：近几年，人们又提出了超高性能混凝土的概念。超高性能混凝土比高性能混凝土具有超高的耐久性和超高的力学性能，如法国人研制出的超高性能的水泥基复合材料-活性粉末混凝土，其抗压强度可以达到 200MPa 以上。超高性能混凝土在国防工程、海洋工程、核工业、特种保安和防护工程，以及市政工程领域有良好的应用前景。

轻质混凝土：为了减轻混凝土结构的自重，国内外都在大力发展轻质混凝土。轻质混凝土是指利用天然轻集料（如浮石、凝灰岩等）、工业废料（如炉渣、粉煤灰陶粒、自燃煤矸石等）、人造轻集料（如页岩陶粒、黏土陶粒、膨胀珍珠岩等）制成的轻集料混凝土，具有容重较小、相对强度高以及保温、抗冻性能好等优点。密度小于1800kg/m^3,强度在CL30以上的轻质高强混凝土,在大跨度桥梁结构和高层建筑结构中有较好的应用前途。

绿色混凝土:绿色混凝土是指大量利用工业废料,降低水泥用量,比传统混凝土有更好的力学性能和耐久性能,具有与自然环境的协调性,能够为人类提供安全、舒适、温馨的生存环境的混凝土,其主要研究方向有绿色高性能混凝土、再生骨料混凝土、环保型混凝土等。如何将高性能混凝土与环境保护、生态保护和可持续发展结合起来,成为绿色高性能混凝土的发展方向。

智能混凝土:智能混凝土是在混凝土原有的组成基础上,掺加复合智能型组分,使混凝土材料具有一定的自感知、自适应和损伤自修复等智能特性的多功能材料,可以有效地预报混凝土材料内部的损伤,满足结构自我安全检测需要,防止混凝土结构潜在的脆性破坏,能显著提高混凝土结构的安全性和耐久性。近年来,损伤自诊断混凝土、温度自调节混凝土及仿生自愈合混凝土等一系列机敏混凝土的相继出现,为智能混凝土的研究和发展打下了坚实的基础。

此外,**自密实混凝土**具有流动度高,不离析等特点,在钢筋布置较密、构件体型复杂的结构和地下工程结构中有广阔的应用前景。**聚合物混凝土**具有高强、耐蚀、耐磨、黏结力强等优点,在腐蚀介质中的结构、海洋构筑物、路面和桥面板,以及水利工程中对抗冲、耐磨、抗冻要求高的结构中有广阔的应用前景。**膨胀混凝土**在超长混凝土结构、大体积混凝土结构和防水混凝土结构中得到广泛应用。**碾压混凝土**在大体积混凝土结构(如水工大坝、大型基础)、工业厂房地面、公路路面及机场道面等工程中的应用越来越广泛。

(2) 钢材。对于钢材,主要向高强和耐腐蚀方向发展。目前美国等西方工业国家相继研制开发了600MPa级别的高强钢筋,我国河北钢铁集团承钢公司于2011年成功轧制ϕ25mm的HRB600高强抗震钢筋。与发达国家相比,我国建筑行业使用钢筋的强度普遍低1~2个等级,因此要大力加强高强钢筋的研究和推广。国家发展和改革委员会颁布的《产业结构调整指导目录(2011年版)》中将热轧钢筋HPB235和HRB335作为淘汰产品。《混凝土结构设计规范(2015年版)》(GB 50010—2010)中,增加了500MPa级高强钢筋,明确将400MPa级钢筋作为主力钢筋,倡导应用500MPa级钢筋,用HPB300钢筋取代HPB235钢筋,逐步淘汰335MPa级钢筋。《钢筋混凝土用钢　第2部分:热轧带肋钢筋》(GB/T 1499.2—2018)中,取消了HRB335级钢筋,增加了HRB600级钢筋,同时还增加了带E钢筋牌号。

在海洋环境或者有腐蚀性介质的环境中,为了防止钢筋锈蚀,常采用**环氧树脂涂敷钢筋**,或用**纤维筋**作为混凝土及预应力混凝土结构的非金属配筋。研制出低成本、高抗腐蚀性能的钢筋,以及其他非金属配筋材料是混凝土结构配筋材料的重要研究方向。

2. 结构方面

(1) **预应力混凝土结构**。与非预应力混凝土结构相比,预应力混凝土结构不仅具有跨越能力大、受力性能好、使用性能优越、耐久性高、轻巧美观等优点,而且较为经济、节能,因此是建造大跨度或大空间结构、高层建筑结构、重载结构、特种结构工程中不可缺少的重要结构形式之一。

(2) **钢-混凝土组合结构**。钢-混凝土组合结构是由钢材和混凝土两种不同性质的材料经组合而成的一种新型结构，目前研究和应用比较多的有压型钢板与混凝土组合板、组合梁、钢骨混凝土结构和钢管混凝土结构等。它能充分发挥钢材和混凝土的强度，具有强度高、截面小、延性好等优点，加之施工速度快、工业化程度高，已被广泛地应用在高层超高层建筑、重工业建筑、桥梁结构、大跨度和高耸结构中。可以预见，在以后的土木工程建设中必将得到更加广泛的应用。

(3) **新型混合结构体系**。按照目前国内外的一般认识，广义的混合结构是指组合异种材料构成结构构件，且由这些构件形成至少两种不同类型的结构(或子结构)复合而成的结构体系。混合的目的是希望得到单一结构不具有的结构性能，并发挥多种结构有序混合之后结构体系的综合性能。与混凝土结构和钢结构相比，混合结构具有造价比钢结构低，结构刚度比钢结构大，施工速度比混凝土结构快，抗震性能比钢筋混凝土结构好等特点。在我国，目前应用最多的是钢框架＋钢筋混凝土筒体和型钢混凝土框架＋钢筋混凝土筒体这两种混合结构体系，此外还有巨型型钢混凝土柱＋内筒混合结构体系，支撑筒混合结构体系等组合结构体系。我国建造的超高层建筑大部分是采用混合结构体系，如南京绿地紫峰大厦(高度为381m)结构为带伸臂桁架的框架-核心筒混合结构体系，其中采用了型钢混凝土柱、钢梁和钢筋混凝土核心筒；上海环球金融中心(高度为492m)，上部结构同时采用了三重抗侧力结构体系，即由巨型柱、巨型斜撑和周边带状桁架组成的巨型框架结构体系，钢筋混凝土核心筒结构体系，连接核心筒和巨型柱间的外伸臂钢桁架结构体系；广州西塔采用了巨型钢管混凝土斜交网格外筒和钢筋混凝土内筒构成的筒中筒体系。

其他结构体系，如悬挑结构、悬挂结构、巨型结构等在建筑结构中也经常应用。可以预见，随着建筑业的不断发展，混合结构体系的应用会更加广泛，且新的结构体系将会不断涌现。

3. 计算理论方面

(1) **钢筋混凝土基本构件计算理论**。在单种荷载作用下的混凝土结构构件的强度计算(本教材讲授的主要内容)，基本上已经形成体系，并写入规范。但钢筋混凝土构件在复杂受力及重复或反复荷载作用下的强度和变形计算理论还不够成熟，今后在这方面的研究还有很多工作要做。

(2) **钢筋混凝土结构的有限元分析**。钢筋混凝土结构计算理论的发展是与数学、力学、试验技术、计算机应用技术等基础学科的发展密切相关的，其分析方法从开始的线弹性分析方法逐渐过渡到考虑塑性变形的非线性分析方法，其中有限元分析是研究钢筋混凝土构件或结构非线性性能的主要方法。虽然钢筋混凝土有限元分析方法较为成熟，但在混凝土的破坏准则、本构关系、钢筋与混凝土之间的黏结、裂缝处理等方面还要做更深入研究。

(3) **混凝土损伤与断裂研究**。损伤力学研究材料内部微裂缝、微缺陷所引起的宏观力学响应及其材料最终的破坏过程，而断裂力学研究的是宏观裂缝的扩展行为和规律。把损伤力学和断裂力学引入混凝土的研究中是近几十年的事情，国内外学者应用损伤力学和断裂力学的理论和方法，对混凝土的裂缝开展机理和破坏过程进行了大量研究，提出了各种断裂损伤模型，并已逐步用于解决实际工程问题。但目前对混凝土损伤的研究还比较浮浅，损伤试验也做得不够，相信随着科学技术的进步，混凝土断裂损伤理论的研究和应用必将得到进一步的发展。

(4) **工程结构可靠度和耐久性**。在工程结构可靠性研究方面，我国先后编制、修订了《工程结构可靠性设计统一标准》(GB 50153—2008)、《建筑结构可靠性设计统一标准》(GB 50068—2018)等统一标准，主要采用以可靠性理论为基础、用分项系数表达的概率极限状态设计方法，作为我国土木、建筑、水利等专业结构设计规范修订的准则。从以经验为主的安全系数法、半经验半概率定值设计方法发展到以概率分析为基础的极限状态设计法，大大提高了我国结构设计规范的科学水平，使我国工程结构设计规范跻身于世界先进行列。但是，由于影响工程结构可靠性的事物具有不确定性，如事物的随机性、事物的模糊性、事物知识的不完善性，工程结构在设计、施工、使用过程中具有种种影响其安全、适用、耐久的不确定性。因此，在结构可靠度基本理论、结构体系可靠度、结构抗震可靠度、结构施工期可靠度，以及结构老化期可靠度等方面还有很多工作要做。

耐久性问题是可靠性研究的一个重要组成部分。工程结构的可靠性包括安全性、适用性和耐久性三个方面。由于对结构安全性和适用性的充分认识和重视，其设计理论也比较成熟，而对耐久性重视不足，使得工程事故率和现役建筑维修费用不断增加，特别是一些特定环境下的混凝土结构往往在远未达到设计使用年限时，局部构件甚至整体结构就达到了耐久性的极限状态，导致结构自身的适用性和安全性能的降低。目前，对混凝土结构的耐久性，在材料层次方面的研究已较深入，在构件层次方面的研究也取得了一定进展，而结构层次方面的研究则刚刚起步，将成为今后研究的重点。

1.2.3 混凝土结构的工程应用

混凝土结构在土木工程中的应用范围极广，各种工程结构都可采用混凝土建造。

(1) **工业和民用建筑工程**。工业建筑中的中小型单层和多层工业厂房、工业用各种特种结构，如烟囱、水塔、水池、筒仓、冷却塔、储罐、核电站、电视塔等广泛采用混凝土结构或者预应力混凝土结构，我国和其他国家的代表性工程如下所述。

我国山西省神头发电厂的高度为 270m 的钢筋混凝土双筒烟囱，是我国目前最高的钢筋混凝土烟囱；

我国福建省漳州后石电厂、浙江省宁海电厂先后建成的直径约为 120m、容量达 17 万 t 的超大型圆形钢筋混凝土储煤筒仓；

瑞典的马尔墨水塔，容量 10 000m^3，为世界上容量最大的钢筋混凝土水塔；

加拿大多伦多的电视塔，高度为 553.3m，是目前世界最高的混凝土结构构筑物；

我国著名的上海东方明珠电视塔(高度约 468m)、天津电视塔(高度为 415.2m)、北京中央电视塔(高度为 405m)等也都是混凝土结构。

民用建筑中多数居住建筑和公共建筑均采用钢筋混凝土结构。在多层住宅建筑中，虽然墙体大多采用砌体结构，但其楼板几乎全部采用预制混凝土楼板或现浇混凝土楼盖。目前世界上最高的建筑——迪拜的哈利法塔，采用钢-混凝土组合结构，总高度为 828m，其中混凝土结构高度为601m;我国的深圳平安国际金融中心大厦(地下5层,地上118层,建筑高度为592.5m,核心筒混凝土结构高度为555.5m)、上海中心大厦(建筑高度为632m,主体结构高度为580m)和天津117大厦(地下3层,地上117层,建筑高度为596.5m,结构高度为579m)等超高层建筑,其核心筒、巨型柱等均采用混凝土或型钢混凝土结构。

(2) **道路与桥梁工程**。混凝土结构在道路与桥梁工程中的应用也很广泛。一些大、中城市的干道部分采用混凝土或钢筋混凝土路面,机场跑道几乎全部都采用混凝土道面。在桥梁建设方面,很大一部分中小跨度桥梁采用钢筋混凝土建造,结构形式有梁、拱、桁架等;大跨度的桥梁常采用斜拉桥、悬索桥,但其桥面结构和部分索塔结构是混凝土结构的,我国和其他国家主要代表工程如下。

我国浙江瑞安的飞云江桥,全长1721m,最大跨度为62m,是中国最大跨度的预应力混凝土简支梁桥;

我国云南省傈僳族自治州的六库怒江桥,采用3跨变截面箱形梁(跨度为85m+154m+85m),支点处梁高度为8.5m,跨中梁高度为2.8m,是我国目前跨度最大的预应力混凝土连续梁桥;

我国重庆万县的长江大桥,全长为856.12m,主跨为420m,是世界最大跨径的钢管混凝土拱桥;

奥地利的ALM桥,跨度为76m,是目前世界最大跨度的预应力混凝土简支梁桥;

巴西的Guanabara桥,跨度为300m,是目前世界最大跨度的预应力混凝土连续梁桥;

克罗地亚的克尔克1号桥,跨度达390m,是目前世界上跨度最大的混凝土拱桥;

挪威的Skarnsundet桥,主孔宽度为530m,是目前跨径最大的预应力混凝土斜拉桥;

我国香港的青马大桥,跨度为1377m,桥体为悬索结构,其中支承悬索的高度为202m的索塔是混凝土结构;

我国上海的杨浦大桥,主跨为602m的斜拉桥,其桥塔和桥面均为混凝土结构。

我国青岛的胶州湾跨海大桥(全长为36.48km)和杭州湾跨海大桥(全长为36km),其上部结构和下部结构如箱梁、主塔、承台、墩身及桩基等均采用混凝土结构。

港珠澳大桥,全长为55km,为目前世界最长的跨海大桥。主体工程"海中桥隧"长为35.578km,桥—岛—隧集群的主体工程长约29.6km,其中6.7km采用隧道方案,22.9km采用桥梁方案。桥梁主体部分采用混凝土结构,长5.664km的海底隧道,由33节钢筋混凝土结构的沉管对接而成,是世界上最长的海底沉管隧道。

(3) **水利水电工程**。水利水电工程中的水电站、挡水坝、引水渡槽、给排水管道等也都是采用混凝土结构。在水利工程中,因混凝土自重大,且砂石易于就地取材,故常用来修建大坝,典型的代表工程如下。

瑞士的大狄克桑斯混凝土重力坝,坝高度为285m,坝顶宽为15m,坝底宽为225m,坝长为695m,混凝土坝体积589万m^3,库容量4亿m^3,是目前世界上最高的混凝土重力坝。

我国三峡工程的混凝土重力坝,坝顶总长为3035m,坝顶高程为185m,正常蓄水位

175m,总库容为 393 亿 m^3,混凝土浇筑量约为 2800 万 m^3,是世界上最大的混凝土重力坝。

(4) **隧道与地下工程及其他工程**。混凝土结构在公路隧道、铁路隧道、水下隧道、城市地铁以及各种地下建筑物中应用极为广泛。国防工程中的防御工事、防控设施、导弹及卫星发射场等大都采用混凝土结构。海洋工程中的海岸防护工程、围海工程、海港工程、海上平台、人工岛等也多是采用混凝土工程。

1.3 本课程的教学内容、特点与学习应注意的问题

1.3.1 本课程的教学内容

"混凝土结构设计原理"是一门理论与应用并重的专业基础课,是学习"混凝土结构设计"等后续课程的基础,从讲述混凝土和钢筋的力学性能、结构设计的基本方法开始,逐步对各类基本构件的受力性能、计算理论、计算方法、配筋构造等进行探讨。其主要内容有正截面和斜截面承载力的计算、受拉和受压构件承载力的计算、受扭构件承载力的计算、受弯构件裂缝和变形验算,以及预应力混凝土的基本原理和构件计算等。

1.3.2 本课程的特点

1. 组成材料的特殊性

钢筋是较理想的弹塑性材料,而混凝土是非均匀、非连续、非弹性的材料,因此这两种材料在数量和强度上存在一个合理搭配的问题。钢筋与混凝土在数量和强度的不同搭配,不仅影响构件截面的承载能力,还影响到构件的受力性能和破坏形态,这也直接导致构件截面承载力计算方法的不同,这是单一材料构件所没有的特点。

2. 计算理论的经验性

由于材料的复杂性,在研究钢筋混凝土构件破坏机理、受力性能、建立其计算理论和计算方法时,都离不开大量的试验研究和对试验结果的分析。结构构件计算的很多公式都是在理论分析的基础上,结合试验研究成果和工程实践,提出的半理论半经验公式。这些公式的推导并不像数学公式或力学公式那样严谨,却能较好地反映钢筋混凝土的真实受力情况,满足工程设计要求。

3. 设计问题的综合性

混凝土结构的设计是一个综合问题,包括整体方案确定、材料和截面形式选择、配筋计算和构造措施等。结构设计要求考虑结构上的安全性、技术上的先进性、经济上的合理性、使用上的舒适性以及好的耐久性等。因此,同一构件即使是在相同的荷载作用下也可以有不同的截面形式、尺寸、配筋方法及配筋数量等,设计时需要进行综合分析,结合工程具体情况确定最佳方案,以获得良好的技术经济效果。

1.3.3 学习本课程应注意的问题

1. 与材料力学的联系和区别

材料力学是研究线弹性材料在各种外力作用下产生的内力和变形问题，钢筋混凝土是由钢筋和混凝土组成的非线性的复合材料，不是弹性材料，因此一般不能直接用材料力学的公式来计算钢筋混凝土构件的内力和变形，但材料力学分析问题的基本思路，即由材料的物理方程、几何方程和平衡方程建立的理论分析方法，同样适用于混凝土构件，只是在具体应用时应考虑钢筋混凝土本身的特性。学习本课程时应注意与材料力学的异同点。

2. 加强试验和实践性教学环节的学习

钢筋混凝土材料的力学性能和构件的计算方法都是建立在试验研究基础上的，因此学习时一定要重视试验教学，通过试验深刻理解构件的破坏机理、受力性能和适用条件。

3. 重视基本概念的学习，熟练掌握设计计算的基本公式，切忌死记硬背

本课程具有内容多、符号多、计算公式多等特点。据不完全统计，各类符号有200余个，有编号的公式400多个。对初学者来说，往往感觉“杂乱无章”“逻辑性不强”“无规律可循”，不像数学和力学课程有严密的逻辑推理。但通过认真的分析，仍然能够找到它们的内在规律和学习方法，如符号中下标为“s”的是一些与钢筋有关的符号，下标为“c”的是一些与混凝土有关的符号，下标中有“k”的一些符号是表示材料强度的标准值或者荷载的标准值以及由荷载标准值产生的荷载效应等，上标为“′”的是一些与受压区钢筋或混凝土有关的符号。再如单筋矩形截面受弯构件正截面承载力的计算公式，如果记住如图4.17所示的计算简图，根据平衡方程 $\sum X=0$ 和 $\sum M=0$，就很容易写出单筋矩形截面梁的计算公式[式(4.29)和式(4.30)]。对于双筋矩形截面、T形截面梁正截面受弯承载力，受拉和受压构件承载能力计算公式的记忆都可采用此方法，同时要理解记住各公式的适用条件。

在简化计算公式的表达式中，为了反映多种物理概念和不同的影响因素，往往有很多经验系数，学习中应通过理解其物理含义来加以记忆，切忌死记硬背。

4. 多做习题

钢筋混凝土基本构件的计算分为截面设计和截面校核。截面设计时，根据不同的荷载和荷载组合，不同的截面形式和尺寸，不同的材料强度搭配等，往往有很多种不同的类型，只有通过多做习题，才能掌握不同类型的设计计算方法。

5. 重视构造措施

工程设计中一些不易通过计算确定，或者说通过计算确定相当烦琐，不便于在实际工作中推广应用，而根据试验和以往的工程实践又必须这样做的一些做法或者处理措施称为构造要求，如混凝土收缩和徐变、环境温度变化，以及较小的地基不均匀沉降等对混凝

土结构都产生影响,且难以用计算公式来表达,都可以用适当的构造措施来满足。构造措施是长期工程实践经验的积累,是试验研究与理论分析成果的具体体现。教材中有很多介绍规范规定的构造要求的内容,学习时要给予足够的重视,避免重计算轻构造。

6. 学习运用设计规范

本书所提及的规范是由国家颁布的有关设计计算和构造要求的技术规定和标准,它是在总结科研成果和工程实践经验的基础上,学习借鉴国外先进规范,并广泛征求国内有关单位意见,经过反复修改而制定的。规范以简明扼要的条文形式出现,其中强制性条文是设计中必须遵守的带有法律性的技术文件。它不仅能够使设计方法达到统一化和标准化,而且能够有效地贯彻执行国家的技术经济政策,并为工程质量提供可靠保障。规范也需要不断地修订和补充,以吸收最新的科学技术成果,达到不断完善内容和提高质量的目的。本书根据规范进行编写,重点讲述基本概念和基本设计方法,内容更加丰富,而不像规范那样只有"单调"的条文。本书不能包含规范的全部内容,但通过对本书的学习,要熟悉和理解规范,学习应用规范进行工程设计。

小　结

(1) 混凝土结构是最常用的结构形式,包括素混凝土结构、钢筋混凝土结构、预应力混凝土结构、钢骨(型钢)混凝土结构、钢管混凝土结构和纤维混凝土结构等。

(2) 钢筋和混凝土这两种物理力学性能截然不同的材料能够有效地结合在一起共同工作的主要原因是:钢筋和混凝土之间存在良好的黏结力;钢筋和混凝土两种材料的线膨胀系数接近。

(3) 钢筋混凝土结构具有易于就地取材、材料利用合理、耐久性和耐火性好、可模性和整体性好等优点,因此广泛应用在工业和民用建筑工程、道路与桥梁工程、水利水电工程、隧道与地下工程及其他工程。但钢筋混凝土结构具有自重大、抗裂性差、施工复杂、补强修复困难等缺点,这就需要不断研究和开发各种新型的高性能混凝土,以克服混凝土的缺点,扩展混凝土结构的应用范围。

(4) 混凝土结构发展到今天有 160 多年的历史,虽然取得了巨大的成就,但在材料、结构、计算理论等方面还有很多需要研究的课题。

(5) 由于混凝土结构组成材料的特殊性、计算理论的经验性、设计问题的综合性,造成了"混凝土结构设计原理"课程学习的复杂性和困难性,学习时要充分认识本课程的特点。

思 考 题

1.1　什么是混凝土结构? 它是如何分类的?

1.2　钢筋和混凝土共同工作的基础是什么?

1.3　混凝土梁在受拉区布置适量的钢筋有什么作用?

1.4 钢筋混凝土结构有什么优缺点？如何克服混凝土的缺点，扩大混凝土结构的应用范围？

1.5 混凝土结构的发展经历了哪几个阶段？每一个阶段的主要代表性学术成就有哪些？

1.6 简述混凝土结构的发展方向。

1.7 结合实际工程，说明混凝土结构的应用范围。

1.8 “混凝土结构设计原理”课程有什么特点？学习中应注意哪些问题？

第 2 章　混凝土结构材料的物理力学性能

本章提要

(1) 钢筋的品种、级别和选用，钢筋的基本力学性能。

(2) 混凝土的强度：混凝土的立方体抗压强度、轴心抗压强度和抗拉强度；复合应力状态下混凝土的强度(双轴强度和三轴抗压强度)。

(3) 混凝土的变形：单轴受压时混凝土的应力-应变全曲线及其数学表达式，混凝土的变形模量，混凝土的徐变和收缩。

(4) 钢筋和混凝土之间的黏结：黏结的作用、分类和组成，黏结强度及其影响因素，钢筋的锚固。

2.1　钢　　筋

2.1.1　钢筋的品种和级别

混凝土结构中使用的钢筋，按其化学成分可分为**碳素钢**和**普通低合金钢**两大类。

碳素钢的主要元素是铁，还含有少量的碳、硅、锰、硫、磷等元素，根据含碳量的多少，碳素钢又可分为低碳钢(含碳量小于 0.25%)、中碳钢(含碳量为 0.25%～0.6%)和高碳钢(含碳量为 0.6%～1.4%)。含碳量越高，钢筋的强度越高，但塑性和可焊性越差。

普通低合金钢是在碳素钢的基础上，再加入一定量的硅、锰、钒、钛、铬等合金元素，用以提高钢筋的强度，改善钢筋的塑性。

按照钢筋的生产加工工艺和力学性能的不同，《混凝土结构设计规范(2015 年版)》(GB 50010—2010)(以下简称《规范》)将用于钢筋混凝土结构和预应力混凝土结构中的钢筋或钢丝分为**热轧钢筋**、**中强度预应力钢丝**、**预应力螺纹钢筋**、**预应力钢丝**和**预应力钢绞线**等。

(1) **热轧钢筋**。热轧光圆钢筋是经热轧成型，横截面通常为圆形，表面光滑的成品钢筋。热轧钢筋根据钢筋屈服强度特征值分为 300 级、400 级、500 级、600 级。热轧钢筋牌号的构成及其含义见表 2.1，其主要化学成分见表 2.2。

表 2.1　热轧钢筋牌号的构成及其含义

类别	牌号	牌号构成	英文字母含义	备注
热轧光面钢筋	HPB300	由 HPB＋屈服强度特征值构成	HPB——热轧光面钢筋的英文(Hot rolled Plain Bars)缩写	GB/T 1499.1—2017 钢筋混凝土用钢　第 1 部分：热轧光圆钢筋

续表

类别	牌号	牌号构成	英文字母含义	备注
普通热轧钢筋	HRB400 HRB500 HRB600	由 HRB+屈服强度特征值构成	HRB——热轧带肋钢筋的英文(Hot rolled Ribbed Bars)缩写 E——“地震”的英文(Earthquake)首位字母	GB/T 1499.2—2018 钢筋混凝土用钢　第 2 部分:热轧带肋钢筋
	HRB400E HRB500E	由 HRB+屈服强度特征值+E 构成		
细晶粒热轧钢筋	HRBF400 HRBF500	由 HRBF+屈服强度特征值构成	HRBF——热轧带肋钢筋的英文缩写后加“细”的英文(Fine)首位字母 E——“地震”的英文(Earthquake)首位字母	
	HRBF400E HRBF500E	由 HRBF+屈服强度特征值+E 构成		

表 2.2　热轧带肋钢筋的化学成分

钢筋牌号	化学成分(质量分数)/%					碳当量 C_{eq}/%
	碳 C	硅 Si	锰 Mn	磷 P	硫 S	
	<					
HPB300	0.25	0.55	1.50	0.045	0.045	—
HRB400、HRBF400 HRB400E、HRBF400E	0.25	0.80	1.60	0.045	0.045	0.54
HRB500、HRBF500 HRB500E、HRBF500E						0.55
HRB600	0.28					0.58

《钢筋混凝土用钢　第 2 部分:热轧带肋钢筋》(GB/T 1499.2—2018)主要内容变化如下。

① 增加了冶炼方法方面的内容。钢应采用转炉或电弧炉冶炼,必要时可采用户外精炼。这为取缔“地条钢”提供了技术支持。

② 取消了 HRB335 级钢筋方面的内容。由于 HRB400、HRB500 等钢筋中加入钒、钛等合金元素而具有强度高、塑性好、焊接性能优良等特点,用 HRB400、HRB500 钢筋代替 HRB335 钢筋可节约 10%～15%的钢材,对实现节能、环保和可持续发展有重大意义。同时可以减小钢筋的配筋密度,有利于钢筋的绑扎和混凝土浇筑。目前 HRB400、HRB500 钢筋为主流牌号钢筋。

③ 增加了 HRB600 钢筋方面的内容。随着钢材冶炼技术的进步和发展,HRB600 钢筋的生产条件和技术已经具备,为推广高强钢筋使用和节约技术,规程中增加了 HRB600 级钢筋。HRB600 级钢筋推荐用机械连接的方式进行连接[《混凝土结构设计规范》(GB 50010—2010)在 2015 年修订版中还没有 HRB600 级钢筋]。

④ 增加了带 E 钢筋牌号方面的内容。带 E 钢筋可以较好地满足抗震结构对钢筋“强屈比”“总伸长率”等性能的要求,对抗震设防要求的结构,其纵向受力钢筋的性能应满足设计要求;当设计无具体要求时应选用带 E 的钢筋。带 E 牌号钢筋反向弯曲试验为其常

规检验项目。

⑤ 细化表面标志等内容。热轧带肋钢筋应在其表面轧上标志,如钢筋牌号+生产企业序号(许可证后 3 位数字)+公称直径+厂名或商标(可选)。钢筋牌号,对 HRB400、HRB500、HRB600 分别以 4、5、6 表示;对 HRBF400、HRBF500 分别以 C4、C5 表示;对 HRB400E、HRB500E 分别以 4E、5E 表示;对 HRBF400E、HRBF500E 分别以 C4E、C5E 表示。

《钢筋混凝土用钢》(GB/T 1499)(第 1 部分:热轧光圆钢筋;第 2 部分:热轧带肋钢筋;第 3 部分:钢筋焊接网)给出了钢筋混凝土用钢筋的基本性能和技术要求。

(2) **中强度预应力钢丝、预应力螺纹钢筋、预应力钢丝和预应力钢绞线。**

① **中强度预应力钢丝**。中强度预应力钢丝是热轧圆盘条经冷拉后经稳定化处理的钢丝。按表面形状分为螺旋肋钢丝(代号 H)和刻痕钢丝(代号 I);按抗拉强度可分为 650MPa、800MPa、970MPa、1270MPa 和 1370MPa 五个级别。直径为 8.00mm、抗拉强度为 1270MPa 的刻痕钢丝标记为:中强钢丝 8.00—1270—I—GB/T2014。

中强度预应力钢丝的具体基本物理力学性能要求见《预应力混凝土用中强度钢丝》(GB/T 30828－2014)。

② **预应力螺纹钢筋**。预应力混凝土用螺纹钢筋(也称精轧螺纹钢筋),是采用热轧、轧后余热处理或热处理等工艺生产的用于预应力混凝土结构的大直径高强钢筋。这种钢筋在轧制时沿钢筋纵向全部轧有规律性的螺纹肋条,可用螺丝套筒连接和螺帽锚固,不需要再加工螺丝,也不需要焊接。预应力螺纹钢筋以屈服强度划分等级,用代号“PSB”(P 为 Prestressing 的英文字头,S 为 Screw 的英文字头,B 为 Bars 的英文字头)加上规定屈服强度最小值表示,如 PSB830 表示屈服强度的最小值为 830MPa 的螺纹钢筋。

预应力螺纹钢筋的具体基本物理力学性能要求见《预应力混凝土用螺纹钢筋》(GB/T 20065—2016)。

③ **预应力钢丝**。预应力钢丝按加工状态分为冷拉钢丝(代号 WCD)和消除应力钢丝(低松弛钢丝,代号 WLR);钢丝按外形分为光面钢丝(代号 P)、螺旋肋钢丝(代号 H)刻痕钢丝(代号 I)。其产品标记包括:预应力钢丝+公称直径+抗拉强度等级+加工状态代号+外形代号+标准编号,如直径为 7.00mm,抗拉强度为 1570MPa 低松弛的螺旋肋钢丝,其标记为:预应力钢丝 7.00—1570—WLR—H—GB/T 5223—2014。

预应力钢丝的具体基本物理力学性能要求见《预应力混凝土用螺纹钢筋》(GB/T 20065—2016)。

④ **预应力钢绞线**。预应力钢绞线是由冷拉光圆钢丝及刻痕钢丝捻制而成。由冷拉光圆钢丝捻制成的称为标准型钢绞线,由刻痕钢丝捻制成的称为刻痕钢绞线,捻制后再过冷拔而成的钢绞线称为模拔型钢绞线。钢绞线捻制钢丝的根数有 2 根、3 根、7 根、19 根,常用的有 1×3(3 根)和 1×7(7 根)等。其产品标记包括:预应力钢绞线+结构代号+公称直径+强度级别+标准编号。如直径为 12.70mm,抗拉强度为 1860MPa 的 7 根钢丝捻制又经模拔的钢绞线标记为:预应力钢绞线(1×7)C－12.7－1860－GB/T 5224—2014。

预应力钢绞线的具体基本物理力学性能要求见《预应力混凝土用钢绞线》(GB/T 5224—2014)。

常用的钢筋、钢丝和钢绞线的外形如图 2.1 所示。

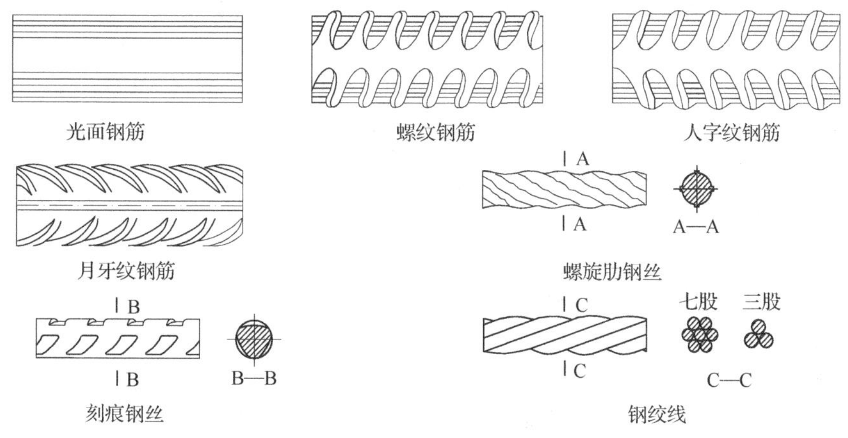

图 2.1　常用钢筋、钢丝和钢绞线的外形

2.1.2　钢筋的强度和变形

1. 钢筋的应力-应变关系

根据单调受拉时应力-应变关系特点的不同，钢筋可分为**有明显屈服点**的钢筋和**无明显屈服点**的钢筋两种，习惯上也分别称为**软钢**和**硬钢**。一般热轧钢筋属于有明显屈服点的钢筋，而中强度预应力钢丝、预应力螺纹钢筋、消除应力钢丝和钢绞线等属于无明显屈服点的钢筋。

(1) **有明显屈服点的钢筋**。有明显屈服点的钢筋拉伸时的典型应力-应变关系曲线如图 2.2 所示。图中 a' 点以前应力－应变（σ-ε）呈线性关系，a' 点称为**比例极限**；过 a' 点以后，σ-ε 不再呈线性关系，但仍为弹性变形，a 点称为**弹性极限**，通常 a' 点与 a 点很接近。当应力达到 b 点，应变出现塑性流动现象，b 点称为**屈服上限**；屈服上限受加载速度、断面形式、试件表面光滑度等因素影响，因此 b 点是不稳定的。当应力超过 b 点后，钢筋即进入塑性阶段，随之应力下降至 c 点，c 点称为**屈服下限**，通常以屈服下限 c 点的应力作为**屈服强度**，用 f_y 表示。c 点以后钢筋开始塑性流动，应力不变而应变增加很快，σ-ε 关系接近水平直线，直到 d 点，直线段 cd 称为**屈服台阶**。d 点以后，随着应变的增加，应力又继续增大，至 e 点时应力达到最大值，e 点的应力称为钢筋的**极限抗拉强度**，用 f_u 表示，de 段称为**强化阶段**。e 点以后，在试件的薄弱位置出现**颈缩现象**，变形增加迅速，钢筋断面缩小，应力降低，直至 f 点被拉断。

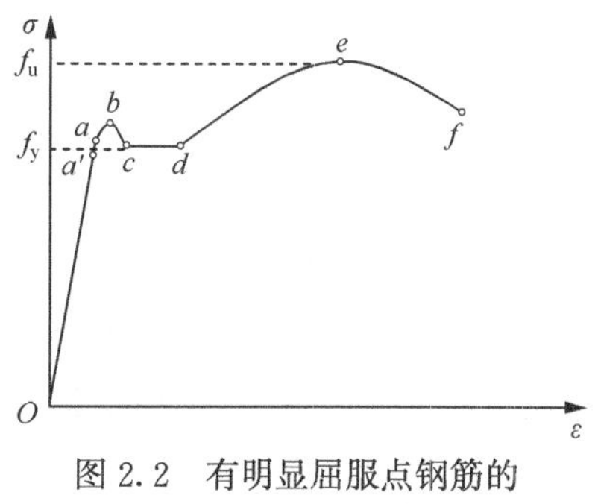

图 2.2　有明显屈服点钢筋的应力-应变关系曲线

有明显屈服点钢筋强度的两个重要指标是**屈服强度**和**极限抗拉强度**。屈服强度是钢筋的设计依据，极限抗拉强度一般指材料的实际破坏强度，钢筋的极限强度和屈服强度之比称

为钢筋的**强屈比**。强屈比反映了钢筋的强度储备,我国规定钢筋的强屈比不能小于 1.25。

有明显屈服点的钢筋屈服后变形急剧增加,存在明显的屈服台阶,因此在实际应用中,钢筋的应力-应变关系一般采用双线性的理想弹塑性关系(图 2.3),即

$$当\ \varepsilon \leqslant \varepsilon_y\ 时, \quad \sigma = E_s\varepsilon \tag{2.1}$$

$$当\ \varepsilon > \varepsilon_y\ 时, \quad \sigma = f_y \tag{2.2}$$

式中:E_s——钢筋的弹性模量;

ε_y——钢筋的屈服应变,$\varepsilon_y = f_y/E_s$。

钢筋受压的应力-应变规律与受拉时基本相同。

(2) **无明显屈服点的钢筋**。中强度预应力钢丝、预应力螺纹钢筋、消除应力钢丝和钢绞线等高强钢筋或钢丝为无明显屈服点的钢筋,其受拉伸时的典型应力-应变曲线如图 2.4 所示。最大应力 σ_b 称为**极限抗拉强度**;a 点为**比例极限**,约为 $0.65\sigma_b$;a 点前钢筋具有理想的弹性性质,超过 a 点后应力-应变关系为非线性,没有明显的屈服点,达到极限抗拉强度后钢筋很快被拉断,破坏时呈脆性。

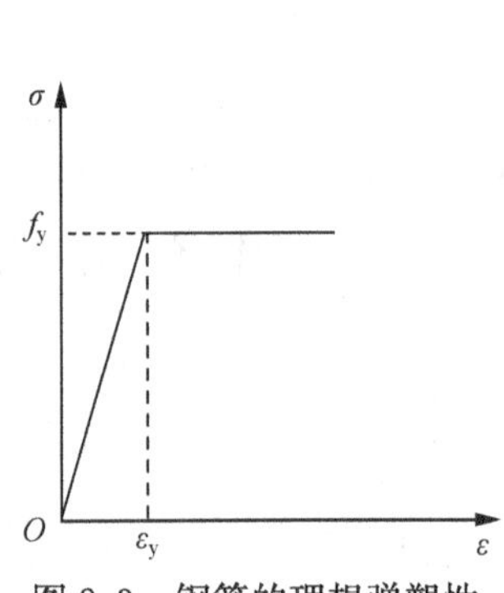

图 2.3 钢筋的理想弹塑性应力-应变关系曲线

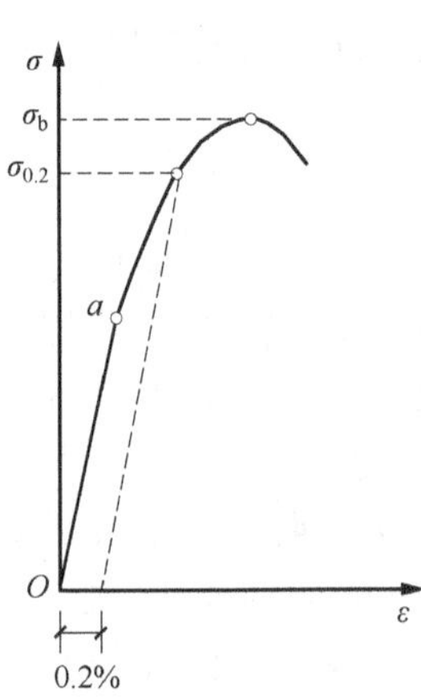

图 2.4 无明显屈服点钢筋的应力-应变关系曲线

对无明显屈服点的钢筋,在工程设计中一般取残余应变为 0.2%时所对应的应力 $\sigma_{0.2}$ 作为强度设计指标,称为**条件屈服强度**。《规范》对无明显屈服点的钢筋,如预应力钢丝、钢绞线等,条件屈服强度取 $0.85\sigma_b$。

我国《规范》给定的普通钢筋强度指标见本书附表 1 和附表 2;预应力钢筋强度指标见本书附表 3 和附表 4。

2. 钢筋的伸长率

钢筋的伸长率是反映钢筋塑性性能的一个指标。钢筋的伸长率采用钢筋最大力下的总伸长率(均匀伸长率)δ_{gt} 来表示[图 2.5(a)],可按下式计算:

$$\delta_{gt} = \left(\frac{L - L_0}{L_0} + \frac{\sigma_b}{E_s}\right) \times 100\% \tag{2.3}$$

式中:L_0——不包含颈缩区拉伸前的测量标距长度;

L——拉伸断裂后不包含颈缩区的测量标距长度;

σ_b——钢筋的最大拉应力(极限抗拉强度)。

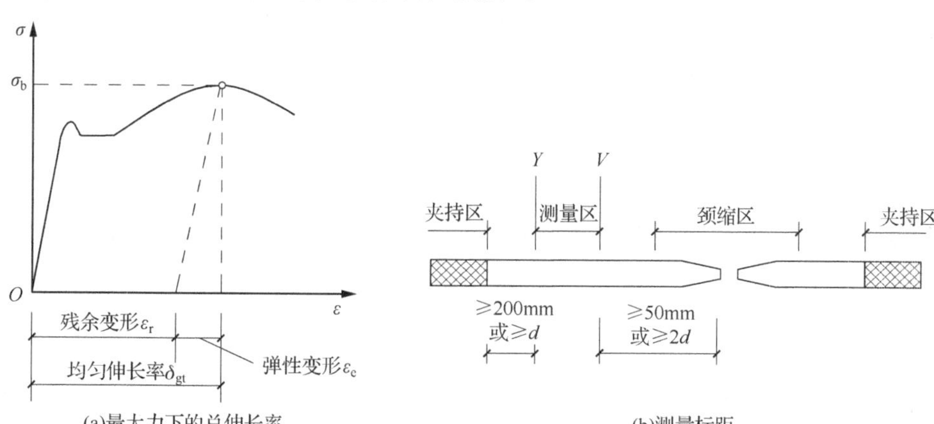

图2.5 钢筋的总伸长率

δ_{gt}的量测方法可参照图2.5(b)进行。在离断裂点较远的一侧选择Y和V两个标记,两个标记之间的原始标距(L_0)在试验前至少应为100mm;标记Y或V与夹具的距离不应小于20mm或钢筋公称直径d两者中的较大值,标记Y或V与断裂点之间的距离不应小于50mm或2倍钢筋公称直径(即$2d$)两者中的较大值。钢筋拉断后量测标记之间的距离为L,并求出钢筋拉断时的最大拉应力σ_b,然后按式(2.3)计算δ_{gt}。

钢筋最大力下的总伸长率δ_{gt}既能反映钢筋的残余变形ε_r[式(2.3)括号中的第一项],又能反映钢筋的弹性变形ε_e[式(2.3)括号中的第二项],量测结果受原始标距L_0的影响较小,也不易产生人为误差,因此,《规范》采用δ_{gt}来统一评定钢筋的塑性性能。

伸长率大的钢筋塑性性能好,拉断前有明显预兆;伸长率小的钢筋塑性性能较差,拉断前无明显预兆,破坏突然,呈脆性特征。因此,《规范》除了规定钢筋的强度指标外,还规定了钢筋的伸长率指标应不小于表2.3中规定的数值。

表2.3 普通钢筋及预应力筋在最大力下的总延伸率值

钢筋品种	普通钢筋			预应力筋
	HPB300	HRB400、HRBF400、HRB500、HRBF500	HRB400E、HRBF400E、HRB500E、HRBF500E	
δ_{gt}/%	10.0	7.5	9.0	3.5

3. 钢筋的冷弯性能

钢筋的冷弯性能试验是检验钢筋韧性、内部质量和加工可适性的有效方法。将直径为d的钢筋绕直径为D的辊轴进行弯折(图2.6),在达到规定冷弯角度α时,钢筋不发生裂纹、断裂或起层现象。冷弯性能也是评价钢筋塑性的指标,弯芯的直径D越小,弯折角α越大,说明钢筋的塑性越好。

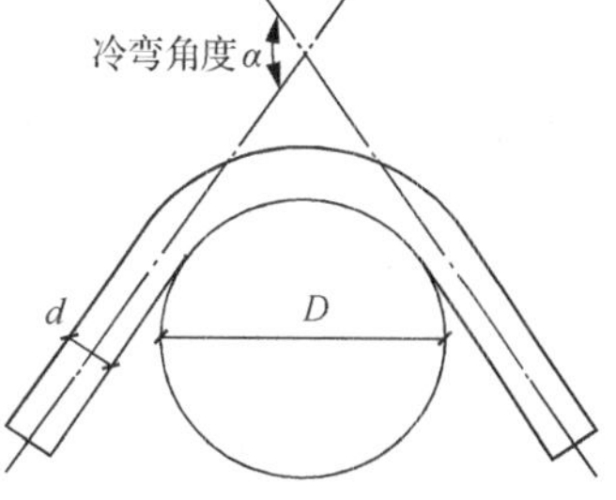

图2.6 钢筋的冷弯试验

对有明显屈服点的钢筋,其检验指标为**屈服强度**、**极限抗拉强度**、**伸长率**和**冷弯性能**四项。对无明显屈服点的钢筋,其检验指标则为**极限抗拉强度**、**伸长率**和**冷弯性能**三项,具体可参见《钢筋混凝土用钢》(GB 1499)和《预应力混凝土用钢丝》(GB/T 5223—2014)等规范。

2.1.3 钢筋的弹性模量

钢筋的弹性模量 E_s 是钢筋产生单位应变所需要的力,反映出了弹性阶段钢筋应力和应变之间的关系为

$$E_s = \frac{\sigma_s}{\varepsilon_s} \text{ 或 } \sigma_s = E_s \varepsilon_s \tag{2.4}$$

钢筋的弹性模量基本相同,一般在 $2.0\times10^5\text{N/mm}^2$ 左右,具体见本书附表 5。

2.1.4 钢筋的疲劳破坏

钢筋的**疲劳破坏**是指钢筋在承受重复、周期性的动荷载作用下,经过一定次数后,发生突然脆性破坏的现象。吊车梁、桥面板、轨枕等承受重复荷载的混凝土构件,在正常使用期限内会因为疲劳而发生破坏。通常认为,在外力作用下钢筋发生疲劳断裂是由于钢筋内部和外表面的缺陷引起应力集中,钢筋中晶粒发生滑移、产生疲劳裂纹,并最后断裂的缘故。钢筋的疲劳强度是指在某一规定的应力幅内,经受一定次数(我国规定为 **200 万次**)循环荷载后发生疲劳破坏的最大应力值。影响钢筋疲劳强度的因素很多,如疲劳应力幅、最小应力值的大小、钢筋外表面几何形状、钢筋直径、钢筋强度和试验方法等。钢筋的疲劳强度与一次循环应力中最大应力 σ_{max}^f 和最小应力 σ_{min}^f 的差值 $\Delta\sigma^f$ 有关,$\Delta\sigma^f = \sigma_{max}^f - \sigma_{min}^f$ 称为**疲劳应力幅**。我国《规范》规定了不同等级钢筋的疲劳应力幅限值(见本书附表 6 和附表 7)。

普通钢筋疲劳应力比值为

$$\rho_s^f = \frac{\sigma_{s,min}^f}{\sigma_{s,max}^f} \tag{2.5}$$

式中:$\sigma_{s,min}^f$、$\sigma_{s,max}^f$——构件疲劳验算时,同层钢筋的最小应力、最大应力。

预应力钢筋疲劳应力比值为

$$\rho_p^f = \frac{\sigma_{p,min}^f}{\sigma_{p,max}^f} \tag{2.6}$$

式中:$\sigma_{p,min}^f$、$\sigma_{p,max}^f$——构件疲劳验算时,同层预应力钢筋的最小应力、最大应力。

2.1.5 混凝土结构对钢筋性能的要求和钢筋的选用

1. 对钢筋性能的要求

(1) 钢筋的**强度**。钢筋的屈服强度、极限强度和强屈比等要符合《规范》要求。

(2) 钢筋的**塑性**。钢筋要有一定的塑性,可使其在断裂前有足够的变形,能给出构件将要破坏的预兆,因此钢筋的伸长率和冷弯性要合格。

(3) 钢筋的**可焊性**。可焊性是评定钢筋焊接后的接头性能的主要指标,其要求在一

定的工艺条件下，钢筋焊接后不产生裂纹及过大的变形，并有良好的接头性能。

(4) 钢筋与混凝土的**黏结力**。为了保证钢筋与混凝土能够共同工作，要求钢筋与混凝土之间必须有足够的黏结力。

2. 钢筋的选用

我国目前重点推广 400MPa 级、500MPa 级高强热轧带肋钢筋作为受力的主导钢筋；推广具有较好延性、可焊性、机械连接性能和施工适应性的 HRB 系列钢筋；一般对变形性能及加工性能要求不高的构件，如基础、大体积混凝土、楼板、墙体以及中小结构构件等，也可用 RRB 系列余热处理钢筋；在预应力混凝土结构中推广应用高强预应力钢丝、钢绞线和预应力螺纹钢筋，限制并逐步淘汰强度较低、延性较差的钢筋。钢筋的选用应遵循以下原则：**纵向受力普通钢筋可采用 HRB400、HRB500、HRBF400、HRBF500、RRB400 和 HPB300 钢筋；梁、柱和斜撑构件的纵向受力普通钢筋宜采用 HRB400、HRB500、HRBF400 和 HRBF500 钢筋；箍筋宜采用 HRB400、HRBF400、HPB300、HRB500 和 HRBF500 钢筋；对有抗震设防要求的结构，宜采用 HRB400E、HRBF400E、HRB500E 和 HRBF500E 钢筋；预应力筋宜采用钢丝、钢绞线和预应力螺纹钢筋。**

2.2 混 凝 土

2.2.1 混凝土的强度

1. 单向受力状态下混凝土的强度

1) 混凝土的立方体抗压强度

一般用边长为 150mm 的立方体标准试件，在标准条件下养护 **28d** 或设计规定龄期，用标准试验方法测得的具有 **95%保证率**的抗压强度作为混凝土**立方体抗压强度标准值**(单位为 N/mm^2)，用 $f_{cu,k}$ 表示。我国《规范》把立方体抗压强度作为混凝土强度的基本指标，并按立方体抗压强度的标准值确定混凝土强度等级。

混凝土强度等级有 **14 级**，分别为 C15、C20、C25、C30、C35、C40、C45、C50、C55、C60、C65、C70、C75 和 C80。C50 级以上为高强混凝土，如 C30 表示混凝土立方体抗压强度的标准值为 $30N/mm^2$。

混凝土立方体抗压强度不仅与养护时的温度、湿度和龄期等因素有关，而且与立方体试件尺寸和试验方法也有密切关系。关于混凝土立方体抗压强度的试验方法做下列讨论。

(1) 标准试件。由于**尺寸效应**的影响，对于同一强度等级的混凝土，试件尺寸越小，测得的强度越高；试件尺寸越大，测得的强度越低。实际工作中也可以采用边长为 100mm 或边长为 200mm 的非标准立方体试件测定混凝土的立方体抗压强度，非标准试件和标准试件之间的强度换算关系(对于 C60 以下的混凝土均应乘以尺寸换算系数)为

$$f_{cu,m}^{150}=\begin{cases}0.95f_{cu,m}^{100}\\1.05f_{cu,m}^{200}\end{cases}\tag{2.7}$$

式中：$f_{cu,m}^{150}$——边长为 150mm 的标准试件立方体抗压强度的平均值；

$f_{cu,m}^{100}$、$f_{cu,m}^{200}$——边长为 100mm、200mm 的试件立方体抗压强度的平均值。

当混凝土强度等级不小于 C60 时，宜采用标准试件；当使用非标准试件时，尺寸换算系数宜由试验确定，在未进行试验确定的情况下，对 100mm×100mm×100mm 试件可取 0.95。

有的国家(美国、加拿大、日本等)采用直径为 150mm、高度为 300mm 的圆柱体试件作为标准试件。对同一强度等级的混凝土，圆柱体试件抗压强度与标准立方体试件抗压强度的换算关系为

$$f'_{c,m}=(0.79\sim0.81)f_{cu,m} \tag{2.8}$$

式中：$f'_{c,m}$——圆柱体试件抗压强度的平均值；

$f_{cu,m}$——标准立方体试件抗压强度的平均值。

(2) 标准养护条件。混凝土强度在潮湿环境中增长较快，而在干燥环境中增长较慢，甚至还有所下降。试件成型抹面后应立即用塑料薄膜覆盖表面，或采用其他保持试件表面湿度的方法。试件应在温度为 20℃±5℃、相对湿度大于 50%的室内静置一昼夜至二昼夜，然后编号、拆模。拆模后应立即放入温度为 20℃±2℃、相对湿度为 95%以上的标准养护室中养护，或在温度为 20℃±2℃的不流动的 $Ca(OH)_2$ 饱和溶液中养护。

(3) 标准试验方法。加载速度越快，测得的强度越高。标准试验方法规定了加载速度：混凝土强度低于 30MPa 时，取每秒钟 0.3～0.5MPa；混凝土强度高于或等于 30MPa 且低于 60MPa 时，取每秒钟 0.5～0.8MPa；混凝土强度高于或等于 60MPa 时，取每秒钟 0.8～1.0MPa。

混凝土立方体试件的破坏情况如图 2.7 所示。

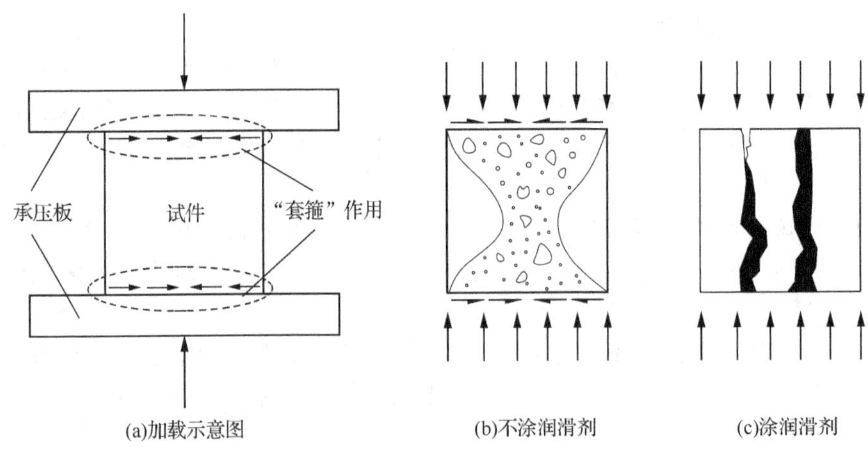

图 2.7　混凝土立方体试件的破坏情况

试件在试验机上单向受压时，纵向压缩，横向扩张，由于试验机承压板的弹性模量、泊松比和混凝土不同，试验机承压板的横向变形明显小于混凝土的横向变形。试件受压时上、下表面与试验机承压板之间将产生阻止试件向外横向变形的摩擦阻力，就像在试件两端施加了“套箍”一样，使试件和承压板接触面附近的混凝土处于三向受力状态，从而延缓裂缝的发展，提高了试件的抗压强度，破坏时试件中部剥落，形成两个对顶的角锥形破坏

面，如图 2.7(b)所示。

如果在试件的上下表面涂一些润滑剂，试验时“套箍”作用大大减小，试件将沿着平行力的作用方向产生几条裂缝而破坏，所测得的抗压强度较低，其破坏形状如图 2.7(c)所示。

本节采用标准试验方法是**试件两端不涂润滑剂**。

《混凝土物理力学性能试验方法标准》(GB/T50081—2019)对试验机上、下承压板的平面度公差、平行度公差、表面硬度、粗糙度也进行了规定。压力试验机使用多年后，上、下压板会出现磨损现象，特别是压板的中间位置易磨成凹状，其平整度严重影响对压板平整度要求较高的高强混凝土的抗压强度。为了提高高强混凝土抗压强度试验的精度，避免试验误差，在强度等级不小于 C60 的抗压强度试验时，如压力机上、下承压板不符合要求，必须使用钢垫板。

(4) 龄期。混凝土立方体抗压强度随混凝土的龄期逐渐增长，初期增长较快，后期增长逐渐缓慢。一般的试验龄期为 28d。

(5) 95%保证率，详见下述。

2) 混凝土的轴心抗压强度

混凝土的**轴心抗压强度**可采用 150mm×150mm×300mm 棱柱体标准试件测得，也可以采用 100mm×100mm×300mm 和 200mm×200mm×400mm 的棱柱体非标准试件测得。混凝土强度等级小于 C60 时，用非标准试件测得的强度值应乘以尺寸换算系数，对小试件为 0.95，对大试件为 1.05。当混凝土强度等级不小于 C60 时，宜采用标准试件；使用非标准试件时，尺寸换算系数应由试验确定。混凝土轴心抗压强度也称为**棱柱体抗压强度**，用 $f_{c,k}$ 表示。棱柱体试件的制作、养护和试验方法同立方体试件。

棱柱体试件的高宽比(高度 h 比宽度 b)大，试验机承压板与试件之间的摩擦力对试件中部横向变形的约束要小。高宽比 h/b 越大，测得的强度越低。试验表明，当高宽比 h/b 由 2 增加到 4 时，其抗压强度变化不大，故规范取棱柱体试件的高宽比 $h/b=2.0$。试件的破坏是由于试件中部竖向裂缝的发展，导致混凝土被压酥而破坏，混凝土棱柱体试件的破坏如图 2.8 所示。

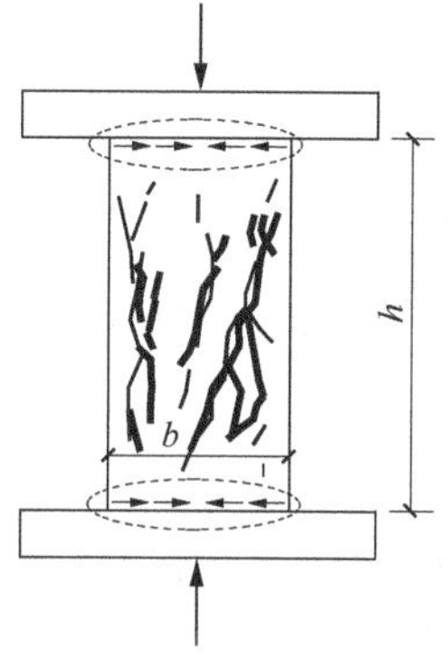

图 2.8　混凝土棱柱体试件的破坏

混凝土的轴心抗压强度比立方体抗压强度要低，但它能更好地反映混凝土的实际抗压能力。对于同一标号混凝土，棱柱体抗压强度平均值与立方体抗压强度平均值之间的

换算关系为

$$f_{c,m}=\alpha_{c1}f_{cu,m} \tag{2.9}$$

式中：$f_{c,m}$——混凝土轴心抗压强度的平均值；

α_{c1}——混凝土轴心抗压强度与立方体抗压强度的比值，当混凝土强度等级不大于C50时，$\alpha_{c1}=0.76$；当混凝土强度等级为C80时，$\alpha_{c1}=0.82$；当混凝土强度等级为中间值时按线性变化插值。

3）混凝土的抗拉强度

混凝土的抗拉强度也是其基本力学性能指标之一。混凝土构件的抗裂性能、裂缝宽度和变形验算以及受剪、受扭、受冲切等承载力的计算均用到抗拉强度。测定混凝土抗拉强度的试验方法通常有**轴向拉伸试验**和**劈裂抗拉试验**两种。

(1) 轴向拉伸试验。室内成型的轴向拉伸试验如图2.9所示，试件中间截面尺寸应为100mm×100mm，钻芯试件应采用直径100mm圆柱体。试件装卡在试验机卡头中，装卡方式往往与试件形状相联系，可分为内埋式、外夹式和粘贴式三种。内埋式试件体积适中，拉杆埋设必须有定位装置，保证与试件对中；外夹式简单易行，不需要埋设拉杆和拉板，但试件体积较大，断裂在端部的概率高；粘贴式试件制作复杂，粘贴表面需要预先处理，当试件为钻取的芯样时，常采用此方法。

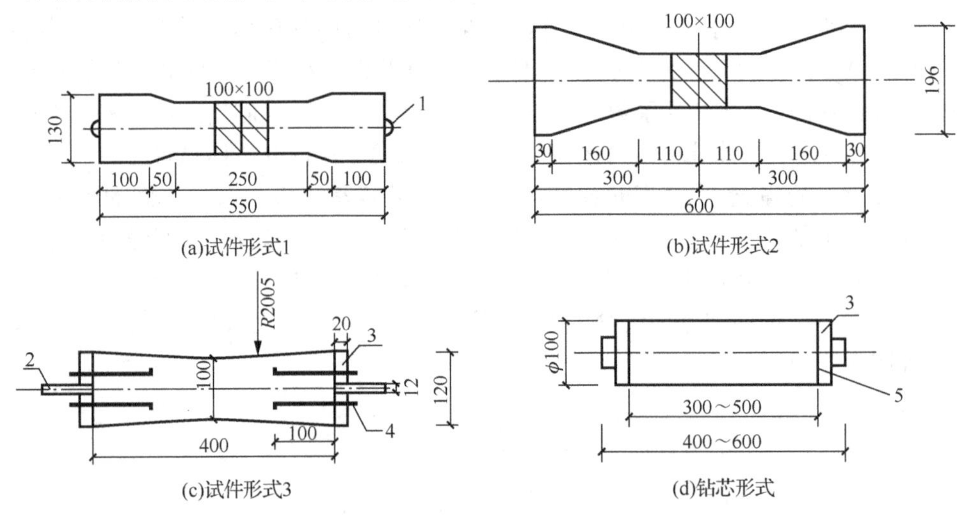

1—拉环；2—拉杆；3—钢拉板；4—M6螺栓；5—环氧树脂胶黏剂。

图2.9　混凝土轴向拉伸试验

混凝土的轴心抗拉强度比抗压强度小很多，一般只有抗压强度的1/20～1/8，且与立方体抗压强度不呈线性关系，立方体抗压强度越大，抗拉强度与立方体抗压强度之比越小。根据试验回归，两者平均值之间的换算关系为

$$f_{t,m}=0.395f_{cu,m}^{0.55} \tag{2.10}$$

式中：$f_{t,m}$——混凝土抗拉强度的平均值。

(2) 劈裂抗拉试验。用轴向拉伸试验法测混凝土的抗拉强度时对中困难，试验数据离散性大，因此国内外常采用立方体或圆柱体试件的劈裂抗拉试验来间接测定混凝土的抗

拉强度，又称为间接测试方法。混凝土劈裂抗拉试验如图2.10所示。在做劈裂抗拉强度试验时，试件对中较难，为了提高试验精度，应使用钢材定位支架[图2.10(d)所示]。

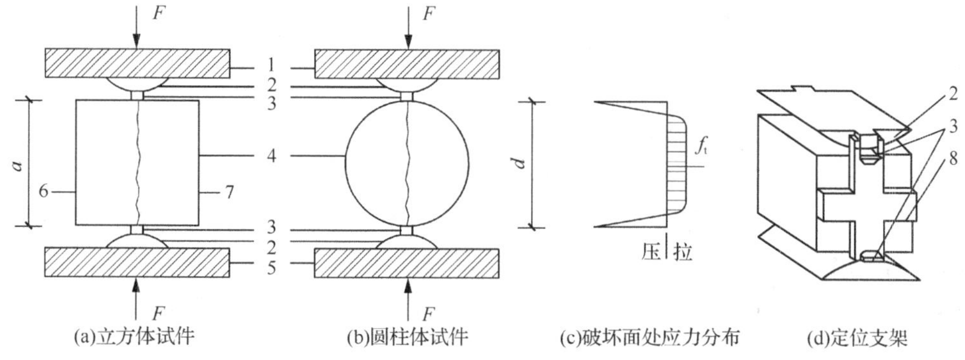

1—压力机上承压板；2—弧形钢垫条；3—压力机上承压板木质垫层；4—试件；5—压力机下承压板；6—试件浇注顶面；7—试件浇注底面；8—支架。

图2.10　混凝土劈裂抗拉试验

试件可采用边长150mm的立方体标准试件，也可采用边长为100mm和200mm的非标准试件。采用边长100mm的立方体非标准试件时，劈裂抗拉强度值应乘以尺寸换算系数0.85；当混凝土强度等级不小于C60时，应采用标准试件。采用圆柱体试件时，可采用ϕ150mm×300mm标准试件，也可采用ϕ100mm×200mm和ϕ200mm×400mm的非标准试件，使用非标准试件时应注明。

对立方体或圆柱体试件施加线荷载，试件破坏时，在破裂面上产生与该面垂直且基本均匀分布的拉应力。根据弹性理论，试件劈裂破坏时，混凝土的抗拉强度(劈裂抗拉强度)$f_{t,s}$可按下式计算为：

$$f_{t,s}=\frac{2F}{\pi a^2}\left(或\frac{2F}{\pi dl}\right) \tag{2.11}$$

式中：F——劈裂破坏荷载；

a——立方体的边长；

d——圆柱体的直径；

l——圆柱体的长度或立方体的边长。

根据试验回归分析，劈裂抗拉强度平均值与立方体抗压强度平均值两者之间的换算关系为

$$f_{t,s}=0.19f_{cu,m}^{3/4} \tag{2.12}$$

4) 混凝土强度的标准值和设计值

材料强度的标准值f_k应具有不小于95%的保证率，即

$$f_k=f_m-1.645\sigma=f_m(1-1.645\delta) \tag{2.13}$$

式中：f_k——材料强度的标准值；

f_m——该批材料强度的平均值；

σ——该批材料强度的标准差；

δ——该批材料强度变异系数。

我们已经知道,混凝土立方体抗压强度的标准值 $f_{cu,k}$ 也应具有不小于95%的保证率,因此可以用式(2.13)确定混凝土强度的标准值,即

$$f_{cu,k}=f_{cu,m}-1.645\sigma=f_{cu,m}(1-1.645\delta)$$

式中:$f_{cu,k}$——混凝土立方体抗压强度的标准值;

$f_{cu,m}$——混凝土立方体抗压强度的平均值;

σ——混凝土立方体强度的标准差;

δ——混凝土立方体强度变异系数。

混凝土的抗压强度和抗拉强度的标准值也可以用式(2.13)确定。《规范》考虑到结构中混凝土的实际强度与试件强度之间的差异,结合试验数据分析并参考其他国家的有关规定,对试件混凝土的强度乘以0.88的修正系数;同时还考虑到高强混凝土的脆性特征,对C40以上混凝土的强度乘以脆性折减系数 α_{c2}。

由式(2.9)和式(2.13),可得混凝土轴心抗压强度的标准值 f_{ck} 为

$$f_{ck}=0.88\alpha_{c2}f_{c,m}(1-1.645\delta)=0.88\alpha_{c1}\alpha_{c2}f_{cu,m}(1-1.645\delta)=0.88\alpha_{c1}\alpha_{c2}f_{cu,k}$$

由式(2.10)和式(2.13),可得混凝土轴心抗拉强度的标准值 f_{tk} 为

$$\begin{aligned}f_{tk}&=0.88\alpha_{c2}f_{t,m}(1-1.645\delta)=0.88\alpha_{c2}(0.395f_{cu,m}^{0.55})(1-1.645\delta)\\&=0.88\alpha_{c2}\left(0.395\frac{f_{cu,k}^{0.55}}{(1-1.645\delta)^{0.55}}\right)(1-1.645\delta)\\&=0.88\alpha_{c2}(0.395f_{cu,k}^{0.55})(1-1.645\delta)^{0.45}\end{aligned}$$

例如,对于C30混凝土,将 $f_{cu,k}=30\text{N/mm}^2$,$\alpha_{c1}=0.76$,$\alpha_{c2}=1.0$ 分别代入上式,得出 $f_{ck}=20.1\text{N/mm}^2$,$f_{tk}=2.01\text{N/mm}^2$。《规范》给出的混凝土轴心抗压强度和轴心抗拉强度的标准值见本书附表8。

混凝土强度的设计值是由其标准值除以混凝土材料的分项系数来确定的。混凝土材料的分项系数为1.4,因此可以计算出混凝土轴心抗压强度设计值 f_c($f_c=f_{ck}/1.4$)和轴心抗拉强度设计值 f_t($f_t=f_{tk}/1.4$),其值见本书附表9。

2. 复合应力状态下混凝土的强度

实际工程中的混凝土结构或构件很少处于单向受力状态,通常受到轴力、弯矩、剪力及扭矩的不同组合作用,处于双向或三向应力状态。因此,很有必要研究复合应力状态下混凝土的强度。

1) 双轴应力状态

混凝土在双轴应力状态下强度的变化曲线如图2.11所示。通过分析图2.11中混凝土双轴应力状态下的强度变化规律,可以看出如下几点。

(1) 双向受拉。双向受拉(图2.11中第一象限)时,一个方向的抗拉强度受另一方向拉应力的影响不明显,即**混凝土双向受拉时的抗拉强度接近于单向抗拉强度**。

(2) 一向受拉,另一向受压。一向受拉,另一向受压(图2.11中第二、四象限)时,**抗压强度随拉应力的增大而降低**,同样抗拉强度也随压应力的增大而降低,其抗压或抗拉强度均不超过相应的单轴强度。

(3) 双向受压。双向受压(图2.11中第三象限)时,**一向的抗压强度随另一向压应力**

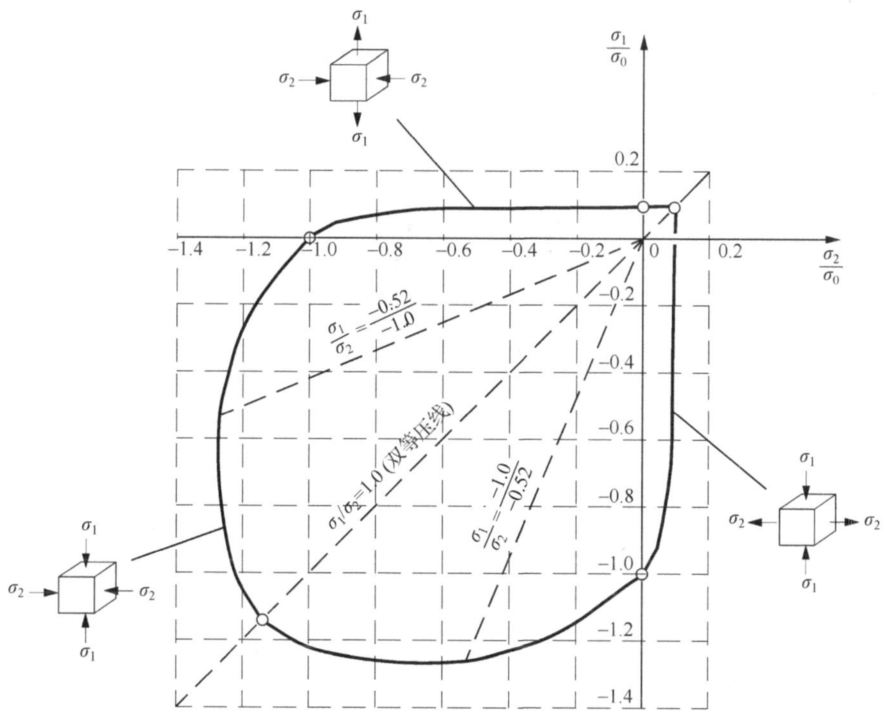

图 2.11　混凝土双轴应力状态下强度的变化曲线

的增大而增大，最大抗压强度发生在两个应力比 σ_1/σ_2（或 σ_2/σ_1）为 0.5 左右时，其强度比单向抗压强度增加近 30%。注意最大抗压强度不是发生在两向压应力相等（$\sigma_1=\sigma_2$）的情况下，此时抗压强度只增加 15%～20%。

2）正应力和剪应力复合应力状态

图 2.12 所示为混凝土在正应力和剪应力共同作用下的强度变化曲线。可以看出混凝土的抗剪强度随拉应力的增大而减小；当压应力不超过 $0.6f_c$ 时，抗剪强度随压应力的增大而增大；当压应力在 $0.6f_c$ 左右时，抗剪强度达到最大；当压应力大于 $0.6f_c$ 时，由于混凝土内裂缝的明显发展，抗剪强度反而随压应力的增大而减小；当压应力达到 f_c 时，抗剪强度为零。由于剪应力的存在，其抗压强度和抗拉强度均低于相应的单轴强度。

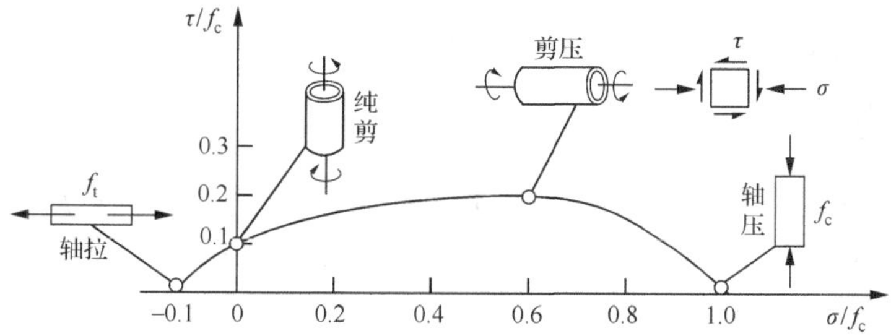

图 2.12　混凝土在正应力和剪应力共同作用下的强度变化曲线

3) 三轴应力状态

混凝土三轴应力状态有多种组合,如拉—压—压、拉—拉—压、压—压—压等。三向受压状态在实际工程中见的较多,如螺旋配筋或密配箍筋柱、钢管混凝土柱等。三向受压试验一般采用圆柱体试件在等侧压条件下进行,图 2.13 为不同侧向压力作用下混凝土的应力-应变关系。由图中可以看出,混凝土的纵向抗压强度 σ_1 随着侧压力 σ_2 的增大而增大,且混凝土的变形性能逐渐改善。这是由于侧向压应力 σ_2 的存在,限制了混凝土的侧向变形和内部微裂缝的开展。试验得出的纵向抗压强度与侧向压应力之间的关系(图 2.14)为

$$f''_c = f'_c + 4.1\sigma_2 \tag{2.14}$$

式中:f''_c——在等侧向压应力 σ_2 作用下混凝土圆柱体抗压强度;

f'_c——无侧向压应力时混凝土圆柱体抗压强度。

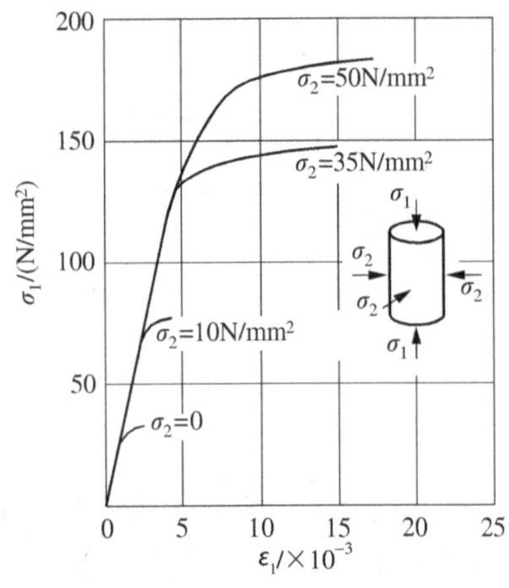

图 2.13 三向受压 σ_1-ε_1 的关系

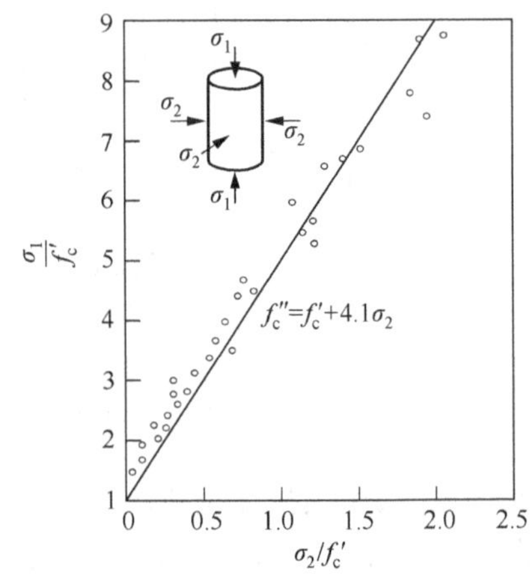

图 2.14 三向受压 σ_1-σ_2 的关系

3. 混凝土的选用

《规范》4.1.2 条规定:**素混凝土结构的混凝土强度等级不应低于 C20;钢筋混凝土结构的混凝土强度等级不应低于 C25。**

采用强度等级 500MPa 及以上的钢筋时,混凝土强度等级不应低于 C30。

预应力混凝土结构的混凝土强度等级不宜低于 C40,且不应低于 C30。

承受重复荷载的钢筋混凝土构件,混凝土强度等级不应低于 C30。

2.2.2 混凝土的变形

混凝土的变形可分为两类:一类是混凝土的**受力变形**,包括一次短期荷载作用下的变形、荷载长期作用下的变形和多次重复荷载作用下的变形等;另一类为混凝土由于收缩、膨胀和温度变化产生的**非受力变形**。

1. 混凝土的受力变形

1) 混凝土在一次短期荷载作用下的变形

(1) 单轴受压时混凝土的应力-应变全曲线。混凝土的应力-应变关系是混凝土力学性能的一个重要方面，它是钢筋混凝土构件截面进行应力分析、建立强度和变形计算理论等必不可少的依据。我国采用棱柱体试件测定混凝土在一次短期荷载作用下的变形，图 2.15 为混凝土棱柱体在一次短期荷载作用下的应力-应变全曲线。从图中可以看到，混凝土应力-应变全曲线分为上升段和下降段两个部分。

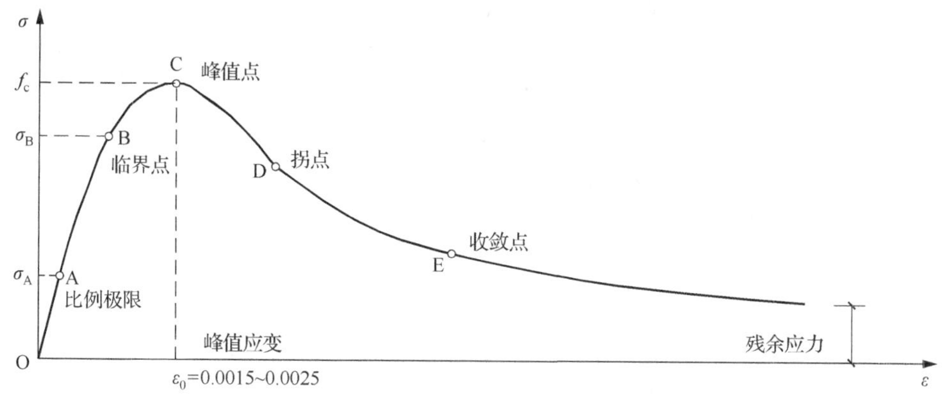

图 2.15　混凝土棱柱体受压应力-应变全曲线

上升段(OC)由 OA、AB 和 BC 三个阶段组成。

A 点以前，混凝土内部的微裂缝没有明显发展，变形主要是骨料和水泥石结晶体受压后的弹性变形。OA 段应力-应变关系接近于直线，为弹性阶段，A 点称为**比例极限**。对于普通混凝土，$\sigma_A=(0.3\sim0.4)f_c$；对于高强混凝土，$\sigma_A=(0.5\sim0.7)f_c$。

A 点以后，随着荷载的增大，压应力逐渐提高，混凝土内原有的微裂缝开始扩展，并产生新的裂缝，但裂缝的发展仍能保持稳定。AB 段为裂缝稳定扩展阶段，此阶段混凝土逐渐表现出明显的非弹性性质，应变增长速度超过应力增长速度，应力-应变曲线逐渐弯曲。

应力达到 B 点，内部一些微裂缝相互贯通，裂缝发展已不稳定，在长期荷载作用下，裂缝会持续发展最终导致破坏。因此，B 点为**临界点**，对于普通混凝土，$\sigma_B\approx0.8f_c$；对于高强混凝土，$\sigma_B\approx0.95f_c$；B 点的应力 σ_B 可作为混凝土的**长期抗压强度**。

B 点以后，内部裂缝发展很快并相互贯通，进入不稳定状态。应力达到 C 点，内部裂缝已连通并形成破坏面，纵向压应变增长速度明显加快，承载力开始减小，曲线进入下降段而形成一个**峰值点**，即 C 点。峰值点的应力即为混凝土的轴心抗压强度 f_c，相应的应变 ε_0 称为**峰值应变**，其值 $\varepsilon_0\approx0.0015\sim0.0025$，平均值为 0.002。

下降段(CF)由 CD、DE 和 EF 三段组成。

混凝土达到峰值应力以后，裂缝迅速发展，内部结构受到愈来愈严重的破坏，承载力开始下降，且下降速率较快，应力-应变曲线向下弯曲，直到凹向发生变化，曲线出现“**拐点**”，即 D 点。随着压应变的增加，压应力不断降低，试件表面相继出现多条不连续的纵向裂缝，横向变形急剧发展，达到 E 点时裂缝连通形成斜向破坏面。E 点为曲线上曲率最大的点，称为“**收敛点**”。E 点的应力 $\sigma_E\approx(0.4\sim0.6)f_c$，应变 $\varepsilon_E\approx(2\sim3)\varepsilon_0$。超过 E 点后，试件的贯通主裂缝已经很宽，此时试件的承载力由斜向破坏面两侧骨料间的摩擦阻力提供。骨料间残存的摩擦阻力称为试件的“**残余强度**”,其值为(0.1～0.4)f_c。

上述混凝土应力-应变的全曲线,在一般的试验机上是难以测到的。由于一般试验机的刚度小,恢复变形较大,试件在试验机的冲击作用下迅速破坏而测不出下降段。如果能控制应变速度,采用等应变加载,或在试件旁附加弹性元件吸收试验机所积蓄的变形能,防止试验机回弹对试件的冲击造成的突然破坏,就可以测得如图 2.15 所示应力-应变全曲线。

影响混凝土应力-应变曲线的因素有混凝土的强度、加载速度、横向约束以及纵向钢筋的配筋率等。不同强度混凝土的应力-应变曲线如图 2.16 所示。从图中可以看出,随着混凝土强度的提高,弹性阶段增加,峰值应力增大,峰值应变也有所增加;混凝土强度越高,曲线下降段越陡,延性也越差,残余强度越低。图 2.17 所示为相同强度的混凝土在不同应变速度下的应力-应变曲线。从图中可以看出,随着加载速度的降低,峰值应力逐渐减小,峰值应变逐渐增大,下降段也变得平缓一些。

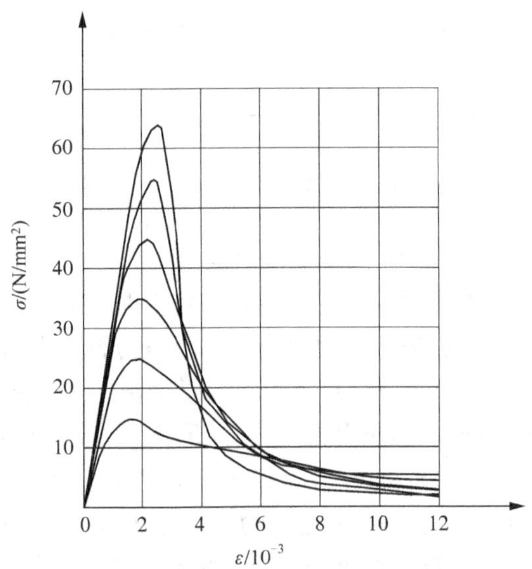

图 2.16　不同强度的混凝土应力-应变曲线

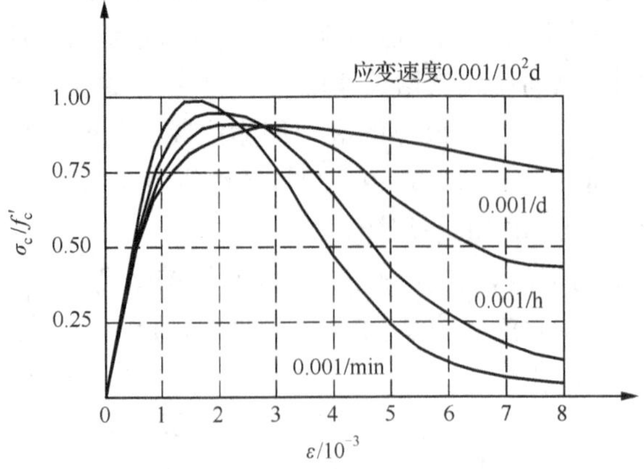

图 2.17　不同应变速度下混凝土应力-应变关系

（2）混凝土单轴受压应力-应变曲线的数学模型。混凝土单轴受压应力-应变曲线有多种不同的数学表达式，工程上为了便于实际应用，常常把混凝土应力-应变曲线进行简化，其代表性的简化模型有：

① 美国 Hognestad 建议的模型。该模型采用抛物线上升段和直线下降段的应力-应变曲线形式（图 2.18）。曲线的方程为

$$\begin{cases}\text{上升段}:0\leqslant\varepsilon<\varepsilon_0, & \sigma=f_c\left[\dfrac{2\varepsilon}{\varepsilon_0}-\left(\dfrac{\varepsilon}{\varepsilon_0}\right)^2\right]\\ \text{下降段}:\varepsilon_0\leqslant\varepsilon<\varepsilon_{cu}, & \sigma=f_c\left(1-0.15\dfrac{\varepsilon-\varepsilon_0}{\varepsilon_{cu}-\varepsilon_0}\right)\end{cases}\tag{2.15}$$

式中：f_c——混凝土棱柱体抗压强度（峰值应力）；

ε_0——峰值应变，取 $\varepsilon_0=0.002$；

ε_{cu}——极限应变，取 $\varepsilon_u=0.0038$。

② 德国 Rüsch 建议的模型。该模型上升段采用抛物线和下降段采用水平直线的应力-应变曲线形式（图 2.19）。曲线的方程为

$$\begin{cases}\text{上升段}:0\leqslant\varepsilon<\varepsilon_0, & \sigma=f_c\left[\dfrac{2\varepsilon}{\varepsilon_0}-\left(\dfrac{\varepsilon}{\varepsilon_0}\right)^2\right]\\ \text{下降段}:\varepsilon_0\leqslant\varepsilon<\varepsilon_u, & \sigma=f_c\end{cases}\tag{2.16}$$

式中：取 $\varepsilon_0=0.002$；$\varepsilon_{cu}=0.0035$。

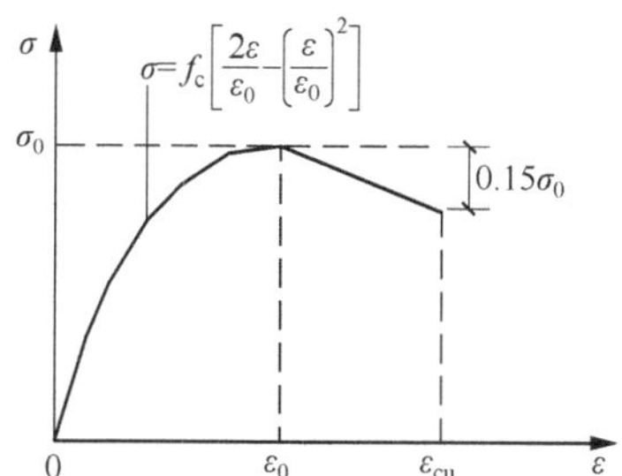

图 2.18　Hognestad 建议的应力-应变曲线

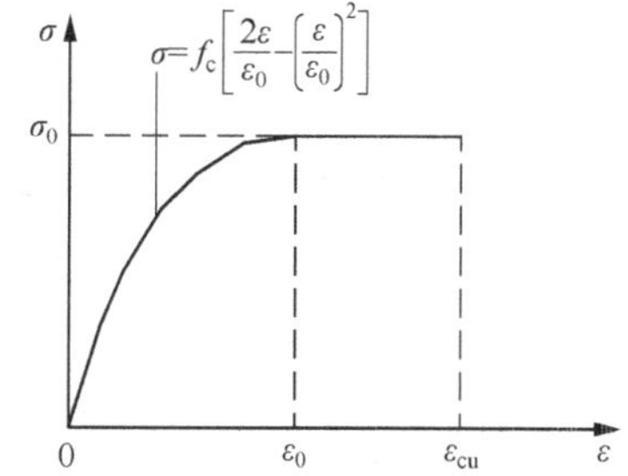

图 2.19　Rüsch 建议的应力-应变曲线

③ 我国采用的模型。该模型上升段采用抛物线和下降段采用水平直线的应力-应变曲线形式（图 2.20）。该曲线仅适用于混凝土构件的正截面承载力计算。曲线的方程为

$$\begin{cases}\text{上升段}:0\leqslant\varepsilon\leqslant\varepsilon_0, & \sigma=f_c\left[1-\left(1-\dfrac{\varepsilon_c}{\varepsilon_0}\right)^n\right]\\ \text{下降段}:\varepsilon_0\leqslant\varepsilon\leqslant\varepsilon_{cu}, & \sigma=f_c\end{cases}\tag{2.17}$$

式中：$\varepsilon_0=0.002+0.5(f_{cu,k}-50)\times10^{-5}\geqslant0.002$；

$\varepsilon_{cu}=0.0033-(f_{cu,k}-50)\times10^{-5}\leqslant0.0033$；

n——上升段曲线现状参数，混凝土强度越高，上升段越接近直线，参数 n 越小。

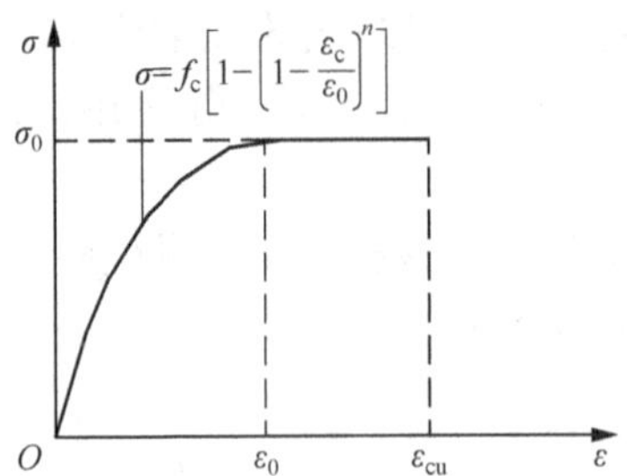

图 2.20　我国采用的应力-应变曲线

对于不同强度等级的混凝土,上式参数计算结果见表 2.4。

表 2.4　混凝土应力-应变曲线参数

强度等级	≤C50	C55	C60	C65	C70	C75	C80
n	2	1.92	1.83	1.75	1.67	1.58	1.5
ε_0	0.002	0.002 025	0.002 05	0.002 075	0.002 1	0.002 125	0.002 15
ε_{cu}	0.003 3	0.003 25	0.003 2	0.003 15	0.003 1	0.003 05	0.003

(3) 混凝土的模量。混凝土的应力-应变关系是一条曲线,变形模量不是常数,而是随着混凝土的应力变化而变化。混凝土的变形模量有以下几种表示形式。

① 混凝土的弹性模量。如图 2.21(a)所示,在混凝土应力-应变曲线的原点作切线,该切线的斜率即为**弹性模量**,也称为**原点模量**,用 E_c 表示。

$$E_c = \frac{\sigma}{\varepsilon} = \tan\alpha \tag{2.18}$$

式中:α——混凝土应力-应变曲线在原点处的切线与横坐标的夹角。

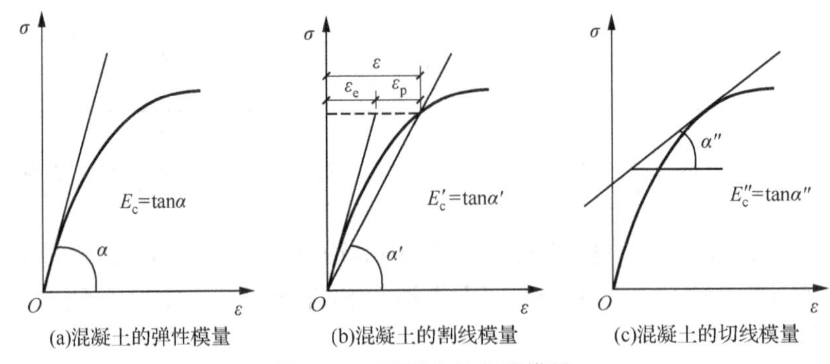

图 2.21　混凝土的变形模量

由于混凝土应力-应变关系为曲线,准确测定其弹性模量并非易事。我国《混凝土物理力学性能试验方法标准》(GB/T 50081—2019)中给出了混凝土的静力受压弹性模量 E_c 的测定方法。测定混凝土弹性模量的试件和轴心受压强度试验相同,每次试验制备 6 个试件,3 个用于测定轴心抗压强度,另外 3 个用于测定静力受压弹性模量。试验开始时应先加荷至基准应力为 0.5MPa 的初始荷载值 F_0,保持恒载 60s 并在以后 30s 内记录每个测点的变形读数 δ_0。然后立即连续均匀地加荷至应力为轴心抗压强度 f_c 的 1/3 时的荷载值 F_a,保持恒载 60s 并在以后 30s 内记录测点的变形读数 δ_a。根据试件左右两侧变形进行对中调整，保证左右两侧变形值之差与它们平均值之比不大于 20%。试件对中符合要求后，以与加荷速度相同的速度卸载至基准应力 0.5MPa(F_0)，恒载 60s；用同样的加荷和卸荷速度以及 60s 的保持恒载(F_0 及 F_a)至少进行两次反复预压。在最后一次预压完成后，在基准应力 0.5MPa(F_0)持荷 60s 并在以后 30s 内记录每个测点的变形读数 δ_0；再以同样的加荷速度加荷，持荷 60s 并在以后 30s 内记录每个测点的变形读数 δ_a。混凝土静力受压弹性模量的试验加荷方法示意图见图 2.22。

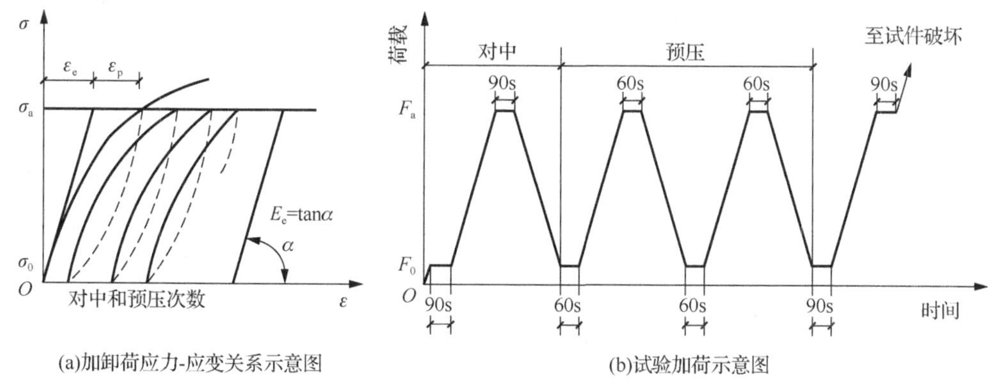

图 2.22 混凝土静力弹性模量测定

混凝土静力受压弹性模量值可按下式计算为

$$E_c = \frac{F_a - F_0}{A} \times \frac{L}{\delta_a - \delta_0} \tag{2.19}$$

式中：E_c——混凝土静力受压弹性模量(MPa)，计算值精确到 100MPa；

F_0——应力为 0.5MPa 时的初始荷载(N)；

F_a——应力为 1/3 轴心受压强度时的荷载(N)；

A——试件承压面积(mm^2)；

L——测量标距，取 150mm；

δ_0——F_0 时两侧变形的平均值(mm)；

δ_a——F_a 时两侧变形的平均值(mm)；

F_a——应力为 1/3 轴心受压强度时的荷载(N)。

混凝土的弹性模量通过试验确定，在缺少试验条件时，混凝土的弹性模量可用下式计算：

$$E_c = \frac{10^5}{2.2 + \dfrac{34.7}{f_{cu,k}}} \ (\mathrm{N/mm^2}) \tag{2.20}$$

式中：$f_{cu,k}$ 为混凝土立方体抗压强度。

我国《规范》中给定的不同强度等级混凝土的弹性模量见本书附表 10。

混凝土的弹性模量仅适用于 σ_A 点以前的弹性阶段，此阶段应力-应变曲线近似直线，$\sigma = E_c\varepsilon$。在对混凝土结构构件进行开裂前的应力分析、变形和裂缝的验算以及预应力混凝土构件中的预应力和预应力损失计算时，都要用到混凝土的弹性模量。

② 混凝土的变形模量 E_c'。图 2.21(b)中，做一条过原点 O 至曲线上任一点处割线，

该割线的斜率即为混凝土的**变形模量**,也称为**割线模量**,用 E_c'表示。

$$E_c' = \tan\alpha' = \frac{\sigma}{\varepsilon} \tag{2.21}$$

式中:α'——混凝土应力-应变曲线上任一处割线与横坐标的夹角。

从图 2.21(b)可以看出,式(2.21)中总变形 ε 包含了混凝土的弹性变形 ε_e 和塑性变形 ε_p 两部分,因此混凝土的割线模量也是变值,也随着混凝土应力的增大而减小。比较式(2.18)和式(2.21)可以得到

$$E_c' = \frac{\sigma}{\varepsilon} = \frac{\sigma}{\varepsilon_e + \varepsilon_p} = \frac{\varepsilon_e}{\varepsilon_e + \varepsilon_p} \cdot \frac{\sigma}{\varepsilon_e} = \nu E_c \tag{2.22}$$

式中:ν——混凝土受压时的弹性系数。

混凝土受压时的**弹性系数**为弹性应变与总应变之比[$\nu = \varepsilon_e/(\varepsilon_e + \varepsilon_p)$],其值随混凝土应力的增大而减小,在 1.0~0.5 变化。当 $\sigma_c < 0.3f_c$ 时,混凝土基本处于弹性阶段,可取 $\nu = 1$;当 $\sigma_c = 0.5f_c$ 时,可取 $\nu = 0.8 \sim 0.9$;当 $\sigma_c = 0.8f_c$ 时,可取 $\nu = 0.4 \sim 0.7$。

③ 混凝土的切线模量 E''_c。在混凝土应力-应变曲线上任一点处切线的斜率[图 2.21(c)],即为混凝土的**切线模量**,用 E''_c表示为

$$E''_c = \tan\alpha'' \tag{2.23}$$

式中:α''——混凝土应力-应变曲线上任一点处切线与横坐标的夹角。

混凝土的切线模量是一个变值,它随着混凝土应力的增大而减小。

④ 混凝土的剪切模量 G_c。混凝土的**剪切模量** G_c 可根据试验测定的弹性模量 E_c 和泊松比 ν_c 按下式计算:

$$G_c = \frac{E_c}{2(1 + \nu_c)} \tag{2.24}$$

式中:ν_c——混凝土的泊松比,为横向应变与纵向应变的比值,一般取 $\nu_c = 0.2$。

我国《规范》近似取 $G_c = 0.4E_c$。

(4) 混凝土轴心受拉的应力-应变关系。典型的混凝土轴心受拉时的应力-应变关系曲线如图 2.23 所示。曲线由上升段和下降段组成,上升段与受压情况相似,而下降段比较陡。在初始受拉阶段,应力-应变基本上服从线性关系,当应力达到$(0.4 \sim 0.6)f_t$ 时,应变增加加快,曲线逐渐偏离直线关系。达到峰值应力 f_t 时应变 ε_{tp} 很小,只有 $75 \times 10^{-6} \sim 115 \times 10^{-6}$。曲线原点切线斜率与受压时基本一致,因此**混凝土受压和受拉采用相同的弹性模量** E_c。当应力达到峰值应力 f_t 时,弹性系数 $\nu = 0.5$,因此变形模量可取$E_c' = 0.5E_c$。

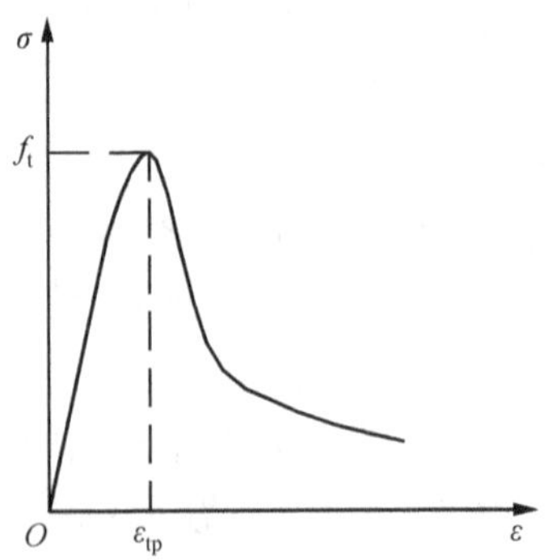

图 2.23 混凝土轴心受拉时的应力-应变曲线

(5) 混凝土三向受压状态下的变形特点。混凝土受到横向约束时,其内部混凝土处于三向受压状态,可明显提高混凝土的强度和变形能力。在实际工程中可采用螺旋筋、密排箍筋或钢管混凝土来约束混凝土,以改善混凝土的受力性能。箍筋的形状和间距对内部混凝土的约束效果有直接的影响。螺旋箍筋处于环向轴心受拉状态,并形成沿圆周的连续约束压力;矩形箍筋由于其直边受到混凝土的压力而向外弯曲,仅在四个角部提供对混凝土的有效约束。所以,矩形箍筋的约束作用比螺旋箍筋要差(图 2.24)。箍筋间距越小,对内部混凝土的约束能力越强;箍筋间距越大,有较大的混凝土体积不能受到约束,甚至剥落(图 2.25)。

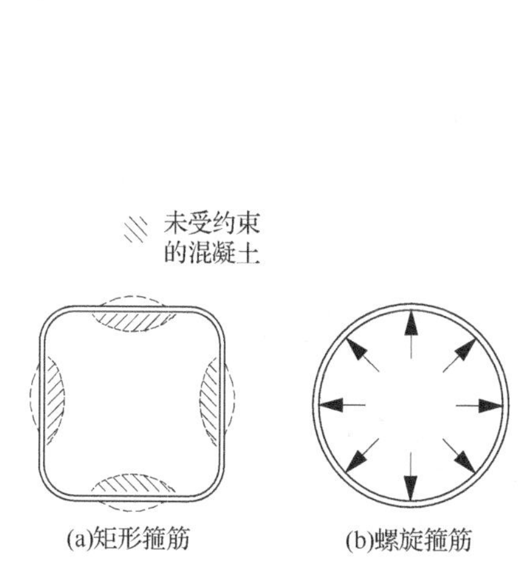

图 2.24　矩形箍筋和螺旋箍筋的约束作用

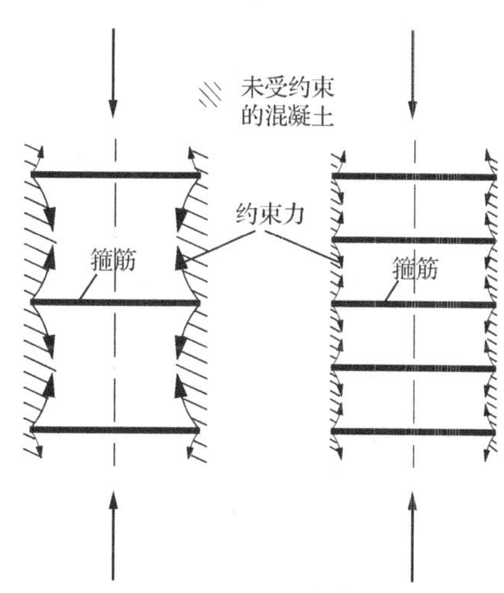

图 2.25　箍筋间距对约束作用的影响

图 2.26 所示为配有密排螺旋箍筋短柱和密排矩形箍筋短柱受压时的应力-应变曲线,可以看出,箍筋间距越小,对内部混凝土的约束能力越强。当压应力小于 $0.8f_c$ 时,因为混凝土的横向变形较小,混凝土基本上不受约束,应力-应变关系与非约束混凝土基本一致;当压应力接近 f_c 时,内部裂缝快速发展,横向变形显著增加,箍筋拉应力增大,对内部混凝土的约束作用明显,混凝土的强度和延性大大提高。

2) 混凝土在重复荷载作用下的变形-疲劳变形

荷载从零增加到某一数值,然后卸载至零,如此重复循环,这种荷载称为**重复荷载**。混凝土在重复荷载作用下引起的脆性破坏称为**疲劳破坏**。

当应力较小时,一次加载、卸载的混凝土应力-应变关系曲线见图 2.27(a)。卸载时立即恢复的应变称为**瞬时恢复应变**;经过一段时间恢复的应变称为**弹性后效**;不能恢复的应变称为**残余应变**。

当一次短期加载的应力 σ_1 不超过混凝土的疲劳强度 f_c^f 时,加载卸载的应力-应变曲线 OAB 形成一个环状。经过多次重复加卸载,混凝土的应力-应变环越来越密合,直到密合成一条直线。如果再选择一个较高的加载应力 $\sigma_2(\sigma_2 \leqslant f_c^f)$,加载卸载的应力-应变曲线仍能形成一个环状,经过多次重复加卸载后,混凝土应力-应变曲线仍能弥合成一直线。

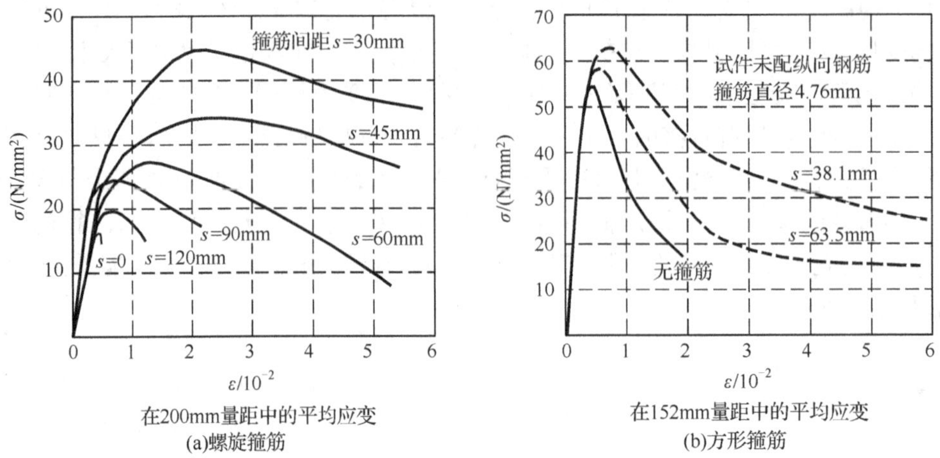

图 2.26 箍筋约束的钢筋混凝土圆柱体试件应力-应变关系曲线

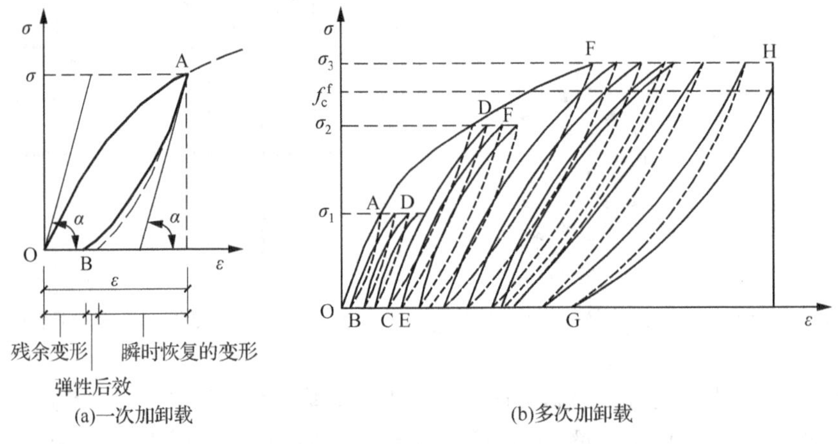

图 2.27 重复荷载作用下混凝土受压的应力-应变曲线

如果选择更高的加载应力 σ_3($\sigma_3 > f_c^f$),开始时混凝土的应力-应变曲线凸向应力轴,在重复加卸载过程中逐渐变化为凸向应变轴,且不能形成封闭的环。随着加卸载重复次数的增加,应力-应变曲线的斜率逐渐降低,最后混凝土构件因严重开裂或变形太大而破坏[图 2.27(b)]。

混凝土的疲劳强度用**疲劳试验**测定。疲劳试验采用 100mm×100mm×300mm 的棱柱体试件,使混凝土试件承受 **200 万次**或以上循环荷载作用而发生破坏的压应力值称为混凝土的**疲劳强度**,用 f_c^f 表示。

从图 2.27 可以看出,施加荷载时的应力大小是影响应力-应变曲线变化的关键因素,即混凝土的疲劳强度与荷载重复作用时应力变化的幅度有关。在相同的重复次数下,疲劳强度随着**疲劳应力比** ρ_c^f 的增大而增大。疲劳应力比 ρ_c^f 按下式计算:

$$\rho_c^f = \frac{\sigma_{c,\min}^f}{\sigma_{c,\max}^f} \tag{2.25}$$

式中：$\sigma_{c,min}^{f}$，$\sigma_{c,max}^{f}$——截面同一纤维上混凝土的最小、最大应力。

混凝土轴心受压和轴心受拉疲劳强度设计值 f_c^f 和 f_t^f 的计算公式为

$$f_c^f=\gamma_\rho f_c \tag{2.26a}$$

$$f_t^f=\gamma_\rho f_t \tag{2.26b}$$

式中：γ_ρ——疲劳强度修正系数(表 2.5 和表 2.6)。

表 2.5　混凝土受压疲劳强度修正系数

ρ_c^f	$0\leqslant\rho_c^f<0.1$	$0.1\leqslant\rho_c^f<0.2$	$0.2\leqslant\rho_c^f<0.3$	$0.3\leqslant\rho_c^f<0.4$	$0.4\leqslant\rho_c^f<0.5$	$\rho_c^f\geqslant0.5$
γ_ρ	0.68	0.74	0.80	0.86	0.93	1.00

表 2.6　混凝土受拉疲劳强度修正系数

ρ_t^f	$0<\rho_t^f<0.1$	$0.1\leqslant\rho_t^f<0.2$	$0.2\leqslant\rho_t^f<0.3$	$0.3\leqslant\rho_t^f<0.4$	$0.4\leqslant\rho_t^f<0.5$
γ_ρ	0.63	0.66	0.69	0.72	0.74
ρ_t^f	$0.5\leqslant\rho_t^f<0.6$	$0.6\leqslant\rho_t^f<0.7$	$0.7\leqslant\rho_t^f<0.8$	$\rho_t^f\geqslant0.8$	
γ_ρ	0.76	0.80	0.90	1.00	

注：直接承受疲劳荷载的混凝土构件，当采用蒸汽养护时，养护温度不宜高于 60℃。

3) 混凝土在长期荷载作用下的变形——徐变

混凝土在荷载长期作用下，其变形随时间而徐徐增长的现象称为**徐变**。图 2.28 所示为 100mm×100mm×400mm 棱柱体试件在相对湿度为 65%、温度为 20℃的条件下，承受压应力 $\sigma_c=0.5f_c$ 并保持外荷载不变，应变随时间变化的徐变曲线。加载瞬间产生的应变为**瞬时应变**(ε_{ela})；随时间而增长的应变为混凝土的**徐变**(ε_{cr})。徐变开始增长较快，6 个月左右时可达终极徐变的 70%～80%，后期增长逐渐缓慢，一年后趋于稳定，一般认为 3 年左右徐变基本终止。受荷两年后卸载时立即恢复的应变称为**瞬时恢复应变**(ε'_{ela})，其值比加载时的瞬时应变略小；再经过一段时间(约 20 天)，试件逐渐恢复的部分应变称为**弹性后效**(ε''_{ela})，其值约为徐变变形的 1/12；最后不可恢复的应变称为**残余应变**(ε'_{er})。图 2.29 给出了混凝土柱长期受荷后再卸载时的混凝土变形的示意图，以加深对徐变变形等的理解。

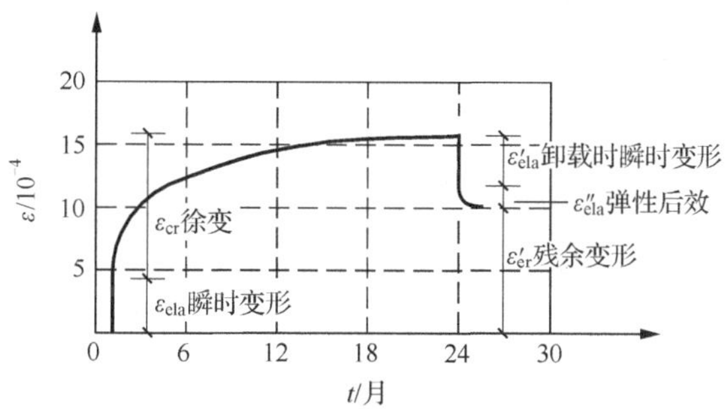

图 2.28　混凝土的徐变曲线

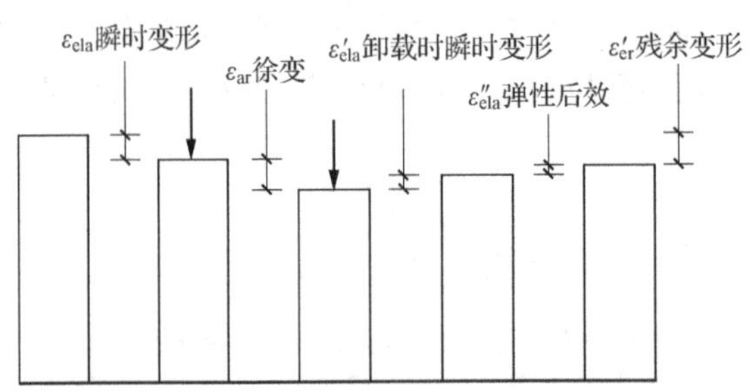

图 2.29　混凝土柱长期受荷后卸载时的变形示意图

定义某一时间的徐变变形 ε_{cr} 与瞬时应变 ε_{ela} 的比值为**徐变系数** φ，即

$$\varphi=\frac{\varepsilon_{cr}}{\varepsilon_{ela}} \tag{2.27}$$

当初始应力小于 $0.5f_c$ 时，混凝土的最终徐变系数 $\varphi=2\sim4$。

影响徐变的因素很多，诸如水泥品种和含量、水灰比或水胶比、骨料性质和含量、外加剂和掺合料、加载龄期、应力水平、环境温度和湿度、构件外形和尺寸等。主要的影响因素有以下三个方面。

(1) 内在因素。内在因素主要是指混凝土的组成成分和配合比。水灰比(水胶比)越大，徐变越大；骨料弹性模量越大(越坚硬)，徐变越小。

(2) 环境影响。环境影响主要是指混凝土的养护条件以及使用条件下的温度和湿度。养护的温度越高，湿度越大，水泥水化作用越充分，徐变就越小；采用蒸汽养护可使徐变减少 20%～35%；试件受荷后，环境温度越低，湿度越大，徐变就越小。

(3) 应力条件。应力条件是指加载时的初应力水平和混凝土的龄期两个方面，它们是影响混凝土徐变的主要因素。加载龄期越早，混凝土硬化越不充分，徐变就越大；施加的初应力水平越高，徐变就越大。图 2.30 所示为不同 σ_c/f_c 比值条件下徐变随时间增长的曲线变化图。从图中可以看出，当 $\sigma_c\leqslant0.5f_c$ 时，曲线接近等间距分布，即徐变值与应力成正比，这种徐变称为**线性徐变**；当应力 $\sigma_c=(0.5\sim0.8)f_c$ 时，徐变的增长较应力增长快，徐变与初应力不成比例，这种徐变称为**非线性徐变**；当 $\sigma_c>0.8f_c$ 时，混凝土内部微裂缝的发展已经处于不稳定状态，非线性徐变是不收敛的，最终导致混凝土的破坏。因此，本节把混凝土的**长期抗压强度**取为 $0.8f_c$。

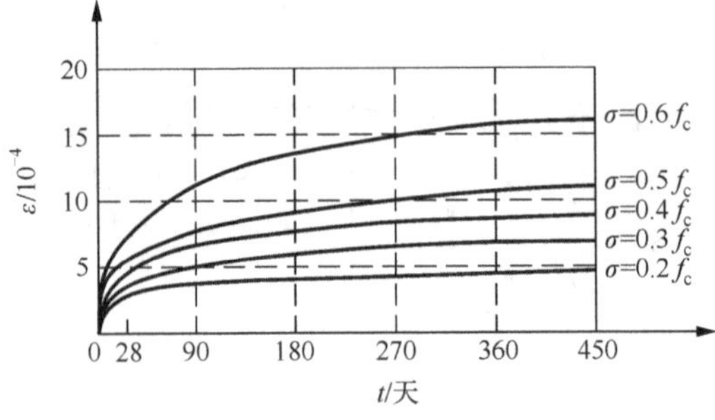

图 2.30　压应力与徐变的曲线变化图

对于混凝土产生徐变的原因，目前研究的还不够充分，通常可以从两个方面来理解。**一是混凝土中水泥凝胶体具有黏性流动的性质；二是骨料界面和砂浆内部微裂缝在荷载长期作用下持续延伸和扩展**。线性徐变以第一个原因为主，因为黏性流动的增长将逐渐趋于稳定；非线性徐变以第二个原因为主，因为应力集中引起的微裂缝开展将随应力的增加而急剧发展。

徐变对钢筋混凝土构件的受力性能有重要影响。徐变会使结构或构件的变形增加，引起预应力损失，在高应力条件下，甚至会导致结构或构件的破坏；徐变会使钢筋和混凝土间产生**应力重分布**，使混凝土应力减小，钢筋应力增大；徐变可以减少由于支座不均匀沉降引起的应力，降低大体积混凝土内部的温度应力，减小由于混凝土收缩引起的裂缝等。

2. 混凝土的非受力变形

1）混凝土的收缩和膨胀

混凝土在空气中结硬时体积减小的现象称为**收缩**。混凝土在水中或潮湿的环境中结硬时体积增大的现象称为**膨胀**。

混凝土的收缩主要有**塑性收缩**和**干缩收缩**。塑性收缩是指硬化初期水泥石凝固结硬过程中产生的体积变形；干缩收缩是指混凝土终凝后内部自由水分蒸发而引起的变形。它们是混凝土在不受外力情况下的体积变化产生的变形。

混凝土的收缩（图 2.31）是一种随时间增长而增长的变形。凝结硬化初期收缩变形发展较快，两周可完成全部收缩的 25%，一个月可完成全部收缩的 50%，三个月后增长逐渐缓慢，一般两年后趋于稳定，最终收缩应变一般为$(2\sim5)\times10^{-4}$。

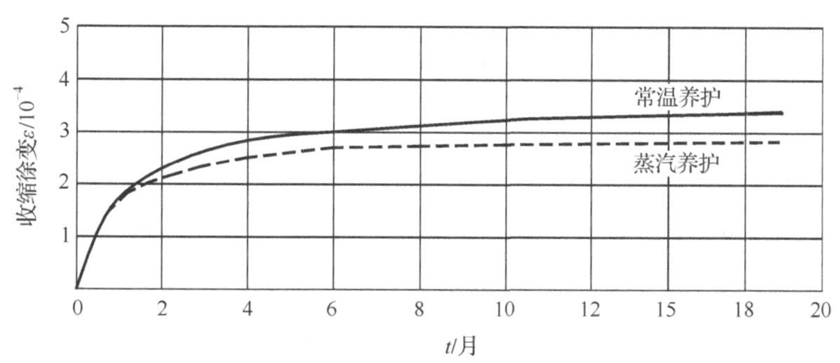

图 2.31　混凝土的收缩

混凝土的收缩与配合比、骨料性质、水泥品种、构件所处的温度和湿度、构件外形及尺寸、混凝土的浇注质量和养护条件等因素有关。水泥用量越多，水灰比越大，收缩就越大；骨料级配好、密度大、弹性模量高、粒径大，收缩就小；构件的养护条件和使用环境的温度越高，收缩越大；相对湿度越低，收缩就越大；混凝土施工振捣越密实，收缩越小；混凝土的最终收缩量还和构件的**体表比**（构件的体积比表面积）有关，体表比较小（表面积大）的构件，收缩量较大。

混凝土的收缩对钢筋混凝土结构有着不利的影响。在支座或内部钢筋的约束下，混凝土收缩将产生拉应力，甚至会引起混凝土的开裂；混凝土的收缩会引起预应力的损失；

对跨度变化比较敏感的超静定结构(如拱等),混凝土的收缩还将产生不利于结构的内力。在实际工程中,要采取一定的措施减小混凝土收缩的不利影响,如优化混凝土配合比,加强养护(如采用蒸汽养护等),施工中设置施工缝、后浇带、加强施工振捣等措施。另外,采用微膨胀混凝土也是降低混凝土收缩的有效措施。

一般情况下混凝土的膨胀值要比收缩值小得多,且混凝土的膨胀往往是有利的,故可不予考虑。

2) 混凝土的温度变形

混凝土在热性能上也呈现热胀冷缩的特性。当温度下降时混凝土的体积会收缩(也称为**冷缩**);当冷缩受到约束时,混凝土就会产生拉应力,甚至开裂。

混凝土的温度变形也常常称为温度收缩变形,它主要取决于混凝土的**线膨胀系数**和温度变化的程度。我国《规范》取混凝土的**线膨胀系数** $\alpha_c=(1.0\sim1.5)\times10^{-5}/℃$,若温度降低15℃,则会产生$(1.5\sim2.25)\times10^{-4}$的温度收缩应变。而混凝土开裂时的拉应变为$(0.5\sim2.7)\times10^{-4}$,可见温度收缩足以使混凝土开裂。

大体积混凝土在浇注初期,水泥的水化会产生大量的水化热,如果散热条件不好,混凝土内部温度将大幅度提高。而当温度降低时,混凝土就会产生温度收缩应力,此时混凝土的强度又较低,因此常常会使混凝土产生裂缝。大体积混凝土(如大坝、基础工程等)结构一般不允许出现裂缝,因此,必须采取适当的技术措施来控制温升带来的温度变形。工程中通过正确地选择材料、配合比、养护条件和施工方案,配置适当的构造钢筋等措施来减小温度变化对结构的不利影响。但对温度变化比较敏感的混凝土结构,要计算由于温度变化产生的应力。

2.3 钢筋与混凝土的黏结

2.3.1 黏结的作用和分类

钢筋和混凝土能够有效地结合在一起共同工作,除了两者之间有相近的线膨胀系数外,其主要是因为两者之间存在良好的黏结力,在外荷载作用下,两者之间能有效地进行力的传递。为了保证钢筋不被从混凝土中拔出或压出,还需要钢筋具有良好的锚固性能。可见,**黏结**与**锚固**是钢筋和混凝土能够共同工作的基础。

钢筋混凝土构件(或结构)受力后,会沿钢筋和混凝土的接触面上产生剪应力,通常把这种剪应力称为**黏结应力**。正是由于这种剪应力的存在,使得钢筋和周围混凝土之间的内力得到传递。

根据钢筋混凝土构件中钢筋受力情况的不同,钢筋与混凝土之间的黏结应力的类型(图2.32)可分为两类。第一类是钢筋的**锚固黏结应力**或**延伸黏结应力**,如图2.32(a)所示。受拉钢筋必须有足够的锚固长度,以便通过这段长度上黏结应力的积累,使钢筋建立起所需的拉力。第二类是混凝土构件**裂缝间的黏结应力**,如图2.32(b)所示。在两个开裂截面之间,钢筋应力的变化受到黏结应力的影响,其变化的幅度反映了裂缝间混凝土参加工作的程度。

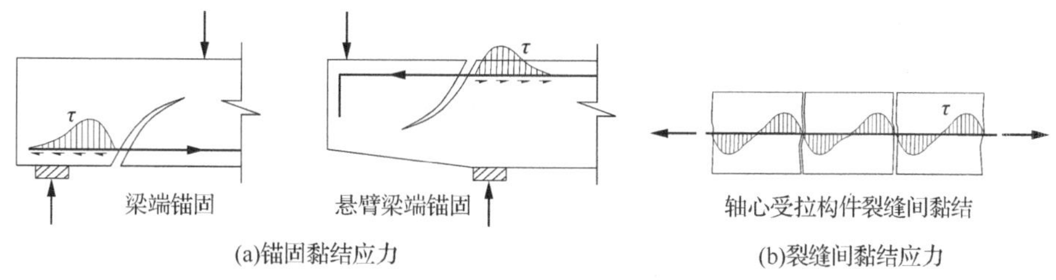

图 2.32　黏结应力的类型

2.3.2　黏结力的组成

钢筋和混凝土的黏结力主要由三部分组成。

一是**化学胶结力**。在混凝土浇筑时，由于水泥浆体向钢筋表面氧化层的渗透，以及水化过程中水泥晶体的生长和硬化，从而使水泥胶体和钢筋表面产生化学吸附胶着作用，这种作用也称为化学胶结力。化学胶结力一般很小，仅在钢筋和混凝土之间无相对滑移时才起作用，一旦发生滑移，该力立即消失。

二是**摩擦力**。摩擦力是由于混凝土收缩握紧钢筋而产生的握裹力。摩擦力的大小取决于握裹力和钢筋与混凝土接触面的摩擦系数(即钢筋表面的粗糙程度)。

三是**机械咬合力**。光面钢筋表面凹凸不平、变形钢筋肋间嵌入混凝土而形成的机械咬合作用形成了钢筋与混凝土之间的机械咬合力。

光面钢筋的黏结力主要来自化学胶结力和摩擦力，变形钢筋的黏结力主要来自机械咬合力。光面钢筋表面的自然凹凸程度较小，机械咬合力也不大。因此，光面钢筋与混凝土的黏结强度较低，一般采用钢筋端部设置弯钩或附加锚固措施增加钢筋与混凝土的黏结力。光面钢筋表面的轻度锈蚀有利于增加摩擦力，但增加有限。

变形钢筋可显著增加钢筋和混凝土之间的机械咬合作用，从而大大提高黏结力。图 2.33 所示为变形钢筋与混凝土机械咬合作用的受力机理。钢筋受力后，其凸肋对混凝土产生斜向挤压力，斜向挤压力可分解为轴向分力和径向分力。轴向分力使钢筋周围的混凝土产生水平拉力和剪力，径向分力使混凝土产生环向拉力。当荷载增加时，斜向挤压力使肋顶前方的混凝土产生内部斜向锥形裂缝，而径向分力将使钢筋周围的混凝土产生径向裂缝。变形钢筋外围混凝土的内裂缝如图 2.33 所示。

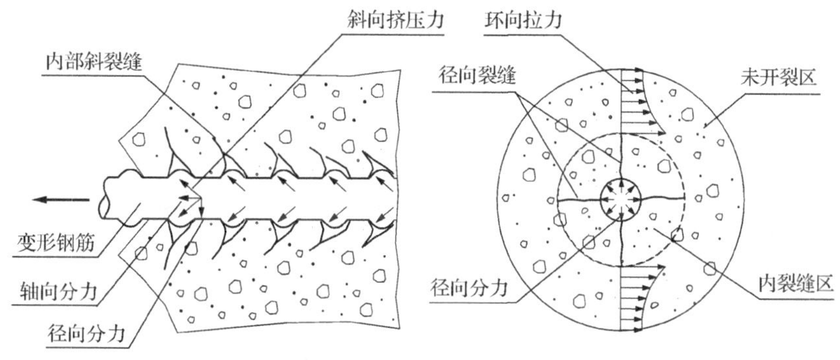

图 2.33　变形钢筋外围混凝土的内裂缝

2.3.3　黏结强度

钢筋与混凝土的黏结强度通常采用**拔出试验**和**梁式试验**来测定,如图 2.34 所示。

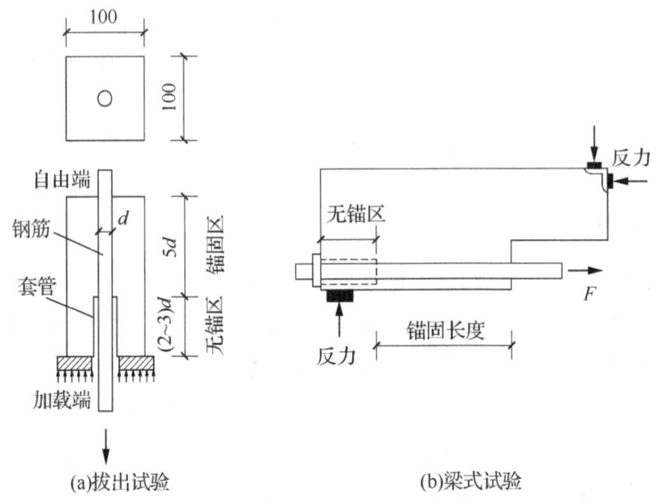

图 2.34　黏结强度试验

各类钢筋拔出试验得出的典型黏结应力 τ 与加载端滑移 s 关系曲线见图 2.35。可见,光面钢筋和刻痕钢丝的黏结强度较低,变形钢筋的黏结强度较高;不同表面特征的变形钢筋的黏结强度差异较大。等高肋钢筋的初始滑移刚度和黏结强度高,但下降段陡,后期黏结强度降低较快,延性较差;月牙肋钢筋的初始滑移刚度和黏结强度有所降低,但下降段平缓,后期黏结强度降低较慢,延性较好;旋扭形钢筋和钢绞线的初始滑移刚度和黏结强度较低,但后期黏结强度不降低,延性很好;螺旋肋钢筋的初始滑移刚度、黏结强度和延性均很高。

不同强度等级混凝土的 τ-s 关系曲线见图 2.36。随着混凝土强度的提高,黏结锚固性能有较大的改善,黏结强度增加,相对滑移量减小。

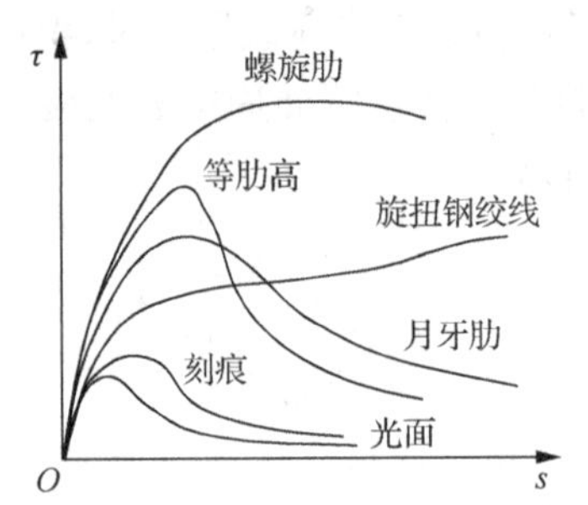

图 2.35　各种钢筋的 τ-s 关系曲线

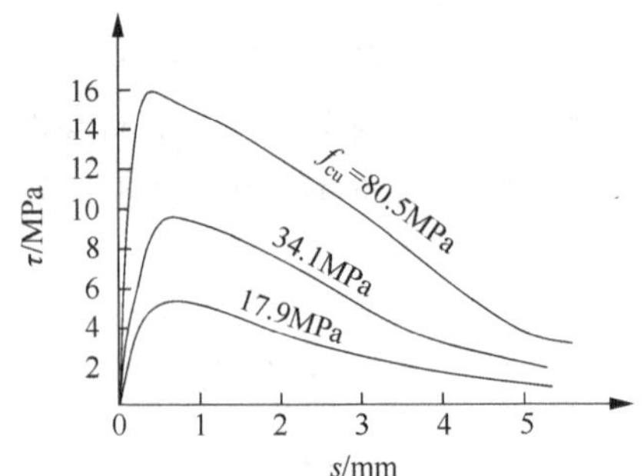

图 2.36　不同强度混凝土的 τ-s 关系曲线

钢筋受力后,由于钢筋与混凝土的黏结作用,钢筋的应力发生变化,其变化率取决于黏结力的大小。钢筋和混凝土黏结应力的计算如图 2.37 所示。图中示出钢筋端部的锚固黏结,取微段 $\mathrm{d}x$ 来分析,任何一段钢筋两端的应力差,都由其表面的纵向剪力(即黏结

力)τ 来平衡。根据平衡条件，可得

$$\sigma_s A_s + \tau d \pi \mathrm{d}x = \sigma_s A_s + d\sigma_s A_s$$

$$\tau = \frac{\mathrm{d}\sigma_s A_s}{\pi d \mathrm{d}x} = \frac{\frac{1}{4}\pi d^2}{\pi d} \frac{\mathrm{d}\sigma_s}{\mathrm{d}x} = \frac{d}{4} \cdot \frac{\mathrm{d}\sigma_s}{\mathrm{d}x}$$

式中：τ——微段 $\mathrm{d}x$ 上的平均黏结应力，即钢筋表面上的剪应力；

A_s——钢筋的截面面积；

d——钢筋直径。

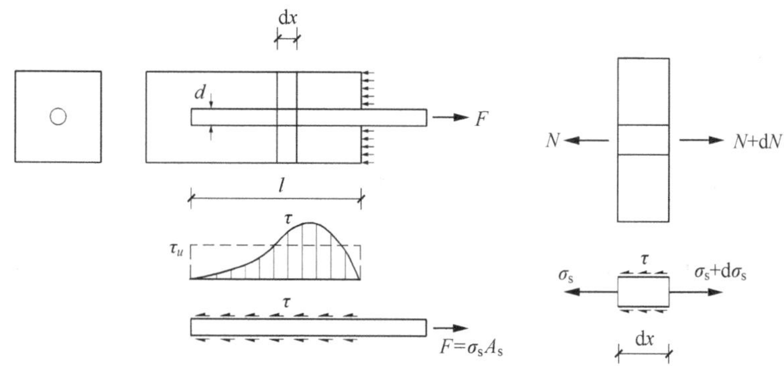

图 2.37　钢筋和混凝土黏结应力的计算

黏结破坏(钢筋拔出或混凝土劈裂)时，钢筋与混凝土接触面上的最大平均黏结应力为 τ_u，也称为**黏结强度**。设拔出力 F 为钢筋的拉力，即 $F=\sigma_s A_s$，则

$$\tau_u = \frac{F}{\pi d l} = \frac{\sigma_s A_s}{\pi d l} \tag{2.28}$$

式中：l——钢筋的埋入长度。

2.3.4　影响黏结强度的主要因素

影响钢筋与混凝土黏结强度的因素很多，主要有以下几个方面。

1. *混凝土强度*

光面钢筋和变形钢筋的黏结强度均随混凝土强度的提高而提高。试验表明，黏结强度与混凝土的抗拉强度 f_t 成比例，但不与立方体抗压强度 f_{cu} 成正比(图 2.38)。

2. *保护层厚度和钢筋净距*

混凝土保护层是指钢筋外皮(有箍筋时指箍筋外皮)至构件表面的最小距离(用 c 表示)。增加保护层厚度，可以提高外围混凝土的抗劈裂能力，从而提高了钢筋和混凝土间的黏结应力。

钢筋与混凝土的黏结破坏还与钢筋的净距 s 有关。当钢筋之间的净距 $s > 2c$ 时，可能发生保护层劈裂；当钢筋之间的净距 $s < 2c$ 时，可能发生水平劈裂而导致整个保护层崩落，黏结强度显著降低，钢筋净距与保护层厚度如图 2.39 所示。

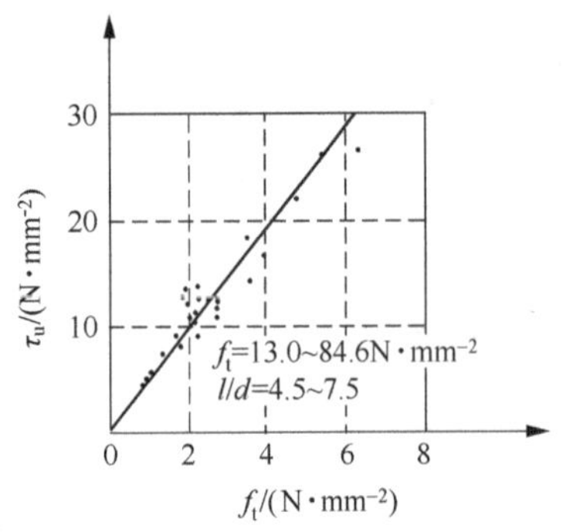

图 2.38　黏结强度与混凝土抗拉强度

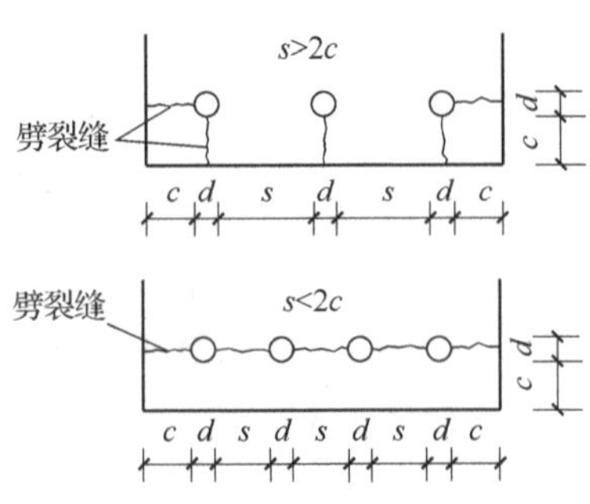

图 2.39　钢筋净距与保护层厚度

3. 钢筋的直径和表面特征

钢筋直径越大，其相对黏结面积就越小，越不利于钢筋与混凝土之间的黏结；反之，钢筋直径越小，其相对黏结面积就越大，钢筋与混凝土之间的黏结越好。

变形钢筋的黏结强度比光面钢筋的高，因此变形钢筋所需的锚固长度比光面钢筋的要短，而光面钢筋的锚固端头则需要做弯钩以提高黏结强度。

4. 横向钢筋

横向钢筋(如梁中的箍筋、弯起钢筋以及附加钢筋等)可以延缓径向劈裂裂缝的发展，限制裂缝的宽度，从而可以提高黏结强度。

在较大直径钢筋的锚固区或钢筋搭接长度范围内，以及当一排并列的钢筋根数较多时，均应设置一定数量的附加箍筋来抑制劈裂裂缝的产生，防止混凝土保护层的劈裂崩落。

5. 侧向压力

当钢筋的锚固区作用有侧向压应力时，可增强钢筋与混凝土之间的摩擦力，使黏结强度提高。如简支梁端部的锚固，由于支座反力的有利影响，伸入支座的钢筋锚固长度 l_{as} 可适当减少，见图 2.40。

6. 钢筋的位置

黏结强度与浇筑混凝土时钢筋所处的位置也有关系。如图 2.41 所示，位于顶部的水

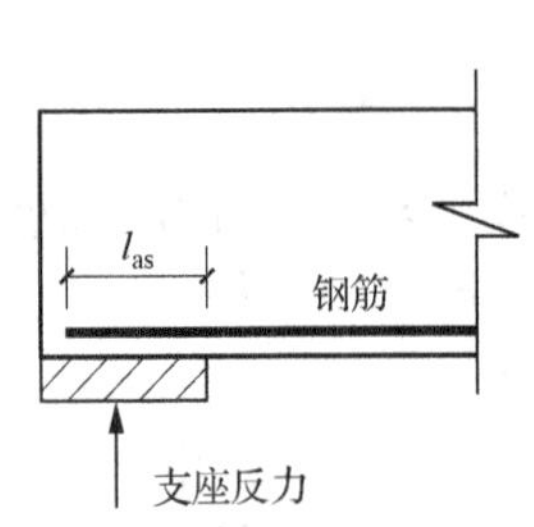

图 2.40　钢筋在支座处的锚固

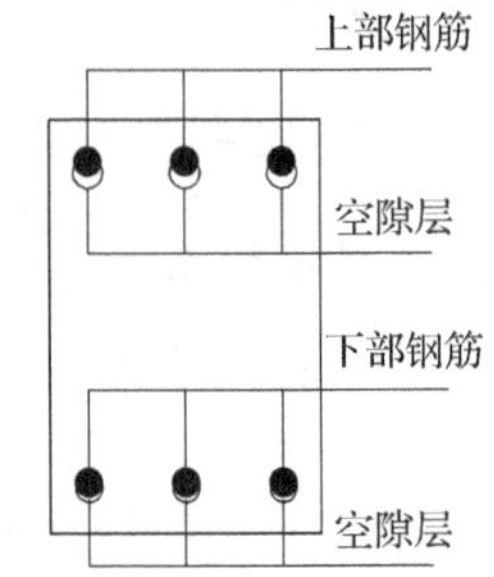

图 2.41　钢筋位置的影响

平钢筋，其下面的混凝土由于水分、气泡的逸出和骨料泌水下沉，与钢筋间形成了空隙层，从而削弱了钢筋与混凝土的黏结作用；下部水平钢筋的空隙层明显小于上部钢筋，因此下部钢筋与混凝土的黏结强度要高于上部钢筋的。

此外，凡是对混凝土质量和强度有影响的因素，如混凝土的坍落度、振捣质量、养护条件、各种扰动等，都对钢筋与混凝土之间的黏结性能有一定影响。

2.3.5　钢筋的锚固

为了保证钢筋与混凝土之间有足够的黏结强度，必须保证钢筋有一定的锚固长度。当钢筋受拉达到屈服强度（$\sigma_s=f_y$），且未发生黏结破坏，该临界情况下的锚固长度称为**基本锚固长度**，用 l_{ab} 表示。由式(2.28)得

$$l_{ab}=\frac{f_y A_s}{\tau_u \pi d}=\frac{1}{4}\cdot\frac{f_y}{\tau_u}d$$

由于黏结强度 τ_u 与混凝土的抗拉强度 f_t 基本成线性关系，同时考虑基本锚固长度与钢筋强度、混凝土强度、钢筋直径及外形的关系，基本锚固长度的计算公式为

$$l_{ab}=\alpha\frac{f_y}{f_t}d \text{ 或 } l_{ab}=\alpha\frac{f_{py}}{f_t}d \tag{2.29}$$

式中：f_y、f_{py}——普通钢筋、预应力钢筋的抗拉强度设计值；

f_t——混凝土轴心抗拉强度设计值，当混凝土的强度等级高于 C60 时，按 C60 取值；

d——锚固钢筋的直径；

α——锚固钢筋的外形系数，按表 2.7 取用。

表 2.7　锚固钢筋的外形系数

钢筋类型	光面钢筋	带肋钢筋	螺旋肋钢丝	三股钢绞线	七股钢绞线
外形系数 α	0.16	0.14	0.13	0.16	0.17

注：光圆钢筋末端应做 180°弯钩，弯后平直段长度不应小于 $3d$，但作受压构件时可不做弯钩。

一般情况下，受拉钢筋的锚固长度可取基本锚固长度。考虑各种影响钢筋与混凝土黏结锚固强度的因素，当采取不同的埋置方式和构造措施时，锚固长度应按下式计算为：

$$l_a=\zeta_a l_{ab} \tag{2.30}$$

式中：l_a——**受拉钢筋的锚固长度**；

ζ_a——**锚固长度修正系数**，按下面规定取用，当多于一项时，可按连乘计算，但不应小于 0.6；对预应力钢筋，可取 1.0。

纵向受拉普通钢筋的锚固长度修正系数 ζ_a 应按下列规定取用：

(1) 当带肋钢筋的公称直径大于 25mm 时取 1.10。

(2) 环氧涂层钢筋取 1.25。

(3) 施工过程中易受扰动的钢筋取 1.10。

(4) 锚固钢筋的保护层厚度为 $3d$ 时，修正系数可取 0.80；保护层厚度为 $5d$ 时，修正系数可取 0.70，中间按内插法取值，此处 d 为锚固钢筋的直径。

(5) 当纵向受力钢筋的实际配筋面积大于其设计计算面积时，修正系数取设计计算面积与实际配筋面积的比值，但对有抗震设防要求及直接承受动力荷载的结构构件，不应考虑此项修正。

(6) 当纵向受拉普通钢筋末端采用弯钩或机械锚固措施时，包括弯钩或锚固端头在内的锚固长度(投影长度)可取为基本锚固长度 l_{ab} 的 60%。弯钩和机械锚固的形式、技术要求如图 2.42 所示，两者均符合相应的技术要求。

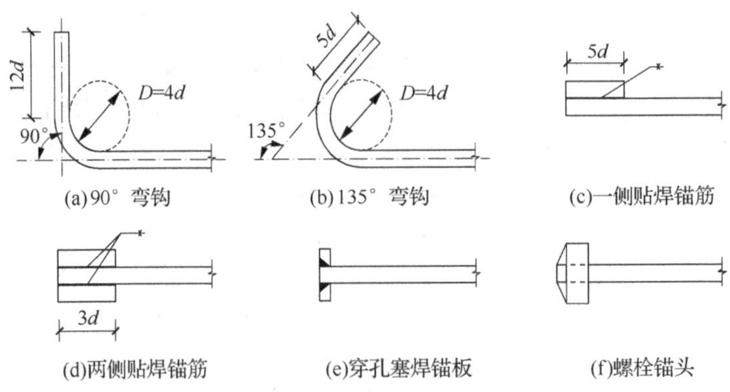

图 2.42 弯钩和机械锚固的形式、技术要求

经修正的锚固长度不应小于基本锚固长度的 0.6 倍且不小于 200mm。

混凝土结构中的纵向受压钢筋，当计算中充分利用其抗压强度时，锚固长度不应小于相应受拉锚固长度的 0.7 倍。

受压钢筋不应采用末端弯钩和一侧贴焊锚筋的锚固措施。

承受动力荷载的预制构件，应将纵向受力普通钢筋末端焊接在钢板或角钢上，钢板或角钢应可靠地锚固在混凝土中。钢板或角钢的尺寸应按计算确定，其厚度不宜小于 10mm。

钢筋的锚固可参阅《规范》8.3.1～8.3.5 条。

此外，钢筋在不同结构位置的锚固、钢筋的搭接长度、钢筋的延伸长度等都与黏结应力有关，其长度是在锚固长度 l_a 的基础上加以修正，将在今后陆续讲授。

当钢筋长度不够需要接头时，可采用搭接接头。纵向钢筋的搭接实际上是通过黏结应力将一根钢筋的拉力传递给另一根钢筋(图 2.43)。为了保证受力钢筋间的传力性能，相关规范规定了受拉钢筋绑扎搭接接头的搭接长度，应根据位于同一连接区段内的钢筋搭接接头面积百分率进行计算，具体见第 5 章第 5.5 节。

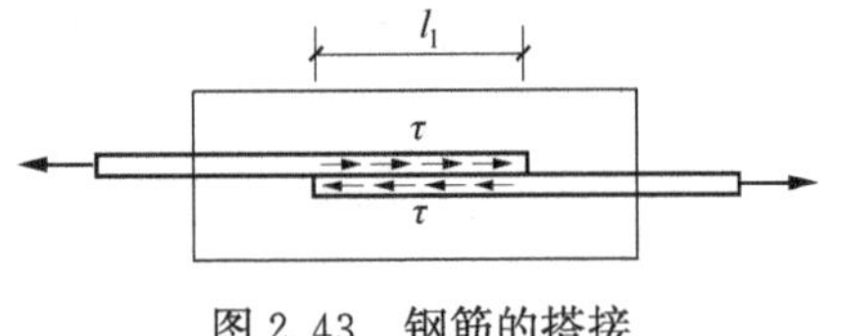

图 2.43 钢筋的搭接

小　结

(1) 我国用于钢筋混凝土结构和预应力混凝土结构中的钢筋或钢丝可分为热轧钢筋、中强度预应力钢丝、预应力螺纹钢筋、消除应力钢丝和钢绞线等。根据钢筋单调受拉时应力-应变关系特点的不同，可分为有明显屈服点的钢筋和无明显屈服点的钢筋。对于有明显屈服点的钢筋，取屈服强度作为强度设计指标；而对于无明显屈服点的钢筋，则取残余应变为 0.2%时所对应的应力 $\sigma_{0.2}$ 作为强度设计指标，称为条件屈服强度。

(2) 钢筋的力学性能指标有屈服强度、极限抗拉强度、伸长率和冷弯性能等。混凝土结构对钢筋性能的基本要求有强度、塑性、可焊性以及与混凝土的黏结强度等。

(3) 混凝土的立方体抗压强度是衡量混凝土强度的基本指标用 $f_{cu,k}$ 表示。我国采用立方体抗压强度作为评定混凝土强度等级的标准。混凝土轴心抗压强度能更好地反映混凝土构件的实际受力情况。混凝土的抗拉强度也是其基本力学性能指标之一，可用轴心拉伸试验和劈裂抗拉试验测定。

在复合应力状态下，混凝土的强度和变形性能有明显的变化。混凝土双向受压时，一向的抗压强度随另一向压应力的增大而增大，最大抗压强度发生在两个应力比 σ_1/σ_2(或 σ_2/σ_1)为 0.5 左右时，其强度比单向抗压强度增加近 30%。混凝土在三向受压状态下强度和变形能力都有很大程度的提高。

(4) 混凝土的应力-应变关系是混凝土力学性能的一个重要方面，它是钢筋混凝土构件进行截面应力分析，建立强度和变形计算理论所必不可少的依据。混凝土一次短期加载时的应力-应变全曲线分为上升段和下降段两个部分。混凝土的变形模量有弹性模量(原点模量)E_c、变形模量(割线模量)E'_c和切线模量 E''_c等几种表示方法。

(5) 混凝土在荷载的长期作用下产生随时间增长而增长的变形称为徐变。影响混凝土徐变的因素很多，主要有内在因素、环境影响和应力条件三类。徐变将使构件的变形增加，在钢筋混凝土截面引起应力重分布，在预应力混凝土构件中将引起预应力损失。在某些情况下，徐变可减少由于支座不均匀沉降而产生的应力，并可延缓收缩裂缝的出现。

(6) 混凝土在空气中硬化时体积收缩，在水中硬化时体积膨胀。收缩是一种随时间增长而增长的变形，混凝土的收缩受到约束时将产生收缩拉应力，加速裂缝的出现和开展。在预应力混凝土结构中，混凝土的收缩将导致预应力的损失。

(7) 钢筋和混凝土能够共同工作，主要是依靠钢筋和混凝土之间的黏结应力。钢筋和混凝土的黏结力主要由化学胶结力、摩擦力和机械咬合力三部分组成。影响钢筋与混凝土黏结强度的因素主要有混凝土强度、保护层厚度、钢筋浇筑位置、钢筋净间距、钢筋表面特征、横向钢筋和横向压力等。为了保证钢筋与混凝土之间的可靠黏结，钢筋必须有一定的锚固长度。钢筋采用绑扎搭接时，要满足搭接长度的要求。

思 考 题

2.1　我国用于钢筋混凝土结构和预应力混凝土结构中的钢筋或钢丝有哪些种类?

举例说明热轧钢筋牌号的构成及其含义。

2.2 有明显屈服点的钢筋和无明显屈服点的钢筋的应力-应变关系有什么不同？分别给出其应力-应变关系的数学表达式。为什么将屈服强度作为强度设计指标？无明显屈服点的钢筋的屈服强度如何确定？

2.3 混凝土结构用钢筋应检验哪些力学性能指标？混凝土结构对钢筋性能有哪些基本要求？我国《规范》对混凝土结构钢筋的选用有哪些要求？

2.4 混凝土的立方体抗压强度、棱柱体抗压强度和抗拉强度是如何确定的？它们之间有什么关系？说明混凝土试件的尺寸、试验方法和养护条件对其强度的影响。

2.5 混凝土在复合应力状态下的强度有哪些特点？

2.6 在同一个坐标系内，画出单轴受压和单轴受拉时混凝土的应力-应变全曲线。在曲线上标出主要特征点，并说明各特征点的主要特征。

2.7 混凝土的变形模量有几种表示方法？它们有什么实际作用？混凝土的弹性模量是如何确定的？

2.8 什么是混凝土的疲劳破坏？疲劳破坏时应力-应变曲线有何特点？

2.9 什么是混凝土的徐变？影响混凝土徐变的因素有哪些？徐变产生的原因有哪些？徐变对普通混凝土结构和预应力混凝土结构有何影响？

2.10 混凝土的收缩变形有哪些特点？影响混凝土收缩的主要因素有哪些？其对混凝土结构有哪些影响？

2.11 钢筋和混凝土之间的黏结力主要由哪几部分组成？影响钢筋与混凝土黏结强度的因素主要有哪些？

2.12 钢筋的锚固长度是如何确定的？如果不满足钢筋锚固长度，应采取哪些措施？

习　题

一、选择题

2.1 《混凝土结构设计规范(2015 年版)》(GB 50010—2010)中混凝土强度的基本代表值是____。

A. 立方体抗压强度设计值　　B. 立方体抗压强度标准值

C. 轴心抗压强度标准值　　D. 轴心抗压强度设计值

2.2 混凝土各种强度指标就其数值从大到小的顺序是____。

A. $f_{cu,k} > f_t > f_c > f_{t,k}$　　B. $f_{cu,k} > f_c > f_{t,k} > f_t$

C. $f_{cu,k} > f_c > f_t > f_{t,k}$　　D. $f_c > f_{cu,k} > f_{t,k} > f_t$

2.3 混凝土立方体抗压强度的标准值是由立方体抗压试验后的____。

A. 平均值 μ 确定　　B. $\mu - 2\sigma$ 确定

C. $\mu - 1.645\sigma$ 确定　　D. $\mu + 1.645\sigma$ 确定

2.4 下列对混凝土双向受力的描述，不正确的是____。

A. 双向抗拉强度接近于单向抗拉强度

B. 一拉一压时抗拉强度也随压应力的增大而降低

C. 双向受压的最大抗压强度发生在两个应力 $\sigma_1=\sigma_2$ 时

D. 双向受压的最大抗压强度增加(25～30)％

2.5 在其他条件相同的情况下，同一混凝土试块在双向受压状态下所测得的抗压强度比单向受压状态下所测得的抗压强度值高的主要原因是____。

A. 双向受压时的外压力比单向受压时大

B. 双向受压时混凝土的横向变形受约束

C. 双向受压时的纵向压缩变形比单向受压时小

D. 双向受压时混凝土的“套箍作用”更加明显

2.6 混凝土柱受轴向压力的同时又受水平剪力，此时受压混凝土的抗剪强度____。

A. 随轴压力增大而增大

B. 随轴压力超过某值后将减小，当达 f_c 时，抗剪强度为零

C. 随轴压力增大，抗剪强度减小，但混凝土抗压强度不变

D. 轴压力的变化基本不会影响混凝土抗剪强度

2.7 混凝土受压时的弹性系数是指____。

A. 塑性应变与总应变之比　　B. 弹性应变与总应变之比

C. 总应变与塑性应变之比　　D. 总应变与弹性模量之比

2.8 在混凝土应力-应变全曲线上，混凝土长期抗压强度是取____。

A. 比例极限点强度　　B. 临界点强度

C. 峰值点强度　　D. 拐点强度

2.9 对不同强度等级的混凝土试块，在相同的条件下进行抗压试验所测得的应力-应变曲线可以看出____。

A. 曲线的峰值越高，下降段越陡，延性越好

B. 曲线的峰值越低，下降段越缓，延性越好

C. 曲线的峰值越高，混凝土的极限压应变越大

D. 混凝土峰值越高，残余强度也越高

2.10 混凝土的割线模量 E'_c 与弹性模量 E_c 的关系式为 $E'_c=\gamma E_c$，在压应力-压应变曲线的上升段时____。

A. $\gamma>1$　　B. $\gamma<1$　　C. $\gamma=1$　　D. $\gamma=0$

2.11 下列关于混凝土弹性模量的描述，正确的是____。

A. 在混凝土开裂前的应力分析中要用到混凝土的弹性模量

B. 混凝土的弹性模量与混凝土立方体抗压强度标准值成正比关系

C. 混凝土的弹性模量与混凝土抗拉强度标准值成正比

D. 混凝土的弹性模量可以通过计算应力-应变曲线原点切线的斜率得到

2.12 混凝土的徐变系数是指____。

A. 徐变应变与瞬时应变的比值　　B. 徐变应变与总应变的比值

C. 徐变应变与瞬时恢复应变的比值　　D. 徐变变形与残余变形的比值

2.13 在钢筋混凝土轴心受压构件中混凝土的徐变将使____。

A. 钢筋应力增大，混凝土应力减小　　B. 钢筋应力增大，混凝土应力增大

C. 钢筋应力减小,混凝土应力增大　　D. 钢筋应力不变,混凝土应力减小

2.14　混凝土的水灰比越大,水泥用量越多,则____。

A. 徐变及收缩值越大　　B. 徐变及收缩值越小

C. 徐变及收缩值基本不变　　D. 徐变值越大,而收缩值越小

2.15　下列减小混凝土徐变的措施正确的是____。

A. 加大水泥用量,提高养护时的温度和湿度

B. 加大骨料用量,提高养护时的温度,降低养护时的湿度

C. 延迟加载时的龄期,降低养护时的湿度和温度

D. 减小水泥用量,提高养护时的温度和湿度

2.16　混凝土的塑性收缩是指____。

A. 混凝土硬化初期水泥石凝固结硬过程中产生的体积变形

B. 混凝土终凝后内部自由水分蒸发而引起的变形

C. 混凝土在不受外力情况下的体积变化产生的变形

D. 混凝土在水中或潮湿的环境中结硬过程中产生的体积变形

2.17　有明显屈服点钢筋的性能指标包括:①极限抗拉强度;②屈服点;③伸长率;④冷弯试验,其中检验塑性的指标是____。

A. 极限抗拉强度　　B. 极限抗拉强度和伸长率

C. 伸长率　　D. 伸长率和冷弯试验

2.18　钢筋与混凝土之间的黏结强度____。

A. 随外荷载增大而增大

B. 随钢筋埋入混凝土中的长度增加而增大

C. 随混凝土强度等级提高而增大

D. 随钢筋强度增加而增大

2.19　下列对钢筋与混凝土黏结强度的描述正确的是____。

A. 钢筋直径越大,相对黏结面积增大,有利于黏结强度,锚固长度越短

B. 横向钢筋(如梁中的箍筋、弯起钢筋以及附加钢筋等)对黏结强度没有影响

C. 当钢筋的锚固区作用有侧向压应力时,使黏结强度提高

D. 浇筑混凝土时钢筋所处的位置对黏结强度没有影响

2.20　《规范》规定了受拉钢筋绑扎搭接接头的搭接长度,应根据位于同一连接区段内的钢筋搭接接头面积百分率按公式计算,且不应小于____。

A. 150mm　　B. 200mm　　C. 250mm　　D. 300mm

二、判断题(正确的画"√",错误的画"×")

2.21　水泥凝胶体是混凝土产生塑性变形的根源,并起着调整和扩散混凝土应力的作用。　　(　　)

2.22　在粗骨料与水泥胶块的接触面上以及水泥胶块内部易形成微裂缝,它是混凝土内最薄弱的环节。　　(　　)

2.23　对于同一强度等级的混凝土,试件尺寸越大,测得的强度越高。　　(　　)

2.24　混凝土的立方体抗压强度比轴心抗压强度要能更好地反映混凝土的实

际抗压能力。（　　）

2.25　混凝土立方体抗压强度的标准值 $f_{cu,k}$ 可用下式表示，即 $f_{cu,k}=f_{cu,m}(1+1.645\delta)$。（　　）

2.26　混凝土双向受压最大抗压强度发生在两个应力比 σ_1/σ_2（或 σ_2/σ_1）为 1.0 左右时。（　　）

2.27　混凝土的应力-应变曲线随着混凝土强度的提高，弹性阶段增加，峰值应力增大，峰值应变减小。（　　）

2.28　混凝土轴向受拉时的应力-应变关系曲线原点切线斜率与受压时不一致，因此混凝土受压和受拉不能采用相同的弹性模量 E_c。（　　）

2.29　混凝土由于徐变、收缩、膨胀和温度变化产生的变形通常称为非受力变形。（　　）

2.30　水灰比越大，混凝土的徐变和收缩也越大。（　　）

2.31　混凝土收缩与水泥用量有关，水泥用量越高，收缩越小。（　　）

2.32　一般说来，收缩值要比膨胀值大得多。混凝土的膨胀往往是有利的，可不予考虑。（　　）

2.33　钢筋伸长率是采用钢筋最大力下的总伸长率（均匀伸长率）δ_{gt} 来表示，它既能反映钢筋的残余变形，又能反映钢筋的弹性变形。（　　）

2.34　通常认为，在外力作用下钢筋发生疲劳断裂是由于钢筋内部和外表面的缺陷引起应力集中，钢筋中晶粒发生滑移，产生疲劳裂纹，最后断裂。（　　）

2.35　对钢筋冷拉可提高其抗拉强度和变形能力。（　　）

2.36　黏结应力实际上是钢筋与混凝土接触面上的剪应力。（　　）

2.37　由于钢筋与混凝土黏结应力的存在，使得构件中钢筋应力和应变沿钢筋长度发生变化。（　　）

2.38　黏结破坏（钢筋拔出或混凝土劈裂）时，钢筋与混凝土接触面上的最大平均黏结应力称为黏结强度。（　　）

2.39　当侧向约束压应力不太高时，其存在可有效地提高钢筋与混凝土之间的黏结强度。（　　）

2.40　混凝土结构中的纵向受压钢筋，当计算中充分利用其抗压强度时，受压钢筋的锚固长度不应小于相应受拉锚固长度的 0.7 倍。（　　）

三、计算题

2.41　已知某工程采用 HRB400 级带肋钢筋，直径为 28mm，混凝土标号为 C30，滑升模板施工。

求：(1) 受拉钢筋的锚固长度。

(2) 受压钢筋的锚固长度。

2.42　某海工工程采用 HRB400 级钢筋，直径为 20mm，为了防止钢筋锈蚀，钢筋表面涂有环氧涂层，混凝土标号为 C35，混凝土保护层厚度为 60mm。

求：(1) 受拉钢筋的基本锚固长度。

(2) 受拉钢筋的锚固长度。

第 3 章　混凝土结构设计方法

本章提要

(1) 结构的功能要求、设计使用年限、结构的安全等级。

(2) 结构上的作用、作用效应、结构抗力和材料强度取值。

(3) 结构的极限状态方程、可靠度、失效概率和可靠指标。

(4) 结构的极限状态,设计状况;承载能力极限状态、正常使用极限状态的实用设计表达式,以及耐久性极限状态。

3.1　结构设计的基本规定

3.1.1　结构功能要求

《建筑结构可靠性设计统一标准》(GB 50068—2018)提出结构的设计、施工和维护应使结构在规定的设计使用年限内以适当的可靠度满足规定的各项功能要求。据此,结构应满足的功能要求包括以下几点。

(1) **能承受在施工和使用期间可能出现的各种作用。**

(2) **保持良好的使用性能。**

(3) **具有足够的耐久性能。**

(4) 当发生火灾时,在规定的时间内可保持足够的承载力。

(5) 当发生**爆炸、撞击、人为错误等偶然事件时,结构能保持必需的整体稳固性,不出现与起因不相称的破坏后果,防止出现结构的连续倒塌。**

上述结构的功能要求,主要包括结构的安全性、适用性和耐久性。

1. 安全性

结构能承受在正常施工和正常使用期间可能出现的各种作用,包括各种荷载、外加变形(如超静定结构的支座不均匀沉降)、约束变形(如温度变化或混凝土收缩引起的构件变形受到约束时)、爆炸、撞击、人为错误等偶然事件等,即上述功能的(1)、(4)和(5)项内容。

2. 适用性

结构在正常使用过程中应保持良好的使用性能,如不出现过大的变形(挠度、侧移)、永久变形、过大振动(频率、振幅)或过宽的裂缝等。

3. 耐久性

结构在正常使用和正常维护条件下,应具有足够的耐久性。所谓足够的耐久性,是指结构在规定的工作环境中，在预定时期内，其材料性能的恶化不致导致结构出现不可接受的失效概率。从工程概念上讲，足够的耐久性就是指在正常的维护条件下结构能够正常使用到规定的设计使用年限。如钢筋锈蚀不致使构件表面产生锈胀裂缝、构件表面不致出现可见的耐久性损伤(酥裂、粉化等)等。

安全性、适用性和耐久性是结构可靠的标志，总称为结构的可靠性。即结构在规定的时间内(设计使用年限，一般为50年)，在规定的条件下(正常设计、正常施工、正常使用和维护)，完成预定功能的能力。

3.1.2 结构的设计使用年限

设计规定的结构或结构构件不需进行大修即可按预定目的使用的年限。设计使用年限是设计规定的一个时段，在这一规定时段内，结构只需进行正常的维护而不需进行大修就能按预期目的使用，完成预定的功能，即建筑结构在正常使用和维护下所应达到的使用年限，如达不到这个年限则意味着在设计、施工、使用与维护的某一或某些环节上出现了非正常情况，应查找原因。所谓"正常维护"包括必要的检测、防护及维修。

建筑结构的设计使用年限，应按表3.1采用。

表3.1　建筑结构的设计使用年限

类别	设计使用年限(a)	示例
1	5	临时性建筑结构
2	25	易于替换的结构构件
3	50	普通房屋和构筑物
4	100	标志性建筑和特别重要的建筑结构

注:特殊建筑结构的设计使用年限可另行规定。

要注意结构的**设计使用年限、设计基准期和使用年限**之间的关系。

设计基准期是为确定可变作用的取值而规定的标准时段，它不等同于结构的设计使用年限。我国《建筑结构可靠性设计统一标准》(GB 50068—2018)规定的建筑结构的设计基准期为50年，即房屋建筑结构的荷载统计参数是按设计基准期50年确定的。

设计使用年限和使用年限两者有一定联系，但又不完全相同。当结构的使用年限超过设计使用年限时，并不是结构达到其寿命，只是结构的失效概率可能较设计预期值增大，经过适当维修后，仍可以正常使用，但其继续使用年限需经鉴定来确定。

设计文件中需要标明结构的设计使用年限(GB 50068—2018)(强制性条文)，而无须标明结构的设计基准期、耐久年限、寿命等。

3.1.3 结构的安全等级

建筑结构设计时，应根据结构破坏可能产生的后果即危及人的生命、造成经济损失、对社会或环境产生影响等的严重性，采用不同的安全等级。建筑结构的安全等级的划分应符合表3.2的规定。建筑结构中各类结构构件的安全等级，宜与结构的安全等级相同，对其中部分结构构件的安全等级可进行调整，但不得低于三级。

表 3.2 建筑结构的安全等级的划分

安全等级	破坏后果	示例
一级	很严重:对人的生命、经济、社会或环境影响很大	大型的公共建筑等重要的结构
二级	严重:对人的生命、经济、社会或环境影响较大	普通的住宅和办公楼等一般的结构
三级	不严重:对人的生命、经济、社会或环境影响较小	小型的或临时性贮存建筑等次要的结构

注:建筑结构抗震设计中的甲类建筑和乙类建筑,其安全等级宜规定为一级;丙类建筑,其安全等级宜规定为二级;丁类建筑,其安全等级宜规定为三级。

3.2 结构上的作用、作用效应、结构抗力和材料强度取值

3.2.1 结构上的作用

建筑结构设计时,应考虑结构上可能出现的各种作用和环境影响。**结构上的作用是指施加在结构上的集中力或分布力和引起结构外加变形或约束变形的原因。**根据作用形态的不同,可分为直接作用和间接作用。直接作用是指施加在结构上的集中力或分布力,习惯上常称为荷载,如结构自重、土压力、人员设备重力、风荷载、雪荷载等;间接作用是指引起结构外加变形或约束变形的原因,他不以力的形式出现在结构上的作用,如地面运动、基础沉降、材料收缩、温度变化等。

荷载与作用区别。严格意义上讲,只有直接作用才称为荷载,但工程实践中,人们习惯上把作用统称为荷载,即广义荷载(直接作用也称为直接荷载,间接作用作也称为间接荷载)。结构上的作用主要以荷载为主,所以本书主要讨论荷载。

1. 荷载分类

结构上的荷载可按时间的变化、空间的变化、结构的反应和有无限值等性质进行分类。工程中常用的是按随时间的变化分类,分为永久荷载、可变荷载和偶然荷载。

(1) **永久荷载**。又称为恒荷载或恒载,是指在设计基准期内,其值不随时间变化或其变化与平均值相比可以忽略不计的荷载,或其变化是单调的并能趋于限值的荷载,如结构自重、土压力、预加应力、焊接应力等。

(2) **可变荷载**。又称为活荷载或活载,是指在设计基准期内,其值随时间变化且其变化与平均值相比不可忽略的荷载,如楼面活载、风荷载、雪荷载、吊车荷载、车辆荷载、安装荷载等。

(3) **偶然荷载**。在结构设计基准期内不一定出现,但一旦出现其值很大且持续时间很短的荷载,如爆炸力、撞击力等。

2. 荷载的代表值

建筑结构按不同极限状态设计时,在相应的荷载组合中对可能同时出现的各种荷载,应采用不同的荷载代表值。**永久荷载采用标准值作为代表值;可变荷载应根据设计要求采用标准值、组合值、频遇值和准永久值作为代表值;偶然荷载应按建筑结构使用的特点**

确定其代表值。

1）荷载标准值

荷载标准值是指结构在设计基准期内可能出现的最大荷载值。荷载标准值的取值（图3.1）由设计基准期（50年）内最大荷载概率分布的统计特征值来确定，如均值、众值、中值或较高的分位值（如95%的分位值）。如某荷载设计基准期内最大荷载概率分布为正态分布（图3.1），荷载的标准值应具有95%的保证率，即在设计基准期内超越此标准值的概率为5%，则荷载的标准值 Q_k 为

$$Q_k = \mu_Q + 1.645\sigma_Q = \mu_Q(1 + 1.645\delta_Q) \tag{3.1}$$

式中：μ_Q、σ_Q、δ_Q——荷载的平均值、标准差和变异系数。

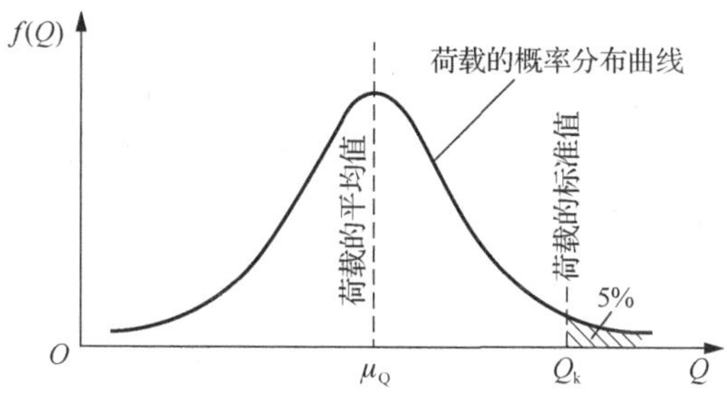

图3.1　荷载标准值的取值

荷载标准值是荷载的基本代表值，其他代表值是在标准值的基础上乘以相应的系数而得到的。

永久荷载标准值。对结构自重，可按结构构件的设计尺寸与材料单位体积的自重计算确定。对于自重变异较大的材料（如现场制作的保温材料、混凝土薄壁构件等），在设计时应根据其对结构有利或不利，分别取其下限值或上限值。对常用材料和构件可参考《建筑结构荷载规范》（GB 50009—2012）附录A的自重确定其标准值，如素混凝土的自重为22～24kN/m^3，钢筋混凝土为24～25kN/m^3，水泥砂浆为20kN/m^3。

可变荷载标准值。《建筑结构荷载规范》（GB50009—2012）中，对于楼面和屋面活荷载、屋面积灰荷载、施工和检修荷载及水平栏杆荷载、吊车荷载、雪荷载、风荷载等可变荷载的标准值规定了具体数值或计算方法，设计时可以直接查用或计算，如教室的楼面均布活荷载标准值为2.5kN/m^2，而楼梯的均布活荷载标准值为3.5kN/m^2（住宅为2.5kN/m^2）。

2）**荷载组合值**

当有两种或两种以上的可变荷载在结构上要求同时考虑时，由于所有可变荷载同时达到其单独出现时可能达到的最大值的概率极小，在结构按承载能力极限状态设计时，除主导荷载（产生最大效应的荷载）采用标准值为代表值外，其他伴随荷载均应采用主导荷载出现时段内的最大量值，也即以小于其标准值的组合值为代表值，即将标准值乘以一个小于或等于1的组合值系数，对荷载标准值进行折减。

荷载组合值＝组合值系数ψ_c×荷载标准值

3）**荷载频遇值**

对可变荷载，在设计基准期内，其超越的总时间为规定的较小比率或超越频率为规定频率的荷载值。其值可通过对可变作用的标准值乘以不大于1的**频遇值系数ψ_f**来表示。

荷载的频遇值＝频遇值系数ψ_f×荷载的标准值。

4）**荷载准永久值**

对可变荷载，在设计基准期内，其超越的总时间约为设计基准期一半的荷载值。其值可通过对可变作用的标准值乘以不大于1的**准永久值系数ψ_q**来表示。

荷载准永久值＝准永久值系数ψ_q×荷载标准值

正常使用极限状态计算时，对可变荷载采用组合值、频遇值或准永久值为荷载代表值的组合。

《建筑结构荷载规范》(GB 50009—2012)规定了各种可变荷载的组合值系数、频遇值系数和准永久值系数，设计时可以直接查用，如教室的楼面均布活荷载的组合值系数为0.7，频遇值系数为0.6，准永久值系数为0.5。

可变荷载代表值的量值从大到小的排序依次为：**荷载标准值＞组合值＞频遇值＞准永久值。**这四个值的排序不可颠倒，但个别种类的荷载，组合值与频遇值可能取相同值。

3.2.2　作用效应(荷载效应)

作用效应(荷载效应)是指由作用(荷载)引起的结构或结构构件的反应。无论是直接作用还是间接作用，都将使结构产生作用效应，诸如应力、内力(包括弯矩、轴力、剪力、扭矩等)、变形(如挠度、侧移、转角等)、裂缝等。

荷载效应用“S”表示，$S=CQ$，C为荷载效应系数，与结构形式、荷载形式和效应类型有关，Q为荷载。如跨度为l的简支梁，在均布荷载q作用下，跨中弯矩$M=\frac{1}{8}ql^2$，其中荷载效应系数$C=\frac{1}{8}l^2$；支座剪力$V=\frac{1}{2}ql$，其中荷载效应系数$C=\frac{1}{2}l$；跨中挠度$f=\frac{5}{384EI}ql^4$，则荷载效应系数$C=\frac{5l^4}{384EI}$。由于结构上的荷载随着时间、地点和各种条件的改变而变化，荷载效应具有不确定性，是一个随机变量。

3.2.3　结构抗力和材料强度取值

1. 结构抗力

结构构件的截面形式、尺寸以及材料强度、数量确定后，各截面将具有一定的抵抗作用效应的能力，这种抵抗作用效应的能力称为**结构抗力**，以“R”表示，如受弯承载力M_u、受剪承载力V_u、受扭承载力T_u、容许挠度$[f]$、容许裂缝宽度$[w]$等。例如一根钢筋混凝土简支梁，只要截面尺寸、材料确定后，各截面就具有抵抗一定弯矩、剪力等的能力。

考虑到结构抗力的主要影响因素，如材料性能(强度、变形模量等)的变异性、构件几何特征(截面形状、尺寸、局部缺陷等)和计算模式的不定性等的综合影响，因此，结构抗力也是一个随机变量。

2. 材料强度取值

1）材料强度标准值

材料强度的概率分布宜采用正态分布或对数正态分布，材料强度的标准值可按其概率分布的0.05分位值确定，即材料强度标准值应具有不小于95%的保证率。当试验数据不充分时，材料性能的标准值可采用有关标准的规定值，也可根据工程经验，经分析判断确定。材料标准强度的取值如图3.2所示。

当材料强度按正态分布（图3.2）时，标准值为

$$f_k = \mu_f - 1.645\sigma_f = \mu_f(1 - 1.645\delta_f) \tag{3.2}$$

式中：μ_f、σ_f、δ_f——材料强度的平均值、标准差和变异系数。

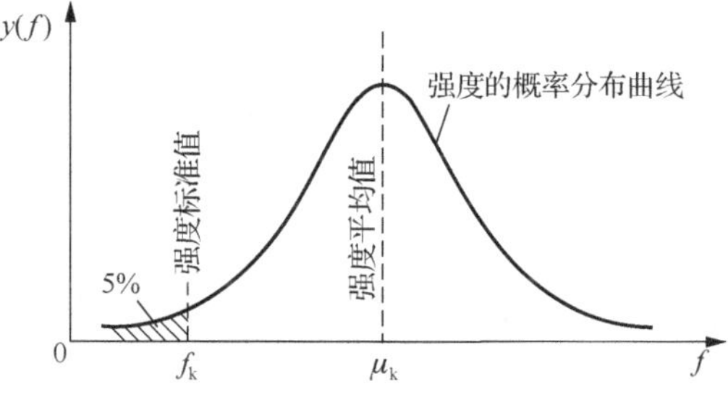

图3.2 材料标准强度的取值

普通钢筋的强度标准值取具有不小于95%的保证率的屈服强度；预应力钢丝、钢绞线和预应力螺纹钢筋的强度标准值取具有不小于95%保证率的条件屈服强度，在钢筋标准中一般取0.002残余应变所对应的应力作为其条件屈服强度标准值。

混凝土立方体抗压强度标准值$f_{cu,k}$系指按标准试块、在标准条件下养护28天，用标准试验方法测得的具有95%保证率的抗压强度。混凝土轴心抗压强度标准值f_{ck}和轴心抗拉强度标准值f_{tk}可由实验得到，也可由立方体抗压强度标准值$f_{cu,k}$推算而得到（详见第2章）。

2）材料的设计强度

材料的设计强度是由材料的标准强度除以材料的分项系数得到的。在承载能力极限状态设计时，材料强度要用设计值。

① 钢筋强度的设计值

$$f_y = \frac{f_{yk}}{\gamma_s}（普通钢筋），\qquad f_{py} = \frac{f_{pyk}}{\gamma_s}（预应力筋） \tag{3.3}$$

式中：f_y、f_{yk}——普通钢筋的抗拉强度设计值和屈服强度标准值；

f_{py}、f_{pyk}——预应力筋的抗拉强度设计值和屈服强度标准值；

γ_s——钢筋的材料分项系数。对400N/mm^{2}及以下的普通钢筋取1.10；对500N/mm^{2}的普通钢筋取1.15；对预应力筋一般取不小于1.2。

普通钢筋的强度标准值、强度设计值分别见本书附表1和附表2；预应力筋强度标准值、强度设计值分别见本书附表3和附表4。

② 混凝土强度的设计值

$$f_c=\frac{f_{ck}}{\gamma_c},f_t=\frac{f_{tk}}{\gamma_c} \tag{3.4}$$

式中：f_c、f_t ——混凝土轴心抗压强度设计值和轴心抗拉强度设计值；

f_{ck}、f_{tk} ——混凝土轴心抗压强度标准值和轴心抗拉强度标准值；

γ_c ——混凝土的材料分项系数，取为 1.4。

混凝土轴心抗压强度标准值、轴心抗拉强度标准值、轴心抗压强度设计值、轴心抗拉强度设计值分别见附表 A8 和附表 A9。

3.3　极限状态方程和可靠度分析

3.3.1　极限状态方程

我国《规范》采用以概率理论为基础的极限状态设计方法，以可靠指标度量结构构件的可靠度，采用分项系数的设计表达式进行设计。下面先讨论结构的极限状态方程，然后给出可靠度分析的几个基本概念。

结构设计中，结构功能既可能是承载能力，也可能是变形或裂缝。因此，极限状态方程可表示为

$$Z=g(X_1,X_2,\cdots,X_n)=0 \tag{3.5}$$

式中：$g(\cdot)$ ——结构的功能函数；

$X_i(i=1,2,\cdots,n)$——基本变量，指结构上的各种作用和环境影响、材料和岩土的性能及几何参数等；在进行可靠度分析时，基本变量应作为随机变量。

结构按极限状态设计应符合下列要求：

$$Z=g(X_1,X_2,\cdots,X_n)\geqslant 0 \tag{3.6}$$

当采用结构的作用效应和结构的抗力作为综合基本变量时，结构按极限状态设计应符合下列要求：

$$R-S\geqslant 0 \tag{3.7}$$

式中：R ——结构的抗力；

S ——结构的作用效应。

结构构件的功能函数有三种可能性，极限状态方程如图 3.3 所示。

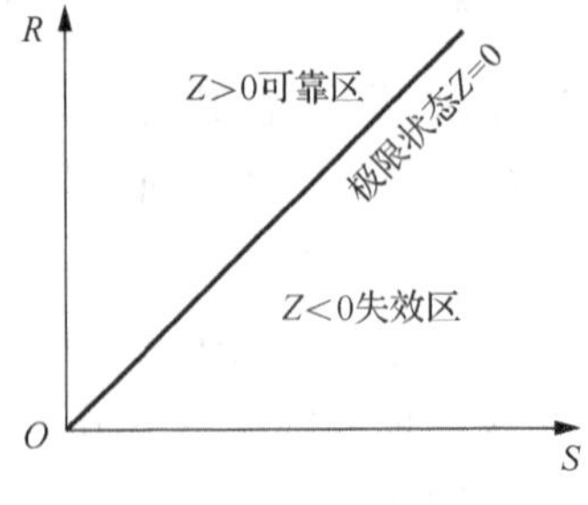

图 3.3　极限状态方程

$Z>0$，即结构抗力大于作用效应，表明结构能够完成预定的功能，处于可靠状态；

$Z<0$，即结构抗力小于作用效应，表明结构不能完成预定的功能，处于失效状态；

$Z=0$，即结构抗力等于作用效应，表明结构处于极限状态。

$Z=R-S=0$，称为极限状态方程。

因此，保证结构可靠或有效的条件是 $Z=R-S\geqslant 0$，或 $R\geqslant S$。

3.3.2　结构的可靠度

结构的可靠度是指结构在规定的时间内，在规定的条件下，完成预定功能的概率。也就是结构可靠性的概率度量。

所谓规定的时间是指设计使用年限，一般为50年；规定的条件是指正常设计、正常施工、正常使用和维护，不包括错误设计、错误施工、改变用途等非正常条件。结构的使用年限超过设计使用年限后，结构的可靠度可能较设计预期值有所下降。

3.3.3　失效概率与可靠概率

所谓**失效概率**是指结构不能完成预定功能的概率，用 p_f 表示；而结构能够完成预定功能的概率称为**可靠概率**，用 p_s 表示。

如前所述，要保证结构不超过极限状态，就要使 $R\geqslant S$。用概率来度量，就是要使得 $R\geqslant S$ 的概率足够大，亦即可靠概率足够大；或使得 $R<S$ 的概率足够小，亦即失效概率足够小。因此结构的可靠度也可以用失效概率来度量，失效概率愈小，结构可靠度愈大。当失效概率小到人们可以接受的程度时，即认为结构失效的可能性很小，结构设计是可靠的。

假定 R 和 S 相互独立，且服从正态分布，则 Z 也服从正态分布，Z 的概率分布曲线如图3.4所示，则其失效概率（图3.4中的阴影面积）为

$$p_f=P(Z<0)=\int_{-\infty}^{0}f(Z)\mathrm{d}z \tag{3.8}$$

其可靠概率为

$$p_s=P(Z\geqslant 0)=\int_{0}^{+\infty}f(Z)\mathrm{d}z \tag{3.9}$$

且

$$p_f+p_s=1 \tag{3.10}$$

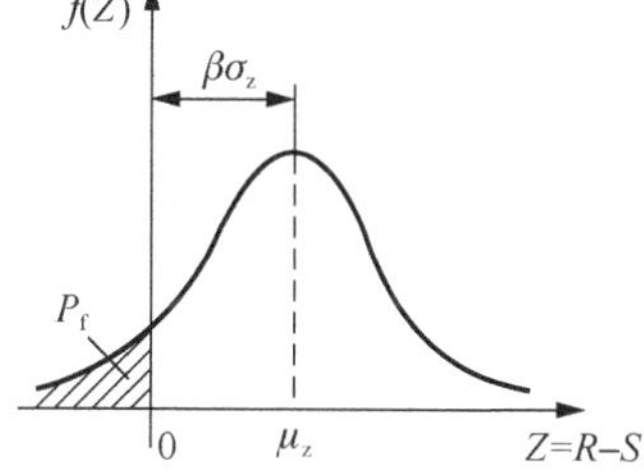

图3.4　可靠指标与失效概率关系

3.3.4 可靠指标和目标可靠指标

1. 可靠指标

如结构抗力 R 的平均值为 μ_R,标准差为 σ_R;荷载效应 S 的平均值为 μ_S,标准差为 σ_S,则功能函数 Z 的平均值和标准差分别为

$$\mu_Z=\mu_R-\mu_S \tag{3.11}$$

$$\sigma_Z=\sqrt{\sigma_R^2+\sigma_S^2} \tag{3.12}$$

图 3.4 中的阴影面积(失效概率)与 μ_Z 和 σ_Z 有关,增大 μ_Z,曲线右移,阴影面积将减小;减小 σ_Z,曲线变得高而窄,阴影面积也将减少。若取 $\mu_Z=\beta\sigma_Z$,则

$$\beta=\frac{\mu_Z}{\sigma_Z}=\frac{\mu_R-\mu_S}{\sqrt{\sigma_R^2+\sigma_S^2}} \tag{3.13}$$

由图 3.4 可见,β 值越大,失效概率 p_f 越小;β 值越小,失效概率 p_f 越大。由于 β 与 p_f 之间存在着一一对应关系,β 与 p_f 一样,可以作为度量结构可靠度的一个指标,即结构的可靠指标。可靠指标 β 与失效概率 p_f 的对应关系见表 3.3。从表 3.3 中可以看出,随着可靠指标的增大,失效概率逐渐减小。

表 3.3 可靠指标 β 与失效概率 p_f 的对应关系

β	2.7	3.2	3.7	4.2
p_f	3.50×10^{-3}	6.90×10^{-4}	1.10×10^{-4}	1.3×10^{-5}

2. 目标可靠指标

如果影响结构功能函数的各种因素的特征已知,便可运用概率的方法求得可靠指标 β。《建筑结构可靠性设计统一标准》(GB 50068—2018)根据结构的安全等级和破坏类型,在对有代表性的构件进行可靠度分析的基础上,提出了建筑结构构件按持久设计状况承载能力极限状态设计的可靠指标,即目标可靠指标[β],不应小于表 3.4 的规定。表中数据是以建筑结构安全等级为二级时延性破坏的 β 值 3.2 作为基准,其他情况下相应增减 0.5。建筑结构构件持久设计状况正常使用极限状态设计的可靠指标,宜根据其可逆程度取 0~1.5。建筑结构构件持久设计状况耐久性极限状态设计的可靠指标,宜根据其可逆程度取 1.0~2.0。

表 3.4 结构构件承载能力极限状态的目标可靠指标[β]

破坏类型	安全等级		
	一级	二级	三级
延性破坏	3.7	3.2	2.7
脆性破坏	4.2	3.7	3.2

结构构件的破坏类型分为**延性破坏和脆性破坏**两类。延性破坏有明显的预兆,可及时采取措施,防止危害生命和财产损失,所以目标可靠指标可定得稍低些。脆性破坏常常是突然发生的,破坏前没有明显的预兆,所以目标可靠指标就定得高一些。**对一般结构或者构件属于延性破坏时,目标可靠指标[β]取为 3.2;当结构或者构件属于脆性破坏时,目标可靠指标[β]取为 3.7。**

3.4　结构的极限状态设计方法

3.4.1　结构的极限状态

结构能够满足功能要求而良好地工作,则称结构**"可靠"**或**"有效"**。反之,则结构 **"不可靠"**或**"失效"**。区分结构"可靠"与"失效"的临界工作状态称为**"极限状态"**,它是结构开始失效的标志。整个结构或结构的一部分超过某一特定状态就不能满足设计规定的某一功能要求,这个特定的状态称为该功能的**极限状态**。对结构的各种极限状态,均应规定明确的标志或限值。极限状态可分为**承载能力极限状态、正常使用极限状态和耐久性极限状态**三类。

1. 承载能力极限状态

这种极限状态对应于结构或结构构件达到最大承载力或者不适于继续承载的变形状态。当结构或结构构件出现下列状态之一时,应认为超过了承载能力极限状态。

(1) 结构构件或连接因超过材料强度而破坏,或因过度变形而不适于继续承载。

(2) 整个结构或其中一部分作为刚体失去平衡(如倾覆、滑移)。

(3) 结构转变为机动体系(如超静定结构由于某些截面的屈服,使结构成为几何可变体系)。

(4) 结构或结构构件丧失稳定(如细长构件的压屈失稳)。

(5) 结构因局部破坏而发生连续倒塌。

(6) 地基丧失承载力而破坏(如失稳)。

(7) 结构或结构构件的疲劳破坏。

2. 正常使用极限状态

这种极限状态对应于结构或结构构件达到正常使用的某项规定限值的状态。当结构或结构构件出现下列状态之一时,应认为超过了正常使用极限状态。

(1) 影响正常使用或外观的变形(如过大的挠度、侧移)。

(2) 影响正常使用或耐久性的局部损坏(如过大的裂缝)。

(3) 影响正常使用的振动(如过低的楼盖竖向自振频率)。

(4) 影响正常使用的其他特定状态(如侵蚀性环境下产生严重腐蚀)。

3. 耐久性极限状态

耐久性极限状态是对应于结构或结构构件在环境影响下出现的劣化达到耐久性的某

项规定限值或标志的状态。

当结构或结构构件出现下列状态之一时,应认为超过了耐久性极限状态。

(1) 影响承载能力和正常使用的材料性能劣化。

(2) 影响耐久性的裂缝、变形、缺口、外观、材料削弱等。

(3) 影响耐久性的其他特定状态。

结构的耐久性极限状态设计,应使结构构件出现耐久性极限状态标志或限值的年限不小于其设计使用年限。结构构件达到耐久性极限状态的标志,根据不同材质的结构构件,给出了不同的要求。

对钢结构、钢管混凝土结构的外包钢管和组合钢结构的型钢构件等,宜以下列现象作为耐久性极限状态的标志:①构件出现锈蚀迹象;②防腐涂层丧失作用;③构件出现应力腐蚀裂纹;④特殊防腐保护措施失去作用。

对混凝土结构的配筋和金属连接件,宜以下列状况作为耐久性极限状态的标志或限值:①预应力钢筋和直径较细的受力主筋具备锈蚀条件;②构件的金属连接件出现锈蚀;③混凝土构件表面出现锈蚀裂缝;④阴极或阳极保护措施失去作用。

对砌筑和混凝土等无机非金属材料的结构构件,宜以下列现象作为耐久性极限状态的标志:①构件表面出现冻融损伤;②构件表面出现介质侵蚀造成的损伤;③构件表面出现风沙和人为作用造成的磨损;④表面出现高速气流造成的空蚀损伤;⑤因撞击等造成的表面损伤;⑥出现生物性作用损伤。

注意:上述“耐久性极限状态”为对标准 GB 50068—2018 新增内容的诠释。

对结构的各种极限状态,均应规定明确的标志或限值。结构设计时,应对结构的不同极限状态分别进行计算或验算;当某一极限状态的计算或验算起控制作用时,可仅对该极限状态进行计算或验算。混凝土结构或构件**一般先按承载能力极限状态进行设计计算,再按正常使用极限状态进行验算,最后采取保证耐久性的系列措施。**

3.4.2 设计状况

设计状况是代表一定时段内实际情况的一组设计条件,设计应做到在该组条件下结构不超越有关的极限状态。工程结构设计时应根据结构在施工和使用时的环境条件和影响,区分下列四种设计状况。

1. 持久设计状况

持久设计状况是指在结构使用过程中一定出现,且持续期很长的设计状况,其持续期一般与设计使用年限为同一数量级。持久设计状况适用于结构使用时的正常情况,如房屋结构承受家具和正常人员荷载的状况。

2. 短暂设计状况

短暂设计状况是指在结构施工和使用过程中出现概率较大,而与设计使用年限相比,其持续期很短的设计状况。短暂设计状况适用于结构出现的临时情况,包括结构施工和维修时的情况等。

3. 偶然设计状况

偶然设计状况是指在结构使用过程中出现概率很小，且持续期很短的设计状况。偶然设计状况适用于结构出现的异常情况，包括结构遭受火灾、爆炸、撞击时的情况等。

4. 地震设计状况

地震设计状况是指结构遭受地震时的设计状况。地震设计状况适用于结构遭受地震时的情况，在抗震设防地区必须考虑地震设计状况。

建筑结构设计时，对不同的设计状况，应采用相应的结构体系、可靠度水平、基本变量和作用组合等。

对四种设计状况，均应进行承载能力极限状态设计。

对持久设计状况，尚应进行正常使用极限状态和耐久性极限状态设计。

对短暂设计状况和地震设计状况，可根据需要进行正常使用极限状态设计。

对偶然设计状况，可不进行正常使用极限状态和耐久性极限状态设计。

3.4.3　承载能力极限状态设计表达式

结构或结构构件按承载能力极限状态设计时，结构或结构构件的破坏或过度变形的承载能力极限状态设计，应符合下式要求：

$$\gamma_0 S_d \leqslant R_d \tag{3.14}$$

式中：γ_0——结构重要性系数 γ_0，其值按表 3.5 的有关规定采用；

S_d——作用组合的效应设计值，如轴力、弯矩设计值或表示几个轴力、弯矩向量的设计值；

R_d——结构或结构构件的抗力设计值。

表 3.5　结构重要性系数 γ_0

结构重要性系数	对持久设计状况和短暂设计状况			对偶然设计状况和地震设计状况
	安全等级			
	一级	二级	三级	
γ_0	1.1	1.0	0.9	1.0

对于承载能力极限状态，应按《建筑结构可靠度设计统一标准》(GB 50068—2001)对荷载的基本组合或偶然组合进行荷载组合的效应设计值计算。

1. 基本组合

荷载基本组合的效应设计值应从下列荷载组合值中取用最不利的效应设计值。

(1) 由可变荷载控制的效应设计值，应按下式进行计算：

$$S = \gamma_G S_{G_k} + \gamma_{Q_1} \gamma_{L_1} S_{Q_1 k} + \sum_{i=2}^{n} \gamma_{Q_i} \gamma_{L_i} \psi_{ci} S_{Q_i k} \tag{3.15}$$

式中：γ_G——永久荷载的分项系数；

γ_{Q_1},γ_{Q_i} ——第 1 个和第 i 个可变荷载的分项系数,其中 Q_1 主导可变荷载;

γ_{L_i} ——第 i 个可变荷载考虑设计使用年限的调整系数,其中 γ_{L_1} 为主导可变荷载 Q_1 考虑设计使用年限的调整系数;

S_{G_k} ——永久荷载标准值的效应;

$S_{Q_{1k}}$ ——在基本组合中起控制作用的一个可变荷载标准值效应;

$S_{Q_{ik}}$ ——第 i 个可变荷载标准值效应;

ψ_{ci} ——第 i 个可变荷载的组合值系数,其值不应大于 1;

n ——参与组合的可变荷载数。

(2) 由永久荷载控制的效应设计值,应按下式进行计算:

$$S=\gamma_G S_{G_k}+\sum_{i=1}^{n}\gamma_{Q_i}\gamma_{L_i}\psi_{ci}S_{Q_{ik}} \tag{3.16}$$

注意:基本组合中的效应设计值仅适用于荷载与荷载效应为线性的情况。

2. 偶然组合

荷载偶然组合的效应设计值可按下列规定采用:

(1) 用于承载能力极限状态计算的效应设计值,应按下式进行计算:

$$S=S_{G_k}+S_{A_d}+\psi_{f_1}S_{Q_1k}+\sum_{i=2}^{n}\psi_{qi}S_{Q_ik} \tag{3.17}$$

式中:S_{A_d} ——按偶然荷载标准值计算的效应值;

ψ_{f1}——第 1 个可变荷载的频遇值系数;

ψ_{qi} ——第 i 个可变荷载的准永久值系数。

(2) 用于偶然事件发生后受损结构整体稳固性验算的效应设计值,应按下式进行计算:

$$S=S_{G_k}+\psi_{f_1}S_{Q_1k}+\sum_{i=2}^{n}\psi_{qi}S_{Q_ik} \tag{3.18}$$

注意:组合中的效应设计值仅适用于荷载与荷载效应为线性的情况。

3. 荷载分项系数

基本组合的荷载分项系数应按下列规定采用。

(1) 永久荷载的分项系数应符合下列规定。

① 当永久荷载效应对结构不利时,对由可变荷载效应控制的组合,应取为 1.2;对由永久荷载效应控制的组合,应取为 1.35。

② 当永久荷载效应对结构有利时,不应大于 1.0。

(2) 可变荷载的分项系数应符合下列规定。

① 对标准值大于 $4kN/m^2$ 的工业房屋楼面结构的活荷载,应取 1.3;

② 其他情况,应取 1.4。

(3) 对结构的倾覆、滑移或漂浮验算,荷载的分项系数应满足有关的建筑结构设计规范的规定。

4. 可变荷载考虑设计使用年限的调整系数

可变荷载考虑设计使用年限的调整系数 γ_L 应按下列规定采用。

(1) 楼面和屋面活荷载考虑设计使用年限的调整系数 γ_L 应按表 3.6 采用。

表 3.6　楼面和屋面活荷载考虑设计使用年限的调整系数 γ_L

结构设计使用年限/年	5	50	100
γ_L	0.9	1.0	1.1

注：1. 当设计使用年限不为表中数值时，γ_L 可线性内插确定；
2. 对荷载标准值可控制的活荷载，设计使用年限调整系数取 1.0。

(2) 对雪荷载和风荷载，应取重现期为设计使用年限，按《建筑结构荷载规范》(GB 50009—2012)第 E. 3. 3 条的规定确定基本雪压和基本风压，或按有关规范的规定采用，如北京 50 年和 100 年重现期的雪压分别为 0.40kN/m^2 和 0.45kN/m^2；风压则分别为 0.45kN/m^2 和 0.50kN/m^2。

注意：《建筑结构可靠性设计统一标准》(GB 50068—2018)，自 2019 年 4 月 1 日起实施。原《建筑结构可靠度设计统一标准》(GB 50068—2001)同时废止。由于《建筑结构荷载规范》(GB 50009—2012)和《混凝土结构设计规范(2015 年版)》(GB 50010—2010)还没有根据《建筑结构可靠性设计统一标准》(GB 50068—2018)进行修订，因此本书诠释了原规范《建筑结构可靠度设计统一标准》(GB 50068—2001)要求（上述部分内容）和《建筑结构可靠性设计统一标准》(GB 50068—2018)规定内容(下述内容)，以便于对比分析，但不要混淆。请关注相关规范的修订内容，并以新的规范规定为准。

《建筑结构可靠性设计统一标准》(GB 50068—2018)提出进行承载能力极限状态设计时，应根据不同的设计状况采用下列作用组合。

基本组合，用于持久设计状况或短暂设计状况；

偶然组合，用于偶然设计状况；

地震组合，用于地震设计状况。

1. 基本组合

对持久设计状况和短暂设计状况，应采用作用的基本组合。当作用与作用效应按线性关系考虑时，基本组合的效应设计值应按式(3.19)中最不利值计算，即

$$S_d = \sum_{i\geqslant 1}\gamma_{G_i}S_{G_{ik}} + \gamma_P S_P + \gamma_{Q_1}\gamma_{L1}S_{Q_{1k}} + \sum_{j>1}\gamma_{Q_j}\psi_{cj}\gamma_{Lj}S_{Q_{jk}} \tag{3.19}$$

式中：G_{ik} ——第 i 个永久作用的标准值；

$S_{G_{ik}}$ ——第 i 个永久作用标准值的效应；

P ——预应力作用的有关代表值；

S_P ——预应力作用有关代表值的效应；

Q_{1k} ——第 1 个可变作用的标准值；

$S_{Q_{1k}}$ ——第 1 个可变作用标准值的效应；

Q_{jk}——第 j 个可变作用的标准值;

$S_{Q_{jk}}$——第 j 个可变作用标准值的效应;

γ_{G_i}—— 第 i 个永久作用的分项系数,应按表 3.7 的有关规定采用;

γ_P—— 预应力作用的分项系数,应按表 3.7 的有关规定采用;

γ_{Q_1}——第 1 个可变作用的分项系数,应按表 3.7 的有关规定采用;

γ_{Q_j}——第 j 个可变作用的分项系数,应按表 3.7 的有关规定采用;

γ_{L1}、γ_{Lj}——第 1 个和第 j 个考虑结构设计使用年限的荷载调整系数,应按表 3.6 的有关规定采用;

ψ_{cj}——第 j 个可变作用的组合值系数,应按有关规范的规定采用。

注意:符号“$\sum$”和“+”均表示组合,即同时考虑所有作用对结构的共同影响,而不表示代数相加。

2. 偶然组合

对偶然设计状况,应采用作用的偶然组合。当作用与作用效应按线性关系考虑时,偶然组合的效应设计值可按下式计算:

$$S_d = \sum_{i\geqslant 1} S_{G_{ik}} + S_P + S_{A_d} + (\psi_{f1} \text{ 或 } \psi_{q1}) S_{Q_{1k}} + \sum_{j>1} \psi_{qj} S_{Q_{jk}} \tag{3.20}$$

式中:A_d——偶然作用的设计值;

S_{A_d}——偶然作用设计值的效应;

ψ_{f1}——第 1 个可变作用的频遇值系数;

ψ_{q1}、ψ_{qj}——第 1 个和第 j 个可变作用的准永久值系数。

3. 地震组合

对地震设计状况,应采用作用的地震组合。地震组合的效应设计值应符合现行国家标准《建筑抗震设计规范(2016 年版)》(GB 50011—2010)的规定。

4. 荷载分项系数

《建筑结构可靠性设计统一标准》(GB 50068—2018)中给出的建筑结构的荷载分项系数见表 3.7。

表 3.7 建筑结构的作用分项系数

作用分项系数	适用情况	
	当作用效应对承载力不利时	当作用效应对承载力有利时
γ_G	1.3	≤1.0
γ_P	1.3	1.0
γ_Q	1.5	0

《建筑结构可靠性设计统一标准》(GB 50068—2018)中取消了以永久荷载控制的荷载效应设计值组合方式,即取消了以永久荷载起控制作用时永久荷载分项系数取 1.35 的

规定，将永久荷载分项系数由 1.2 调整到 1.3，可变荷载的分项系数由 1.4 调整到 1.5，预应力荷载分项系数为 1.3。新标准用提高分项系数的方法实现结构可靠度的增加。

在**以概率理论为基础、以分项系数表达的极限状态设计方法**中，将结构可靠度的要求分解到各种分项系数设计取值中，永久荷载和可变荷载分项系数取值越高，相应的结构可靠度设置水平也就越高。但从概率和随机事件角度分析，无论其可靠度水平有多高，都不能做到 100%安全可靠，总会有一定的失效概率存在，因此只能做到将结构失效的风险控制在可接受的范围内。结构可靠度设置水平的提高，相应的经济投资也会增加。

3.4.4 正常使用极限状态设计表达式

结构或结构构件按正常使用极限状态设计时，应符合下式要求：

$$S_d \leqslant C \tag{3.21}$$

式中：S_d ——作用组合的正常使用极限状态的荷载组合效应值；

C ——结构构件达到正常使用要求所规定的变形、裂缝等的限值。

按正常使用极限状态设计时，可根据不同情况采用作用的标准组合、频遇组合或准永久组合。

标准组合，宜用于不可逆正常使用极限状态设计。

频遇组合，宜用于可逆正常使用极限状态设计。

准永久组合，宜用于长期效应是决定性因素的正常使用极限状态设计。

1. 标准组合

当作用与作用效应按线性关系考虑时，标准组合的效应设计值可按下式计算：

$$S_{\mathrm{d}} = \sum_{i \geqslant 1} S_{G_{ik}} + S_{\mathrm{P}} + S_{Q_{1k}} + \sum_{j>1} \psi_{cj} S_{Q_{jk}} \tag{3.22}$$

2. 频遇组合

当作用与作用效应按线性关系考虑时，频遇组合的效应设计值可按下式计算：

$$S_{\mathrm{d}} = \sum_{i \geqslant 1} S_{G_{ik}} + S_{\mathrm{P}} + \psi_{f1} S_{Q_{1k}} + \sum_{j>1} \psi_{qj} S_{Q_{jk}} \tag{3.23}$$

3. 准永久组合

当作用与作用效应按线性关系考虑时，准永久组合的效应设计值可按下式计算：

$$S_{\mathrm{d}} = \sum_{i \geqslant 1} S_{G_{ik}} + S_{\mathrm{P}} + \sum_{j \geqslant 1} \psi_{qj} S_{Q_{jk}} \tag{3.24}$$

注意：对正常使用极限状态，标准 GB 50068—2018 和 GB 50068—2001 基本相同，新标准中加入了预应力作用有关代表值的效应 S_{p} 等内容。

3.4.5 耐久性极限状态设计

建筑结构的耐久性可采用经验的方法、半定量的方法和定量控制耐久性失效概率的方法。耐久性的作用效应与构件承载力的作用效应不同，其作用效应是环境影响强度和作用时间跨度与构件抵抗环境影响能力的结合体。对缺乏侵蚀作用或作用效应统计规律的结构或结构构件,宜采取经验方法确定耐久性的系列措施。所谓经验的方法就是从成功的结构中取得经验,从失效的事例中吸取教训,混凝土结构耐久性设计规范基本采用这种设计方法。在考虑构件抵抗环境影响的能力时,一般不考虑构件装饰层的有利作用,特定情况下可以适当考虑其作用。混凝土结构耐久性设计采取的技术措施具体见第9章相关内容。

【例 3.1】 矩形截面简支梁,$b=250\text{mm}$,$h=500\text{mm}$,梁的计算跨度为 $l_0=6.0\text{m}$,承受均布活荷载标准值为 15kN/m,均布恒荷载标准值为 10kN/m(不包括梁的自重),同时在跨中作用有集中活荷载标准值为 30kN,活荷载组合值系数 $\psi=0.7$,准永久值系数 $\psi_q=0.5$,混凝土的容重为 25kN/m^3,梁的设计使用年限为 50 年,试按基本组合确定跨中截面弯矩设计值 M,并按标准组合和准永久组合计算跨中截面弯矩 M_k 和 M_q。

解:梁自重标准值(均布荷载)为

$$g_{k2}=25\times 0.25\times 0.5=3.125(\text{kN/m})$$

1) 荷载效应标准值

均布恒荷载引起的跨中弯矩标准值为

$$M_{G_1k}=\frac{1}{8}g_{1k}l_0^2=\frac{1}{8}\times 10\times 6^2=45(\text{kN}\cdot\text{m})$$

梁自重引起的跨中弯矩标准值为

$$M_{G_2k}=\frac{1}{8}g_{2k}l_0^2=\frac{1}{8}\times 3.125\times 6^2=14.06(\text{kN}\cdot\text{m})$$

均布活荷载引起的跨中弯矩标准值为

$$M_{qk}=\frac{1}{8}q_{1k}l_0^2=\frac{1}{8}\times 15\times 6^2=67.5(\text{kN}\cdot\text{m})$$

集中活荷载引起的跨中弯矩标准值为

$$M_{Qk}=\frac{1}{4}Q_kl_0=\frac{1}{4}\times 30\times 6=45(\text{kN}\cdot\text{m})$$

2) 基本组合荷载效应设计值

由可变荷载效应控制的效应设计值(按 GB 50068—2001 计算)

$$\begin{aligned}M_1&=\sum_{j=1}^{m}\gamma_{G_j}M_{G_jk}+\gamma_{Q_1}\gamma_{L_1}M_{Q_1k}+\sum_{i=2}^{n}\gamma_{Q_i}\gamma_{L_i}\psi_{ci}M_{Q_ik}\\&=1.2\times(45+14.06)+1.4\times 1.0\times 67.5+1.4\times 1.0\times 0.7\times 45\\&=209.47(\text{kN}\cdot\text{m})\end{aligned}$$

由永久荷载效应控制的效应设计值(按 GB 50068—2001 计算)

$$\begin{aligned}M_2&=\sum_{j=1}^{m}\gamma_{G_j}M_{G_jk}+\sum_{i=1}^{n}\gamma_{Q_i}\gamma_{L_i}\psi_{ci}M_{Q_ik}\\&=1.35\times(45+14.06)+1.4\times 1.0\times 0.7\times(67.5+45)\\&=189.98(\text{kN}\cdot\text{m})\end{aligned}$$

故按基本组合确定的跨中截面弯矩设计值 $M=209.47\text{kN}\cdot\text{m}$。

* 按标准 GB 50068—2018 计算,基本组合荷载效应设计值

$$M_1=\sum_{j=1}^{m}\gamma_{G_j}M_{G_jk}+\gamma_{Q_1}\gamma_{L_1}M_{Q_1k}+\sum_{i=2}^{n}\gamma_{Q_i}\gamma_{L_i}\psi_{ci}M_{Q_ik}$$
$$=1.3\times(45+14.06)+1.5\times1.0\times67.5+1.5\times1.0\times0.7\times45$$
$$=225.28(\text{kN}\cdot\text{m})$$

按新标准计算跨中截面弯矩设计值 M 增加约 7.5%。

3)按标准组合确定的跨中弯矩

$$M_k=\sum_{j=1}^{m}M_{G_jk}+M_{Q_1k}+\sum_{i=2}^{n}\psi_{ci}M_{Q_ik}=45+14.06+67.5+0.7\times45=158.06(\text{kN}\cdot\text{m})$$

4)按准永久组合确定的跨中弯矩

$$M_q=\sum_{j=1}^{m}M_{G_jk}+\sum_{i=1}^{n}\psi_{qi}M_{Q_ik}=45+14.06+0.5\times(67.5+45)=115.31(\text{kN}\cdot\text{m})$$

小　　结

(1) 结构设计的基本规定。结构的功能要求包括安全性、适用性和耐久性三方面;工程设计需要满足预定功能要求,保证结构既安全可靠又经济合理。设计使用年限一般为 50 年,结构的安全等级分为三级。

(2) 结构上的荷载可按时间的变化分为:永久荷载、可变荷载和偶然荷载。永久荷载采用标准值作为代表值;可变荷载应根据设计要求采用标准值、组合值、频遇值和准永久值作为代表值;偶然荷载应按建筑结构使用的特点确定其代表值。

(3) 材料强度标准值可按其概率分布的 0.05 分位值确定,当材料强度按正态分布时标准值为 $f_k=\mu_f-1.645\sigma_f=\mu_f(1-1.645\delta_f)$,即材料强度标准值应具有不小于 95%的保证率。

(4) 若 R 表示结构的抗力,S 表示荷载效应,令 $Z=R-S$,则 $Z>0$ 时,结构处于可靠状态;$Z<0$ 时,结构处于失效状态;$Z=0$ 时,达到极限状态。可靠度是结构可靠性的概率度量,可以用失效概率来度量。而失效概率与可靠指标又是一一对应的,因此可以用可靠指标 β 来进行设计。设计时采用的可靠指标不能低于根据结构的安全等级和破坏类型所确定的目标可靠指标$[\beta]$。

(5) 结构的极限状态可分为承载能力极限状态、正常使用极限状态和耐久性极限状态。结构设计时,应对不同的极限状态分别进行计算或验算。混凝土结构或构件一般先按承载能力极限状态进行设计计算,再按正常使用极限状态进行验算,最后采取经验方法确定耐久性的系列措施。

(6) 根据结构在施工和使用时的环境条件和影响,要区分四种设计状况:持久设计状况、短暂设计状况、偶然设计状况和地震设计状况。对四种设计状况均应进行承载能力极限状态设计。

(7) 采用概率极限状态设计法,即采用荷载和材料强度的标准值和相应的分项系数来表达,把可靠指标隐含在分项系数中。承载能力极限状态的设计表达式为:$\gamma_0 S\leqslant R$;正常使用极限状态的设计表达式为:$S\leqslant C$。荷载组合的效应设计值应根据不同设计要求分别采用组合。

思 考 题

3.1 结构的功能要求包括哪几方面?

3.2 什么是设计使用年限?其与使用年限(寿命)有何关系?

3.3 什么是极限状态?结构的极限状态分为哪几类?

3.4 什么是设计状况?设计状况分为哪几种?各自需进行哪类极限状态设计?

3.5 什么是结构上的作用、作用效应、结构抗力?

3.6 什么是结构的功能函数?功能函数 $Z>0$、$Z<0$、$Z=0$ 各代表什么含义?

3.7 什么是结构的可靠性和可靠度?两者之间有何关系?

3.8 什么是失效概率、可靠指标?可靠度、失效概率、可靠指标有何关系?

3.9 建筑结构的安全等级根据什么原则划分?安全等级划分为哪几级?其在承载能力极限状态表达式中是如何体现的?

3.10 目标可靠指标是如何确定的?不同安全等级和破坏类型的目标可靠指标值各是多少?

3.11 什么是荷载标准值?什么是荷载的代表值?永久荷载和可变荷载的代表值各有哪几种?各种代表值如何确定?

3.12 钢筋和混凝土两种材料各自强度的标准值和设计值是如何确定的?

3.13 为什么说我国《混凝土结构设计规范(2015 年版)》(GB 50010—2010)采用的设计方法是近似概率极限状态设计法?其主要特点是什么?

3.14 承载能力极限状态的实用设计表达式采用哪种形式?式中各符号的物理意义是什么?

3.15 承载能力极限状态应采用何种组合确定荷载效应设计值?基本组合的效应设计值应如何确定?如何进行偶然组合?

3.16 正常使用极限状态需考虑哪几种组合?各自组合表达式是什么?各种组合如何在设计中应用?

习 题

一、选择题

3.1 下列属于结构适用性方面功能要求的是____。

A. 能承受施工时出现的各种荷载作用

B. 偶然事件发生时保持必需的整体稳固性

C. 正常使用时具有良好的工作性能

D. 火灾时在规定时间内具有足够承载能力

3.2 当前我国采用的结构设计方法是以概率论为基础的____。

A. 容许应力设计方法　　B. 最大载荷设计方法

C. 半概率设计方法　　D. 极限状态设计方法

3.3　下列情况达到结构承载能力极限状态的是____。

①因过度变形而不适于继续承载；②结构中一部分滑移；③钢筋严重腐蚀；④细长构件的压屈失稳；⑤楼盖竖向自振频率过大；⑥结构或结构构件的疲劳破坏。

A. ①④⑤⑥　　B. ①②④⑥　　C. ①②④⑤　　D. ②③④⑥

3.4　结构的设计状况是代表一定时段内实际情况的一组设计条件，一般应考虑四种设计状况。在以下四种设计状况中，可不进行正常使用极限状态设计的是____。

A. 持久设计状况　B. 短暂设计状况　C. 地震设计状况　D. 偶然设计状况

3.5　在结构设计基准期内不一定出现，但一旦出现其值较大且持续时间较短的作用，称为____。

A. 静态作用　　B. 偶然作用　　C. 可变作用　　D. 动态作用

3.6　下列关于可靠指标的说法中不正确的是____。

A. 结构的可靠指标越大，结构的可靠度越大

B. 可靠指标与失效概率的变化趋势相反

C. 任何情况下 $p_f=\Phi(-\beta)$ 均成立

D. 功能函数的均值增加、方差减小，可靠指标增大

3.7　对于一般常见的工程结构，我国规范采用了以概率理论为基础的极限状态设计方法，该方法可以不必进行烦琐的概率运算，而是通过____三方面来保证相应的可靠度。

A. 荷载取值、材料强度的取值以及分项系数

B. 结构重要性系数、可靠度指标以及分项系数

C. 可靠度指标、荷载的标准值和荷载的设计值

D. 永久荷载、可变荷载的取值以及分项系数

3.8　《建筑结构可靠性设计统一标准》(GB 50068—2018)中关于荷载分项系数，不正确的叙述为____。

A. 永久荷载对结构不利时，分项系数取 1.3

B. 永久荷载对结构有利时，分项系数取≤1.0

C. 可变荷载对结构不利时，分项系数取 1.5

D. 可变荷载对结构有利时，分项系数取 1.0

3.9　可变荷载的代表值中最小的是____。

A. 标准值　　B. 组合值　　C. 准永久值　　D. 频遇值

3.10　多个可变荷载共同作用时，主导的可变荷载应采用____作为其代表值。

A. 标准值　　B. 组合值　　C. 准永久值　　D. 频遇值

二、判断题(正确的画“√”，错误的画“×”)

3.11　结构的设计应使结构在使用年限内以适当的可靠度满足规定的各项功能要求。　(　　)

3.12　结构的安全性是指结构能承受在正常施工和正常使用期间可能出现的各种作

用,并保证结构不发生破坏。　　(　　)

3.13　当结构构件的截面形式、尺寸以及材料强度、数量确定后,其结构抗力可以精确计算,因此其值是一个定值。　　(　　)

3.14　永久荷载不随时间发生改变,因此可以不需要考虑其变异性,认为其值是定值。　　(　　)

3.15　目标可靠指标 $[\beta]$ 值,在对有代表性的构件进行可靠度分析的基础上,是按持久设计状况承载能力极限状态设计时采用的可靠度指标值。　　(　　)

3.16　设计使用年限和设计基准期都是对结构使用年限的不同描述,实际上是同一个概念。　　(　　)

3.17　我国目前采用的结构设计计算公式多数是建立在实验基础上的半经验和半理论公式,因此结构设计方法属于半概率半经验的设计方法。　　(　　)

3.18　当结构的安全等级相同时,延性破坏的目标可靠指标要小于脆性破坏的目标可靠指标。　　(　　)

3.19　从一般意义上讲,当结构超过设计使用年限后将丧失可靠性。　　(　　)

3.20　即使结构的承载能力是满足要求,但结构变形过大(挠度或者裂缝宽度过大),仍可认为其达到了承载能力极限状态。　　(　　)

三、计算题

3.21　已知某办公室楼面采用现浇钢筋混凝土楼板,板厚为100mm,板的计算跨度为3.6m,板宽为4.5m。板上铺砌釉面砖(水泥砂浆打底),自重为0.50kN/m^2,板下为V形轻钢龙骨吊顶,自重为0.20kN/m^2,楼面活荷载为2.0kN/m^2,活荷载组合值系数为0.7,准永久值系数为0.4,钢筋混凝土自重为24～25kN/m^3,板的设计使用年限为50年。试按基本组合和标准组合、准永久组合确定跨中截面弯矩值。

3.22　某T形截面简支梁,梁的计算跨度为7.2m,截面尺寸 $b=300$mm,$h=600$mm,翼缘宽度 $b_f'=850$mm,翼缘高度 $h_f'=200$mm,承受均布活荷载标准值为18kN/m,均布恒荷载标准值为12kN/m(不包括梁的自重);同时在跨中作用有集中恒荷载和集中活荷载,其中集中恒荷载标准值为20kN,集中活荷载标准值为35kN。活荷载组合值系数 $\psi_c=0.7$,准永久值系数 $\psi_q=0.5$,混凝土的容重为24～25kN/m^3,梁的设计使用年限为50年,试按基本组合确定跨中截面弯矩设计值 M,并按标准组合和准永久组合计算跨中截面弯矩 M_k 和 M_q。

第 4 章　受弯构件正截面承载力计算

本章提要

(1) 受弯构件的常用截面形式和一般构造要求。

(2) 适筋梁受弯的试验研究和正截面受力性能。

(3) 受弯构件开裂前后截面内力分析。

(4) 受弯构件正截面承载力计算的基本假定。

(5) 常见截面(单筋矩形截面、双筋矩形截面和 T 形截面)受弯构件正截面承载力计算。

4.1　受弯构件的一般构造要求

受弯构件主要是指结构中各种类型的梁与板,它们是土木工程中应用最普遍的构件。

钢筋混凝土受弯构件要满足承载能力极限状态和正常使用极限状态,其设计内容通常包括:正截面受弯承载力计算,斜截面受剪承载力计算,正常使用阶段的挠度和裂缝宽度验算,以及绘制施工图等。本章主要介绍正截面受弯承载力的计算,首先从梁、板的构造要求讲起。

4.1.1　梁的截面形式和构造要求

钢筋混凝土受弯构件常见的梁截面形式有矩形、T 形、工形、箱形、Γ 形、L 形、Π 形等。考虑到施工方便和结构整体性要求,工程中也常采用预制和现浇结合的施工工艺,形成叠合梁或叠合板。梁的常见截面形式见图 4.1。

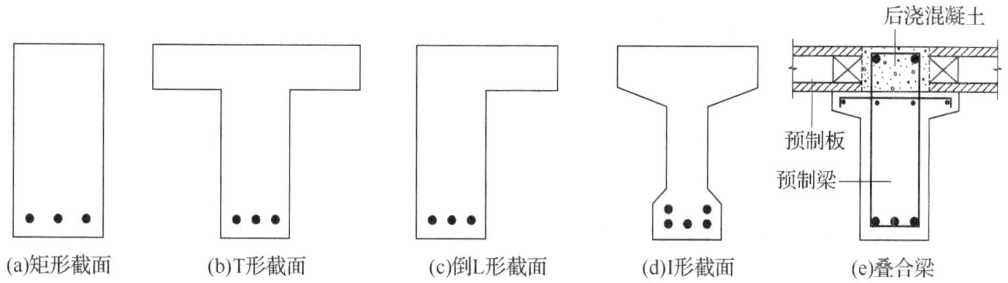

图 4.1　梁的常见截面形式

梁的一般构造要求如下。

(1)梁的**高跨比**和**高宽比**。

梁的**高跨比**。梁高 h 与跨度 l 之比称为高跨比。梁的截面高度 h 与跨度 l 有关,还与荷载大小及支承形式有关,根据刚度要求和设计经验,梁的高跨比可参考表 4.1 选择。

表 4.1 梁的高跨比选择

构件类型	简支	梁端连续	悬臂
独立梁或整体肋形梁的主梁	$\frac{1}{12}\sim\frac{1}{8}$	$\frac{1}{14}\sim\frac{1}{8}$	$\frac{1}{6}$
整体肋形梁的次梁	$\frac{1}{18}\sim\frac{1}{10}$	$\frac{1}{20}\sim\frac{1}{12}$	$\frac{1}{8}$

梁的**高宽比**。矩形截面梁的高宽比 h/b 一般取 2.0～3.5;T 形截面梁的 h/b 一般取 2.0～4.0(此处 b 为梁肋宽)。为了便于施工,统一模板尺寸,梁的截面尺寸应按下列情况采用:矩形截面的宽度或 T 形截面的肋宽 b 一般为 100mm、120mm、150mm、(180mm)、200mm、(220mm)、250mm 和 300mm,大于 300mm 以 50mm 为级差增加,括号中的数值仅用于木模。梁高 $h=250$mm、300mm、350mm、…、750mm、800mm、900mm、1000mm 等尺寸。800mm 以下的级差为 50mm,以上的为 100mm。

(2) **保护层厚度 c**。梁最外层钢筋(有箍筋时从箍筋外皮算起)至混凝土表面的距离为钢筋的混凝土保护层厚度,用 c 表示,其值应满足《规范》规定的最小保护层厚度的规定(本书附表 12),且不小于受力钢筋的直径 d。

(3) **截面有效高度 h_0**。截面有效高度 $h_0=h-a_s$ 或 $h_0=h-a_s'$,其中 a_s 和 a_s'为下部和上部受力钢筋的合力作用点距截面较近边沿的距离,可根据保护层厚度和所配纵向钢筋的直径计算确定。为了设计方便,**一般取单排钢筋时为 40mm,双排钢筋时为 65mm**。

(4) **梁的腹板高度 h_w**。矩形截面梁的腹板高度 $h_w=h_0$[图 4.2(b)];T 形截面,取有效高度 h_w 为 h_0 减去翼缘高度[图 4.2(c)];工字形截面,取腹板净高[图 4.2(d)]。

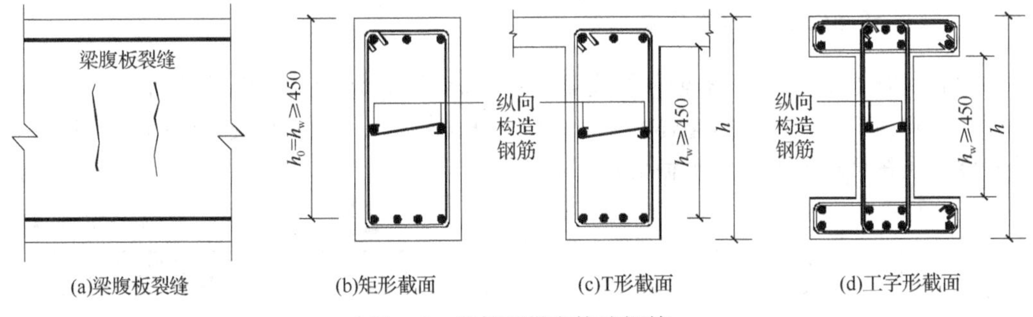

图 4.2 梁侧面纵向构造钢筋

(5) **纵向受力钢筋**。梁底部纵向受力钢筋一般**不少于 2 根**,常用钢筋的直径为 **10～32mm**。钢筋数量较多时,可多层配置。

(6) **架立钢筋**。当梁内部配置箍筋,且在梁上部箍筋转角处无纵向受力钢筋时,需配置架立钢筋。**架立筋的作用是形成钢筋骨架、承受温度和收缩应力等**。在绑扎骨架配筋中,采用双肢箍筋时,架立钢筋为 2 根;采用四肢箍筋时,架立钢筋为 4 根。当梁的跨度 $l<4$m 时,架立筋直径不宜小于 8mm;当 l 为 4～6m 时,架立筋直径不应小于 10mm;当 $l>6$m 时,架立筋直径不宜小于 12mm。架立钢筋与受力钢筋的搭接长度,当架立钢筋直径小于 10mm 时为 100mm;当架立钢筋直径大于 10mm 时为 150mm。

(7) **钢筋净间距**。为保证钢筋与混凝土的黏结和混凝土浇筑的密实性，梁上部钢筋水平方向的净间距 d_2 不应小于 30mm 和 1.5d；梁下部钢筋水平方向的净间距 d_1 不应小于 25mm 和 d。当下部钢筋多于两层时，层与层之间的净间距 d_3 不应小于 25mm 和 d，两层以上钢筋水平方向的中距应比下面两层的中距增大一倍；当上部钢筋多于两层时，层与层之间的净间距 d_4 不应小于 30mm 和 1.5d，其中 d 为钢筋的最大直径，如图 4.3 所示。

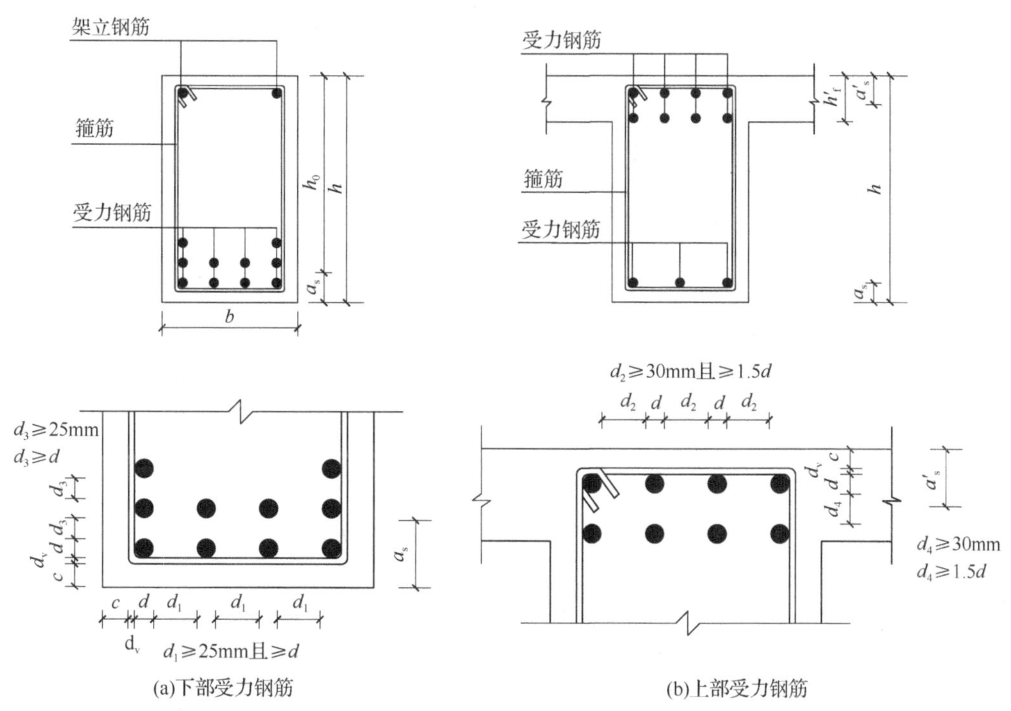

图 4.3　梁截面配筋构造

(8) **并筋**。在梁的配筋密集区域，当受力钢筋单根布置导致混凝土难以浇筑密实时，为方便施工，可采用两根或三根钢筋一起配置的并筋形式，如图 4.4 所示。对直径不大于 28mm 的钢筋，并筋数量不应超过 3 根；对直径为 32mm 的钢筋，并筋数量宜为 2 根；直径为 36mm 的钢筋不应并筋。当采用并筋时，上述构造要求中的钢筋直径应改用并筋的等效直径 d_e。并筋的等效直径 d_e 按面积等效原则确定，等直径双并筋 $d_e=\sqrt{2}d$，等直径三并筋 $d_e=\sqrt{3}d$，其中 d 为单根钢筋的直径。

(9) **腰筋**。当梁的腹板高度 h_w 不小于 450mm 时，在梁的两个侧面应沿高度配置纵向构造钢筋(也称为"腰筋")，以防止或减小梁腹板的裂缝[图 4.2(a)]。每侧纵向构造钢筋(不包括梁上、下部受力钢筋及架立钢筋)的间距不宜大于 200mm，直径一般不宜小于 10mm，截面面积不应小于腹板截面面积(bh_w)的 0.1%，但当梁宽较大时可以适当放松。梁两侧的纵向构造钢筋宜用拉筋连接，拉筋直径宜与箍筋相同，间距一般为箍筋间距的 2 倍。

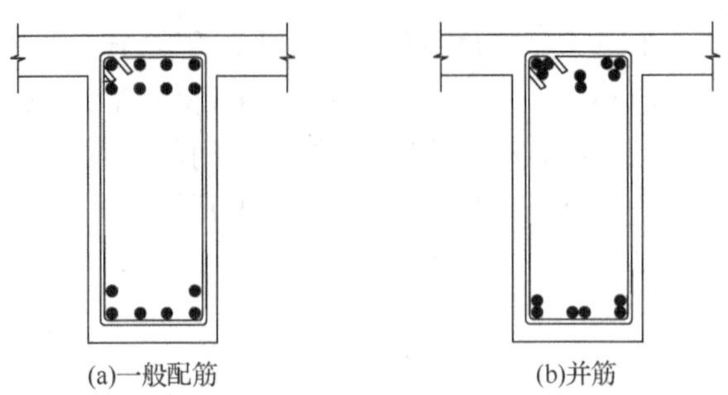

图 4.4　钢筋的并筋

4.1.2　板的截面形式和构造要求

常见的板有空心板、现浇板、预制槽形板等,如图 4.5 所示。

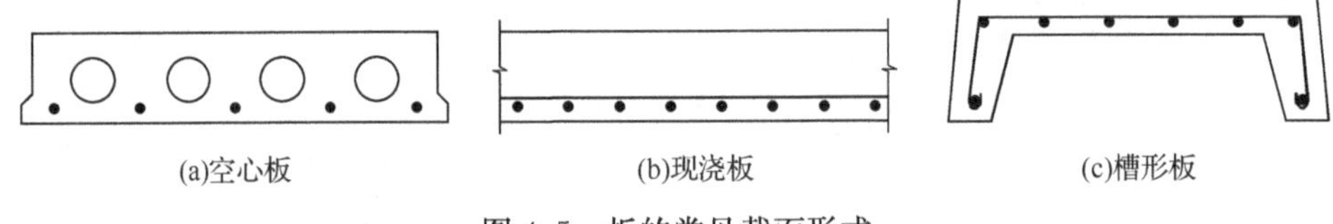

图 4.5　板的常见截面形式

板的基本构造要求如下。

(1) 钢筋直径通常为 6～12mm,当板厚度较大时,钢筋直径可用 14～18mm。

(2) 受力钢筋的间距(s),当板厚 $h \leqslant 150$mm 时,应为 70～200mm;当板厚 $h>150$mm 时,应为 70mm～$1.5h$,且不宜大于 250mm。

(3) 垂直于受力钢筋的方向应布置**分布钢筋**(图 4.6),以便将荷载均匀地传递给受力钢筋,并便于在施工中固定受力钢筋的位置,同时也可抵抗温度变化和混凝土收缩等产生的应力。分布钢筋的直径一般不小于 6mm,间距不宜大于 250mm;单位宽度上的配筋不宜小于受力钢筋的 15%,且配筋率不宜小于 0.15%。在温度、收缩应力较大的现浇板区域,应在板表面双向布置防裂钢筋,配筋率不宜小于 0.10%,间距不宜大于 200mm。

(4) 板的混凝土保护层厚度是指最外层钢筋外边缘至板边混凝土表面的距离 c,其值应满足附表 A12 中**最小保护层厚度**的规定,且不应小于受力钢筋的直径 d,如图 4.6 所示。受力钢筋的形心至截面受拉混凝土边缘的距离为 a_s,取 $a_s=c+d/2$,其中 d 为受力钢筋直径,则截面有效高度 $h_0=h-a_s$。

梁和板的更多构造要求可参见《规范》第 9.2 条和第 9.1 条规定。

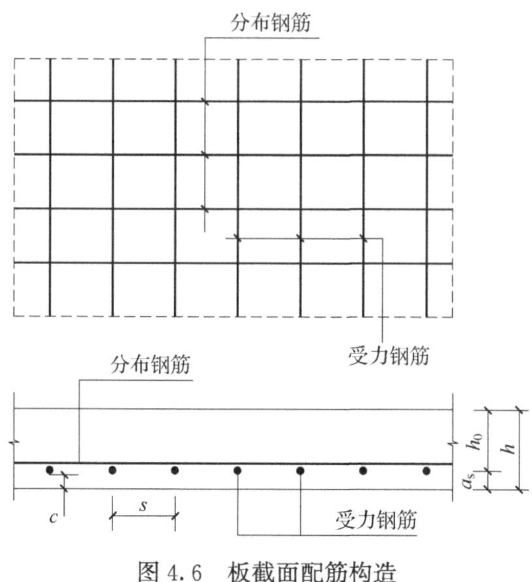

图 4.6　板截面配筋构造

4.2　受弯梁的试验研究和正截面受力性能

4.2.1　适筋梁的试验研究

1. 试件与试验装置

图 4.7 所示为一配筋适中的钢筋混凝土矩形截面试验梁，梁截面宽度为 b、高度为 h、跨度为 l，截面的受拉区配置了截面面积为 A_s 的受拉钢筋。试验梁的具体尺寸、混凝土强度可结合试验室的试验条件选定，配筋通过计算确定。

试验梁采用在三分之一跨度处两点**对称加载**方式，以消除剪力对正截面受弯的影响。跨中两集中荷载之间，梁截面仅承受弯矩，该区段称为**纯弯段**。为减少钢筋对混凝土受压性能的影响，纯弯段受压区不配置架立筋。为了分析梁截面的受弯性能，在纯弯段沿截面高度方向布置若干个应变测点，用于量测沿构件截面的纵向应变；在跨中受拉钢筋上布置应变测点，用于量测受拉钢筋的应变；在梁的跨中布置位移计，用于量测梁的挠度。试验梁忽略自重的影响。

2. 试验曲线

荷载采用逐级加载，从零开始，逐级增加到梁正截面受弯破坏。在每级荷载作用下，记录各应变测点的读数和位移计的读数，并将这些数据整理，绘制出试验梁的 M-f（f 为跨中挠度）、M-ϕ（ϕ 为截面曲率）、M-ε_s（ε_s 为受拉钢筋应变）及梁截面应变分布曲线，如图 4.8 所示。

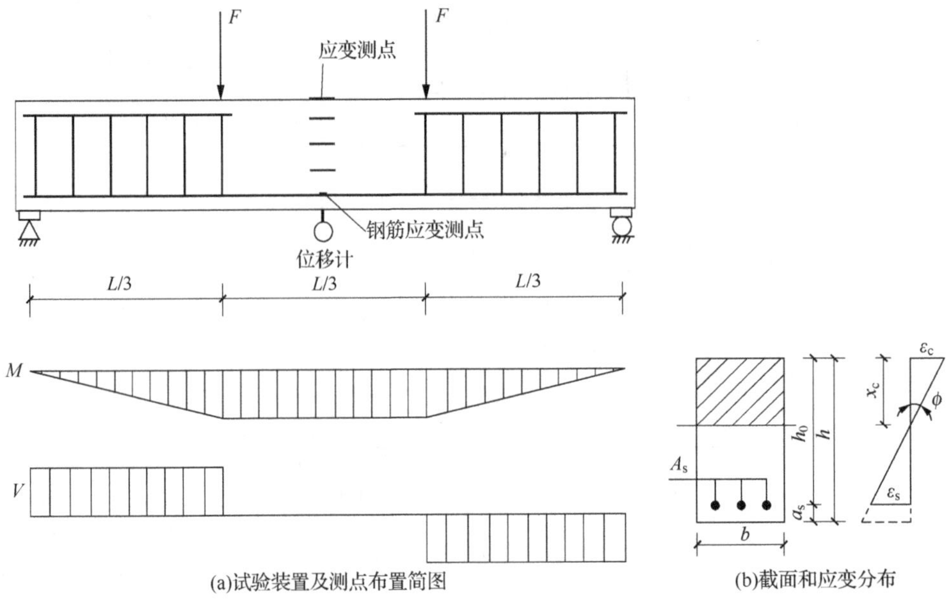

(a)试验装置及测点布置简图　　(b)截面和应变分布

图 4.7　钢筋混凝土矩形截面试验梁

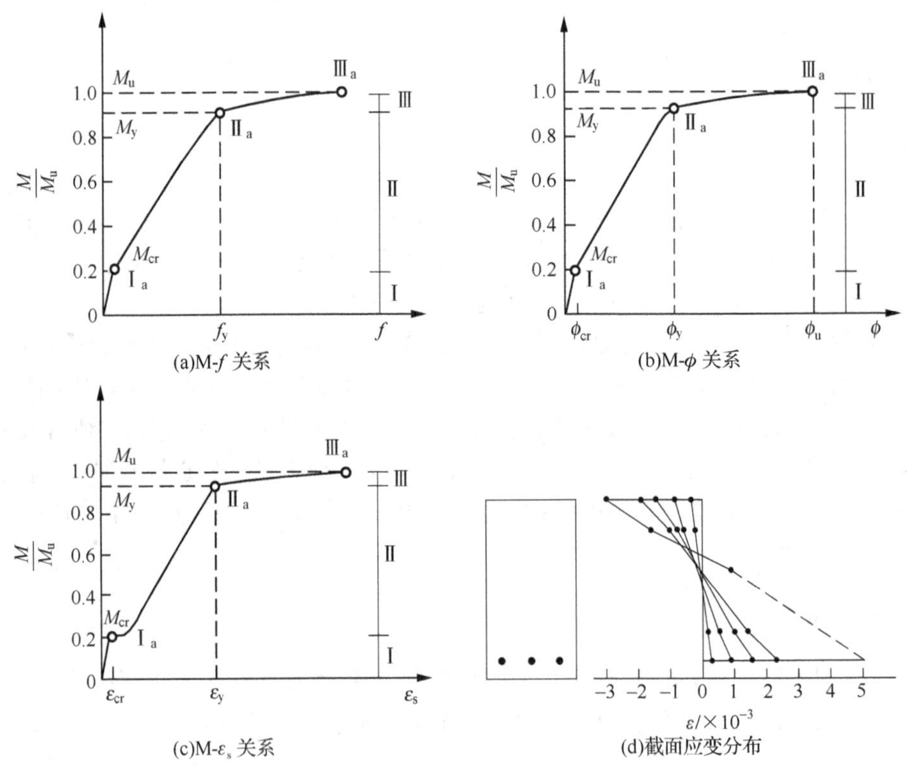

(a)M-f 关系　　(b)M-ϕ 关系

(c)M-ε_s 关系　　(d)截面应变分布

图 4.8　适筋梁受弯试验曲线

3. 适筋梁受力过程的三个阶段

通过对试验过程和上述试验曲线观察，可以看出，适筋梁从开始加载到破坏的受力全过程可分为三个阶段。现结合试验曲线的分析，将各阶段的受力性能和特征分析如下。

(1) 第Ⅰ阶段(**弹性工作阶段**)。从开始加载到受拉区混凝土开裂前，荷载很小，整个截面参与受力，截面抗弯刚度较大，梁的挠度很小，受拉钢筋的应变也很小，M-f、M-ϕ 和 M-ε_s 接近直线，见图 4.8。此时混凝土处于弹性阶段，截面上混凝土的应力和应变均很小，且呈直线分布，应变分布符合平截面假定，如图 4.9(a)所示。

随着弯矩的增加，截面应力随之增大；由于受拉区混凝土塑性变形的发展，混凝土的拉应力图形不再是直线而呈曲线。当弯矩增加使截面受拉边缘混凝土的拉应变 ε_t 达到其极限拉应变 ε_{tu}($\varepsilon_{tu} \approx 0.0001 \sim 0.000\ 15$)时，截面处于即将开裂的极限状态，也称为第Ⅰ阶段末，用符号Ⅰ$_a$ 表示。此时梁截面承受的弯矩为**开裂弯矩**，用 M_{cr} 表示，如图 4.9(b)所示。在Ⅰ$_a$ 状态，受拉区边缘混凝土的应力已经达到其抗拉强度 f_t，受拉钢筋的应力 σ_s 很小，受压区混凝土的压应力 σ_c 远小于混凝土的抗压强度 f_c，受压区混凝土处于弹性状态，压应力图形为三角形。

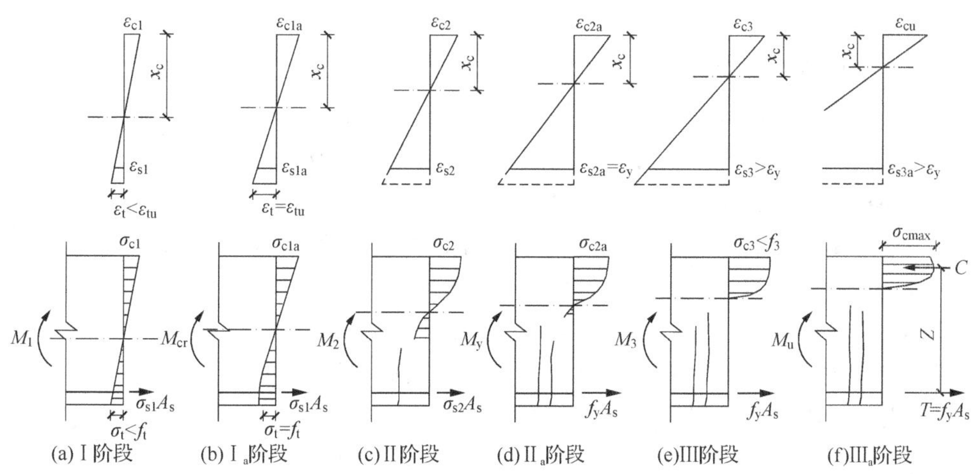

图 4.9　矩形截面适筋梁受弯三个阶段的应力-应变分布

(2) 第Ⅱ阶段(**带裂缝工作阶段**)。第Ⅱ阶段，$M \geqslant M_{cr}$，梁中部纯弯段的薄弱截面开始出现裂缝，梁进入带裂缝工作阶段。开裂瞬间，裂缝截面受拉区混凝土逐步退出工作，开裂前由混凝土承担的拉力将转由受拉钢筋承担，裂缝截面钢筋应变 ε_s 增长速率明显加快，M-ε_s 曲线出现转折点，如图 4.8(c)所示。由于截面开裂，梁刚度下降，挠度明显增大，M-f 和 M-ϕ 图上也出现转折点，而后 M-f 和 M-ϕ 关系为曲线关系，如图 4.8(a)、(b)所示。

在第Ⅱ阶段，中和轴以下未开裂的部分混凝土仍能承担一部分拉力，受拉钢筋的应力 $\sigma_{s2} < f_y$，应变 $\varepsilon_{s2} < \varepsilon_y$，受压区混凝土的压应力随荷载的增加不断增大，压应力图形逐渐呈曲线分布，表现出塑性特征，但混凝土的压应力 σ_c 仍然小于混凝土的抗压强度 f_c，如图 4.9(c)所示。

继续增加荷载,当受拉钢筋达到屈服(即 $\sigma_{s2}=f_y,\varepsilon_{s2}=\varepsilon_y$)时,相应的截面应力和应变分布状态称为第Ⅱ阶段末,用符号Ⅱ$_a$ 表示。此时梁截面承受的弯矩称为**屈服弯矩**,用 M_y 表示,如图 4.9(d)所示。

(3) 第Ⅲ阶段(**破坏阶段**)。在 $M=M_y$ 的瞬间,M-f 和M-ϕ 关系曲线上出现第二个明显的转折点,此后进入第Ⅲ阶段。此阶段的显著特点是裂缝急剧开展,截面刚度明显下降,梁的挠度 f 和曲率 ϕ 急剧增大,M-f 和M-ϕ 曲线渐趋平缓,钢筋应变有较大增长,但钢筋应力维持在屈服强度 f_y,如图 4.8(a)～(c)所示。

随着荷载增大,裂缝进一步向上开展,中和轴上移,受压区高度减小,受压混凝土表现出充分的塑性特征,压应力曲线趋于丰满,如图 4.9(f)所示。受压区混凝土的压应力和压应变迅速增大,当混凝土的压应变 ε_c 达到其极限压应变 ε_{cu}(ε_{cu} 在 0.003～0.005)时,受压混凝土被压碎,梁达到正截面受弯破坏的极限状态,相应弯矩称为**极限弯矩** M_u。此状态称为第Ⅲ阶段末,用符号Ⅲ$_a$ 表示。

通过对适筋梁受弯破坏全过程的分析,可以总结如下几点。

(1) 第Ⅰ阶段,由于荷载很小,混凝土没有开裂,梁表现出弹性性质。因此可用换算截面的方法,按弹性材料进行截面应力分析(参见《混凝土结构设计原理学习辅导》)。

由于受拉区混凝土塑性变形的发展,当截面受拉区边缘混凝土的拉应力 σ_t 达到其抗拉强度 f_t 时,混凝土不开裂;当截面受拉边缘混凝土的拉应变 ε_t 达到其极限拉应变 ε_{tu} 时,混凝土才处于即将开裂的极限状态;当 ε_t 大于 ε_{tu} 时,混凝土开裂。

对于不允许开裂的构件,以Ⅰ$_a$ 状态作为验算抗裂度的依据。

(2) 随着荷载的增加,裂缝逐渐增长和加宽,中和轴不断上移,受压区高度不断减小,受压区混凝土边缘纤维压应变随之增大。混凝土应力第Ⅰ阶段为三角形分布;第Ⅱ阶段为微曲的曲线状态;第Ⅲ阶段呈更加丰满的曲线分布。

正常使用情况下,以Ⅱ$_a$ 状态作为受弯构件裂缝宽度和挠度验算的依据。

(3) 由于受压混凝土表现出塑性特征,当受压区混凝土边缘纤维压应力 σ_c 达到 f_c 时,构件并没有达到承载能力极限状态;而当受压区混凝土的压应变 ε_c 达到极限压应变 ε_{cu} 时,受压区混凝土被压碎,梁才达到受弯正截面破坏的极限状态。

Ⅲ$_a$ 状态是适筋受弯构件正截面承载力计算的依据。

(4) 适筋梁受力过程中,截面上的平均应变沿截面高度近似为直线分布,即截面平均应变符合平截面假定。

(5) 适筋梁受拉钢筋达到屈服后,在外荷载不增加或者增加不多的情况下,梁的挠度急剧增加,表现出良好的变形能力,说明构件破坏前有明显的预兆,这种破坏称为**延性破坏**,也称为**塑性破坏**。

4.2.2 配筋率与受弯构件正截面的破坏特征

定义受拉钢筋截面面积 A_s 和构件截面上混凝土的有效截面面积 bh_0 的比值为纵向钢筋配筋率,即

$$\rho = \frac{A_s}{bh_0} \tag{4.1}$$

式中：h_0——受弯构件截面抗弯的有效高度；

b——截面宽度。

钢筋混凝土梁受弯的破坏特征是通过配筋适中梁的试验得出的，对于给定截面尺寸和材料的钢筋混凝土受弯构件，其正截面受力的破坏过程和破坏特征随着配筋率的不同而发生变化。

1. 适筋梁——延性破坏

受拉钢筋配置适中的梁（即 $\rho_{min} \leqslant \rho \leqslant \rho_{max}$ 或 $x \leqslant \xi_{bh_0}$），称为**适筋梁**。适筋梁的破坏特征是受拉钢筋首先达到屈服强度（$\sigma_s = f_y$），而后受压区混凝土的压应变 ε_c 达到其极限压应变 ε_{cu}，混凝土被压碎破坏；破坏前梁的挠度明显增大，有明显预兆，属于**延性破坏**[图 4.10(a)]。从受拉钢筋屈服到构件破坏，在外荷载不增加或者增加比较小的情况下，即梁从屈服弯矩 M_y 到极限弯矩 M_u 增加不大，但构件曲率 ϕ 和挠度 f 增加却很大。若屈服弯矩 M_y 对应的曲率为 ϕ_y，极限弯矩 M_u 对应的曲率为 ϕ_u，在 $\Delta M = (M_u - M_y)$ 增加不大的情况下，而 $\Delta\phi = (\phi_u - \phi_y)$ 增加却很大，说明梁具有较好的耐变形能力。工程中常用 $\Delta\phi = (\phi_u - \phi_y)$ 来衡量受弯构件的**截面延性**，其值越大，截面的延性越好。**在实际工程中应采用适筋梁**。

2. 超筋梁——脆性破坏

梁配筋过多，配筋率超过最大配筋率（即 $\rho > \rho_{max}$ 或 $x > \xi_{bh_0}$），当受压区边缘混凝土压应变 ε_c 达到极限压应变 ε_{cu}，混凝土被压碎时，受拉钢筋尚未达到屈服（$\sigma_s < f_y$），这种配筋梁称为**超筋梁**。超筋梁的破坏特征表现为受压混凝土先被压碎，破坏时纵向受拉钢筋未屈服，梁的挠度不大，裂缝不宽且延伸不高，破坏前没有明显预兆，这种破坏称为“**脆性破坏**”[图 4.10(b)]。**在实际工程中应避免采用超筋梁**。

3. 少筋梁——脆性破坏

梁配筋过少，配筋率低于最小配筋率（即 $\rho < \rho_{min}$），梁开裂时，原由混凝土承担的拉应力转移给钢筋，使得钢筋应力突然增加。由于受拉钢筋配置较少，其应力很快达到屈服强度并进入强化阶段，甚至被拉断。其破坏与素混凝土梁的破坏类似，属于“**脆性破坏**”，这种配筋梁称为**少筋梁**[图 4.10(c)]。少筋梁的破坏特征是混凝土一开裂就破坏，梁的承载能力取决于混凝土的抗拉强度，混凝土的抗压强度未得到充分发挥，极限弯矩很小。**在实际工程中应避免采用少筋梁**。

不同配筋率梁的 M-ϕ 曲线如图 4.11 所示。结合此图，可以更好地理解梁的破坏特征和截面延性。

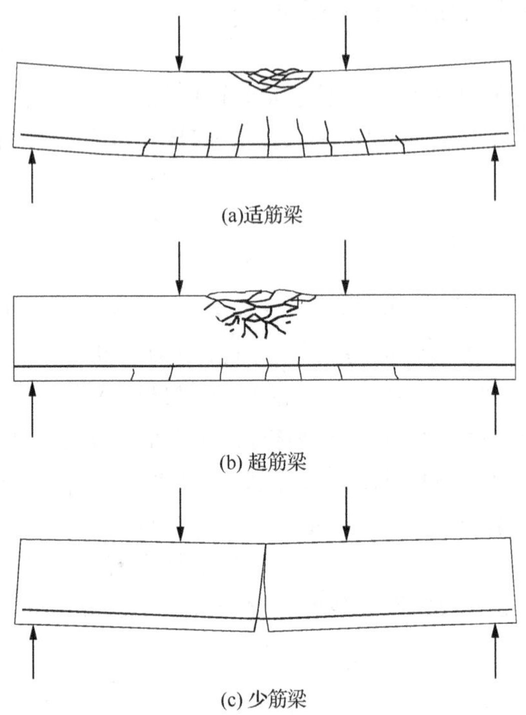

图 4.10 不同配筋率钢筋混凝土梁正截面的破坏形态

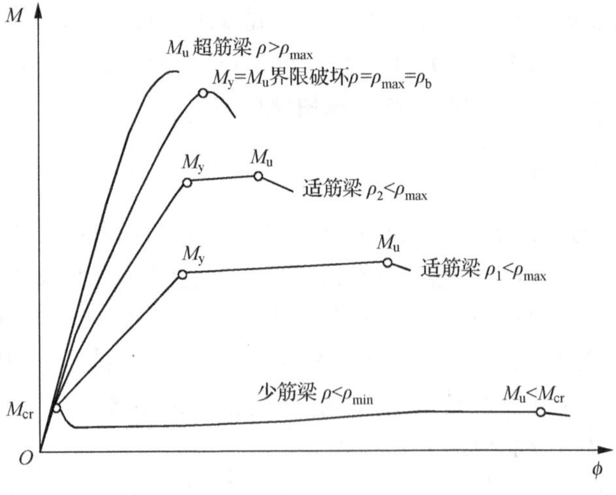

图 4.11 不同配筋率梁的 M-ϕ 关系

4.3　受弯构件的截面内力分析*

4.3.1　开裂前截面内力分析

受弯构件开裂前,混凝土及钢筋均处于弹性受力阶段。这时钢筋混凝土梁的截面应力分布与弹性材料梁相似,可用材料力学的方法分析其截面内力。但是钢筋混凝土构件是由钢筋和混凝土两种材料组合而成,因此可以用**换算截面**的概念,将钢筋截面面积换算成混凝土面积,然后按照混凝土截面进行分析(图 4.12)。在保证形心位置不变的条件下,可将钢筋截面面积 A_s 换算为 $\alpha_E A_s$ 的混凝土面积,因此换算截面的面积 A_0 为混凝土的面积 A_c 和钢筋换算面积 $\alpha_E A_s$ 之和,即

$$A_0 = A_c + \alpha_E A_s = A + (\alpha_E - 1)A_s \tag{4.2}$$

式中:α_E ——钢筋与混凝土弹性模量的比值,$\alpha_E = E_s / E_c$。

由于变形协调,钢筋应变 ε_s 与外围混凝土应变 ε_c 相同$\left(\varepsilon_c = \dfrac{\sigma_c}{E_c} = \varepsilon_s = \dfrac{\sigma_s}{E_s}\right)$,则有

$$\sigma_s = \frac{E_s}{E_c}\sigma_c = \alpha_E \sigma_c \tag{4.3}$$

梁截面上任意一点的应力可用材料力学中的公式 $\sigma = \dfrac{My_0}{I_0}$ 计算,其中 y_0 为换算截面任一点应力 σ 所在点至中和轴的距离[图 4.12(b)],I_0 为换算截面对其形心轴的惯性矩。

当 $y_0 = (h - x_c)$ 时,可求出混凝土受拉边缘的拉应力 $\sigma_t = \dfrac{M(h - x_c)}{I_0}$;

当 $y_0 = (h_0 - x_c)$ 时,可求出钢筋合力作用点处混凝土的拉应力 $\sigma_t = \dfrac{M(h_0 - x_c)}{I_0}$。

由于 $\sigma_s = \alpha_E \sigma_c$,受拉钢筋中的应力 $\sigma_s = \alpha_E \sigma_c = \alpha_E \dfrac{M(h_0 - x_c)}{I_0}$。

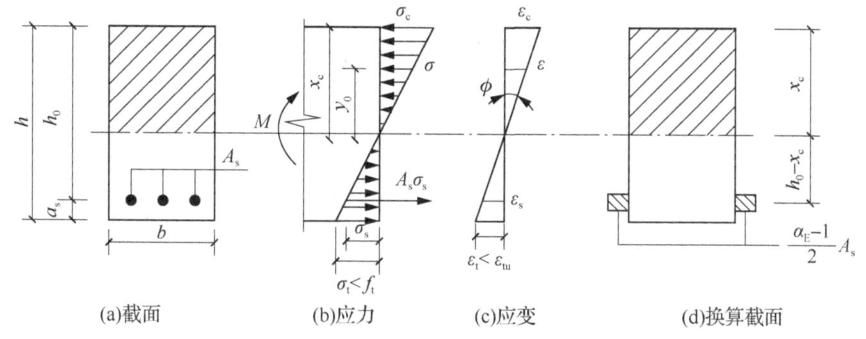

图 4.12　钢筋混凝土梁截面弹性阶段应力分析图

4.3.2　开裂弯矩

当截面受拉边缘应变达到混凝土的极限拉应变 ε_{tu} 时,混凝土即将开裂,此时的弯矩

为开裂弯矩 M_{cr} 。截面应力分布如图 4.13(b)所示,由于受拉区混凝土塑性变形的发展,其应力分布为曲线形。为了简化计算,可近似取为矩形应力分布,其强度为 f_t 。

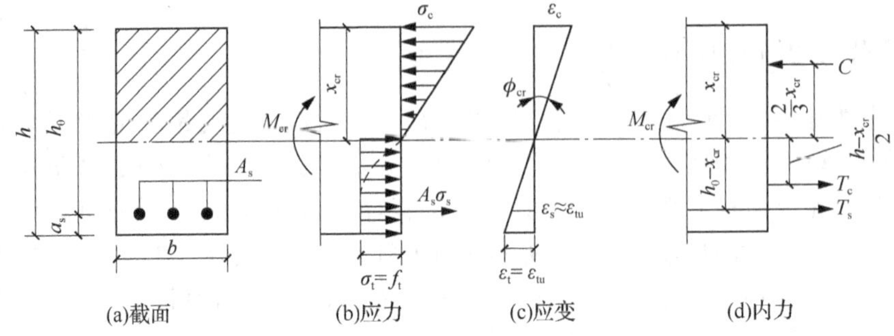

图 4.13　钢筋混凝土梁截面开裂时应力分析图

截面开裂时的中和轴高度为 x_{cr},则开裂时截面曲率 ϕ_{cr} [图 4.13(c)]为

$$\phi_{cr}=\frac{\varepsilon_{tu}}{h-x_{cr}}=\frac{\varepsilon_c}{x_{cr}}=\frac{\varepsilon_s}{h_0-x_{cr}} \tag{4.4}$$

根据图 4.13(d)所示的截面内力,受压区混凝土的合力 $C=\frac{1}{2}\sigma_c bx_{cr}$;受拉区混凝土的合力 $T_c=f_tb(h-x_{cr})$;相应于 f_t 的混凝土变形模量 $E'_c=0.5E_c$,因此受拉钢筋的合力 $T_s=\sigma_sA_s=2\alpha_Ef_tA_s$ 。

由平衡条件 $\sum X=0$,即 $C=T_c+T_s$,可得

$$0.5\sigma_c bx_{cr}=f_tb(h-x_{cr})+2\alpha_Ef_tA_s \tag{4.5}$$

由平衡条件 $\sum M=0$(对混凝土压力合力 C 的作用点取矩),可得

$$M_{cr}=f_tb(h-x_{cr})\left(\frac{h-x_{cr}}{2}+\frac{2x_{cr}}{3}\right)+2\alpha_Ef_tA_s\left(h_0-\frac{x_{cr}}{3}\right) \tag{4.6}$$

在式(4.5)中,$\sigma_c=E_c\varepsilon_c$,近似取 $\varepsilon_s=\varepsilon_{tu}$,和式(4.4)结合,得

$E_c\frac{\varepsilon_{tu}}{h-x_{cr}}bx_{cr}^2=E_c\varepsilon_{tu}b(h-x_{cr})+2\alpha_EE_c\varepsilon_{tu}A_s$ 则可求出截面开裂时中和轴的高度为

$$x_{cr}=\frac{1+\frac{2\alpha_EA_s}{bh}}{1+\frac{\alpha_EA_s}{bh}}\cdot\frac{h}{2} \tag{4.7}$$

一般情况下梁的配筋率在(0.5～1.5)%,$\alpha_E=E_s/E_c=6\sim8$,$\frac{\alpha_EA_s}{bh}$ 的值远小于1,可以忽略上式分子分母中的 $\frac{\alpha_EA_s}{bh}$,因此可取 $x_{cr}\approx0.5h$。再近似取 $h=1.1h_0$,代入式(4.6),得到开裂弯矩 M_{cr}。

$$M_{cr}=\frac{7}{24}f_tbh^2+\frac{49}{33}\alpha_Ef_tA_sh=0.292\times\left(1+5.0\alpha_E\frac{A_s}{bh}\right)f_tbh^2 \tag{4.8}$$

4.3.3　开裂后截面应力分析

受拉区混凝土开裂后，裂缝处的混凝土退出工作，受拉区未开裂的部分混凝土仍然参与部分工作。设距中和轴为 y 处的任意点混凝土应变为 ε［图 4.14(a)］，则截面应变的几何关系为

$$\varphi=\frac{\varepsilon}{y}=\frac{\varepsilon_c}{x_n}=\frac{\varepsilon_s}{h_0-x_n} \tag{4.9}$$

式中：x_n ——中和轴高度；

ε_c ——受压区边缘的混凝土应变。

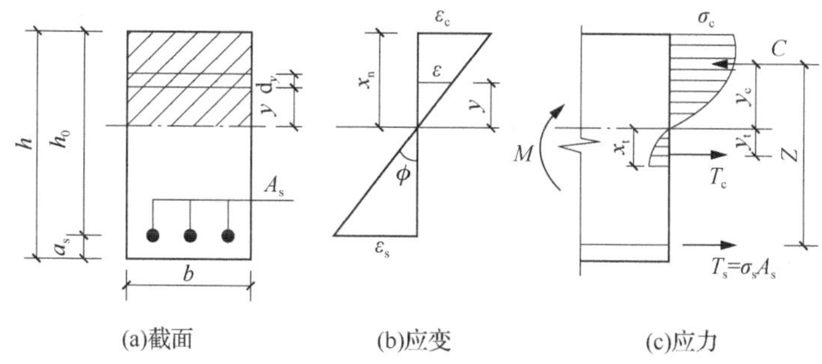

(a)截面　(b)应变　(c)应力

图 4.14　钢筋混凝土梁截面开裂后应力分析图

根据已知的混凝土的应力-应变关系，受压区混凝土的合力 C 和受拉区混凝土的合力 T_c 可由下列积分式计算：

$$C=\int_0^{x_n}\sigma_c(\varepsilon)b\,\mathrm{d}y \tag{4.10}$$

$$T_c=\int_0^{x_t}\sigma_t(\varepsilon)b\,\mathrm{d}y \tag{4.11}$$

式中：$\sigma_c(\varepsilon)$ ——受压混凝土的应力-应变关系，可根据具体分析采用不同的关系式；

$\sigma_t(\varepsilon)$ ——受拉混凝土的应力-应变关系，也可根据具体分析采用不同的关系式；

x_t ——中和轴至混凝土应变等于极限拉应变的距离［图 4.14(c)］；

x_n ——中和轴的高度［图 4.14(b)］。

受拉钢筋的内力为

$$T_s=\sigma_s A_s \tag{4.12}$$

由平衡条件 $\sum X=0$，可得

$$C=T_c+T_s \tag{4.13}$$

混凝土压力合力 C 及拉力合力的作用点至中和轴的距离 y_c 和 y_t 用下式计算：

$$y_c=\int_0^{x_n}\sigma_c(\varepsilon)by\,\mathrm{d}y/C \tag{4.14}$$

$$y_c=\int_0^{x_t}\sigma_t(\varepsilon)by\,\mathrm{d}y/T_c \tag{4.15}$$

由力矩平衡关系 $\sum M=0$，对中和轴取矩，可写出截面弯矩的计算公式为

$$M = Cy_c + T_c y_t + T_s(h_0 - x_n) \tag{4.16}$$

式(4.9)～式(4.16)为开裂后截面内力分析的一般表达式,随采用的应变函数 $\sigma(\varepsilon)$ 的不同,可应用于梁从开裂直到破坏的各种受力状态。受拉区混凝土的合力 T_c 较小,通常情况下不考虑受拉区混凝土的作用。

我国《规范》给定的混凝土受压的应力-应变关系曲线为抛物线和直线段[图 2.20 和式(2.17)],需分段积分。

设 $\varepsilon = \varepsilon_0$ 的点距中和轴的距离为 y_0,则

$$C = \int_0^{y_0} f_c \left[\frac{2\varepsilon}{\varepsilon_0} - \left(\frac{\varepsilon}{\varepsilon_0}\right)^2\right] b\mathrm{d}y + \int_{y_0}^{x_n} f_c b\mathrm{d}y$$

上式中,注意到 $\dfrac{\varepsilon}{\varepsilon_0} = \dfrac{y}{y_0}$,及 $y_0 = \dfrac{\varepsilon_0}{\varepsilon_c} x_n$ 积分后,可得

$$C = f_c b x_n \left[1 - \frac{1}{3} \cdot \frac{\varepsilon_0}{\varepsilon_c}\right] \tag{4.17}$$

混凝土压力合力 C 的作用点至中和轴的距离 y_c 为

$$y_c = x_n \left(1 - \frac{\dfrac{1}{2} - \dfrac{1}{12} \cdot \left(\dfrac{\varepsilon_0}{\varepsilon_c}\right)^2}{1 - \dfrac{1}{3} \cdot \dfrac{\varepsilon_0}{\varepsilon_c}}\right) \tag{4.18}$$

4.3.4 极限弯矩的计算

对于适筋梁达到极限弯矩时,受拉钢筋达到屈服 $\sigma_s = f_y$,截面受压边缘混凝土达到极限压应变 $\varepsilon_c = \varepsilon_{cu}$,$\sigma_c = f_c$,混凝土受压区高度为 x_c(图 4.15)。

我国《规范》给定的混凝土受压的应力-应变关系,此时取 $\varepsilon_0 = 0.002$,$\varepsilon_{cu} = 0.0033$,$n = 2$(C50 以下混凝土),代入式(4.17)和式(4.18),则有

受压区混凝土的压力:

$$C = 0.798 f_c x_c b$$

混凝土压力合力 C 的作用点至中和轴的距离为

$$y_c = x_c \left(1 - \frac{\dfrac{1}{2} - \dfrac{1}{12} \cdot \left(\dfrac{\varepsilon_0}{\varepsilon_c}\right)^2}{1 - \dfrac{1}{3} \cdot \dfrac{\varepsilon_0}{\varepsilon_c}}\right) = x_c \left(1 - \frac{\dfrac{1}{2} - \dfrac{1}{12} \cdot \left(\dfrac{0.002}{0.0033}\right)^2}{1 - \dfrac{1}{3} \cdot \dfrac{0.002}{0.0033}}\right) = 0.588 x_c$$

受拉钢筋的总拉力:

$$T = f_y A_s$$

由平衡条件 $\sum X = 0$,即 $C = T$,可求得受压区高度 x_c 为

$$x_c = \frac{f_y A_s}{0.798 f_c b} = 1.253 \frac{A_s}{bh_0} \frac{f_y}{f_c} h_0 = 1.253 \rho \frac{f_y}{f_c} h_0$$

根据平衡条件 $\sum M = 0$,对受拉钢筋合力作用点取矩或对受压混凝土合力作用点取矩,可求得极限弯矩 M_u 为

$$M_u = C \cdot Z = 0.798 f_c x_c b[(h_0 - x_c) + y_c] = 0.798 f_c x_c b(h_0 - 0.412 x_c)$$

$$M_u = T \cdot Z = f_y A_s\left(h_0 - 0.412 \times 1.253\rho \frac{f_y}{f_c} h_0\right) = f_y A_s\left(1 - 0.516\rho \frac{f_y}{f_c}\right) h_0$$

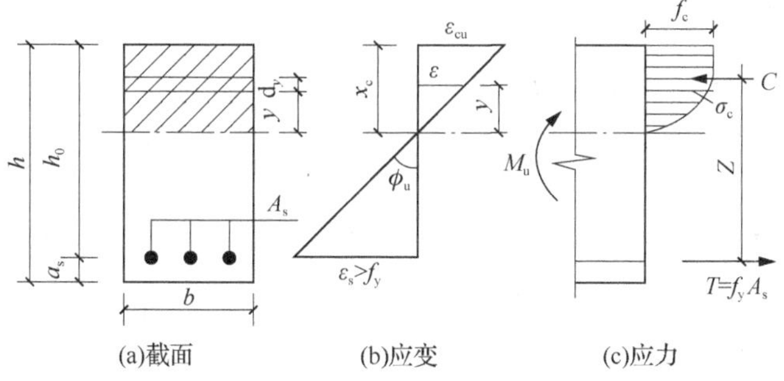

图 4.15　钢筋混凝土梁截面极限承载力时应力分析图

【例 4.1】 已知梁的截面如图 4.16 所示，$b = 250\text{mm}$，$h = 600\text{mm}$，取 $h_0 = 560\text{mm}$。配置 4Φ20 的受拉钢筋，$A_s = 1256\text{mm}^2$，$f_y = 356\text{MPa}$，$E_s = 2 \times 10^5\text{MPa}$。混凝土强度 $f_c = 21\text{MPa}$，$f_t = 2.1\text{MPa}$，$E_c = 2.43 \times 10^4\text{MPa}$。按照我国《规范》给定的混凝土的应力-应变关系，试计算：

(1) 当 $M = 30\text{kN} \cdot \text{m}$ 时，受拉钢筋应力 σ_s 及截面曲率 ϕ。

(2) 开裂弯矩 M_{cr} 及相应的受拉钢筋的 $\sigma_{s,cr}$ 和截面曲率 ϕ_{cr}。

(3) 极限弯矩 M_u。

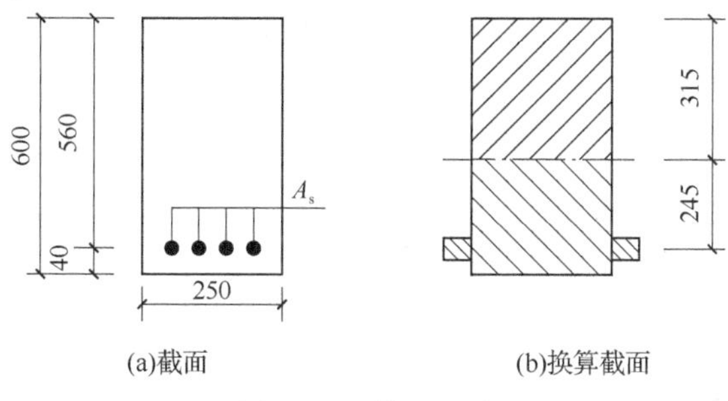

图 4.16　截面尺寸

解：(1) 当 $M = 30\text{kN} \cdot \text{m}$ 时，受拉钢筋应力 σ_s 及截面曲率 ϕ 的计算。

① 求换算截面惯性矩 I_0。

$$\alpha_E = E_s / E_c = 2 \times 10^5 / 2.43 \times 10^4 = 8.23$$

换算截面如图 4.16(b)所示，计算中和轴高度 x_c 为

$$x_c = \frac{0.5bh^2 + (\alpha_E - 1)A_s h_0}{bh + (\alpha_E - 1)A_s} = \frac{0.5 \times 250 \times 600^2 + (8.23 - 1) \times 1256 \times 560}{250 \times 600 + (8.23 - 1) \times 1256}$$
$$= 315(\text{mm})$$

换算截面对中和轴的惯性矩为

$$I_0 = \frac{1}{3}bx_c^3 + \frac{1}{3}b(h - x_c)^3 + (\alpha_E - 1)A_s(h_0 - x_c)^2$$

$$=\frac{1}{3}\times250\times315^3+\frac{1}{3}\times250\times(600-315)^3+(8.23-1)\times1256\times(560-315)^2$$

$$=5.08\times10^9(\mathrm{mm}^4)$$

② 计算钢筋应力 σ_s。

$$\sigma_s=\alpha_E\frac{M(h_0-x_c)}{I_0}=8.23\times\frac{30\times10^6\times(560-315)}{5.08\times10^9}=11.9(\mathrm{N/mm^2})$$

③ 求截面曲率 ϕ。

$$\phi=\frac{\sigma_s}{E_s(h_0-x_c)}=\frac{11.9}{2\times10^5\times(560-315)}=0.24\times10^{-6}(\mathrm{mm}^{-1})$$

(2) 开裂弯矩 M_{cr} 及相应的 $\sigma_{s,cr}$ 和 ϕ_{cr}。

① 开裂弯矩计算。按近似计算式(4.8)计算。

$$M_{cr}=0.292\times\left(1+5.0\alpha_E\frac{A_s}{bh}\right)f_tbh^2$$

$$=0.292\times\left(1+5.0\times8.23\times\frac{1256}{250\times600}\right)\times2.1\times250\times600^2$$

$$=74.2(\mathrm{kN\cdot m})$$

② 求钢筋应力。

$$\sigma_{s,cr}=2\alpha_Ef_t=2\times8.23\times2.1=34.6(\mathrm{N/mm^2})$$

③ 求截面曲率。近似取 $x_{cr}\approx0.5h$,则

$$\phi_{cr}=\frac{f_t}{0.5E_c(h-x_{cr})}=\frac{2.1}{0.5\times2.1\times10^4\times(600-300)}=0.667\times10^{-6}(\mathrm{mm}^{-1})$$

(3) 极限弯矩 M_u。

达到极限承载力时的中和轴高度为

$$x_c=\frac{f_yA_s}{0.798f_cb}=\frac{356\times1256}{0.798\times21\times250}=106.7(\mathrm{mm})$$

极限弯矩为

$$M_u=0.798f_cx_cb(h_0-0.412x_c)$$

$$=0.798\times21\times106.7\times250\times(560-0.412\times106.7)$$

$$=230.7(\mathrm{kN\cdot m})$$

4.4 受弯构件正截面承载力计算的基本规定

4.4.1 基本假定

根据前述钢筋混凝土梁的受弯性能分析,正截面受弯承载力的计算可采用以下基本假定:

(1) **平截面假定**。受弯构件正截面弯曲变形后,截面平均应变保持为平面。

(2) **混凝土受压应力-应变关系**。混凝土受压应力-应变关系采用抛物线上升段和直线水平段的形式,见图 2.20,数学表达式见式(2.17)。

(3) **钢筋受拉应力-应变关系**。钢筋受拉应力-应变关系采用理想弹塑性模型，见图2.3，数学表达式见式(2.1)和式(2.2)。

(4) **不考虑混凝土的抗拉强度**。受拉区开裂后，裂缝处的混凝土退出工作，拉力由受拉钢筋承担。

4.4.2　等效矩形应力图

由4.2节适筋梁的受弯性能分析可知，梁达到其极限承载能力 M_u 时，受压区混凝土压应力为曲线分布，见图4.9(f)。基本假定(2)给出了受弯构件正截面承载力计算中采用的混凝土的应力-应变关系曲线。

如图4.17所示的单筋矩形截面梁，当截面受压边缘混凝土达到其极限压应变 ε_{cu} 时，假定这时的截面受压区高度为 x_c，受压区混凝土任意高度距中和轴的距离为 y，受压区混凝土压应力的合力为 C，则

$$C=\int_0^{x_c}\sigma_c b\cdot \mathrm{d}y \tag{4.19}$$

式中：混凝土的压应力(σ_c)见式(2.17)，并取 $\varepsilon_0=0.002$，$\varepsilon_{cu}=0.0033$，$n=2$(C50以下混凝土)，代入上式积分可求出 C。

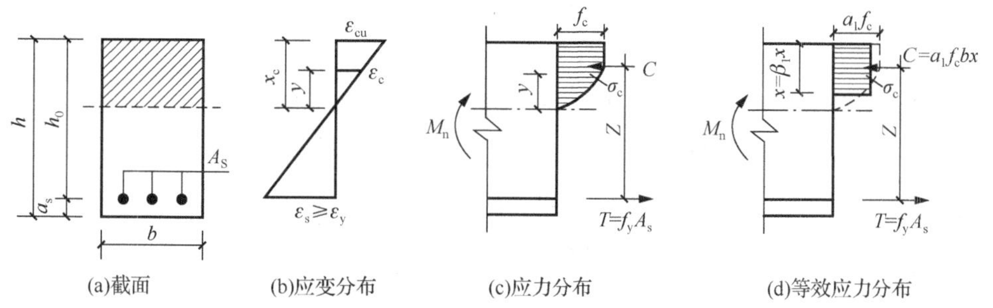

(a)截面　(b)应变分布　(c)应力分布　(d)等效应力分布

图4.17　混凝土截面应力-应变分布及等效应力分布

适筋梁破坏时，受拉钢筋的应力已达到屈服强度，钢筋承受的总拉力 $T=f_yA_s$。由 $\sum X=0$，可得 $C=T$；由 $\sum M=0$，可得 $M_u=C\cdot Z$ 或 $M_u=T\cdot Z$。

利用上述公式虽然可以计算出截面的抗弯承载力(具体参见4.3节)，但计算过于复杂，在实际设计工作中不便于推广应用，特别是采用手算时难以接受。从承载能力极限状态设计角度来看，确定受压区的实际应力分布图形的意义并不大，而更加关心的问题是受压区的合力及其作用点。因此为简化计算，采用将受压区混凝土应力图形简化为等效矩形应力图形的实用计算方法。其具体做法是采用图4.17(d)所示的等效矩形应力图形来代替二次抛物线加矩形的应力图形，其等效条件是：保证受压区混凝土压应力合力 C 的**大小和作用点不变**。此时应力图形的代换就不会影响抗弯承载能力的计算结果。

图4.17(d)所示换算受压区高度为 x，受压区混凝土的压应力为 σ_c，则有

$$x=\beta_1 x_c \tag{4.20}$$

$$\sigma_c=\alpha_1 f_c \tag{4.21}$$

式中：β_1——等效矩形应力图的换算受压区高度与截面实际受压区高度的比值；

α_1——受压区混凝土等效矩形应力图的应力值与混凝土轴心抗压强度的比值。

α_1 和 β_1 仅与混凝土应力-应变曲线有关，故称为**等效矩形应力图系数**，取值见表 4.2。受弯构件的混凝土强度等级一般不大于 C50，α_1 和 β_1 为定值，分别为 1.0 和 0.8。α_1 和 β_1 的取值推导此略，可参见《混凝土结构设计原理学习辅导》(孙跃东主编，北京:科学出版社，2013 年)。

表 4.2 混凝土受压区等效矩形应力图系数

混凝土强度等级	≤C50	≤C55	≤C60	≤C65	≤C70	≤C75	≤C80
α_1	1.0	0.99	0.98	0.97	0.96	0.95	0.94
β_1	0.8	0.79	0.78	0.77	0.76	0.75	0.74

由图 4.17(d)所示的等效矩形应力图，根据平衡条件可得出适筋受弯构件正截面承载力计算公式。

4.4.3 适筋梁、超筋梁和少筋梁的界限

1. 适筋梁与超筋梁的界限——最大配筋率

(1) **界限破坏**。钢筋混凝土受弯构件，在受拉钢筋达到屈服($\varepsilon_y = f_y/E_s$)的同时，受压区混凝土边缘纤维应变达到极限压应变 ε_{cu}，混凝土被压碎而破坏，梁的这种破坏称为**界限破坏**。发生界限破坏的梁也称为**平衡配筋梁**。界限破坏时的截面应变分布见图 4.18。

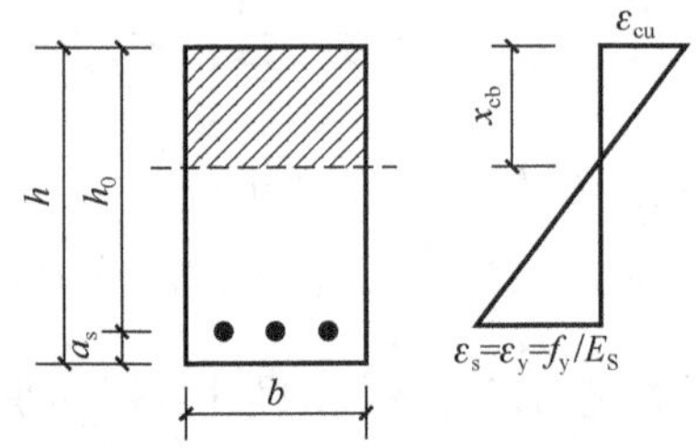

图 4.18 界限破坏时的截面应变分布

(2) **相对受压区高度**。定义相对受压区高度为等效矩形应力图的受压区高度 x 与截面有效高度 h_0 的比值，用符号 ξ 表示，即 $\xi = x/h_0$。

(3) 界限破坏的相对受压区高度 ξ_b。由图 4.18 可知，界限破坏时的实际受压区高度(即中和轴高度)x_{cb}，按下式计算为

$$x_{cb} = \frac{\varepsilon_{cu}}{\varepsilon_{cu} + \varepsilon_y} h_0 \tag{4.22}$$

界限破坏时等效矩形应力图的相对受压区高度为 x_b，则界限相对受压区高度 ξ_b 为

$$\xi_b = \frac{x_b}{h_0} = \frac{\beta_1 x_{cb}}{h_0} = \frac{\beta_1 \varepsilon_{cu}}{\varepsilon_{cu} + \varepsilon_y} = \frac{\beta_1}{1 + \dfrac{f_y}{\varepsilon_{cu} E_s}} \tag{4.23}$$

对强度等级不大于 C50 的混凝土，混凝土的极限压应变 $\varepsilon_{cu} = 0.0033$、$\beta_1 = 0.8$，则界

限相对受压区高度 ξ_b 可表示为

$$\xi_b = \frac{\beta_1}{1+\dfrac{f_y}{\varepsilon_{cu}E_s}} = \frac{0.8}{1+\dfrac{f_y}{0.0033E_s}} \tag{4.24}$$

上式为配置有明显屈服点的钢筋时的相对受压区高度，对无明显屈服点的钢筋，应变 $\varepsilon_y = 0.002 + f_y/E_s$，则式(4.24)可写成

$$\xi_b = \frac{\beta_1\varepsilon_{cu}}{\varepsilon_{cu}+\varepsilon_y} = \frac{\beta_1}{1+\dfrac{0.002}{\varepsilon_{cu}}+\dfrac{f_y}{\varepsilon_{cu}E_s}} \tag{4.25}$$

从式(4.24)和式(4.25)可以看出，界限相对受压区高度 ξ_b 仅与材料性能有关，而与截面尺寸无关。对于给定的钢筋和混凝土，界限相对受压区高度 ξ_b 和 $\alpha_{s,max}$ 可查表 4.3。

表 4.3　界限相对受压区高度 ξ_b 和 $\alpha_{s,max}$

钢筋级别	系数	≤C50	C60	C70	C80
HRB300	ξ_b	0.576	0.556	0.537	0.518
	$\alpha_{s,max}$	0.410	0.402	0.393	0.384
HRB400 HRBF400 HRB400E HRBF400E	ξ_b	0.518	0.499	0.481	0.463
	$\alpha_{s,max}$	0.384	0.375	0.365	0.456
HRB500 HRBF500 HRB500E HRBF500E	ξ_b	0.482	0.464	0.447	0.429
	$\alpha_{s,max}$	0.366	0.357	0.347	0.337

图 4.19 给出了不同配筋梁的截面应变分布图，由图可知，当相对受压区高度 $\xi<\xi_b$ 时，受拉钢筋先屈服($\varepsilon_s>\varepsilon_y$)，然后受压区混凝土边缘纤维压应变达到极限压应变($\varepsilon_c=\varepsilon_{cu}$)，混凝土被压碎而破坏，属于适筋梁情况；当 $\xi>\xi_b$ 时，受压区混凝土先被压碎而破坏($\varepsilon_c=\varepsilon_{cu}$)，受拉钢筋未屈服($\varepsilon_s<\varepsilon_y$)，属于超筋梁情况。

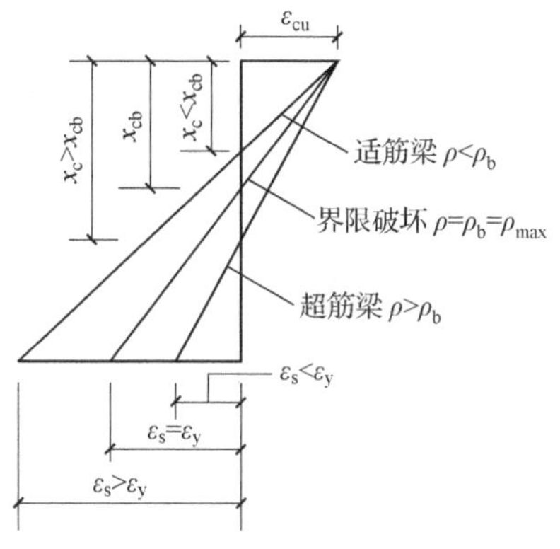

图 4.19　不同配筋梁的截面应变分布

(4) 最大配筋率 ρ_{max}。最大配筋率是指适筋梁配筋率的上限值，当纵向受拉钢筋配筋率 ρ 大于最大配筋率 ρ_{max} 时，截面将发生超筋破坏。

根据式(4.1)，并由图 4.17(d)建立的平衡方程 $\sum x=0$(即 $\alpha_1 f_c bx=A_s f_y$)得

$$\rho=\frac{A_s}{bh_0}=\frac{x}{h_0}\frac{\alpha_1 f_c}{f_y}=\xi\frac{\alpha_1 f_c}{f_y} \tag{4.26}$$

当 $\xi=\xi_b$ 时，代入式(4.26)得适筋梁配筋率的上限值 ρ_b，也就是最大配筋率 ρ_{max}，即

$$\rho_{max}=\rho_b=\xi_b\frac{\alpha_1 f_c}{f_y} \tag{4.27}$$

为防止发生超筋梁的脆性破坏，配筋率应满足

$$\rho\leqslant\rho_{max}$$

2. 适筋梁与少筋梁的界限——最小配筋率

最小配筋率是适筋梁与少筋梁的界限。最小配筋率是根据配有少量钢筋的钢筋混凝土梁的极限弯矩 M_u，等于同样截面、同样混凝土强度的素混凝土梁的极限弯矩(即素混凝土梁的开裂弯矩 M_{cr})确定的，见图 4.20。这时钢筋混凝土梁的配筋率即为最小配筋率 ρ_{min}。

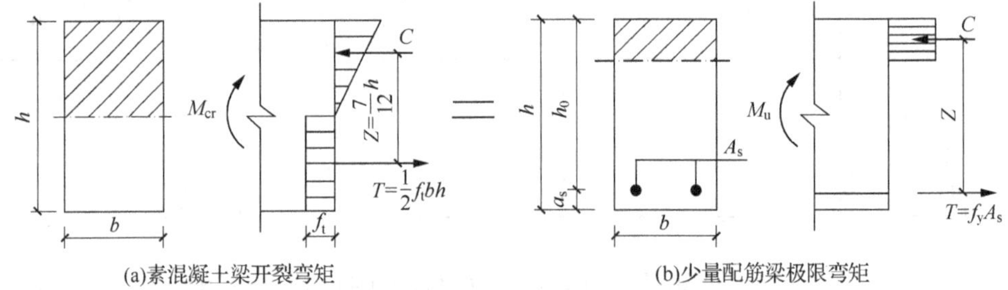

图 4.20 最小配筋率的确定

矩形截面素混凝土梁的开裂弯矩 M_{cr} 可按图 4.20(a)所示截面应力分布计算，受拉区混凝土的应力图可简化为矩形，并取中和轴高度为 $h/2$，则得

$$M_{cr}=f_t\times b\times\frac{h}{2}\times\left(\frac{h}{4}+\frac{h}{3}\right)=\frac{7}{24}f_t bh^2$$

此时配筋较少的钢筋混凝土梁的极限弯矩 M_u 为

$$M_u=f_y A_s h_0(1-0.5\xi)$$

若用配筋率 $\rho=A_s/bh$ 表示，则可写成

$$M_u=\frac{A_s}{bh}f_y bhh_0(1-0.5\xi)=\rho f_y bhh_0(1-0.5\xi)$$

令 $M_{cr}=M_u$，取 $1-0.5\xi\approx0.98$，$h\approx1.1h_0$，可求得最小配筋率为

$$\rho_{min}=\frac{A_s}{bh}=0.327\frac{f_t}{f_y}$$

《规范》中考虑了混凝土温度变化、收缩等因素的影响以及工程实践经验，规定受弯构件的**最小配筋百分率取 0.20%和 0.45f_t/f_y 中的较大值**，见本书附表 13 或《规范》第 8.5 条。

为防止**少筋梁脆性破坏**情况的发生，对矩形截面受弯构件，配筋率 ρ 或截面配筋面积 A_s 应满足

$$\rho \geqslant \rho_{min} \text{ 或 } A_s \geqslant A_{s,min} = \rho_{min} bh \tag{4.28}$$

注意：当用式(4.28)验算截面配筋是否满足最小配筋率要求时，应采用全部截面面积 bh，而不是计算界限配筋率 ρ_b 或最大配筋率 ρ_{max} 时采用的有效截面面积 bh_0。这是因为最小配筋率与混凝土的受拉区面积有关，受拉区混凝土开裂是从受拉混凝土截面边缘开始的。

4.5　单筋矩形截面受弯构件正截面承载力计算

只在截面的受拉区配有纵向受力钢筋的矩形截面称为**单筋矩形截面梁**，见图 4.21(a)；在截面的受拉区和受压区同时配有纵向受力钢筋的矩形截面称为**双筋矩形截面梁**，见图 4.21(b)(详述见 4.6 节)。需要说明的是，为了构造上的要求在受压区配有架立筋的截面，仍为单筋截面。架立钢筋与受力钢筋的区别在于架立钢筋是根据构造要求设置的，而受力钢筋则是根据受力要求按计算配置的。

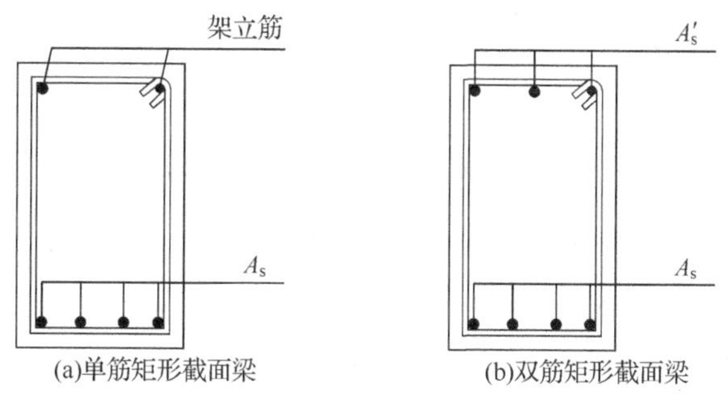

图 4.21　矩形截面梁

4.5.1　基本计算公式和适用条件

1. 计算简图

单筋矩形截面受弯承载力的计算简图见图 4.22。

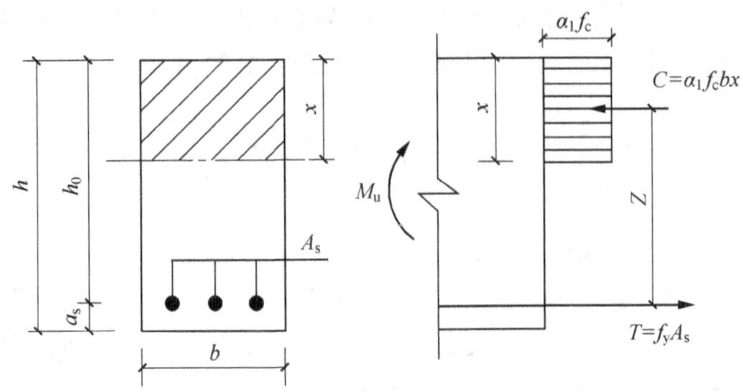

图 4.22　单筋矩形截面受弯承载力计算简图

2. 计算公式

由图 4.22,根据平衡条件,可得受弯构件正截面承载力计算公式。

由 $\sum X=0$,得

$$\alpha_1 f_c bx = f_y A_s \tag{4.29}$$

由 $\sum M=0$,得

$$M \leqslant M_u = \alpha_1 f_c bx\left(h_0 - \frac{x}{2}\right) \tag{4.30a}$$

或

$$M \leqslant M_u = f_y A_s\left(h_0 - \frac{x}{2}\right) \tag{4.30b}$$

式中:M——弯矩设计值,通常取计算截面(最大弯矩截面)的弯矩效应组合;

M_u——正截面受弯极限承载力,取决于构件截面尺寸和材料强度及钢筋截面面积;

f_y——受拉钢筋强度设计值,见本书附表 2;

A_s——受拉钢筋截面面积;

b——截面宽度;

x——等效矩形应力图形受压区高度;

h_0——截面有效高度,$h_0=h-a_s$;

α_1——系数,可查表 4.2。

在截面设计时,钢筋规格未知,a_s 难以确定。在一类环境下,一般可按如下规定取值:

当受拉钢筋放置**一排**时,梁:$a_s=40$mm;板:$a_s=20$mm。

当受拉钢筋放置**两排**时,梁:$a_s=65$mm。

若在其他环境类别下,a_s 应随其最小保护层厚度的增加而相应增加。在截面复核时,因钢筋规格、位置已确定,可按照实际配筋计算 a_s,也可近似取上述数值。

3. 适用条件

(1) **为了防止发生超筋梁的脆性破坏**，应满足

$$x \leqslant \xi_b h_0 \quad \text{或} \quad \xi \leqslant \xi_b \quad \text{或} \quad \rho \leqslant \rho_{max} = \rho_b = \alpha_1 \xi_b \frac{f_c}{f_y}$$

(2) **为了避免发生少筋梁的脆性破坏**，截面配筋率应满足

$$\rho \geqslant \rho_{min} \frac{h}{h_0} \quad \text{或} \quad A_s \geqslant \rho_{min} bh$$

上述两个适用条件，在后续章节中多次出现，为了简化书写，常称为适用条件(1)和适用条件(2)。

4.5.2　计算方法

1. 公式计算法

当截面设计弯矩 M、材料强度和截面尺寸已确定时，式(4.29)、式(4.30a)和式(4.30b)中只有 x 和 A_s 两个未知数，可联立求解 x 和 A_s。

由式(4.30a)得

$$x^2 - 2h_0 x + \frac{2M}{\alpha_1 f_c b} = 0$$

求解上述 x 的二次方程，得

$$x = h_0 - \sqrt{h_0^2 - \frac{2M}{\alpha_1 f_c b}}$$

若 $x \leqslant \xi_b h_0$，将 x 代入式(4.29)或式(4.30b)得

$$A_s = \frac{\alpha_1 f_c bx}{f_y} \text{ 或 } A_s = \frac{M}{f_y(h_0 - x/2)}\text{，且 } A_s \geqslant \rho_{min} bh$$

2. 计算系数法

用公式计算法进行配筋设计时需解一个 x 的二次方程，比较麻烦，为了简化计算可采用计算系数法进行计算。

将式(4.30)改写为

$$M = \alpha_1 f_c bx\left(h_0 - \frac{x}{2}\right) = \alpha_1 f_c bh_0^2 \frac{x}{h_0}\left(1 - 0.5\frac{x}{h_0}\right) = \alpha_1 f_c bh_0^2 \xi(1 - 0.5\xi)$$

或

$$M = f_y A_s h_0\left(1 - 0.5\frac{x}{h_0}\right) = f_y A_s h_0(1 - 0.5\xi)$$

其中 $\xi = \frac{x}{h_0}$，令

$$\alpha_s = \xi(1 - 0.5\xi) \tag{4.31}$$

$$\gamma_s = 1 - 0.5\xi \tag{4.32}$$

则

$$M=\alpha_1\alpha_s f_c bh_0^2 \tag{4.33}$$

或

$$M=f_y A_s \gamma_s h_0 \tag{4.34}$$

由式(4.31)和式(4.32)可得

$$\xi=1-\sqrt{1-2\alpha_s} \tag{4.35}$$

$$\gamma_s=\frac{1+\sqrt{1-2\alpha_s}}{2} \tag{4.36}$$

式中：α_s 称为**截面抵抗矩系数**，γ_s 称为**内力臂系数**，它们都与相对受压区高度 ξ 有关。根据 ξ、α_s 和 γ_s 的关系，可以预先算出，制成表格以便使用(见本书附表21)。在适筋梁范围内，配筋率 ρ 越大或者 ξ 越大，γ_s 越小，而 α_s 越大。具体计算时，也可由式(4.33)计算 α_s，把 α_s 代入式(4.35)和式(4.36)直接计算 ξ 和 γ_s，不必查表。

当取 $\xi=\xi_b$ 时，可求得**适筋梁正截面承载力的上限值** $M_{u,max}$：

$$M_{u,max}=\alpha_1 f_c bh_0^2\xi_b(1-0.5\xi_b)=\alpha_{s,max}\alpha_1 f_c bh_0^2 \tag{4.37}$$

式中：$\alpha_{s,max}=\xi_b(1-0.5\xi_b)$，为截面的**最大抵抗矩系数**，可查表4.3。

4.5.3 计算公式的应用

1. 截面设计

截面设计时，通常已知弯矩设计值 M 、混凝土强度等级和钢筋强度等级、构件截面尺寸 $b\times h$ (截面尺寸一般根据构造要求和工程经验选定)，求所需的受拉钢筋截面面积 A_s。为了避免解 x 的一元二次方程，常采用计算系数法。基本设计步骤如下。

1) **确定基本设计参数**

根据环境类别及混凝土强度等级，由本书附表12查得混凝土保护层最小厚度，再假定 a_s［单排钢筋 $a_s=40$mm(梁)，$a_s=20$mm(板)；双排钢筋 $a_s=65$mm(梁)］，计算 h_0($h_0=h-a_s$)；根据混凝土强度等级确定 α_1、f_c，根据钢筋强度级别确定 f_y 等。

2) **计算 α_s**

由式 $M=\alpha_1\alpha_s f_c bh_0^2$ 计算 α_s，$\alpha_s=\dfrac{M}{\alpha_1 f_c bh_0^2}$。

3) 计算 ξ 和 γ_s

由式(4.35)计算 $\xi=1-\sqrt{1-2\alpha_s}$，并验算适用条件应满足 $\xi\leqslant\xi_b$。用式(4.32)计算 γ_s，$\gamma_s=1-0.5\xi$。

4) **计算受拉钢筋截面面积 A_s**

由式(4.34)解得：$A_s=\dfrac{M}{f_y\gamma_s h_0}$，或由式(4.29)解得：$A_s=\xi\dfrac{\alpha_1 f_c}{f_y}bh_0$。

5) **验算适用条件**

(1) **验算上述适用条件(1)，即防止发生超筋梁的脆性破坏。**

若 $\xi\leqslant\xi_b$ (或 $x\leqslant\xi_b h_0$ 或 $\alpha_s\leqslant\alpha_{s,max}$)，则满足要求；

若 $\xi > \xi_b$（或 $x > \xi_b h_0$ 或 $\alpha_s > \alpha_{s,max}$），则不满足要求，**需加大截面尺寸或提高混凝土强度等级或改用双筋矩形截面重新计算**。

（2）**验算上述适用条件（2），即避免发生少筋梁的脆性破坏**。

若 $\rho \geqslant \rho_{min} h/h_0$（或 $A_s \geqslant \rho_{min} bh$），则满足要求；若不满足，则纵向受拉钢筋应按照最小配筋率配置，即 $A_s = \rho_{min} bh$。

6）选配钢筋，按构造要求布置并绘出截面配筋图

注意：求得受拉钢筋截面面积 A_s 后，从本书附表 17 中选用钢筋直径和根数，并应满足有关构造要求。实际选用的钢筋截面面积与计算所得 A_s 值两者相差不宜超过 ±5%，并检查实际的 a_s 值与假定的 a_s 值是否大致相符，如果相差太大，则需重新计算。计算最小配筋率时，应按实际选用的钢筋截面面积。此外还要验算钢筋的净间距是否满足要求。

单筋矩形截面受弯构件截面设计流程图见图 4.23。

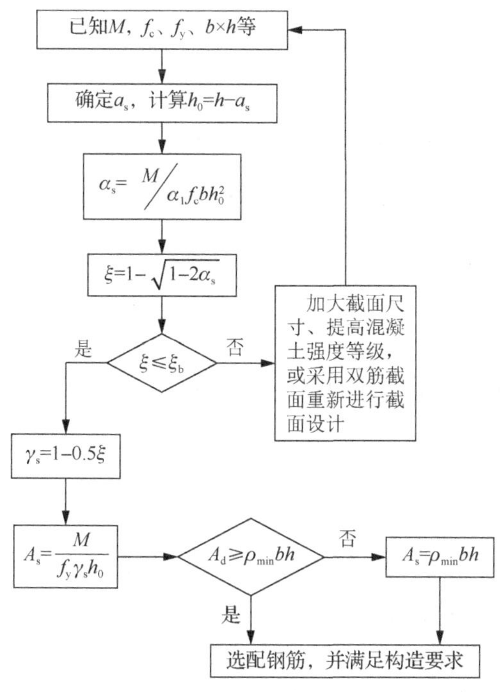

图 4.23　单筋矩形截面受弯构件截面设计流程

讨论如下。

（1）**截面设计问题没有唯一解**。由于材料强度等级、构件截面尺寸等由设计者选定，就可能出现各种不同的组合，所以截面设计问题没有唯一的解答。受弯构件的截面高度一般可按高跨比条件，以及构造和施工的要求等来确定，可参考表 4.1 选用。截面宽度则可根据高宽比的构造要求确定。当计算中出现配筋率偏大或偏小等不合理情况时，可对初选的截面尺寸作适当调整后重新计算。

（2）**经济配筋率**。受弯构件设计时，除了要满足在适筋范围内外，还需从经济角度考

虑。当弯矩设计值 M 一定时,截面尺寸 $b\times h$ 越大,则所需受拉钢筋 A_s 就越少,钢筋费用就少,但截面尺寸的加大会使混凝土及模板费用增加,同时减小房屋的净高。反之,截面选择偏小,用钢量要增加。显然,合理的选择应该是在满足承载力和使用要求的前提下,选用经济配筋率。根据我国工程设计经验,**一般梁板的经济配筋率:矩形截面梁为0.6%~1.5%,T形截面梁为0.9%~1.8%,板为0.4%~0.8%**。

必须指出经济配筋率是一个比较复杂的综合问题,它涉及结构形式、材料单价、施工条件等诸多方面,因各地区具体条件不同,材料及施工费用的单价不同,经济配筋率的范围也不尽相同,不能把它绝对化。当配筋率在经济配筋率范围内变动时,对构件造价的影响并不很敏感,应根据具体情况具体分析。

2. *截面复核*

已知 M、b、h、A_s、混凝土强度等级及钢筋强度等级。求 M_u。其基本计算步骤如下:

由(4.1)式计算配筋率,即 $\rho=\dfrac{A_s}{bh_0}$,然后根据 ρ 的大小进行讨论。

或由(4.29)式计算 x,即 $x=\dfrac{f_yA_s}{\alpha_1 f_c b}$,然后根据 x 的大小进行讨论。

(1) 若 $\rho<\rho_{\min}h/h_0$,则说明所给 A_s 太小,属于少筋梁,不安全。

少筋梁在实际工程中是不允许采用的,如果出现这种情况,应属于设计工作的严重失误,应进行加固处理。

(2) 若 $\rho_{\min}h/h_0\leqslant\rho\leqslant\rho_{\max}$,或 $x\leqslant\xi_b h_0$,则说明该构件属于适筋梁范围。由式(4.29)计算的 x 代入式(4.30)计算 M_u,即 $M_u=\alpha_1 f_c bx\left(h_0-\dfrac{x}{2}\right)$ 或 $M_u=f_yA_s\left(h_0-\dfrac{x}{2}\right)$。

(3) 若 $\rho>\rho_{\max}=\xi_b\dfrac{\alpha_1 f_c}{f_y}$,或 $x>\xi_b h_0$,则说明所给 A_s 太多,属于超筋梁。取 $\rho=\rho_{\max}$ 或者 $x=\xi_b h_0$,按式(4.37)计算 M_u。

(4) 判断。当 $M_u\geqslant M$ 时,认为截面受弯承载力满足要求,是安全的,否则不安全。

单筋矩形截面受弯构件截面校核流程见图4.24。

【例4.2】 已知矩形截面梁,$b\times h=200\text{mm}\times500\text{mm}$,承受弯矩设计值 $M=160\text{kN}\cdot\text{m}$,纵向受拉钢筋采用HRB400级,混凝土强度等级为C30,环境类别为一类。求纵向受拉钢筋截面面积 A_s。

解:(1) 基本设计参数。由本书附表11可知,环境类别是一类,混凝土强度等级为C30,梁的混凝土保护层最小厚度 $c=20\text{mm}$。假定下部纵向受拉钢筋为一层,取 $a_s=40\text{mm}$,则 $h_0=h-a_s=500-40=460(\text{mm})$。

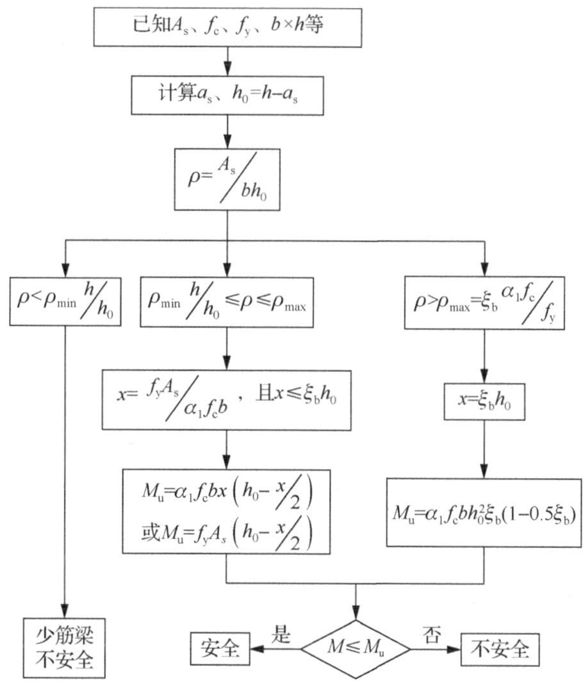

图 4.24　单筋矩形截面受弯构件截面校核流程

由混凝土强度等级和钢筋等级，查本书附表 9 和附表 2，得：$f_c=14.3\text{N/mm}^2$，$f_y=360\text{N/mm}^2$，$f_t=1.43\text{N/mm}^2$；查表 4.2 得：$\alpha_1=1.0$，$\beta_1=0.8$；查表 4.3 知：$\xi_b=0.518$。

(2) 求截面抵抗矩系数 α_s。由式(4.33)得

$$\alpha_s=\frac{M}{\alpha_1 f_c bh_0^2}=\frac{160\times10^6}{1.0\times14.3\times200\times460^2}=0.264$$

(3) 计算相对受压区高度 ξ。由式(4.35)得

$$\xi=1-\sqrt{1-2\alpha_s}=1-\sqrt{1-2\times0.264}=0.313<\xi_b=0.518$$

满足要求。

(4) 计算钢筋截面面积 A_s。由式(4.32)和式(4.34)得

$$\gamma_s=1-0.5\xi=0.844$$

$$A_s=\frac{M}{f_y\gamma_s h_0}=\frac{160\times10^6}{360\times0.844\times460}=1145(\text{mm}^2)$$

也可以由式(4.29)得

$$A_s=\frac{\alpha_1 f_c bx}{f_y}=\frac{\alpha_1 f_c b\xi h_0}{f_y}=\frac{1.0\times14.3\times200\times0.313\times460}{360}=1144(\text{mm}^2)$$

选用 3⌀22，$A_s=1140\text{mm}^2$。

(5) 验算适用条件。

① 适用条件(1)已经满足。

② 适用条件(2)。

$$\rho_{\min}=\max\left(0.2\%,0.45\frac{f_t}{f_y}\right)=\max\left(0.2\%,0.45\times\frac{1.43}{360}\right)=0.2(\%)$$

$$\rho=\frac{A_s}{bh_0}=\frac{1140}{200\times460}=1.23\%>\rho_{\min}\frac{h}{h_0}=0.2(\%)\times\frac{500}{460}=0.217\%\text{（满足要求）}$$

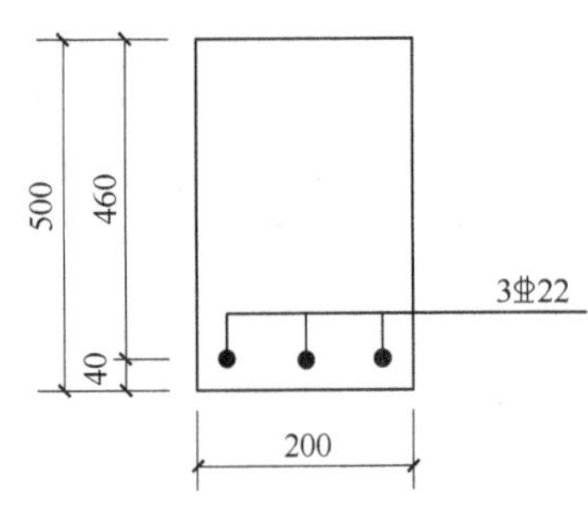

图 4.25　例 4.2 截面配筋图

(6) 绘出截面配筋图,如图 4.25 所示。

讨论如下。

(1) 实际选用的钢筋截面面积与计算所得 A_s 值,两者相差 $\frac{1144-1140}{1144}=0.35(\%)$,不超过±5%,满足要求。

(2) 本题可由 α_s 查表确定 ξ 及 γ_s,然后计算 A_s。

(3) 配筋时应验算是否满足构造要求。假定箍筋直径为 8mm,验算钢筋净间距,即

$$\frac{200-20\times2-3\times22-2\times8}{2}=39(\text{mm})$$

大于 25mm,且大于 d,满足要求。

【例 4.3】 已知某钢筋混凝土现浇简支板,板厚 100mm,计算跨度 $l_0=2.4$m,跨中正截面弯矩设计值 $M=16$kN·m,混凝土强度等级为 C30,钢筋采用 HRB400 级,环境类别为一类。

求:板的配筋。

解:(1) 基本设计参数。取板宽 $b=1000$mm 为计算单元,因此板截面为 $b\times h=1000\text{mm}\times100\text{mm}$。

环境类别为一类时,板的混凝土保护层最小厚度为 15mm,设 $a_s=20$mm,故 $h_0=100-20=80$(mm)。查本书附表 9 和附表 2,得:$f_c=14.3\text{N/mm}^2$,$f_t=1.43\text{N/mm}^2$,$f_y=360\text{N/mm}^2$;由表 4.2 和表 4.3 可知:$\alpha_1=1.0$,$\beta_1=0.8$,$\xi_b=0.518$。

(2) 求截面抵抗矩系数 α_s

$$\alpha_s=\frac{M}{\alpha_1 f_c bh_0^2}=\frac{16\times10^6}{1.0\times14.3\times1000\times80^2}=0.175$$

(3) 计算相对受压区高度 ξ

$$\xi=1-\sqrt{1-2\alpha_s}=0.193<\xi_b=0.518\text{(满足要求)}$$

(4) 计算钢筋截面面积 A_s

$$\gamma_s=1-0.5\xi=0.903$$

$$A_s=\frac{M}{f_y\gamma_s h_0}=\frac{16\times10^6}{360\times0.903\times80}=615(\text{mm})^2$$

查本书附表 18,选用⌀ 10@120,$A_s=654\text{mm}^2$。

(5) 验算适用条件。

① 适用条件(1)已经满足。

② 适用条件(2)。

$$\rho_{\min}=\max\left(0.2\%,0.45\frac{f_t}{f_y}\right)=\max\left(0.2\%,0.45\times\frac{1.43}{360}\right)=0.20\%$$

$$\rho=\frac{A_s}{bh_0}=\frac{654}{1000\times 80}=0.82\%>\rho_{\min}\frac{h}{h_0}=0.20\%\times\frac{100}{80}=0.25\%$$

满足要求。

(6) 分布钢筋的选取。垂直于纵向受拉钢筋放置⌀6@150 的分布钢筋，其截面面积为 189mm²，大于 $0.15\%\times 1000\times 100=150(\text{mm}^2)$，且大于 $15\%A_s=15\%\times 654=98.1(\text{mm}^2)$，满足要求。

(7) 绘出截面配筋图，如图 4.26 所示。

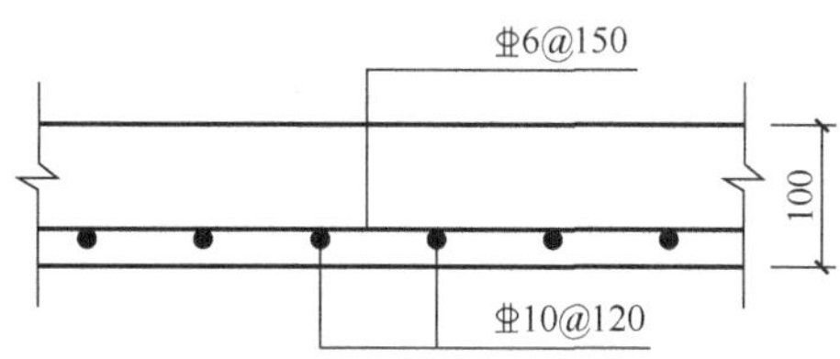

图 4.26　例 4.3 截面配筋图

讨论如下。

(1) 对于板类构件，通常取 1000mm 截面宽度作为计算单元。

(2) 截面配筋要查附表 18(每米宽度的钢筋截面面积)。

(3) 板中分布钢筋也要满足构造要求。

【例 4.4】　已知某矩形截面连续梁，计算跨度为 6.6m，跨中截面弯矩设计值 $M=300\text{kN}\cdot\text{m}$，混凝土强度等级为 C40，纵向受力钢筋为 HRB400，环境类别为一类。

求：梁的截面尺寸 $b\times h$ 及所需的纵向受拉钢筋截面面积 A_s。

解：(1) 基本设计参数。查本书附表 2 和附表 9 知，HRB400 钢筋：$f_y=360\text{N/mm}^2$；C40 混凝土：$f_c=19.1\text{N/mm}^2$，$f_t=1.71\text{N/mm}^2$。由表 4.2 和表 4.3 知：$\alpha_1=1.0$，$\beta_1=0.8$，$\xi_b=0.518$。

(2) 确定截面尺寸。截面高度取跨度的$\frac{1}{12}$，即 $h=\frac{1}{12}\times 6600=550(\text{mm})$；截面宽度取截面高度的$\frac{1}{2.5}$，即 $b=\frac{550}{2.5}=220(\text{mm})$，取 $b=250\text{mm}$。

由本书附表 11 知，环境类别是一类，混凝土强度等级为 C40，梁的混凝土保护层最小厚度 $c=20\text{mm}$。假定下部纵向受拉钢筋为一层，取 $a_s=40\text{mm}$，实际取 $h_0=510\text{mm}$。

(3) 确定截面配筋。

$$\alpha_s=\frac{M}{\alpha_1 f_c b h_0^2}=\frac{300\times 10^6}{1.0\times 19.1\times 250\times 510^2}=0.242$$

$$\xi=1-\sqrt{1-2\alpha_s}=0.282<\xi_b=0.518$$

满足要求。

$$\gamma_s = 1 - 0.5\xi = 0.859$$

$$A_s = \frac{M}{f_y \gamma_s h_0} = \frac{300 \times 10^6}{360 \times 0.859 \times 510} = 1902(\text{mm}^2)$$

选用 4⏀25,$A_s = 1964\text{mm}^2$。

验算配筋构造要求:假定箍筋直径为 8mm,钢筋净间距为$\frac{250-20\times2-4\times25-2\times8}{3}=$ 31.3(mm)>25mm,满足要求。

(4) 验算适用条件。

① 适用条件(1)已经满足。

② 适用条件(2),有

$$\rho_{\min} = \max\left(0.2\%, 0.45\frac{f_t}{f_y}\right) = \max\left(0.2\%, 0.45 \times \frac{1.71}{360}\right) = 0.21(\%)$$

$$\rho = \frac{A_s}{bh_0} = \frac{1964}{250 \times 510} = 1.54(\%) > \rho_{\min}\frac{h}{h_0} = 0.21\% \times \frac{550}{510} = 0.216(\%)$$

满足要求。

(5) 绘出截面配筋图(略)。

讨论如下。

(1) 截面尺寸可初步根据高跨比 h/l 和高宽比 h/b 确定,并符合相应的模数。

(2) 截面尺寸还可以按照下列方法确定。

初步假定 $\rho=1\%$(在经济配筋率的范围内)及 $b=250\text{mm}$,则

$$\xi = \rho\frac{f_y}{\alpha_1 f_c} = 0.01 \times \frac{360}{1.0 \times 19.1} = 0.188$$

由式 $M=\alpha_1 f_c b\xi(1-0.5\xi)h_0^2$ 可得

$$h_0 = \sqrt{\frac{M}{\alpha_1 f_c b\xi(1-0.5\xi)}} = \sqrt{\frac{300 \times 10^6}{1.0 \times 19.1 \times 250 \times 0.188 \times (1-0.5 \times 0.188)}} = 607(\text{mm})$$

取 $a_s=40\text{mm}$,$h=607+40=647(\text{mm})$,取 $h=650\text{mm}$。按照 $h=650\text{mm}$ 计算 $A_s=1098\text{mm}^2$,选用 3⏀22,$A_s=1140\text{mm}^2$。

(3) 梁的高度 h 从 550mm 增加到 650mm,钢筋截面面积 A_s 从 1902mm^2 减小到 1140mm^2。可见,在弯矩 M 不变的前提下,增加截面高度,可以有效地减小受拉钢筋的截面面积。

【例 4.5】 已知梁的截面尺寸为 $b\times h=250\text{mm}\times600\text{mm}$,纵向受拉钢筋为 4⏀22 钢筋,$A_s=1520\text{mm}^2$,箍筋直径为 8mm,混凝土强度等级为 C40,承受的弯矩设计值为 $M=270\text{kN}\cdot\text{m}$。环境类别为二类 a。验算此梁截面是否安全。

解:(1) 基本计算参数。C40 混凝土:$f_c=19.1\text{N/mm}^2$,$f_t=1.71\text{N/mm}^2$;HRB400 钢筋:$f_y=360\text{N/mm}^2$;$\alpha_1=1.0$,$\beta_1=0.8$,$\xi_b=0.518$。由本书附表 12 知:环境类别为二类 a,梁的最小保护层厚度为 25mm;箍筋直径为 8mm,故 $a_s=25+8+22/2=44(\text{mm})$。

(2) 验算最小配筋率。

$$h_0=600-44=556(\mathrm{mm})$$

$$\rho=\frac{A_s}{bh_0}=\frac{1520}{250\times 556}=1.09(\%)$$

$$\rho_{\min}=\max\left(0.2\%,0.45\frac{f_t}{f_y}\right)=\max\left(0.2\%,0.45\times\frac{1.71}{360}\right)=0.21(\%)$$

$$\rho=\frac{A_s}{bh_0}=1.09\%>\rho_{\min}\frac{h}{h_0}=0.21\%\times\frac{600}{556}=0.227(\%)$$

满足适用条件(2)。

(3) 计算受压区高度 x。由式(4.29)得

$$x=\frac{f_yA_s}{\alpha_1 f_c b}=\frac{360\times 1520}{1.0\times 19.1\times 250}=114.6(\mathrm{mm})<\xi_b h_0=0.518\times 556=288(\mathrm{mm})$$

满足适用条件(1)。

(4) 计算极限弯矩 M_u 并判断安全性。由式(4.30a)得

$$M_u=\alpha_1 f_c bx(h_0-0.5x)=1.0\times 19.1\times 250\times 114.6\times(556-0.5\times 114.6)$$
$$=272.9(\mathrm{kN\cdot m})>M=270\mathrm{kN\cdot m}$$

故截面安全。

4.6　双筋矩形截面受弯构件正截面承载力计算

4.6.1　简述

图 4.21(b)所示为双筋矩形截面梁。在正截面受弯承载力计算中,采用纵向受压钢筋协助混凝土承受压力是不经济的,但在下列情况下要考虑配置双筋。

(1) 梁承受的弯矩很大,若按单筋矩形截面计算出现的 $\xi>\xi_b$ 情况,而梁截面尺寸受到限制,且混凝土强度又不能提高时,可在受压区配置钢筋以补充混凝土受压能力的不足。

(2) 受弯构件在不同荷载组合下(如风荷载作用、地震作用下的框架梁),截面承受正、负弯矩作用,需要配置受拉和受压钢筋形成双筋截面构件。

双筋梁除了可以提高构件的抗弯能力外,还可以提高梁的截面延性,且纵向受压钢筋 A_s'越多,截面延性越好。此外,在使用荷载作用下,受压钢筋的存在,还可以减小长期荷载作用下构件的变形。

4.6.2　纵向受压钢筋的强度取值

双筋梁破坏时受压钢筋的应力取决于它的压应变 ε_s',受压钢筋的强度若要得到充分利用,其应变要达到屈服压应变 ε_y'。根据平截面假定,当截面受压区边缘混凝土的应变达到极限压应变 ε_{cu} 时,受压钢筋的应变 ε_s'可由图 4.27(b)得出。

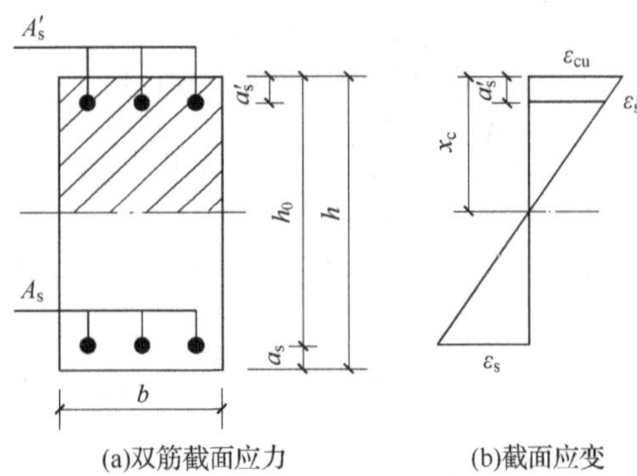

(a)双筋截面应力　　(b)截面应变

图 4.27　双筋梁受压钢筋应力及应变计算简图

由图 4.27(b)可得

$$\frac{\varepsilon_s'}{x_c - a_s'} = \frac{\varepsilon_{cu}}{x_c}$$

则

$$\varepsilon_s' = \left(\frac{x_c - a_s'}{x_c}\right)\varepsilon_{cu} = \left(1 - \frac{a_s'}{x/\beta_1}\right)\varepsilon_{cu} = \left(1 - \frac{\beta_1 a_s'}{x}\right)\varepsilon_{cu}$$

$$\sigma_s' = \varepsilon_s' E_s = \left(1 - \frac{\beta_1 a_s'}{x}\right)\varepsilon_{cu} E_s \tag{4.38}$$

式中：a_s'——受压钢筋合力作用点至截面受压区边缘的距离；

σ_s'——受压钢筋的压应力。

若取 $x=2a_s'$时，对于不同强度等级的混凝土，双筋梁受压钢筋的压应力 σ_s'的计算结果见表 4.4。

表 4.4　双筋梁受压钢筋应力 σ_s'计算结果

混凝土强度等级	≤C50	C60	C70	C80
ε_{cu}	0.0033	0.0032	0.0031	0.003
β_1	0.8	0.78	0.76	0.74
$1-0.5\beta_1$	0.6	0.61	0.62	0.63
ε_s'	0.00198	0.001952	0.001922	0.00189
$E_s/(\text{N/mm}^2)$	2.0×10^5	2.0×10^5	2.0×10^5	2.0×10^5
$\sigma_s'/(\text{N/mm}^2)$	396	390.4	384.4	378

由表 4.4 可知，对于常用的 HPB300 和 HRB400 级钢筋，在 $x=2a_s'$的条件下均能达到强度设计值。试验表明，当 $x\geqslant 2a_s'$时，热轧钢筋(包括 HRB500 级、HRBF500 级钢筋)的抗压强度均可得到充分发挥。热轧钢筋的抗压强度设计值取$f_y'=f_y$，见本书附表 2。因此，为保证受压钢筋强度得到充分利用，双筋矩形截面受弯构件混凝土受压区高度 x 应满足

$$x \geqslant 2a_s' \tag{4.39}$$

此外，当梁中配有按计算确定的纵向受压钢筋时，作为保证受压钢筋发挥强度的必要条件，《规范》第 9.2.9 条中做了如下规定。

(1) 箍筋应做成封闭式，且弯钩直线段长度不应小于 $5d$(d 为箍筋直径)。

(2) 箍筋的间距不应大于 $15d$，并不应大于 400mm。当一层内的纵向受压钢筋多于 5 根且直径大于 18mm 时，箍筋间距不应大于 $10d$(d 为纵向受压钢筋的最小直径)。

(3) 当梁的宽度大于 400mm 且一层内的纵向受压钢筋多于 3 根时，或梁的宽度不大于 400mm 但一层内的纵向受压钢筋多于 4 根时，应设置复合箍筋。

4.6.3　计算公式的应用

1. 计算简图

双筋矩形截面受弯构件承载力计算简图如图 4.28 所示。

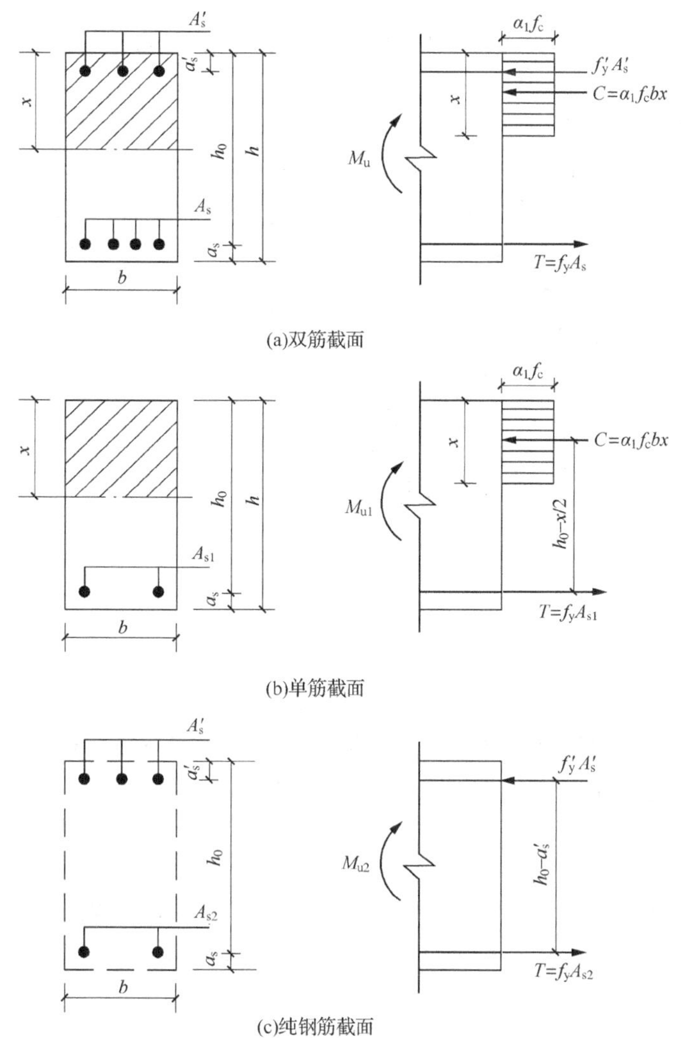

图 4.28　双筋矩形截面受弯构件承载力计算简图

2. 基本计算公式

由图 4.28(a),根据平衡条件,可得出以下基本方程:

$\sum x=0$

$$\alpha_1 f_c bx + f'_y A'_s = f_y A_s \tag{4.40}$$

$\sum M=0$

$$M_u = \alpha_1 f_c bx\left(h_0 - \frac{x}{2}\right) + f'_y A'_s (h_0 - a'_s) \tag{4.41a}$$

或

$$M_u = \alpha_s \alpha_1 f_c bh_0^2 + f'_y A'_s (h_0 - a'_s) \tag{4.41b}$$

式中: f'_y——受压钢筋强度设计值,见本书附表 2;

A'_s——受压钢筋截面面积;

a'_s——受压钢筋合力作用点距截面受压边缘的距离,取值同 a_s。

其他符号同前。

为了方便计算,双筋矩形截面受弯构件承载力计算简图可分解为图 4.28(b)和(c)所示的两部分之和。第一部分为受压区混凝土与部分受拉钢筋 A_{s1} 组成的单筋截面承担的弯矩 M_{u1};第二部分为受压钢筋 A'_s与其余部分受拉钢筋 A_{s2} 组成的**纯钢筋截面**承担的弯矩 M_{u2}。其基本计算公式为

$$M_u = M_{u1} + M_{u2} \tag{4.42}$$

$$A_s = A_{s1} + A_{s2} \tag{4.43}$$

单筋截面部分

$$\alpha_1 f_c bx = f_y A_{s1} \tag{4.44a}$$

$$M_{u1} = \alpha_1 f_c bx\left(h_0 - \frac{x}{2}\right) \tag{4.44b}$$

纯钢筋截面部分

$$f'_y A'_s = f_y A_{s2} \tag{4.45a}$$

$$M_{u2} = f'_y A'_s (h_0 - a'_s) \tag{4.45b}$$

3. 适用条件

(1) **防止梁发生超筋脆性破坏。纯钢筋截面**部分不影响破坏形态,双筋截面梁的破坏形态仅与单筋截面部分有关,因此为防止其发生超筋脆性破坏,仅需控制单筋截面部分不出现超筋即可,即

$$\xi \leqslant \xi_b (\text{或 } x \leqslant \xi_b h_0 \text{ 或 } M_{u1} \leqslant \alpha_{s,\max} \alpha_1 f_c bh_0^2 \text{ 或 } A_{s1} \leqslant \rho_{\max} bh_0)$$

(2) **为了保证受压钢筋在构件破坏时能够达到屈服强度,应满足 $x \geqslant 2a'_s$。**

双筋矩形截面梁一般不会出现少筋破坏的情况,故可不必验算最小配筋率。

4.6.4　计算方法

双筋矩形截面受弯构件正截面承载力的计算包括两方面的内容：一是截面设计；二是截面复核。

1. 截面设计

双筋矩形截面受弯构件正截面设计有以下两种情况。

情况 1： 已知弯矩设计值 M、截面尺寸 $b\times h$、混凝土强度等级和钢筋等级。求受压钢筋 A'_s 和受拉钢筋 A_s。基本计算步骤如下：

(1) **验算是否需要配置受压钢筋。** 当 $M > M_{u,max}=\alpha_1 f_c bh_0^2\xi_b(1-0.5\xi_b)$ 或 $\alpha_s=\dfrac{M}{\alpha_1 f_c bh_0^2}>\alpha_{s,max}$，且截面尺寸受到限制不能增加，混凝土强度也不能提高时，需要配置受压钢筋，按双筋矩形截面设计配筋。

(2) 补充条件。由于基本计算公式(4.40)和式(4.41)中含有 x、A'_s、A_s 三个未知数，没有唯一解，需补充一个条件才能求解。在截面尺寸及材料强度已知的情况下，补充条件应充分考虑经济设计原则，即截面总用钢量 $(A_s+A'_s)$ 为最少。

由基本方程(4.40)和式(4.41)，并取 $f_y=f'_y$，化简可得

$$A_s+A'_s=\frac{\alpha_1 f_c bx}{f_y}+2\frac{M-\alpha_1 f_c bx(h_0-0.5x)}{f'_y(h_0-a'_s)}$$

将上式对 x 求导，令 $\dfrac{\mathrm{d}(A_s+A'_s)}{\mathrm{d}x}=0$，得

$$\frac{x}{h_0}=\xi=\frac{1}{2}\left(1+\frac{a'_s}{h_0}\right)$$

当混凝土强度等级不大于 C50 时，对于 HRB400 级钢筋，并取 $a'_s/h_0\approx 0.1$，则 $\xi=\dfrac{1}{2}\left(1+\dfrac{a'_s}{h_0}\right)=0.55\geqslant\xi_b$。上式还必须符合 $\xi\leqslant\xi_b$，如果出现 $\xi>\xi_b$ 的情况，取 $\xi=\xi_b$。因此实际计算中，为了便于记忆和方便计算，可直接取 **$\xi=\xi_b$ 作为补充条件。**

(3) **计算受压钢筋 A'_s。** 取 $\xi=\xi_b$，由式(4.41)，得

$$A'_s=\frac{M-\alpha_1 f_c bx_b\left(h_0-\dfrac{x_b}{2}\right)}{f'_y(h_0-a'_s)}=\frac{M-\alpha_1 f_c bh_0^2\xi_b(1-0.5\xi_b)}{f'_y(h_0-a'_s)}$$

(4) **计算受拉钢筋 A_s。** 由式(4.40)，得

$$A_s=A'_s\frac{f'_y}{f_y}+\xi_b\frac{\alpha_1 f_c bh_0}{f_y}$$

当 $f_y=f'_y$ 时

$$A_s=A'_s+\xi_b\frac{\alpha_1 f_c bh_0}{f_y}$$

(5) **验算适用条件。**

① 为了防止梁发生超筋脆性破坏，必须满足 $x\leqslant\xi_b h_0$。

② **为了保证受压钢筋在构件破坏时能够达到屈服强度,必须满足 $x \geqslant 2a'_s$**。对于情况 1,因取 $\xi=\xi_b$,故一般均能满足 $x \geqslant 2a'_s$ 的适用条件,可不再进行验算。

情况 1 还可以按照单筋截面部分和纯钢筋截面部分分别计算然后叠加。验算是否需要配置受压钢筋和补充条件计算步骤同上,其他主要计算步骤如下。

(1) 计算单筋截面承担的弯矩 M_{u1} 和所需受拉钢筋 A_{s1}。

$$M_{u1}=\alpha f_c bh_0\xi_b(1-0.5\xi_b)=\alpha_{s,max}\alpha_1 f_c bh_0^2$$

$$A_{s1}=\xi_b bh_0\frac{\alpha_1 f_c}{f_y}$$

(2) 计算纯钢筋截面承担的弯矩 M_{u2} 和所需受拉钢筋 A_{s2}。

$$M_{u2}=M_u-M_{u1}$$

$$A'_s=\frac{M_{u2}}{f'_y(h_0-a'_s)}=\frac{M_u-M_{u1}}{f'_y(h_0-a'_s)}=\frac{M_u-\alpha_{s,max}\alpha_1 f_c bh_0^2}{f'_y(h_0-a'_s)}$$

$$A_{s2}=\frac{f'_y}{f_y}A'_s$$

当 $f_y=f'_y$ 时

$$A_{s2}=A'_s$$

(3) 求双筋矩形截面所需总受拉钢筋 A_s。

$$A_s=A_{s1}+A_{s2}=\xi_b bh_0\frac{\alpha_1 f_c}{f_y}+\frac{f'_y}{f_y}A'_s$$

工程设计中,常取 $f_y=f'_y$,则上式也可写成

$$A_s=A_{s1}+A_{s2}=A_{s1}+A'_s=\xi_b bh_0\frac{\alpha_1 f_c}{f_y}+A'_s$$

情况 2: 已知截面的弯矩设计值 M、截面尺寸 $b\times h$、钢筋等级、混凝土的强度等级以及受压钢筋截面面积 A'_s。求受拉钢筋截面面积 A_s。

由于 A'_s 已知,只有充分利用 A'_s 才能使内力臂最大,算出的 A_s 才能最小。在两个基本计算公式(4.40)和式(4.41)中,仅有 x 和 A_s 两个未知数,故可以直接联立求解。求解的基本步骤如下。

(1) 求 M_{u2}。已知 A'_s,由式(4.45b)求 M_{u2},即:$M_{u2}=f'_yA'_s(h_0-a'_s)$。

(2) 求 M_{u1}。由式(4.42)求 M_{u1},即 $M_{u1}=M_u-M_{u2}$。

(3) 由 M_{u1} 求 A_{s1}。具体计算步骤同单筋矩形截面,在此不再赘述。

(4) 求双筋矩形截面总受拉钢筋截面面积 A_s,$A_s=A_{s1}+A_{s2}$。

(5) 验算适用条件。

① 要满足 $\xi \leqslant \xi_b$(或 $x \leqslant \xi_b h_0$ 或 $M_{u1} \leqslant \alpha_{s,max}\alpha_1 f_c bh_0^2$ 或 $A_{s1} \leqslant \rho_{max}bh_0$)和 $x \geqslant 2a'_s$。

② 若 $\xi > \xi_b$,表明原有的 A'_s 不足,可按 A'_s 未知的情况 1 计算。

③ 若求得的 $x<2a'_s$,即表明受压钢筋 A'_s 不能达到其抗压强度设计值($\sigma'_s<f'_y$),故需求 σ'_s,但这样计算比较烦琐,设计时,一般可近似取 $x=2a'_s$,对混凝土压应力合力 C(也是受压钢筋合力作用点)取矩,直接求出 A_s,即

$$A_s=\frac{M}{f_y(h_0-a'_s)} \tag{4.46}$$

双筋矩形截面受弯构件截面设计流程见图 4.29。

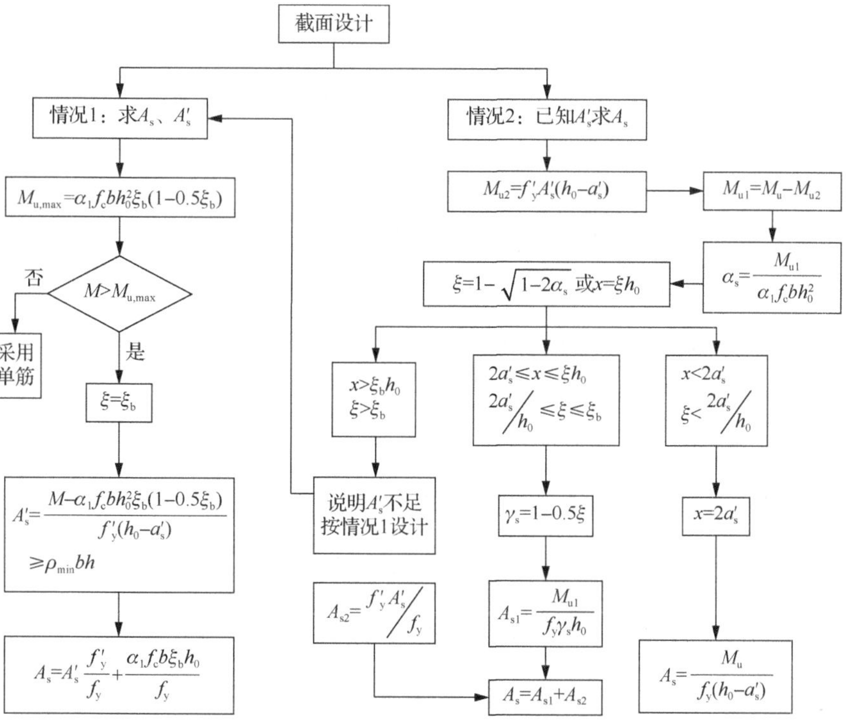

截面设计

情况1：求A_s、A'_s

$M_{u,max}=\alpha_1 f_c b h_0^2 \xi_b(1-0.5\xi_b)$

$M>M_{u,max}$

否：采用单筋

是：$\xi=\xi_b$

$A'_s=\dfrac{M-\alpha_1 f_c b h_0^2 \xi_b(1-0.5\xi_b)}{f'_y(h_0-a'_s)} \geqslant \rho_{min} bh$

$A_s=A'_s\dfrac{f'_y}{f_y}+\dfrac{\alpha_1 f_c b \xi_b h_0}{f_y}$

情况2：已知A'_s求A_s

$M_{u2}=f'_y A'_s(h_0-a'_s)$

$M_{u1}=M_u-M_{u2}$

$\alpha_s=\dfrac{M_{u1}}{\alpha_1 f_c b h_0^2}$

$\xi=1-\sqrt{1-2\alpha_s}$ 或$x=\xi h_0$

$x>\xi_b h_0$，$\xi>\xi_b$：说明A'_s不足按情况1设计

$2a'_s\leqslant x\leqslant \xi h_0$，$2a'_s/h_0\leqslant\xi\leqslant\xi_b$：$\gamma_s=1-0.5\xi$；$A_{s1}=\dfrac{M_{u1}}{f_y\gamma_s h_0}$

$A_{s2}=f'_y A'_s/f_y$

$A_s=A_{s1}+A_{s2}$

$x<2a'_s$，$\xi<2a'_s/h_0$：$x=2a'_s$；$A_s=\dfrac{M_u}{f_y(h_0-a'_s)}$

图 4.29　双筋矩形截面受弯构件截面设计流程

2. 截面复核

已知截面尺寸 $b\times h$、混凝土强度等级及钢筋强度等级、受拉钢筋 A_s 和受压钢筋 A'_s、弯矩设计值 M。求正截面受弯承载力 M_u。基本计算步骤如下。

由式(4.40)求 x，即 $x=\dfrac{f_y A_s-f'_y A'_s}{\alpha_1 f_c b}$，根据 x 值按下列三种情况进行计算。

(1) 若 $\xi_b h_0\geqslant x\geqslant 2a'_s$，可代入式(4.41)求 M_u，即 $M_u=\alpha_1 f_c bx\left(h_0-\dfrac{x}{2}\right)+f'_y A'_s(h_0-a'_s)$。

(2) 若 $x<2a'_s$，表明受压钢筋未达到其屈服强度，可利用式(4.46)求 M_u，即 $M_u=f_y A_s(h_0-a'_s)$。

(3) 若 $x>\xi_b h_0$，表明梁单筋截面部分可能发生超筋破坏，可取 $\xi=\xi_b$，按式(4.44b)计算单筋截面的受弯承载力 M_{u1}，即

$$M_{u1}=\alpha_1 f_c bx\left(h_0-\frac{x}{2}\right)=\alpha_1 f_c b h_0^2\xi_b(1-0.5\xi_b)=\alpha_{s,max}\alpha_1 f_c b h_0^2$$

则截面总的受弯承载力 M_u 为：$M_u=M_{u1}+M_{u2}=\alpha_{s,max}\alpha_1 f_c b h_0^2+f'_y A'_s(h_0-a'_s)$。

注意：凡是正截面承载力复核，都必须求出混凝土受压区高度值 x，然后根据 x 值的大小，分不同情况进行计算。在偏心受压构件和偏心受拉构件中也是一样。

双筋矩形截面受弯构件截面校核流程见图 4.30。

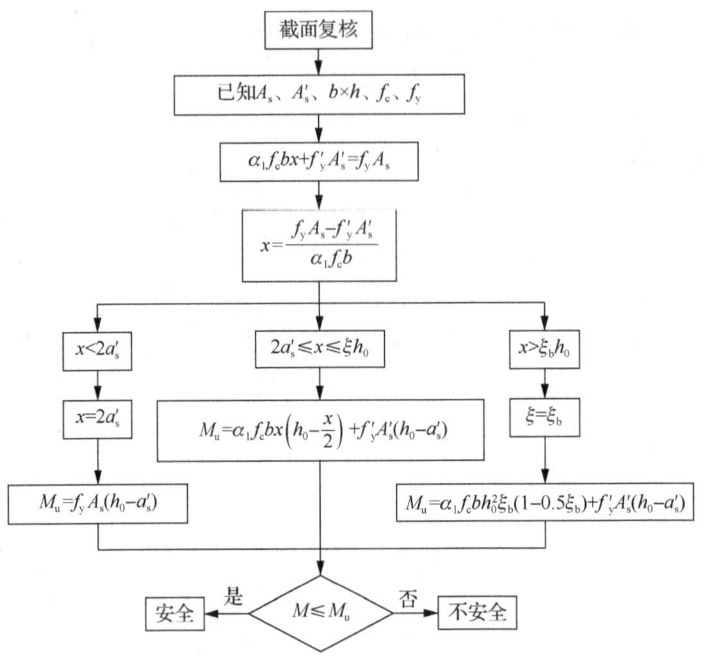

图 4.30 双筋矩形截面受弯构件截面复核流程

【例 4.6】 已知一矩形截面简支梁,截面尺寸($b\times h$)=250mm×550mm,混凝土强度等级为C35,纵向钢筋采用HRB400级,环境类别为一类,梁跨中截面承受的最大弯矩设计值为M=450kN·m。求截面所需的受拉和受压钢筋截面面积A_s和A'_s。

解:(1) 基本计算参数。查本书附表9可知,C35混凝土:$f_c=16.7\text{N/mm}^2$,$f_t=1.57\text{N/mm}^2$;查本书附表2知,HRB400级钢筋:$f_y=f'_y=360\text{N/mm}^2$;查表4.2和表4.3可知:$\xi_b=0.518$,$\alpha_1=1.0$,$\beta_1=0.8$。查本书附表12可知,环境类别为一类,梁的最小保护层厚度为20mm,假定受拉钢筋配置两层,故$a_s=65\text{mm}$,$h_0=550-65=485(\text{mm})$。

(2) 判断是否需要双筋截面。

$$\alpha_s=\frac{M}{\alpha_1 f_c bh_0^2}=\frac{450\times10^6}{1.0\times16.7\times250\times485^2}=0.458$$

$$\xi=1-\sqrt{1-2\alpha_s}=0.71>\xi_b=0.518$$

因此若设计成单筋矩形截面,将会出现超筋破坏情况。若不能加大截面尺寸,又不能提高混凝土强度等级,则应设计成双筋矩形截面。

(3) 计算受压钢筋A'_s。取$\xi=\xi_b$,由式(4.41),可得

$$A'_s=\frac{M-\alpha_1 f_c bh_0^2\xi_b(1-0.5\xi_b)}{f'_y(h_0-a'_s)}$$

$$=\frac{450\times10^6-1.0\times16.7\times250\times485^2\times0.518\times(1-0.5\times0.518)}{360\times(485-40)}=456(\text{mm}^2)$$

(4) 计算受拉钢筋A_s。由式(4.40),可得

$$A_s=A'_s+\xi_b\frac{\alpha_1 f_c bh_0}{f_y}=465+0.518\times\frac{1.0\times16.7\times250\times485}{360}=3370(\text{mm}^2)$$

(5) 验算适用条件。由于取 $\xi=\xi_b$，已满足适用条件。

(6) 选配钢筋并绘制截面配筋图。受拉钢筋选用：4 ⌀ 22+4 ⌀ 25，$A_s=3484\text{mm}^2$；受压钢筋选用：2 ⌀ 18，$A_s'=509\text{mm}^2$。经验算，混凝土保护层厚度及钢筋净间距均符合要求，截面配筋如图 4.31 所示。由于梁截面腹板高度大于 450mm，故在梁侧中部设置 2 ⌀ 12 的腰筋。

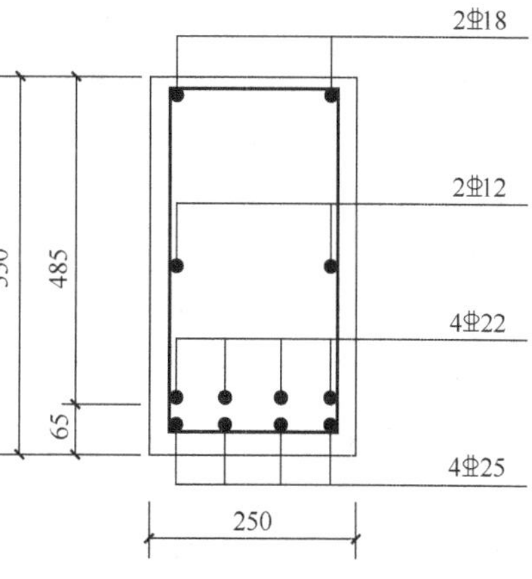

图 4.31　例 4.6 截面配筋图

讨论：当判断是否需要用双筋截面时，还可以用 M 和 $M_{u,\max}$ 以及 α_s 和 $\alpha_{s,\max}$ 的大小关系来判断。若 $M>M_{u,\max}=\alpha_1 f_c bh_0^2\xi_b(1-0.5\xi_b)$ 或 $\alpha_s>\alpha_{s,\max}=\xi_b(1-0.5\xi_b)$，则需要配置双筋。本例中 $M_{u,\max}=377\text{kN}\cdot\text{m}<M=450\text{kN}\cdot\text{m}$，$\alpha_s=0.458>\alpha_{s,\max}=0.384$，必须配置双筋。

【例 4.7】 已知条件同例 4.6，但在受压区已配置了 3 ⌀ 20 钢筋，$A_s'=942\text{mm}^2$。

求：受拉钢筋 A_s。

解：(1) 求 A_{s2} 及 M_{u2}。

$$A_{s2}=A_s'=942\text{mm}^2$$

则由纯钢筋部分承担的弯矩为

$$M_{u2}=f_y'A_s'(h_0-a_s')=360\times942\times(485-40)=150.9(\text{kN}\cdot\text{m})$$

(2) 求 M_{u1} 及 A_{s1}。

$$M_{u1}=M-M_{u2}=450-150.9=299.1(\text{kN}\cdot\text{m})$$

已知 M_{u1} 后，可按单筋矩形截面求 A_{s1}。设 $a_s=65\text{mm}$，$h_0=550-65=485(\text{mm})$。

$$\alpha_s=\frac{M_{u1}}{\alpha_1 f_c bh_0^2}=\frac{299.1\times10^6}{1.0\times16.7\times250\times485^2}=0.304$$

$$\xi=1-\sqrt{1-2\alpha_s}=0.373<\xi_b=0.518$$

满足不出现超筋破坏条件。

$$x=\xi h_0=0.373\times485=180.9(\text{mm})>2a_s'=80\text{mm}$$

满足受压钢筋达到屈服条件。

$$\gamma_s=\frac{1+\sqrt{1-2\alpha_s}}{2}=\frac{1+\sqrt{1-2\times0.304}}{2}=0.813$$

$$A_{s1}=\frac{M_{u1}}{f_y\gamma_s h_0}=\frac{299.1\times10^6}{360\times0.813\times485}=2107(\text{mm}^2)$$

(3) 求双筋截面所需的总受拉钢筋截面面积 A_s。

$$A_s=A_{s1}+A_{s2}=2107+942=3049(\text{mm}^2)$$

(4) 选配钢筋和绘制截面配筋图。可选用 5 ⌀ 28，$A_s=3079\text{mm}^2$。截面配筋图略。

讨论：例 4.6 中，受压钢筋 A_s' 和受拉钢筋 A_s 均未知，受压区和受拉区钢筋截面面积之和为[3370+456=3826(mm^2)]。例 4.7 中，已知 $A_s'=942\text{mm}^2$，受压区和受拉区钢筋截面面积之和为[3049+942=3991(mm^2)]。总的钢筋用量前者小于后者,这是因为A_s'和A_s均未知时,取$\xi=\xi_b$,充分利用了受压区混凝土的承载能力,所以钢筋用量要小。

【例 4.8】 已知一矩形截面梁,截面尺寸$b\times h=200\text{mm}\times400\text{mm}$,配置HRB400级钢筋,其中受拉钢筋为3⌀25($A_s=1473\text{mm}^2$),受压钢筋为2⌀20($A_s'=628\text{mm}^2$),混凝土强度等级为C30,弯矩设计值为$M=130\text{kN}\cdot\text{m}$,环境类别为一类,试验算此截面是否安全。

解:(1) 基本计算参数。C30混凝土:$f_c=14.3\text{N/mm}^2$,$f_t=1.43\text{N/mm}^2$;HRB400级钢筋:$f_y=f_y'=360\text{N/mm}^2$;$\xi_b=0.518$,$\alpha_1=1.0$,$\beta_1=0.8$。由附表12知,环境类别为一类,梁的最小保护层厚度为20mm,箍筋直径假设为8mm,故$a_s=20+8+\dfrac{25}{2}=40.5(\text{mm})$,$a_s'=20+8+\dfrac{20}{2}=38(\text{mm})$,$h_0=400-40.5=359.5(\text{mm})$。

(2) 计算受压区混凝土高度x。由式$\alpha_1f_cbx+f_y'A_s'=f_yA_s$,得

$$x=\frac{f_yA_s-f_y'A_s'}{\alpha_1f_cb}=\frac{360\times(1473-628)}{1.0\times14.3\times200}=106.36(\text{mm})>2a_s'=2\times38=76(\text{mm})$$

则$x>2a_s'=2\times38=76(\text{mm})$且$x<\xi_bh_0=0.518\times359.5=186.22(\text{mm})$,满足公式适用条件。

(3) 计算极限弯矩设计值M_u。

$$M_u=\alpha_1f_cbx\left(h_0-\frac{x}{2}\right)+f_y'A_s'(h_0-a_s')$$

$$=1.0\times14.3\times200\times106.36\times\left(359.5-\frac{106.36}{2}\right)+360\times628\times(359.5-38)$$

$$=165.86(\text{kN}\cdot\text{m})>M=130\text{kN}\cdot\text{m}$$

该截面安全。

4.7 T形截面受弯构件正截面承载力计算

4.7.1 简述

受弯构件在破坏时,大部分受拉区混凝土早已退出工作,若将矩形截面受拉区混凝土挖去一部分,并将受拉钢筋集中放置,就形成了如图4.32所示T形截面,对受弯构件承载力没有影响。这样既可以节省混凝土,也可以减轻构件自重。挖剩的梁就成为由梁肋$b\times h$及挑出翼缘$(b_f'-b)\times h_f'$两部分所组成的T形截面梁,它主要依靠翼缘承压,利用梁肋联系受压区混凝土和受拉钢筋,并用以承受剪力。

T形截面梁在工程中应用广泛,在预制构件中,有时由于构造要求,可做成独立的T形梁,如T形檩条和T形吊车梁等。空心板[图4.33(a)]、槽形板[图4.33(b)]及箱形截面[图4.33(c)]在承载力计算时均可按T形截面考虑。若受拉钢筋较多,为了便于布置钢筋,可将截面底部适当扩大,形成如图4.33(d)所示的工形截面。工形截面承载力的计算同T形截面。在现浇肋梁楼盖中,楼板与梁肋浇筑在一起形成了T形截面梁,连续梁

跨中与支座截面如图 4.34 所示。

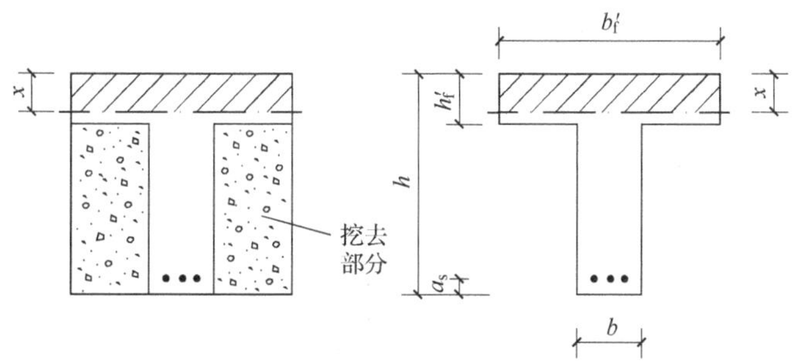

图 4.32　T 形截面

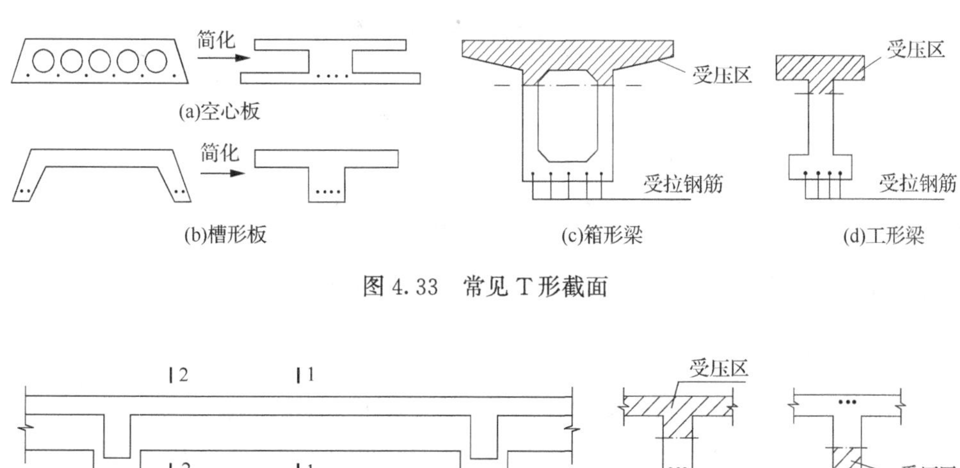

图 4.33　常见 T 形截面

图 4.34　连续梁跨中与支座截面

4.7.2　T 形截面翼缘的计算宽度

若翼缘在梁的受拉区，如工形梁[图 4.33(d)]、倒 T 形截面梁和整体式肋梁楼盖连续梁中的支座附近的截面(图 4.34 中的 2—2 截面)等，当受拉区的混凝土开裂后，翼缘就不再起作用了。对于这种梁应按肋宽为 b 的矩形截面计算承载力。

T 形截面的受压翼缘对截面承载能力是有利的，受压翼缘宽度越大，截面的受弯承载力越高。因为受压翼缘增大可使受压区高度 x 减小，内力臂 $z=\gamma_s h_0$ 增大。但试验和理论分析表明，T 形截面梁受弯后，翼缘上混凝土的压应力分布是不均匀的，离梁肋越远压应力越小，受压区实际应力图如图 4.35(a)所示。在设计时为了简化计算，取一定范围内的翼缘宽度作为翼缘计算宽度，用 b_f'表示，此宽度也称为**有效翼缘宽度**，并假定在 b_f'范围内压应力是均匀分布的，受压区计算应力图见图 4.35(b)。表 4.5 给出了《规范》规定的受弯构件受压区翼缘计算宽度 b_f'，计算时应取表中有关各项中的最小值。

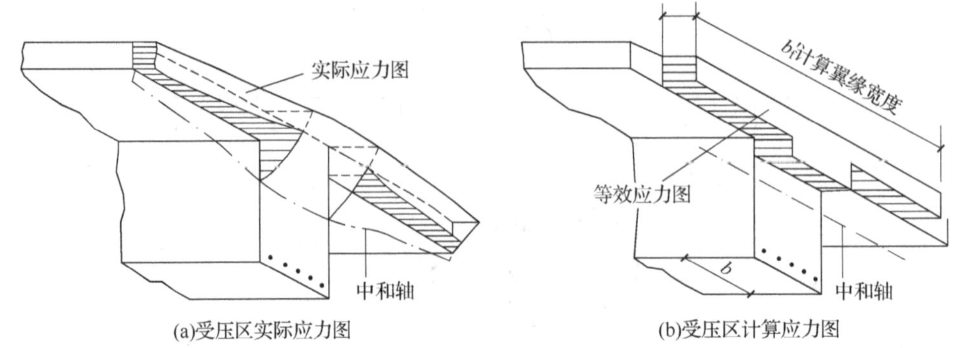

图 4.35　T 形截面的应力分布和计算受压翼缘宽度

表 4.5　受弯构件受压区翼缘计算宽度 b_f'

情况			T 形、I 形截面		倒 L 形截面
			肋形梁(板)	独立梁	肋形梁(板)
1	按计算跨度 l_0 考虑		$l_0/3$	$l_0/3$	$l_0/6$
2	按梁(肋)净距 s_n 考虑		$b+s_n$	—	$b+s_n/2$
3	按翼缘高度 h_f'考虑	$h_f'/h_0 \geqslant 0.1$	—	$b+12h_f'$	—
		$0.1 > h_f'/h_0 \geqslant 0.05$	$b+12h_f'$	$b+6h_f'$	$b+5h_f'$
		$h_f'/h_0 < 0.05$	$b+12h_f'$	b	$b+5h_f'$

注：1. 表中 b 为梁的腹板宽度；

2. 肋形梁在梁跨内设有间距小于纵肋间距的横肋时，可不考虑表中情况 3 的规定；

3. 加腋的 T 形、I 形和倒 L 形截面，当受压区加腋的高度 h_h 不小于 h_f'且加腋的长度 b_h不大于 $3h_h$ 时，其翼缘计算宽度可按表中情况 3 的规定分别增加 $2b_h$(T 形、I 形截面)和 b_h(倒 L 形截面)；

4. 独立梁受压区的翼缘板在荷载作用下经验算沿纵肋方向可能产生裂缝时，其计算宽度应取腹板宽度 b。

4.7.3　计算公式及适用条件

1. 两类 T 形截面梁的判别

计算 T 形截面梁时，根据受压区高度不同，可将 T 形截面分为两类。

(1) 第一类 T 形截面，受压区高度在翼缘内($x \leqslant h_f'$)，受压区面积为矩形[图 4.36(a)]；

(2) 第二类 T 形截面，受压区进入肋部($x > h_f'$)，受压区为 T 形[图 4.36(c)]。

若中和轴正好与受压翼缘高度重合，即 $x = h_f'$，则为两类 T 形截面的界限情况，如图 4.36(b)所示。

由 $\sum X = 0$，得

$$\alpha_1 f_c b_f' h_f' = f_y A_s \tag{4.47}$$

由 $\sum M = 0$，得

$$M_f' = \alpha_1 f_c b_f' h_f' \left(h_0 - \frac{h_f'}{2}\right) \tag{4.48}$$

式中：M'_f——界限情况（$x=h'_f$）截面受弯承载力。

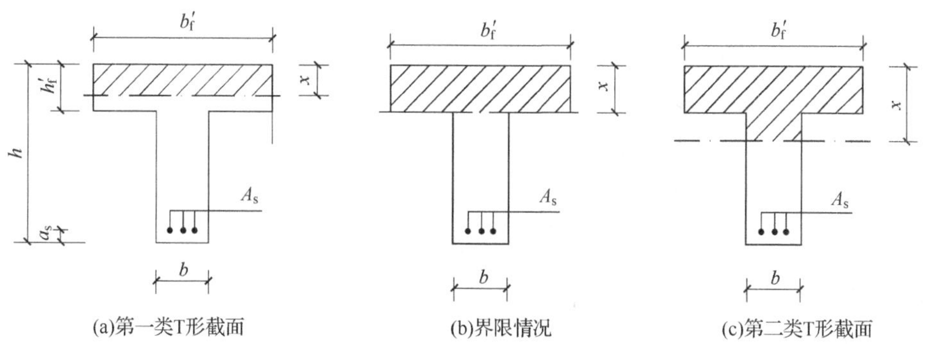

图 4.36　T 形截面判别

显然，满足下列情况之一时，为第一类 T 形截面

$$x \leqslant h'_f \tag{4.49a}$$

或

$$f_y A_s \leqslant \alpha_1 f_c b'_f h'_f \text{（截面复核）} \tag{4.49b}$$

或

$$M \leqslant M'_f = \alpha_1 f_c b'_f h'_f \left(h_0 - \frac{h'_f}{2}\right) \text{（截面设计）} \tag{4.49c}$$

反之，若满足下列情况之一时，为第二类 T 形截面

$$x > h'_f \tag{4.50a}$$

或

$$f_y A_s > \alpha_1 f_c b'_f h'_f \text{（截面复核）} \tag{4.50b}$$

或

$$M > M'_f = \alpha_1 f_c b'_f h'_f \left(h_0 - \frac{h'_f}{2}\right) \text{（截面设计）} \tag{4.50c}$$

式(4.49c)和式(4.50c)适用于截面设计，即弯矩设计值 M 为已知时的截面类型判别情况；式(4.49b)和式(4.50b)适用于截面复核，即纵向受拉钢筋截面面积 A_s 为已知时的截面类型判别情况。

2. 第一类 T 形截面

(1) 计算简图。第一类 T 形截面受弯构件正截面承载力计算简图如图 4.37 所示。

(2) 计算公式。第一类 T 形截面的受弯承载力计算相当于 $b'_f \times h$ 的矩形截面计算，因此，将单筋矩形截面基本公式中的梁宽 b 代换为翼缘宽度 b'_f。

由 $\sum X = 0$，得

$$\alpha_1 f_c b'_f x = f_y A_s \tag{4.51}$$

由 $\sum M = 0$，得

$$M \leqslant M_u = \alpha_1 f_c b'_f x \left(h_0 - \frac{x}{2}\right) \tag{4.52a}$$

或

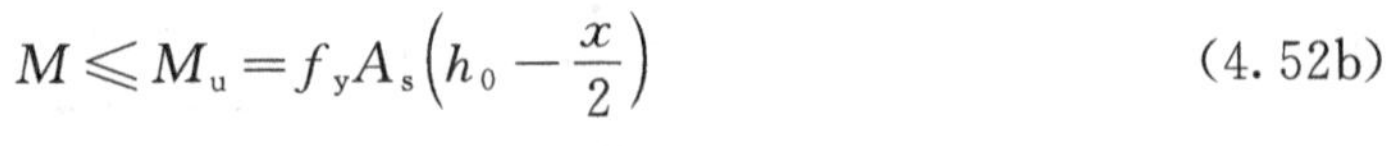

$$M \leqslant M_u = f_y A_s\left(h_0 - \frac{x}{2}\right) \tag{4.52b}$$

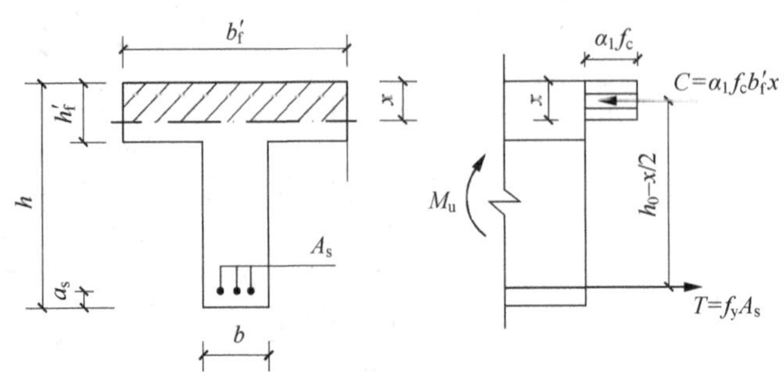

图 4.37　第一类 T 形截面梁计算简图

(3) 适用条件。

① 为了防止发生超筋破坏,相对受压区高度应满足 $\xi \leqslant \xi_b$(或 $x \leqslant \xi_b h_0$)。对于第一类 T 形截面梁,该适用条件一般均能满足,可不必验算。

② 为了防止发生少筋破坏,配筋率应满足 $\rho \geqslant \rho_{min} h/h_0$,或受拉钢筋截面面积应满足 $A_s \geqslant \rho_{min} bh$。

注意:配筋率 $\rho = \frac{A_s}{bh_0}$,即计算配筋率时用梁肋部宽度 b,而不是受压翼缘宽度 b'_f。这是因为受弯构件纵筋的最小配筋率是根据钢筋混凝土梁的受弯承载力等于相同截面、相同混凝土强度等级的素混凝土的承载力这一条件确定的,而素混凝土梁的承载力主要取决于受拉区混凝土面积。T 形截面素混凝土梁的破坏弯矩比高度同为 h,宽度为 b'_f 的矩形截面素混凝土梁的破坏弯矩小很多,而接近于高度为 h,宽度为肋宽 b 的矩形截面素混凝土梁的破坏弯矩。为简化计算并考虑以往设计经验,此处 ρ_{min} 仍按矩形截面的数值采用。

对工形和倒 T 形等存在着受拉翼缘的截面,需要考虑受拉翼缘的影响,受拉钢筋截面面积应满足

$$A_s \geqslant \rho_{min}[bh + (b_f - b)h_f] \tag{4.53}$$

3. 第二类 T 形截面

(1) 计算简图。第二类 T 形截面受弯构件正截面承载力计算简图如图 4.38(a)所示。

(2) 计算公式。由图 4.38(a)所示,根据平衡条件,可得出计算公式。

$\sum X = 0$,得

$$\alpha_1 f_c bx + \alpha_1 f_c (b'_f - b)h'_f = f_y A_s \tag{4.54}$$

$\sum M = 0$,得

$$M \leqslant M_u = \alpha_1 f_c bx\left(h_0 - \frac{x}{2}\right) + \alpha_1 f_c (b'_f - b)h'_f\left(h_0 - \frac{h'_f}{2}\right) \tag{4.55}$$

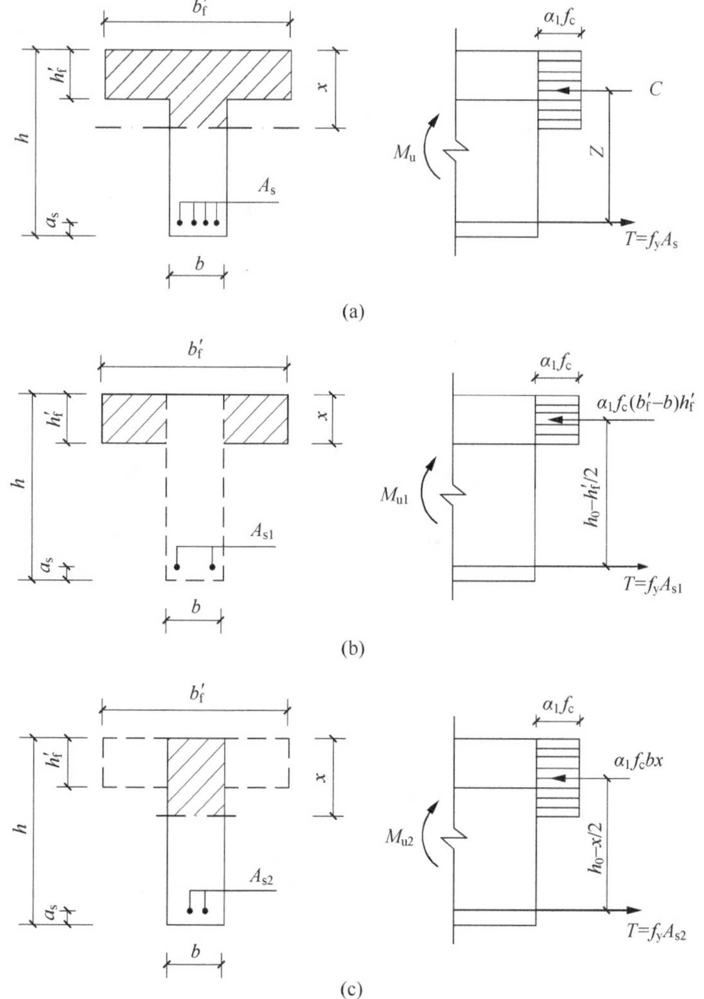

图 4.38　第二类 T 形截面梁计算简图

与双筋矩形截面类似，上述公式也可分解为两部分。第一部分由翼缘$(b'_f-b)h'_f$受压区混凝土与部分受拉钢筋 A_{s1} 组成，其受弯承载力为 M_{u1}，见图 4.38(b)；第二部分为 $b\times x$ 的受压区混凝土与其余部分受拉钢筋 A_{s2} 构成的单筋矩形截面梁，其受弯承载力为 M_{u2}，见图 4.38(c)，其计算公式为

$$\alpha_1 f_c(b'_f-b)h'_f=f_yA_{s1} \tag{4.56a}$$

$$M_{u1}=\alpha_1 f_c(b'_f-b)h'_f\left(h_0-\frac{h'_f}{2}\right) \tag{4.56b}$$

$$\alpha_1 f_c bx=f_yA_{s2} \tag{4.57a}$$

$$M_{u2}=\alpha_1 f_c bx\left(h_0-\frac{x}{2}\right) \tag{4.57b}$$

$$M_u=M_{u1}+M_{u2} \tag{4.58a}$$

$$A_s=A_{s1}+A_{s2} \tag{4.58b}$$

(3) 适用条件。

① 为了防止单筋矩形截面部分发生超筋脆性破坏,相对受压区高度应满足 $\xi \leqslant \xi_b$。这一条件与双筋矩形截面类似,只有与 $b \times x$ 的受压区混凝土平衡的钢筋 A_{s2} 才有超筋破坏问题,所以本条还可以用 $M_{u2} \leqslant \alpha_{s,max} f_c b h_0^2$ 和 $A_{s2} \leqslant \rho_{max} b h_0$ 来验算。

② 为了防止发生少筋破坏,配筋率应满足 $\rho \geqslant \rho_{min} h / h_0$,或受拉钢筋截面面积应满足 $A_s \geqslant \rho_{min} b h$。本条对于第二类 T 形截面一般均能满足,可不验算。

4.7.4 计算方法

1. 截面设计

(1) 第一类 T 形截面。如满足 $M \leqslant \alpha_1 f_c b_f' h_f' \left(h_0 - \frac{h_f'}{2}\right)$,则为第一类 T 形截面。其计算方法与 $b_f' \times h$ 的单筋矩形截面梁相同,参见单筋矩形截面梁。

(2) 第二类 T 形截面。如满足 $M > \alpha_1 f_c b_f' h_f' \left(h_0 - \frac{h_f'}{2}\right)$,则为第二类 T 形截面。基本设计步骤如下。

① 计算 α_s,并验算适用条件。由式(4.55),并引入 α_s,得

$$\alpha_s = \frac{M_u - \alpha_1 f_c (b_f' - b) h_f' \left(h_0 - \frac{h_f'}{2}\right)}{\alpha_1 f_c b h_0^2}$$

由 $\xi = 1 - \sqrt{1 - 2\alpha_s}$ 求出 ξ,并验算是否满足 $\xi \leqslant \xi_b$。

注意:当 $x > \xi_b h_0$ 时,为超筋破坏。说明截面弯矩太大,在截面尺寸和混凝土强度受到限制不能增加和提高时,T 形截面也可以设计为双筋。具体计算可参考双筋矩形截面和单筋 T 形截面设计。

② 计算钢筋截面面积 A_s。由式(4.54)得

$$A_s = \frac{\alpha_1 f_c b \xi h_0 + \alpha_1 f_c (b_f' - b) h_f'}{f_y}$$

③ 选配钢筋并绘制配筋图。

第二类 T 形截面的截面设计和双筋矩形截面类似,也可以用分解的两部分进行计算,基本设计步骤如下。

① 计算 A_{s1} 和 M_{u1}。由式(4.56)计算 A_{s1} 和 M_{u1},即

$$A_{s1} = \frac{\alpha_1 f_c (b_f' - b) h_f'}{f_y}$$

$$M_{u1} = \alpha_1 f_c (b_f' - b) h_f' \left(h_0 - \frac{h_f'}{2}\right)$$

② 计算 M_{u2}。由式(4.58a)计算 M_{u2},即

$$M_{u2} = M_u - M_{u1}$$

③ 计算 x。由式(4.57b)计算 x,并验算 $x \leqslant \xi_b h_0$,计算方法同单筋矩形截面梁。

④ 计算 A_{s2}。由式(4.57a)计算 A_{s2},即

$$A_{s2}=\frac{\alpha_1 f_c bx}{f_y}$$

⑤ 计算 A_s。由式(4.58b)计算 A_s，即

$$A_s=A_{s1}+A_{s2}$$

T 形截面受弯构件截面设计流程见图 4.39。

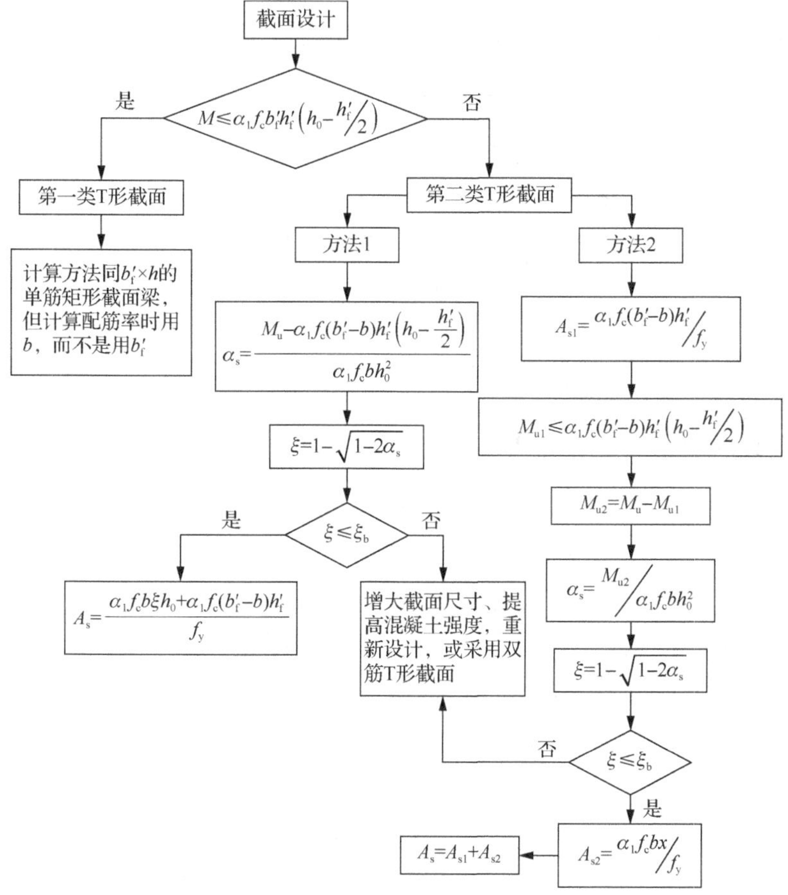

图 4.39　T 形截面受弯构件截面设计流程

2. 截面复核

已知截面尺寸和配筋面积 A_s，求所能承担的极限弯矩 M_u 或复核在已知弯矩 M 作用下是否安全。

(1) 第一类 T 形截面。当满足式(4.49b)时为第一类 T 形截面，可按 $b_f'\times h$ 矩形截面梁的计算方法求 M_u。

(2) 第二类 T 形截面。当满足式(4.50b)时为第二类 T 形截面，基本计算步骤如下：

① 计算 A_{s1} 和 M_{u1}。由式(4.56)计算 A_{s1} 和 M_{u1}，即

$$A_{s1}=\frac{\alpha_1 f_c(b'_f-b)h'_f}{f_y}$$

$$M_{u1}=\alpha_1 f_c(b'_f-b)h'_f\left(h_0-\frac{h'_f}{2}\right)$$

② 计算 A_{s2}。由式(4.58b)计算 A_{s2},即

$$A_{s2}=A_s-A_{s1}$$

③ 计算 x。由式(4.57a)计算 x,并验算适用条件,即

$$x=\frac{f_y A_{s2}}{\alpha_1 f_c b},\quad x\leqslant\xi_b h_0$$

注意:当 $x>\xi_b h_0$ 时,说明受拉钢筋 A_{s2} 过多(即 A_s 过多),可取 $x=\xi_b h_0$ 来计算。

④ 计算 M_{u2}。由式(4.57b)计算 M_{u2},即

$$M_{u2}=\alpha_1 f_c bx\left(h_0-\frac{x}{2}\right)$$

⑤ 计算 M_u。由式(4.58a)计算 M_u,即

$$M_u=M_{u1}+M_{u2}$$

⑥ 比较 M_u 和 M 的大小,并判断。

T 形截面受弯构件截面复核流程见图 4.40。

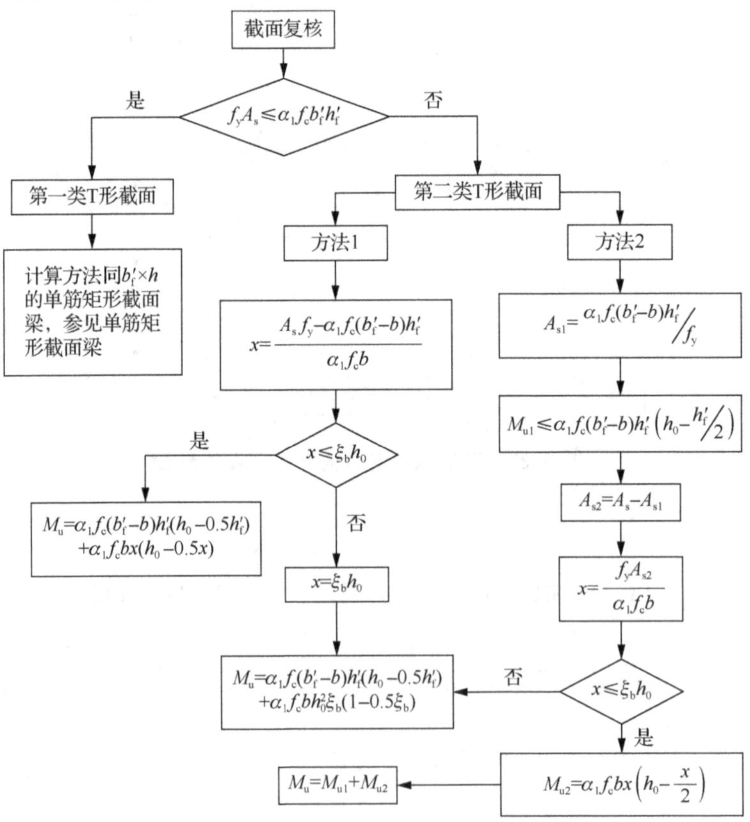

图 4.40　T 形截面受弯构件截面复核流程

【例 4.9】 已知某 T 形截面独立梁，截面尺寸 $b \times h = 250\text{mm} \times 600\text{mm}$，$b'_f = 1200\text{mm}$，$h'_f = 120\text{mm}$，计算跨度为 7200mm，承受弯矩设计值 $M = 1000\text{kN} \cdot \text{m}$，混凝土强度等级为 C30，钢筋采用 HRB500 级，环境类别为一类。

求：纵向受拉钢筋截面面积 A_s。

解：(1) 基本计算参数。C30 混凝土：$f_c = 14.3\text{N/mm}^2$，$f_t = 1.43\text{N/mm}^2$；HRB500 级钢筋：$f_y = 435\text{N/mm}^2$；$\xi_b = 0.482$，$\alpha_1 = 1.0$。由本书附表 12 可知，环境类别为一类，梁的最小保护层厚度为 20mm，箍筋直径假设为 8mm，预估纵向受拉钢筋布置两层，故取 $a_s = 65\text{mm}$，则 $h_0 = h - a_s = 535(\text{mm})$。

(2) 受压翼缘宽度 b'_f 的确定。

按计算跨度 l_0 考虑

$$b'_f = \frac{l_0}{3} = \frac{7200}{3} = 2400(\text{mm})$$

按翼缘厚度 h'_f 考虑

$$\frac{h'_f}{h_0} = \frac{120}{535} = 0.224 > 0.1$$

$$b'_f = b + 12h'_f = 250 + 12 \times 120 = 1690(\text{mm})$$

故取梁的实际翼缘宽度：$b'_f = 1200\text{mm}$。

(3) 判断 T 形截面类型。

$$\alpha_1 f_c b'_f h'_f \left(h_0 - \frac{h'_f}{2}\right) = 1.0 \times 14.3 \times 1200 \times 120 \times \left(535 - \frac{120}{2}\right)$$

$$= 978.12(\text{kN} \cdot \text{m}) < 1000\text{kN} \cdot \text{m}$$

故属于第二类 T 形截面梁。

(4) 计算 A_{s1}、M_{u1} 和 M_{u2}。

$$A_{s1} = \frac{\alpha_1 f_c (b'_f - b) h'_f}{f_y} = \frac{1.0 \times 14.3 \times (1200 - 250) \times 120}{435} = 3747(\text{mm}^2)$$

$$M_{u1} = \alpha_1 f_c (b'_f - b) h'_f (h_0 - h'_f/2) = 1.0 \times 14.3 \times (1200 - 250) \times 120 \times \left(535 - \frac{120}{2}\right)$$

$$= 774.35(\text{kN} \cdot \text{m})$$

$$M_{u2} = M_u - M_{u1} = 1000 \times 10^6 - 774.35 \times 10^6 = 225.65(\text{kN} \cdot \text{m})$$

(5) 按单筋矩形截面梁的计算方法，求 A_{s2}。

$$\alpha_s = \frac{M_{u2}}{\alpha_1 f_c b h_0^2} = \frac{225.65 \times 10^6}{1.0 \times 14.3 \times 250 \times 535^2} = 0.221$$

$$\xi = 1 - \sqrt{1 - 2\alpha_s} = 0.253 < \xi_b = 0.482$$

满足要求。

$$\gamma_s = 1 - 0.5\xi = 0.874$$

$$A_{s2} = \frac{M_{u2}}{f_y \gamma_s h_0} = \frac{225.65 \times 10^6}{435 \times 0.874 \times 535} = 1109(\text{mm}^2)$$

(6) 计算 A_s。

$$A_s = A_{s1} + A_{s2} = 3747 + 1109 = 4856(\mathrm{mm}^2)$$

(7) 选配钢筋并绘制截面配筋图。选用 8⌀28，$A_s = 4926\mathrm{mm}^2$，验算并符合钢筋净距要求。截面配筋图见图 4.41，由于截面高度较大，因此需要在腹板两侧面布置 2⌀12 的腰筋。

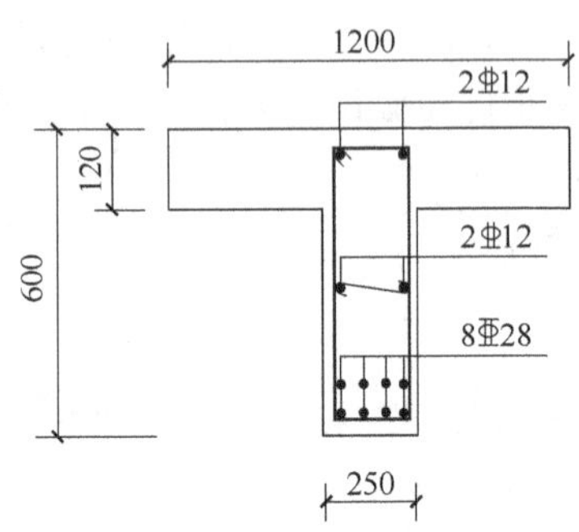

图 4.41　例 4.9 截面配筋图

【例 4.10】 已知某肋梁楼盖结构，梁的计算跨度为 6.0m，间距为 2.7m，如图 4.42 所示。混凝土强度等级为 C25，钢筋采用 HRB400 级，环境类别为一类。试计算该梁跨中截面能够承受的最大弯矩设计值。

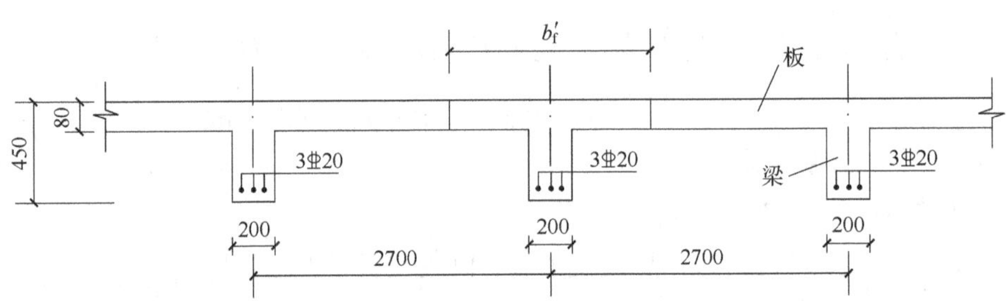

图 4.42　例 4.10 图

解：(1) 基本计算参数。C25 混凝土：$f_c = 11.9\mathrm{N/mm}^2$，$f_t = 1.27\mathrm{N/mm}^2$；HRB335 级钢筋：$f_y = 360\mathrm{N/mm}^2$，3⌀20，$A_s = 942\mathrm{mm}^2$；$\xi_b = 0.518$，$\alpha_1 = 1.0$。由本书附表 11 可知，环境类别为一类，混凝土保护层厚度为 20mm，箍筋直径假设为 6mm，故 $a_s = 20 + 6 + \frac{20}{2} = 36(\mathrm{mm})$，$h_0 = 450 - 36 = 414(\mathrm{mm})$。

(2) 受压翼缘宽度 b'_f 的确定。

按计算跨度 l_0 考虑

$$b'_f = \frac{l_0}{3} = \frac{6000}{3} = 2000(\mathrm{mm})$$

按梁肋净距 s_n 考虑

$$b'_f = b + s_n = 200 + 2500 = 2700(\mathrm{mm})$$

按翼缘厚度 h'_f 考虑

$$\frac{h'_f}{h_0}=\frac{80}{414}=0.193>0.1$$，不考虑翼缘厚度 h'_f 的影响。

取上述计算结果的最小值

$$b'_f=2000\text{mm}$$

(3) 判断 T 形截面类型。

$$\alpha_1 f_c b'_f h'_f=1.0\times 11.9\times 2000\times 80=1904(\text{kN})>f_y A_s=300\times 942=282.6(\text{kN})$$

故属于第一类 T 形截面梁。

(4) 计算 M_u。

$$x=\frac{f_y A_s}{\alpha_1 f_c b'_f}=\frac{360\times 942}{1.0\times 11.9\times 2000}=14.24(\text{mm})<\xi_b h_0=0.518\times 414=214.5(\text{mm})$$

$$M_u=f_y A_s\left(h_0-\frac{x}{2}\right)=360\times 942\times(414-0.5\times 14.24)=138.0(\text{kN}\cdot\text{m})$$

讨论：

(1) 对现浇肋形梁板结构，板可作为梁的翼缘，对梁的承载能力有影响。在跨中截面，梁承受正弯矩，板在受压区，按 T 形截面梁计算；在支座截面，梁受负弯矩，板在受拉区，按倒 T 形截面梁计算。

(2) 本例题如果支座截面也配置 3⌀20 受拉钢筋，支座截面按矩形截面计算，其极限承载能力为多少？

4.8　均匀配筋的矩形、圆形和环形截面受弯构件正截面承载力计算*

4.8.1　均匀配筋的矩形截面受弯构件正截面承载力计算

在混凝土结构中，有时会遇到在腹部也大体均匀配筋的受弯构件，这时在梁的底部或顶部还会集中多配一些钢筋。对于均匀配筋的矩形截面受弯构件也符合正截面计算的基本假定。

以图 4.43 所示沿周边均匀布置钢筋的截面来说明均匀配筋的矩形截面受弯构件正截面承载力计算方法。对每排钢筋可逐一编号为 $i=1,2,3,4$[图 4.43(a)]，根据平截面假定，应变直线分布[图 4.43(b)]，在极限状态时，受压外边缘纤维应变达到 $\varepsilon_{cu}=0.0033$，截面变形后，各钢筋的变形应有下列关系：

$$\frac{0.0033}{x_c}=\frac{\varepsilon_{s1}}{x_c-h_{01}}=\frac{\varepsilon_{s2}}{x_c-h_{02}}=\frac{\varepsilon_{s3}}{h_{03}-x_c}=\frac{\varepsilon_{s4}}{h_{04}-x_c} \tag{4.59}$$

则

$$\varepsilon_{s1}=0.0033\frac{x_c-h_{01}}{x_c} \tag{4.60a}$$

$$\varepsilon_{s2}=0.0033\frac{x_c-h_{02}}{x_c} \tag{4.60b}$$

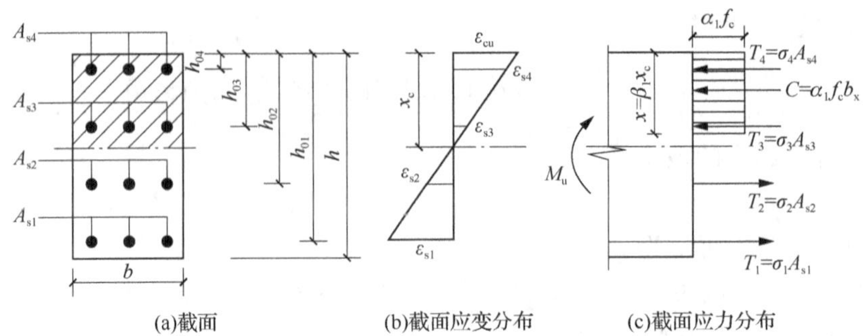

(a)截面　　(b)截面应变分布　　(c)截面应力分布

图 4.43　沿周边均匀布置钢筋的截面

$$\varepsilon_{s3}=0.0033\frac{h_{03}-x_c}{x_c} \tag{4.60c}$$

$$\varepsilon_{s4}=0.0033\frac{h_{04}-x_c}{x_c} \tag{4.60d}$$

根据混凝土受压应力图形等效的矩形应力图,由平衡关系可得

$$\sum X=0,\ T_1+T_2+T_3+T_4+C=0 \tag{4.61}$$

即

$$\alpha_1 f_c b\beta_1 x_c+A_{s3}\sigma_{s3}+A_{s4}\sigma_{s4}=A_{s1}\sigma_{s1}+A_{s2}\sigma_{s2} \tag{4.62}$$

上式中,以拉为正,压为负。

为求极限弯矩 M_u,可用下述迭代方法进行分析。

(1) 选用一个中和轴高度 x_c 的值。

(2) 由公式(4.60a)～(4.60d)计算 ε_{s1}、ε_{s2}、ε_{s3}、ε_{s4},并由钢筋的应力-应变关系确定 σ_{s1}、σ_{s2}、σ_{s3}、σ_{s4}。

(3) 验算是否满足平衡条件式(4.62)。

(4) 重复上述(1)～(3)步骤,直至求得满足公式(4.62)的 x_c 值在容许误差范围内为止。

由 $\sum M=0$,各力对受压区混凝土重心取矩,求出极限弯矩为

$$M_u=A_{s1}\sigma_{s1}\left(h_{01}-\frac{\beta_1 x_c}{2}\right)+A_{s2}\sigma_{s2}\left(h_{02}-\frac{\beta_1 x_c}{2}\right)-A_{s3}\sigma_{s3}\left(h_{03}-\frac{\beta_1 x_c}{2}\right)-A_{s4}\sigma_{s4}\left(h_{04}-\frac{\beta_1 x_c}{2}\right) \tag{4.63}$$

上述计算方法过于烦琐,可适用于计算机编程计算,实际计算中可采用下列实用计算方法。取 $\alpha_1=1.0$,$\beta_1=0.8$,即 $\alpha_1 f_c=f_c$,于是第 i 层钢筋的应力可按下式计算:

$$\sigma_{si}=0.0033E_s\left(\frac{0.8h_{0i}}{x}-1\right) \tag{4.64}$$

也可按下式近似公式计算:

$$\sigma_{si}=\frac{f_y}{\xi_b-0.8}\left(\frac{x}{h_{0i}}-0.8\right) \tag{4.65}$$

式中：h_{0i}——第 i 层钢筋截面重心至混凝土受压边缘的距离；

x——混凝土受压区高度；

f_y、f'_y——纵向受拉和受压钢筋的强度设计值。当求得 σ_{si} 为拉力且大于 f_y 时取 $\sigma_{si}=f_y$；当 σ_{si} 为压力且其绝对值大于 f'_y 时，可取 $\sigma_{si}=-f'_y$。

矩形截面钢筋沿腹部均匀分布的受弯承载力可按以下公式计算：

$$f_c bx=\sum_{i=1}^{n}\sigma_{si}A_{si} \tag{4.66}$$

$$M\leqslant f_c bx\left(h_0-\frac{x}{2}\right)-\sum_{i=1}^{n}\sigma_{si}A_{si}(h_0-h_{0i}) \tag{4.67}$$

【例 4.11】 已知一矩形截面梁 $b\times h=250\text{mm}\times600\text{mm}$，混凝土为C30，截面配筋如图4.44所示。已知钢筋为HRB400级，$f_y=360\text{N/mm}^2$，取 $a_s=a'_s=40\text{mm}$。试求该截面所能承担的弯矩设计值 M_u。

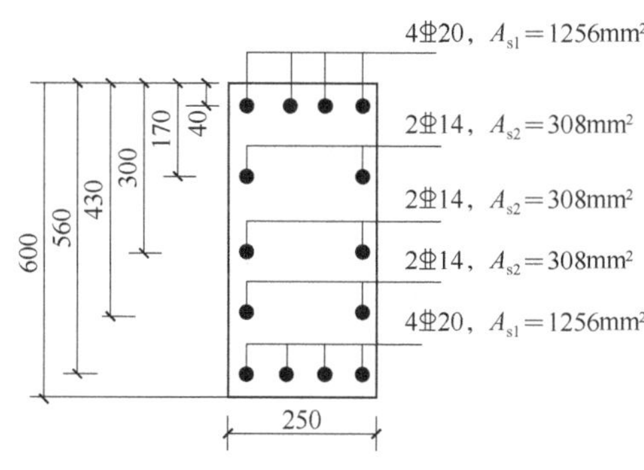

图 4.44　例 4.11 图

解：(1)确定材料设计强度及参数。

C30混凝土，$f_c=14.3\text{N/mm}^2$；HRB400级钢筋，$f_y=360\text{N/mm}^2$，$\xi_b=0.518$。

(2)求各排钢筋截面重心至混凝土受压边缘的距离。

取 $a_s=a'_s=40\text{mm}$，梁腹部钢筋沿梁高均匀布置，则从上到下各排钢筋截面重心至混凝土受压边缘的距离为

$$h_{01}=40\text{mm},h_{02}=170\text{mm},h_{03}=300\text{mm},h_{04}=430\text{mm},h_{05}=560\text{mm}$$

(3)求各排钢筋应力。

假设混凝土受压区 $x=80\text{mm}$，代入近似公式 $\sigma_{si}=\dfrac{f_y}{\xi_b-0.8}\left(\dfrac{x}{h_{0i}}-0.8\right)$ 求出各层钢筋的应力为

$$\sigma_{s1}=-1531.9\text{N/mm}^2,\sigma_{s2}=420.5\text{N/mm}^2,\sigma_{s3}=680.9\text{N/mm}^2,$$
$$\sigma_{s4}=783.8\text{N/mm}^2,\sigma_{s5}=838.9\text{N/mm}^2$$

计算表明 $\sigma_{si}>360\text{N/mm}^2$，均能达到屈服，故取

$$\sigma_{s1}=-360\text{N/mm}^2,\sigma_{s2}=\sigma_{s3}=\sigma_{s4}=\sigma_{s5}=360\text{N/mm}^2$$

(4)复核受压区高度 x。

由公式 $f_c bx=\sum_{i=1}^{n}\sigma_{si}A_{si}$ 可知

$$14.3\times250\times x=-360\times1256+360\times308+360\times308+360\times308+360\times1256$$

求得:$x=93\text{mm}$,与假设的 $x=80\text{mm}$ 误差为$\frac{93-80}{80}=16.25(\%)$,误差较大。

(5) 取 $x=93\text{mm}$,再求钢筋应力。

由公式 $\sigma_{si}=\frac{f_y}{\xi_b-0.8}\left(\frac{93}{h_{0i}}-0.8\right)$ 求得

$$\sigma_{s1}=-1946.8\text{N/mm}^2,\sigma_{s2}=322.9\text{N/mm}^2,\sigma_{s3}=625.5\text{N/mm}^2,$$
$$\sigma_{s4}=745.2\text{N/mm}^2,\sigma_{s5}=809.3\text{N/mm}^2$$

计算表明 $\sigma_{s2}<360\text{N/mm}^2$ 没有屈服,故取

$$\sigma_{s1}=-360\text{N/mm}^2,\sigma_{s2}=322.9\text{N/mm}^2,\sigma_{s3}=\sigma_{s4}=\sigma_{s5}=360\text{N/mm}^2$$

代入 $f_cbx=\sum_{i=1}^{n}\sigma_{si}A_{si}$ 再次复核 x 的值,$x=90\text{mm}$,误差为$\frac{(93-90)}{93}=3.2(\%)<5\%$,误差较小,可以满足要求,不必继续迭代。

(6) 截面能承担的弯矩。

将各参数代入公式 $M\leqslant f_cbx\left(h_0-\frac{x}{2}\right)-\sum_{i=1}^{n}\sigma_{si}A_{si}(h_0-h_{0i})$,得

$$\begin{aligned}M_u&=14.3\times250\times90\times\left(560-\frac{90}{2}\right)+360\times308\times(560-40)\\&=-322.9\times308\times(560-170)-360\times308\times(560-300)-360\times308\times(560-430)\\&=141.7(\text{kN}\cdot\text{m})\end{aligned}$$

4.8.2 圆形和环形截面受弯构件正截面承载力计算

对于均匀配筋的圆形和环形截面受弯构件也符合正截面计算的基本假定,因此也可按照均匀配筋矩形截面受弯构件的方法计算。规范中为了简化计算,给出了以下计算方法。

1. 环形截面受弯构件的正截面受弯承载力计算

沿周边均匀配置纵向钢筋的环形截面受弯构件(图 4.45)。

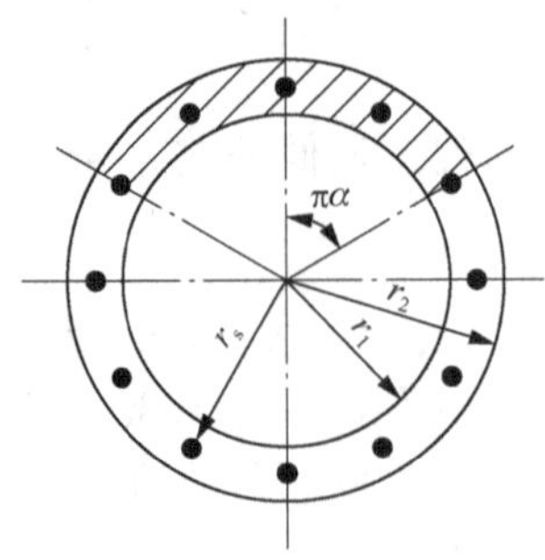

图 4.45 沿周边均匀配置纵向钢筋的环形截面受弯构件

当截面内纵向钢筋数量不少于 6 根且 r_1/r_2 不小于 0.5 时,其正截面受弯承载力公

式为

$$\alpha\alpha_1 f_c A=(\alpha_t-\alpha)f_y A_s \tag{4.68}$$

$$M\leqslant\alpha_1 f_c A(r_1+r_2)\frac{\sin\pi\alpha}{2\pi}+f_y A_s r_s\frac{(\sin\pi\alpha+\sin\pi\alpha_t)}{\pi} \tag{4.69}$$

式中:A ——环形截面面积;

A_s ——全部纵向普通钢筋的截面面积;

r_1、r_2——环形截面的内、外半径;

r_s ——纵向普通钢筋重心所在圆周的半径;

α ——受压区混凝土截面面积与全截面面积的比值;

α_t ——纵向受拉钢筋截面面积与全部纵向钢筋截面面积的比值,$\alpha_t=1-1.5\alpha$,当 α 大于2/3时,取 α_t 为0。

当 $\alpha<\arccos\dfrac{\left(\dfrac{2r_1}{r_1+r_2}\right)}{\pi}$ 时,环形截面受弯构件可按圆形截面受弯构件正截面受弯承载力公式计算。

2. 圆形截面受弯构件的正截面受弯承载力计算

沿周边均匀配置纵向普通钢筋的圆形截面钢筋混凝土受弯构件(图4.46)。

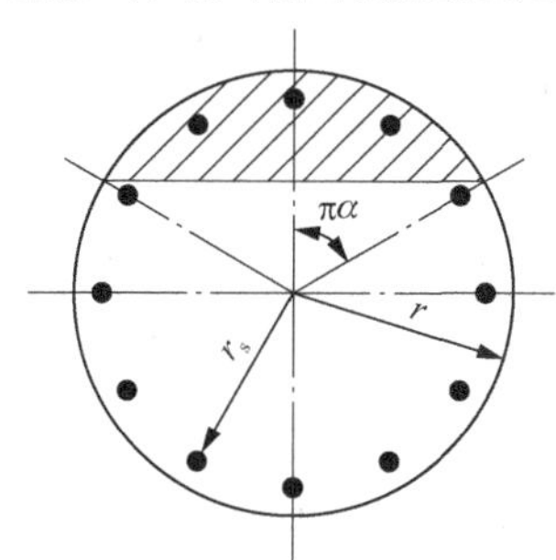

图4.46　沿周边均匀配置纵向普通钢筋的圆形截面钢筋混凝土受弯构件

当截面内纵向普通钢筋数量不小于6根时,其正截面受弯承载力可按下式计算:

$$\alpha\alpha_1 f_c A\left(1-\frac{\sin2\pi\alpha}{2\pi\alpha}\right)=(\alpha_t-\alpha)f_y A_s \tag{4.70}$$

$$M\leqslant\frac{2}{3}\alpha_1 f_c A r\frac{\sin^3\pi\alpha}{\pi}+f_y A_s r_s\frac{\sin\pi\alpha+\sin\pi\alpha_t}{\pi} \tag{4.71}$$

式中:A ——圆形截面面积;

A_s ——全部纵向普通钢筋的截面面积;

r ——圆形截面的半径;

r_s ——纵向普通钢筋重心所在圆周的半径;

α ——受压区混凝土截面面积的圆心角(rad)与 2π 的比值;

α_t ——纵向受拉普通钢筋截面面积与全部纵向普通钢筋截面面积的比值,$\alpha_t=$

$1.25-2\alpha$，当 α 大于 0.625 时，取 α_t 为 0。

【例 4.12】 已知如图 4.47 一环形截面梁，其内径 $r_1=200\text{mm}$，外径 $r_2=250\text{mm}$，混凝土为 C30，沿环形截面周边均匀配置 12 根直径为 16mm 的 HRB400 钢筋级，$f_y=360\text{N/mm}^2$，纵向钢筋配置在环形截面中间位置。

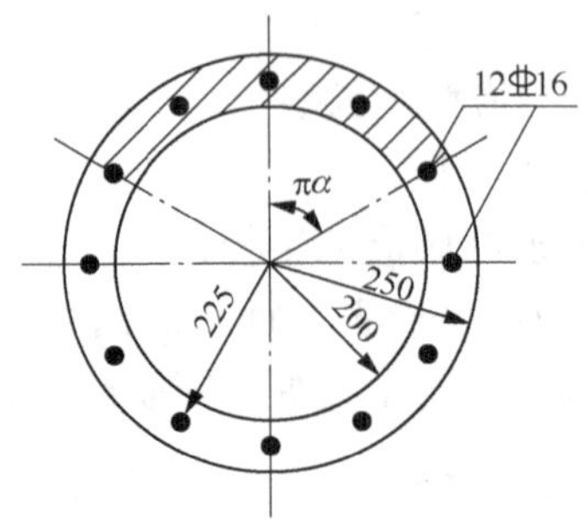

图 4.47　例题 4.12 图

试求：(1) 该环形截面所能承担的弯矩设计值 M_u。

(2) 若该截面为圆形截面，其他条件不变，所能承担的弯矩设计值 M_u。

解：(1) 环形截面所能承担的弯矩设计值 M_u。

① 判断该截面及配筋是否满足规范简化计算条件。

截面内纵向钢筋数量为 12 根，不少于 6 根，且 $r_1/r_2=200/250=0.8>0.5$，满足《规范》简化计算的条件。

② 基本参数计算。

C30 混凝土，$f_c=14.3\text{N/mm}^2$；HRB400 级钢筋，$f_y=360\text{N/mm}^2$；

环形截面面积 $A=\pi(r_2^2-r_1^2)=\pi\times(250^2-200^2)=22500(\text{mm}^2)$；

全部纵向钢筋的截面面积 $A_s=2412\text{mm}^2$；

纵向钢筋重心所在圆周的半径 $r_s=\dfrac{200+250}{2}=225(\text{mm})$。

③ 计算 α 的值。

根据平衡方程 $\alpha\alpha_1 f_c A=(\alpha_t-\alpha)f_y A_s$，计算 α 的值，其中纵向受拉钢筋截面面积与全部纵向钢筋截面面积的比值 $\alpha_t=1-1.5\alpha$。

$$\alpha\times1.0\times14.3\times22500=(1-1.5\alpha-\alpha)\times360\times2412，得$$

$$\alpha=0.3483。$$

由此

$$\alpha_t=1-1.5\alpha=1-1.5\times0.3483=0.4776$$

④ 计算弯矩设计值 M_u。

$$\sin\pi\alpha+\sin\pi\alpha_t=\sin(0.3483\pi)+\sin(0.4776\pi)=0.8883+0.9975=1.8858$$

$$r_1+r_2=200+250=450(\text{mm})$$

$$M_u=\alpha_1 f_c A(r_1+r_2)\frac{\sin\pi\alpha}{2\pi}+f_y A_s r_s\frac{\sin\pi\alpha+\sin\pi\alpha_t}{\pi}$$

$$=1.0\times14.3\times22500\times450\times\frac{0.8883}{2\pi}+360\times2412\times225\times\frac{1.8858}{\pi}$$

$$=137.8(\text{kN}\cdot\text{m})$$

(2) 圆形截面所能承担的弯矩设计值 M_u。

① 基本参数计算。

圆形截面面积 $A=\pi r_2^2=\pi\times250^2=196\ 250(\text{mm}^2)$，其他参数同(1)。

② 计算 α 的值。

代入平衡方程 $\alpha\alpha_1 f_c A\left(1-\frac{\sin2\pi\alpha}{2\pi\alpha}\right)=(\alpha_t-\alpha)f_y A_s$，有 $\alpha_t=1.25-2\alpha$，计算 α。可采用试算法计算，具体计算过程略。计算得 $\alpha=0.2815$。

取 $\alpha=0.2815$，重新计算 $\alpha_t=1.25-2\alpha=1.25-2\times0.2815=0.687$。

③ 计算弯矩设计值 M_u。

将所有参数代入 $M\leqslant\frac{2}{3}\alpha_1 f_c Ar\frac{\sin^3\pi\alpha}{\pi}+f_y A_s r_s\frac{\sin\pi\alpha+\sin\pi\alpha_t}{\pi}$，可得

$$M_u=\frac{2}{3}\times1.0\times14.3\times196\ 250\times250\times\frac{\sin^3(0.2815\pi)}{\pi}$$

$$+360\times2412\times225\times\frac{\sin(0.2815\pi)+\sin(0.687\pi)}{\pi}$$

$$=194.7(\text{kN}\cdot\text{m})$$

小　结

1) 受弯构件的基本构造要求

熟悉并逐渐掌握梁、板等受弯构件的基本构造要求。梁、板的截面尺寸、钢筋净距、混凝土保护层厚度、钢筋合力作用点到梁(板)边缘的距离 a_s 和 a_s'。

2) 适筋梁受力过程的三个阶段

第Ⅰ阶段(弹性工作阶段)。对于不允许开裂的构件，以 Ⅰ_a 状态作为验算抗裂度的依据。

第Ⅱ阶段(带裂缝工作阶段)。正常使用情况下，以 Ⅱ_a 状态作为受弯构件裂缝宽度和挠度验算的依据。

第Ⅲ阶段(破坏阶段)。Ⅲ_a 状态是受弯构件适筋梁正截面承载力计算的依据。

3) 钢筋混凝土受弯构件正截面的三种破坏形态

(1) 适筋梁属于延性破坏，特点是受拉钢筋先屈服，而后受压区混凝土被压碎。

(2) 超筋梁属于脆性破坏，特点是受拉钢筋未屈服，而受压区混凝土先被压碎，其承载力取决于混凝土的抗压强度。

(3) 少筋梁属于脆性破坏，特点是受拉区混凝土一开裂受拉钢筋就屈服，甚至进入强化阶段，即梁一裂就坏，属于折断型脆性破坏，它的承载力取决于混凝土的抗拉强度。

4) 受弯构件正截面承载力计算采用的四个基本假定

(1) 平截面假定。

(2) 混凝土受压应力-应变关系。

(3) 钢筋受拉应力-应变关系。

(4) 不考虑混凝土的抗拉强度,受拉区开裂后拉力全部由受拉钢筋承担。

5) 受弯构件正截面承载力计算

(1) 等效应力图形,受压区混凝土压应力为曲线分布,可根据大小、方向和作用点不变的原则等效成矩形分布。

(2) 界限破坏时的配筋率 ρ_b 称为最大配筋率 ρ_{max},它是适筋梁和超筋梁之间的界限;最小配筋率是适筋梁与少筋梁的界限,且要满足规范要求。

(3) 单筋矩形截面。两个基本方程,两个未知数 x 和 A_s,两个适用条件。可采用计算系数 ξ、α_s 和 γ_s 简化计算。

(4) 双筋矩形截面。双筋矩形截面受弯构件正截面设计,分两种情况。对第一种取 $\xi=\xi_b$ 为补充方程。两个适用条件 $x\leqslant\xi_b h_0$ 和 $x\geqslant 2a'_s$。

(5) T形截面。两类T形截面的判别,截面设计和截面校核所用判别公式有别。T形截面受压翼缘宽度 b'_f 的确定。第一类T形截面同 $b'_f\times h$ 的矩形截面;第二类T形截面梁可分解计算,然后叠加。

(6) 了解均匀配筋矩形截面、圆形和环形截面受弯构件正截面承载力的计算方法。

思　考　题

4.1　一般梁板结构中,梁、板的截面尺寸是如何确定的?

4.2　纵向受力钢筋的保护层厚度是如何确定的?厚度是多少?有什么作用?

4.3　梁的截面宽度与钢筋的直径、配筋数量、净距及保护层厚度有什么关系?

4.4　板中分布钢筋有什么作用?分布钢筋要满足什么要求?

4.5　适筋梁的受力全过程经历哪几个阶段?在各阶段截面上的受力有什么特点?每个阶段的不同状态与设计计算有什么联系?

4.6　钢筋混凝土梁正截面破坏有哪几种破坏形态?各种破坏形态有何破坏特征?在截面应力、应变分布图上,标出各阶段的主要特征参数。

4.7　什么是适筋梁的配筋率?如何确定适筋梁的最大配筋率和最小配筋率?《规范》规定的最小配筋率是多少?

4.8　什么是相对受压高度 ξ 和界限相对受压区高度 ξ_b?如何计算 ξ_b?影响 ξ_b 的因素有哪些?最大配筋率 ρ_{max} 与 ξ_b 的关系是怎样的?

4.9　正截面承载力计算的基本假定有哪些?平截面假定有什么作用?

4.10　为什么可以用等效矩形应力图代替混凝土受压区的曲线应力分布图?

4.11　单筋矩形截面梁承载力的计算公式是如何建立的?其适用条件是什么?为什么要规定这些适用条件?

4.12　影响矩形截面梁承载力的因素有哪些?实际设计中常用哪些方法提高梁的承载能力?

4.13　对截面尺寸、混凝土强度、钢筋级别都相同的适筋梁的极限承载能力和超筋梁的承载能力如何计算?

4.14　什么是双筋截面梁?在什么情况下采用双筋截面?受压钢筋有什么作用?

4.15　双筋梁中受压钢筋的应力是如何确定的?如何保证受压钢筋强度得到充分利用?

4.16　双筋矩形截面梁设计时,已知受压钢筋截面面积 A_s' 求 A_s,若出现 $x>\xi_b h_0$、$2a_s'<x\leqslant\xi_b h_0$ 和 $x\leqslant 2a_s'$ 情况时,又如何计算?

4.17　在截面设计和截面复核时如何判别两类 T 形截面?

4.18　分析第二类 T 形截面与双筋截面计算方法的异同。第二类 T 形截面设计时,当 $x>\xi_b h_0$ 时应如何处理?

4.19　试比较单筋矩形截面、双筋矩形截面和 T 形截面梁承载能力计算公式的适用条件。

4.20　为什么最小受拉钢筋配筋面积应满足的条件:矩形截面是 $A_s\geqslant\rho_{min}bh$,而不是 $A_s\geqslant\rho_{min}bh_0$? T 形截面配筋率是 $A_s\geqslant\rho_{min}bh$,而不是 $A_s\geqslant\rho_{min}b_f'h_0$? 工形和倒 T 形截面是 $A_s\geqslant\rho_{min}[bh+(b_f-b)h_f]$,而不是 $A_s\geqslant\rho_{min}bh$?

习　　题

一、选择题(单选题)

4.1　钢筋混凝土梁的受拉区边缘____时,受拉区开始出现裂缝。

A. 达到混凝土实际的抗拉强度　　B. 达到混凝土的抗拉标准强度

C. 达到混凝土的抗拉设计强度　　D. 达到混凝土极限拉应变值

4.2　钢筋混凝土梁开裂瞬间,受拉钢筋的应力 σ_s 与配筋率 ρ 的关系是____。

A. $\rho\uparrow$, $\sigma_s\downarrow$　　B. $\rho\uparrow$, $\sigma_s\uparrow$

C. σ_s 与 ρ 关系不大　　D. 无法判断

4.3　钢筋混凝土梁正截面强度计算中不考虑受拉混凝土的作用,因为____。

A. 中和轴以下,混凝土全部开裂

B. 混凝土抗拉强度低

C. 中和轴附近部分受拉混凝土承担的力矩很小

D. 受拉混凝土全部退出工作

4.4　作为受弯构件抗裂度计算依据的是____。

A. I_a 状态　　B. II_a 状态

C. III_a 状态　　D. 第Ⅱ阶段

4.5　正截面承载力计算的基本假定之一为平截面假定,其主要作用是____。

A. 确定等效矩形应力图形高度 x

B. 确定受压边混凝土应变达 ε_{cu} 时,受压区合力点的位置

C. 确定界限破坏时相对受压区高度 ξ_b

D. 由 $\varepsilon_c=\varepsilon_{cu}$,确定 ε_s 值

4.6　少筋梁截面破坏时,其主要参数取值和破坏特点是____。

A. $\varepsilon_s > \varepsilon_y, \varepsilon_c = \varepsilon_{cu}$　　B. $\varepsilon_s > \varepsilon_y, \varepsilon_c > \varepsilon_{cu}$

C. $\varepsilon_s < \varepsilon_y, \varepsilon_c = \varepsilon_{cu}$　　D. $\varepsilon_s > \varepsilon_y, \varepsilon_c < \varepsilon_{cu}$

4.7　对适筋梁,受拉钢筋刚屈服时,梁的特点是____。

A. $\varepsilon_s = \varepsilon_y, \varepsilon_c = \varepsilon_{cu}$　　B. $\varepsilon_s = \varepsilon_y, \varepsilon_c > \varepsilon_{cu}$

C. $\varepsilon_s = \varepsilon_y, \varepsilon_c < \varepsilon_{cu}$　　D. $\varepsilon_s < \varepsilon_y, \varepsilon_c = \varepsilon_{cu}$

4.8　钢筋混凝土受弯适筋梁,ρ 为配筋率,$M_y < M_u$,设 $\Delta M = (M_u - M_y)$,则____。

A. ρ 大,ΔM 小　　B. ρ 小,ΔM 小

C. ΔM 与 ρ 无关　　D. ΔM 与 ρ 始终为某一定值关系

4.9　有两根适筋梁受弯构件,正截面受拉钢筋的配筋率 ρ 不同,其他条件相同,一根 ρ 大,另一根 ρ 小,设 M_{cr} 是正截面开裂弯矩,M_u 是正截面极限弯矩,则 ρ 与 M_{cr}/M_u 的关系是____。

A. ρ 大的 M_{cr}/M_u 大　　B. ρ 小的 M_{cr}/M_u 大

C. 两者的 M_{cr}/M_u 相同　　D. ρ 与 M_{cr}/M_u 没有关系

4.10　钢筋混凝土单筋矩形截面适筋梁,若混凝土和钢筋强度给定,则配筋率越大,____。

A. 截面屈服曲率 φ_y 越大　　B. 截面屈服曲率 φ_y 越小

C. 截面开裂曲率 φ_{cr} 越小　　D. 截面开裂曲率 φ_{cr} 越大

4.11　适筋梁的受弯破坏特征是____。

A. 受拉钢筋屈服前,受压区混凝土压碎引起的破坏

B. 受拉钢筋屈服,随后受压混凝土达到极限压应变

C. 破坏前梁的挠度和裂缝宽度不超过设计限值

D. 受拉钢筋屈服恰好与混凝土压碎同时发生

4.12　受弯构件的承载能力在 $\rho < \rho_{min}$ 时取决于____。

A. 配筋率　　B. 混凝土抗拉强度

C. 钢筋抗拉强度　　D. 荷载大小和支承条件

4.13　图示单筋矩形截面梁,截面尺寸相同,材料强度相同,配筋不同,其极限受弯承载力 M_u 大小关系为____。

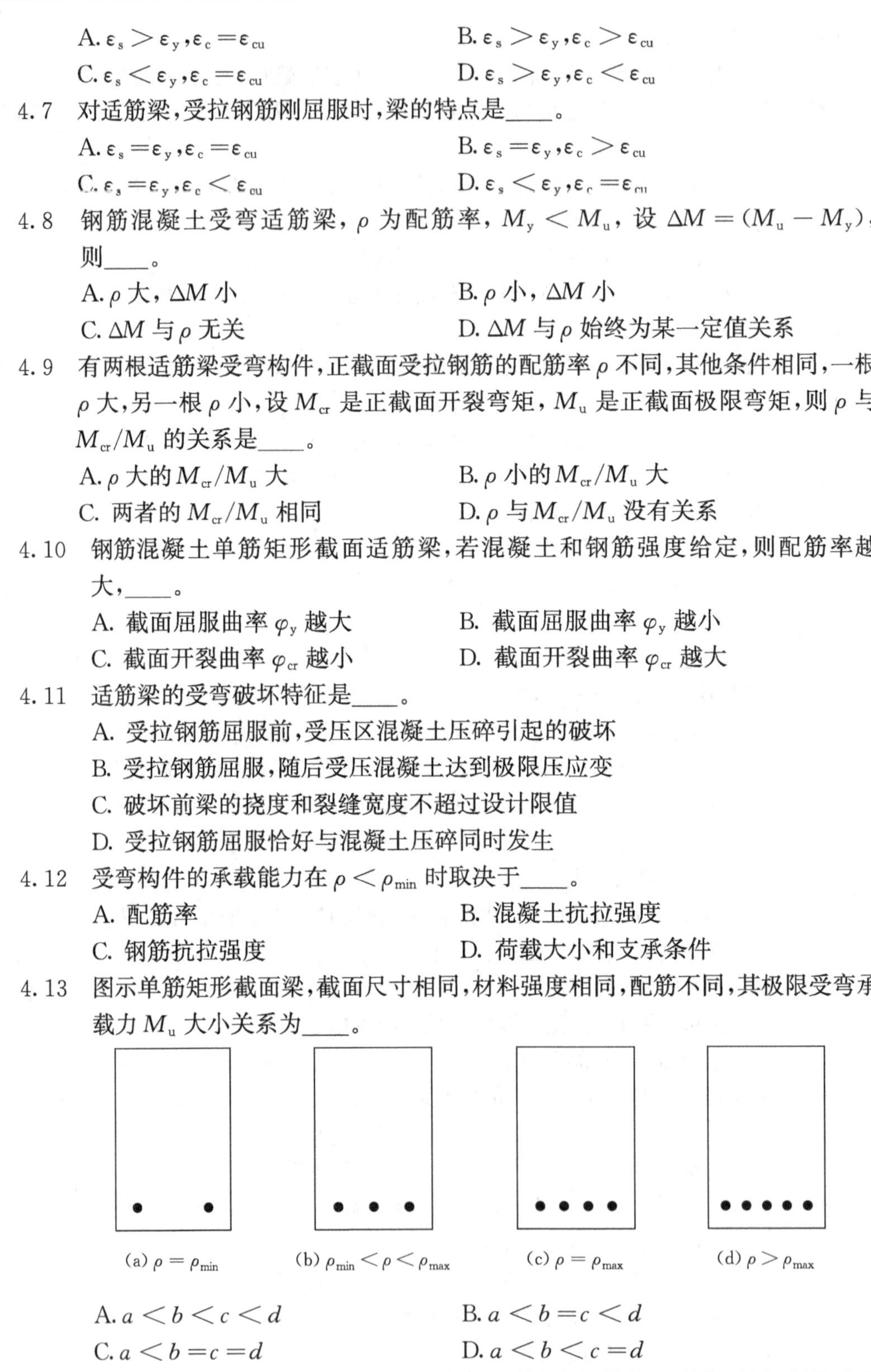

(a) $\rho = \rho_{min}$　　(b) $\rho_{min} < \rho < \rho_{max}$　　(c) $\rho = \rho_{max}$　　(d) $\rho > \rho_{max}$

A. $a < b < c < d$　　B. $a < b = c < d$

C. $a < b = c = d$　　D. $a < b < c = d$

4.14　图示单筋矩形截面适筋梁,材料强度和配筋相同,其截面形状不同,所能承受

的极限弯矩 M_u 大小关系为____。

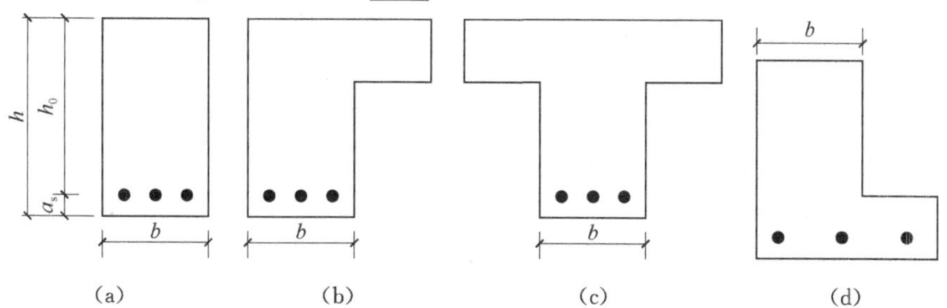

(a) (b) (c) (d)

A. $a=b=c=d$　　B. $a<b=c<d$

C. $a=b=d<c$　　D. $d<a<b<c$

4.15 在进行钢筋混凝土双筋矩形截面梁正截面承载力计算中，若 $x<2a'_s$，则说明____。

A. 受压钢筋配置过多

B. 受压钢筋配置过少

C. 梁发生破坏时受压钢筋早已屈服

D. 截面尺寸过大

4.16 在钢筋混凝土双筋矩形截面梁设计时，若 A_s、A'_s 未知，求 A_s、A'_s 时，用钢量最小或接近最小的方法是____。

A. 取 $\xi=\xi_b$　　B. 取 $A_s=A'_s$

C. 取 $x=2a'_s$　　D. $2a'_s<x<\xi_b h_0$

4.17 梁中配置受压纵筋后____。

A. 既能提高正截面受弯承载力，又可减少构件混凝土徐变

B. 可加大构件混凝土徐变

C. 只能减少构件混凝土徐变

D. 能提高斜截面受剪承载力

4.18 一T形截面梁，截面尺寸为 $b=200\text{mm}$，$h=500\text{mm}$，$b'_f=800\text{mm}$，$h'_f=100\text{mm}$，因外荷载较小，仅按最小配筋率配筋（取 $\rho_{\min}=0.2\%$）其配筋面积为____。

A. 736mm^2　　B. 800mm^2　　C. 200mm^2　　D. 184mm^2

4.19 配有单排钢筋的单筋矩形截面梁，$b\times h=200\text{mm}\times500\text{mm}$，混凝土强度为C30，采用HRB400级钢筋，此梁正截面的最大受弯承载能设计值 $M_{u,\max}$ 为____。

A. 241.5kN·m　　B. 246.7kN·m

C. 232.4kN·m　　D. 没有钢筋面积，不能计算

4.20 某单筋矩形截面适筋梁，$b\times h=250\text{mm}\times600\text{mm}$，采用HRB400级钢筋，此梁正截面承受的受弯设计值 $M=220\text{kN}\cdot\text{m}$，估算其纵向受拉钢筋的面积约为____。

A. $1200\sim1300\text{mm}^2$　　B. $1500\sim1600\text{mm}^2$

C. $2000\sim2100\text{mm}^2$　　D. 不能估算

二、判断题(正确的画"√",错误的画"×")

4.21　梁箍筋内皮至混凝土表面的最小距离为钢筋的混凝土保护层厚度,用 c 表示。　(　　)

4.22　下部和上部受力钢筋合力作用点距截面较近边沿的距离,为了设计方便,一般取单排钢筋时为 35mm,双排钢筋时为 60mm。　(　　)

4.23　为保证钢筋和混凝土的黏结力的传递,钢筋之间应有足够的间距,不宜采用并筋布置。　(　　)

4.24　板中垂直于受力钢筋方向布置的分布钢筋应放到受力钢筋的下方,便于固定受力钢筋的位置。　(　　)

4.25　对钢筋混凝土受弯构件试验梁,为减少钢筋对混凝土受压性能的影响,纯弯段受压区不配置架立筋。　(　　)

4.26　在截面的受压区配置一定数量的钢筋对于改善梁截面的延性是有作用的。　(　　)

4.27　混凝土梁开裂前表现出弹性性质,因此可以忽略钢筋的作用,按弹性材料进行截面应力分析。　(　　)

4.28　当截面受拉区边缘混凝土的拉应力达到 f_t 时,混凝土就开裂。　(　　)

4.29　当配筋率 ρ 给定时,钢筋的屈服强度 f_y 越高,开裂弯矩 M_{cr} 就越大。(　　)

4.30　当配筋率 ρ 给定时,钢筋的屈服强度 f_y 越高,开裂弯矩 M_{cr} 与极限弯矩 M_u 的比值 M_{cr}/M_u 就越大。　(　　)

4.31　配置有明显屈服点钢筋的混凝土适筋梁,受拉钢筋屈服后,弯矩仍有所增长,是因为钢筋应力已进入强化阶段。　(　　)

4.32　在其他条件不变的情况下,配筋率 ρ 越大,钢筋屈服时的屈服曲率 φ_y 越大。　(　　)

4.33　受压区混凝土边缘纤维压应力 σ_c 达到 f_c 时,构件达到承载能力极限状态。　(　　)

4.34　少筋梁无带裂缝工作阶段,超筋梁无钢筋屈服阶段。　(　　)

4.35　对适筋范围内的钢筋混凝土受弯构件,提高混凝土标号对于提高正截面抗弯强度的作用不是很明显。　(　　)

4.36　在适筋梁中,配筋率 ρ 越大,受弯承载力也越大。　(　　)

4.37　截面抵抗矩系数 $\alpha_{s,max}$ 与截面尺寸无关,仅与材料性能有关。　(　　)

4.38　钢筋混凝土梁截面复核时,如果 $\xi > \xi_b$,说明梁为超筋梁,应按实际计算的 ξ 复核梁的承载力。　(　　)

4.39　在验算最小配筋率和计算最大配筋率时,均应采用有效截面面积 bh_0。
(　　)

4.40　对于存在着受拉翼缘的倒 T 形截面梁,受拉钢筋的面积应满足 $A_s \geqslant \rho_{min}[bh + (b_f - b)h'_f]$。　(　　)

三、计算题

4.41　已知矩形截面梁,截面尺寸 $b \times h = 250\text{mm} \times 550\text{mm}$,承受弯矩设计值 $M=$

180kN · m,纵向受拉钢筋采用 HRB400 级,混凝土强度等级为 C30,环境类别为一类。求纵向受拉钢筋截面面积 A_s。

4.42　已知某矩形截面钢筋混凝土简支梁,计算跨度 $l_0=6.0$m,承受均布荷载的设计值 25kN/m(不包括梁自重,钢筋混凝土重力密度可取 25kN/m^3)。混凝土强度等级为 C30,钢筋采用 HRB400 级,环境类别为一类。试确定该梁的截面尺寸和配筋。

4.43　图 4.42 所示的肋梁楼盖,连续板的跨中弯矩设计值为 10kN · m,支座弯矩设计值为 12kN · m,混凝土强度等级为 C25,钢筋采用 HRB400 级,环境类别为一类。求板跨中和支座截面纵向受拉钢筋截面面积。

4.44　已知钢筋混凝土梁,截面尺寸$(b\times h)=200\text{mm}\times450\text{mm}$,采用 C30 混凝土,钢筋采用 HRB500 级,环境类别为一类。试计算:

(1) 配筋为 3Φ16 时,该梁的极限弯矩 M_u。

(2) 配筋为 3Φ20 时,该梁的极限弯矩 M_u。

(3) 配筋为 3Φ25 时,该梁的极限弯矩 M_u。

4.45　已知钢筋混凝土梁,截面尺寸 $b\times h=200\text{mm}\times450\text{mm}$,配筋为 3Φ20 的 HRB400 级钢筋,环境类别为一类。试计算:

(1) 采用 C20 混凝土时,该梁的极限弯矩 M_u。

(2) 采用 C30 混凝土时,该梁的极限弯矩 M_u。

(3) 采用 C40 混凝土时,该梁的极限弯矩 M_u。

4.46　已知条件同 4.44 题,配筋为 3Φ20。试计算:

(1) 截面尺寸 $b\times h=200\text{mm}\times400\text{mm}$ 时,该梁的极限弯矩 M_u。

(2) 截面尺寸 $b\times h=200\text{mm}\times500\text{mm}$ 时,该梁的极限弯矩 M_u。

(3) 截面尺寸 $b\times h=200\text{mm}\times600\text{mm}$ 时,该梁的极限弯矩 M_u。

4.47　已知矩形截面梁,$b\times h=250\text{mm}\times500\text{mm}$,$a_s=45$mm,采用 C30 级混凝土,承受的弯矩设计值 $M=250$kN · m,试计算:

(1) 采用 HRB300 级钢筋时,该梁的纵向受力钢筋 A_s。

(2) 采用 HRB400 级钢筋时,该梁的纵向受力钢筋 A_s。

(3) 采用 HRB500 级钢筋时,该梁的纵向受力钢筋 A_s。

4.48　钢筋混凝土矩形截面简支梁,计算跨度为 6.0m,承受楼面传来的均布恒载标准值为 20kN/m(包括梁自重),均布活载标准值为 16kN/m,活荷载组合系数 $\psi_c=0.7$,采用 C30 级混凝土,HRB400 级钢筋,设箍筋直径为 8mm。试确定该梁的截面尺寸和纵向受拉钢筋。

4.49　已知某矩形截面简支梁,截面尺寸 $b\times h=250\text{mm}\times500\text{mm}$,混凝土强度等级为 C30,纵向钢筋采用 HRB400 级,环境类别为二 a 类,梁跨中截面承受的最大弯矩设计值为 $M=320$kN · m。试计算:

(1) 该梁用单筋矩形截面能否满足要求?

(2) 若单筋矩形截面不满足要求,采用双筋截面设计此梁。

4.50　已知条件同 4.49 题,只是在受压区配置了 2Φ18 的 HRB400 级钢筋,$A_s'=509\text{mm}^2$。试计算受拉钢筋的截面面积 A_s。

4.51　已知矩形截面梁,截面尺寸 $b \times h = 200\text{mm} \times 450\text{mm}$,$a_s = a_s' = 40\text{mm}$,采用 C25 级混凝土,受拉和受压钢筋均采用 HRB400 级钢筋。试计算:

(1) 当受拉钢筋为 3⌀25,$A_s = 1473\text{mm}^2$,受压钢筋为 2⌀16,$A_s' = 402\text{mm}^2$ 时,该梁的极限弯矩 M_u。

(2) 当受拉钢筋为 3⌀28,$A_s = 1847\text{mm}^2$,受压钢筋为 2⌀16,$A_s' = 402\text{mm}^2$ 时,该梁的极限弯矩 M_u。

(3) 当受拉钢筋为 3⌀25,$A_s = 1473\text{mm}^2$,受压钢筋为 2⌀25,$A_s' = 982\text{mm}^2$ 时,该梁的极限弯矩 M_u。

4.52　图 4.42 所示的肋梁楼盖结构,梁的计算跨度为 6.0m,间距为 3.0m。混凝土强度等级为 C25,钢筋采用 HRB400 级,沿梁全长上下均配置 3⌀20 的钢筋,$A_s = A_s' = 942\text{mm}^2$,环境类别为一类。试计算该梁跨中和支座截面能够承受的最大弯矩设计值。

4.53　某 T 形截面梁,$b_f' = 400\text{mm}$,$h_f' = 100\text{mm}$,$b = 200\text{mm}$,$h = 550\text{mm}$,$a_s = 65\text{mm}$,采用 C30 级混凝土,HRB400 级钢筋,试计算该梁在下列情况下的配筋:

(1) 承受弯矩设计值 $M = 160\text{kN} \cdot \text{m}$。

(2) 承受弯矩设计值 $M = 300\text{kN} \cdot \text{m}$。

(3) 承受弯矩设计值 $M = 420\text{kN} \cdot \text{m}$。

第 5 章　受弯构件斜截面承载力计算

本章提要

(1) 斜裂缝的产生、类型和腹筋的种类。

(2) 受弯构件斜截面受剪性能：受力特点、受剪破坏形态、影响斜截面受剪承载力的主要因素。

(3) 斜截面受剪承载力的计算公式、适用条件、计算截面和计算方法。

(4) 材料抵抗弯矩图的作法、弯起钢筋弯起点及纵向钢筋截断位置的确定。

(5) 纵向钢筋的连接方式及构造要求。

5.1　概　　述

在第 4 章里，以适筋梁正截面受弯的受力全过程试验为基础，给出了钢筋混凝土受弯构件正截面承载力的设计方法，确保受弯构件在正常情况下，在主要承受弯矩的区段内不致发生沿竖向裂缝的正截面破坏。而受弯构件在荷载作用下，截面上除产生弯矩外，通常还会产生剪力，在弯矩和剪力的共同作用下，构件可能发生斜截面破坏。因此，在设计受弯构件时，既要保证其正截面受弯承载力，还要保证其斜截面承载力(包括斜截面受剪承载力和斜截面受弯承载力)，并且斜截面破坏一般具有脆性破坏特征，应防止斜截面破坏先于正截面破坏。工程设计中，斜截面受剪承载力是通过计算并满足构造要求实现的，斜截面受弯承载力则是通过对纵筋和箍筋的构造要求来满足的。

钢筋混凝土构件是由两种不同材料组成的非匀质体，因而材料力学公式不能完全适用。但在未裂阶段，构件基本上处于弹性阶段，应力-应变基本呈线性关系，则弯剪区段内各点的主拉应力 σ_{tp} 和主压应力 σ_{cp} 可根据材料力学公式计算为

主拉应力

$$\sigma_{tp}=\frac{\sigma}{2}+\sqrt{\frac{\sigma^2}{4}+\tau^2} \tag{5.1}$$

主压应力

$$\sigma_{cp}=\frac{\sigma}{2}-\sqrt{\frac{\sigma^2}{4}+\tau^2} \tag{5.2}$$

主拉应力作用方向与梁轴线的夹角 α 可按下式确定为：

$$\tan 2\alpha=-\frac{2\tau}{\sigma} \tag{5.3}$$

图 5.1 绘出了梁内主应力的轨迹线，实线为主拉应力迹线，虚线为主压应力迹线，主拉应力迹线与主压应力迹线是正交的，轨迹线上任一点的切线就是该点的主应力方向。从中和轴、受压区、受拉区各取出一个微元体，其编号分别为 1、2、3，它们的应力状态各不

相同：

位于中和轴处的微元体 1，正应力 σ 为零，剪应力 τ 最大，主拉应力 σ_{tp} 和主压应力 σ_{cp} 与梁轴线成 45°角。

位于受压区的微元体 2，由于正应力 σ 为压应力，使主拉应力 σ_{tp} 减小，主压应力 σ_{cp} 增大，主拉应力 σ_{tp} 与梁轴线夹角大于 45°。

位于受拉区的微元体 3，由于正应力 σ 为拉应力，使主拉应力 σ_{tp} 增大，主压应力 σ_{cp} 减小，主拉应力 σ_{tp} 与梁轴线夹角小于 45°。

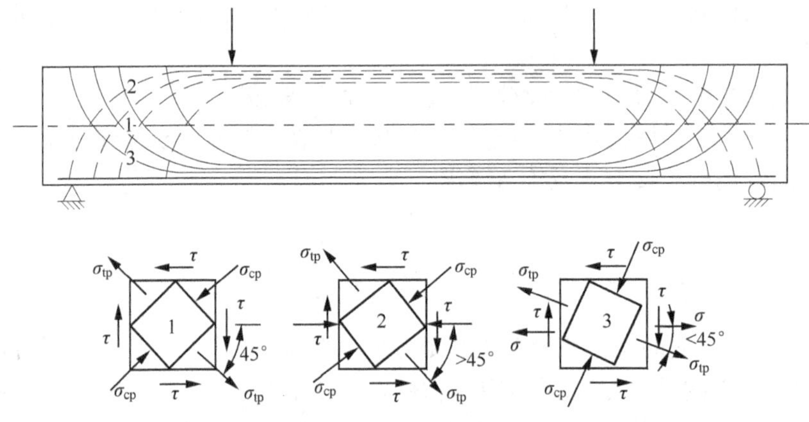

图 5.1　梁内主应力的轨迹线

由于混凝土的抗拉强度很低，极限拉应变很小，随着荷载的增加，当拉应变达到混凝土的极限拉应变时，将在该部位产生裂缝，裂缝走向与主拉应力方向垂直，故称为**斜裂缝**。斜裂缝主要有两种形式：一种是在梁弯剪区的下边缘首先形成竖向裂缝，然后沿主压应力迹线向集中荷载作用点延伸而形成的，称为**弯剪斜裂缝**，其特点是下宽上细，见图 5.2(a)；另一种是梁腹部拉应变首先达到极限拉应变而开裂，然后分别向上、向下沿主压应力迹线发展而形成的斜裂缝，称为**腹剪斜裂缝**，其特点是中间宽两头细，成枣核形，常发生于腹板很薄的薄腹梁中或集中荷载至支座距离很小时，见图 5.2(b)。斜裂缝的出现和发展使梁内的应力分布和数值发生变化，最终导致斜截面承载力不足而产生破坏。

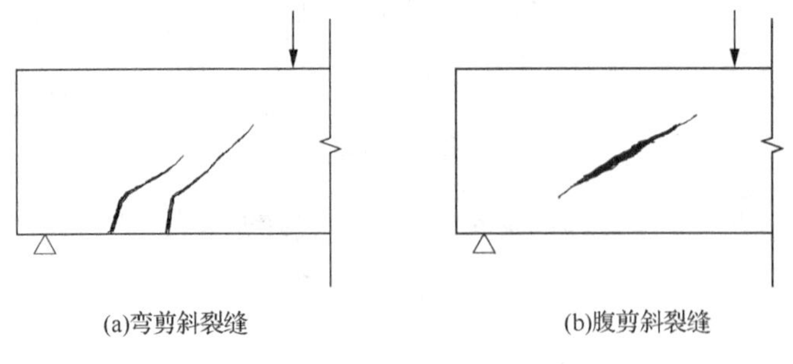

(a)弯剪斜裂缝　　(b)腹剪斜裂缝

图 5.2　斜裂缝

为防止斜截面破坏，通常在梁中设置箍筋或将纵筋弯起形成弯起钢筋，来提高斜截面的受剪承载力，见图 5.3。**箍筋和弯起钢筋统称为腹筋**。理论上，箍筋布置如与主拉应力方向一致，能够充分发挥箍筋的抗拉作用，但主拉应力方向变化多端，且从施工方便角度考虑，斜钢筋不便绑扎，工程实践中都采用垂直箍筋。而弯起钢筋可由正截面受拉纵筋弯起而成，弯起角度通常为 45°、60°；但由于弯起钢筋传力较为集中，承受的拉力较大，有可能引起弯起处混凝土的劈裂裂缝（图 5.4）。所以，在工程设计中宜优先选用垂直箍筋，再考虑选用弯起钢筋。选用的弯起钢筋位置不宜在梁侧边缘，梁底层钢筋中的角部纵筋不应弯起，顶层钢筋中的角部钢筋不应弯下。另外，在连续梁的中间支座布置的鸭筋，主次梁交接处布置的吊筋，也能起到腹筋的作用。

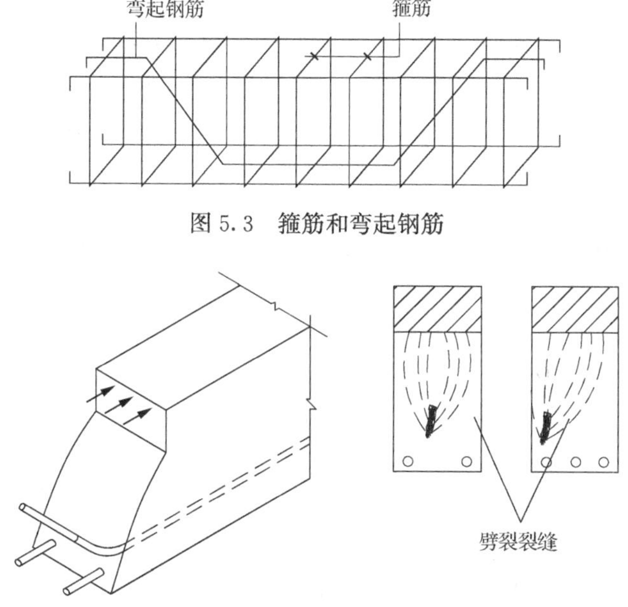

图 5.3　箍筋和弯起钢筋

图 5.4　钢筋弯起引起的劈裂裂缝

配置了箍筋、弯起钢筋和纵筋的梁称为**有腹筋梁**；仅设置纵筋而无箍筋和弯起钢筋的梁称为**无腹筋梁**。**由于无腹筋梁的受剪承载力很低，斜裂缝出现后很快就会发生破坏，在工程设计中，除了板和截面高度较小的梁以外，均采用有腹筋梁。**

5.2　受弯构件斜截面的受剪性能

5.2.1　无腹筋梁的受力模型与受剪破坏形态

虽然实际工程中的无腹筋梁很少，但由于无腹筋梁较为简单，且可以为有腹筋梁的受力与破坏分析提供理论基础，故首先讨论无腹筋梁的受力计算模型及受剪破坏形态。

1. 受力模型

集中荷载作用下的无腹筋简支梁，在荷载较小、斜裂缝出现之前，梁上的剪力由全截面混凝土承受。随着荷载的增加，会出现几条伸向集中荷载作用点的斜裂缝，斜裂缝的延伸和发展使得剪压区缩小;当荷载加大到一定程度时,在这些斜裂缝中会出现一条主要的斜裂缝,称为**临界斜裂缝**。临界斜裂缝的发展将梁分为两部分,上面一部分似带拉杆(纵向筋)的拱,下部是由纵筋串成的梳齿状块。梁上荷载有一部分通过拱的作用传到支座上,另一部分通过受弯,使纵筋产生拉力。该计算模型称之为**带拉杆的梳形拱模型**,如图 5.5 所示。

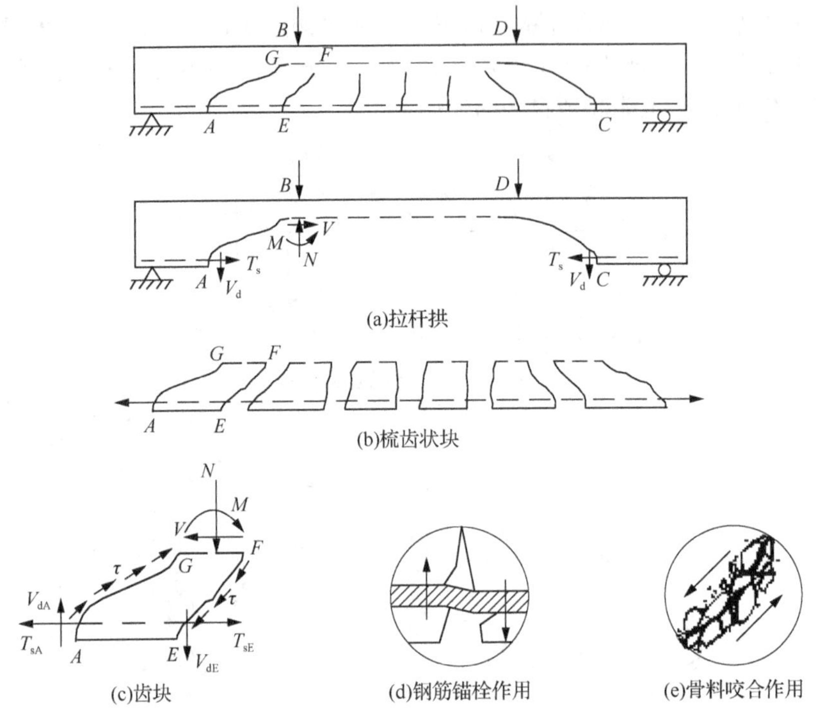

图 5.5　梳形拱模型

对于无腹筋梁,斜裂缝出现后,梁的受力状态和内部的应力分布发生了很大变化。取一个梳齿状块 $AGFE$ 为研究对象[图 5.5(c)],齿块上所受的力有:梳齿类似上端固定于拱圈的悬臂梁,悬臂梁根部承受的弯矩 M、剪力 V、压力 N 并反作用于拱底部;齿块两侧纵筋拉力 T_{sA} 和 T_{sE},由于各截面弯矩不同,在纵筋中拉力也不同($T_{sE} < T_{sA}$);纵向钢筋的**销栓作用力** V_{dA} 和 V_{dE},斜裂缝出现后,纵向钢筋犹如销栓一样将裂缝两侧的混凝土联系起来,也称为**销栓作用**[图 5.5(d)];斜裂缝间的**骨料咬合力** τ,齿块两边裂缝面上,由于骨料之间的相互咬合产生骨料咬合力[图 5.5(e)];随着斜裂缝的开展,纵筋的销栓作用力和骨料咬合力逐渐减小以至消失,荷载主要通过拱的作用传递,见图 5.6。

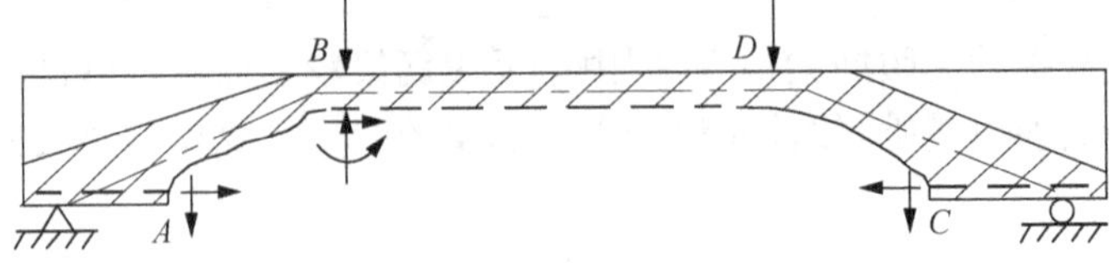

图 5.6　拱体的受力

取支座至斜裂缝之间的隔离体为研究对象，其受力图如图 5.7 所示。在该隔离体上，由荷载产生的剪力主要由三部分来承担：**剪压区混凝土承担的剪力 V_c、斜裂缝间的骨料咬合力的竖向分量 V_a、纵向钢筋的销栓作用力 V_d**，即

$$V = V_c + V_a + V_d \tag{5.4}$$

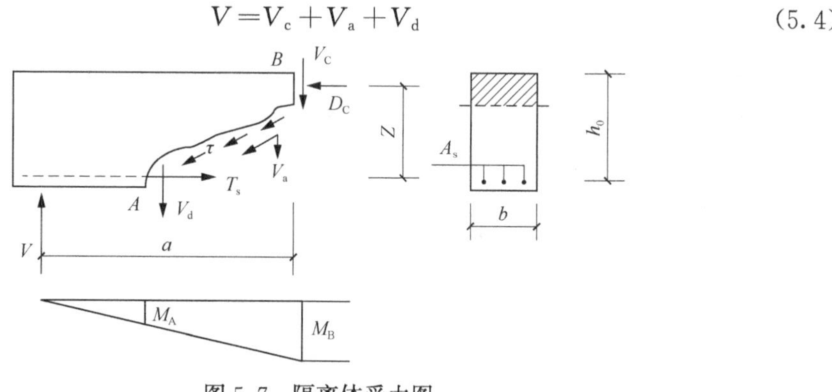

图 5.7　隔离体受力图

随着斜裂缝的开展，不考虑骨料咬合力和纵筋的销栓作用力。因此，为了简化分析，在受剪承载力极限状态下，V_a 和 V_d 不予考虑，故该隔离体的平衡条件为

$$\sum X = 0,\quad D_c = T_s \tag{5.5}$$

$$\sum Y = 0,\quad V_c = V \tag{5.6}$$

$$\sum M = 0,\quad V \cdot a = T_s \cdot Z \tag{5.7}$$

由以上分析可知，斜裂缝的出现使梁的应力状态发生了以下变化。

(1) 斜裂缝出现前，剪力由梁的整个混凝土截面承担；斜裂缝出现后，剪力主要由斜裂缝上端剪压区混凝土承担，因此，混凝土中的剪应力明显增大。

(2) 在斜裂缝出现前，斜截面起点处纵筋的拉应力由该处的弯矩 M_A 所决定；在斜裂缝出现后，斜截面起点处纵筋的拉应力则由斜裂缝顶端处的弯矩 M_B 所决定，由于 $M_A < M_B$，斜裂缝出现后纵筋的拉应力突然增大；同时，纵筋的销栓作用会使纵筋周围的混凝土产生撕裂裂缝，削弱钢筋与混凝土之间的黏结，因此，对纵筋在支座处的锚固提出了更高要求。

(3) 由于纵筋拉力的突然增大，斜裂缝向上发展，受压区面积缩小，受压区混凝土的压应力值也进一步增大。最后剪压区混凝土在剪力和压力的共同作用下而产生破坏。

上述模型概念清楚，能够很好地描述无腹筋梁斜裂缝出现后的受力状态，但由于未知量多，必须做出补充假定，才能得出剪力 V 的计算公式，且不同的假定可得出不同的结论，所以该模型应用较少。

2. 受剪破坏形态

试验研究表明，无腹筋梁的剪切破坏形态主要与截面上的正应力 σ 和剪应力 τ 的相对比值有关，亦即与截面上弯矩和剪力的组合情况有关，它可用一个无量纲的参数——**剪跨比**(λ)来表示。

广义剪跨比 λ 是指剪弯段内截面上弯矩与剪力和截面有效高度乘积的比值，即

$$\lambda = \frac{M}{Vh_0} \tag{5.8}$$

式中:M 、V ——截面承受的弯矩和剪力设计值;

h_0——截面的有效高度。

对集中荷载作用下的简支梁[图 5.8(a)],有

$$\lambda = \frac{M}{Vh_0} = \frac{a}{h_0} \tag{5.9}$$

式中:a ——集中荷载作用点到邻近支座的距离,称为**剪跨**。

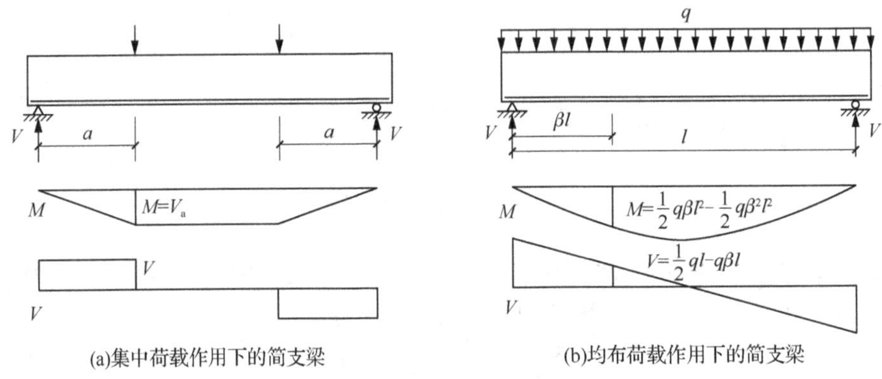

(a)集中荷载作用下的简支梁　　(b)均布荷载作用下的简支梁

图 5.8　剪跨比的计算

对均布荷载作用下的简支梁[图 5.8(b)],设 l 为梁的跨度,βl 为计算截面到支座的距离,则剪跨比可表示为

$$\lambda = \frac{M}{Vh_0} = \frac{\beta - \beta^2}{1 - 2\beta} \cdot \frac{l}{h_0} \tag{5.10}$$

剪跨比 λ 是影响无腹筋梁的斜截面受剪破坏形态的重要参数,它对斜截面受剪承载力也有着重要影响。根据剪跨比的不同,无腹筋梁的斜截面受剪破坏形态主要有**斜压破坏**、**剪压破坏**和**斜拉破坏**三种。

1) **斜压破坏**

当 λ <1 时,常发生斜压破坏。此时,由于梁在剪弯区段内腹部的剪应力很大,腹部混凝土首先开裂,并产生多条相互平行的腹剪斜裂缝,最后混凝土被分割成若干个斜向短柱而压碎破坏,破坏是突然发生的,如图 5.9(a)所示。这种破坏多发生在剪力大而弯矩小的区段,以及梁腹板很薄的 T 形截面或工字形截面梁内。其受剪承载力主要取决于混凝土的抗压强度,是斜截面受剪破坏中承载力最大的。

2) **剪压破坏**

当 1≤λ ≤3 时,常发生剪压破坏。这种破坏现象是在剪弯区段的受拉区边缘先出现一些垂直裂缝,随着荷载的增加,这些垂直裂缝将沿着主压应力迹线向集中荷载作用点处延伸,形成一些斜裂缝。当荷载增加到一定数值时,会形成一条贯穿的较宽的主要斜裂缝,称为临界斜裂缝,临界斜裂缝出现后迅速延伸,使斜截面上端剪压区的高度进一步缩小,直至剪压区的混凝土在剪压复合应力作用下被压碎而破坏,如图 5.9(b)所示。剪压破坏的受剪承载力变化幅度较大,其受剪承载力低于斜压破坏。

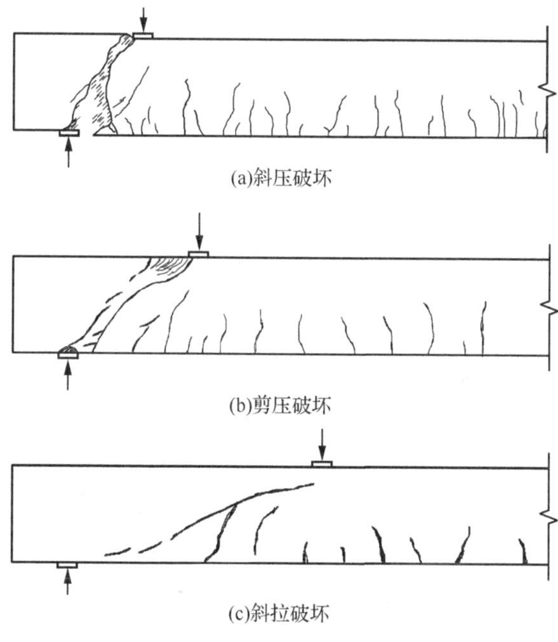

(a)斜压破坏

(b)剪压破坏

(c)斜拉破坏

图 5.9　斜截面破坏形态

3) **斜拉破坏**

当 $\lambda>3$ 时,常发生斜拉破坏。其特点是当垂直裂缝一出现,即很快形成临界斜裂缝,并迅速延伸到集中荷载作用点处,将梁斜向拉裂成两部分而突然破坏,如图 5.9(c)所示。破坏荷载与出现斜裂缝时的荷载很接近,破坏前梁变形亦小,具有明显的脆性破坏特征。其承载力主要取决于混凝土的抗拉强度,是三种破坏形态中承载力最低的。

图 5.10 为三种破坏形态的荷载(F)-挠度(f)曲线图。由图可见,对同样的构件,就斜截面受剪承载力而言,斜拉破坏最低,剪压破坏较大,斜压破坏最大。就破坏性质而言,它们在破坏时跨中挠度都不大,破坏时荷载都会迅速下降,均属**脆性破坏**,其中斜拉破坏的脆性最突出,斜压破坏次之,剪压破坏稍好。

5.2.2　有腹筋梁的受力特点与受剪破坏形态

1. 腹筋的作用

在梁中配置腹筋是提高梁斜截面受剪承载力的有效措施。在斜裂缝出现之前,腹筋中的应力很小,对阻止斜裂缝的出现影响不大;在斜裂缝出现后,与斜裂缝相交的腹筋中的应力突然增大,其抗剪作用也越来越明显,其作用如下。

(1) **与斜裂缝相交的腹筋可以直接承担部分剪力。**

(2) **腹筋能限制斜裂缝的开展和延伸,增加裂缝顶端混凝土剪压区的面积,提高剪压区的受剪承载力;同时也能提高斜截面上的骨料咬合力。**

(3) **箍筋能够吊住纵筋,延缓沿纵筋撕裂裂缝的发展,从而提高纵筋的销栓作用。**

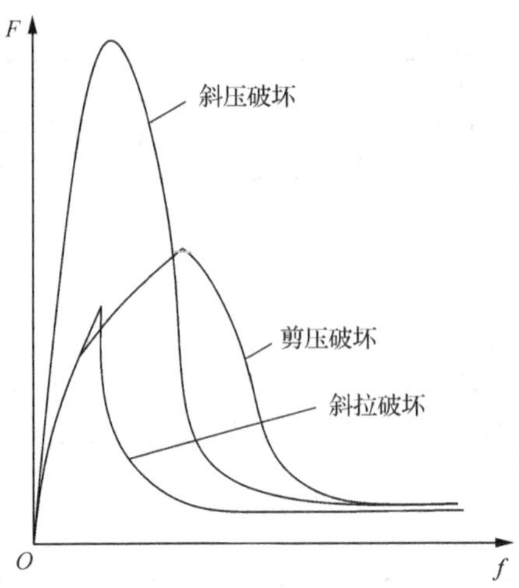

图 5.10　三种破坏形态的荷载(F)-挠度(f)曲线图

2. 受力模型*

1) **拱-桁架模型**

有腹筋梁的受剪可比拟成桁架—拱模型的复合,在斜裂缝出现之后,箍筋可以将被斜裂缝分割的混凝土块体连接在一起,形成**拱-桁架模型**,如图 5.11 所示。图中曲线形的压杆既起桁架上弦压杆的作用又起拱腹的作用,既可与梁底受拉钢筋一起平衡荷载产生的弯矩又可将斜向压力直接传递到支座;垂直腹筋可视为竖向受拉腹杆;腹筋间的混凝土可视为斜腹杆;在梁底的纵筋则可视为受拉下弦杆。

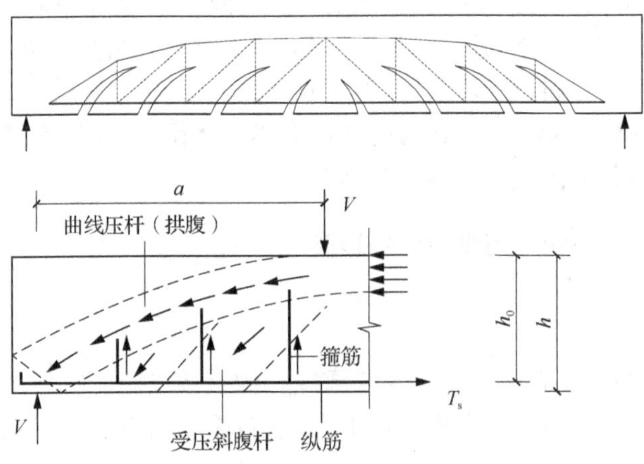

图 5.11　拱-桁架模型

该模型既考虑了桁架的作用,也考虑了拱的作用;既考虑了箍筋的受拉作用,又考虑了斜裂缝间混凝土的受压作用。用该模型推导的无腹筋梁和有腹筋梁的承载力的计算公式与试验结果较为接近,能较好地反映出梁的受剪性能。

2）**变角度桁架模型**

对于有腹筋梁的抗剪性能，可将有斜裂缝的钢筋混凝土梁比拟为一个铰接平面桁架，腹筋为竖拉杆，斜裂缝间的混凝土为斜压杆，受压区混凝土为上弦杆，受拉纵筋为下弦杆。假定斜腹杆倾角为 45°，故又称为 **45°桁架模型**，如图 5.12(a)所示。此后，又有许多学者进行了研究，认为斜压杆倾角未必一定是 45°，而是在一定范围内变化的，故称为变角度**桁架模型**，如图 5.12(b)所示。

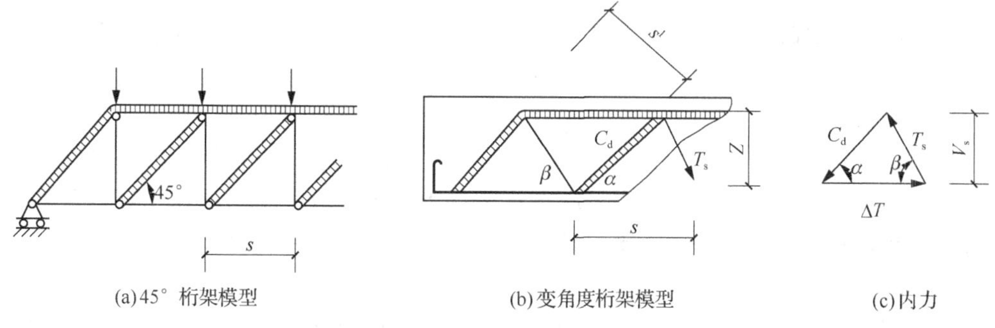

图 5.12　桁架模型

现以变角度桁架模型来分析其抗剪能力。如图 5.12(b)所示，设混凝土斜压杆的倾角为 α，腹筋与梁纵轴的夹角为 β，C_d 为斜压杆的内力，T_s 为与斜截面相交的箍筋内力的合力。

由节点的静力平衡条件可得

$$V_s = C_d \sin\alpha = T_s \sin\beta \tag{5.11}$$

由几何关系得

$$s = z(\cot\alpha + \cot\beta) \tag{5.12}$$

式中：z ——内力臂高度。

设单位长度内箍筋内力为 T_s/s，则有

$$\frac{T_s}{s} = \frac{V_s}{z\sin\beta(\cot\alpha + \cot\beta)} \tag{5.13}$$

若箍筋截面面积为 A_{sv}，间距为 s，屈服强度为 f_{yv}，则有

$$\frac{A_{sv} f_{yv}}{s} = \frac{V_s}{z\sin\beta(\cot\alpha + \cot\beta)} \tag{5.14}$$

近似取 $z = 0.9h_0$，则箍筋承担的剪力为

$$\begin{aligned} V_s &= \frac{A_{sv}}{s} \cdot 0.9h_0 \cdot f_{yv}(\cot\alpha + \cot\beta)\sin\beta \\ &= \frac{A_{sv}}{s} \cdot 0.9h_0 f_{yv}\left(\frac{\cot\alpha}{\sin\beta} + \cos\beta\right) \end{aligned} \tag{5.15}$$

一般箍筋 $\beta = 90°$，弯起钢筋 $\beta = 45° \sim 60°$，混凝土的倾角变化范围为

$$\frac{3}{5} \leqslant \cot\alpha \leqslant \frac{5}{3} \tag{5.16}$$

即 $\alpha = 30° \sim 60°$ 。

按此模型推导的受剪承载力计算公式,当配箍率等于零时,$V_u = 0$,这与实际情况不符。当配箍率小于一定值时,桁架作用减小,剪力传递机制趋向于无腹筋梁的拉杆拱机构。也就是说,桁架模型只有在配置一定箍筋的情况下才成立。

国外有些国家据此模型建立抗剪承载力计算公式。

3. 受剪破坏形态

有腹筋梁的斜截面受剪破坏形态与无腹筋梁相似,也有**斜压破坏**、**剪压破坏**和**斜拉破坏**三种。但是,除了剪跨比对斜截面破坏形态有重要影响以外,箍筋的配置数量对破坏形态也有很大的影响。

(1) **斜压破坏。**当 λ 较小 ($\lambda < 1$) 或 λ 虽较大但箍筋配置数量过多时,箍筋应力增长缓慢,在箍筋尚未屈服时,梁腹混凝土就因抗压能力不足而发生斜压破坏。**受剪承载力主要取决于混凝土的抗压强度和截面尺寸**,继续增加配箍率对提高受剪承载力作用不大。

(2) **剪压破坏。**当剪跨比适中 ($1 < \lambda < 3$),箍筋配置数量适当,或者剪跨比较大($\lambda > 3$),且腹筋数量不过多时,斜裂缝产生后,与斜裂缝相交的箍筋承担部分剪力,并且不会立即屈服。随着荷载增大,箍筋拉力不断增大,当箍筋屈服后,剪压区混凝土的正应力和剪应力迅速增加,最终导致梁发生剪压破坏。

(3) **斜拉破坏。**当剪跨比较大 ($\lambda > 3$),且箍筋配置数量过少时,斜裂缝一出现,与斜裂缝相交的箍筋不足以承担原来由混凝土所承担的拉应力,箍筋立即屈服而不能限制斜裂缝的开展,类似于无腹筋梁,发生斜拉破坏。

因此,只要截面尺寸合适,箍筋配置数量适当,剪压破坏是有腹筋梁斜截面受剪破坏形态中最常见的,也是我们进行斜截面受剪承载力设计计算的内容。

5.2.3 影响受弯构件斜截面受剪承载力的主要因素

试验表明,影响受弯构件斜截面承载力的因素很多,主要有剪跨比、混凝土强度、配箍率 ρ_{sv}、纵筋配筋率及其他因素等。

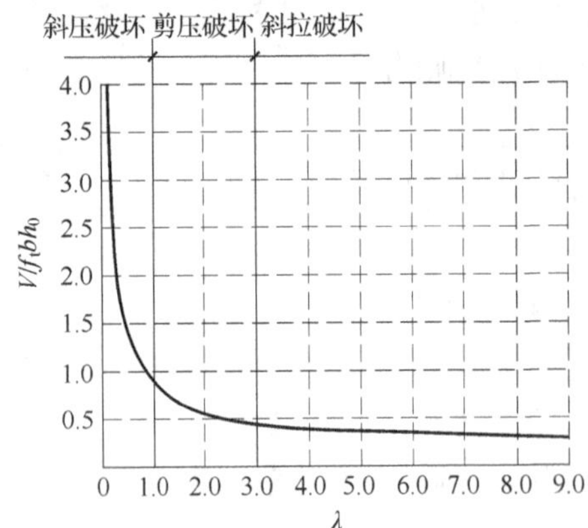

图 5.13 受剪承载力与剪跨比的关系

1. 剪跨比 (λ)

剪跨比 λ 是影响集中荷载作用下无腹筋梁破坏形态和受剪承载力的主要因素。受剪承载力与剪跨比的关系如图 5.13 所示。从图中可以看出,随着剪跨比 λ 的增大,受剪承载力降低很快,破坏形态从斜压破坏到剪压破坏,再到斜拉破坏;当 $\lambda > 3$ 时,剪跨比对梁的抗剪承载力的影响不再明显。

2. 混凝土强度

剪切破坏是由于混凝土达到极限强度而

发生的，混凝土强度对受剪承载力有很大影响。

在斜截面破坏的三种形态中，斜拉破坏主要取决于混凝土的抗拉强度，斜压破坏主要取决于混凝土的抗压强度，剪压破坏主要取决于混凝土的剪压强度。试验表明，无腹筋梁的抗剪承载力随混凝土强度的提高而增大，但不呈线性关系，而与混凝土的抗拉强度近似呈线性关系。

3. 配箍率 ρ_{sv}

配箍率是指箍筋截面面积与对应的混凝土截面面积的比值，它反映了梁沿纵向单位长度截面含有的箍筋截面面积，即

$$\rho_{sv}=\frac{A_{sv}}{bs}=\frac{nA_{svl}}{bs} \tag{5.17}$$

式中：A_{sv}——配置在同一截面内箍筋各肢的全部截面面积；

n ——同一截面内箍筋的肢数，如图5.14所示；

A_{svl}——单肢箍筋的截面面积；

s ——沿构件长度方向的箍筋间距；

b ——梁的宽度。

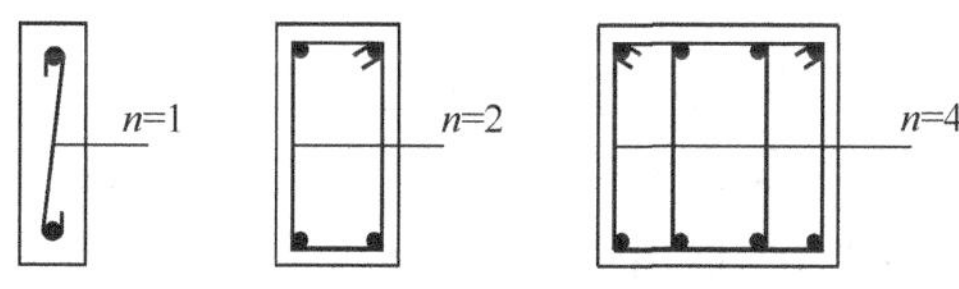

图5.14 箍筋的肢数

试验表明，在一定范围内，梁的斜截面受剪承载力随配箍率的增大而提高，二者呈线性关系。

4. 纵筋配筋率

纵筋在受剪时能够提供销栓力，它能够限制斜裂缝的开展，使剪压区混凝土面积增大，同时还可增加斜裂缝间的骨料咬合力。所以，受剪承载力随着配筋率的增大而增大。

5. 其他因素

(1) **斜截面上的骨料咬合力**。斜截面上的骨料咬合力对无腹筋梁的斜截面受剪承载力有较大影响，但随着斜裂缝的开展，其作用逐渐减小，甚至消失。

(2) **截面形状**。受压翼缘(T形、I形截面)的存在对提高斜截面承载力有一定作用，适当增大翼缘宽度可提高受剪承载力10%～30%。

(3) **尺寸效应**。对于无腹筋梁，梁的高度越大，相对抗剪承载力越低。这是因为随着梁的高度增大，斜裂缝宽度也增大，骨料咬合作用减弱，截面剪应力传递能力降低，纵筋的销栓作用力也大大降低，从而受剪承载力降低。对有腹筋梁，腹筋的存在可限制斜裂缝的开展，尺寸效应的影响将减小。

(4) **预应力**。预应力能减缓斜裂缝的出现，限制斜裂缝的开展，增大混凝土剪压区高

度,从而提高了混凝土的抗剪能力;同时,预应力混凝土梁的斜裂缝长度比钢筋混凝土梁有所增长,也提高了斜裂缝内箍筋的抗剪能力。

(5) **梁的连续性**。试验研究表明,在集中荷载作用下,连续梁的受剪承载力低于相同条件的简支梁受剪承载力,在均布荷载作用下两者承载力相当。

5.3　斜截面受剪承载力的计算

5.3.1　斜截面受剪承载力的计算公式

前面讨论的梁受剪时的三种破坏形态在设计时都应该设法避免,但斜压破坏和斜拉破坏具有明显的脆性特征,主要采取构造措施来避免发生此种破坏。**对于斜压破坏,通常依靠控制截面的最小尺寸来防止;对于斜拉破坏,主要通过控制箍筋的最小配箍率及对箍筋的构造要求来防止**。而对于剪压破坏,由于梁的受剪承载力变化幅度较大,必须通过计算来防止破坏。《规范》规定的受弯构件斜截面受剪承载力的计算公式就是针对剪压破坏形态而建立的。

1. 无腹筋梁受剪承载力计算

斜截面受剪承载力的计算公式是在对无腹筋梁进行试验的基础上,针对影响斜截面承载力的主要因素,并引入一些假设而确立的半理论半经验的实用计算公式。

对于无腹筋梁,受剪承载力的取值为

$$V_c = \alpha_{cv} f_t b h_0 \tag{5.18}$$

式中:V_c——剪压区混凝土承担的剪力;

f_t——混凝土抗拉强度设计值,按附表 A9 选用;

α_{cv}——斜截面上混凝土受剪承载力系数,对于**一般受弯构件取** $\alpha_{cv}=0.7$;对集中荷载作用下(**包括作用有多种荷载,其中集中荷载对支座截面或节点边缘所产生的剪力值占总剪力值的75%以上的情况**)的独立梁,取 $\alpha_{cv}=\dfrac{1.75}{\lambda+1}$,$\lambda$ 为计算截面的剪跨比(可取$\lambda=a/h_0$,a 取集中荷载作用点至支座截面或节点边缘的距离),当 $\lambda<1.5$ 时,取 $\lambda=1.5$;当 $\lambda>3$ 时,取 $\lambda=3$。

说明:所谓独立梁是指没有与楼板或其他构件整体浇筑的梁,因此,在实际工程中,除了吊车梁和单独的试验梁外,现浇楼(屋)盖的梁都不是独立梁。

2. 有腹筋梁受剪承载力计算

本书关于有腹筋梁斜截面受剪承载力计算(图 5.15)的公式是根据剪压破坏状态,在试验结果和理论研究分析的基础上建立的。取如图 5.15 所示的隔离体,梁发生剪压破坏时,斜截面上的总剪力 V 主要由三部分组成,即**剪压区混凝土承担的剪力 V_c、与斜裂缝相交的箍筋承担的剪力 V_{sv}**,以及与**斜裂缝相交的弯起钢筋承担的剪力 V_{sb}**,即

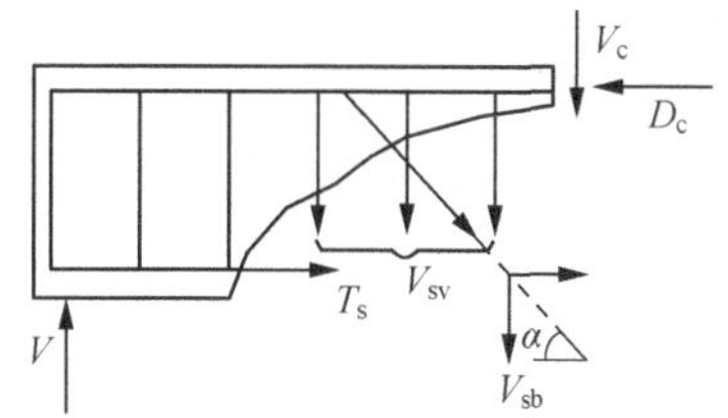

图5.15　有腹筋梁截面受剪承载力计算

$$V=V_c+V_{sv}+V_{sb} \tag{5.19}$$

当只配箍筋不配弯起钢筋时

$$V=V_{cs}=V_c+V_{sv} \tag{5.20}$$

式中：V_{cs}——只配箍筋时，剪压区混凝土和箍筋承担的剪力。

（1）当仅配置箍筋时，矩形、T形、I形截面受弯构件的斜截面受剪承载力为

$$V \leqslant V_{cs}=\alpha_{cv}f_t bh_0+f_{yv}\frac{A_{sv}}{s}h_0 \tag{5.21}$$

式中：V——构件斜截面上的最大剪力设计值；

b——矩形截面的宽度，T形截面或I形截面的腹板宽度；

h_0——截面的有效高度；

A_{sv}——**配置在同一截面内箍筋各肢的全部截面面积，即 nA_{sv1}，A_{sv1} 为单肢箍筋的面积；**

s——沿构件长度方向的箍筋间距；

f_{yv}——箍筋的抗拉强度设计值，按本书附表2采用。

（2）当配置箍筋和弯起钢筋时，矩形、T形、I形截面受弯构件的斜截面受剪承载力为

$$V \leqslant V_{cs}+V_{sb}=\alpha_{cv}f_t bh_0+f_{yv}\frac{A_{sv}}{s}h_0+0.8f_y A_{sb}\sin\alpha_s \tag{5.22}$$

式中：V_{sb}——弯起钢筋承担的剪力设计值，等于弯起钢筋的承载力在垂直于梁轴线方向的分力值；

f_y——弯起钢筋的抗拉强度设计值；

A_{sb}——同一平面内弯起钢筋的截面面积；

α_s——斜截面上弯起钢筋与构件纵轴线的夹角，取为45°或60°；

0.8——**弯起钢筋强度的折减系数，主要考虑到弯起钢筋与斜裂缝相交时有可能已接近受压区，钢筋强度在梁破坏时不可能全部发挥作用。**

3. 计算公式的适用条件

1）截面限制条件

为了防止斜压破坏，要对截面最小尺寸加以限制。这一条件是受剪承载力的上限值，同时也是最大配箍率的控制条件。

从上述计算公式可以看出，在梁中增加箍筋或弯起钢筋能有效提高其受剪承载力。但当箍筋的配箍率超过一定数值后，继续增加箍筋用量，会出现箍筋达不到屈服而混凝土

首先被压碎的斜压破坏。这种破坏形态的斜截面受剪承载力主要取决于混凝土的抗压强度和梁的截面尺寸。为防止发生斜压破坏和避免梁在使用阶段过早地出现斜裂缝及斜裂缝开展过宽,《规范》规定矩形、T形和I形受弯构件的受剪截面应符合下列条件:

当 $\frac{h_w}{b} \leqslant 4$ 时

$$V \leqslant 0.25\beta_c f_c b h_0 \tag{5.23a}$$

当 $\frac{h_w}{b} \geqslant 6$ 时

$$V \leqslant 0.2\beta_c f_c b h_0 \tag{5.23b}$$

当 $4 < \frac{h_w}{b} < 6$ 时,按线性内插法确定,即

$$V \leqslant 0.025\left(14 - \frac{h_w}{b}\right)\beta_c f_c b h_0 \tag{5.23c}$$

式中:V——剪力设计值;

β_c——混凝土强度影响系数:当混凝土强度等级不超过C50时,取1.0;当混凝土强度等级为C80时,取0.8,其间按线性内插法确定;

h_w——截面的腹板高度:矩形截面取有效高度;T形截面取有效高度减去翼缘高度;I形截面取腹板净高,如图4.2所示。

说明:对T形或I形截面的简支受弯构件,当有实践经验时,公式(5.23a)中的系数可改为0.3。

如设计中不能满足截面限制条件要求时,应加大截面尺寸或提高混凝土强度等级。

2) **最小配箍率**

为了防止斜拉破坏,要对箍筋最小含量加以限制。这一条件也是受剪承载力的下限值。

如果箍筋配置数量过少,斜裂缝出现以后,箍筋应力会突然增大并很快达到屈服强度,造成裂缝的快速发展甚至被拉断,从而导致斜拉破坏。为避免因配箍率过小而导致的斜拉破坏,当 $V > 0.7 f_t b h_0$ 时,箍筋的配筋率应满足

$$\rho_{sv} = \frac{A_{sv}}{bs} \geqslant \rho_{sv,min} = 0.24\frac{f_t}{f_{yv}} \tag{5.24}$$

如不满足上述条件,则应按最小配箍率配置箍筋。

4. 箍筋的构造要求

从式(5.21)和式(5.22)可知,当 $V < \alpha_{cv} f_t b h_0$ 时,公式中第一项即能满足承载力要求,不需要通过斜截面受剪承载力的计算来配置箍筋,只需按构造要求配置。**构造配箍要满足最小配箍率 $\rho_{sv,min}$、箍筋的最大间距 S_{max} 和箍筋的最小直径 $d_{sv,min}$ 要求。**

(1) **最小直径 $d_{sv,min}$。**

当梁截面高度大于800mm时,箍筋直径不宜小于8mm;

当梁截面高度小于或等于800mm时,不宜小于6mm;

当梁中配有计算需要的纵向受压钢筋时，箍筋直径尚不应小于 0.25d（d 为受压钢筋最大直径）。

（2）**最大间距 S_{max}**。为了控制荷载作用下的斜裂缝宽度，并保证每条斜裂缝至少有一个箍筋穿过［图 5.16（a）］，避免梁因箍筋间距过大，斜裂缝在两箍筋间穿过的情况［图 5.16（b）］。梁中箍筋的最大间距应满足表 5.1 要求。

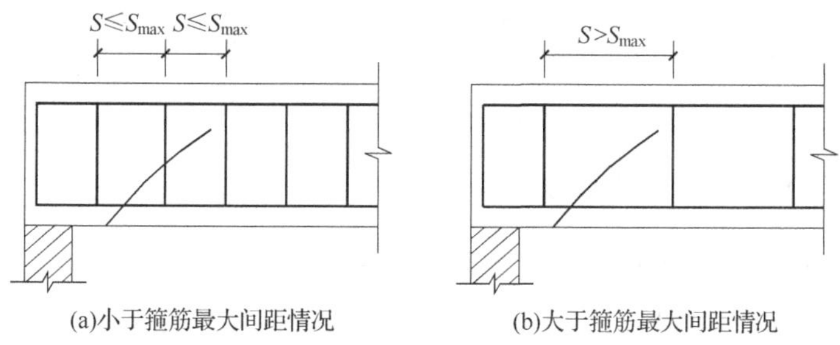

图 5.16　箍筋间距要求

表 5.1　梁中箍筋的最大间距

梁高 h	$V>0.7f_tbh_0$	$V\leqslant 0.7f_tbh_0$
$150<h\leqslant 300$	150	200
$300<h\leqslant 500$	200	300
$500<h\leqslant 800$	250	350
$h>800$	300	400

同样，为了防止弯起钢筋间距太大，出现斜裂缝与弯起钢筋不相交的情况，《规范》规定：当按计算需要配置弯起钢筋时，前一排弯起钢筋的弯起点到后一排弯起钢筋的弯终点的距离应满足表 5.1 的要求；第一排弯起钢筋的弯终点距支座边缘的距离也不应大于 S_{max}，弯起钢筋间距要求如图 5.17 所示。

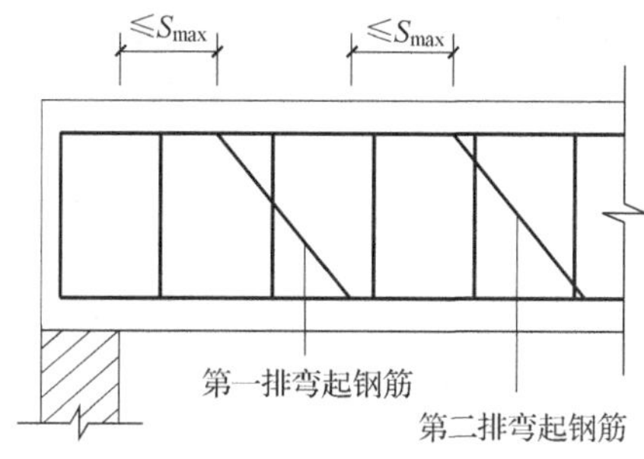

图 5.17　弯起钢筋间距要求

（3）按承载力计算不需要箍筋的梁，有如下几点要求。

① 当截面高度大于 300mm 时，应沿梁全长设置构造箍筋。

② 当截面高度 h＝150～300mm 时，可仅在构件端部 $l_0/4$ 范围内设置构造箍筋，l_0 为跨度，但当在构件中部 $l_0/2$ 范围内有集中荷载作用时，则应沿梁全长设置箍筋。

③ 当截面高度小于 150mm 时,可以不设置箍筋。

(4) 梁中配有按计算需要的受压钢筋。为防止纵向受压钢筋发生压屈而向外凸出,引起保护层崩裂、剥落,使构件提前发生破坏,箍筋应符合以下规定。

① 箍筋应做成封闭式,且弯钩直线段长度不应小于 $5d$,d 为箍筋直径。

② 箍筋的间距不应大于 $15d$,并不应大于 400mm。当一层内的纵向受压钢筋多于 5 根且直径大于 18mm 时,箍筋间距不应大于 $10d$,d 为纵向受压钢筋的最小直径。

③ 当梁的宽度大于 400mm 且一层内的纵向受压钢筋多于 3 根时,或当梁的宽度不大于 400mm 但一层内的纵向受压钢筋多于 4 根时,应设置复合箍筋。

5.3.2 板类构件的受剪承载力计算

不配置箍筋和弯起钢筋的一般板类受弯构件,因配筋率一般较小,因此,在计算中忽略了配筋率的有利影响,其斜截面受剪承载力应符合下列规定:

$$V \leqslant 0.7\beta_h f_t b h_0 \tag{5.25}$$

式中:β_h——截面高度影响系数 $\beta_h=\left(\frac{800}{h_0}\right)^{1/4}$。当 h_0 小于 800mm 时,取 800mm;当 h_0 大于 2000mm 时,取 2000mm。

5.3.3 斜截面受剪承载力的计算

1. 计算截面的选择

受弯构件斜截面受剪承载力的计算截面(图 5.18)应选择其最可能发生斜截面破坏的位置,亦即剪力设计值较大或受剪承载力发生变化的位置。因此,计算斜截面受剪承载力时,剪力设计值的计算截面应按下列规定采用。

(1) **支座边缘处的截面(图 5.18 的 1—1 截面)。**

(2) **受拉区弯起钢筋弯起点处的截面(图 5.18 的 2—2 截面)。**

(3) **箍筋截面面积或间距改变处的截面(图 5.18 的 3—3 截面)。**

(4) **截面尺寸改变处的截面(图 5.18 的 4—4 截面)。**

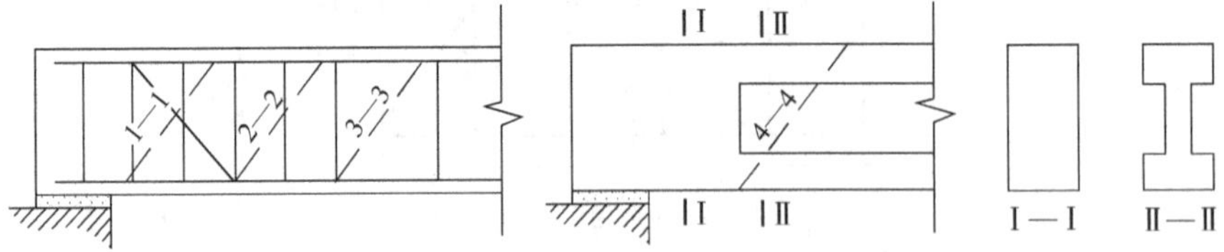

图 5.18 受剪承载力的计算截面

在计算弯起钢筋时,剪力设计值按下述方法选用。

(1) **当计算支座边第一排弯起钢筋时,取支座边缘处的剪力设计值。**

(2) **当计算下一排弯起钢筋时,取前一排弯起钢筋弯起点处的剪力设计值。**

2. 斜截面设计

钢筋混凝土受弯构件通常先进行正截面受弯承载力设计计算，初步确定截面尺寸、混凝土强度等级、纵筋配置后，再进行斜截面受剪承载力的设计计算。

斜截面受剪承载力设计的基本计算步骤如下：

(1) 作梁的剪力图。确定控制截面的剪力设计值。

(2) 验算梁的截面尺寸是否满足要求。利用式(5.23)验算截面尺寸限制条件，如不满足条件，则应加大截面尺寸或提高混凝土强度等级，重新进行正截面设计。

(3) 判别是否需要按计算配置腹筋。

对矩形、T形、I形截面的一般受弯构件，如能满足 $V \leqslant 0.7 f_t b h_0$，对集中荷载作用下的独立梁，如能满足 $V \leqslant \frac{1.75}{\lambda+1} f_t b h_0$，则不需要进行斜截面受剪承载力计算，仅需按构造配置箍筋。如果不满足，则需按计算配置腹筋。

(4) 计算腹筋。

① 只配箍筋。对矩形、T形、I形截面的一般受弯构件，由式(5.21)可得 $\frac{A_{sv}}{s} \geqslant \frac{V - \alpha_{cv} f_t b h_0}{f_{yv} h_0}$。

计算出 A_{sv}/s 值后，根据 $A_{sv} = n A_{sv1}$ 可先选定箍筋肢数 n，单肢箍筋截面面积 A_{sv1}，然后求出箍筋的间距 s。

注意：选用的箍筋直径和间距应符合构造要求，并满足最小配箍率要求。

② 既配箍筋又配弯起筋。

方法一：先按构造要求和最小配箍率选定箍筋，确定 V_{cs}

$$V_{cs} = \alpha_{cv} f_t b h_0 + f_{yv} \frac{A_{sv}}{s} h_0$$

然后按式(5.22)确定所需弯起钢筋的截面面积

$$A_{sb} \geqslant \frac{V - V_{cs}}{0.8 f_y \sin\alpha_s}$$

当弯起一排不够时，可根据纵筋配置情况选择再弯起一排。当纵向钢筋不能够弯起时，可增大箍筋直径或者减小箍筋间距重新计算。

方法二：先根据按正截面计算确定的纵筋情况选择弯起钢筋，确定 A_{sb}，再确定所需箍筋。

对矩形、T形、I形截面的一般受弯构件，由式(5.22)可得

$$\frac{A_{sv}}{s} \geqslant \frac{V - \alpha_{cv} f_t b h_0 - 0.8 f_y A_{sb} \sin\alpha_s}{f_{yv} h_0}$$

计算出 A_{sv}/s 值后，确定箍筋配置的方法与上述只配箍筋的情况相同，不再赘述。

受弯构件斜截面设计流程见图5.19。

3. 斜截面复核

受弯构件斜截面承载力复核，已知受弯构件材料的强度（f_c、f_t、f_{yv}、f_y），截面尺

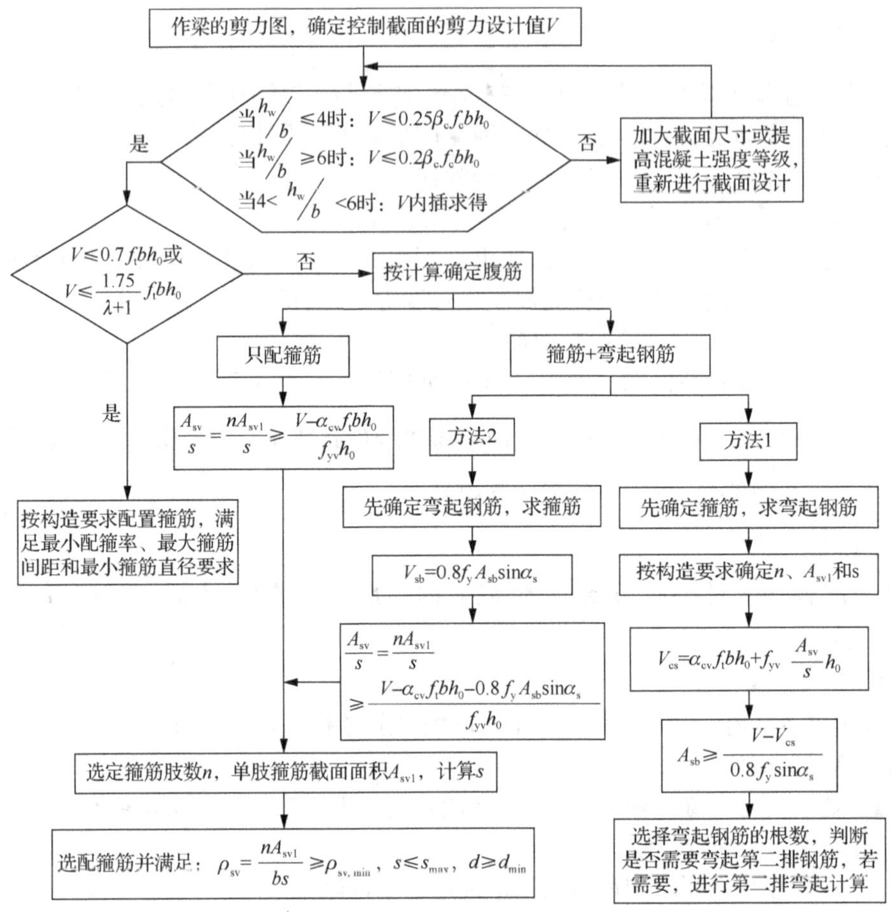

作梁的剪力图，确定控制截面的剪力设计值V
当$h_w/b\leqslant4$时：$V\leqslant0.25\beta_c f_c bh_0$
当$h_w/b\geqslant6$时：$V\leqslant0.2\beta_c f_c bh_0$
当$4<h_w/b<6$时：V内插求得
是
否
加大截面尺寸或提高混凝土强度等级，重新进行截面设计
$V\leqslant0.7f_t bh_0$或
$V\leqslant\frac{1.75}{\lambda+1}f_t bh_0$
否
按计算确定腹筋
是
只配箍筋
箍筋+弯起钢筋
$\frac{A_{sv}}{s}=\frac{nA_{sv1}}{s}\geqslant\frac{V-\alpha_{cv}f_t bh_0}{f_{yv}h_0}$
方法2
方法1
按构造要求配置箍筋，满足最小配箍率、最大箍筋间距和最小箍筋直径要求
先确定弯起钢筋，求箍筋
先确定箍筋，求弯起钢筋
$V_{sb}=0.8f_y A_{sb}\sin\alpha_s$
按构造要求确定n、A_{sv1}和s
$\frac{A_{sv}}{s}=\frac{nA_{sv1}}{s}\geqslant\frac{V-\alpha_{cv}f_t bh_0-0.8f_y A_{sb}\sin\alpha_s}{f_{yv}h_0}$
$V_{cs}=\alpha_{cv}f_t bh_0+f_{yv}\frac{A_{sv}}{s}h_0$
$A_{sb}\geqslant\frac{V-V_{cs}}{0.8f_y\sin\alpha_s}$
选定箍筋肢数n，单肢箍筋截面面积A_{sv1}，计算s
选配箍筋并满足：$\rho_{sv}=\frac{nA_{sv1}}{bs}\geqslant\rho_{sv,\min}$，$s\leqslant s_{\max}$，$d\geqslant d_{\min}$
选择弯起钢筋的根数，判断是否需要弯起第二排钢筋，若需要，进行第二排弯起计算

图 5.19 受弯构件斜截面设计流程

寸$(b\times h)$，配箍量$(n、A_{sv1}、s)$，弯起钢筋数量$(V_{sb}$、弯起排数和根数)。求构件承受的最大剪力V_v或受弯构件承受某剪力V时是否安全。

将已知条件代入式(5.21)或者式(5.22)计算即可。

【例 5.1】 一钢筋混凝土矩形截面简支梁，如图 5.20 所示，截面尺寸为 200mm×500mm，该梁承受均布荷载设计值为 50kN/m(包括自重)，混凝土强度等级为 C25，箍筋采用 HPB300 钢筋，纵筋为 HRB400 钢筋。梁正截面受弯承载力已满足，环境类别为一类，$a_s=40$mm。试求截面 A、$B_左$、$B_右$所需箍筋的数量。

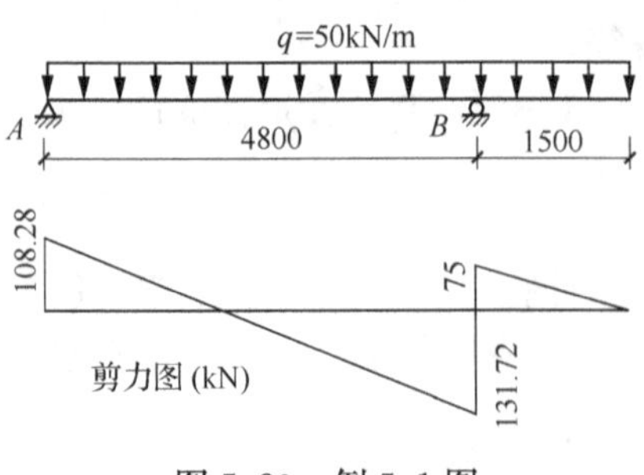

q=50kN/m
A
B
4800
1500
108.28
75
131.72
剪力图 (kN)

图 5.20 例 5.1 图

解：(1) 求剪力设计值，画剪力图，见图 5.20。

(2) 基本参数。混凝土为 C25：$f_c=11.9\text{N/mm}^2$，$f_t=1.27\text{N/mm}^2$，$\beta_c=1.0$；箍筋为 HPB300，$f_{yv}=270\text{N/mm}^2$。$a_s=40$mm，则 $h_0=h-a_s=500-40=460$(mm)。

(3) 验算截面尺寸。

$$\frac{h_w}{b}=\frac{460}{200}=2.3<4 \quad \text{(属厚腹梁)}$$

$0.25\beta_c f_c bh_0=0.25\times1\times11.9\times200\times460=273.7(\text{kN})>V_{max}=131.72\text{kN}$

截面尺寸满足要求。

(4) 验算是否需要按计算配置箍筋。

$$0.7f_t bh_0=0.7\times1.27\times200\times460=81.79(\text{kN})\quad \begin{array}{l}<V_A=108.28\text{kN}\\ <V_{B_{左}}=131.72\text{kN}\\ >V_{B_{右}}=75\text{kN}\end{array}$$

故 A 支座、$B_{左}$需按计算配箍筋，$B_{右}$只需按构造配筋即可。

(5) 配置箍筋。

A 支座：

$$\frac{nA_{sv1}}{s}=\frac{V-0.7f_t bh_0}{f_{yv}h_0}=\frac{108.28\times10^3-81.79\times10^3}{270\times460}=0.213(\text{mm}^2/\text{mm})$$

选取双肢Φ 6 箍筋，$n=2$，$A_{sv1}=28.3\text{mm}^2$，则

$$s=\frac{2\times28.3}{0.213}=265.7(\text{mm})$$

根据构造要求，箍筋间距不应大于 200mm，选用双肢Φ 6@200，则箍筋配箍率为

$$\rho_{sv}=\frac{nA_{sv1}}{bs}=\frac{2\times28.3}{200\times200}=0.14(\%)>\rho_{sv,min}=0.24\times\frac{f_t}{f_{yv}}=0.113(\%)$$

满足要求。

$B_{左}$处：

$$\frac{nA_{sv1}}{s}=\frac{V-0.7f_t bh_0}{f_{yv}h_0}=\frac{131.72\times10^3-81.79\times10^3}{270\times460}=0.402(\text{mm}^2/\text{mm})$$

选取双肢 ϕ6 箍筋，则

$$s=\frac{2\times28.3}{0.402}=140.8(\text{mm})$$

故 $s=140$mm。满足最小配箍率要求。

$B_{右}$处：按构造配筋即可，仍选用双肢Φ 6@200，满足箍筋最小直径和最大间距要求。

【例 5.2】 某钢筋混凝土矩形截面简支梁，两端支承在砖墙上，截面尺寸为 $b=250$mm，$h=600$mm，跨度及荷载设计值如图 5.21 所示，混凝土强度等级为 C25，箍筋为 HPB300 钢筋，在受拉区已配置 4 根直径为 25 的 HRB400 钢筋，环境类别为一类。试计算只用箍筋时的箍筋数量和既配箍筋也配弯起钢筋时的腹筋数量。

解：(1) 求剪力设计值，画剪力图(图 5.21)。

(2) 基本参数。混凝土为 C25：$f_c=11.9\text{N/mm}^2$，$f_t=1.27\text{N/mm}^2$，$\beta_c=1.0$；箍筋为 HPB300，$f_{yv}=270\text{N/mm}^2$。环境类别一类，混凝土保护层最小厚度为 20mm，假定箍筋直径为 8mm，则 $a_s=20+8+25/2=40.5(\text{mm})$，则 $h_0=h-a_s=600-40.5=559.5(\text{mm})$。

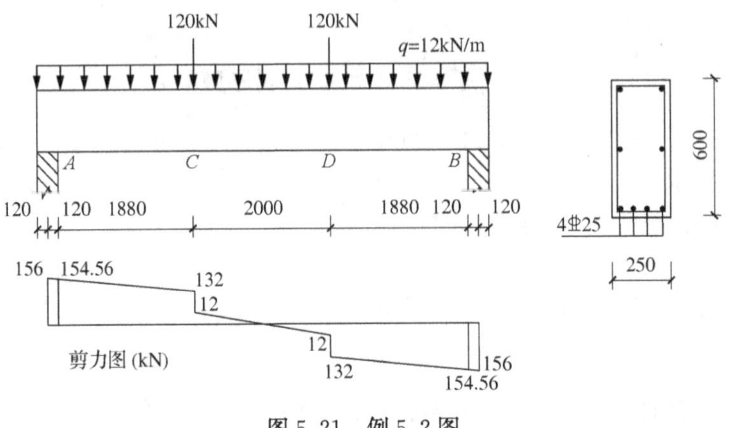

图 5.21　例 5.2 图

(3) 验算截面尺寸。

$$\frac{h_w}{b}=\frac{559.5}{250}=2.24<4(\text{属厚腹梁})$$

$$0.25\beta_c f_c b h_0=0.25\times1\times11.9\times250\times559.5=416.13(\text{kN})>V=154.56\text{kN}$$

截面尺寸满足要求。

(4) 验算是否需要按计算配置箍筋。集中荷载对支座截面产生剪力为 $V_{集}=120\text{kN}$，则 $V_{集}/V=120/154.56=77.64\%>75\%$，故对该简支梁应考虑剪跨比的影响。

$$a=1880+120=2000(\text{mm})$$

$$\lambda=\frac{a}{h_0}=\frac{2000}{559.5}=3.575>3,\text{取}\ \lambda=3$$

$$\frac{1.75}{\lambda+1}f_t b h_0=\frac{1.75}{3+1}\times1.27\times250\times559.5=77.72(\text{kN})<154.56\text{kN}$$

故需按计算配箍筋。

(5) 只配置箍筋(AC 和 BD 段)时。

$$\frac{nA_{svl}}{s}=\frac{V-\dfrac{1.75}{\lambda+1}f_t b h_0}{f_{yv}h_0}=\frac{154.56\times10^3-77.72\times10^3}{270\times559.5}=0.509(\text{mm}^2/\text{mm})$$

箍筋直径为 8mm，$A_{svl}=50.3\text{mm}^2$，则

$$s=\frac{2\times50.3}{0.509}=197.6(\text{mm})$$

取 $s=180\text{mm}$。

选用双肢Φ 8@180，配筋率为

$$\rho_{sv}=\frac{nA_{svl}}{bs}=\frac{2\times50.3}{250\times180}=0.22(\%)>\rho_{sv,min}=0.24\times\frac{f_t}{f_{yv}}=0.113(\%)$$

满足要求。

在梁的 CD 段，剪力 $V=12\text{kN}$，可按构造配箍，取双肢Φ 8@250。

(6) 既配箍筋也配弯起钢筋时。先按照构造要求选用双肢Φ 8@200 箍筋，则

$$V_{cs}=\frac{1.75}{\lambda+1}f_tbh_0+f_{yv}\frac{A_{sv}}{s}h_0=77.72+270\times\frac{2\times 50.3}{200}\times 559.5\times 10^{-3}=153.71(\text{kN})$$

由式(5.16)得

$$A_{sb}=\frac{V-V_{cs}}{0.8f_y\sin\alpha_s}=\frac{154.56\times 10^3-153.71\times 10^3}{0.8\times 360\times \sin 45^\circ}=4.2(\text{mm}^2)$$

因此，弯起1⌀25的钢筋($A_{sb}=491\text{mm}^2$)即可满足要求。

取弯起钢筋的弯起终点到支座边缘的距离为50mm($<S_{max}$)，则弯起钢筋的弯起点到支座边缘的距离为50mm+(600−2×40.5)mm=569mm，可取570mm，其中弯起钢筋的弯起角度为45°。钢筋弯起布置如图5.22所示。

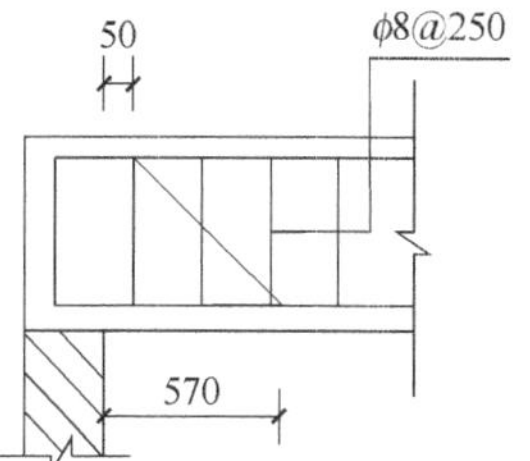

图5.22　例5.2钢筋弯起布置

验算弯起点处的斜截面。

弯起点处的剪力设计值

$$V_1=(154.56-132)\times\frac{1880-570}{1880}+132=147.72(\text{kN})$$

钢筋弯起点处截面的抗剪承载力

$$V_u=V_{cs}=153.71\text{kN}>V_1=147.72\text{kN}$$

故在AC和BD段支座处只需弯起一排钢筋。

【例5.3】 如图5.23所示钢筋混凝土矩形截面简支梁，承受均布荷载设计值为20kN/m(包括梁自重)，集中荷载设计值为180kN，$b\times h=250\text{mm}\times 500\text{mm}$，混凝土强度等级为C30，沿梁全长布置⌀6@150的箍筋，箍筋为HRB400钢筋，在跨中受拉区已配置2⌀22+2⌀25的HRB400钢筋，在距支座600mm处弯起1⌀22钢筋，环境类别为一类。试验算该梁的斜截面是否安全。

解：(1) 基本参数。混凝土为C30：$f_c=14.3\text{N/mm}^2$，$f_t=1.43\text{N/mm}^2$，$\beta_c=1.0$；箍筋和纵筋为HRB400，$f_y=360\text{N/mm}^2$。

环境类别一类，混凝土保护层最小厚度为20mm，箍筋直径为6mm，则$a_s=20+6+25/2=38.5(\text{mm})$，$h_0=h-a_s=500-38.5=461.5(\text{mm})$。

(2) 求剪力设计值，见图5.23。

(3) 验算公式适用条件。

$$\frac{h_w}{b}=\frac{461.5}{250}=1.85<4$$

$$0.25\beta_cf_cbh_0=0.25\times 1\times 14.3\times 250\times 461.5=412.47(\text{kN})>V_A=194\text{kN}$$

截面尺寸满足要求。

梁全长配置箍筋⌀6@150箍筋，则

$$\rho_{sv}=\frac{nA_{sv1}}{bs}=\frac{2\times 28.3}{250\times 150}=0.15(\%)>\rho_{sv,\min}=0.24\times\frac{f_t}{f_{yv}}=0.095(\%)$$

最小配箍率满足要求。

(4) 斜截面承载力验算。集中荷载对支座截面产生剪力占总剪力的百分比：140/194=72.16(%)<75%，故不考虑剪跨比的影响。

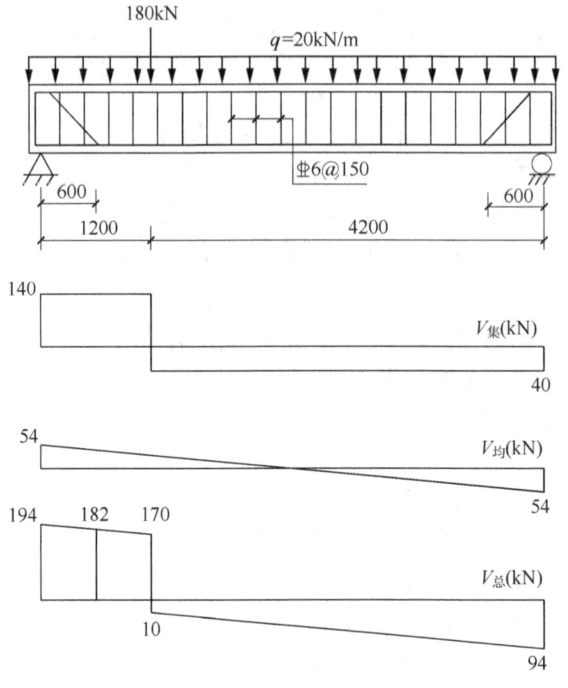

图 5.23　例 5.3 图

梁全长配置箍筋ⲫ 6@150 箍筋,则

$$V_{cs}=0.7f_tbh_0+f_{yv}\frac{A_{sv}}{s}h_0=0.7\times1.43\times250\times461.5+360\times\frac{2\times28.3}{150}\times461.5$$
$$=178.2(\text{kN})$$

在支座边缘处截面,由箍筋和弯起钢筋共同承担剪力,弯起 1 ⲫ 22 钢筋,$A_{sb}=380.1\text{mm}^2$,则

$$V_u=V_{cs}+V_{sb}=0.7f_tbh_0+f_{yv}\frac{A_{sv}}{s}h_0+0.8f_yA_{sb}\sin\alpha_s$$
$$=178.2+0.8\times360\times380.1\times\sin45°=255.6(\text{kN})>194\text{kN}$$

支座边缘截面斜截面承载力满足要求。

弯起钢筋弯起点处截面,只有箍筋承担剪力,则

$$V_{u1}=V_{cs}=0.7f_tbh_0+f_{yv}\frac{A_{sv}}{s}h_0=178.2(\text{kN})<182\text{kN}$$

故钢筋弯起点处截面斜截面承载力不满足要求。不安全。

讨论:该梁斜截面承载力不满足要求,在截面设计时,若正截面受弯满足要求,可以再弯起 1 ⲫ 22 钢筋,也可采用增加箍筋直径、减小箍筋间距等方法。

在本例配筋条件下,该梁能够承受的最大集中荷载为多少? 请计算一下。

5.4　保证斜截面受弯承载力的构造措施

如前所述，在设计钢筋混凝土受弯构件时，除了需保证其正截面受弯承载力和斜截面受剪承载力外，还要保证其斜截面受弯承载力，以防发生斜截面受弯承载力不足的破坏。在实际设计中，斜截面受弯承载力不是通过计算，而是通过对纵筋的弯起、截断(一般只限于负弯矩钢筋)、锚固和箍筋的间距等构造要求来保证。

下面以一承受均布荷载的简支梁为例说明材料抵抗弯矩图的作法，纵向钢筋的弯起、截断位置可通过材料抵抗弯矩图来确定。

5.4.1　材料抵抗弯矩图

1. 抵抗弯矩图的作法

材料抵抗弯矩图(M_u 图)，简称材料图，又称正截面受弯承载力图，它是指按实际截面尺寸、材料强度和纵向受拉钢筋所确定的各正截面所能抵抗的弯矩图形。如图 5.24 所示简支梁，按跨中最大弯矩计算，需配置 2⌀20＋1⌀18 纵筋。如果钢筋的总面积等于计算面积，则材料 M_u 图的外围水平线正好与 M 图上最大弯矩点相切。若钢筋的总面积略大于计算面积，则可根据实际配筋量利用下式来求得 M_u 图外围水平线的位置：

$$M_u = f_y A_s\left(h_0 - \frac{f_y A_s}{2\alpha_1 f_c b}\right) \tag{5.26}$$

每根钢筋所承担的 M_{ui} 可近似按该钢筋的面积 A_{si} 与总钢筋面积 A_s 的比值乘以 M_u 求得，即

$$M_{ui} = \frac{A_{si}}{A_s} M_u \tag{5.27}$$

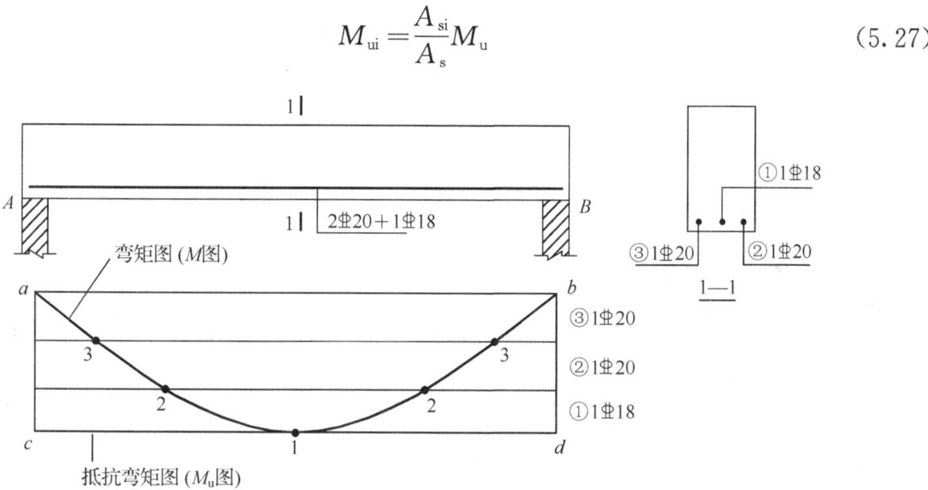

图 5.24　纵筋沿梁长不变化时的正截面受弯承载力图

如果将所有纵向受拉钢筋全部伸入支座并按要求锚固，则梁上任一正截面的 M_u 值都是相等的，对任何截面均满足 $M_u \geqslant M$，M_u 图为矩形 $acdb$。此时，不仅梁的正截面受

弯承载力能够得到保证,任一斜截面的受弯承载力也必然得到保证。这种钢筋布置方式虽然构造简单,但除跨中截面外,其他截面钢筋的强度均未得到充分利用,因而是不经济的。为节约钢材,可根据设计弯矩图的变化将部分纵向受拉钢筋在抗弯不需要的地方弯起,用来承担斜截面剪力或抵抗支座负弯矩。

由图 5.24 可见,荷载产生的弯矩 M_{max} 由①、②、③号钢筋分担。①号钢筋在 1 点处最接近弯矩包络图,得到充分利用,故称 1 点为①号钢筋的“充分利用点”;①号钢筋过了 2 点以后不再需要,称 2 点为①号钢筋的“不需要点”,也称为①号钢筋的理论截断点。同理,2、3 点分别为②、③号钢筋的充分利用点,3、a 点分别为②、③号钢筋的理论截断点。

在图 5.25 中,我们将①号钢筋在适当的位置弯起:①号钢筋在 E、F 两点弯起,弯起点 E、F 垂直对应于 M_u 图中的 e、f 点;梁中轴线与弯筋交点 G、H 分别垂直对应于 g、h 两点。由于在弯起过程中,弯起钢筋对正截面受压区合力作用点的力臂是逐渐减小的,其受弯承载力也逐渐减小,直到弯起钢筋穿过 G、H 点进入受压区后,其正截面抗弯作用才消失。①号弯起钢筋在 M_u 图上表示为 eg、fh 两条斜线。②、③号筋由于全伸入支座,在 M_u 图上表现为水平线。比较图 5.24 和图 5.25 可知,钢筋弯起后的材料图中 $cegi$、$dfhj$ 即为节约部分。

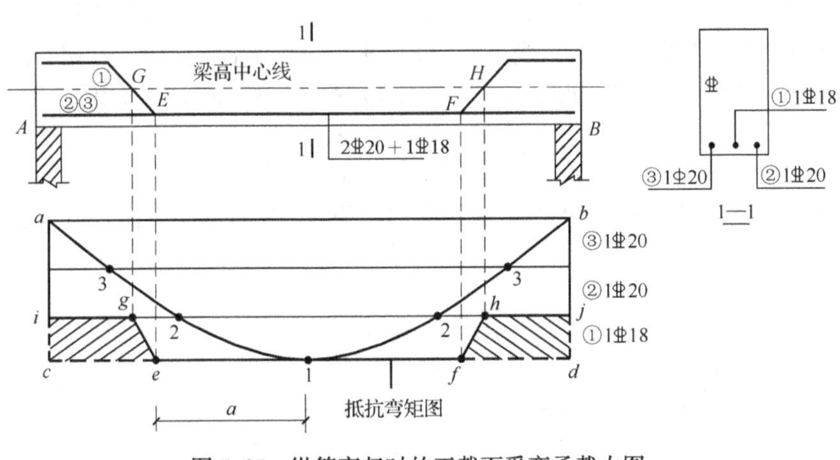

图 5.25　纵筋弯起时的正截面受弯承载力图

2. *材料抵抗弯矩图的作用*

(1) 反映材料利用程度:抵抗弯矩图越接近于设计弯矩图,材料利用程度越高。

(2) 确定纵向钢筋的弯起数量和位置:在设计中,弯起钢筋主要用于斜截面抗剪和弯起后抵抗支座负弯矩。要满足正截面受弯承载力和斜截面受弯承载力要求,必须通过抵抗弯矩图才能确定弯起钢筋的数量和位置。

(3) 确定纵向钢筋的截断位置:通过抵抗弯矩图可确定纵向钢筋的理论截断点及其延伸长度,从而确定纵向钢筋的实际截断位置。钢筋截断一般只限于负弯矩钢筋。

5.4.2 纵向钢筋的弯起

前面所述钢筋的弯起,虽然能够保证构件的正截面受弯承载力,但考虑到有可能出现斜裂缝，其斜截面受弯承载力有可能不满足要求。下面讨论弯起钢筋的弯起点位置和弯终点位置及其锚固要求。

1. 弯起点的位置

如图 5.26 所示，设 Ⅰ—Ⅰ 截面为①号钢筋的充分利用截面，此时恰好产生一条斜裂缝，其顶端位于 Ⅰ—Ⅰ 截面上，并产生斜截面 Ⅱ—Ⅱ。设纵向受拉钢筋的总面积为 A_s，弯起钢筋的面积为 A_{sb}，则钢筋弯起前，Ⅰ—Ⅰ 截面可以承受的弯矩 $M_Ⅰ$ 为

$$M_Ⅰ = f_y A_s z \tag{5.28}$$

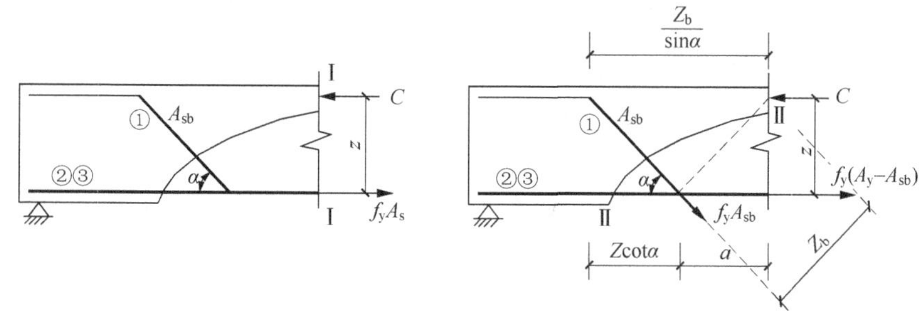

图 5.26　弯起钢筋弯起点位置

钢筋弯起后，Ⅱ—Ⅱ 截面可以承受的弯矩 $M_Ⅱ$ 为

$$M_Ⅱ = f_y(A_s - A_{sb})z + f_y A_{sb} z_b \tag{5.29}$$

为保证斜截面受弯承载力，应满足斜截面受弯承载力不低于正截面受弯承载力，即

$$M_Ⅱ \geqslant M_Ⅰ$$

$$f_y(A_s - A_{sb})z + f_y A_{sb} z_b \geqslant f_y A_s z$$

化简得

$$z_b \geqslant z \tag{5.30}$$

设弯起点到 Ⅰ—Ⅰ 截面的距离为 a，弯起角度为 α，由图 5.26 的几何关系可得

$$z_b = a\sin\alpha + z\cos\alpha$$

所以，有

$$a\sin\alpha + z\cos\alpha \geqslant z$$

$$a \geqslant \frac{z(1-\cos\alpha)}{\sin\alpha}$$

弯起角度 α 一般为 45°或 60°，近似取 $z=0.9h_0$，则

$$a \geqslant (0.373 \sim 0.52)h_0 \tag{5.31}$$

为方便起见，《规范》规定，**在混凝土梁的受拉区中，弯起钢筋的弯起点可设在按正截面受弯承载力计算不需要该钢筋的截面之前，但弯起钢筋与梁中心线的交点应位于不需要该钢筋的截面之外；同时弯起点与按计算充分利用该钢筋的截面之间的距离 a 不应小于 $h_0/2$。**

2. 弯终点的位置

当按计算需要设置弯起钢筋时，从前一排的弯起点至后一排弯终点的距离以及第一

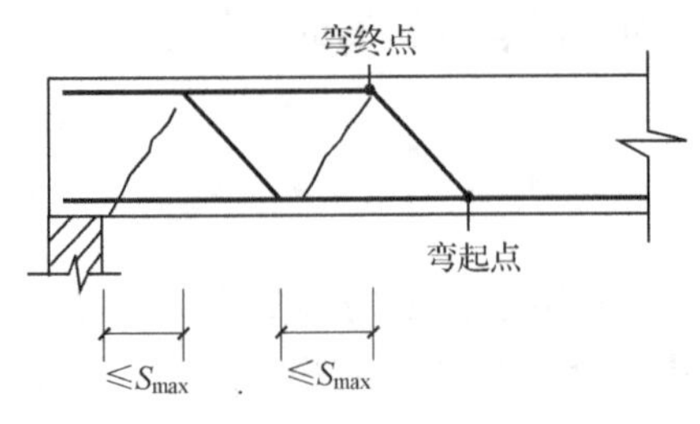

图 5.27　弯终点位置

排弯起钢筋弯终点距离支座边缘的距离均不应大于按表 5.1 中 $V>0.7f_tbh_0$ 时箍筋的最大间距，如图 5.27 所示。其目的是为了使每根弯起钢筋都能与斜裂缝相交，以保证斜截面受弯和受剪承载力的要求。

当弯起钢筋仅作为受剪钢筋，而不用于承受弯矩时，弯起钢筋在弯终点外应留有平行于梁轴线方向的锚固长度，在受拉区不应小于 $20d$，在受压区不应小于 $10d$，对于 HPB300 钢筋，在末端还应设置弯钩，见图 5.28。

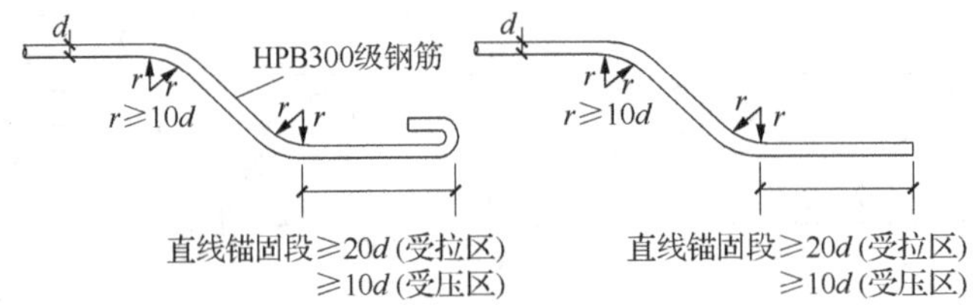

图 5.28　弯起钢筋直线段的锚固

当弯起钢筋不能满足正截面和斜截面的承载力要求时，可在集中荷载或支座两侧单独设置受剪的弯起钢筋，称为“吊筋”或“鸭筋”，而不能设置仅在受拉区有较低水平段的“浮筋”，如图 5.29 所示，以防止“浮筋”发生较大的滑移而使斜裂缝发展过大。

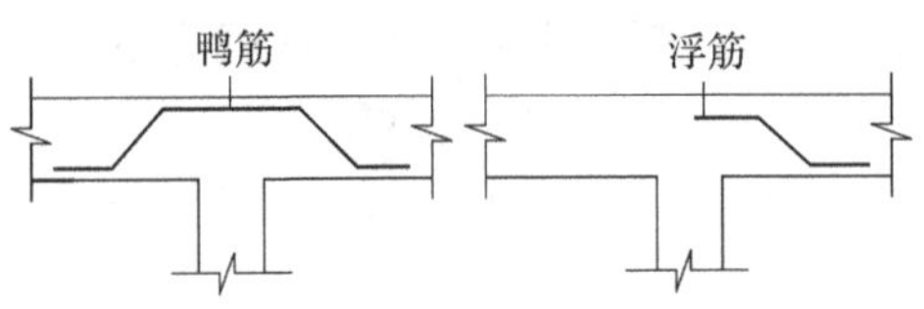

图 5.29　鸭筋和浮筋

因此在设计中，对梁内纵向钢筋的弯起应满足正截面受弯承载力的要求、斜截面受剪承载力的要求和斜截面受弯承载力的要求。

5.4.3　纵向钢筋的截断

梁内的纵向钢筋是根据跨中、支座的最大正、负弯矩，按正截面的受弯承载力计算配置的。理论上，根据设计弯矩图的变化，可以在弯矩较小的区段内将部分不需要的纵向钢筋截断。但在正弯矩区段，由于弯矩图变化比较平缓，受拉区几乎覆盖整个跨度，梁底部承受正弯矩的纵向钢筋一般不宜截断，而是将计算上不需要的钢筋弯起承受斜截面剪力或抵抗支座处的负弯矩。对于连续梁、框架梁支座处的负弯矩钢筋，由于负弯矩范围不大且衰减很快，故可以在跨内分批截断。

要将负弯矩钢筋截断，其截断点必须满足以下两个条件。

(1) 为了可靠的锚固，必须从钢筋的充分利用截面向外伸出一定的长度。

(2) 为了保证斜截面受弯承载力，必须从按正截面受弯承载力计算不需要该钢筋的截面向外延伸一定的长度。

钢筋混凝土梁支座截面负弯矩纵向受拉钢筋不宜在受拉区截断，当需要截断时，应符合以下规定。

(1) 当 V 不大于 $0.7f_tbh_0$ 时，应延伸至按正截面受弯承载力计算不需要该钢筋的截面以外不小于 $20d$ 处截断，且从该钢筋强度充分利用截面伸出的长度不应小于 $1.2l_a$。如图 5.30 所示，支座①、②号负钢筋截断，③、④号钢筋通长布置。

(2) 当 V 大于 $0.7f_tbh_0$ 时，应延伸至按正截面受弯承载力计算不需要该钢筋的截面以外不小于 h_0 且不小于 $20d$ 处截断，且从该钢筋强度充分利用截面伸出的长度不应小于 $1.2l_a+h_0$，如图 5.31 所示③、④号钢筋的截断。

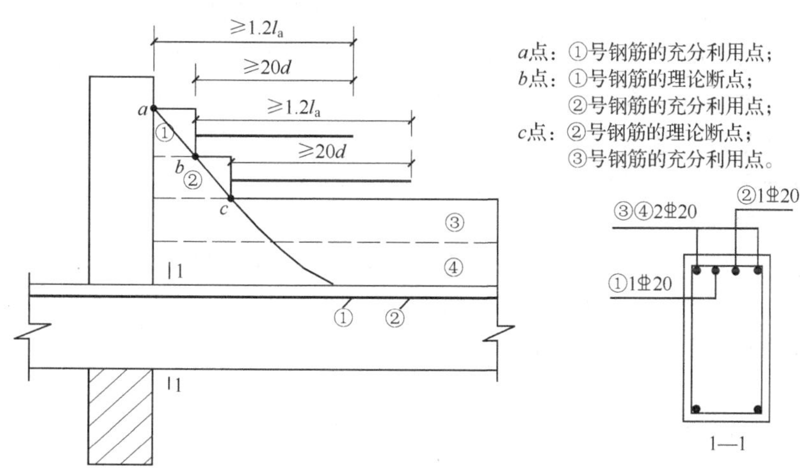

图 5.30　V 不大于 $0.7f_tbh_0$ 钢筋截断

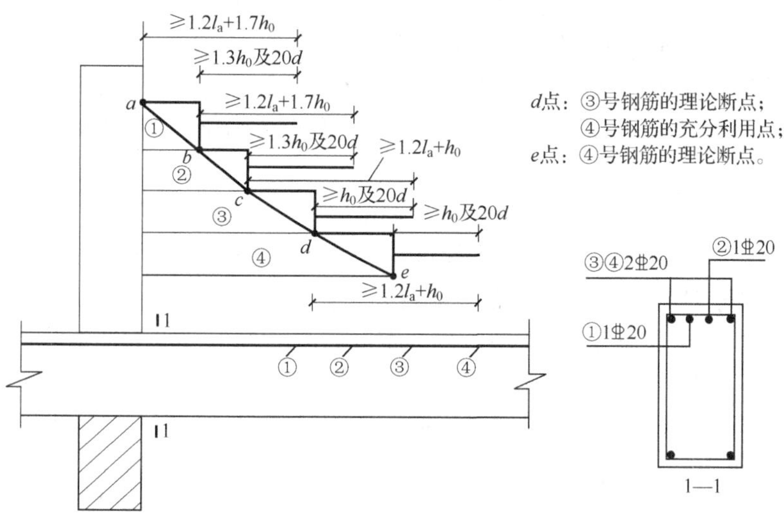

图 5.31　V 大于 $0.7f_tbh_0$ 钢筋截断

(3) 若按上述(1)、(2)确定的截断点仍位于负弯矩的受拉区内,则应延伸至按正截面受弯承载力计算不需要该钢筋的截面以外不小于 $1.3h_0$ 且不小于 $20d$ 处截断,且从该钢筋强度充分利用截面伸出的长度不应小于 $1.2l_a+1.7h_0$,如图 5.31 中①、②号钢筋的截断。

在钢筋混凝土悬臂梁中,应有不少于 2 根上部钢筋伸至悬臂梁外端,并向下弯折不小于 $12d$;其余钢筋不应在梁的上部截断,而应按规定的弯起点位置向下弯折,并按规定在梁的下端锚固。

【例 5.4】 某钢筋混凝土带悬臂的连续梁,在荷载作用下的弯矩包络图、经正截面计算的各截面配筋如图 5.32 所示。A 支座边缘处设计剪力小于 $0.7f_tbh_0$,B 支座边缘处设计剪力大于 $0.7f_tbh_0$。试按照钢筋弯起、截断要求进行钢筋的弯起和截断。

解:(1) 跨中钢筋的弯起。经正截面计算,梁跨中配有 3⌀20 的受拉钢筋,该受拉钢筋有两根沿梁通长布置,编号为①号和②号;编号为⑦的受拉钢筋在 A、B 支座处弯起,弯起点与按计算充分利用该钢筋的截面之间的距离不应小于 $h_0/2$,且弯起钢筋与梁中心线的交点应位于不需要该钢筋的截面之外,即 c、d 两点垂直对应的 c' 和 d' 应落在弯矩图之外,以保证弯矩包络图包住弯矩图,见图 5.32。

在 B 支座左侧弯起的⑦号钢筋,如果该钢筋满足弯起点到该钢筋的充分利用点的距离(图 5.32 中 f 点到支座边缘的距离)不小于 $h_0/2$,弯起后可以作为支座负钢筋使用。

弯起钢筋的弯终点(图 5.32 中的 e、f 点)到支座边缘的距离不应大于箍筋的最大间距 S_{max}。

(2) A 支座负钢筋的截断。A 支座处截面配置 2⌀16 和 2⌀20 的受拉钢筋,两根 2⌀16 钢筋在跨中起到架立筋的作用,两根 2⌀20 的受拉钢筋可在适当位置截断。由于 A 支座边缘处设计剪力小于 $0.7f_tbh_0$,且⑤号钢筋的截断点位于负弯矩的受拉区内,截断点应延伸至按正截面受弯承载力计算不需要该钢筋的截面以外不小于 $1.3h_0$ 且不小于 $20d$ 处截断,并从该钢筋强度充分利用截面伸出的长度不应小于 $1.2l_a+1.7h_0$。⑥号钢筋的截断点位于负弯矩的受拉区外,所以截断点应延伸至按正截面受弯承载力计算不需要该钢筋的截面以外不小于 $20d$ 处截断,且从该钢筋强度充分利用截面伸出的长度不应小于 $1.2l_a$。

(3) B 支座负钢筋的截断。B 支座处截面配置 4⌀20 的受拉钢筋,其中⑦号为跨中弯起钢筋,B 支座左侧的⑧、⑨、⑩号钢筋均可在适当位置截断,具体见图 5.32。

注意③、④号钢筋和⑧、⑨号钢筋要满足搭接要求。

在钢筋混凝土悬臂梁中,B 支座右侧的钢筋应有不少于 2 根上部钢筋伸至悬臂梁外端,并向下弯折不小于 $12d$;其余钢筋不应在梁的上部截断,而应按规定的弯起点位置向下弯折,在弯起点外应有平行于梁轴线方向的锚固长度,且在受拉区不应小于 $20d$,在受压区取不应小于 $10d$,所以⑦、⑧、⑨号钢筋应伸至悬臂梁外端,并向下弯折不小于 $12d$。⑩号钢筋向下弯折,弯折点外应有平行于梁轴线方向的锚固长度不小于 $20d$,具体见图 5.32。

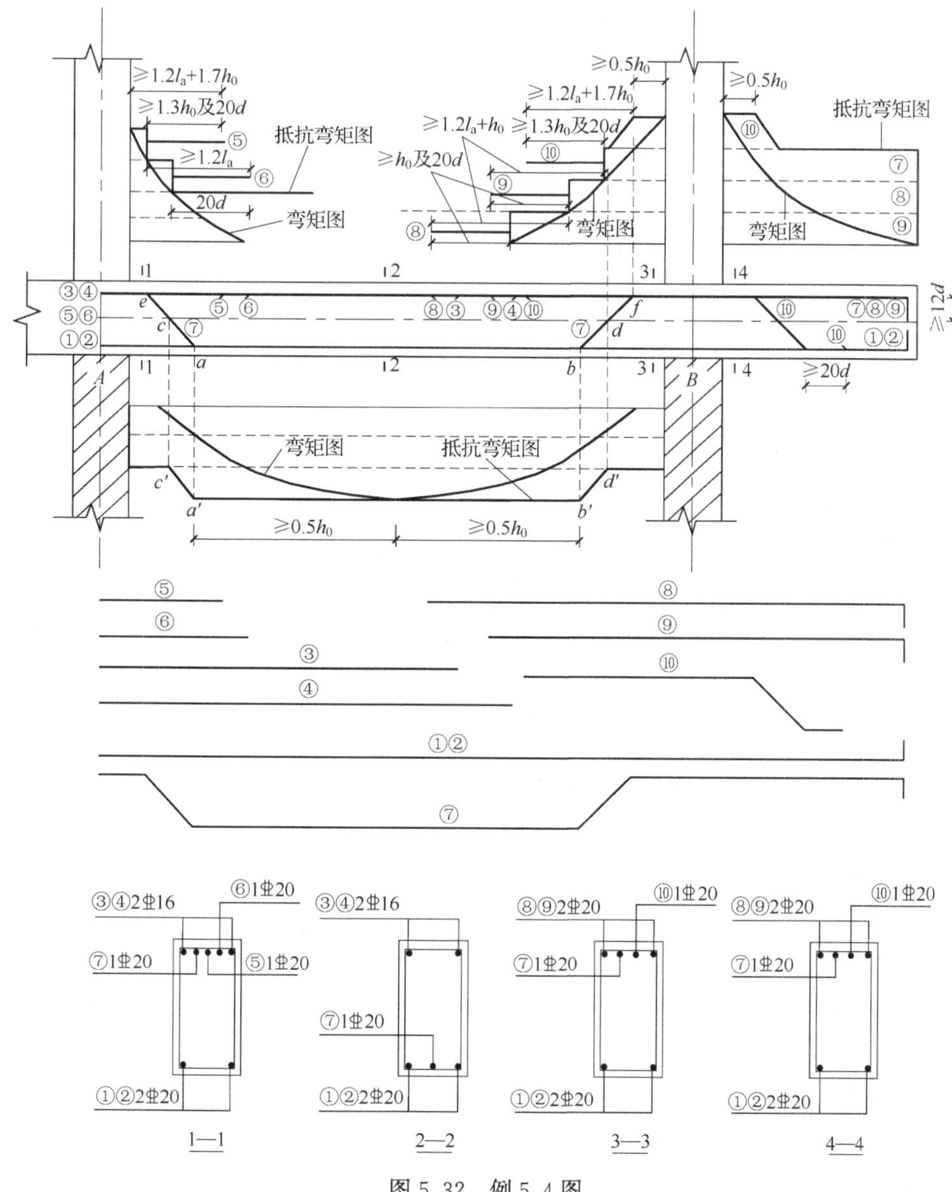

图 5.32　例 5.4 图

【例 5.5】 某钢筋混凝土伸臂梁,梁截面尺寸 $b \times h = 300\text{mm} \times 700\text{mm}$,如图 5.33(a)所示。简支跨跨度 $l_1 = 7.2\text{m}$,均布荷载设计值 $q_1 = 80\text{kN/m}$,伸臂跨度 $l_2 = 1.8\text{m}$,均布荷载设计值 $q_2 = 140\text{kN/m}$。混凝土强度等级为 C25,纵向受力钢筋采用 HRB400 级钢筋,箍筋采用 HPB300 级钢筋,混凝土保护层厚度为 25mm(二 a 类环境)。试对该梁进行正截面和斜截面设计,并布置钢筋。

解:(1) 梁的内力计算。

内力计算过程略,弯矩和剪力图见图 5.33(b)、(c)。

(2) 正截面受弯计算。

梁的正截面计算步骤和方法参考第 4 章,计算过程略。计算得梁的 AB 跨中截面配

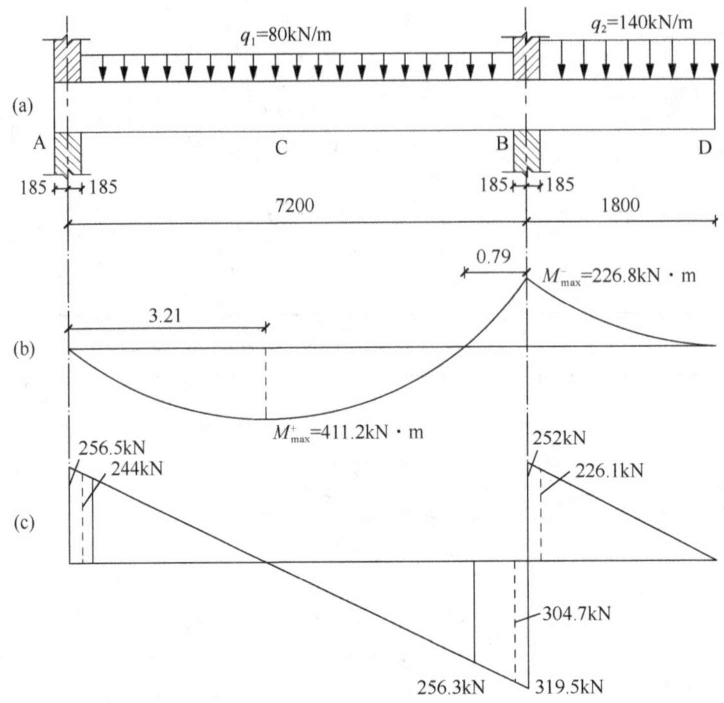

图 5.33　例 5.5 剪力和弯矩图

置 6⌀22 的受拉钢筋,B 支座截面配置了 3⌀22 的受拉钢筋。

(3) 斜截面受剪计算。

① 验算截面尺寸。

$h_w=h_0=700-65=635(\text{mm}),\dfrac{h_w}{b}=\dfrac{635}{300}=1.12<4$,属厚腹梁。

$0.25\beta_c f_c bh_0=0.25\times1\times11.9\times300\times635=566.74(\text{kN})>V=304.7\text{kV}$,截面满足要求。

② 验算是否需要计算配置箍筋。

$0.7f_t bh_0=0.7\times1.27\times300\times635=169.35(\text{kN})<V=226.1\text{kN}$,故需要计算配箍。

③ 配置箍筋+弯起钢筋。

沿梁全长配置双肢φ 6@150 箍筋,$\rho=\dfrac{nA_{svl}}{bs}=\dfrac{2\times28.3}{300\times150}=0.126\%$

$$>\rho_{sv,min}=0.24\frac{f_t}{f_{yv}}=0.24\times\frac{1.27}{270}=0.113\%,\text{满足要求。}$$

$$V_{cs}=0.7f_t bh_0+f_{yv}\frac{nA_{svl}}{s}h_0=169.35+64.69=234(\text{kN})\begin{cases}<244\text{kN}\\<304.7\text{kN}\\>226.1\text{kN}\end{cases}$$

因此,A 支座和 B 左支座需要配置弯起钢筋。

A 支座需要弯起钢筋面积为

$$A_{sbA}=\frac{V_A-V_{cs}}{0.8f_y\sin\alpha_s}=\frac{244\times10^3-234\times10^3}{0.8\times360\times\sin45^\circ}=24.5(\mathrm{mm})^2$$

需要弯起 1Φ22 钢筋，$A_s=380.1\mathrm{mm}^2$，经验算不需要弯起第二排钢筋。

B 左支座需要弯起钢筋面积为

$$A_{sbB左}=\frac{V_{B左}-V_{cs}}{0.8f_y\sin\alpha_s}=\frac{304.7\times10^3-234\times10^3}{0.8\times360\times\sin45^\circ}=347.2(\mathrm{mm}^2)$$

需要弯起 1Φ22 钢筋，$A_s=380.1\mathrm{mm}^2$。验算是否需要弯起第二排钢筋，第一排弯起钢筋的弯起始点到 B 支座中心的距离为 616+50+185=851(mm)，该处的剪力设计值为 $V_2=\frac{7.2-3.71-0.851}{7.2-3.71}\times319.5=241.6(\mathrm{kN})>V_{cs}=234\mathrm{kN}$，需要弯起第二排钢筋(计算略)。

(4) 抵抗弯矩图及钢筋布置(图 5.34)。

经计算知，沿梁全长配置双肢ϕ6@150 箍筋；A 支座需要弯起 1Φ22 钢筋；B 支座(跨中方向)需要弯起两排钢筋，第一排 1Φ22 钢筋，第二排 1Φ22 钢筋，B 支座(悬臂方向)不需要弯起钢筋。钢筋的编号见图 5.34，钢筋的弯起和截断布置如下。

①号钢筋在 A 支座弯起，弯起钢筋的弯起终点距支座边缘的距离取 50mm，弯起钢筋弯折终点外的直线段长度应不小于 $10d$ (受压区)，即 10×22=220(mm)，取直线段长度为 50+370−25=395(mm)，满足要求。弯起钢筋的弯起角度取 45°，则弯起段的水平长度为 700−(25+6)×2−22=616(mm)，弯起段的斜向长度为$\sqrt{616^2+616^2}=871(\mathrm{mm})$，取 870mm。弯起点到充分利用的距离$\geqslant\frac{1}{2}h_0=\frac{1}{2}\times635=317.5\mathrm{mm}$，显然满足要求。

②号钢筋伸入支座 A，其锚固长度 $l_{as}\geqslant12d=12\times22=264(\mathrm{mm})$ ($V>0.7f_tbh_0$)，取伸入支座的长度为 370−25=345(mm)，满足要求。②号钢筋作为 B 支座第一排钢筋弯起，弯起终点到 B 支座边缘的距离取 $50\mathrm{mm}<s_{max}$；一般情况下②号钢筋不承担支座负弯矩，若要承担负弯矩，其钢筋的弯起点离开其充分利用点的距离 $\geqslant\frac{1}{2}h_0$。本题不考虑②号钢筋的抗弯能力。

②号钢筋穿过 B 支座后，可按构造向下弯折，弯折点到支座边缘的距离取 $50\mathrm{mm}<S_{max}$，下弯点后的水平长度应不小于 $10d$ (受压区)，即 220mm。本例取水平段长度为 250mm，满足要求。

①号钢筋作为 B 支座的第二排弯起钢筋，①号钢筋的上弯点与②号钢筋的下弯点的距离取 $200\mathrm{mm}<S_{max}$，因此①号钢筋的上弯点到支座边缘的距离为 200+616+50=866(mm)，其弯起点到充分利用点的距离为 866+185=1051(mm)，显然此距离 $\geqslant\frac{1}{2}h_0$，因此①号钢筋可作为支座负钢筋。

①号钢筋过 B 支座后，直接伸到悬臂端，距梁端 25mm，即为混凝土保护层厚度。

③号钢筋伸入 A 和 B 支座，伸入长度取 345mm。跨中钢筋一般不宜截断。

④号钢筋向 A 支座方向，其截断点到充分利用点的距离不应小于 $1.2l_a+h_0$，到不需要点的长度不应小于 h_0 且不小于 $20d=440\mathrm{mm}$。

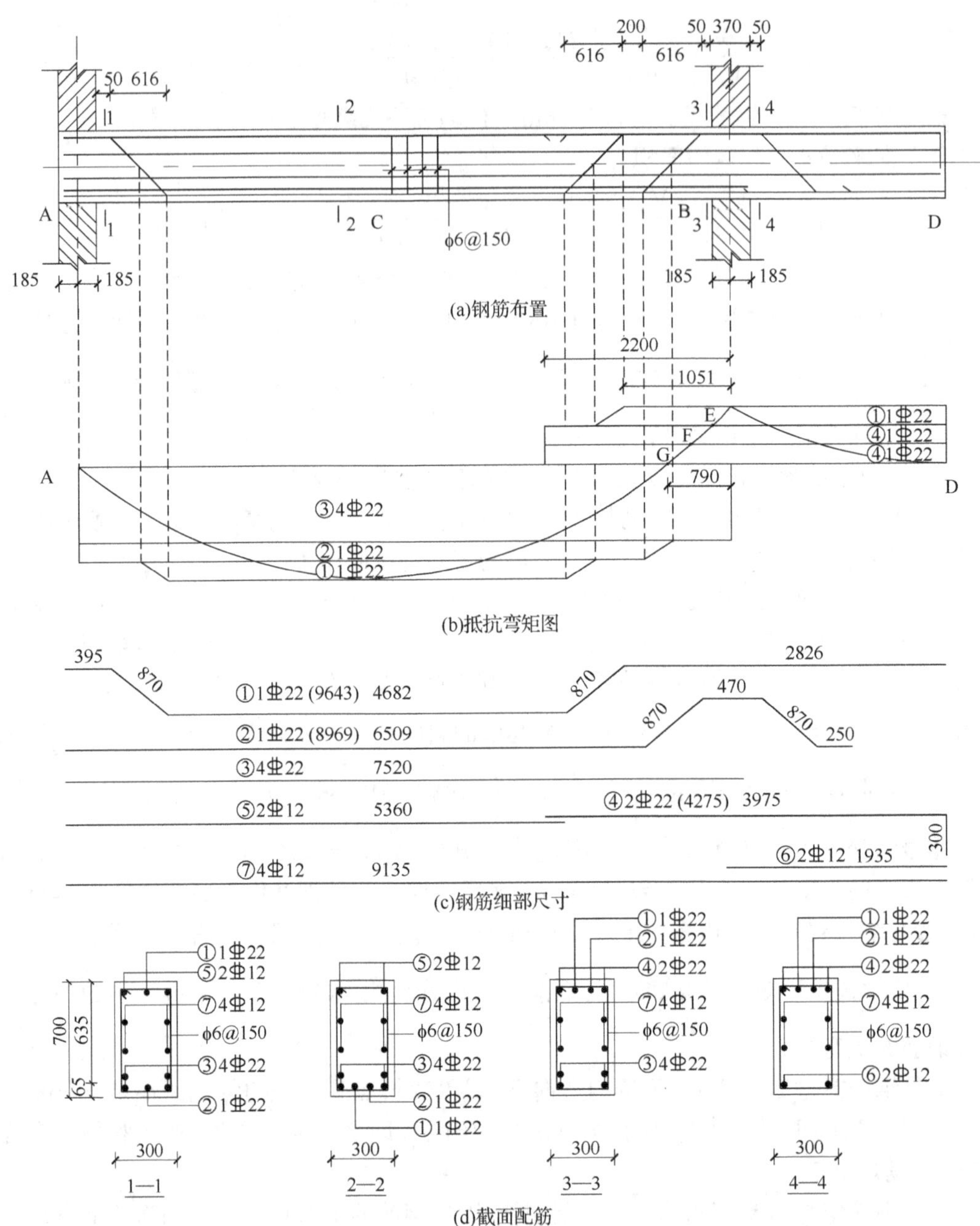

图 5.34　例 5.5 抵抗弯矩图及钢筋布置

$$l_a=\zeta_a\alpha\frac{f_y}{f_t}d=1.0\times0.14\times\frac{360}{1.27}\times22=873(\text{mm})$$

$$1.2l_a+h_0=1.2\times873+635=1683(\text{mm})$$

④号钢筋的截断点截面的确定,要计算出抵抗弯矩图中 E、F 和 G 点到 B 支座中心的距离,计算过程略。取④号钢筋截断截面到 B 支座中心的距离为 2200mm,满足上述要求。

④号钢筋向悬臂方向,直接伸到距梁端 25mm,并向下弯折 $12d=264$mm,取 300mm。

⑤号钢筋为跨中架立钢筋，伸入 A 支座的长度取 345mm，并和④号钢筋有充足的搭接长度，由于为非受力钢筋的搭接，可取 200mm，小于箍筋间距。

⑥号钢筋伸入支座 B 的长度取 345mm，悬臂方向伸到距梁端 25mm。

⑦号钢筋为沿梁全长布置的腰筋，伸入支座 A 的长度取 345mm，悬臂方向伸到距梁端 25mm。

注意：上述钢筋的长度，一般取 10mm 整数。如①号钢筋的长度为 400＋870＋4680＋870＋2830＝9650(mm)。

5.5　其他构造要求

5.5.1　绑扎搭接

轴心受拉及小偏心受拉杆件的纵向受力钢筋不得采用绑扎搭接；其他构件中的钢筋采用绑扎搭接时，受拉钢筋直径不宜大于 25mm，受压钢筋直径不宜大于 28mm；需进行疲劳验算的构件，其纵向受拉钢筋不得采用绑扎搭接接头。

1. 受拉钢筋的搭接

纵向受拉钢筋绑扎搭接接头的搭接长度，应根据位于同一连接区段内的钢筋搭接接头面积百分率按下列公式计算，**且不应小于 300mm**，即

$$l_1=\zeta_1 l_a \tag{5.32}$$

式中：l_1——纵向受拉钢筋的搭接长度；

ζ_1——纵向受拉钢筋搭接长度的修正系数，按表 5.2 取用。当纵向搭接钢筋接头面积百分率为表内中间值时，修正系数可按内插法取值。

表 5.2　受拉钢筋搭接长度修正系数 ζ_1

纵向搭接钢筋接头面积百分率	≤25	50	100
搭接长度修正系数 ζ_1	1.2	1.4	1.6

纵向受力钢筋搭接接头面积百分率为同一连接区段内有搭接接头的纵向受力钢筋与全部纵向受力钢筋截面面积的比值。当直径不同的钢筋搭接时，按直径较小的钢筋计算。

同一构件中相邻纵向受力钢筋的绑扎搭接接头宜互相错开。钢筋绑扎搭接接头连接区段的长度为 **1.3 倍搭接长度**，凡搭接接头中点位于该连接区段长度内的搭接接头均属于同一连接区段，如图 5.35 所示。

位于同一连接区段内的受拉钢筋搭接接头面积百分率：对梁类、板类及墙类构件，不宜大于 25%；对柱类构件，不宜大于 50%。当工程中确有必要增大受拉钢筋搭接接头面积百分率时，对梁类构件，不宜大于 50%；对板、墙、柱及预制构件的拼接处，可根据实际情况放宽。

并筋采用绑扎搭接连接时，应按每根单筋错开搭接的方式连接；接头面积百分率应按同一连接区段内所有的单根钢筋计算，并筋中钢筋的搭接长度应按单筋分别计算。

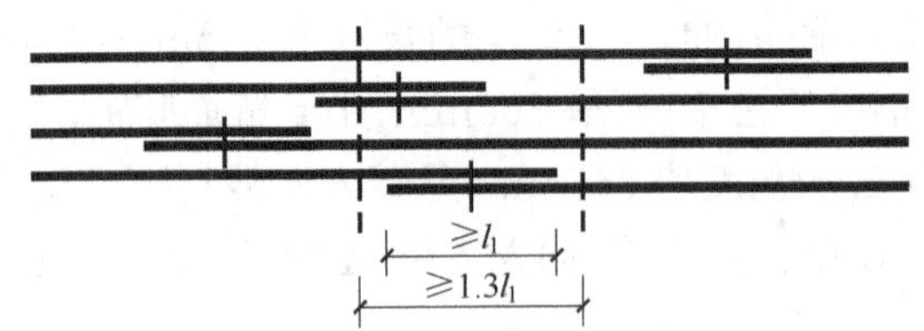

图 5.35　同一连接区段内纵向受拉钢筋的绑扎搭接接头

2. 受压钢筋的搭接

构件中的纵向受压钢筋当采用搭接连接时,其受压搭接长度不应小于纵向受拉钢筋搭接长度的 0.7 倍,且不应小于 200mm。

3. 搭接范围内横向钢筋的要求

当搭接钢筋的保护层厚度不大于 $5d$ 时,搭接长度范围内应配置横向构造钢筋(如箍筋),其直径不应小于 $d/4$,此处 d 为搭接钢筋的最大直径;间距不应大于 $5d$,且不应大于 100mm,此处 d 为搭接钢筋的最小直径。当受压钢筋直径大于 25mm 时,尚应在搭接接头两个端面外 100mm 的范围内各设置两道箍筋。

5.5.2　机械连接和焊接

1. 机械连接

纵向受力钢筋的机械连接接头宜相互错开。钢筋机械连接区段的长度为 $35d$,此处 d 为连接钢筋的较小直径。凡接头中点位于该连接区段长度内的机械连接接头均属于同一连接区段。

位于同一连接区段内的纵向受拉钢筋接头面积百分率不宜大于 50%;但对板、墙、柱及预制构件的拼接处,可根据实际情况放宽。纵向受压钢筋的接头百分率可不受限制。

机械连接套筒的保护层厚度宜满足有关钢筋最小保护层厚度的规定。机械连接套筒的横向净间距不宜小于 25mm;套筒处箍筋的间距仍应满足相应的构造要求。

2. 焊接

细晶粒热轧带肋钢筋以及直径大于 28mm 的带肋钢筋,其焊接应经试验确定;余热处理钢筋不宜焊接。

纵向受力钢筋的焊接接头应相互错开。钢筋焊接接头连接区段的长度为 $35d$ 且不小于 500mm,d 为连接钢筋的较小直径,凡接头中点位于该连接区段长度内的焊接接头均属于同一连接区段。

纵向受拉钢筋的接头面积百分率不宜大于 50%,但对预制构件的拼接处,可根据实际情况放宽。纵向受压钢筋的接头百分率可不受限制。

对钢筋机械连接和焊接的其他构造要求可查阅《规范》。

5.5.3　不同位置钢筋的锚固

我们已经学习了钢筋的基本锚固长度 l_{ab}，受拉钢筋的锚固长度 l_a 和钢筋的搭接长度 l_l。其他不同结构和不同部位的锚固长度我们会在今后学习中逐渐接触到，为了便于大家加深对黏结锚固的认识，在此介绍几种常用的不同部位的锚固情况。

（1）**纵筋在简支梁支座内的锚固**。由于支座处存在着支座反力的有利影响，黏结应力得到改善，因此其锚固长度 l_{as} 可适当缩短（图 5.36）。本节规定，当 $V \leqslant 0.7f_tbh_0$，$l_{as} \geqslant 5d$；当 $V > 0.7f_tbh_0$，$l_{as} \geqslant 12d$（变形钢筋），$l_{as} \geqslant 15d$（光面钢筋）。图 5.37 所示情况的钢筋锚固也可按简支处理。

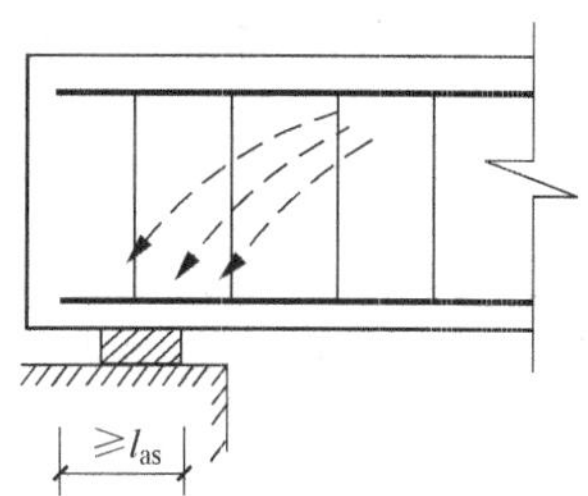

图 5.36　钢筋在支座处的锚固

（2）**钢筋在梁柱节点中的锚固**。梁柱节点钢筋的锚固是混凝土结构中钢筋锚固的常见情形，图 5.38 给出了几种常见钢筋的锚固形式；若考虑抗震设防要求，下述锚固长度要适当增加。

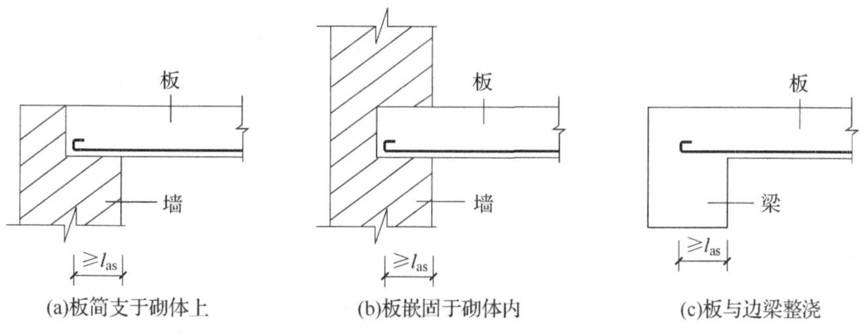

图 5.37　按简支处理的钢筋锚固

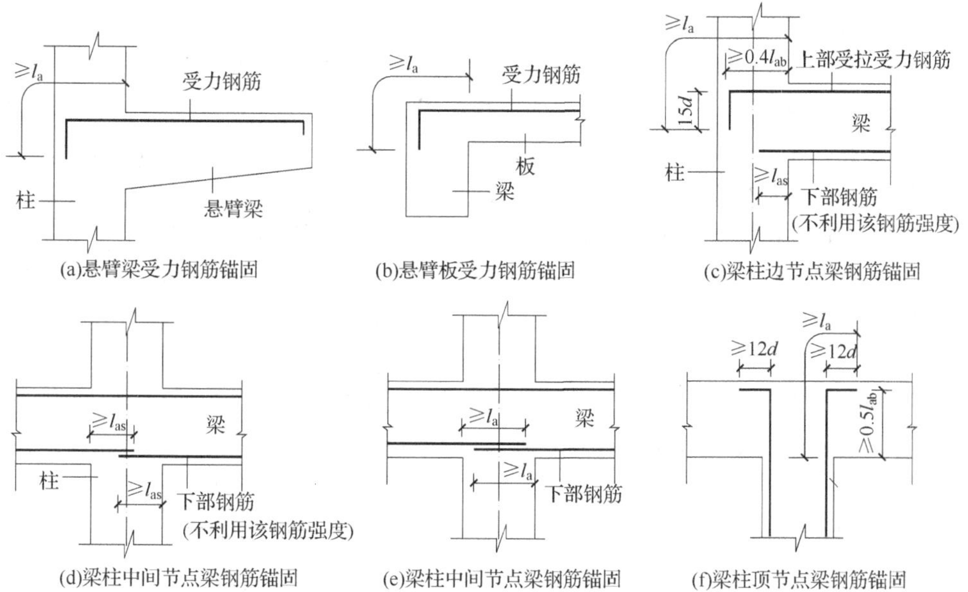

图 5.38　梁柱节点的钢筋锚固

小　结

(1) 在设计受弯构件时，既要保证其正截面受弯承载力，也要保证其斜截面承载力(包括斜截面受弯承载力和斜截面受剪承载力)。工程设计中，斜截面受剪承载力通过计算和构造要求满足；斜截面受弯承载力则通过对纵筋(包括弯起、截断、锚固等)和箍筋等的构造要求来满足。

(2) 当拉应变达到混凝土的极限拉应变时，混凝土中将产生裂缝。斜裂缝主要有弯剪斜裂缝和腹剪斜裂缝两种形式。为防止斜截面破坏，通常在梁中设置腹筋(箍筋或弯起钢筋)，设计时宜优先选用箍筋。

(3) 由于斜裂缝的出现，使得无腹筋梁的受力状态发生了明显变化，剪力主要由斜裂缝上端剪压区的混凝土截面承担，混凝土中剪应力明显增大，受压区混凝土的压应力值也增大，钢筋与混凝土之间的黏结力削弱。对有腹筋梁来说，由于腹筋可以直接承受剪力，并能限制斜裂缝的开展和延伸，还可以增强骨料咬合力和纵筋的销栓作用，使得梁的受剪承载力有很大提高。

(4) 无腹筋梁与有腹筋梁的受剪破坏形态都有斜压破坏、剪压破坏和斜拉破坏三种，但无腹筋梁的破坏形态主要与剪压比有关，而有腹筋梁受剪破坏形态不仅与剪压比有关，还与腹筋的配置有关。由于三种破坏形态均为脆性破坏，实际工程中，无腹筋梁很少采用。

(5) 影响受弯构件斜截面承载力的因素主要有剪跨比、混凝土强度、配箍率、纵筋配筋率、斜截面上的骨料咬合力、截面形状、尺寸效应以及预应力等。

(6) 有关规定给出了剪压破坏情况下受剪承载力计算公式。对斜压破坏，主要通过限制截面的最小尺寸来防止；对斜拉破坏，主要通过控制箍筋的最小配箍率、箍筋的最小直径和最大间距等构造要求来防止。计算时应注意，只有集中荷载作用下的独立梁才考虑剪跨比的影响。

(7) 材料抵抗弯矩图(M_u 图)，又称正截面受弯承载力图，是指在截面尺寸、材料强度和纵筋数量确定后，由沿梁长各个正截面所能抵抗的弯矩所绘出的图形。梁的设计弯矩图(M 图)是指由荷载对梁的各个正截面所产生的弯矩设计值所绘出的图形。通过 M_u 图，可确定弯起钢筋的弯起位置和数量以及纵筋的截断位置等，要熟练掌握其画法。

(8) 弯起钢筋弯起点可设在按正截面受弯承载力计算不需要该钢筋的截面之前，但弯起钢筋与梁中心线的交点应位于不需要该钢筋的截面之外；同时弯起点与按计算充分利用该钢筋的截面之间的距离不应小于 $h_0/2$。弯起钢筋的弯终点亦应符合有关规定。

(9) 梁底部抵抗正弯矩的纵筋一般情况下不宜截断，对于连续梁、框架梁支座处的负弯矩钢筋可以分批截断。负弯矩钢筋截断时，应从其强度充分利用截面向外伸出一定长度并从其理论断点也要向外延伸一定长度，确定截断位置时应从两者之中取大值，并应符合有关规定。

(10) 钢筋的连接方式主要有搭接连接、焊接和机械连接，要注意各自的应用范围和构造要求。

思　考　题

5.1　受弯构件斜裂缝是如何产生的？斜裂缝的主要形式有哪几种？

5.2　无腹筋梁斜裂缝出现后梁中应力状态有何变化？

5.3　有腹筋梁斜截面受剪破坏有哪几种形态？各在什么情况下发生？

5.4　剪跨比的物理含义是什么？它对斜截面受剪破坏形态和斜截面承载力有何影响？

5.5　斜截面受剪三种破坏形态之间的承载力和脆性特征的关系如何？

5.6　影响斜截面受剪承载力的主要因素有哪些？

5.7　有腹筋梁剪压破坏时，受剪承载力计算公式主要由哪几项组成？$f_{yv}\dfrac{A_{sv}}{s}h_0$ 是否即为箍筋承担的剪力？

5.8　如何防止斜压破坏和斜拉破坏？

5.9　斜截面受剪承载力计算时，计算截面应如何选择？

5.10　什么是材料抵抗弯矩图？应如何绘制？有何作用？

5.11　什么是设计弯矩图？从材料抵抗弯矩图和设计弯矩图上如何确定钢筋的充分利用截面和不需要截面？

5.12　设计中利用纵筋弯起提供斜截面承载力时，其弯起点和弯终点应如何确定？

5.13　梁中负弯矩钢筋的截断位置如何确定？为什么不能在理论断点处截断？

5.14　钢筋的连接方式有哪几种？哪些情况下钢筋不能采用搭接连接？

习　　题

一、选择题

5.1　以下关于弯起钢筋的描述，不正确的是____。

A. 箍筋和弯起钢筋统称为腹筋

B. 梁底层钢筋中的角部纵筋不应弯起

C. 梁顶层钢筋中的角部钢筋不应弯下

D. 在工程设计中宜优先选用弯起钢筋，再考虑选用箍筋

5.2　无腹筋梁斜截面的破坏形态有斜压破坏、剪压破坏和斜拉破坏三种，这三种破坏的性质是____。

A. 都属于脆性破坏类型

B. 剪压破坏是延性破坏类型，其他为脆性破坏类型

C. 均为延性破坏类型

D. 剪压破坏是脆性破坏类型，其他为延性破坏类型

5.3　条件相同的无腹筋梁，发生斜压、剪压和斜拉三种破坏形态时，梁的斜截面承载力的大致关系是____。

A. 斜压>斜拉>剪压　　B. 剪压>斜拉>斜压

C. 剪压>斜压>斜拉　　D. 斜压>剪压>斜拉

5.4 混凝土的强度与剪切破坏的关系，不正确的是____。

A. 斜拉破坏主要取决于混凝土的抗拉强度

B. 斜压破坏主要取决于混凝土的抗压强度

C. 剪压破坏主要取决于混凝土的剪压强度

D. 无腹筋梁的抗剪承载力随混凝土强度的提高而增大，基本呈线性关系

5.5 在设计时应采取措施避免梁发生斜截面受剪破坏，其措施是____。

A. 对于斜压破坏，主要通过控制箍筋的最小配箍率及箍筋的构造要求来防止

B. 对于斜拉破坏，通常控制截面的最小尺寸来防止

C. 对于剪压破坏，必须通过斜截面计算来防止

D. 三种破坏形态都必须通过斜截面计算来防止

5.6 钢筋混凝土受弯构件，当计算截面上所承受的剪力设计值 $V<\alpha_{cv}f_tbh_0$ 时，该构件____。

A. 不需配置箍筋　　B. 只要按构造要求配置箍筋

C. 应按理论计算配置箍筋　　D. 按最小配箍率要求配置箍筋

5.7 计算斜截面受剪承载力时，下列对剪力设计值计算截面的描述，错误的是____。

A. 支座边缘处的截面

B. 受拉区弯起钢筋弯起终点处的截面

C. 箍筋截面面积或间距改变处的截面

D. 截面尺寸改变处的截面

5.8 下列对于材料抵抗弯矩图的描述，不正确的是____。

A. 抵抗弯矩图越接近于设计弯矩图，材料利用程度越高

B. 必须通过抵抗弯矩图才能确定弯起钢筋的数量和位置

C. 通过抵抗弯矩图确定纵向钢筋的实际截断位置

D. 通过抵抗弯矩图可确定纵向钢筋的理论截断点及其延伸长度，实际截断位置一般按构造确定

5.9 为了保证斜截面的受弯承载力，弯起钢筋弯起点和其充分利用截面之间的距离必须____。

A. 大于等于 $h_0/3$　　B. 大于等于 h_0

C. 大于等于 $h_0/2$　　D. 大于等于 $1.2h_0$

5.10 只要材料抵抗弯矩图包住设计弯矩图，就可保证____。

A. 斜截面受剪承载力

B. 斜截面受弯承载力

C. 正截面受弯承载力

D. 正截面受弯承载力和斜截面受弯承载力

5.11 限制箍筋最大间距的目的主要是____。

A. 控制箍筋的配筋率　　B. 保证箍筋和斜裂缝相交

C. 保证箍筋的直径不至于太大　　D. 保证不发生剪压破坏

5.12　纵筋在简支梁支座内的锚固，由于支座处存在着支座反力的有利影响，黏结应力得到改善，因此其锚固长度 l_{as} 可适当缩短，当 $V \leqslant 0.7f_t bh_0$ 时，锚固长度 L_{as} 不应小于____。

A. 5d　　B. 10d　　C. 12d　　D. 15d

5.13　梁内纵向钢筋的弯起应满足____。

A. 正截面受弯承载力的要求　　B. 斜截面受剪承载力的要求

C. 斜截面受弯承载力的要求　　D. 同时满足上述三项要求

5.14　梁内的纵向钢筋是根据跨中、支座的最大正、负弯矩，按正截面的受弯承载力计算配置的。下列对纵向钢筋截断的描述，不正确的是____。

A. 梁底部承受正弯矩的纵向钢筋一般不宜截断，而是将计算上不需要的钢筋弯起承受斜截面剪力或抵抗支座处的负弯矩

B. 对于连续梁、框架梁支座处的负弯矩钢筋，由于负弯矩范围不大且衰减很快，故可以在跨内分批截断

C. 钢筋混凝土梁支座截面承受负弯矩的纵向受拉钢筋不宜在受拉区截断，当需要截断时，应符合规范有关规定

D. 在钢筋混凝土悬臂梁中，应有不少于 2 根上部钢筋伸至悬臂梁外端，并向下弯折不小于 12d，其余钢筋在梁的上部截断

5.15　下列关于钢筋绑扎搭接的描述，不正确的是____。

A. 轴心受拉及小偏心受拉杆件的纵向受力钢筋不得采用绑扎搭接

B. 需进行疲劳验算的构件，其纵向受拉钢筋不得采用绑扎搭接接头

C. 纵向受拉钢筋绑扎搭接接头的搭接长度，应根据位于同一连接区段内的钢筋搭接接头面积百分率按公式计算，且不应小于 300mm

D. 构件中的纵向受压钢筋当采用搭接连接时，其受压搭接长度不应小于纵向受拉钢筋搭接长度的 0.8 倍，且不应小于 250mm

二、判断题

5.16　钢筋混凝土构件是由两种不同材料组成的非匀质体，因而材料力学中的公式完全不能适用于钢筋混凝土梁的抗剪计算。　(　　)

5.17　在弯剪区段薄腹梁的腹板中往往会出现弯剪斜裂缝。　(　　)

5.18　剪跨比 λ 是反映梁截面上的正应力 σ 和剪应力 τ 的相对比值，即截面上弯矩和剪力的组合情况。　(　　)

5.19　剪跨比 λ 是影响集中荷载作用下无腹筋梁破坏形态和受剪承载力的主要因素，剪跨比 λ 越大，受剪承载力越小，两者基本成反比关系。　(　　)

5.20　在梁中配置箍筋是提高梁斜截面受剪承载力的有效措施，箍筋的主要作用是能够吊住纵筋，延缓沿纵筋撕裂裂缝的发展，从而提高纵筋的销栓作用。　(　　)

5.21　只要截面尺寸合适，箍筋配置数量适当，有腹筋梁斜截面受剪破坏只发生剪压破坏形态。　(　　)

5.22　无腹筋梁的抗剪承载力随混凝土强度的提高而增大，与混凝土的抗拉

强度近似呈线性关系。（　）

5.23　无腹筋梁由荷载产生的剪力主要由剪压区混凝土承担。（　）

5.24　斜截面受剪承载力的计算公式只适用于剪压破坏形态。（　）

5.25　对于T和I形截面受弯构件，由于受压翼缘的存在，自重的增加，其抗剪承载能力比相同条件下的矩形截面稍差。（　）

5.26　弯起钢筋强度的折减系数，主要考虑到弯起钢筋与斜裂缝相交时有可能已接近受压区，钢筋强度在梁破坏时不可能全部发挥作用的缘故。（　）

5.27　规范中的按构造要求配置箍筋，应满足最小配箍率 $\rho_{sv,\min}$、箍筋的最大间距 $S_{\max}$ 和箍筋的最小直径 $d_{sv,\min}$ 要求。（　）

5.28　由于板类构件承受的剪力很小，不需要对板进行受剪承载力计算。（　）

5.29　当计算支座端第一排弯起钢筋时，取支座中心线处的剪力设计值。（　）

5.30　为保证斜截面受弯承载力，应满足斜截面受弯承载力不低于正截面受弯承载力。（　）

三、计算题

5.31　一钢筋混凝土矩形截面简支梁，截面尺寸 $b\times h=200\text{mm}\times 450\text{mm}$，计算跨度为5.1m，该梁承受均布恒荷载标准值为10kN/m(不包括自重力)，均布活荷载标准值为20kN/m。混凝土强度等级为C30，箍筋采用热轧HRB400钢筋，纵筋为热轧HRB400钢筋，纵筋直径为18mm(一排)，构件环境类别为一类，安全等级为二级。试确定所需箍筋数量。

5.32　如图5.39所示钢筋混凝土梁，采用C25混凝土，箍筋采用HRB400钢筋，按正截面受弯在梁底受拉区配置3⌀20纵向钢筋，环境类别为一类，试确定所需受剪箍筋。

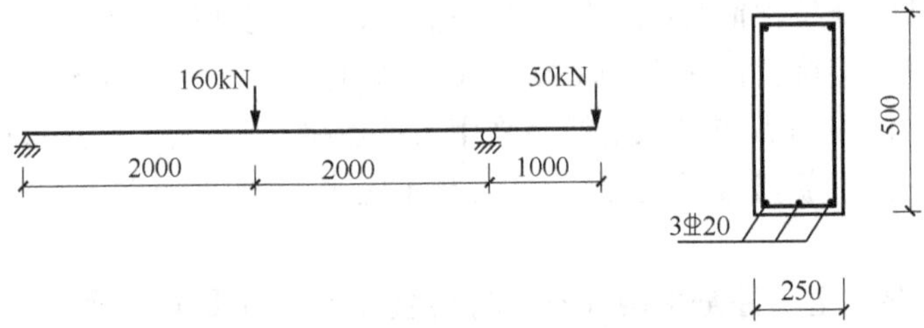

图5.39　习题5.32图

5.33　一T形截面简支梁，跨度、荷载、截面尺寸如图5.40所示，采用C25混凝土，箍筋采用HRB400钢筋，环境类别为一类，试求箍筋所需数量。

5.34　一矩形截面梁，梁的跨度、荷载情况、梁底配筋情况如图5.41所示，梁的截面尺寸 $b\times h=300\text{mm}\times 600\text{mm}$，混凝土采用C30，纵筋和箍筋均采用HRB400钢筋，环境类别为一类，试按下列两种情况确定腹筋的数量：

(1) 箍筋采用⌀8@200，求所需要的弯起钢筋。

(2) 现有纵筋弯起一根，求所需箍筋。

5.35　承受均布荷载的简支梁，梁计算跨度为6.0m，梁的截面尺寸 $b\times h=200\text{mm}\times 500\text{mm}$。采用C30混凝土，箍筋和纵筋均为HRB400钢筋，沿梁全长配置了⌀8@200的

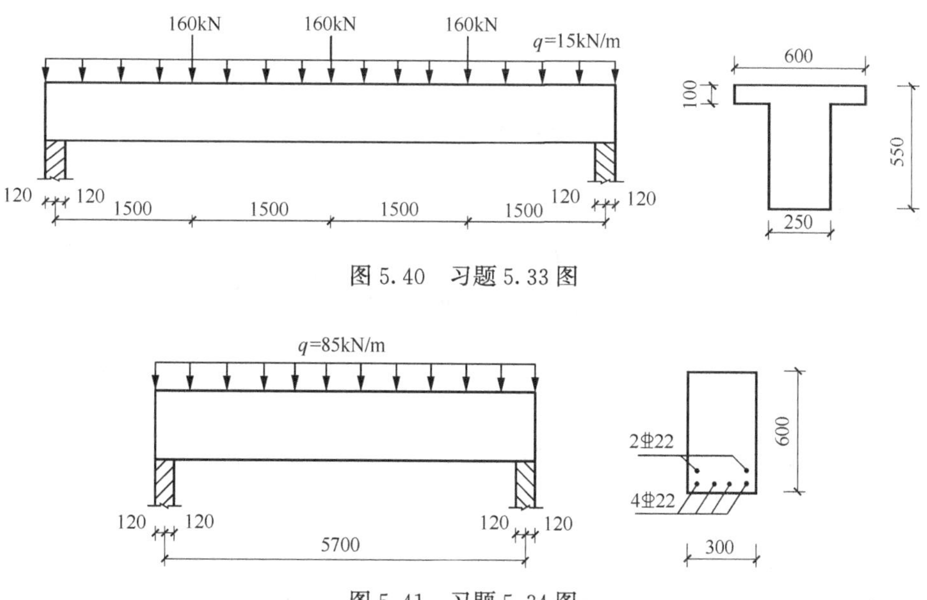

图 5.40　习题 5.33 图

图 5.41　习题 5.34 图

箍筋，梁下部纵筋为 3⌀25，环境类别为一类。试确定该梁能承受的最大均布荷载设计值（忽略梁的自重）。

5.36　如图 5.42 所示的受均布荷载作用下的伸臂梁，跨度为 7.2m，伸臂跨度为 1.8m，跨中均布荷载设计值为 64kN/m，伸臂跨度均布荷载设计值为 132kN/m，梁的截面尺寸为 $b\times h=250\text{mm}\times 650\text{mm}$。混凝土强度等级为 C30，箍筋和纵向受力钢筋均采用 HRB400 级钢筋，环境类别为一类。试对该伸臂梁进行配筋计算并布置钢筋（包括正截面受弯和斜截面受剪承载力计算、绘出弯矩图和抵抗弯矩图，并根据构造要求确定纵筋的弯起和截断，给出纵向钢筋编号并标注长度）。

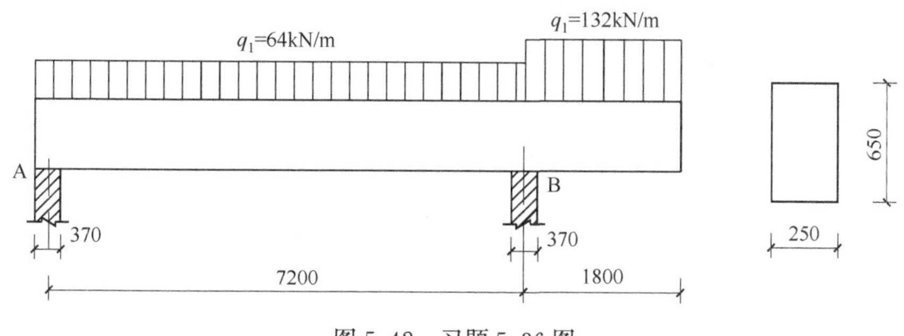

图 5.42　习题 5.36 图

第6章　受压构件承载力计算

本章提要

(1) 受压构件中纵向钢筋和箍筋的主要构造要求。

(2) 轴心受压构件的破坏形态、螺旋箍筋柱中间接配筋的作用、计算公式和适用条件。

(3) 偏心受压构件的正截面破坏形态、二阶效应及矩形截面受压承载力的计算简图、基本计算公式。

(4) 矩形截面偏心受压构件的受压承载力计算,包括大偏心受压构件和小偏心受压构件。

在工程结构中,以承受压力为主的构件称为受压构件,例如,厂房柱、屋架上弦杆,多、高层建筑中的框架柱、剪力墙,桥梁结构中的桥墩、桩等。受压构件通常在结构中具有重要作用,一旦发生破坏,可能导致整体结构严重损伤,甚至倒塌,造成人员和财产的极大损失。

如图6.1所示,受压构件按其受力情况分为**轴心受压**构件和**偏心受压**构件。通常,不考虑混凝土的不匀质性及钢筋非对称布置的影响,近似用轴向压力的作用点与构件正截面形心的相对位置来区分受压构件的类型:当轴向压力的作用点位于构件正截面形心时,为**轴心**受压构件;当轴向压力的作用点只对构件正截面的一个主轴有偏心距时,为**单向偏心**受压构件;当轴向压力的作用点对构件正截面的两个主轴都有偏心距时,为**双向偏心**受压构件。

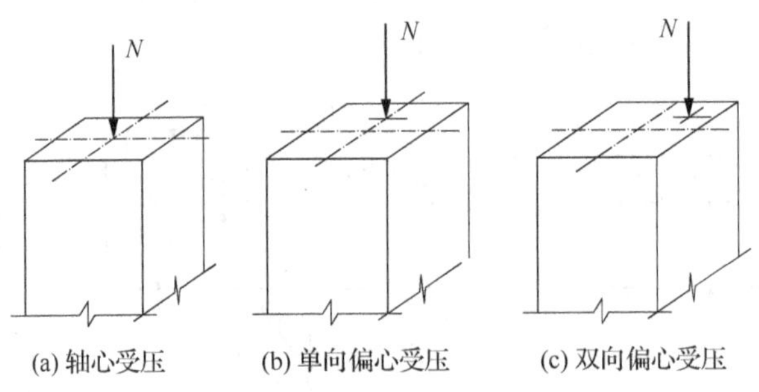

图6.1　轴心受压和偏心受压

6.1　受压构件的构造要求

6.1.1　截面形式与尺寸

为方便施工,轴心受压构件的截面一般采用方形或矩形,有时也采用圆形或多边形。为保证整体结构两个方向的刚度基本相当,偏心受压构件一般采用矩形截面和I形截面。

采用离心法制造的桩、电杆等常采用环形截面。

方形柱的截面尺寸不宜小于 250mm×250mm。为了避免矩形截面轴心受压构件长细比过大，承载力降低过多，通常取 $l_0/b \leqslant 30$、$l_0/h \leqslant 25$。此处 l_0 为柱的计算长度，b 为矩形截面短边边长，h 为长边边长。此外，为了施工支模方便，柱截面尺寸宜采用整数，尺寸在 800mm 及以下的，宜取 50mm 的倍数；800mm 以上的，宜取 100mm 的倍数。

6.1.2　材料强度要求

混凝土强度等级对受压构件的承载能力影响较大。为节省钢材，减小构件截面尺寸，宜选用较高强度等级的混凝土，如 C30、C35 和 C40。对于高层建筑的底部诸层柱，因轴压力较大，可采用更高强度等级的混凝土。

纵筋一般采用 HRB400 级、RRB400 级和 HRB500 级钢筋。由于在承载力计算时受到混凝土峰值压应变的限制，采用高强钢筋不能充分发挥作用，故不宜选用高强钢筋。箍筋一般采用 HRB400 级、HPB300 级钢筋。

6.1.3　纵筋

《规范》对钢筋混凝土柱中的纵向钢筋的直径、根数和配筋率均有最低要求。

轴心受压构件的纵向受力钢筋应沿截面的四周均匀放置，钢筋根数不得少于 4 根。**柱中纵向钢筋**直径通常在 16～32mm 范围内选用，**不宜小于 12mm**。选配钢筋时宜根数少而粗，以增加钢筋骨架的刚度，减少钢筋在施工过程中产生的纵向弯曲。圆柱中纵向钢筋宜沿周边均匀布置，根数不宜少于 8 根，且不应少于 6 根。柱中纵向钢筋的净间距不应小于 50mm，且不应大于 300mm；在偏心受压柱中，垂直于弯矩作用平面的侧面上的纵向受力钢筋以及轴心受压柱中各边的纵向受力钢筋，其间距不宜大于 300mm；水平浇筑的预制柱，纵向钢筋的最小净间距可按梁中纵向受力钢筋的有关规定执行。

偏心受压构件的纵向受力钢筋应放置在偏心方向截面的两边。当截面高度 $h \geqslant$ 600mm 时，在侧面应设置直径不小于 10mm 的纵向构造钢筋，并相应设置复合箍筋或拉筋，见图 6.2。

全部纵向受力钢筋的配筋率不应小于本书附表 13 中的**最小配筋百分率**。全部纵向受力钢筋的最小配筋百分率，对于强度级别为 300MPa 的钢筋为 **0.6%**，对于强度级别为 400MPa 的钢筋为 **0.55%**，对于强度级别为 500MPa 的钢筋为 **0.5%**，且**截面一侧纵向钢筋配筋率不应小于 0.2%**。

《规范》之所以规定纵向受力钢筋的最小配筋率，主要是因为当配筋率过小时，虽然其对柱的承载力影响很小，但无法起到防止混凝土受压脆性破坏的作用。另外，混凝土的收缩和徐变会使得柱中的钢筋和混凝土之间产生内力重分布，混凝土的压应力逐渐减小，而钢筋的压应力逐渐增大，钢筋压应力的增长幅度随配筋率的减小而增大，如果配筋率过小，钢筋中的压应力在持续使用荷载作用下可能达到屈服强度。因此，为保证构件安全，必须规定最小配筋率限值。

在长期使用荷载作用下的受压构件突然卸载会导致构件回弹，但由于混凝土大部分徐变变形不可恢复,当荷载为零时,将使柱中钢筋受压而混凝土受拉,若柱的配筋率过大,则可能引起混凝土受拉开裂。另外,纵向受力钢筋过多时既不经济也不便于施工。因此《规范》规定了**柱中全部纵筋配筋率不宜超过5%**。

6.1.4 箍筋

为了能与纵筋形成钢筋骨架,防止纵筋压曲,受压构件中的周边箍筋应做成封闭式;箍筋直径不应小于 $d/4$(d 为纵向受力钢筋的筋最大直径),且不应小于 6mm;其间距在绑扎骨架中不应大于 $15d$(d 为纵筋最小直径),且不应大于 400mm,也不应大于构件横截面的短边尺寸。

当纵筋配筋率超过 3%时,箍筋直径不应小于 8mm,其间距不应大于 $10d$(d 为纵向受力钢筋的最小直径),且不应大于 200mm;箍筋末端应做成 135°弯钩,且弯钩末端平直段长度不应小于箍筋直径的 10 倍。

当柱截面短边尺寸大于 400mm 且各边纵筋多于 3 根时,或当柱截面短边尺寸不大于 400mm,但各边纵筋多于 4 根时,应设置复合箍筋,见图 6.2。

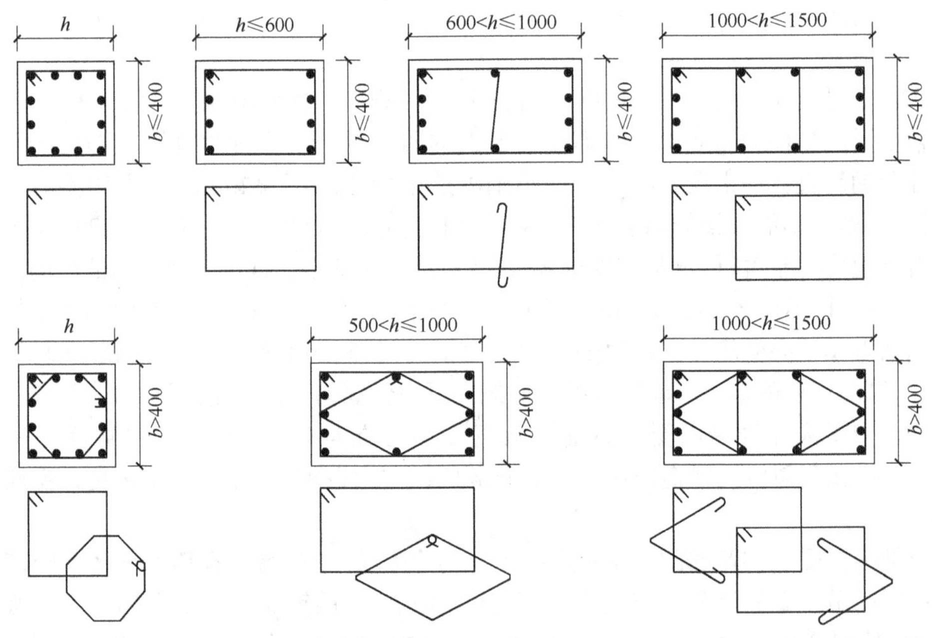

图 6.2　方形、矩形截面箍筋形式

设置柱内箍筋时,宜使纵筋每隔 1 根位于箍筋的转折点处。在纵筋搭接长度范围内,箍筋的直径不宜小于搭接钢筋直径的 0.25 倍;其箍筋间距不应大于 $5d$,且不应大于 100mm。d 为搭接钢筋中的较小直径。当搭接受压钢筋直径大于 25mm 时,应在搭接接头两个端面外 100mm 范围内各设置两根箍筋。

如图 6.3 所示,对于截面形状复杂的构件,不可采用具有内折角的箍筋,以避免产生向外的拉力,致使折角处的混凝土破损。

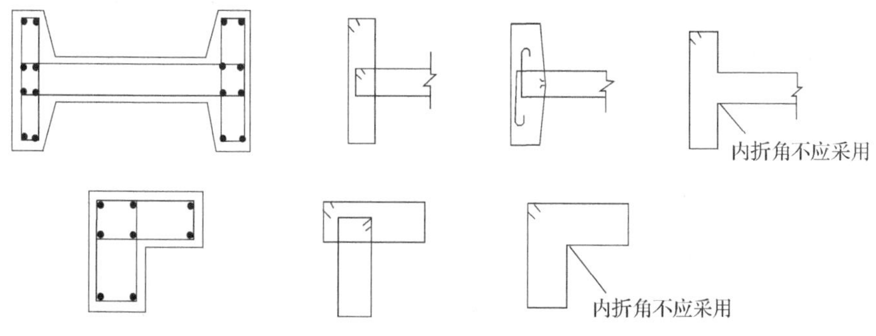

图 6.3　I 形、L 形截面箍筋形式

6.2　轴心受压构件正截面受压承载力计算

在实际工程结构中，由于混凝土材料的非匀质性，纵向钢筋的不对称布置，荷载作用位置的不确定性及施工中不可避免的尺寸误差等原因，理想的轴心受压构件几乎是不存在的。但有些构件，如承受恒荷载为主的多层房屋的内柱及桁架的受压腹杆等，为简化设计，可近似按轴心受压构件计算。

通常根据柱中箍筋的配置方式及对承载能力所起作用的不同，将钢筋混凝土柱分为普通箍筋柱和螺旋箍筋柱，分述如下。

6.2.1　轴心受压普通箍筋柱的正截面受压承载力计算

普通箍筋柱是实际工程中最常见的轴心受压柱，如图 6.4 所示。柱中纵筋的作用是：提高柱的承载力，减小构件的截面尺寸，承受因偶然偏心产生的弯矩，改善构件的延性，约束混凝土因徐变、收缩和温度变化产生的变形。箍筋的作用是：与纵筋形成骨架，防止纵筋在承受压力过程中外凸。

定义柱的计算长度 l_0 与截面回转半径 i 的比值为**长细比**，根据长细比的不同，受压柱分为短柱和长柱。**短柱**是指 $l_0/b \leqslant 8$（矩形截面，b 为截面较小的边长）或 $l_0/d \leqslant 7$（圆形截面，d 为直径）或 $l_0/i \leqslant 28$（其他形状截面）的受压柱。除短柱之外的均为长柱。构件计算长度与构件两端支承情况有关，当两端铰支时，取 $l_0 = l$（l 是构件实际长度）；当两端固定时，取 $l_0 = 0.5l$；当一端固定，一端铰支时，取 $l_0 = 0.7l$；当一端固定，一端自由时，取 $l_0 = 2l$。在实际结构中，构件端部的连接不像上面几种情况那样理想、明确，为此《规范》6.2.20 条对单层房屋排架柱、框架柱等的计算长度作了具体规定。

1. 轴心受压短柱的破坏形态

在轴心压力作用下，配有纵筋和普通箍筋的短柱，整个截面的应变基本呈均匀分布。当荷载较小时，混凝土和钢筋均处于弹性阶段，柱子压缩变形的增大与荷载的增大成正比，纵筋和混凝土的压应力的增加也与荷载的增大成正比。当荷载较大时，由于混凝土塑性变形的发展，其压缩变形增加的速度快于荷载增加速度。在相同荷载增量下，钢筋压应力的增长速度快于混凝土。随着荷载继续增加,柱中开始出现微细裂缝,随后,柱四周出现明显的纵向裂缝,箍筋间的纵筋被压屈而向外凸出,混凝土被压碎,柱子即告破坏,见图 6.5。

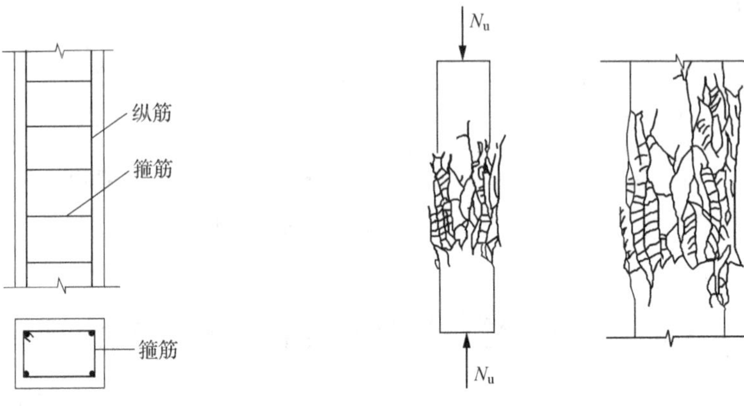

图 6.4　配有纵筋和普通箍筋的柱　　　图 6.5　短柱的破坏形态

通过对第 2 章学习可知,混凝土受压时的峰值应变在 0.0015～0.0025,平均值约为 0.002。短柱中混凝土达到应力峰值时的压应变一般在 0.0025～0.0035,大于混凝土受压时的平均压应变,这是因为柱中纵向钢筋的存在改善了混凝土的变形能力。《规范》规定在计算时,混凝土达到了棱柱体抗压强度 f_c 时的压应变取 0.002,如果取钢筋的弹性模量 $E_s=2.0\times10^5\text{N/mm}^2$,则纵筋的应力值 $\sigma_s'=E_s\varepsilon_s'\approx200\times10^3\times0.002=400(\text{N/mm}^2)$。对于 HPB300 级、HRB335 级、HRB400 级和 RRB400 级热轧带肋钢筋,此值已大于其抗压强度设计值,计算时钢筋强度设计值可按 f_y'取值。对于 HRB500 或 HRBF500 级钢筋则达不到其屈服强度,可近似地取 $f_y'=400\text{N/mm}^2$。

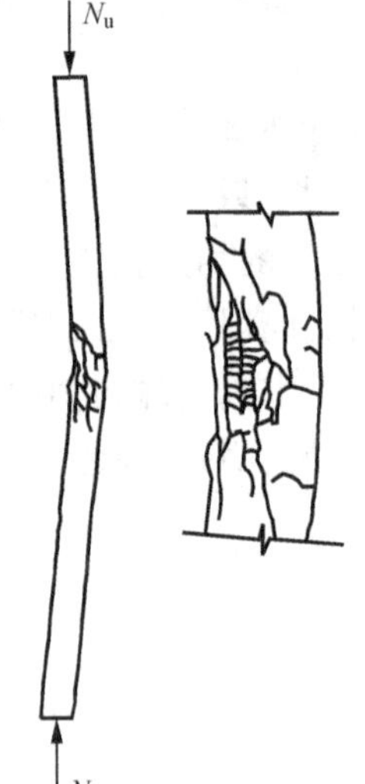

图 6.6　长柱的破坏形态

2. 轴心受压长柱的破坏形态

试验表明,长柱的破坏形态与短柱有较大差异。由于施工偏差、材料的不均匀性、轴向力作用位置的误差以及偶然因素等都会使受压构件产生初始偏心距,这将导致柱内截面产生附加弯矩和相应的侧向挠度,而侧向挠度又将进一步增大荷载的偏心距,彼此相互影响,使长柱在轴力和弯矩共同作用下发生破坏。在受压过程中,柱首先在凹侧出现纵向裂缝,随后混凝土被压碎,纵筋被压屈向外凸出;凸侧混凝土出现垂直于纵轴方向的横向裂缝,侧向挠度急剧增大,柱子破坏,如图 6.6 所示。

试验表明,长柱破坏时的极限荷载低于相同条件下的短柱,下降程度依赖于构件的长细比。为方便结构设计,采用**稳定系数** φ 来表示长柱承载力的降低程度,即

$$\varphi=\frac{N_u^l}{N_u^s} \tag{6.1}$$

式中：N_u^l、N_u^s——分别为相同条件下长柱和短柱的承载力。

表 6.1 为《规范》建议采用的 φ 值。

表 6.1　钢筋混凝土轴心受压构件的稳定系数

$\frac{l_0}{b}$	$\frac{l_0}{d}$	$\frac{l_0}{i}$	φ	$\frac{l_0}{b}$	$\frac{l_0}{d}$	$\frac{l_0}{i}$	φ
≤8	≤7	≤28	≤1.00	30	26	104	0.52
10	8.5	35	0.98	32	28	111	0.48
12	10.5	42	0.95	34	29.5	118	0.44
14	12	48	0.92	36	31	125	0.40
16	14	55	0.87	38	33	132	0.36
18	15.5	62	0.81	40	34.5	139	0.32
20	17	69	0.75	42	36.5	146	0.29
22	19	76	0.70	44	38	153	0.26
24	21	83	0.65	46	40	160	0.23
26	22.5	90	0.60	48	41.5	167	0.21
28	24	97	0.56	50	43	174	0.19

注：表中 l_0 为构件计算长度，对钢筋混凝土柱可按《规范》6.2.20 条的规定取用；b 为矩形截面的短边尺寸；d 为圆形截面的直径；i 为截面最小回转半径。

3. 承载力计算公式

根据以上分析，在考虑长柱承载力的降低和可靠度的调整因素后，《规范》给出的轴心受压构件承载力计算公式为

$$N_u = 0.9\varphi(f_c A + f'_y A'_s) \tag{6.2}$$

式中：N_u——轴向压力设计值；

0.9——可靠度调整系数；

φ——钢筋混凝土构件的稳定系数，见表 6.1；

f_c——混凝土的轴心抗压强度设计值；

A——构件截面面积；

f'_y——纵向钢筋的抗压强度设计值；

A'_s——全部纵向钢筋的截面面积。

当纵向钢筋的配筋率**大于 3%**时，式(6.2)中 A 应改用 $(A - A'_s)$。

上述公式计算的 A'_s 要满足配筋率要求。

4. 计算公式的应用

轴心受压构件承载力计算公式的应用也有两种情况，即**截面设计**和**截面复核**。

(1) 截面设计。

情况 1：已知混凝土强度等级、钢筋级别、构件的截面尺寸、轴心压力的设计值以及柱的计算长度等条件。要确定所需的纵向受压钢筋的截面面积。基本计算步骤如下所述。

① 由长细比查表 6.1 得出稳定系数 φ。

② 由式(6.2)计算受压钢筋的截面面积 A_s'。

③ 选配钢筋。应注意钢筋的配置需符合构造要求。

情况 2：已知混凝土强度等级、钢筋级别、轴心压力的设计值以及柱的计算长度等条件。要确定构件的截面尺寸和纵向受压钢筋的截面面积。情况 2 有两种计算方法。

方法 1 的基本计算步骤为：

① 初步选取纵向受压钢筋的配筋率 ρ' [轴心受压柱的经济配筋率 $\rho'=(1.5\sim2.0)\%$]。

② 取 $\varphi=1.0$，将 $A_s'=\rho'A$ 代入式(6.2)计算 A，并确定边长 b。

③ 由边长 b 计算长细比，查稳定系数 φ，代入式(6.2)重新计算 A_s'。

方法 2 的基本计算步骤为：

① 按工程经验和构造要求初步确定截面面积 A 和边长 b。

② 按照情况 1 计算受压钢筋截面面积 A_s'。

③ 验算配筋率 ρ' 是否在经济配筋率的范围内，若配筋率 ρ' 过小，说明初选的截面尺寸过大，反之说明过小，修改截面尺寸后重新计算。

(2) 截面复核。截面复核时，由长细比 l_0/b 查表 6.1 确定稳定系数 φ，代入式(6.2)计算 N_u。

【例 6.1】 已知某办公楼底层门厅选用圆形截面现浇钢筋混凝土柱，承受轴心压力设计值 $N=3000\text{kN}$，计算长度 $l_0=5.25\text{m}$，一类环境；采用混凝土强度等级为 C30，柱中纵筋和箍筋采用 HRB400 级钢筋。

求：该圆形柱的直径和纵向钢筋截面面积。

解：(1) 确定基本参数。C30 混凝土：$f_c=14.3\text{N/mm}^2$；HRB400 级钢筋：$f_y=f_y'=360\text{N/mm}^2$。

(2) 确定截面尺寸。初步取稳定系数 $\varphi=1.0$，配筋率 $\rho'=A_s'/A=1.0\%$，代入式(6.2)得

$$A=\frac{N_u}{0.9\varphi(f_c+\rho'f_y')}=\frac{3000\times10^3}{0.9\times1.0\times(14.3+0.01\times360)}=186\ 220(\text{mm}^2)$$

采用圆形截面，则

$$d=\sqrt{\frac{4A}{\pi}}=\sqrt{\frac{4\times186\ 220}{3.14}}=487(\text{mm})$$

取圆形截面直径 $d=500\text{mm}$ 进行配筋设计。

(3) 确定稳定系数。

$$l_0/d=5250/500=10.5$$

查表 6.1，得 $\varphi=0.95$。

(4) 计算纵向受压钢筋截面面积 A_s'。

$$A=\pi d^2/4=3.14\times500^2/4=196\ 300(\text{mm}^2)$$

代入式(6.2)，得

$$A'_s=\frac{1}{f'_y}\left(\frac{N}{0.9\varphi}-f_cA\right)$$
$$=\frac{1}{360}\times\left(\frac{3000\times10^3}{0.9\times0.95}-14.3\times196\ 300\right)$$
$$=1949\text{mm}^2$$

选配 8⌀20，$A'_s=2513\text{mm}^2$。

(5) 验算配筋率。查本书附表 13 可知：最小配筋率为 0.55%。

$$\rho'=A'_s/A=2513/196\ 300=1.28\%>\rho'_{\min}=0.55\%$$
$$\rho'=1.28\%<5\%$$

满足配筋率要求。且 $\rho'<3\%$，上述 A 的计算中不用减去 A'_s。

(6) 绘制截面配筋图。截面纵筋配置如图 6.7 所示。

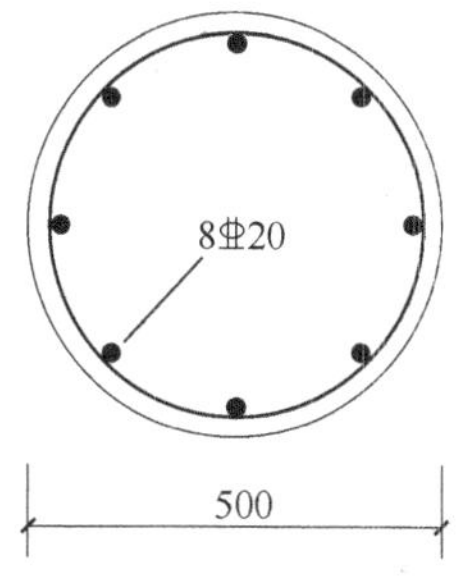

图 6.7　例 6.1 截面纵筋配筋图

6.2.2　轴心受压螺旋箍筋柱的正截面受压承载力计算

1. 螺旋箍筋柱的破坏形态

通过对三向受压状态下混凝土的强度和变形(第 2 章)的学习可知，柱中采用螺旋箍筋柱或焊接环形箍筋(图 6.8)，可有效约束核心混凝土在纵向受压时产生的横向变形，从而提高混凝土的抗压强度和变形能力。为区别于普通混凝土，通常将这种受到横向约束的混凝土称为**约束混凝土**。当荷载较小时，混凝土的横向变形很小，螺旋箍筋或焊接环形箍筋无法形成对核心混凝土的有效约束；随着荷载的增大，混凝土的横向变形越来越大，螺旋箍筋或焊接环形箍筋中的拉应力也越来越大，对核心混凝土的约束也愈来愈强烈；当荷载达到或者超过普通箍筋混凝土柱的极限承载能力时，螺旋箍筋或焊接环形箍筋外围的混凝土保护层开裂崩落；当螺旋箍筋或焊接环形箍筋的抗拉强度超过其抗拉屈服强度时，因无法再有效约束核心混凝土的横向变形，横向混凝土被压碎，构件破坏。

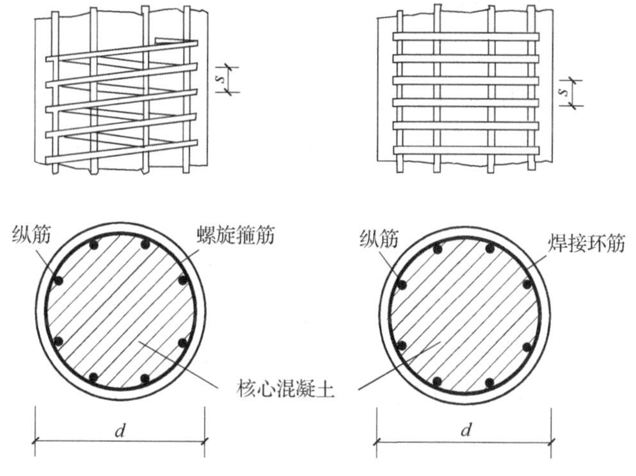

图 6.8　螺旋箍筋和焊接环形箍筋柱

螺旋箍筋或焊接环形箍筋并没有直接参与抵抗轴向压力，而是通过约束混凝土的横向变形，间接提高了受压构件的承载能力和变形能力。因此，通常将这种配筋方式称为“间接配筋”，螺旋箍筋或焊接环形箍筋也称为“间接钢筋”。

2. 承载力计算公式

由于螺旋箍筋或焊接环形箍筋对核心混凝土的有效约束，核心混凝土处在三向受力状态下，假设箍筋提供的侧向压力是均匀的，可以采用混凝土圆柱体在侧向均匀受压时的近似公式计算螺旋箍筋柱或焊接环形箍筋柱的承载能力。

混凝土圆柱体在侧向均匀受压时的近似计算公式为

$$f = f_c + 4.0\sigma_r \tag{6.3}$$

式中：f——被约束后的混凝土轴心抗压强度；

σ_r——当螺旋箍筋或焊接环形箍筋的应力达到屈服强度时，柱截面的核心混凝土受到的径向压应力值。

如图 6.9 所示，取螺旋箍筋柱的任一截面为研究对象。在螺旋箍筋间距 s 范围内，利用 σ_r 的合力与钢筋的拉力平衡，可得

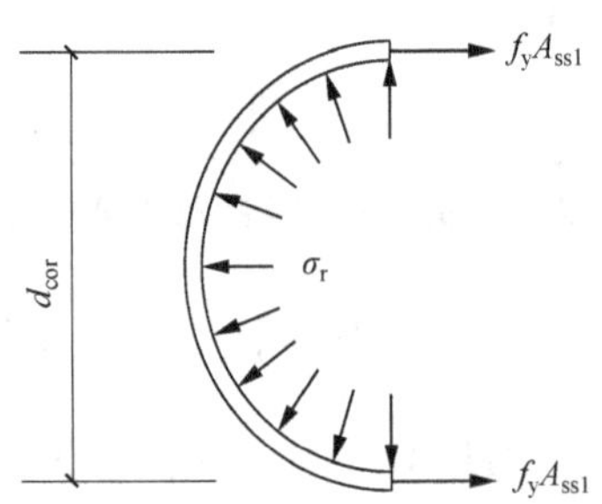

图 6.9 混凝土径向压力示意图

$$2f_yA_{ss1} = \sigma_r d_{cor} s \tag{6.4a}$$

$$\sigma_r = \frac{2f_yA_{ss1}d_{cor}}{4\dfrac{\pi d_{cor}^2}{4}s}\pi = \frac{f_yA_{sso}}{2A_{cor}} \tag{6.4b}$$

式中：A_{ss1}——螺旋或焊接环形单根间接钢筋的截面面积；

f_y——间接钢筋的抗拉强度设计值；

s——沿构件轴线方向间接钢筋的间距；

d_{cor}——构件的核心直径，按螺旋箍筋或焊接环形箍筋内表面确定；

A_{sso}——螺旋箍筋或焊接环形箍筋的换算截面面积，$A_{sso} = \dfrac{\pi d_{cor}A_{ss1}}{s}$；

A_{cor}——构件的核心截面面积。

柱破坏时受压钢筋达到屈服强度，螺旋箍筋或焊接环形箍筋约束的核心混凝土的强度取 f，混凝土保护层在受到较大拉应力时即开裂崩落，在计算时不予考虑。因此，根据截面平衡条件得

$$N_u = fA_{cor} + f'_yA'_s = (f_c + 4\sigma_r)A_{cor} + f'_yA'_s \tag{6.5}$$

《规范》同时考虑可靠度的调整系数 0.9 和间接钢筋对混凝土强度的折减系数 α，给出了螺旋式或焊接环式箍筋柱的承载力计算公式

$$N_u = 0.9(f_cA_{cor} + f'_yA'_s + 2\alpha f_yA_{sso}) \tag{6.6}$$

式中：α——间接钢筋对混凝土约束的折减系数，当混凝土强度等级不超过 C50 时，取 $\alpha = 1.0$；当混凝土强度等级为 C80 时，取 $\alpha = 0.85$；其间按直线内插法确定。

3. 适用条件

按式(6.6)计算螺旋式或焊接环式箍筋柱的承载能力时，应满足一定的适用条件。

(1) 为了保证在使用荷载作用下，箍筋外的保护层不至于过早剥落，按式(6.6)计算所得的柱的承载力不应比按式(6.2)计算所得的承载力大 50%。

(2) 当属下列情况之一时，不应考虑间接钢筋的影响，而应按式(6.2)计算构件的承载力：

① 当 $l_0/d > 12$ 时，因长细比较大，偶然的纵向弯曲可能使得螺旋箍筋无法对核心混凝土提供有效的横向约束。

② 当按式(6.6)算得的受压承载力小于按式(6.2)计算所得的受压承载力时。

③ 当间接钢筋的换算截面面积 A_{sso} 小于纵筋全部截面面积的 25%时，可以认为间接钢筋配置得太少，约束混凝土的效果不明显。

此外，间接钢筋的间距不应大于 80mm 及 $d_{cor}/5$，也不小于 40mm。

【例 6.2】 已知条件同例 6.1，但取圆形截面直径 $d=500$mm，轴向压力设计值 $N=5100$kN，采用混凝土强度等级为 C40。

求：钢筋混凝土柱中钢筋的数量。

解：(1) 按普通箍筋柱计算截面配筋。

① 由例 6.1 确定的参数并根据式(6.2)，直接计算纵向受压钢筋截面面积 A'_s 得

$$A'_s=\frac{1}{f'_y}\left(\frac{N}{0.9\varphi}-f_cA\right)=\frac{1}{360}\times\left(\frac{5100\times10^3}{0.9\times0.95}-19.1\times19.63\times10^4\right)=6154.4(\text{mm}^2)$$

选用 18Φ22，截面面积 $A'_s=6842\text{mm}^2$。

② 验算配筋率

$$\rho'=A'_s/A=6842/(19.63\times10^4)=3.49\%<5\%$$

尽管配筋率未超过最大配筋率限值，但仍配筋较多，不经济。

(2) 按螺旋箍筋柱计算截面配筋。若混凝土强度等级不再提高，并且注意到 $l_0/d<12$，可尝试采用螺旋箍筋柱理论进行设计。

① 选配纵向钢筋。假定纵筋配筋率 $\rho'=2\%$，则 $A'_s=\rho'A=0.02\times19.63\times10^4=3926(\text{mm}^2)$，选用 8$\Phi$25，$A'_s=3927\text{mm}^2$。混凝土的保护层取用 20mm，估计箍筋直径为 10mm，得

$$d_{cor}=d-30\times2=500-60=440(\text{mm})$$

$$A_{cor}=\pi d_{cor}^2/4=3.14\times440^2/4=15.20\times10^4(\text{mm}^2)$$

② 计算螺旋箍筋的换算截面面积。混凝土强度等级小于 C50，$\alpha=1.0$，根据式(6.6)，求螺旋箍筋的换算截面面积 A_{sso} 为

$$A_{sso}=\frac{N/0.9-(f_cA_{cor}+f'_yA'_s)}{2f_y}$$

$$=\frac{5100\times10^3/0.9-(19.1\times15.20\times10^4+360\times3927)}{2\times360}=1875(\text{mm}^2)$$

$$A_{sso}>0.25A'_s=0.25\times3927=982(\text{mm}^2)$$

满足构造要求。

③ 选配螺旋箍筋。假定螺旋箍筋直径 $d=10\text{mm}$,则单肢螺旋箍筋截面面积 $A_{ss1}=78.5\text{mm}^2$。求得螺旋箍筋的间距 s

$$s=\pi d_{cor}A_{ss1}/A_{sso}=3.14\times440\times78.5/1875=57.8(\text{mm})$$

取 $s=50\text{mm}$,以满足不小于40mm,并不大于80mm及 $0.2d_{cor}$ 的要求。

④ 验证螺旋箍筋柱适用条件。根据所配置的螺旋箍筋 $d=10\text{mm}$,$s=50\text{mm}$,求得间接配筋柱的轴向力设计值 N_u 为

$$A_{sso}=\frac{\pi d_{cor}A_{ss1}}{s}=\frac{3.14\times440\times78.5}{50}=2169(\text{mm}^2)$$

$$N_u=0.9(f_cA_{cor}+2\alpha f_yA_{sso}+f'_yA'_s)$$
$$=0.9\times(19.1\times15.20\times10^4+2\times1\times360\times2169+360\times3927)=5290.7(\text{kN})$$

按式(6.2),计算得

$$N=0.9\varphi(f_cA+f'_yA'_s)$$
$$=0.9\times0.95\times[19.1\times19.63\times10^4+360\times3927]=4414.4(\text{kN})$$

且

$$1.5\times4414.4=6622(\text{kN})>5290.7\text{kN}$$

满足要求。

(3) 绘制截面配筋图。截面配筋如图6.10所示。

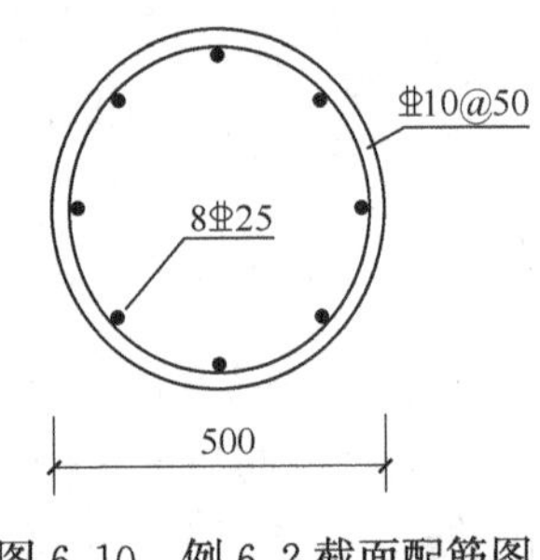

图6.10　例6.2截面配筋图

6.3　偏心受压构件的正截面受压破坏形态

6.3.1　偏心受压短柱的破坏形态

试验表明,钢筋混凝土偏心受压短柱有受拉破坏和受压破坏两种破坏形态。

1. 受拉破坏形态

受拉破坏又称大偏心受压破坏,当轴向压力 N 的相对偏心距 e_0/h_0 较大,且远离 N 侧钢筋配置适量时通常发生这种破坏。此工况下,靠近轴向压力的一侧截面受压,另一侧受拉。随着荷载的增加,首先在受拉区产生横向裂缝,并不断开展,在破坏前主裂缝逐渐明显;随后,受拉钢筋的应力达到屈服强度,中和轴向受压区移动,混凝土受压区高度迅速减小,最后混凝土被压碎,构件破坏。

受拉破坏形态的特点是受拉钢筋先达到屈服强度，最终导致受压区混凝土被压碎，与适筋梁的破坏形态相似，为**延性破坏**。构件破坏时，其正截面上的应力状态和裂缝展开如图 6.11 所示。

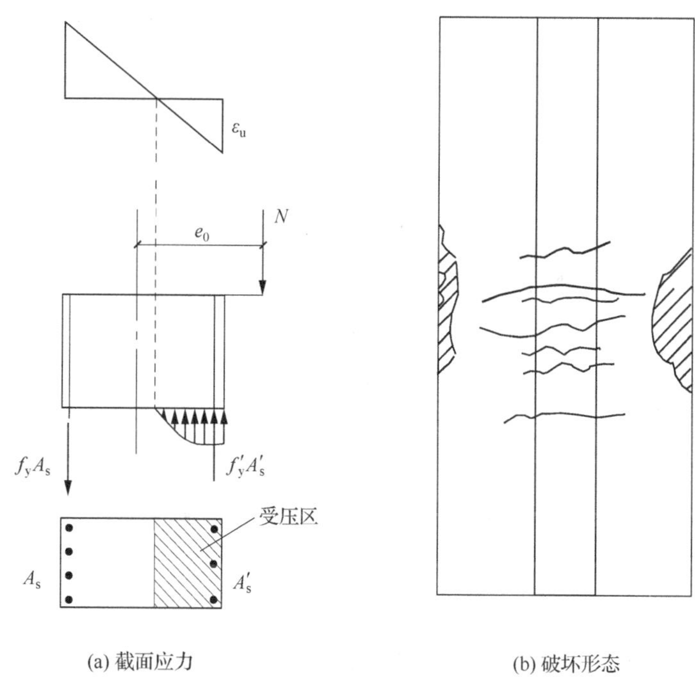

图 6.11　受拉破坏时的截面应力和受拉破坏形态

2. 受压破坏形态

受压破坏又称小偏心受压破坏，通常发生在以下两种情况下。

(1) 轴向力 N 的相对偏心距 e_0/h_0 较大，但远离轴向力 N 一侧配置的受拉钢筋较多。破坏时，受压区边缘混凝土达到极限压应变值，受压钢筋应力达到抗压屈服强度，远离轴向力 N 一侧的钢筋受拉但不屈服。构件破坏时，其正截面上的应力状态和裂缝展开如图 6.12(a)、(c)所示。

(2) 轴向力 N 的相对偏心距 e_0/h_0 较小，构件截面全部受压或大部分受压，如图 6.12(b)所示。破坏时，受压应力较大一侧截面的混凝土被压坏，同侧受压钢筋的应力也达到抗压屈服强度，而离轴向力较远一侧的钢筋，可能受拉也可能受压，但均不能达到屈服强度。偏心距很小而轴向力 N 较大的情况下，远侧钢筋可能受压屈服。

此外，当相对偏心距 e_0/h_0 很小时，由于截面的实际形心与构件的几何中心不重合，若靠近轴压力一侧的纵向钢筋数量远大于远离轴压力一侧的钢筋数量，会发生离轴向力作用点较远一侧的混凝土先被压坏的现象，通常称为**反向破坏**。

受压破坏的特点是混凝土先被压碎，远侧钢筋可能受拉也可能受压，受拉时不屈服，受压时可能屈服也可能不屈服，均属脆性破坏。

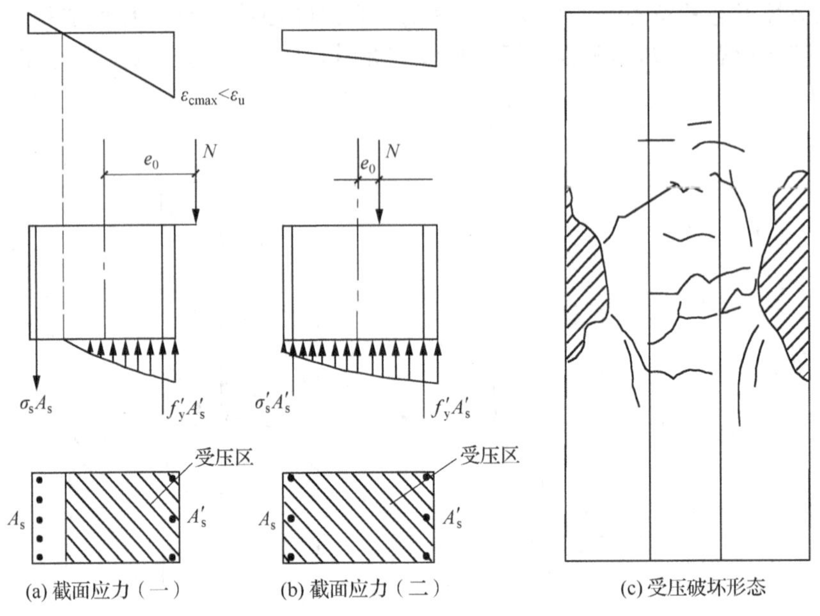

图 6.12　受压破坏时的截面应力和受压破坏形态

3. 两种破坏形态的异同点

由以上分析可知，**受拉破坏与受压破坏均属材料破坏范畴，两者的相同点是受压区边缘混凝土均能达到其极限压应变值而被压碎；不同点是受拉破坏的起因是受拉钢筋屈服，而受压破坏的起因是受压区边缘混凝土被压碎**。

与受弯构件相似，两种破坏形态之间存在界限破坏形态，称为**界限破坏**。即受拉钢筋达到屈服强度的同时，受压区边缘混凝土被压碎。界限破坏形态也属于受拉破坏形态。

6.3.2　偏心受压长柱的破坏形态

图 6.13 为 3 根截面尺寸、配筋和材料强度等完全相同，不同长细比的柱从加载到破坏的路径示意图。从图可知，偏心受压长柱在纵向弯曲影响下，可能发生**失稳破坏**和**材料破坏**两种破坏类型。

长细比很大时，构件的破坏不是始自材料的屈服，而是由于构件纵向弯曲失去平衡引起的**失稳破坏**；当柱长细比较小时，虽然在承受偏心受压荷载后，偏心距有所增大，使柱的承载能力相比同样截面的短柱减小，但其破坏特征与短柱相同，都是因截面边缘材料达到屈服强度产生的**材料破坏**。

长柱在偏心荷载作用下会产生较大的纵向弯曲，对承载能力影响较大，设计时须予以考虑。

6.3.3　偏心受压构件的二阶效应

偏心受压构件在轴向力的作用下将产生纵向弯曲变形，即侧向挠度。轴向压力由于侧向挠度而产生的附加弯矩称为**二阶弯矩**，也称为偏心受压构件的**二阶荷载效应**，简称**二阶效应**。通常，将由挠曲和侧移产生的二阶效应分别称为 P-δ 效应和 P-Δ 效应，以下分别介绍。

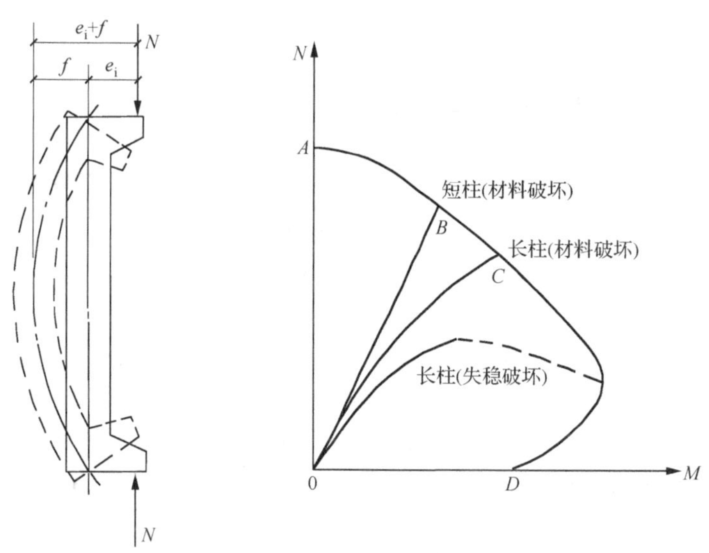

图 6.13　不同长细比柱从加载到破坏的 N-M 关系

1. 由偏压柱自身挠曲产生的 P-δ 二阶效应

如图 6.14(a)所示，偏心受压构件在杆端同号弯矩 M_1、M_2（$M_2 > M_1$）和轴向力 P 共同作用下，将产生单向弯曲。不考虑二阶效应时，杆件的弯矩图，即**一阶弯矩**图如图 6.14(b)所示，杆端 B 截面的弯矩 M_2 最大，杆件的截面承载力计算将以此为控制截

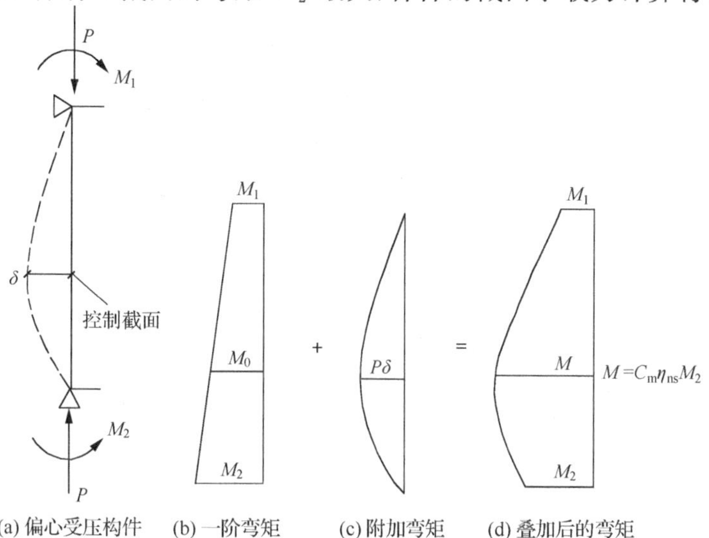

(a) 偏心受压构件　(b) 一阶弯矩　(c) 附加弯矩　(d) 叠加后的弯矩

图 6.14　偏心受压构件的 P-δ 效应

面。考虑二阶效应后,轴向压力 P 对杆件截面产生如图 6.14(c)所示的**附加弯矩** $P\delta$,与一阶弯矩 M_0 叠加后的弯矩 M 如图 6.14(d)所示。

$$M = M_0 + P\delta \tag{6.7}$$

式中:δ——柱中截面的挠度值。

由以上分析可知,如果附加弯矩 $P\delta$ 较大,且 M_1 接近 M_2,可能发生**控制截面由原来的杆端截面转移至杆件中部某个截面的情况**。

1) 考虑 P-δ 二阶效应的条件

为了减少计算工作量,当满足下述三个条件中的任一条件时,需考虑 P-δ 二阶效应:

$$M_1/M_2 > 0.9 \tag{6.8a}$$

$$N/f_c A > 0.9 \tag{6.8b}$$

$$l_c/i > 34 - 12(M_1/M_2) \tag{6.8c}$$

式中:M_1、M_2——已考虑侧移影响的偏心受压构件两端截面按结构弹性分析确定的同一主轴的组合弯矩设计值,绝对值较大端为 M_2,绝对值较小端为 M_1,当构件按单曲率弯曲时,M_1/M_2 取正值,否则取负值;

l_c——构件的计算长度,可近似取偏心受压构件相应主轴方向上下支撑点之间的距离;

i——偏心方向的截面回转半径,对于矩形截面 $b \times h$,$i = 0.289h$;

A——偏心受压构件的截面面积。

2) 考虑 P-δ 二阶效应后截面设计弯矩的计算

除排架结构柱外,其他偏心受压构件考虑轴向压力在挠曲杆件中产生的 P-δ 二阶效应后,控制截面的弯矩设计值,应按下列公式计算为:

$$M = C_m \eta_{ns} M_2 \tag{6.9a}$$

其中

$$C_m = 0.7 + 0.3M_1/M_2 \tag{6.9b}$$

$$\eta_{ns} = 1 + \frac{1}{1300\left(\dfrac{M_2}{N} + e_a\right)/h_0}\left(\frac{l_c}{h}\right)^2 \zeta_c \tag{6.9c}$$

$$\zeta_c = \frac{0.5 f_c A}{N} \tag{6.9d}$$

式中:C_m——构件端截面偏心距调节系数,当小于 0.7 时取 0.7;

η_{ns}——弯矩增大系数;

N——与弯矩设计值 M_2 相应的轴向压力设计值;

e_a——附加偏心距,其值取偏心方向截面尺寸的 1/30 和 20mm 中的较大者;

ζ_c——截面曲率修正系数,当计算值大于 1.0 时取 1.0;

h——截面高度:对环形截面,取外直径;对圆形截面,取直径;

h_0——截面有效高度:对环形截面,取 $h_0 = r_2 + r_s$,对圆形截面,取 $h_0 = r + r_s$;此处 r_2 是环形截面的外半径,r_s 是纵向钢筋重心所在圆周的半径,r 是圆形截面的半径;

A ——构件截面面积。

当 $C_m\eta_{ns}$ 小于 1.0 时取 1.0；对剪力墙及核心筒墙肢，因其 P-δ 效应不明显，可取 $C_m\eta_{ns}$ 等于 1.0。

2. 由侧移产生的 P-Δ 二阶效应

图 6.15 为偏心受压构件的 P-Δ 效应，即一框架结构在水平力 F 和轴向压力 P 共同作用下的变形图和弯矩图，其中，图 6.15(b)、(c)分别为框架柱在水平力 F 作用下的弯矩图和轴向压力 P 对框架柱侧移产生的附加弯矩图；图 6.15(d)为上述两个弯矩图叠加后的图形。可见，P-Δ 效应引起的附加弯矩将增大框架柱截面的弯矩设计值，其增大程度取决于轴向力和侧移的大小。因此，在有侧移框架柱的内力计算中应考虑 P-Δ 效应，否则将导致构件设计缺乏安全性。

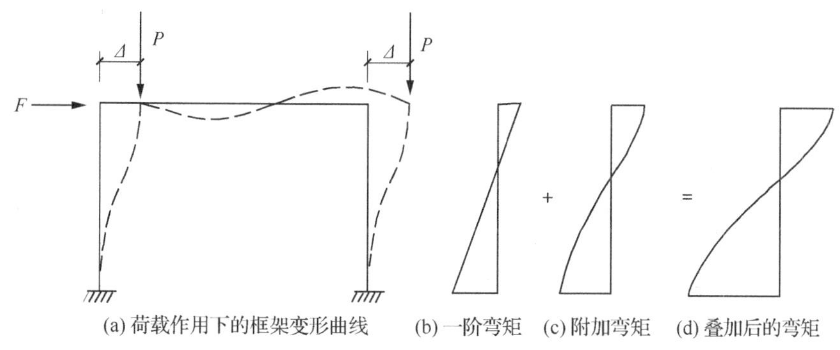

图 6.15　偏心受压构件的 P-Δ 效应

由 P-Δ 效应产生的弯矩增大属于结构分析的内力计算问题，即在偏心受压构件截面设计时采用的内力设计值中已经包含了 P-Δ 效应，不必在截面承载力计算中再考虑。

6.4　矩形截面偏心受压构件正截面承载力计算

6.4.1　大、小偏心受压破坏形态的界限

与受弯构件的正截面承载力分析相似，利用平截面假定和受压区边缘极限压应变值的分布规律，可以得到偏心受压构件正截面在各种破坏情况下沿截面高度的平均应变分布情况，如图 6.16 所示。

因此：**当 $\xi \leqslant \xi_b$ 时属大偏心受压破坏形态；当 $\xi > \xi_b$ 时属小偏心受压破坏形态**。其界限破坏形态对应的相对受压区高度 ξ_b 可用第 4 章式(4.10)计算确定。

6.4.2　矩形截面大偏心受压构件正截面承载力的计算

1. 计算简图

与受弯构件类似，采用等效矩形应力图形，其应力值取为 $\alpha_1 f_c$，受压区高度取为 x，

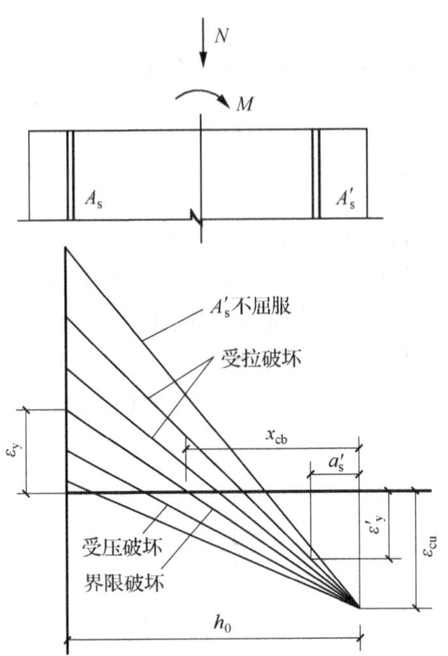

图 6.16　偏心受压构件正截面在各种破坏情况下沿截面高度的平均应变分布情况

大偏心受压截面承载力计算简图如图 6.17 所示。

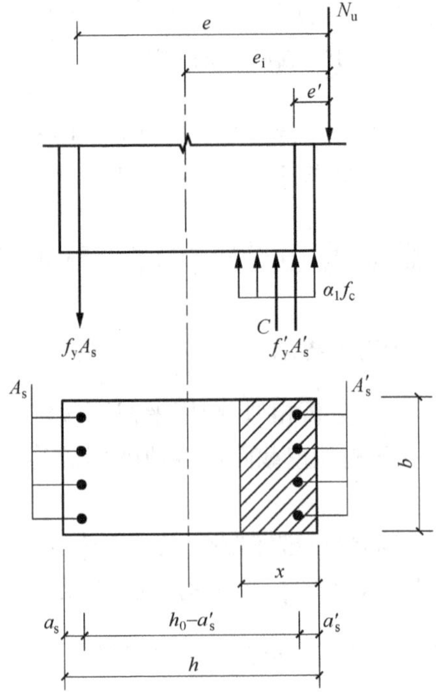

图 6.17　大偏心受压截面承载力计算简图

2. 计算公式

由图6.17并根据力和力矩的平衡条件,可得基本计算公式为

$$N_u=\alpha_1 f_c bx+f'_y A'_s-f_y A_s \tag{6.10}$$

$$N_u e=\alpha_1 f_c bx\left(h_0-\frac{x}{2}\right)+f'_y A'_s(h_0-a'_s) \tag{6.11}$$

$$e=e_i+\frac{h}{2}-a_s \tag{6.12}$$

$$e_i=e_0+e_a \tag{6.13}$$

$$e_0=M/N \tag{6.14}$$

式中:N_u——受压承载力设计值;

α_1——系数,见表4.2;

e——轴向力作用点至受拉钢筋A_s合力点之间的距离;

e_i——初始偏心距;

e_0——轴向力对截面重心的偏心距;

M——控制截面弯矩设计值,考虑P-δ二阶效应时,按式(6.9a)计算;

N——与M相应的轴向压力设计值;

x——混凝土受压区高度。

3. 适用条件

(1) 为保证构件破坏时受拉钢筋达到屈服强度f_y,要求

$$\xi\leqslant\xi_b \text{ 或 } x\leqslant x_b=\xi_b h_0 \tag{6.15}$$

式中:ξ_b——界限破坏时的界限相对受压区高度。

(2) 为保证构件破坏时受压钢筋应力能达到屈服强度f'_y,与双筋受弯构件相同,要求满足

$$x\geqslant 2a'_s \tag{6.16}$$

式中:a'_s——纵向受压钢筋合力点至受压区边缘的距离。

若计算中$x<2a'_s$,与双筋受弯构件类似,取$x=2a'_s$,并对受压钢筋合力作用点取矩,得

$$N_u e'=f_y A_s(h_0-a'_s) \tag{6.17}$$

则

$$A_s=\frac{N_u e'}{f_y(h_0-a'_s)} \tag{6.18}$$

式中:e'——轴向力作用点至受压钢筋A'_s合力点之间的距离,$e'=e_i-h/2+a'_s$。

6.4.3　矩形截面小偏心受压构件正截面承载力的计算

1. 计算简图

小偏心受压破坏时,受压区边缘混凝土先被压碎,受压钢筋A'_s达到屈服强度f'_y,而

远侧钢筋 A_s 可能受拉也可能受压,可能屈服也可能不屈服,小偏心受压构件截面承载力计算简图如图 6.18 所示。

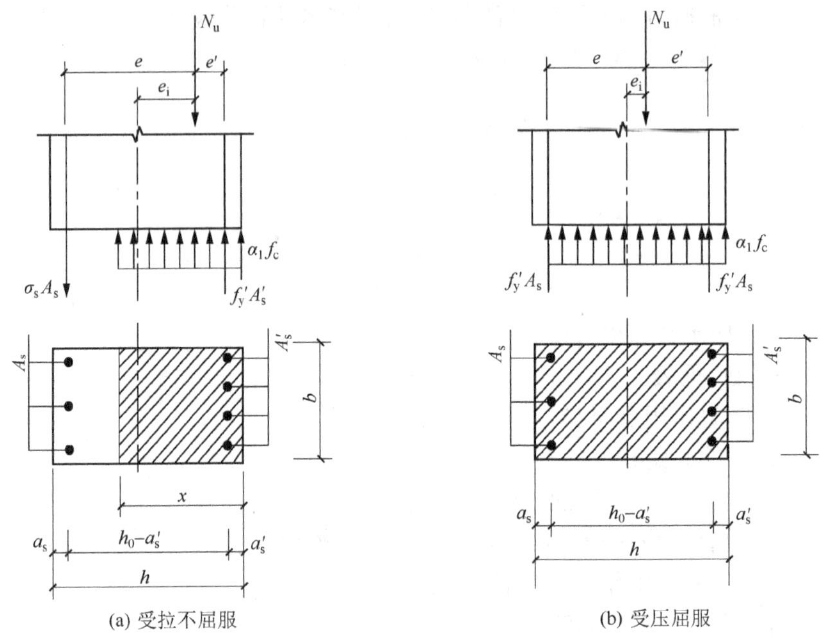

图 6.18 小偏心受压构件截面承载力计算简图

2. 计算公式

假定 A_s 受拉,根据力及力矩的平衡条件,可得

$$N_u = \alpha_1 f_c bx + f_y' A_s' - \sigma_s A_s \tag{6.19}$$

$$N_u e = \alpha_1 f_c bx\left(h_0 - \frac{x}{2}\right) + f_y' A_s'(h_0 - a_s') \tag{6.20}$$

或

$$N_u e' = \alpha_1 f_c bx\left(\frac{x}{2} - a_s'\right) - \sigma_s A_s(h_0 - a_s') \tag{6.21}$$

式中:x ——混凝土受压区高度,当 $x > h$ 时,$x = h$;

σ_s——远离 N 侧钢筋 A_s 的应力值,可近似取

$$\sigma_s = \frac{\xi - \beta_1}{\xi_b - \beta_1} f_y \tag{6.22}$$

要求满足 $-f_y' \leqslant \sigma_s \leqslant f_y$;

ξ、ξ_b ——相对受压区高度和界限相对受压区高度;

e、e' ——轴向力作用点至 A_s 合力点和 A_s' 合力点之间的距离。

$$e = e_i + \frac{h}{2} - a_s \tag{6.23a}$$

$$e' = \frac{h}{2} - e_i - a_s' \tag{6.23b}$$

在式(6.22)中,令 $\sigma_s=-f'_y$,则可得到 A_s 受压屈服时的相对受压区高度

$$\xi_{cy}=2\beta_1-\xi_b \tag{6.24}$$

3. 适用条件

小偏心受压计算公式的适用条件是

$$\xi>\xi_b \text{ 或 } x>\xi_b h_0 \tag{6.25}$$

4. 矩形截面小偏心受压构件反向破坏的正截面承载力计算

如图 6.19 所示,当偏心距很小,A'_s 比 A_s 大得多,截面的实际形心轴将偏向 A'_s 侧,导致偏心方向的改变,有可能在较大轴压力作用下,远离轴压力一侧的边缘混凝土先被压坏。通常将这种情况称为反向受压破坏。

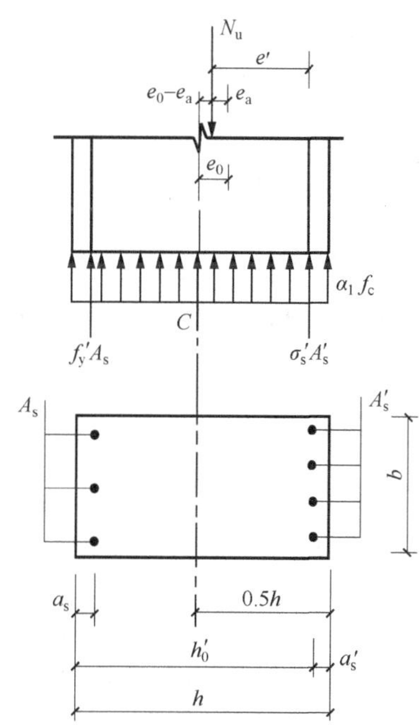

图 6.19　反向破坏时的截面承载力计算简图

此工况下,附加偏心距 e_a 反向,使 e_0 减小,即

$$e'=\frac{h}{2}-a'_s-(e_0-e_a) \tag{6.26}$$

对 A'_s 合力点取矩,得

$$A_s=\frac{N_u e'-\alpha_1 f_c bh\left(h'_0-\frac{h}{2}\right)}{f'_y(h'_0-a_s)} \tag{6.27}$$

截面设计时,令 $N_u=N$,按式(6.27)求得的 A_s 应不小于 $\rho_{min}bh$,其中 $\rho_{min}=0.2\%$,否则应取 $A_s=0.2\%bh$。分析表明,只有当 $N>\alpha_1 f_c bh$ 时,按式(6.27)求得的 A_s 才有可能大于 $0.2\%bh$;当 $N\leqslant\alpha_1 f_c bh$ 时,求得的 A_s 总是小于 $0.2\%bh$。所以《规范》规定,

当 $N>\alpha_1 f_c bh$ 时，应验算反向受压破坏的承载力。

6.4.4 矩形截面偏心受压构件正截面承载力计算公式的应用

偏心受压构件正截面承载力计算可分为截面设计与截面复核两类问题，根据破坏形态的不同，设计和计算方法有所差异，分述如下。

1. 截面设计

偏心受压构件截面设计时，应首先判断是否需要考虑 P-δ 二阶效应和偏心受压类型。

(1) 判断是否需要考虑 P-δ。根据式(6.8)，判断是否需要考虑 P-δ 二阶效应。若需考虑，按照式(6.9)计算、调整控制截面弯矩 M。

(2) 初步判别截面破坏类型。计算偏心距 $e_i=M/N+e_a$，并初步判别截面破坏类型。因受压区高度 x 未知，无法准确判断截面破坏类型。通常，当 $e_i>0.3h_0$ 时，可先按大偏心受压情况计算；当 $e_i\leqslant 0.3h_0$ 时，可先按小偏心受压情况计算。

(3) 大偏心受压构件。对于大偏压情况，可分为 A'_s 未知和 A'_s 已知两种情况，分别讨论如下。

情况 1：A_s 及 A'_s 均未知，求钢筋截面面积 A_s 及 A'_s。

由基本计算公式(6.10)和式(6.11)可知，方程中有 x、A_s、A'_s 三个未知数，理论上有无穷多组解。与双筋受弯构件的计算类似，为使钢筋 $(A_s+A'_s)$ 的总用量最小，可取 $x=\xi_b h_0$ 作为补充条件，将此问题变为有两个方程，两个未知量的问题。将 $x=\xi_b h_0$ 代入式(6.11)，整理得

$$A'_s=\frac{N_u e-\alpha_1 f_c bh_0^2\xi_b(1-0.5\xi_b)}{f'_y(h_0-a'_s)}$$

根据 A'_s 进行下列讨论：

① 若求得的 $A'_s\geqslant\rho_{min}bh$，将求得的 A'_s 代入式(6.10)，则得

$$A_s=\frac{\alpha_1 f_c bh_0\xi_b-N_u}{f_y}+\frac{f'_y}{f_y}A'_s$$

当按上式计算的 $A_s<\rho_{min}bh$ 或者为负值时，应取 $A_s=\rho_{min}bh$ 进行截面配筋。

② 若求得的 $A'_s<\rho_{min}bh$ 或者为负值时，取 $A'_s=\rho_{min}bh$，按情况 2 计算。

情况 2：A'_s 已知，求钢筋截面面积 A_s。

由基本方程(6.10)和式(6.11)可知，方程中有 x、A_s 两个未知数，可直接求解，由式(6.11)求 x，并根据 x 的值进行下列讨论：

① 若 $2a'_s\leqslant x\leqslant\xi_b h_0$ 时，按式(6.10)计算 A_s，即：$A_s=\dfrac{-N_u+\alpha_1 f_c bx+f'_y A'_s}{f_y}$。

② 若 $x>\xi_b h_0$ 时，说明 A'_s 过小，按 A_s 及 A'_s 均未知情况(即情况 1)重新计算。

③ 若 $x<2a'_s$ 时，对受压钢筋 A'_s 合力点取矩，由式(6.17)计算 A_s 值。

矩形截面大偏心受压构件的截面设计流程图见图 6.20。

(4) 小偏心受压构件。小偏心受压构件两个独立的平衡方程中有 x、A_s、A'_s 三个未知数，与大偏压截面设计的情况 1 类似，必须补充一个条件才能求解。基本计算步骤如下：

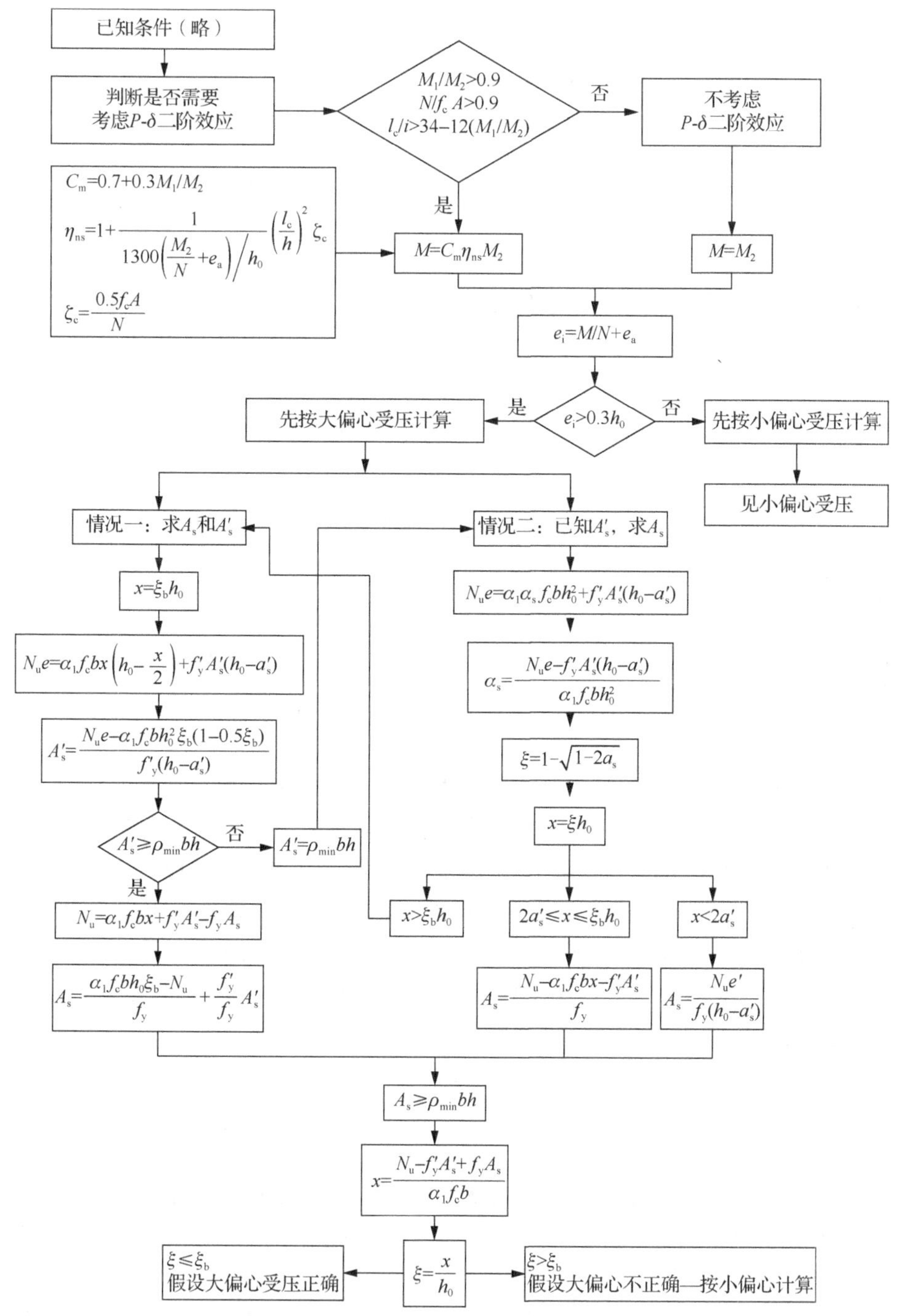

图 6.20　矩形截面大偏心受压构件截面设计流程图

① 确定 A_s（作为补充条件）。由前节分析可知，当 $\xi_b<\xi<\xi_{cy}$ 时，不论 A_s 配置多少均不屈服。因此，为了节约配筋，并防止截面的反向压坏，A_s 可按以下方法确定：

当 $N\leqslant f_cbh$ 时，取 $A_s=0.2\%bh$；

当 $N>f_cbh$ 时，A_s 取按式(6.27)的计算值与 $A_s=0.2\%bh$ 两者中的较大值。

② 计算 ξ 值,并根据 ξ 的具体情况求解 A'_s。将①步确定的 A_s 代入力和力矩平衡方程(6.19)～方程(6.21)中,整理得

$$\xi = u + \sqrt{u^2 + v}$$

$$u = \frac{a'_s}{h_0} + \frac{f_y A_s}{(\xi_b - \beta_1)\alpha_1 f_c b h_0}\left(1 - \frac{a'_s}{h_0}\right)$$

$$v = \frac{2N_u e'}{\alpha_1 f_c b h_0^2} - \frac{2\beta_1 f_y A_s}{(\xi_b - \beta_1)\alpha_1 f_c b h_0}\left(1 - \frac{a'_s}{h_0}\right)$$

根据 ξ 的大小,按以下三种情况求解 A'_s:

a. $\xi_b < \xi < \xi_{cy}$ 时,表示远离 N 侧的钢筋 A_s 不屈服,将 ξ 代入式(6.19),可求解 A'_s。

b. $\xi_{cy} < \xi < h/h_0$ 时,表示远离 N 侧的钢筋 A_s 将达到受压屈服,取 $\sigma_s = -f'_y$,并按下式重新计算 ξ 为

$$\xi = \frac{a'_s}{h_0} + \sqrt{\left(\frac{a'_s}{h_0}\right)^2 + 2\left[\frac{N_u e'}{\alpha_1 f_c b h_0^2} - \frac{f'_y A_s}{\alpha_1 f_c b h_0}\left(1 - \frac{a'_s}{h_0}\right)\right]}$$

由式(6.20)求解 A'_s。

c. $\xi \geqslant \frac{h}{h_0}$ 时,表示计算所得的混凝土受压区过大,取 $x = h$,$\sigma_s = -f'_y$,$\alpha_1 = 1$,得

$$A'_s = \frac{N_u e - f_c b h (h_0 - 0.5h)}{f'_y (h_0 - a'_s)}$$

如果以上求得的 A'_s 值小于 $0.2\%bh$,应取 $A'_s = 0.2\%bh$。

③ 验算垂直于弯矩作用平面的轴心受压承载力。小偏心受压构件应按轴心受压构件验算垂直于弯矩作用平面的承载力,此时不考虑弯矩的影响,但应考虑稳定系数 φ。由计算长度和垂直于弯矩平面方向的截面边长确定长细比,经查表 6.1 确定稳定系数 φ;将截面尺寸、材料强度、稳定系数、截面设计所得的全部钢筋面积(即 $A_s + A'_s$)代入式(6.2)右部,计算垂直于弯矩作用平面的轴心受压承载力 N_u;如 $N_u > N$,表明截面设计合理,否则应重新设计。

矩形截面小偏心受压构件正截面设计流程见图 6.21。

2. 截面复核

(1) 大偏心受压。进行截面承载力复核时,一般已知截面尺寸、混凝土和钢筋强度等级、钢筋截面面积、构件长细比 l_0/h_0,下面分两种情况说明:

已知轴向力设计值 N,求弯矩设计值 M:

将已知配筋 A_s、A'_s 和 ξ_b 代入式(6.10),计算界限情况下的受压承载力设计值 N_b。如 $N \leqslant N_b$,则为大偏心受压,可按式(6.10)求 x,再将 x 代入式(6.11)求 e,进而求得弯矩设计值 $M = Ne_0$。

已知偏心距 e_0,求轴向力设计值 N:

因截面配筋已知,故可如图 6.17 所示对 N 的作用点取矩求混凝土受压区高度 x。当 $x \leqslant x_b$ 时,为大偏压,将 x 代入式(6.10)可求解轴向力设计值 N。

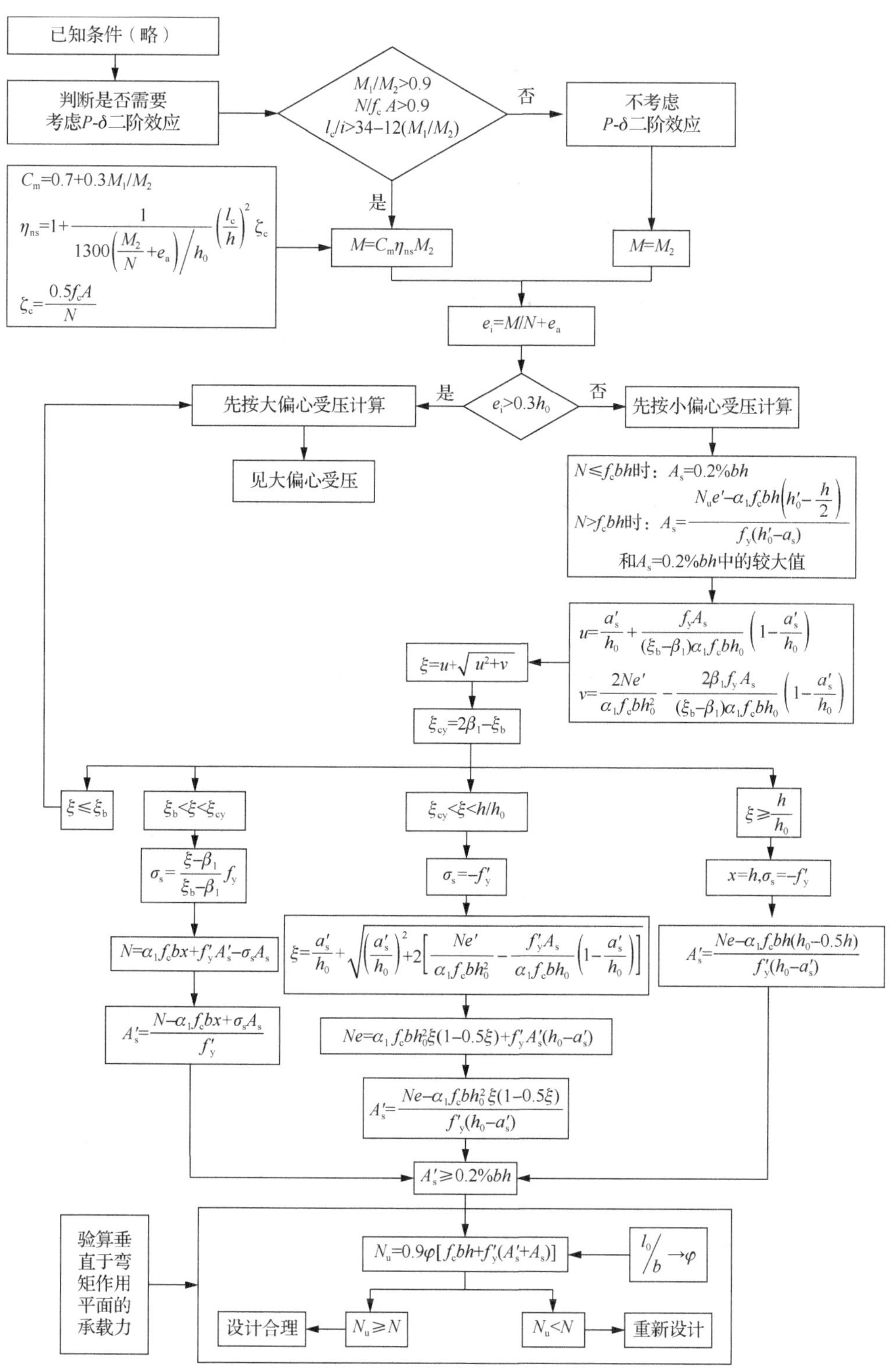

图 6.21　矩形截面小偏心受压构件截面设计流程图

以上两种情况,均需进行垂直于弯矩作用平面的承载力复核。

(2) 小偏心受压。小偏压构件的截面校核有以下两种情况。

① 已知轴向力设计值 N,求弯矩设计值 M。

将已知配筋 A_s、A'_s 和 ξ_b 代入式(6.10),计算界限情况下的受压承载力设计值 N_b。如 $N > N_b$,为小偏心受压,可先假定属于第一种小偏心受压情况,按式(6.19)和式(6.22)求 x。当 $x < \xi_{cy}h_0$ 时,说明假定正确,再将 x 代入式(6.20)求 e,由式(6.13)和式(6.14)求得 e_0 及 $M = Ne_0$;如果 $x \geqslant \xi_{cy}h_0$,则应按照 $\sigma_s = -f'_y$ 重新求算 x;当 $x \geqslant h$ 时,即取 $x=h$。

② 已知偏心距 e_0,求轴向力设计值 N。

因截面配筋已知,故可如图 6.17 所示对 N 的作用点取矩,求解混凝土受压区高度 x。当 $x > x_b$ 时,为小偏心受压,将已知数据代入式(6.19)、式(6.20)和式(6.22),联立求解轴向力设计值 N。

以上两种情况,均需进行垂直于弯矩作用平面的承载力复核。

矩形截面偏心受压构件截面复核流程见图 6.22。

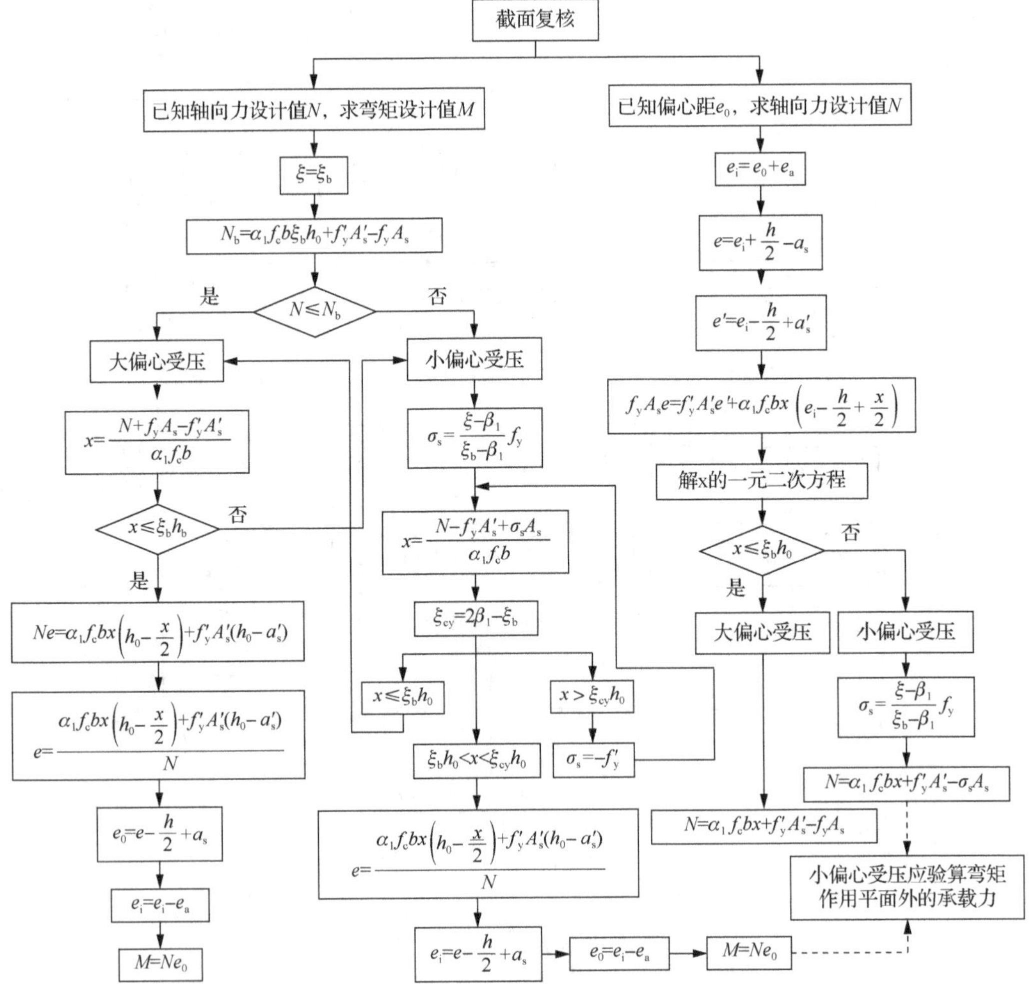

图 6.22 矩形截面偏心受压构件截面复核流程图

【例 6.3】 已知荷载作用下钢筋混凝土柱的轴向力设计值 $N=400\text{kN}$，杆端弯矩设计值 $M_1=0.95M_2$，$M_2=252\text{kN}\cdot\text{m}$；截面尺寸 $b=300\text{mm}$，$h=400\text{mm}$，$a_s=a_s'=40\text{mm}$；混凝土强度等级为 C35，钢筋采用 HRB400 级；$l_c/h=6$；弯矩作用平面外稳定系数 $\varphi=0.85$。

求：钢筋截面面积 A_s' 及 A_s。

解：(1) 确定基本参数。C35 混凝土：$f_c=16.7\text{N/mm}^2$；HRB400 级钢筋：$f_y=f_y'=360(\text{N/mm}^2)$；$\xi_b=0.518$；$h_0=h-a_s=400-40=360(\text{mm})$。

(2) 判断是否需要考虑二阶效应，并调整控制弯矩。由式(6.8a)，得

$$\frac{M_1}{M_2}=0.95>0.9$$

需要考虑 P-δ 效应。

根据式(6.9)，得

$$C_m=0.7+0.3\frac{M_1}{M_2}=0.985$$

$$\zeta_c=\frac{0.5f_cA}{N}=0.5\times\frac{16.7\times300\times400}{400\times10^3}=2.505>1\text{，取 }\zeta_c=1$$

$$e_a=20\text{mm}$$

$$\eta_{ns}=1+\frac{1}{1300\dfrac{\left(\dfrac{M_2}{N}+e_a\right)}{h_0}}\left(\frac{l_c}{h}\right)^2\zeta_c=1+\frac{1}{1300\times\dfrac{\left(\dfrac{252\times10^6}{400\times10^3}+20\right)}{360}}\times6^2\times1=1.015$$

$$C_m\eta_{ns}=0.985\times1.015=0.9998<1\text{，取 }C_m\eta_{ns}=1.0$$

$$M=C_m\eta_{ns}M_2=1\times252=252(\text{kN}\cdot\text{m})$$

(3) 计算偏心距 e_i，并初步判断偏压类型。

$$e_i=e_0+e_a=\frac{252\times10^3}{400}+20=650(\text{mm})$$

$$e_i>0.3h_0=0.3\times360=108(\text{mm})$$

可先按大偏压计算公式计算。

(4) 计算钢筋截面面积，并选配钢筋。根据式(6.10)和式(6.11)，得

$$e=e_i+h/2-a_s=650+400/2-40=810(\text{mm})$$

$$\begin{aligned}A_s'&=\frac{Ne-\alpha_1f_cbh_0^2\xi_b(1-0.5\xi_b)}{f_y'(h_0-a_s')}\\&=\frac{400\times10^3\times810-1.0\times16.7\times300\times360^2\times0.518\times(1-0.5\times0.518)}{360\times(360-40)}\\&=649\text{mm}^2>\rho_{\min}'bh=0.002\times300\times400=240(\text{mm}^2)\end{aligned}$$

$$\begin{aligned}A_s&=\frac{\alpha_1f_cbh_0\xi_b-N}{f_y}+\frac{f_y'}{f_y}A_s'\\&=\frac{1.0\times16.7\times300\times360\times0.518-400\times10^3}{360}+649=2133(\text{mm}^2)\end{aligned}$$

受拉钢筋 A_s 选用 3⌀20+2⌀28(A_s=2174mm^2),受压钢筋 A'_s 选用 3⌀18 (A'_s=763mm^2)。

(5) 根据实配钢筋,重新计算相对受压区高度 ξ。由式(6.10),求解受压区高度 x 为

$$x=\frac{N-f'_yA'_s+f_yA_s}{\alpha_1 f_c b}=\frac{400\times10^3-360\times763+360\times2174}{1.0\times16.7\times300}=181.2(\text{mm})$$

$$x=181.2\text{mm}>2a'_s=2\times40=80(\text{mm})$$

满足公式适用条件。

(6) 验证偏压类型为

$$\xi=\frac{x}{h_0}=\frac{181.2}{360}=0.503<\xi_b=0.518$$

前面假定为大偏心受压是正确的。

(7) 绘制截面配筋图。纵筋配置如图 6.23 所示。

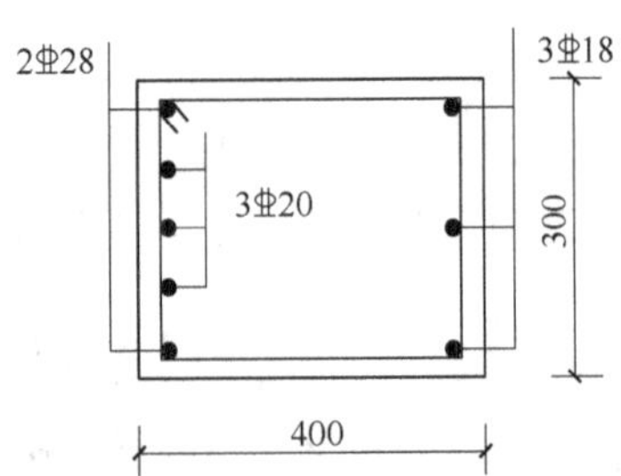

图 6.23 例 6.3 截面配筋图

【例 6.4】 已知条件同例 6.3,但已知 A'_s=1140mm^2(3⌀22)。

求:受拉钢筋截面面积 A_s。

解:(1) 确定基本参数。同上例。

(2) 判断是否需要考虑二阶效应,并调整控制弯矩,同上例。

(3) 计算偏心距 e_i,并初步判断偏压类型,同上例。

(4) 计算钢筋截面面积,并选配钢筋。因 A'_s 为已知,可直接应用式(6.11),计算相对受压区高度 ξ。

$$M_{u2}=Ne-f'_yA'_s(h_0-a'_s)$$
$$=400\times10^3\times810-360\times1140\times(360-40)=192.7(\text{kN}\cdot\text{m})$$

$$a_s=\frac{M_{u2}}{\alpha_1 f_c bh_0^2}=\frac{192.7\times10^6}{1\times16.7\times300\times360^2}=0.297$$

$$\xi=1-\sqrt{1-2a_s}=1-\sqrt{1-2\times0.297}=0.363<\xi_b=0.518$$

前面假定为大偏心受压是正确的。

$x=\xi h_0=0.363\times360=130.6\text{mm}$,根据式(6.10),得

$$A_s=\frac{\alpha_1 f_c bx+f'_yA'_s-N}{f_y}=\frac{1\times16.7\times300\times130.6+360\times1140-400\times10^3}{360}$$
$$=1846(\text{mm}^2)$$

选配 4⌀25(A_s=1964mm^2)。

(5) 根据实配钢筋,重新计算相对受压区高度 ξ,并验证偏压类型为

$$x=\frac{N-f'_yA'_s+f_yA_s}{\alpha_1 f_c b}=\frac{400\times10^3-360\times1140+360\times1964}{1.0\times16.7\times300}=139.0(\text{mm})$$

$$x=139.0\text{mm}>2a'_s=2\times40=80(\text{mm})$$

满足公式适用条件。

(6) 验证偏压类型为

$$\xi=0.386<\xi_b=0.518$$

前面假定为大偏心受压是正确的。

(7) 绘制截面配筋图。纵筋配置如图 6.24 所示。

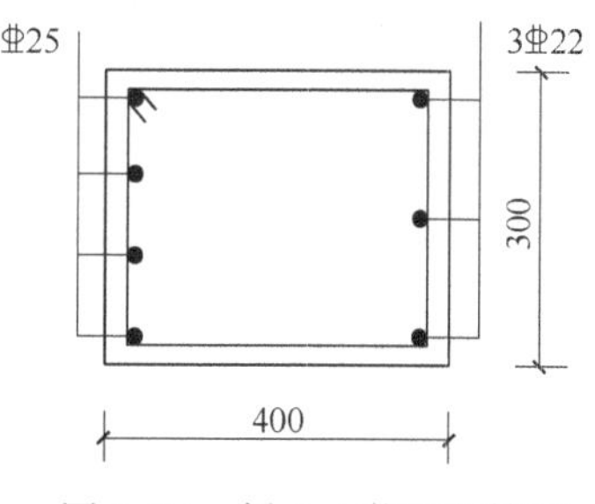

图 6.24　例 6.4 截面配筋图

讨论：比较例 6.3 与例 6.4 可知：当取 $\xi=\xi_b$ 时，总的用钢量计算值为 $763+2174=2937(\text{mm}^2)$，比例 6.4 求得的总用钢量 $1140+1964=3104(\text{mm}^2)$减少。因此，取 $\xi=\xi_b$ 进行计算，可保证较小的钢筋用量。

【例 6.5】 已知钢筋混凝土柱承受轴向压力设计值 $N=1500\text{kN}$；矩形截面尺寸 $b=400\text{mm}$，$h=600\text{mm}$，$a_s=a_s'=40\text{mm}$；混凝土强度等级为 C40，钢筋采用 HRB400 级；A_s 选用 4⌀22 ($A_s=1520\text{mm}^2$)，A_s'选用 4⌀25($A_s=1964\text{mm}^2$)；构件计算长度 $l_0=l_c=4\text{m}$；两杆端弯矩设计值的比值为 $M_1=0.80M_2$。

求：该截面在 h 方向能承受的弯矩设计值 M。

解：(1) 确定基本参数。C40 混凝土：$f_c=19.1\text{N/mm}^2$；HRB400 级钢筋：$f_y=f_y'=360\text{N/mm}^2$；$\xi_b=0.518$；$h_0=h-a_s=600-40=560(\text{mm})$。

(2) 判断是否需要考虑二阶效应。由式(6.8)，得

$$\frac{M_1}{M_2}=0.80<0.9$$

$$\frac{N}{f_cA}=0.33<0.9$$

$$\frac{l_c}{i}=23.1<34-12\left(\frac{M_1}{M_2}\right)=24.4$$

因此，不需要考虑 P-δ 效应。

(3) 计算受压区高度 x，并判断偏压类型。首先假定为大偏压破坏，根据式(6.10)，得

$$x=\frac{N-f_y'A_s'+f_yA_s}{\alpha_1f_cb}=\frac{1500\times10^3-360\times1964+360\times1520}{1.0\times19.1\times400}$$

$$=175\text{mm}<\xi_bh_0=0.518\times560=290(\text{mm})$$

属于大偏心受压情况。

$$x=175\text{mm}>2a_s'=2\times40=80(\text{mm})$$

受压钢筋可以达到屈服强度，满足大偏压计算公式适用条件。

(4) 计算偏心距 e_i。由式(6.11)，得

$$e=\frac{\alpha_1 f_c bx\left(h_0-\frac{x}{2}\right)+f'_y A'_s(h_0-a'_s)}{N}$$

$$=\frac{1.0\times19.1\times400\times175\times(560-175/2)+360\times1964\times(560-40)}{1500\times10^3}$$

$$=666(\text{mm})$$

$$e_i=e-\frac{h}{2}+a_s=666-\frac{600}{2}+40=406(\text{mm})$$

(5) 计算弯矩值M。由$e_a=20\text{mm}$、偏心距e_i和轴压力设计值N,得

$$e_0=e_i-e_a=406-20=386(\text{mm})$$

$$M=Ne_0=1500\times0.386=579(\text{kN}\cdot\text{m})$$

该截面在h方向承受的弯矩设计值为

$$M=579\text{kN}\cdot\text{m}$$

【例 6.6】 已知钢筋混凝土框架柱截面尺寸$b=400\text{mm}$,$h=600\text{mm}$,$a_s=a'_s=45\text{mm}$;混凝土强度等级为C35,采用HRB400级钢筋;A_s选用4⌀25($A_s=1964\text{mm}^2$),A'_s选用4⌀22($A'_s=1520\text{mm}^2$);构件计算长度$l_0=l_c=4.0\text{m}$,轴向力的偏心距$e_0=500\text{mm}$。

求:不考虑P-δ效应,截面能承受的轴向力设计值N_u。

解:(1) 确定基本参数。C35混凝土:$f_c=16.7\text{N/mm}^2$;HRB400级钢筋:$f_y=f'_y=360\text{N/mm}^2$;$\xi_b=0.518$;$e_0=500\text{mm}$,$e_a=600/30=20(\text{mm})$,$e_i=e_0+e_a=500+20=520(\text{mm})$。

(2) 计算受压区高度x。根据图6.17,对轴压力N_u的作用点取矩,得

$$\alpha_1 f_c bx\left(e_i-\frac{h}{2}+\frac{x}{2}\right)=f_yA_s\left(e_i+\frac{h}{2}-a_s\right)-f'_yA'_s\left(e_i-\frac{h}{2}+a'_s\right)$$

代入数据,则

$$1.0\times16.7\times400\times x\left(520-300+\frac{x}{2}\right)$$

$$=360\times1964\times(520+300-45)-360\times1520\times(520-300+45)$$

求解此一元二次方程,得

$$x=191\text{mm}$$

$$2a'_s=2\times45=90\text{mm}<x<x_b=0.518\times555=287.5(\text{mm})$$

满足大偏压计算公式适用条件。

(3) 确定轴压力设计值N_u。由式(6.10),得该截面能承受的轴向力设计值为

$$N_u=\alpha_1 f_c bx+f'_yA'_s-f_yA_s$$

$$=1.0\times16.7\times400\times191+360\times1520-360\times1964=1116(\text{kN})$$

【例 6.7】 已知钢筋混凝土柱的轴向压力设计值$N=4100\text{kN}$,杆端弯矩设计值$M_1=0.5M_2$,$M_2=100\text{kN}\cdot\text{m}$,截面尺寸$b=400\text{mm}$,$h=600\text{mm}$,$a_s=a'_s=45\text{mm}$,混凝土强度等级为C35,采用HRB400级钢筋,$l_c=l_0=3.2\text{m}$。

求:钢筋截面面积A_s和A'_s。

解:(1) 确定基本参数。C35 混凝土:$f_c=16.7\text{N/mm}^2$;HRB400 级钢筋:$f_y=f'_y=360\text{N/mm}^2$,$\xi_b=0.518$;$h_0=h'_0=h-a_s=600-45=555(\text{mm})$。

(2) 判断是否需要考虑二阶效应,并调整控制弯矩。

由式(6.8b),得

$$\frac{N}{f_cbh}=\frac{4100\times10^3}{16.7\times400\times600}=1.023>0.9$$

需要考虑 $P\text{-}\delta$ 效应。

根据式(6.9),得

$$C_m=0.7+0.3\frac{M_1}{M_2}=0.7+0.3\times0.5=0.85$$

$$\xi_c=0.5\frac{f_cA}{N}=\frac{0.5\times16.7\times400\times600}{4100\times10^3}=0.489$$

$$\begin{aligned}\eta_{ns}&=1+\frac{1}{1300\left(\frac{M_2}{N}+e_a\right)\Big/h_0}\left(\frac{l_c}{h}\right)^2\xi_c\\&=1+\frac{1}{1300\times\left(\frac{100\times10^6}{4100\times10^3}+20\right)\Big/555}\times\left(\frac{3.2}{0.6}\right)^2\times0.489\\&=1.134\end{aligned}$$

$$C_m\eta_{ns}=0.85\times1.134=0.964<1.0,\text{取 }C_m\eta_{ns}=1.0$$

$$M=C_m\eta_{ns}M_2=1.0\times100=100(\text{kN}\cdot\text{m})$$

(3) 计算偏心距 e_i,并初步判断偏压类型。

$$e_i=e_0+e_a=100\times10^6/(4100\times10^3)+20=44(\text{mm})$$

$$e_i<0.3h_0=0.3\times555=166.5(\text{mm})$$

可先按小偏压计算公式计算。

(4) 计算钢筋截面面积,并选配钢筋。现分以下两个步骤进行钢筋截面面积计算。

① 确定 A_s。

$$N=4100\text{kN}>f_cbh=4008(\text{kN})$$

按反向破坏的计算公式(6.26)和式(6.27),求 A_s 为

$$e'=\frac{h}{2}-a'_s-(e_0-e_a)=\frac{600}{2}-45-(24-20)=251(\text{mm})$$

$$A_s=\frac{Ne'-\alpha_1f_cbh\left(h'_0-\frac{h}{2}\right)}{f_y(h_0-a_s)}$$

$$=\frac{4100\times10^3\times251-1\times16.7\times400\times600\times(555-300)}{360\times(555-45)}=38(\text{mm}^2)>0$$

按最小配筋率确定 A_s 为

$$A_s=0.002bh=0.002\times400\times600=480(\text{mm}^2)$$

选配 3⏀16,$A_s=603\text{mm}^2$。

② 求 ξ。

$$\xi=u+\sqrt{u^2+v}$$

$$\begin{aligned}u&=\frac{a'_s}{h_0}+\frac{f_yA_s}{(\xi_b-\beta_1)\alpha_1 f_c bh_0}\left(1-\frac{a'_s}{h_0}\right)\\&=\frac{45}{555}+\frac{360\times 603}{(0.518-0.8)\times 1\times 16.7\times 400\times 555}\times\left(1-\frac{45}{555}\right)\\&=0.081-0.1909=-0.1099\end{aligned}$$

$$\begin{aligned}v&=\frac{2Ne'}{\alpha_1 f_c bh_0^2}-\frac{2\beta_1 f_yA_s}{(\xi_b-\beta_1)\alpha_1 f_c bh_0}\left(1-\frac{a'_s}{h_0}\right)\\&=\frac{2\times 4100\times 10^3\times 251}{1\times 16.7\times 400\times 555^2}-\frac{2\times 0.8\times 360\times 603}{(0.518-0.8)\times 1\times 16.7\times 400\times 555}\times\left(1-\frac{45}{555}\right)\\&=1.0003+0.30528=1.036\end{aligned}$$

$$\xi=-0.1099+\sqrt{(-0.1099)^2+1.036}=1.038$$

$$\xi=1.038>\xi_b=0.518$$

属于小偏压类型。

$$\xi_{cy}=2\beta_1-\xi_b=2\times 0.8-0.518=1.082>\xi=1.038$$

属于 $\xi_b<\xi<\xi_{cy}$ 情况,由式(6.20)得

$$\begin{aligned}A'_s&=\frac{N-\alpha_1 f_c\xi bh_0+\left(\dfrac{\xi-\beta_1}{\xi_b-\beta_1}\right)f_yA_s}{f_y}\\&=\frac{4100\times 10^3-1\times 16.7\times 1.038\times 400\times 555+\dfrac{1.038-0.8}{0.518-0.8}\times 360\times 603}{360}\\&=190.3(\text{mm}^2)\end{aligned}$$

对 A_s 选配 3⌀16,$A_s=603\text{mm}^2$;对 A'_s 选配 3⌀22,$A'_s=1140\text{mm}^2$(按构造要求配筋)。重新验算偏压类型(略)。

(5) 验算垂直于弯矩作用平面的轴心受压承载力。

$$\frac{l_0}{b}=\frac{3200}{400}=8$$

查表 6.1,得 $\varphi=1.0$,由式(6.2)得

$$\begin{aligned}N_u&=0.9\varphi[f_cbh+f'_y(A'_s+A_s)]\\&=0.9\times 1.0\times[16.7\times 400\times 600+360\times(1140+603)]\\&=4171(\text{kN})>N=4100\text{kN}\end{aligned}$$

弯矩平面外承载力满足要求。

(6) 绘制截面配筋图。纵筋配置如图 6.25 所示。

【例 6.8】 已知荷载作用下框架柱的轴向力设计值 $N=3200\text{kN}$;柱截面尺寸 $b=500\text{mm}$,$h=500\text{mm}$,$a_s=a'_s=45\text{mm}$;混凝土强度等级为 C40,采用 HRB400 钢筋;A_s 选用 4⌀18($A_s=1017\text{mm}^2$),A'_s 选用 4⌀25($A'_s=1964\text{mm}^2$);构件计算长度 $l_c=l_0=6\text{m}$,

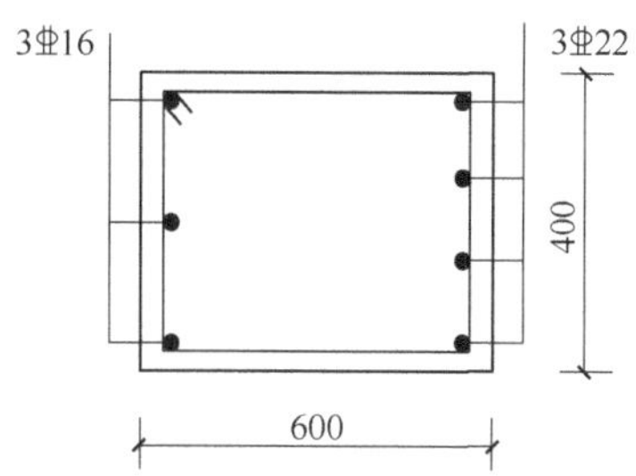

图 6.25　例 6.7 截面配筋图

$M_1 = -M_2$。

求：不考虑 P-δ 效应，该截面 h 方向能承受的弯矩设计值 M。

解：(1) 确定基本参数。C40 混凝土：$f_c = 19.1\text{N/mm}^2$；HRB400 级钢筋：$f_y = f'_y = 360\text{N/mm}^2$；$\xi_b = 0.518$；$h_0 = h'_0 = h - a_s = 500 - 45 = 455(\text{mm})$。

(2) 确定偏压类型。首先假定破坏类型为大偏心受压类型，由式(6.10)，计算 x 值。

$$x = \frac{N - f'_y A'_s + f_y A_s}{\alpha_1 f_c b} = \frac{3200 \times 10^3 - 360 \times 1964 + 360 \times 1017}{1.0 \times 19.1 \times 500} = 299.4(\text{mm})$$

$x > \xi_b h_0 = 0.518 \times 455 = 235.7(\text{mm})$，属于小偏心受压破坏情况。

(3) 计算 h 方向能承受的弯矩设计值。

① 计算受压区高度 x。由式(6.19)，得

$$\xi = \frac{N - f'_y A'_s - \dfrac{0.8}{\xi_b - 0.8} f_y A_s}{\alpha_1 f_c b h_0 - \dfrac{1}{\xi_b - 0.8} f_y A_s} = \frac{3200 \times 10^3 - 360 \times 1964 - \dfrac{0.8 \times 360 \times 1017}{0.518 - 0.8}}{1.0 \times 19.1 \times 500 \times 455 - \dfrac{360 \times 1017}{0.518 - 0.8}} = 0.627$$

$$0.518 = \xi_b < \xi < \xi_{cy} = 2 \times 0.8 - 0.518 = 1.082$$

受压区高度

$$x = \xi h_0 = 0.627 \times 455 = 285.3(\text{mm})$$

② 计算轴向力设计值 N 至受拉钢筋 A_s 的距离 e。根据式(6.20)，得

$$e = \frac{\alpha_1 f_c b x \left(h_0 - \dfrac{x}{2}\right) + f'_y A'_s (h_0 - a'_s)}{N}$$

$$= \frac{1.0 \times 19.1 \times 500 \times 285.3 \times (455 - 285.3/2) + 360 \times 1964 \times (455 - 45)}{3200 \times 10^3}$$

$$= 356.5(\text{mm})$$

③ 计算轴向力 N 对截面重心的偏心距 e_0。

$$e_i = e - \frac{h}{2} + a_s = 356.5 - \frac{500}{2} + 45 = 151.5(\text{mm})$$

$$e_a = \max\{500/30, 20\} = 20(\text{mm})$$

$$e_i = e_0 + e_a$$

因此

$$e_0 = e_i - e_a = 151.5 - 20 = 131.5(\text{mm})$$

④ 计算弯矩设计值 M。

$$M = Ne_0 = 3200 \times 0.1315 = 420.8(\text{kN} \cdot \text{m})$$

(4) 进行垂直于弯矩作用平面的承载力校核。

$$l_0/b = 6000/500 = 12$$

查表 6.1,得 $\varphi = 0.95$,由式(6.2)得

$$\begin{aligned} N_u &= 0.9\varphi(f_c A + f'_y A'_s) \\ &= 0.9 \times 0.95 \times [19.1 \times 500 \times 500 + 360 \times (1017 + 1964)] \\ &= 5000(\text{kN}) > N = 3200\text{kN} \end{aligned}$$

满足要求。

6.5 矩形截面对称配筋偏心受压构件正截面承载力计算

工程实际中,偏心受压构件可能在设计基准期内承受相反方向的弯矩。当其数值相差不大,或即使数值相差较大,但按对称配筋设计求得的钢筋总量比按不对称配筋设计所得的钢筋用量增加不多时,均宜采用对称配筋。

6.5.1 大、小偏心受压的判别

对于对称配筋情况,$A_s = A'_s$,$f_y = f'_y$,大、小偏压破坏形态的判别标准并无改变,即:**当 $\xi \leqslant \xi_b$ 时属大偏心受压破坏形态;当 $\xi > \xi_b$ 时属小偏心受压破坏形态。**

6.5.2 矩形截面对称配筋大偏心受压构件正截面承载力的计算

1. 计算简图

对称配筋大偏心受压破坏的截面计算简图如图 6.26 所示。

2. 计算公式

对称配筋时,截面两侧的钢筋数量和级别均相同,即 $A_s = A'_s$,$f_y = f'_y$。由图 6.26 所示计算简图及力的平衡条件,可得基本计算公式

$$N_u = \alpha_1 f_c bx \tag{6.28}$$

$$N_u e = \alpha_1 f_c bx\left(h_0 - \frac{x}{2}\right) + f'_y A_s (h_0 - a'_s) \tag{6.29}$$

3. 适用条件

公式的适用条件与非对称配筋的情况相同,仍为式(6.15)和式(6.16)。

6.5.3 矩形截面对称配筋小偏心受压构件正截面承载力的计算

1. 计算简图

对称配筋的小偏心受压破坏的截面计算简图如图 6.27 所示。

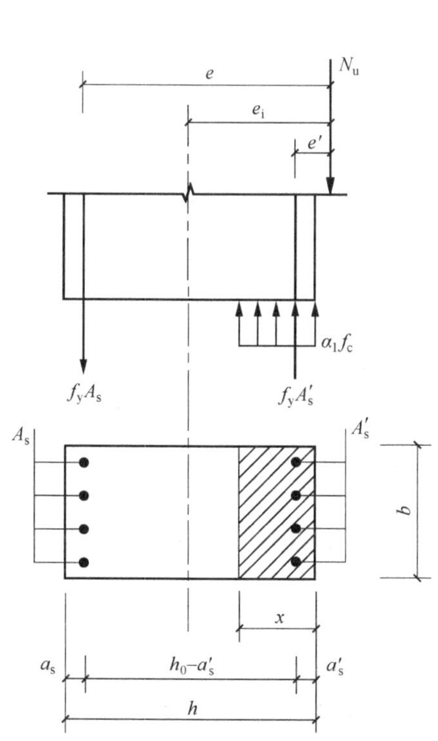

图 6.26　对称配筋大偏心受压截面承载力计算简图

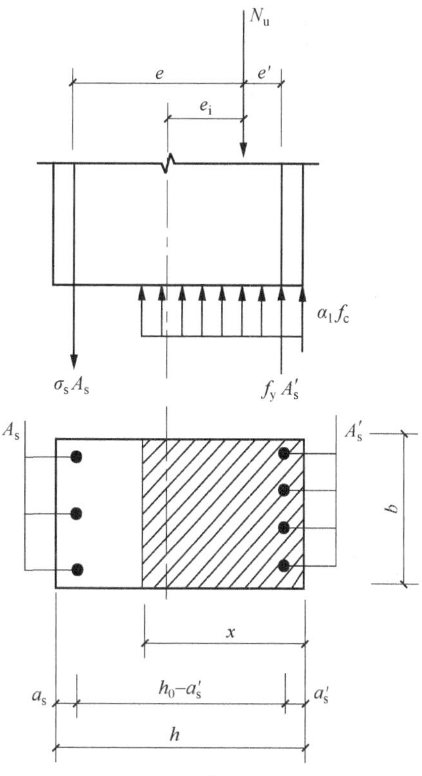

图 6.27　对称配筋小偏心受压截面承载力计算简图

2. 计算公式

假定远离 N 侧的钢筋 A_s 受拉，并有 $A_s=A'_s$，$f_y=f'_y$，根据力及力矩的平衡条件，可得

$$N_u=\alpha_1 f_c bx+f_y A_s-\sigma_s A_s \tag{6.30}$$

$$N_u e=\alpha_1 f_c bx\left(h_0-\frac{x}{2}\right)+f_y A_s(h_0-a'_s) \tag{6.31}$$

或

$$N_u e'=\alpha_1 f_c bx\left(\frac{x}{2}-a'_s\right)-\sigma_s A_s(h_0-a'_s) \tag{6.32}$$

式中：x ——混凝土受压区高度，当 $x>h$ 时，取 $x=h$；

σ_s——远离 N 侧钢筋 A_s 的应力值，仍可用式(6.22)近似计算确定。

3. 适用条件

与非对称配筋的小偏压情况相同，仍为式(6.25)。

6.5.4 矩形截面对称配筋偏心受压构件正截面承载力的计算公式的应用

1. 大偏心受压构件

(1) 截面设计。对称配筋截面的设计步骤与非对称配筋情况相同。由式(6.28)可得混凝土受压区高度

$$x=\frac{N_u}{\alpha_1 f_c b} \tag{6.33}$$

代入式(6.29),可得

$$A_s=A'_s=\frac{N_u e-\alpha_1 f_c bx\left(h_0-\dfrac{x}{2}\right)}{f'_y(h_0-a'_s)} \tag{6.34}$$

当 $x<2a'_s$ 时,可按 $x=2a'_s$ 进行计算。若 $x>x_b$,则认为受拉筋 A_s 达不到受拉屈服强度,需改用小偏心受压公式进行计算。

(2) 截面校核。与非对称配筋的大偏压构件校核问题相同,但取 $A_s=A'_s$,$f_y=f'_y$。

【例 6.9】 已知条件同例 6.3,但要求截面设计为对称配筋,即 $A'_s=A_s$。

求:钢筋截面面积 A'_s 及 A_s。

解:(1) 确定基本参数。C35 混凝土:$f_c=16.7\text{N/mm}^2$;HRB400 级钢筋:$f_y=f'_y=360\text{N/mm}^2$;$\xi_b=0.518$;$h_0=h-a_s=400-40=360\text{mm}$。

(2) 判断偏压类型。由例 6.3 的已知条件和已求参数,可知

$$e_i=650\text{mm}>0.3h_0=108\text{mm}$$

可按照对称配筋情况下,大偏心受压公式(6.30)计算受压区高度 x 为

$$x=\frac{N}{\alpha_1 f_c b}=\frac{400\times 10^3}{1.0\times 16.7\times 300}=80(\text{mm})$$

验算适用条件

$$x=80\text{mm}<\xi_b h_0=186.5(\text{mm})$$

$$x=80\text{mm}\geqslant 2a'_s=80\text{mm}$$

满足大偏心受压计算公式适用条件。

(3) 计算 A_s、A'_s。根据式(6.34),得

$$A_s=A'_s=\frac{Ne-\alpha_1 f_c bx(h_0-x/2)}{f'_y(h_0-a'_s)}$$

$$=\frac{400\times 10^3\times 810-1.0\times 16.7\times 300\times 80\times(360-80/2)}{360\times(360-40)}$$

$$=1699(\text{mm}^2)$$

每边配置 2⏀22+2⏀25($A_s=A'_s=1742\text{mm}^2$)。经验算,满足最小配筋率要求。

(4) 绘制截面配筋图(图 6.28)。截面纵筋配置如图 6.28 所示。

讨论:对比本题与例 6.3 可知,当采用非对称配筋时,$A_s+A'_s=2174+763=2937(\text{mm}^2)$;当采用对称配筋时,$A_s+A'_s=2\times 1742=3484(\text{mm}^2)$,钢筋用量增多。可见,采用对称配

筋方式，将导致钢筋用量增加。

2. 小偏心受压构件

(1) 截面设计。对称配筋截面的设计步骤与非对称配筋情况相同。取 $A_s = A'_s$，$f_y = f'_y$，整理式(6.29)，得

$$N = \alpha_1 f_c b h_0 \xi + (f_y - \sigma_s) A_s$$

即

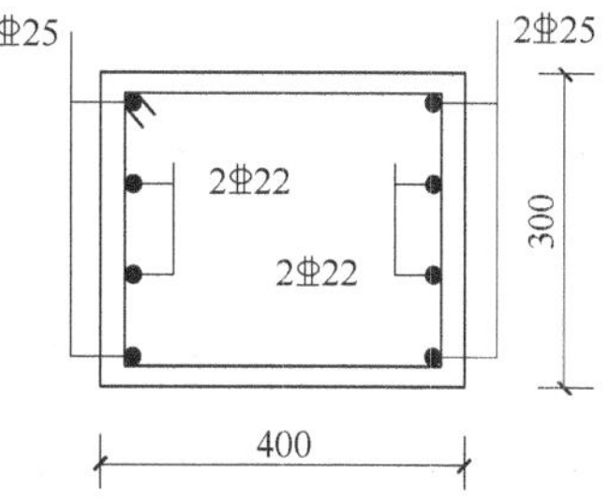

图 6.28　例 6.9 截面配筋图

$$f_y A_s = \frac{N - \alpha_1 f_c b h_0 \xi}{\dfrac{\xi_b - \xi}{\xi_b - \beta_1}}$$

代入式(6.31)，得

$$Ne = \alpha_1 f_c b h_0^2 \xi (1 - 0.5\xi) + \frac{N - \alpha_1 f_c b h_0 \xi}{\dfrac{\xi_b - \xi}{\xi_b - \beta_1}} (h_0 - a'_s)$$

即

$$Ne\left(\frac{\xi_b - \xi}{\xi_b - \beta_1}\right) = \alpha_1 f_c b h_0^2 \xi (1 - 0.5\xi) \left(\frac{\xi_b - \xi}{\xi_b - \beta_1}\right) + (N - \alpha_1 f_c b h_0 \xi)(h_0 - a'_s)$$

由上式易知，需求解三次方程方可求解出 ξ，手算十分麻烦。可按照《规范》给出的如下近似公式进行计算，即

$$\xi = \frac{N - \xi_b \alpha_1 f_c b h_0}{\dfrac{Ne - 0.43\alpha_1 f_c b h_0^2}{(\beta_1 - \xi_b)(h_0 - a'_s)} + \alpha_1 f_c b h_0} + \xi_b \tag{6.35}$$

求得 ξ 后，代入式(6.28)即可求得钢筋截面面积为

$$A_s = A'_s = \frac{Ne - \alpha_1 f_c b h_0^2 \xi (1 - 0.5\xi)}{f'_y (h_0 - a'_s)} \tag{6.36}$$

(2) 截面校核。与非对称配筋的小偏压构件校核问题相同，但取 $A_s = A'_s$，$f_y = f'_y$。

【例 6.10】　已知某钢筋混凝土柱轴向力设计值 $N = 3000\text{kN}$，弯矩设计值 $M_1 = 0.80M_2$，$M_2 = 300\text{kN·m}$；截面尺寸 $b = 400\text{mm}$，$h = 600\text{mm}$，$a_s = a'_s = 45\text{mm}$；混凝土强度等级为 C40，钢筋用 HRB400 级；构件计算长度 $l_c = l_0 = 3.3\text{m}$。

求：对称配筋时 $A_s = A'_s$ 的数值。

解：(1) 确定基本参数。C40 混凝土：$f_c = 19.1\text{N/mm}^2$；HRB400 级钢筋：$f_y = f'_y = 360\text{N/mm}^2$；$\xi_b = 0.518$；$h_0 = h - a_s = 600 - 45 = 555(\text{mm})$。

$$M = M_2 = 300\text{kN·m}$$

$$e_a = 600/30 = 20(\text{mm})$$

$$e_0 = M/N = (300 \times 10^6)/(3000 \times 10^3) = 100(\text{mm})$$

$$e_i = e_0 + e_a = 100 + 20 = 120(\text{mm})$$

$$e_i = 120\text{mm} < 0.3h_0 = 0.3 \times 555 = 166.5(\text{mm})$$

$$e = e_i + h/2 - a_s = 120 + 600/2 - 45 = 375(\text{mm})$$

(2) 判断是否需要考虑二阶效应。由式(6.8),得

$$M_1/M_2 = 0.80 < 0.9$$

$$N/f_cA = \frac{3000 \times 10^3}{19.1 \times 400 \times 600} = 0.654 < 0.9$$

$$\frac{l_c}{i} = \frac{3300}{0.289 \times 600} = 19.03 < 34 - 12\frac{M_1}{M_2} = 24.4$$

因此,不需考虑 P-δ 效应。

(3) 初步判断偏压类型。由式(6.33),得

$$x = \frac{N}{\alpha_1 f_c b} = \frac{3000 \times 10^3}{1.0 \times 19.1 \times 400} = 392.7(\text{mm}) > x_b = 0.518 \times 555 = 287.5(\text{mm})$$

属于小偏心受压情况。

(4) 计算相对受压区高度 ξ。 由简化计算公式(6.35),得

$$\xi = \frac{N - \xi_b\alpha_1 f_c bh_0}{\dfrac{Ne - 0.43\alpha_1 f_c bh_0^2}{(\beta_1 - \xi_b)(h_0 - a_s')} + \alpha_1 f_c bh_0} + \xi_b$$

$$= \frac{3000 \times 10^3 - 0.518 \times 1.0 \times 19.1 \times 400 \times 555}{\dfrac{3000 \times 10^3 \times 375 - 0.43 \times 1.0 \times 19.1 \times 400 \times 555^2}{(0.8 - 0.518) \times (555 - 45)} + 1.0 \times 19.1 \times 400 \times 555}$$

$$+ 0.518 = 0.678$$

(5) 计算 $A_s = A_s'$。由式(6.35),且 $x = \xi h_0 = 0.678 \times 555 = 376.2(\text{mm})$,得

$$A_s = A_s' = \frac{Ne - \alpha_1 f_c bx\left(h_0 - \dfrac{x}{2}\right)}{f_y'(h_0 - a_s')}$$

$$= \frac{3000 \times 10^3 \times 375 - 1.0 \times 19.1 \times 400 \times 376.2 \times \left(555 - \dfrac{376.2}{2}\right)}{360 \times (555 - 45)}$$

$$= 384\text{mm}^2 < \rho'_{\min}bh = 0.2\% \times 400 \times 600 = 480(\text{mm}^2)$$

考虑到需满足整体配筋率不小于 0.55%的要求,即

$$\rho'_{\min}bh = 0.55\% \times 400 \times 600 = 1320(\text{mm}^2)$$

每边选用 4⊈16,$A_s' = A_s = 804\text{mm}^2$。

(6) 验算垂直于弯矩作用方向的承载能力。

$$l_0/b = 3300/400 = 8.25$$

查表 6.1,得 $\varphi = 0.998$。

由式(6.2),计算轴压承载力为

$$N = 0.9\varphi[f_c bh + f_y'(A_s' + A_s)]$$

$$= 0.9 \times 0.998 \times [19.1 \times 400 \times 600 + 360 \times (804 + 804)]$$

$$= 4637(\text{kN}) > 3000\text{kN}$$

弯矩作用平面外承载力满足要求。

(7) 绘制截面配筋图(图 6.29)。

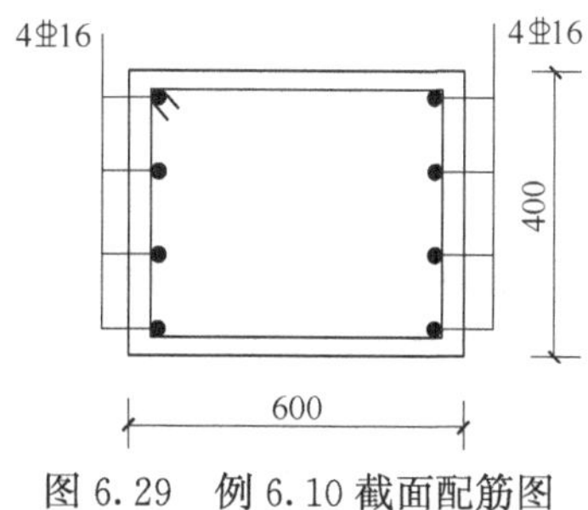

图 6.29　例 6.10 截面配筋图

6.6　矩形截面承载力 N_u-M_u 相关曲线及其应用

由前述章节内容可知,对于给定截面形状、尺寸、材料强度和配筋的偏心受压构件,可以在无数组不同的 N_u、M_u 的组合下达到承载能力极限状态。通常应用 N_u-M_u 相关曲线来反映钢筋混凝土截面在压力和弯矩共同作用下的正截面压弯承载力变化规律。

6.6.1　矩形截面对称配筋大偏心受压构件的 N_u-M_u 相关曲线

在实际工程中,通常采用对称配筋,即 $A_s=A'_s$,$f_y=f'_y$,将此条件代入式(6.10),得

$$N_u=\alpha_1 f_c bx$$

$$x=\frac{N_u}{\alpha_1 f_c b}$$

整理可得

$$N_u\left(e_i+\frac{h}{2}-a_s\right)=\alpha_1 f_c b\,\frac{N_u}{\alpha_1 f_c b}\left(h_0-\frac{N_u}{2\alpha_1 f_c b}\right)+f'_y A'_s(h_0-a'_s)$$

$N_u e_i=M_u$,则

$$M_u=-\frac{N_u^2}{2\alpha_1 f_c b}+\frac{N_u h}{2}+f'_y A'_s(h_0-\alpha'_s) \tag{6.37}$$

上式即为矩形截面大偏心受压构件对称配筋条件下 N_u-M_u 的相关曲线方程。

6.6.2　矩形截面对称配筋小偏心受压构件的 N_u-M_u 相关曲线

将 N_u、σ_s、$x=\xi h_0$ 代入式(6.19)和式(6.20),可得

$$N_u=\alpha_1 f_c bh_0\xi+f'_y A'_s-\left(\frac{\xi-\beta_1}{\xi_b-\beta_1}\right)f_y A_s$$

$$N_u e=\alpha_1 f_c bh_0^2\xi(1-0.5\xi)+f'_y A'_s(h_0-a'_s)$$

将 $A_s=A'_s$、$f_y=f'_y$ 代入上式,整理后得

$$N_u=\frac{\alpha_1 f_c bh_0(\xi_b-\beta_1)-f'_y A'_s}{\xi_b-\beta_1}\xi+\left(\frac{\xi_b}{\xi_b-\beta_1}\right)f'_y A'_s$$

由上式解得

$$\xi=\frac{\beta_1-\xi_b}{\alpha_1 f_c bh_0(\beta_1-\xi_b)+f'_y A'_s}N_u+\frac{\xi_b f'_y A'_s}{\alpha_1 f_c bh_0(\beta_1-\xi_b)+f'_y A'_s}$$

令

$$\lambda_1=\frac{\beta_1-\xi_b}{\alpha_1 f_c bh_0(\beta_1-\xi_b)+f'_y A'_s}$$

$$\lambda_2=\frac{\xi_b f'_y A'_s}{\alpha_1 f_c bh_0(\beta_1-\xi_b)+f'_y A'_s}$$

即

$$\xi=\lambda_1 N_u+\lambda_2$$

整理,并注意到 $N_u e_i=M_u$,得

$$M_u=\alpha_1 f_c bh_0^2[(\lambda_1 N_u+\lambda_2)-0.5(\lambda_1 N_u+\lambda_2)^2]-\left(\frac{h}{2}-a_s\right)N_u+f'_y A'_s(h_o-a'_s) \tag{6.38}$$

上式即为矩形截面小偏心受压构件对称配筋条件下 N_u-M_u 的相关曲线方程。

6.6.3 N_u-M_u 相关曲线的特点和应用

图 6.30 所示为矩形截面偏压构件计算所得的典型 N_u-M_u 相关曲线。截面尺寸 $b=400\text{mm}$,$h=600\text{mm}$,$a_s=a'_s=40\text{mm}$;混凝土强度等级为 C40,钢筋选用 HRB400 级;对称配筋,$A_s=A'_s=0.01bh$。

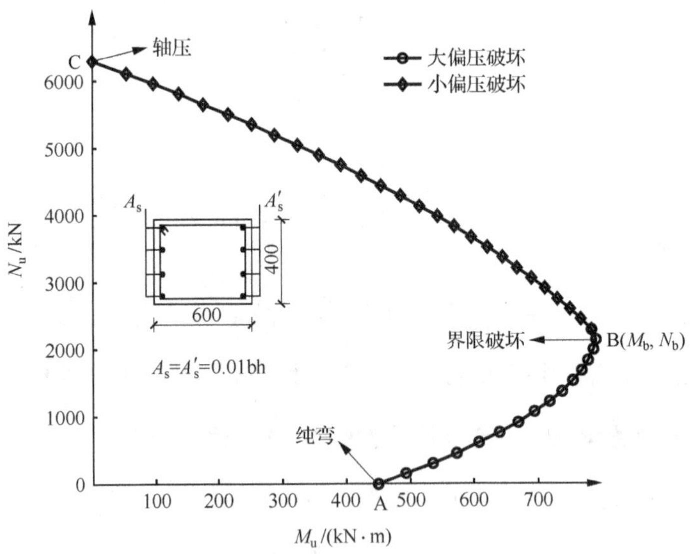

图 6.30 矩形截面偏压构件计算所得的典型 N_u-M_u 相关曲线

从图 6.30 可以看出,N_u-M_u 相关曲线系统地反映了截面在压力和弯矩共同作用下的正截面压弯承载力变化规律,其特点总结如下。

(1) N_u-M_u 相关曲线上的任一点代表截面处于正截面承载能力极限状态时的一种内力组合。如果内力 (M,N) 在曲线的内侧,说明截面未达到承载能力极限状态,是安全

的；反之，则表明截面承载能力不足。

(2) 当 $M_u=0$ 时，N_u 最大(如图 6.30 中的 C 点)，对应轴心受压情况；当 $N_u=0$ 时，对应纯弯情况，但 M_u 不是最大(如图 6.30 中的 A 点)。

(3) 截面受弯承载力 M_u 与截面作用的轴压力 N_u 有关。当轴压力 N_u 小于界限破坏的轴压力 N_b 时(对应图 6.30 中的 AB 段)，截面将发生大偏心破坏，M_u 随 N_u 的增大而增大；当轴压力 N_u 大于界限破坏的轴压力 N_b 时(对应图 6.30 中的 BC 段)，截面将发生小偏心受压破坏，M_u 随 N_u 的增大而减小。界限破坏时，M_u 达到最大值 M_b(对应图 6.30 的 B 点)。

(4) 矩形截面对称配筋时的 N_u-M_u 相关曲线如图 6.31 所示。如果截面形状、尺寸相同，混凝土和钢筋等级也相同，但配筋数量不同，则在界限破坏时，因为 $N_b=\alpha_1 f_c b h_0 \xi_b$，它们的 N_u 相同(如图 6.31 所示的虚线所示)。

(5) 如果截面尺寸和材料强度保持不变，N_u-M_u 相关曲线将随着配筋率的增加向外侧增大(图 6.31)。

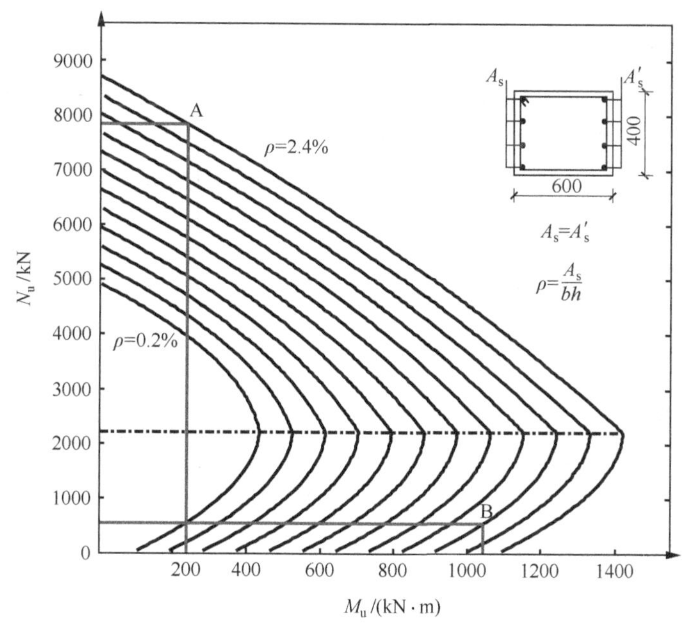

图 6.31　矩形截面对称配筋时的 N_u-M_u 相关曲线

应用 N_u-M_u 相关曲线，可以对特定的截面尺寸、特定的混凝土强度等级和特定的钢筋类别的偏心受压构件，通过计算机预先绘制出一系列图表。图 6.31 为一给定截面和材料强度($b=400$mm，$h=600$mm，$a_s=a_s'=40$mm；混凝土强度等级为 C40，钢筋选用 HRB400 级)，采用对称配筋时的 N_u-M_u 相关曲线。图中每一条曲线分别代表配筋率$\rho=0.2\%，0.4\%，\cdots，2.4\%$时的截面压弯承载力变化规律。

进行截面设计时，可直接查图表确定不同荷载组合对应的破坏类型，并求得所需的截面配筋面积，以简化计算，节省计算工作量。例如，应用图 6.31，可以方便的确定 A 点，即荷载组合 $(M,N)=(238,7800)$，对应小偏压破坏形态，配筋率 $\rho=2.4\%$可以保证截面安全;而B点,荷载组合 $(M,N)=(1040,550)$,对应大偏压破坏形态,配筋率 $\rho=2.0\%$ 可以满足要求。

6.7 I形截面偏心受压构件正截面承载力计算

工业厂房等结构中通常需要较大尺寸的装配式柱,为了节省混凝土和减轻柱的自重,通常选用I形截面柱。I形截面柱一般采用对称配筋形式,其正截面破坏形态与矩形截面相同,设计方法也与矩形截面类似,不同之处在于I形截面形状复杂造成受压区混凝土贡献的差异。

1. 大偏心受压

(1) 计算公式。

① 当 $x>h'_f$ 时,如图 6.32(a)所示,受压区为T形截面,按下列公式计算。

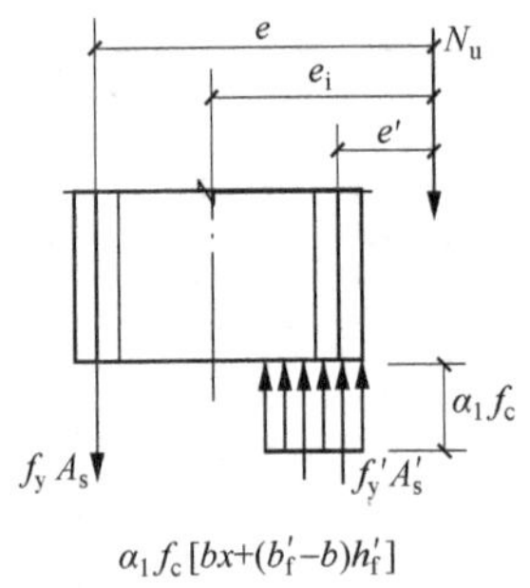

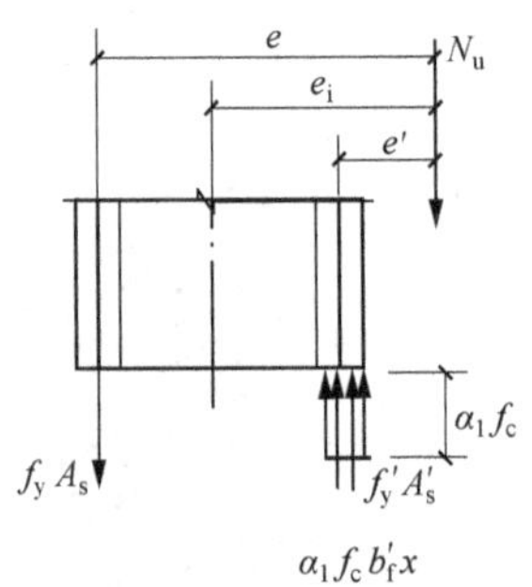

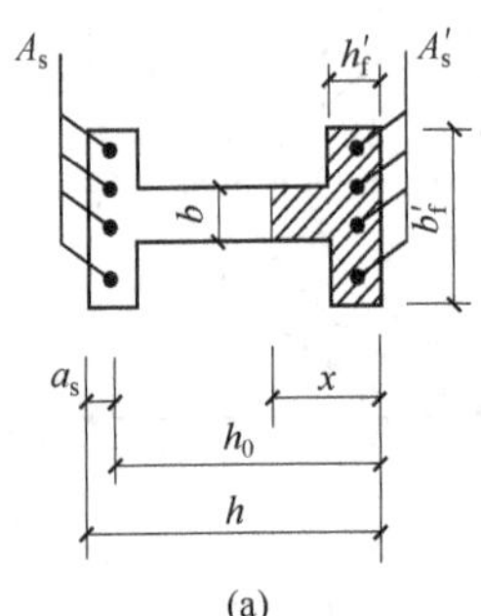

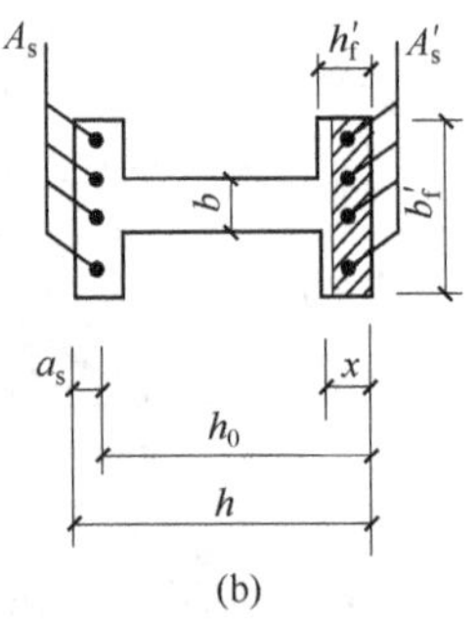

图 6.32 I形截面大偏心受压计算图形

$$N_u=\alpha_1 f_c[bx+(b'_f-b)h'_f] \tag{6.39}$$

$$N_u e=\alpha_1 f_c\left[bx\left(h_0-\frac{x}{2}\right)+(b'_f-b)h'_f\left(h_0-\frac{h'_f}{2}\right)\right]+f'_y A'_s(h_0-a'_s) \tag{6.40}$$

② 当 $x\leqslant h'_f$ 时,如图 6.32(b)所示,按宽度 b'_f 的矩形截面计算。

$$N_u=\alpha_1 f_c b'_f x \tag{6.41}$$

$$N_u e=\alpha_1 f_c b'_f x\left(h_0-\frac{x}{2}\right)+f'_y A'_s(h_0-a'_s) \tag{6.42}$$

式中：h_f——I 形截面受压翼缘高度；

h'_f——I 形截面受压翼缘高度。

(2) 适用条件。为了保证上述计算公式中的受拉钢筋 A_s 及受压钢筋 A'_s 都能达到屈服强度，要满足下列条件：

$$\xi \leqslant \xi_b \tag{6.43}$$

$$x \geqslant 2a'_s \tag{6.44}$$

式中：ξ_b——界限破坏时相对受压区高度。

(3) 计算方法。将 I 形截面假想为宽度是 b'_f 的矩形截面，由式(6.39)得

$$x = \frac{N_u}{\alpha_1 f_c b'_f} \tag{6.45}$$

按 x 值的不同，分成三种情况：

① 当 $x > h'_f$ 时，用式(6.39)及式(6.40)，可求得钢筋截面面积，此时必须验算满足 $\xi \leqslant \xi_b$ 的条件；

② 当 $2a'_s \leqslant x \leqslant h'_f$ 时，用式(6.41)和式(6.42)求得钢筋截面面积。

③ 当 $x < 2a'_s$ 时，取 $x = 2a'_s$，用以下公式求 A'_s 和 A_s：

$$A'_s = A_s = \frac{N_u\left(e_i - \dfrac{h}{2} + a'_s\right)}{f_y(h_0 - a'_s)} \tag{6.46}$$

2. 小偏心受压

(1) 计算公式。对于 I 形截面小偏心受压计算简图如图 6.33 所示，由图 6.33 知

$$N_u = \alpha_1 f_c[bx + (b'_f - b)h'_f] + f'_y A'_s - \sigma_s A_s \tag{6.47}$$

$$N_u e = \alpha_1 f_c\left[bx\left(h_0 - \frac{x}{2}\right) + (b'_f - b)h'_f\left(h_0 - \frac{h'_f}{2}\right)\right] + f'_y A'_s(h_0 - a'_s) \tag{6.48}$$

式中：x——混凝土受压区高度，当 $x > h - h_f$ 时，在计算中应考虑翼缘 h_f 的作用，可改用式(6.49)和式(6.50)计算。

$$N_u = \alpha_1 f_c[bx + (b'_f - b)h'_f + (b_f - b)(h_f + x - h)] + f'_y A'_s - \sigma_s A_s \tag{6.49}$$

$$\begin{aligned} N_u e = \alpha_1 f_c\Bigg[&bx\left(h_0 - \frac{x}{2}\right) + (b'_f - b)h'_f\left(h_0 - \frac{h'_f}{2}\right) \\ &+ (b_f - b)(h_f + x - h)\left(h_f - \frac{h_f + x - h}{2} - a_s\right)\Bigg] + f'_y A'_s(h_0 - a'_s) \end{aligned} \tag{6.50}$$

式中：x 值大于 h 时，取 $x = h$ 计算。σ_s 值仍可用式(6.22)计算。

对于小偏心受压构件，尚应满足下列条件：

$$\begin{aligned} N_u\left[\frac{h}{2} - a'_s - (e_0 - e_a)\right] \leqslant \alpha_1 f_c\Bigg[&bh\left(h'_0 - \frac{h}{2}\right) + (b_f - b)h_f\left(h'_0 - \frac{h_f}{2}\right) \\ &+ (b'_f - b)h'_f(h'_f/2 - a'_s)\Bigg] + f'_y A_s(h'_0 - a_s) \end{aligned} \tag{6.51}$$

式中：e——钢筋 A'_s 合力点至离纵向力 N 较远一侧边缘的距离，即 $h'_0 = h - a_s$。

(2) 适用条件。应满足：$\xi > \xi_b$。

(3) 计算方法。可采用与矩形截面小偏心受压构件相似的计算方法,但需注意I形截面受压区翼缘的贡献。

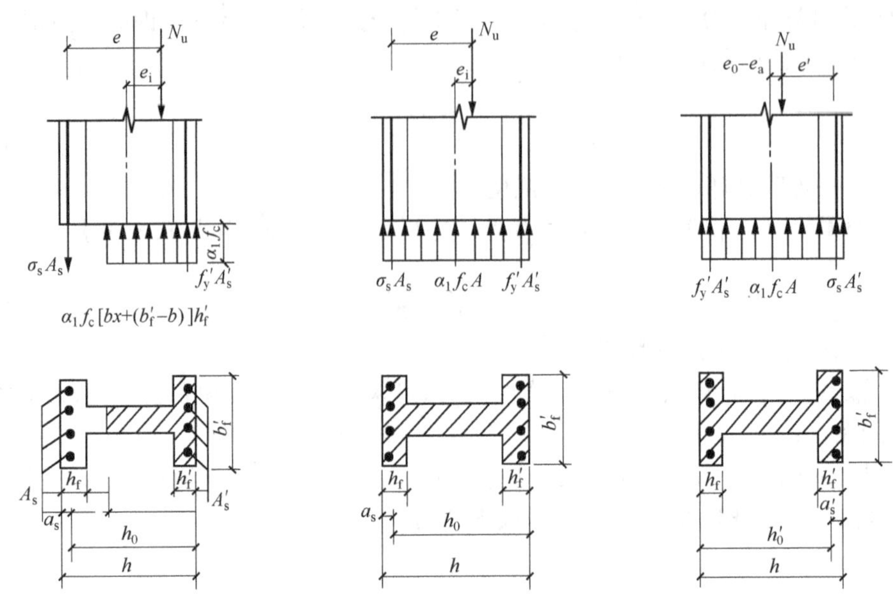

图 6.33　I形截面小偏心受压计算简图

6.8　受压构件斜截面受剪承载力计算

试验表明,轴压力的存在,可以有效推迟垂直裂缝的出现,并使裂缝宽度减小,使得受压构件斜截面受剪承载力有一定程度提高。如图 6.34 的试验数据所示,当轴压比 $N/f_c bh=0.3\sim0.5$ 时,继续增加轴向压力将使得受压构件的破坏形态转变为带有斜裂缝的小偏心受压破坏,斜截面受剪承载力达到最大值。

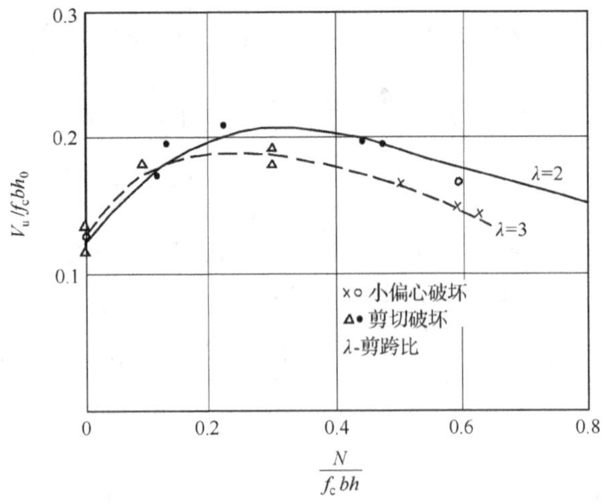

图 6.34　轴压力 $N/f_c bh$ 和剪力 $V_u/f_c bh_0$ 相关试验曲线

试验表明，当 $N < 0.3f_c bh$ 时，不同剪跨比构件的轴压力影响相差不多。通过试验资料分析和可靠度计算，建议对承受轴压力和横向力作用的矩形、T形和I形截面偏心受压构件，其斜截面受剪承载力按下列公式计算为：

$$V_u = \frac{1.75}{\lambda + 1.0} f_t bh_0 + 1.0 f_{yv} \frac{A_{sv}}{s} h_0 + 0.07N \tag{6.52}$$

式中：λ——偏心受压构件计算截面的剪跨比；对各类结构的框架柱，取 $\lambda = M/Vh_0$；当框架结构中柱的反弯点在层高范围内时，取 $\lambda = H_n/2h_0$（H_n 为柱的净高）；当 $\lambda < 1$ 时，取 $\lambda = 1$；当 $\lambda > 3$ 时，取 $\lambda = 3$；此处，M 为计算截面上与剪力设计值 V 相应的弯矩设计值。对其他偏心受压构件：当承受均布荷载时，取 $\lambda = 1.5$；当承受集中荷载时（包括作用有多种荷载、且集中荷载对支座截面或节点边缘所产生的剪力值占总剪力的75%以上的情况），取 $\lambda = a/h_0$；当 $\lambda < 1.5$ 时，取 $\lambda = 1.5$；当 $\lambda > 3$ 时，取 $\lambda = 3$；此处，a 为集中荷载至支座或节点边缘的距离。

N——与剪力设计值 V 相应的轴向压力设计值；当 $N > 0.3f_c A$ 时，取 $N = 0.3f_c A$（A 为构件的截面面积）。

若符合式(6.53)要求时，可不进行斜截面受剪承载力计算，而仅需根据构造要求配置箍筋。

$$V \leqslant \frac{1.75}{\lambda + 1.0} f_t bh_0 + 0.07N \tag{6.53}$$

偏心受压构件的受剪截面尺寸尚应符合《规范》的有关规定。

6.9　均匀配筋、圆形和环形截面偏心受压构件承载力计算*

6.9.1　均匀配筋偏心受压构件承载力计算

均匀配筋的构件是指截面中除了在受压边缘和受拉边缘集中配置受压钢筋 A'_s 和受拉钢筋 A_s 外，在沿截面腹部配置纵向受力钢筋 A_{sw}。截面腹部均匀配置纵向普通钢筋的矩形、T形或I形截面钢筋混凝土偏心受压构件，其正截面受压承载力符合正截面承载力计算的基本假定。可根据平截面假定，计算出截面任意位置上的应变，然后求出任意位置上的钢筋应力 σ_{si}，根据平衡方程就可以对均匀配筋构件承载能力进行计算（可参考4.8.1节均匀配筋矩形截面受弯构件承载力的计算）。但这种计算方法较繁琐，不便于设计应用，故作了必要的简化（图6.35），其正截面受压承载力宜符合下列规定：

$$N \leqslant \alpha_1 f_c [\xi bh_0 + (b'_f - b)h'_f] + f'_y A'_s - \sigma_s A_s + N_{sw} \tag{6.54}$$

$$Ne \leqslant \alpha_1 f_c \left[\xi(1 - 0.5\xi) bh_0^2 + (b'_f - b)h'_f\left(h_0 - \frac{h'_f}{2}\right)\right] + f'_y A'_s (h_0 - a'_s) + M_{sw} \tag{6.55}$$

均匀配筋的偏心受压构件截面的承载能力是在普通偏心受压构件承载力的基础上，增加了腹部配筋的承载力 N_{sw} 和 M_{sw}，可按下式简化计算：

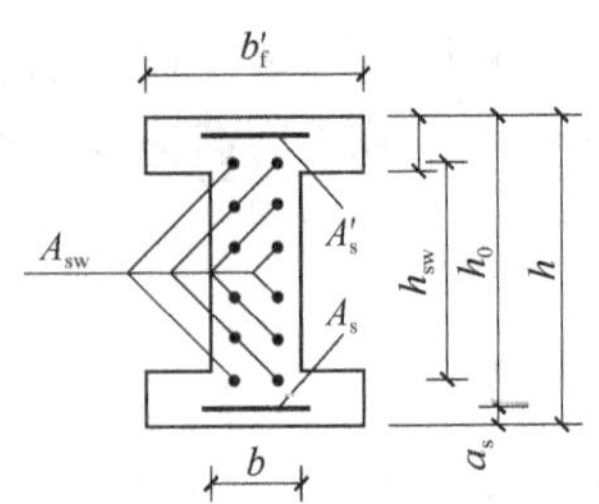

图 6.35　沿截面腹部均匀配筋的 I 形截面

$$N_{sw}=\left(1+\frac{\xi-\beta_1}{0.5\beta_1\omega}\right)f_{yw}A_{sw} \tag{6.56}$$

$$M_{sw}=\left[0.5-\left(\frac{\xi-\beta_1}{\beta_1\omega}\right)^2\right]f_{yw}A_{sw}h_{sw} \tag{6.57}$$

式中：A_{sw}——沿截面腹部均匀配置的全部纵向普通钢筋截面面积；

f_{yw}——沿截面腹部均匀配置的纵向钢筋强度设计值；

N_{sw}——沿截面腹部均匀配置的纵向钢筋所承担的轴向压力，当 ξ 大于 β_1 时，取为 β_1 进行计算；

M_{sw}——沿截面腹部均匀配置的纵向普通钢筋的内力对 A_s 重心的力矩，当 ξ 大于 β_1 时，取为 β_1 进行计算；

ω——均匀配置纵向普通钢筋区段的高度 h_{sw} 与截面有效高度 h_0 的比值（h_{sw}/h_0），宜取 h_{sw} 为（$h_0-a'_s$）。

注意：沿截面腹部均匀配置纵向普通钢筋是沿截面腹部配置等直径、等间距的受力钢筋，且截面腹部均匀配置纵向普通钢筋的数量每侧不少于 4 根。

均匀配筋的偏心受压构件与一般偏心受压构件相比，只是多了一项腹部纵筋的作用，其他与一般偏心受压构件完全相同。设计时，一般先按构造要求确定腹部钢筋的数量，然后按一般偏心受压构件计算。

【例 6.11】 已知一矩形截面钢筋混凝土柱，截面尺寸 $b\times h=400\text{mm}\times700\text{mm}$，混凝土强度为 C30，钢筋采用 HRB400 级，沿截面腹部均匀配置了 8⌀16 的钢筋，如图 6.36 所示。承受弯矩受弯设计值 $M=1000\text{kN}\cdot\text{m}$，柱两端的设计弯矩相等，不考虑二阶效应的影响，轴向力的设计值 $N=800\text{kN}$，取 $a_s=a'_s=50\text{mm}$，对称配筋。试计算 A_s 和 A'_s。

解：(1) 确定钢筋和混凝土的材料强度及几何参数。

C30 混凝土，$f_c=14.3\text{N/mm}^2$；HRB400 级钢筋，$f_y=f'_y=360\text{N/mm}^2$；

$b=400\text{mm}$，$h=700\text{mm}$，$a_s=a'_s=50\text{mm}$，$h_0=700-50=650(\text{mm})$；

HRB400 级钢筋，C30 混凝土，$\alpha_1=1.0$，$\beta_1=0.8$，$\xi_b=0.518$；8⌀16，$A_{sw}=1608\text{mm}^2$。

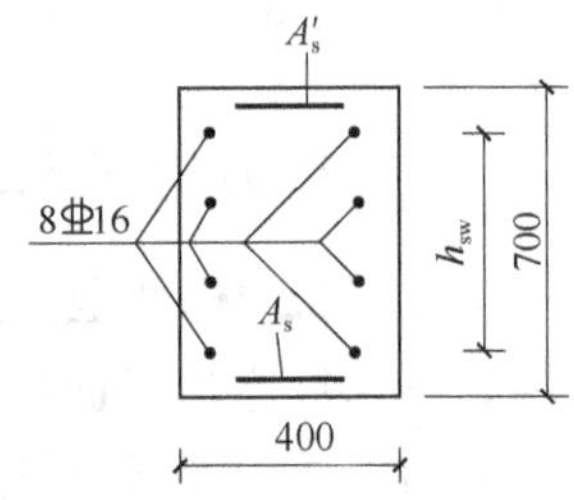

图 6.36　例 6.11 图

(2) 偏心距的计算。

$$e_0=\frac{M}{N}=\frac{1000}{800}=1.25(\text{m})=1250(\text{mm})$$

$$e_a=\max\left\{20,\frac{700}{30}\right\}=23.3(\text{mm})$$

$$e_i=e_0+e_a=1250+23.3=1273.3(\text{mm})$$

$$e=e_i+\frac{h}{2}-a_s=1273.3+350-50=1573.3(\text{mm})$$

(3) 计算 ξ。

取 $h_{sw}=h_0-a'_s=650-50=600\text{mm}$，$\omega=h_{sw}/h_0=600/650=0.923$

$$N_{sw}=\left(1+\frac{\xi-\beta_1}{0.5\beta_1\omega}\right)f_{yw}A_{sw}=\left(1+\frac{\xi-0.8}{0.5\times0.8\times0.923}\right)\times360\times1608$$

因为对称配筋 $A_s=A'_s$，取 $f_y=f'_y$，则

$$N=\alpha_1 f_c\xi bh_0+N_{sw}$$

代入数据求解 ξ

$$800\times10^3=1.0\times14.3\times\xi\times400\times650+\left(1+\frac{\xi-0.8}{0.5\times0.8\times0.923}\right)\times360\times1608$$

$$\xi=0.279<\xi_b=0.518$$

(4) 计算 A'_s 和 A_s。

$$M_{sw}=\left[0.5-\left(\frac{\xi-\beta_1}{\beta_1\omega}\right)^2\right]f_{yw}A_{sw}h_{sw}=\left[0.5-\left(\frac{0.279-0.8}{0.8\times0.923}\right)^2\right]\times360\times1608\times600$$

$$=7.5\times10^5\text{N}\cdot\text{mm}$$

由 $Ne\leqslant\alpha_1 f_c\xi(1-0.5\xi)bh_0^2+f'_yA'_s(h_0-a'_s)+M_{sw}$，得

$$A'_s=\frac{Ne-\alpha_1 f_c\xi(1-0.5\xi)bh_0^2-M_{sw}}{f'_y(h_0-a'_s)}=$$

$$\frac{800\times10^3\times1573.3-1.0\times14.3\times0.279\times(1-0.5\times0.279)\times400\times650^2-7.5\times10^5}{360\times(650-50)}$$

$$=3137.5\text{mm}^2$$

选配 4⌀25+3⌀22，即 $A_s=A'_s=3104\text{mm}^2$。

$\dfrac{3137.5-3104}{3137.5}=1.07(\%)<5\%$，满足工程要求。

(5)验算最小配筋。

$$\rho=\rho'=\frac{3104}{400\times700}=1.11(\%)>\rho_{min}=0.2\%$$，满足要求。

6.9.2　环形截面偏心受压构件承载力计算

工程中的管柱、空心桩等构件为环形截面偏心受压构件，一般情况下纵向钢筋沿周边均匀布置，因此使得轴压、大小偏心受压的破坏界限不再明显，可采用统一的计算公式。沿周边均匀配筋的环形截面也可根据平截面假定计算出任意位置上的钢筋应力 σ_{si}，然后根据平衡条件计算截面承载力。这种计算方法工作量大，不便于设计应用，下面介绍简化计算公式。

沿周边均匀配置纵向钢筋的环形截面偏心受压构件(图 6.37)，其正截面受压承载力宜符合下列规定：

$$N\leqslant\alpha\alpha_1 f_c A+(\alpha-\alpha_t)f_yA_s \tag{6.58}$$

$$Ne_i\leqslant\alpha_1 f_c A(r_1+r_2)\frac{\sin\pi\alpha}{2\pi}+f_yA_sr_s\frac{(\sin\pi\alpha+\sin\pi\alpha_t)}{\pi} \tag{6.59}$$

上述各公式中的系数和偏心距，应按下列公式计算为：

$$\alpha_t=1-1.5\alpha \tag{6.60}$$

$$e_i=e_0+e_a \tag{6.61}$$

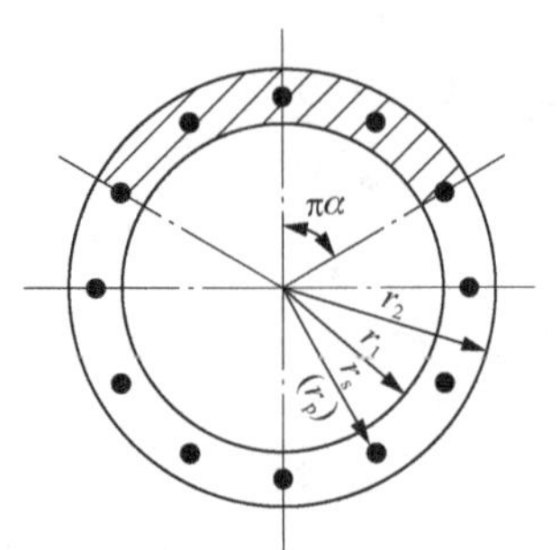

图 6.37 沿周边均匀配筋的环形截面

式中:A ——环形截面面积;

A_s ——全部纵向普通钢筋的截面面积;

r_1、r_2——环形截面的内、外半径;

r_s ——纵向普通钢筋重心所在圆周的半径;

e_0——轴向压力对截面重心的偏心距;

e_a ——附加偏心距;

α ——受压区混凝土截面面积与全截面面积的比值;

α_t ——纵向受拉钢筋截面面积与全部纵向钢筋截面面积的比值,当α 大于 2/3 时,取α_t 为 0。

当α 小于 $\arccos\left(\dfrac{2r_1}{r_1+r_2}\right)/\pi$ 时,环形截面偏心受压构件可按 6.9.3 节圆形截面偏心受压构件正截面受压承载力公式计算。

注意:上述公式适用于截面内纵向钢筋数量不少于 6 根,且 r_1/r_2 不小于 0.5 的情况。

在承载力的计算公式中有α 和A_s 两个未知数,因此可以联立直接求解。但是解方程较为繁琐,不便于设计应用。因此设计时(特别是手算设计时)常采用先按照构造要求选定配筋率(即纵向钢筋面积),然后进行迭代计算的方法。具体计算步骤如下。

(1) 初步选定纵向钢筋配筋率ρ ,确定钢筋面积 A_s 、直径和根数。

(2) 计算α 和α_t 。将式(6.60)代入式(6.58),计算α ,即 $\alpha=\dfrac{N+f_yA_s}{\alpha_1f_cA+2.5f_yA_s}$ 。当$\alpha<\dfrac{2}{3}$ 时,由 $\alpha_t=1-1.5\alpha$ 计算α_t ;当$\alpha>\dfrac{2}{3}$ 时,$\alpha_t=0$,重新计算α ,即 $\alpha=\dfrac{N}{\alpha_1f_cA+f_yA_s}$ 。

(3) 由式(6.59)计算 A_s ,即 $A_s=\dfrac{Ne_i-\alpha_1f_cA(r_1+r_2)\sin\pi\alpha/2\pi}{f_yr_s(\sin\pi\alpha+\sin\pi\alpha_t)/\pi}$ 。

(4) 用计算的 A_s ,重复(2)～(3),只到计算的 A_s 和前一次计算的 A_s 比较接近时,停止计算,该 A_s 即为构件配筋。

【例 6.12】 已知某钢筋混凝土柱采用环形截面,外径 $r_2=250$mm,内径 $r_1=160$mm,钢筋所在位置半径 $r_s=205$mm。柱承受的轴力设计值 $N=1000$kN,弯矩设计值 $M=150$kN·m。混凝土采用 C30,钢筋采用 HRB400 级。不考虑柱的二阶效应,求所需的纵向钢筋的截面面积。

解:(1) 确定钢筋和混凝土的材料强度及几何参数。

C25 混凝土,$f_c=14.3\text{N/mm}^2$;HRB400 级钢筋,$f_y=f'_y=360(\text{N/mm}^2)$。

$r_1/r_2=160/250=0.64>0.5$;

$A=\pi\times(r_2^2-r_1^2)=\pi\times(250^2-160^2)=115\ 866(\text{mm}^2)$;

$e_0=\dfrac{M}{N}=\dfrac{150}{1000}=0.15\text{m}=150(\text{mm})$;

$e_a=20\text{mm}$;

$e_i=e_0+e_a=150+20=170(\text{mm})$。

(2) 初选 A_s。

初步选定配筋率 $\rho=1.5\%$，则 $A_s=1.5\%A=1.5\%\times115\ 866=1738(\text{mm}^2)$。

(3) 求 α 和 α_t。

由式(6.58)得

$$\alpha=\frac{N+f_yA_s}{\alpha_1f_cA+2.5f_yA_s}=\frac{1000\times10^3+360\times1738}{1.0\times14.3\times115\ 866+2.5\times360\times1738}=0.5047<\frac{2}{3}$$

$$\alpha_t=1-1.5\alpha=1-1.5\times0.5047=0.243$$

$$\sin\pi\alpha=\sin(0.5047\pi)=0.9999$$

$$\sin\pi\alpha_t=\sin(0.243\pi)=0.6911$$

(4) 求 A_s。

由式(6.59)，得

$$\begin{aligned}A_s&=\frac{Ne_i-\alpha_1f_cA(r_1+r_2)\sin\pi\alpha/2\pi}{f_yr_s(\sin\pi\alpha+\sin\pi\alpha_t)/\pi}\\&=\frac{1000\times10^3\times170-1.0\times14.3\times115\ 866\times(250+160)\times0.9999/2\pi}{360\times205\times(0.9999+0.6911)/\pi}\\&=1556(\text{mm}^2)\end{aligned}$$

将 $A_s=1556\text{mm}^2$ 进行二次迭代，并求得：$\alpha=0.5103<\frac{2}{3}$，$\alpha_t=0.2345$，$A_s=1575\text{mm}^2$。

可见，通过第二次迭代所得的 $A_s=1575\text{mm}^2$，和第一次迭代值 1556mm^2 的误差为 $\frac{(1575-1556)}{1575}=1.2(\%)$，不需要第三次迭代。取 $A_s=1575\text{mm}^2$，选取 12⌀14，$A_s=1846\text{mm}^2$。

(5) 验算最小配筋率。

$$\rho=\frac{A_s}{A}=\frac{1846}{115\ 866}=1.59(\%)>\rho_{\min}=0.6\%$$

6.9.3　圆形截面偏心受压构件承载力计算

圆形截面偏心受压构件承载力计算和环形截面相同，只是受压区混凝土的面积现状为弓形。沿周边均匀配置纵向普通钢筋的圆形截面(图6.38)，钢筋混凝土偏心受压构件的正截面受压承载力符合下列规定。

$$N\leqslant\alpha\alpha_1f_cA\left(1-\frac{\sin2\pi\alpha}{2\pi\alpha}\right)+(\alpha-\alpha_t)f_yA_s\quad(6.62)$$

$$Ne_i\leqslant\frac{2}{3}\alpha_1f_cAr\frac{\sin^3\pi\alpha}{\pi}+f_yA_sr_s\frac{\sin\pi\alpha+\sin\pi\alpha_t}{\pi}\quad(6.63)$$

$$\alpha_t=1.25-2\alpha\quad(6.64)$$

$$e_i=e_0+e_a\quad(6.65)$$

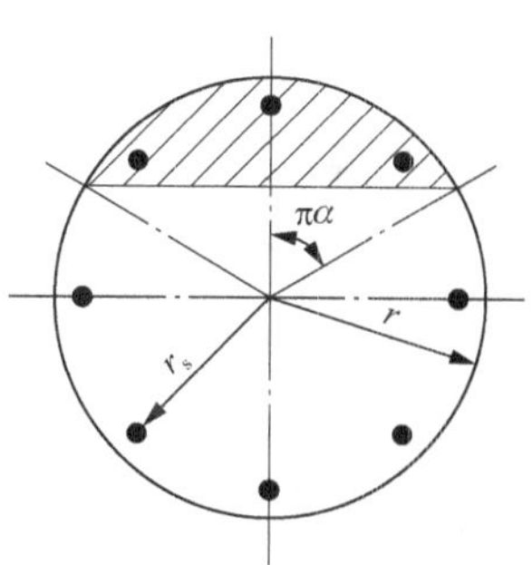

图6.38　沿周边均匀配置纵向普通钢筋的圆形截面

式中：A ——圆形截面面积；

A_s ——全部纵向普通钢筋的截面面积；

r ——圆形截面的半径；

r_s ——纵向普通钢筋重心所在圆周的半径;

e_0——轴向压力对截面重心的偏心距;

e_a ——附加偏心距;

α ——对应于受压区混凝土截面面积的圆心角(rad)与 2π 的比值;

α_t ——纵向受拉普通钢筋截面面积与全部纵向普通钢筋截面面积的比值,当 α 大于 0.625 时,取 α_t 为 0。

为了避免应用式(6.62)求解 α 时出现超越方程,当 $\alpha > 0.3$ 时可近似的取受压区混凝土压力的合力 $C = \alpha\alpha_1 f_c A\left(1-\dfrac{\sin 2\pi\alpha}{2\pi\alpha}\right) = \alpha_1 f_c[1-2(\alpha-1)^2]A$,则式(6.62)可改写成:

$$N \leqslant \alpha_1 f_c[1-2(\alpha-1)^2]A + (\alpha-\alpha_t)f_y A_s \tag{6.66}$$

将 α_t 的表达式代入上式可得关于 α 的一元二次方程。

当 $\alpha \leqslant 0.625$ 时,为

$$2\alpha_1 f_c A\alpha^2 - (4\alpha_1 f_c A + 3f_y A_s)\alpha + \alpha_1 f_c A + 1.25 f_y A_s + N = 0 \tag{6.67}$$

当 $\alpha > 0.625$ 时,为

$$2\alpha_1 f_c A\alpha^2 - (4\alpha_1 f_c A + f_y A_s)\alpha + \alpha_1 f_c A + N = 0 \tag{6.68}$$

因为 A_s 和 α 都未知,设计时需要选取初始值,然后进行迭代计算。

【例 6.13】 已知条件同例 6.12,其中截面为圆形,外径 $r = 200\text{mm}$ 。求所需的纵向钢筋的截面面积。

解:(1) 确定钢筋和混凝土的材料强度及几何参数。

已知 f_c 、$f_y = f'_y$、e_0、e_a 和 e_i ,同例 6.12,有

$$A = \pi \times r^2 = \pi \times 200^2 = 125\ 600(\text{mm}^2)$$

(2) 初选 A_s。

初步选定配筋率 $\rho = 1.5\%$,则 $A_s = 1.0\% A = 1.5\% \times 125\ 600 = 1884(\text{mm}^2)$。

(3) 求 α 和 α_t。

假定 $\alpha \leqslant 0.625$,把已知数据代入式(6.67)得

$$2\alpha_1 f_c A\alpha^2 - (4\alpha_1 f_c A + 3f_y A_s)\alpha + \alpha_1 f_c A + 1.25 f_y A_s + N = 0$$

$$2\times1.0\times14.3\times125\ 600\alpha^2 - (4\times1.0\times14.3\times125\ 600 + 3\times360\times1884)\alpha$$
$$+1.0\times14.3\times125\ 600 + 1.25\times360\times1884 + 1000\times10^3 = 0$$

整理得

$$\alpha^2 - 2.5664\alpha + 1.0144 = 0$$

解得

$$\alpha = 0.4881 < 0.625\ ,\ \alpha_t = 1.25 - 2\alpha = 1.25 - 2\times0.4881 = 0.2738$$

(4) 求 A_s。

$$\sin\pi\alpha = \sin(0.4881\pi) = 0.9993$$

$$\sin\pi\alpha_t = \sin(0.2738\pi) = 0.7578$$

取 $r_s = r - 40 = 200 - 40 = 160(\text{mm})$,代入式(6.63),得

$$A_s=\frac{Ne_i-\frac{2}{3}\alpha_1 f_c Ar\frac{\sin^3\pi\alpha}{\pi}}{f_y r_s\frac{\sin\pi\alpha+\sin\pi\alpha_t}{\pi}}$$

$$=\frac{1000\times10^3\times170-\frac{2}{3}\times1.0\times14.3\times125\,600\times200\times\frac{0.9993^3}{\pi}}{360\times160\times\frac{0.9993+0.7578}{\pi}}=2323(\text{mm}^2)$$

与假定的 $A_s=1884\text{mm}^2$ 相差较大，再取 $A_s=2323\text{mm}^2$ 进行第二次迭代。

(5) 第二次迭代求 A_s。

取 $A_s=2323\text{mm}^2$，重复(3)～(4)，计算过程略。计算得 $A_s=2303\text{mm}^2$。

第二次迭代和第一次迭代的误差 $\frac{2323-2303}{2323}=0.86\%$，已十分接近，不需要迭代第三次。取 $A_s=2303\text{mm}^2$ 选用 12⌀16，$A_s=2412\text{mm}^2$。

(6) 验算最小配筋率。

$$\rho=\frac{A_s}{A}=\frac{2412}{125\,600}=1.92(\%)>\rho_{\min}=0.6\%$$

6.10　双向偏心受压构件承载力计算*

在实际工程中也有一部分偏心受压构件，例如多层框架房屋的角柱，其中的轴向压力同时沿截面的两个主轴方向有偏心作用，应按双向偏心受压构件来进行设计。双向偏心受压构件是指轴力 N 在截面的两个主轴方向都有偏心距，或构件同时承受轴心压力及两个方向的弯矩作用。双向偏压的受压区形状如图 6.39 所示。

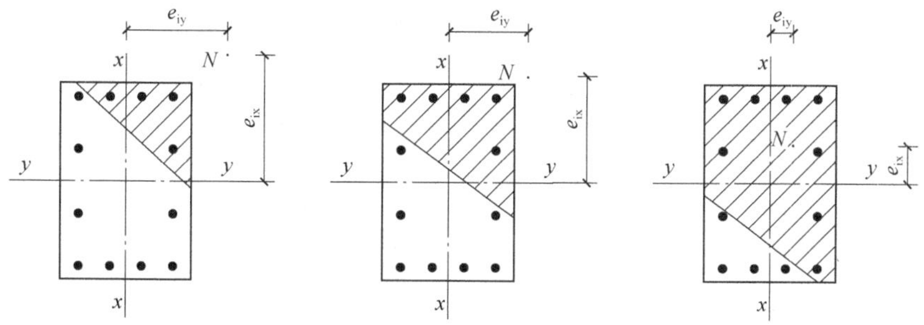

图 6.39　双向偏压的受压区形状

双向偏心受压构件截面的破坏形态与单向偏心受压构件正截面的破坏形态相似，也可分为大偏心受压(受拉破坏)和小偏心受压(受压破坏)。因此，单向偏心受压构件正截面承载力计算时采用的基本假定也可用于双向偏心受压构件承载力的计算。但双向偏心受压构件正截面承载力计算时，其中和轴一般不与截面主轴相垂直，是倾斜的，与主轴有一个夹角。图 6.39 示出双向偏压的混凝土受压区形状较为复杂，可能是三角形、梯形和多边形，同时，钢筋的应力也不均匀，有的应力可达到其屈服强度，有的应力则较小，距中和轴愈近，其应力愈小。

6.10.1　一般计算方法

双向偏心受压截面如图 6.40 所示。受压构件在进行正截面承载力计算时，同样满足正截面计算的基本假定。截面设计时可以将截面沿两个主轴方向划分有限多个混凝土单元和纵向钢筋单元，并近似取单元应变和应力为均匀分布，其合力点在单元重心处；单元的应变符合平截面假定(图 6.40)，因此可用下列公式确定：

$$\varepsilon_{ci}=\varphi_u[(x_{ci}\sin\theta+y_{ci}\cos\theta)-r] \tag{6.69}$$

$$\varepsilon_{sj}=-\varphi_u[(x_{sj}\sin\theta+y_{sj}\cos\theta)-r] \tag{6.70}$$

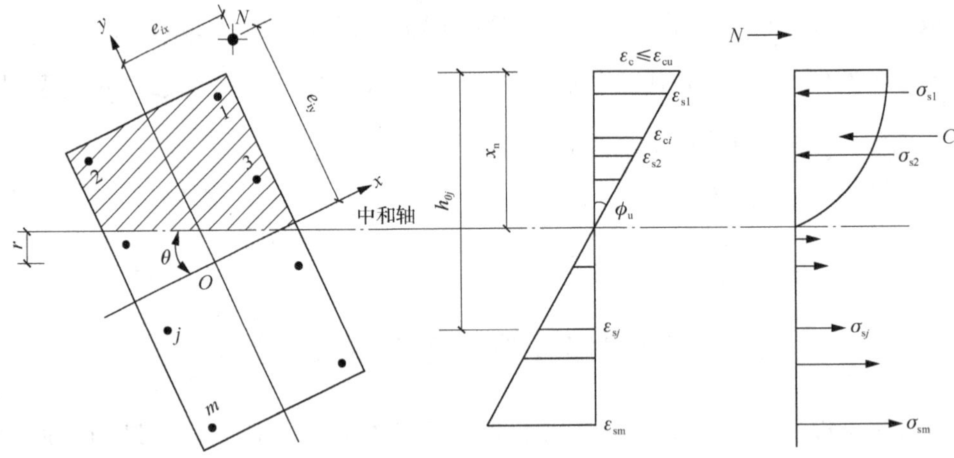

图 6.40　双向偏心受压截面

构件正截面承载力应按下列公式计算[图 3.37(c)]：

$$N=\sum_{i=1}^{l}\sigma_{ci}A_{ci}+\sum_{j=1}^{m}\sigma_{sj}A_{sj} \tag{6.71}$$

$$Ne_{ix}\leqslant\sum_{i=1}^{l}\sigma_{ci}A_{ci}x_{ci}-\sum_{j=1}^{m}\sigma_{sj}A_{sj}x_{sj} \tag{6.72}$$

$$Ne_{iy}\leqslant\sum_{i=1}^{l}\sigma_{ci}A_{ci}y_{ci}-\sum_{j=1}^{m}\sigma_{sj}A_{sj}y_{sj} \tag{6.73}$$

$$e_{ix}=e_{0x}+e_{ax} \tag{6.74}$$

$$e_{iy}=e_{0y}+e_{ay} \tag{6.75}$$

式中：ε_{ci}、σ_{ci}——第 i 个混凝土单元的应变、应力，受压时取正值，受拉时取应力 $\sigma_{ci}=0$；序号 i 为 1,2,…,l，此处，l 为混凝土单元数；

A_{ci}——第 i 个混凝土单元面积；

x_{ci}、y_{ci}——第 i 个混凝土单元重心到 y 轴、x 轴的距离，x_{ci} 在 y 轴右侧及 y_{ci} 在 x 轴上侧时取正值；

ε_{sj}、σ_{sj}——第 i 个普通钢筋单元的应变、应力，受拉时取正值；序号 j 为 1,2,…,m，此处，m 为钢筋单元数；

A_{sj}——第 j 个普通钢筋单元面积；

φ_u ——截面达到极限状态时的截面曲率，$\varphi_u = \dfrac{\varepsilon_{cu}}{x_n}$；

ε_{cu} ——混凝土的极限压应变，我国规范取 $\varepsilon_{cu}=0.0033$；

x_n ——中和轴到受压边缘的距离；

θ ——中和轴与形心轴的夹角，顺时针为正；

e_{0x}、e_{0y} ——轴向压力对通过截面重心的 y 轴、x 轴的偏心距，即 $e_{0x}=M_{0x}/N$、$e_{0y}=M_{0y}/N$；

M_{0x}、M_{0y} ——轴向压力在 x 轴、y 轴方向的弯矩设计值，即考虑二阶效应后的单向偏心的控制截面的弯矩设计值；

e_{ax}、e_{ay} —— x 轴、y 轴方向的附加偏心距，参照单向偏心受压。

r——截面重心至中和轴的距离；

θ——x 轴与中和轴的夹角，顺时针方向取正值；

这种计算方法过于繁琐，不适宜于手算。

6.10.2　近似计算方法

目前各国规范都采用近似的简化方法来计算双向偏心受压构件的正截面承载力，既能达到一般设计要求的精度又便于手算。

我国现行《规范》采用的近似简化方法是应用弹性阶段应力叠加的方法推导求得的。设材料在弹性阶段的容许应力为 $[\sigma]$，截面在轴心受压、单向偏心受压和双向偏心受压的承载力可表示为

$$\begin{cases} \dfrac{N_{u0}}{A_0} \leqslant [\sigma] \\ \dfrac{N_{ux}}{A_0} + \dfrac{N_{ux}e_{ix}}{W_{0x}} \leqslant [\sigma] \\ \dfrac{N_{uy}}{A_0} + \dfrac{N_{uy}e_{iy}}{W_{0y}} \leqslant [\sigma] \\ \dfrac{N_u}{A_0} + \dfrac{N_u e_{ix}}{W_{0x}} + \dfrac{N_u e_{iy}}{W_{0y}} \leqslant [\sigma] \end{cases} \tag{6.76}$$

将式(6.76)中的轴向力项移到公式左边，并将其中第二个方程和第三个相加，再与第一个方程相减，消去 $[\sigma]$ 项，可得双向偏心受压构件正截面承载力计算公式为

$$N \leqslant \frac{1}{\dfrac{1}{N_{ux}} + \dfrac{1}{N_{uy}} - \dfrac{1}{N_{u0}}} \tag{6.77}$$

式中：N_{u0}——构件的截面轴心受压承载力设计值，不考虑稳定系数 φ 及系数 0.9，按 $N_{u0}=f_c A + f'_y A'_s$ 计算。

N_{ux}——轴向压力作用于 x 轴并考虑相应的计算偏心距 e_{ix} 后，按全部纵向钢筋计算的构件偏心受压承载力设计值；当纵向普通钢筋沿截面两对边配置时，N_{ux} 可按《规范》第 6.2.17 条计算，即矩形截面偏心受压构件正截面受压承载力计算公式计算，或者按《规范》第 6.2.18 条计算，即 I 形截面偏心受压构

件正截面受压承载力计算公式计算;当纵向普通钢筋沿截面腹部均匀配置时,N_{ux} 可按《规范》第 6.2.19 条的规定进行计算。

N_{uy}——轴向压力作用于 y 轴并考虑相应的计算偏心距 e_{iy} 后,按全部纵向钢筋计算的构件偏心受压承载力设计值;N_{uy} 可采用与 N_{ux} 相同的方法计算。

设计时,一般先拟定构件的截面尺寸和钢筋布置方案,并假定材料处于弹性阶段,然后计算 N_{u0}、N_{ux} 和 N_{uy},根据式(6-77)验算构件是否满足要求。如不满足要求,调整截面尺寸或者配筋重新计算,直到满足为止。

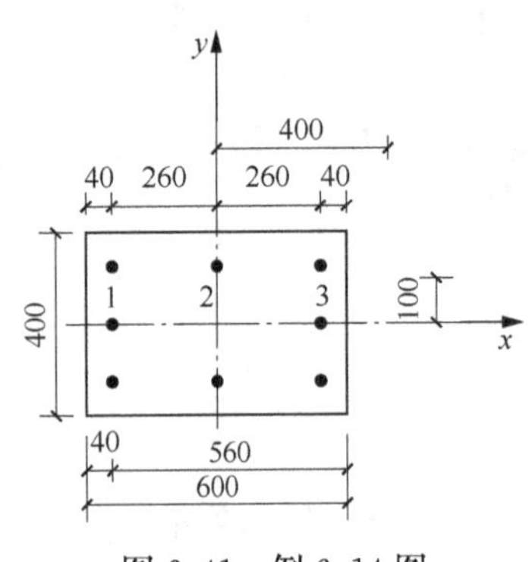

图 6.41　例 6.14 图

【例 6.14】 已知如图 6.41 所示的矩形截面柱,计算长度 $l_0=3.6$m,截面尺寸 $b\times h=400$mm$\times 600$mm,配置 8⌀C25 的 HRB400 级钢筋,混凝土采用 C30。轴向力 N 的偏心距 $e_{0x}=400$mm、$e_{0y}=100$mm,柱两端承受的弯矩相等,不考虑二阶效应。试求该柱轴向承载力的设计值。

解:(1)基本设计参数。

C30 混凝土,$f_c=14.3\text{N/mm}^2$;HRB400 级钢筋,$f_y=f'_y=360\text{N/mm}^2$,1⌀25,$A'_s=491\text{mm}^2$;$b=400$mm,$h=600$mm,$a_s=a'_s=40$mm,$h_{01}=600-40=560$(mm);$\beta_1=0.8$,$\xi_b=0.518$。

(2) N_{u0} 的计算。

构件的截面轴心受压承载力设计值 N_{u0} 的计算,可按 $N=0.9\varphi(f_cA+f'_yA'_s)$ 计算,将 N 用 N_{u0} 代替,且不考虑稳定系数 φ 及系数 0.9,即

$$N_{u0}=f_cA+f'_yA'_s=14.3\times 400\times 600+360\times 3927=4845.7(\text{kN})$$

(3) N_{ux} 的计算。

$$e_{0x}=400\text{mm}$$

$$e_{ax}=\max\left\{20,\frac{600}{30}\right\}=20(\text{mm})$$

$$e_{ix}=e_{0x}+e_{ax}=400+20=420(\text{mm})$$

由于配置多排钢筋,取 $h_{02}=600-300=300$mm;设 $\sigma_{s1}=f_y$,$\sigma_{s3}=-f'_y$,则

$$\sigma_{s2}=f_y\left(\frac{x/h_{02}-0.8}{\xi_b-0.8}\right)=360\times\frac{x/300-0.8}{0.518-0.8}=1021.28-4.26x$$

由公式 $N_{ux}=\alpha_1 f_cbx-\sum_{i=1}^{3}\sigma_{si}A_{si}$,得

$$N_{ux}=1.0\times 14.3\times 400x-360\times 1473-(1021.28-4.26x)\times 982+360\times 1473$$
$$=9903.3x-1\,002\,896.96$$

由公式 $N_{ux}e_{ix}=\alpha_1 f_cbx\left(\frac{h-x}{2}\right)-\sum_{i=1}^{3}\sigma_{si}A_{si}(0.5h-h_{0i})$,得

$$N_{ux}\times 420=1.0\times 14.3\times 400x\left(\frac{600-x}{2}\right)-360\times 1473\times(300-560)-$$
$$(1021.28-4.26x)\times 982\times(300-300)+360\times 1473\times(300-40)$$

$$=-2860x^2+1\ 716\ 000x+275\ 745\ 600$$

$$N_{ux}=-6.8x^2+4085.7x+656\ 537.1$$

由两次求得的 N_{ux} 相等,整理得: $x^2+855.5x-244\ 034.4=0$

解 x 的一元二次方程得: $x=225.7\text{mm}$,且大于 $2a'_s=80\text{mm}$,将 $x=225.7\text{mm}$ 回代。求出 $N_{ux}=1232.3\text{kN}$。

(4) N_{uy} 的计算。

$$e_{0y}=100\text{mm}$$

$$e_{ay}=\max\left\{20,\frac{400}{30}\right\}=20(\text{mm})$$

$$e_{iy}=e_{0y}+e_{ay}=100+20=120(\text{mm})$$

假设受压边缘钢筋为 A_{s3}(3⌀25, $A_{s3}=1473\text{mm}^2$),且受压达到屈服 $\sigma_{s3}=-f'_y$;远离轴向力一侧的钢筋为 A_{s1}(3⌀25, $A_{s1}=1473\text{mm}^2$),受拉应力为 σ_{s1};中间钢筋为 A_{s2}(2⌀25, $A_{s2}=982\text{mm}^2$),受压应力为 σ_{s2};受压区混凝土高度为 y。 $h=400\text{mm}$, $b=600\text{mm}$, $h_{01}=400-40=360(\text{mm})$, $h_{02}=400-200=200(\text{mm})$, $h_{03}=40\text{mm}$;则

$$\sigma_{s1}=f_y\left(\frac{y/h_{01}-0.8}{\xi_b-0.8}\right)=360\times\frac{y/360-0.8}{0.518-0.8}=1021.28-3.55y$$

$$\sigma_{s2}=f_y\left(\frac{y/h_{02}-0.8}{\xi_b-0.8}\right)=360\times\frac{y/200-0.8}{0.518-0.8}=1021.28-6.38y$$

代入平衡方程

$$N_{uy}=\alpha_1 f_c by-\sum_{j=1}^{3}\sigma_{sj}A_{sj}=\alpha_1 f_c by+f'_yA_{s3}-\sigma_{s2}A_{s2}-\sigma_{s1}A_{s1}$$

整理得

$$N_{uy}=20\ 074.3y-1\ 976\ 962.4$$

代入平衡方程

$$N_{uy}e_{iy}=\alpha_1 f_c by\left(\frac{h}{2}-\frac{y}{2}\right)+f'_yA_{s3}\left(\frac{h}{2}-h_{03}\right)-\sigma_{s2}A_{s2}\left(\frac{h}{2}-h_{02}\right)-\sigma_{s1}A_{s1}\left(\frac{h}{2}-h_{01}\right)$$

$$\begin{aligned}N_{uy}\times120=&1.0\times14.3\times600y(200-0.5y)+360\times1473\times(200-40)-\\&(1021.28-6.38y)\times982\times(200-200)-(1021.28-3.55y)\times\\&1473\times(200-360)\end{aligned}$$

整理得

$$N_{uy}=-35.75y^2+7327.8y+2\ 712\ 833.9$$

由两次求得的 N_{uy} 相等,得关于 y 的二次方程为

$$y^2+356.5y-131\ 183.1=0$$

解出: $y=225.5\text{mm}$,将 $y=225.5\text{mm}$ 代回得出 N_{uy} ,即

$$N_{uy}=2479.8\text{kN}$$

(5) 求 N。

$$N=\frac{1}{\frac{1}{N_{ux}}+\frac{1}{N_{uy}}-\frac{1}{N_{u0}}}=\frac{1}{\frac{1}{1232.3}+\frac{1}{2479.8}-\frac{1}{4845.7}}=703.7(\text{kN})$$

小　结

(1) 受压构件要满足构造要求(略)。

(2) 普通混凝土受压柱分为短柱和长柱。短柱是指 $l_0/b \leqslant 8$(矩形截面，b 为截面较小的边长)或 $l_0/d \leqslant 7$(圆形截面，d 为直径)或 $l_0/i \leqslant 28$(其他形状截面)的受压柱。除短柱之外的均为长柱。短柱的破坏属于材料破坏，长柱的破坏多数仍属于材料破坏，特别细长的柱属于失稳破坏。轴心受压短柱和长柱承载力的计算采用相同的计算公式，其中短柱的稳定系数 $\varphi=1$，长柱的稳定系数 $\varphi<1$。

(3) 轴心受压螺旋式或焊接环式箍筋柱，由于箍筋对内部混凝土的约束作用，其承载力和变形能力都有提高。计算螺旋式或焊接环式箍筋柱的承载能力时，应满足一定的适用条件：构件的长细比 $l_0/d \leqslant 12$；间接钢筋的换算截面面积 A_{sso} 不应小于纵筋全部截面面积的 25%；间接箍筋的间距不应大于 80mm 及 $d_{cor}/5$，也不小于 40mm。同时，按螺旋箍筋计算所得的柱的承载力不应比按普通箍筋柱计算所得的承载力大 50%。

(4) 偏心受压短柱有受拉破坏和受压破坏两种破坏形态。受拉破坏又称大偏心受压破坏，破坏形态的特点是受拉钢筋先达到屈服强度，最终导致受压区混凝土被压碎，与适筋梁的破坏形态相似，为延性破坏；受压破坏又称小偏心受压破坏，破坏的特点是混凝土先被压碎，远侧钢筋可能受拉也可能受压，受拉时不屈服，受压时可能屈服也可能不屈服，均属脆性破坏。

(5) 偏心受压长柱在轴向力的作用下将产生纵向弯曲变形，对承载能力影响较大，轴向压力由于侧向挠度而产生的附加弯矩称为二阶弯矩，也称为二阶荷载效应，设计时须予以考虑。

(6) 当 $\xi \leqslant \xi_b$ 时属大偏心受压破坏形态；当 $\xi > \xi_b$ 时属小偏心受压破坏形态。非对称配筋时，当 $e_i > 0.3h_0$ 时，可先按大偏心受压情况计算；当 $e_i \leqslant 0.3h_0$ 时，可先按小偏心受压情况计算。偏心受压构件的计算公式均可根据其计算简图写出，计算简图中受压区混凝土简化为等效矩形应力图。大偏心受压构件的适用条件：$\xi \leqslant \xi_b$ 或 $x \leqslant x_b=\xi_b h_0$，$x \geqslant 2a'_s$；小偏心受压计算公式的适用条件是：$\xi > \xi_b$ 或 $x > \xi_b h_0$。若 $x < 2a'_s$ 时，与双筋受弯构件类似，取 $x=2a'_s$，并对受压钢筋合力作用点取矩来计算。

(7) 受压构件的 N_u-M_u 相关曲线系统地反映了截面在压力和弯矩共同作用下的正截面压弯承载力变化规律，当轴压力 N_u 小于界限破坏的轴压力 N_b 时，截面将发生大偏心破坏，M_u 随 N_u 的增大而增大；当轴压力 N_u 大于界限破坏的轴压力 N_b 时，截面将发生小偏心受压破坏，M_u 随 N_u 的增大而减小。界限破坏时，M_u 达到最大值 M_b。对特定的截面尺寸、特定的混凝土强度等级和特定的钢筋类别的偏心受压构件，可预先绘制出一系列 N_u-M_u 图表，设计时可查图表以方便计算。

(8) Ⅰ形截面偏心受压构件正截面承载力计算基本同矩形截面。

(9) 受压构件也要满足斜截面受剪承载力。

(10) 了解均匀配筋、圆形和环形截面偏心受压，双向偏心受压构件承载力计算思路。

思 考 题

6.1　阐述非抗震条件下受压构件的纵向钢筋与箍筋有哪些主要的构造要求，受压构件为什么要控制最小配筋率和最大配筋率。

6.2　试分析轴心受压普通箍筋柱与螺旋箍筋柱的正截面受压承载力计算有何不同，轴心受压短柱与长柱破坏形态有何不同，轴心受压柱的稳定系数 φ 是如何确定的。

6.3　螺旋箍筋柱的适用条件有哪些？为什么？

6.4　如何用偏心距来衡量构件的大小偏心受压类型，这种判别方法是否准确，为什么？

6.5　试分析：长、短柱的正截面受压破坏形态有何异同；什么是偏心受压构件的 P-δ、P-Δ 二阶效应，在什么情况下要考虑 P-δ、P-Δ 效应；如何考虑 P-δ、P-Δ 二阶效应对构件内力的影响。

6.6　试对比分析偏心受压构件正截面承载力计算与受弯构件正截面承载力计算有何异同；试比较不对称大偏心受压构件截面的设计方法与双筋梁设计方法的异同。

6.7　怎样区分大、小偏心受压破坏的界限？不对称小偏心受压构件截面设计时，如何确定受拉区钢筋截面面积 A_s？

6.8　试对比分析矩形偏心受压非对称配筋与对称配筋截面设计方法，对比各自配筋量的区别。

6.9　怎样进行非对称配筋矩形截面大偏心受压构件和小偏心受压构件正截面受压承载力的截面设计？

6.10　矩形截面对称配筋偏心受压构件大、小偏心受压破坏的界限如何区分？截面设计与截面复核时大小偏心的判别方法有何异同？

6.11　怎样进行 I 形截面对称配筋大偏心受压构件和小偏心受压构件正截面承载力的截面设计？

6.12　什么是偏心受压构件正截面承载力 N_u-M_u 的相关曲线？分析曲线可以得到哪些信息与结论？

6.13　已知两组内力 (M_1, N_1) 和 (M_2, N_2)，当采用对称配筋时，分析并确定下面哪组内力情况下配筋量大：

(1) $N_1 = N_2, M_2 > M_1$。

(2) $N_1 < N_2 < N_b, M_2 = M_1$。

(3) $N_b < N_1 < N_2, M_2 = M_1$。

6.14　试分析混凝土强度、钢筋强度、配筋率、截面尺寸等因素对受压构件承载力的影响。

6.15　怎样计算偏心受压构件的斜截面受剪承载力？分析计算公式中各参量对斜截面承载力的影响大小。

习　　题

一、选择题

6.1 下列关于受压构件的构造要求，不正确的是(　　)。

A. 柱中纵向钢筋直径通常在 16 ～ 32mm 范围内选用，不宜小于 12mm

B. 柱中纵向钢筋的净间距不应小于 30mm 和 1.5d，且不应大于 300mm

C. 柱中全部纵筋配筋率不宜超过 5％

D. 当截面高度 $h > 600$mm 时，在侧面应设置直径不小于 10mm 的纵向构造钢筋

6.2 规范规定了全部纵向受力钢筋的配筋率不应小于最小配筋率，当钢筋强度级别为 500N/mm^2 时，最小配筋百分率为(　　)。

A. 0.6％　　B. 0.55％　　C. 0.5％　　D. 0.2％

6.3 用 $N_u = 0.9(f_c A_{cor} + 2\alpha f_y A_{sso} + f'_y A'_s)$ 计算螺旋式或焊接环式箍筋柱的承载能力，必须满足(　　)。

A. 柱的承载力不应比按普通箍筋柱计算所得承载力大 50％

B. 间接钢筋换算截面面积 A_{sso} 不应小于纵筋全部截面面积的 50％

C. 箍筋间距不应大于 80mm 和 $d_{cor}/5$，也不小于 50mm

D. 柱必须为短柱

6.4 在钢筋混凝土轴心受压构件中，由混凝土徐变引起塑性应力重分布现象，使得(　　)。

A. 混凝土压应力增大，钢筋压应力减小

B. 混凝土压应力增大，钢筋压应力增大

C. 混凝土压应力减小，钢筋压应力增大

D. 混凝土压应力减小，钢筋压应力减小

6.5 大小偏心受压构件破坏的根本区别在于(　　)。

A. 偏心距的大小　　B. 受压一侧混凝土是否达到极限压应变

C. 受压钢筋是否屈服　　D. 受拉钢筋是否屈服

6.6 对于矩形截面偏心受压构件，通常，当 $e_i > 0.3h_0$ 时，可先按大偏心受压情况计算；当 $e_i \leqslant 0.3h_0$ 时，可先按小偏心受压情况计算，这种初判方法主要用于(　　)。

A. 非对称配筋和对称配筋截面设计时

B. 非对称配筋截面设计时

C. 对称配筋截面设计时

D. 非对称配筋和对称配筋截面设计和截面复核时

6.7 某一钢筋混凝土柱，在(N_{1u} 、M_{1u})与(N_{2u} 、M_{2u})作用下都发生大偏心受压破坏，且 $N_{1u} > N_{2u}$，则 M_{1u} 与 M_{2u} 的关系是(　　)。

A. $M_{1u} > M_{2u}$　　B. $M_{1u} = M_{2u}$

C. $M_{1u} < M_{2u}$　　D. 不能确定 M_{1u} 与 M_{2u} 的关系

6.8　某一钢筋混凝土柱，发生大偏心受压破坏，且 $N_{1u} > N_{2u}$，$M_{1u} > M_{2u}$，下列最不利内力是(　　)。

A. N_{1u}、M_{1u}　　B. N_{2u}、M_{2u}

C. N_{1u}、M_{2u}　　D. N_{2u}、M_{1u}

6.9　某一钢筋混凝土柱，发生小偏心受压破坏，且 $N_{1u} > N_{2u}$，$M_{1u} > M_{2u}$，下列最不利内力是(　　)。

A. N_{1u}、M_{1u}　　B. N_{2u}、M_{2u}

C. N_{1u}、M_{2u}　　D. N_{2u}、M_{1u}

6.10　已知某小偏心受压构件，承受三组内力①300kN、260kN·m，②302kN、200kN·m 和③360kN、260kN·m，在截面配筋设计时，应采用的内力为(　　)。

A. ①　　B. ②　　C. ③　　D. ①③

二、判断题(正确的画"√"，错误的画"×")

6.11　纵向受力钢筋的配筋率过小时，对柱的承载力影响虽然很小，但无法起到防止混凝土受压脆性破坏的作用。　(　　)

6.12　在长期使用荷载作用下的配筋率较大的受压构件突然卸载时，可能会导致构件开裂。　(　　)

6.13　螺旋箍筋或焊接环形箍筋直接参与抵抗轴向压力，从而提高了受压构件的承载力和变形能力。　(　　)

6.14　"受拉破坏"与"受压破坏"均属材料破坏范畴，两者的相同点是受压区边缘混凝土均能达到其极限压应变值而被压碎。　(　　)

6.15　在大偏心受压情况下，轴向压力的存在反而使构件正截面的受弯承载力提高。　(　　)

6.16　对于截面、材料、配筋及 e_0/h_0 等因素都相同，但 l_0/h 不同的两个偏心受压构件，l_0/h 大的正截面受压承载力大。　(　　)

6.17　对称配筋时，不能用 $\xi \leqslant \xi_b$ 和 $\xi > \xi_b$ 来判断大偏心受压破坏和小偏心受压破坏形态。　(　　)

6.18　对于长柱，不论是大偏心受压破坏，还是小偏心受压破坏，都要考虑 p-δ 二阶效应。　(　　)

6.19　小偏心受压构件的 σ_s 是未知的，可以是拉应力也可以是压应力，因此在截面内力的平衡方程式中，例如在 $\sum X = 0$ 中，可以取为拉应力，即 $N_u = \alpha_1 f_c bx + f'_y A'_s - \sigma_s A_s$，也可以取为压应力，即 $N_u = \alpha_1 f_c bx + f'_y A'_s + \sigma_s A_s$。　(　　)

6.20　小偏心受压，不论是截面设计还是截面复核都必须验算垂直弯矩作用平面的承载力。　(　　)

三、计算题

6.21　已知某现浇框架结构底层内柱，轴心压力设计值 $N = 1500\text{kN}$；柱计算高度 $H = 4.5\text{m}$；柱截面尺寸为 $b \times h = 400\text{mm} \times 450\text{mm}$；混凝土强度等级为 C35，采用 HRB400 级钢筋。计算所需纵筋面积。

6.22　已知某圆形截面现浇钢筋混凝土柱，直径 $D = 400\text{mm}$；承受轴心压力设计值

$N=3150\text{kN}$;计算长度 $l_0=4.0\text{m}$;混凝土强度等级为 C40,柱中纵筋采用 HRB400 级钢筋,箍筋用 HRB400 级钢筋。试设计该柱截面。

6.23 已知偏心受压柱的轴向力设计值 $N=1000\text{kN}$,杆端弯矩设计值 $M_1=0.8M_2$,$M_2=510\text{kN}\cdot\text{m}$;截面尺寸 $b=400\text{mm}$,$h=500\text{mm}$,$a_s=a_s'=45\text{mm}$;混凝土强度等级为 C45,纵向钢筋采用 HRB400 级钢筋;计算长度 $l_0=3.3\text{m}$。求钢筋截面面积 A_s'及 A_s。

6.24 已知柱的轴向力设计值 $N=550\text{kN}$,杆端弯矩设计值 $M_1=-M_2$,$M_1=750\text{kN}\cdot\text{m}$;截面尺寸 $b=400\text{mm}$,$h=600\text{mm}$,$a_s=a_s'=40\text{mm}$;混凝土强度等级为 C35,采用 HRB400 级钢筋;计算长度 $l_0=3.6\text{m}$。求钢筋截面面积 A_s'及 A_s。

6.25 已知某受压构件的轴向力设计值 $N=3200\text{kN}$,杆端弯矩设计值 $M_1=M_2=185\text{kN}\cdot\text{m}$;截面尺寸 $b=400\text{mm}$,$h=600\text{mm}$,$a_s=a_s'=45\text{mm}$;混凝土强度等级为 C40,采用 HRB400 级钢筋;计算长度 $l_0=3.0\text{m}$。求钢筋截面面积 A_s'及 A_s。

6.26 已知某现浇钢筋混凝土柱轴向力设计值 $N=5000\text{kN}$,杆端弯矩设计值 $M_1=0.95M_2$,$M_2=1500\text{kN}\cdot\text{m}$;截面尺寸 $b=600\text{mm}$,$h=800\text{mm}$,$a_s=a_s'=40\text{mm}$;混凝土强度等级为 C40,采用 HRB400 级钢筋;计算长度 $l_0=5.7\text{m}$。采用对称配筋,求钢筋截面面积 $A_s=A_s'$。

6.27 已知柱承受轴向力设计值 $N=2800\text{kN}$,杆端弯矩设计值 $M_1=0.95M_2$,$M_2=80\text{kN}\cdot\text{m}$;截面尺寸 $b=400\text{mm}$,$h=600\text{mm}$,$a_s=a_s'=40\text{mm}$;混凝土强度等级为 C40,采用 HRB400 级钢筋,配有 $A_s'=1520\text{mm}^2$,$A_s=763\text{mm}^2$;计算长度 $l_0=5.4\text{m}$。试复核截面是否安全。

6.28 已知矩形截面柱 $b=400\text{mm}$,$h=600\text{mm}$,$a_s=a_s'=40\text{mm}$;$l_0=5.4\text{m}$;纵向钢筋 $A_s'=1256\text{mm}^2$,$A_s=1520\text{mm}^2$;混凝土强度等级为 C45,采用 HRB400 级钢筋;轴向压力偏心距 $e_0=100\text{mm}$。求柱的承载力 N_u。

6.29 已知某单层工业厂房的工字型截面边柱,下柱高 5.1m;柱截面控制内力设计值 $N=980\text{kN}$,杆端弯矩设计值 $M_1=0.95M_2$,$M_2=480\text{kN}\cdot\text{m}$;截面尺寸 $b=100\text{mm}$,$h=750\text{mm}$,$b_f=b_f'=400\text{mm}$,$h_f=h_f'=120\text{mm}$,$a_s=a_s'=40\text{mm}$;混凝土强度等级为 C40,采用 HRB400 级钢筋,对称配筋。求钢筋截面面积 A_s 及 A_s'。

第 7 章　受拉构件承载力计算

本章提要

（1）轴心受拉构件截面应力分析*。

（2）轴心受拉构件的计算。

（3）偏心受拉构件的破坏形态和判别。

（4）偏心受拉（大偏心受拉和小偏心受拉）构件的承载力计算。

（5）偏心受拉构件的斜截面受剪承载力计算。

根据轴向拉力作用位置的不同，钢筋混凝土受拉构件（图 7.1）可分为**轴心受拉**构件和**偏心受拉**构件。当拉力沿构件截面形心作用时，为轴心受拉构件；当拉力偏离构件截面形心作用，或构件上有轴向拉力和弯矩同时作用时，则为偏心受拉构件。实际工程中，钢筋混凝土桁架[图 7.1(a)]、有内压力的环形截面管壁、圆形储液池的池壁[图 7.1(b)]以及拱等，通常均按轴心受拉构件计算；矩形储液池的池壁[图 7.1(c)]、双肢柱的受拉肢，以及受地震作用的框架边柱等，均属于偏心受拉构件。

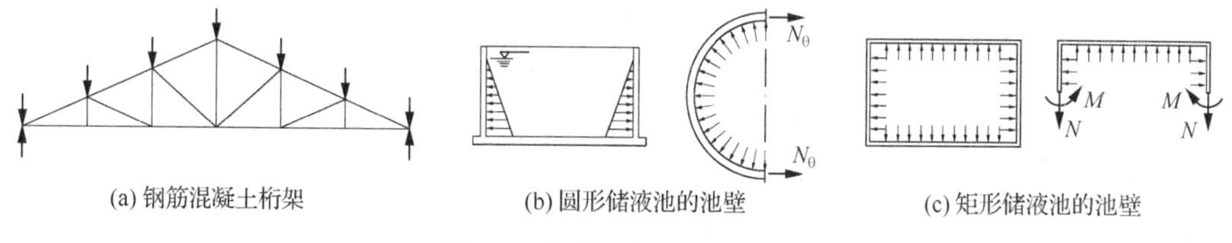

图 7.1　钢筋混凝土受拉构件

7.1　轴心受拉构件截面应力分析*

图 7.2 所示为对称配筋的钢筋混凝土轴心受拉构件，裂缝出现前，钢筋和混凝土共同受力，可认为构件处于弹性阶段。在距构件端部一定距离的截面上，拉应变相等，变形协调；结合钢筋和混凝土材料受拉的应力-应变关系，可得如下方程。

变形协调条件：

$$\varepsilon_s = \varepsilon_c = \varepsilon \tag{7.1}$$

物理方程：

$$\sigma_s = E_s \varepsilon_s = E_s \varepsilon \tag{7.2a}$$

$$\sigma_c = E'_c \varepsilon_c = \nu E_c \varepsilon_c = \nu E_c \varepsilon \tag{7.2b}$$

平衡方程：

$$N = \sigma_c A_c + \sigma_s A_s \tag{7.3}$$

式中：N ——轴心受拉构件所受轴向拉力；

A_s、A_c——构件中钢筋和混凝土的截面面积;
ε_s、ε_c——构件钢筋和混凝土的拉应变;
σ_s、σ_c——构件钢筋和混凝土的拉应力;
E_c、E'_c——混凝土弹性模量和变形模量;
E_s——钢筋弹性模量;
ε——受拉构件截面应变;
ν——混凝土的弹性系数。

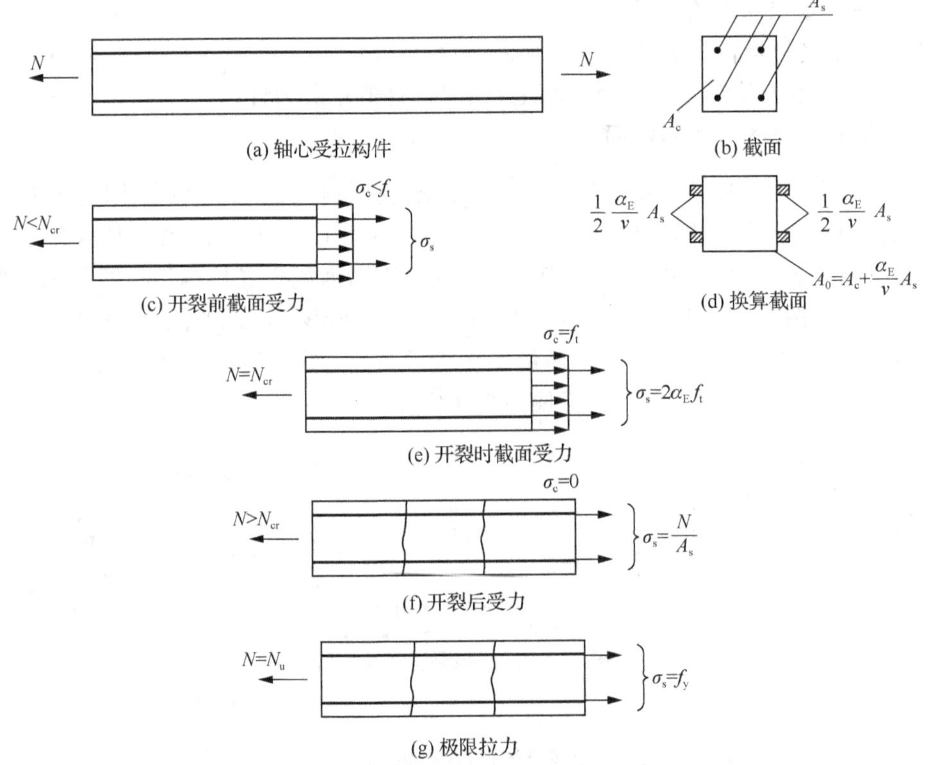

图 7.2　轴心受拉构件的受力

由式(7.2a)和式(7.2b)可知

$$\sigma_s=\frac{E_s}{\nu E_c}\sigma_c=\frac{\alpha_E}{\nu}\sigma_c \tag{7.4}$$

将式(7.4)代入平衡方程式(7.3),得

$$N=\sigma_c A_c+\sigma_s A_s=\sigma_c\left(A_c+\frac{\alpha_E}{\nu}A_s\right)=\sigma_c A_c\left(1+\rho\frac{\alpha_E}{\nu}\right)=\sigma_c A_0 \tag{7.5}$$

式中:ρ——配筋率,$\rho=\dfrac{A_s}{A_c}$;

α_E——钢筋与混凝土的弹性模量比,$\alpha_E=E_s/E_c$;

A_0——构件的换算面积[图 7.2(d)],$A_0=\left(A_c+\dfrac{\alpha_E}{\nu}A_s\right)$。

式(7.4)表明，在构件开裂之前，钢筋应力为混凝土应力的 α_E/ν 倍，因此可以将钢筋面积 As 换算成 α_E/ν 倍混凝土面积 A_c，其形心位置不变。构件混凝土面积 A_c 与钢筋的换算面积 $\frac{\alpha_E}{\nu}A_s$ 之和，即为构件的换算面积 A_0。这样可以将两种不同材料的截面看成单一混凝土截面，便于钢筋混凝土截面受力性能的简化分析。

根据式(7.5)和式(7.4)，可得开裂前构件中混凝土应力 σ_c 和钢筋的应力 σ_s，分别为

$$\sigma_c = \frac{N}{A_0} = \frac{N}{A_c(1+\rho\alpha_E/\nu)} \tag{7.6}$$

$$\sigma_s = \frac{\alpha_E}{\nu}\sigma_c = \frac{\alpha_E N}{A_c(\nu+\alpha_E\rho)} \tag{7.7}$$

构件即将开裂时，混凝土的应力 σ_c 达到 f_t，弹性系数 $\nu=0.5$，此时钢筋的应力 $\sigma_{s,cr}$ 和开裂荷载为 N_{cr}［图 7.12(e)］为

$$\sigma_{s,cr} = \frac{\alpha_E}{\nu}f_t = 2\alpha_E f_t \tag{7.8}$$

$$N_{cr} = f_t A_c(1+2\alpha_E\rho) = f_t A_c + 2\alpha_E f_t A_s \tag{7.9}$$

开裂后，混凝土退出工作，裂缝截面处混凝土的拉应力为零，原来由混凝土承担的拉力将转移给钢筋，使钢筋的应力增加，其增加量为 $\Delta\sigma_s = \frac{f_t A_c}{A_s} = \frac{f_t}{\rho}$。

当钢筋应力增加至屈服强度 $\sigma_s = f_y$ 时，构件达到极限拉力 N_u，即

$$N_u = f_y A_s \tag{7.10}$$

钢筋混凝土受拉构件开裂后，裂缝截面上混凝土退出工作，全部拉力由钢筋承担。但是，混凝土的存在使得裂缝间钢筋的应力减小，平均应变小于裂缝截面的应变($\bar{\varepsilon}_s < \varepsilon_s$，裂缝截面的裂缝间平均应变和钢筋应变的比值称为裂缝间钢筋应变的不均匀系数 ψ，可参见第 8 章)，减小了构件的伸长量 Δ，即提高了构件的刚度，故称为**受拉钢化效应**。受弯构件的截面受拉区同样存在着这种现象，对提高构件的刚度和减小裂缝宽度都有重要作用。

【例 7.1】　有一钢筋混凝土轴心受拉构件，构件长 2000mm，截面尺寸 $b\times h=300\text{mm}\times300\text{mm}$，配有纵筋 4⏀B25，$A_s=1964\text{mm}^2$，已知所用的钢筋和混凝土受拉的应力-应变关系如图 7.3 所示。试计算：

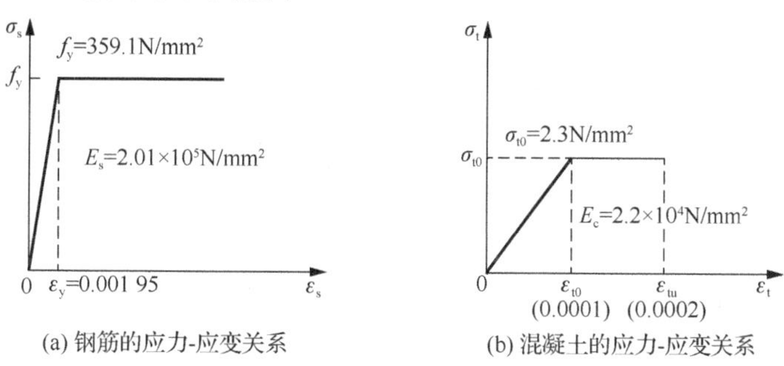

(a) 钢筋的应力-应变关系　　(b) 混凝土的应力-应变关系

图 7.3　钢筋和混凝土受拉的应力-应变关系

(1) 整个构件拉伸量 $\Delta l=0.1\text{mm}$ 时,构件承受的拉力为多少?此时截面中的钢筋和混凝土的拉应力各为多少?

(2) 构件即将开裂时的拉力为多少?此时截面中的钢筋和混凝土的拉应力又为多少?

(3) 构件受拉破坏时的拉力为多少?

解:(1) 伸长量 $\Delta l=0.1\text{mm}$ 时的拉伸应变为

$$\varepsilon_t=\frac{\Delta l}{l}=\frac{0.1}{2000}=0.000\,05,\quad \varepsilon_t<\varepsilon_{t0}=0.0001$$

构件受力处于弹性工作阶段。

$$\rho=A_s/A=1964/90\,000=0.0218$$

$$\alpha_E=E_s/E_c=2.01\times10^5/(2.2\times10^4)=9.14$$

$$A_0=A(1+\alpha_E\cdot\rho)=90\,000\times(1+9.14\times0.0218)=107\,933(\text{mm}^2)$$

此时拉力:

$$N_t=E_c\varepsilon_t A_0=22\,000\times0.000\,05\times107\,933=118.73(\text{kN})$$

混凝土拉应力:

$$\sigma_t=\frac{N_t}{A_0}=\frac{118\,730}{107\,933}=1.1(\text{N/mm}^2)$$

钢筋拉应力:

$$\sigma_s=\alpha_E\sigma_t=9.14\times1.1=10.05(\text{N/mm}^2)$$

(2) 构件即将开裂时,拉应变 $\varepsilon=\varepsilon_{t0}=0.0001$。

此时混凝土拉应力:

$$\sigma_t=\sigma_{t0}=2.3\text{N/mm}^2$$

钢筋拉应力:

$$\sigma_s=2\alpha_E\sigma_{t0}=2\times9.14\times2.3=42.04(\text{N/mm}^2)$$

构件开裂的拉力:

$$N_{cr}=\sigma_{t0}A(1+2\alpha_E\cdot\rho)=2.3\times90\,000\times(1+2\times9.14\times0.0218)=289.5(\text{kN})$$

(3) 构件破坏时钢筋应力达到屈服强度。

$$\sigma_s=f_y=359.1\text{N/mm}^2$$

则构件受拉破坏时的承载力为

$$N_{tu}=f_yA_s=359.1\times1964=705.3(\text{kN})$$

7.2 轴心受拉构件

构件开裂后,开裂截面混凝土退出工作,全部拉力由钢筋承受。当钢筋应力达到屈服强度时,构件达到其极限承载力,则轴心受拉构件承载力计算公式为

$$N\leqslant N_u=f_yA_s \tag{7.11}$$

式中:N ——轴向拉力设计值;

f_y——钢筋抗拉强度设计值;

A_s——全部受拉钢筋截面面积；全部受拉钢筋截面面积 A_s 应满足 $A_s \geqslant (0.9f_t/f_y)A$，其中 A 为构件截面面积。

一般钢筋混凝土轴心受拉构件，在拉力作用下混凝土首先开裂退出工作后，钢筋承担全部拉力，钢筋应力虽然有突增，但仍小于其屈服强度。但是，若钢筋配置较少，混凝土开裂后，使得钢筋应力突然增大，达到屈服甚至进入强化阶段，导致构件拉断。因此，工程中对全部受拉钢筋最小面积进行了规定。

7.3　偏心受拉构件

7.3.1　大、小偏心受拉构件的破坏形态

根据轴向拉力 N 在截面上作用位置的不同，偏心受拉构件（图 7.4）有两种破坏形态。

（1）大偏心受拉破坏。轴向拉力 N 在 A_s 外侧的为**大偏心受拉破坏**，如图 7.4(a) 所示。

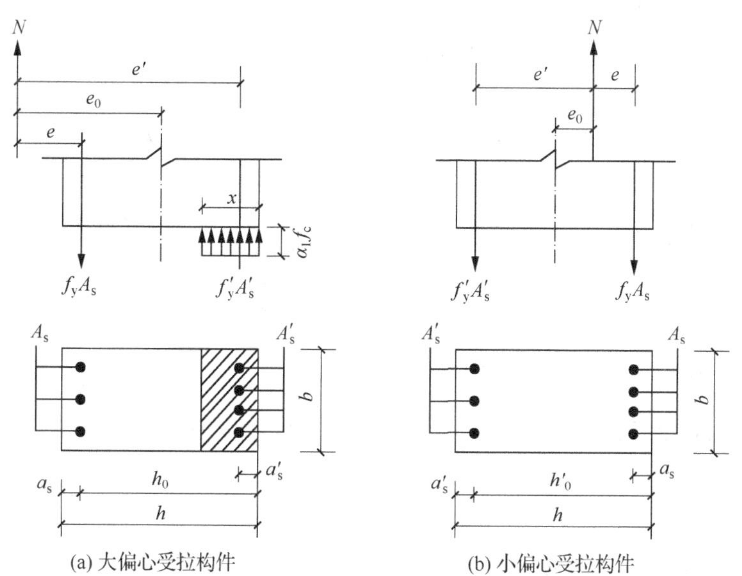

图 7.4　偏心受拉构件

大偏心受拉构件轴向拉力 N 的偏心距 e_0 较大 $\left(e_0 > \dfrac{h}{2} - a_s\right)$，截面为部分受拉部分受压，即靠近轴向力 N 一侧的钢筋 A_s 受拉，远离轴向力 N 一侧的钢筋 A'_s 受压。受拉区混凝土开裂后，裂缝不会贯通整个截面，随着荷载继续增加，受拉侧钢筋 A_s 达到屈服，受压侧混凝土达到极限压应变，受压钢筋 A'_s 达到屈服，构件达到极限承载力而破坏。

（2）小偏心受拉破坏。轴向拉力 N 在 A_s 与 A'_s 之间的为**小偏心受拉破坏**，如图 7.4(b) 所示。

小偏心受拉构件轴向拉力 N 的偏心距 e_0 较小 $\left(0<e_0<\frac{h}{2}-a_s\right)$，轴向拉力的位置在 A_s 与 A'_s 之间。在轴向拉力作用下，全截面均受拉，靠近轴向力 N 一侧的钢筋 A_s 拉应力较大，远离轴向力 N 一侧的钢筋 A'_s 拉应力较小，随着荷载继续增加，靠近轴向力 N 一侧的混凝土首先开裂，裂缝很快贯通整个截面，最后受拉钢筋 A_s 和 A'_s 均达到屈服，构件达到极限承载力而破坏。

7.3.2 偏心受拉构件的承载力计算

1. 大偏心受拉构件

(1) 基本计算公式。由图 7.4(a)，根据截面平衡条件，可得大偏心受拉构件承载力计算的基本公式为

$$\sum N=0 \qquad N \leqslant N_u = f_y A_s - f'_y A'_s - \alpha_1 f_c b x \tag{7.12}$$

$$\sum M_{A_s}=0 \qquad Ne \leqslant \alpha_1 f_c b x\left(h_0-\frac{x}{2}\right)+f'_y A'_s(h_0-a'_s) \tag{7.13}$$

式中：e ——轴向力 N 至受拉钢筋 A_s 合力作用点的距离，$e=e_0-h/2+a_s$。

将 $x=\xi h_0$、$\alpha_s=\xi(1-0.5\xi)$ 代入上式，则有

$$N \leqslant N_u = f_y A_s - f'_y A'_s - \alpha_1 f_c b h_0 \xi \tag{7.14}$$

$$Ne \leqslant N_u e = \alpha_1 f_c \alpha_s b h_0^2 + f'_y A'_s(h_0-a'_s) \tag{7.15}$$

(2) 适用条件。

① $x \leqslant \xi_b h_0$ 或 $\xi \leqslant \xi_b$，为保证受拉钢筋 A_s 达到屈服强度 f_y。

② $x \geqslant 2a'_s$，为保证受压钢筋 A'_s 达到屈服强度 f'_y。

③ $A_s \geqslant \rho_{\min} bh$，为满足最小配筋率要求，其中 $\rho_{\min}=\max\{0.45f_t/f_y, 0.002\}$ 。

2. 小偏心受拉构件

(1) 基本计算公式。由图 7.4(b)分别对 A_s 和 A'_s 合力作用点取矩，可得小偏心受拉构件承载力计算的基本公式为

$$f'_y A'_s(h_0-a'_s)=Ne \tag{7.16}$$

$$f_y A_s(h_0-a_s)=Ne' \tag{7.17}$$

式中：e、e' —— N 至 A_s 和 A'_s 合力点的距离，按下式计算，即

$$e=\frac{h}{2}-e_0-a_s \tag{7.18}$$

$$e'=\frac{h}{2}+e_0-a'_s \tag{7.19}$$

将 e 和 e' 代入式(7.16)和式(7.17)，取 $M=Ne_0$，且取 $a_s=a'_s$，则可得

$$A_s=\frac{N(h-2a'_s)}{2f_y(h_0-a'_s)}+\frac{M}{f_y(h_0-a'_s)}=\frac{N}{2f_y}+\frac{M}{f_y(h_0-a'_s)} \tag{7.20}$$

$$A'_s=\frac{N(h-2a_s)}{2f_y(h_0-a'_s)}-\frac{M}{f_y(h_0-a'_s)}=\frac{N}{2f_y}-\frac{M}{f_y(h_0-a'_s)} \tag{7.21}$$

(2) 适用条件。以上计算的配筋均应满足受拉钢筋最小配筋率的要求，即 $A_s \geqslant \rho_{min}bh$ 和 $A'_s \geqslant \rho_{min}bh$，其中 $\rho_{min}=\max\{0.45f_t/f_y, 0.002\}$。

讨论：由式(7.20)和式(7.21)可见，第一项代表轴向拉力 N 所需要的配筋，第二项反映了弯矩 M 对配筋的影响。**显然，M 的存在使 A_s 增大，A'_s 减小。因此，在设计中如果有不同的内力组合(N,M)时，应按(N_{max},M_{max})的内力组合计算 A_s，而按(N_{max},M_{min})的内力组合计算 A'_s。**

7.3.3　计算公式的应用

1. 截面设计

当为对称配筋时，无论是大偏心受拉构件还是小偏心受拉构件，设计时均可按式(7.17)计算钢筋，即

$$A'_s = A_s = \frac{Ne'}{f_y(h_0 - a'_s)}$$

当为非对称配筋时，按以下方法计算。

(1) 大偏心受拉构件。截面设计有两种情况：一种是受拉钢筋 A_s 和受压钢筋 A'_s 均未知；另一种是受压钢筋 A'_s 已经确定，需要确定受拉钢筋 A_s。

情况 1：A_s 与 A'_s 均未知。基本计算步骤如下：

① 在截面设计时，若 A_s 与 A'_s 均未知，有三个未知数，需补充条件来求解。与双筋矩形截面梁受弯承载能力的计算方法一样，为使总钢筋用量($A_s + A'_s$)最小，可取 $\xi = \xi_b$ ($x = \xi_b h_0$) 为补充条件，然后代入基本方程(7.14)和式(7.15)计算 A_s 与 A'_s。

② 两种钢筋均应满足最小配筋率的要求。当 $A'_s < \rho_{min}bh$ 时，则取 $A'_s = \rho_{min}bh$，改按第二种情况(已知 A'_s 求 A_s) 计算 A_s。

情况 2：已知 A'_s，要求确定 A_s。

由式(7.14)和式(7.15)可以看出，只有 ξ 和 A_s 两个未知数，应用基本计算公式可以直接解得，基本计算步骤如下。

① 将已知条件代入式(7.15)计算 α_s。

② 计算 ξ，$\xi = 1 - \sqrt{1 - 2\alpha_s}$，同时验算适用条件。

③ 如果 $\frac{2a'_s}{h_0} \leqslant \xi \leqslant \xi_b$ ($2a'_s \leqslant x \leqslant \xi_b h_0$)，则将 ξ 和 A'_s 及其他条件代入式(7.14)求出 A_s，同时，应满足 $A_s \geqslant \rho_{min}bh$。

④ 如果 $\xi > \xi_b$，则说明受压钢筋数量不足，应增加 A'_s 的数量。这时，改按第一种情况(A_s 和 A'_s 均未知)计算或增大截面尺寸后重新计算。

⑤ 如果 $\xi < \frac{2a'_s}{h_0}$ ($x < 2a'_s$)，则说明受压钢筋过多，破坏时其应力不能达到屈服强度，可取 $x = 2a'_s\left(\xi = \frac{2a'_s}{h_0}\right)$，对受压钢筋 A'_s 合力作用点取矩，则有

$$Ne' \leqslant f_y A_s (h_0 - a'_s) \tag{7.22}$$

$$A_s = \frac{Ne'}{f_y(h_0 - a'_s)} \tag{7.23}$$

式中：$e' = e_0 + \frac{h}{2} - a'_s$。

(2) 小偏心受拉构件。分别按照式(7.20)和式(7.21)计算 A_s 和 A'_s，且 A_s 和 A'_s 均要满足最小配筋率要求。

2. 截面复核

截面复核是在已知截面尺寸 $b \times h$、截面配筋 A_s 和 A'_s、混凝土强度等级和钢筋种类以及截面上作用的 N 和 M 的条件下，验算构件是否满足承载能力极限状态。

(1) 大偏心受拉。基本计算步骤如下。

由基本计算式(7.14)和式(7.15)联立解出 ξ，根据下列情况分别处理。

① 如果 $\frac{2a'_s}{h_0} \leqslant \xi \leqslant \xi_b$ $(2a'_s \leqslant x \leqslant \xi_b h_0)$，将 ξ 代入式(7.14)求 N_u。

② 如果 $\xi < \frac{2a'_s}{h_0}$ $(x < 2a'_s)$，则解出的 ξ 无效，按式(7.22)求 N_u。

③ 如果 $\xi > \xi_b$ $(x > \xi_b h_0)$，则说明受压钢筋 A'_s 配置不足，可近似取 $\xi = \xi_b$，由式(7.14)和式(7.15)分别求出一个 N_u，并取小值。

(2) 小偏心受拉。利用基本计算式(7.16)和式(7.17)分别求出一个 N_u，并取小值，即为该截面能够承受的轴向拉力的设计值。

【例 7.2】 某矩形水池，池壁厚为 250mm，每米板宽上承受轴向拉力设计值 N = 280kN，承受弯矩设计值 M = 120kN·m，混凝土采用 C30 级，钢筋采用 HRB400 级，试设计水池池壁配筋。

解：(1) 参数选取。C30 混凝土：$f_c = 14.3\text{N/mm}^2$，$f_t = 1.43\text{N/mm}^2$；HRB400 钢筋：$f_y = f'_y = 360\text{N/mm}^2$；取 $a_s = a'_s = 40\text{mm}$，则 $h_0 = 250 - 40 = 210\text{mm}$；$\xi_b = 0.518$，$\alpha_{s,\max} = 0.384$，$\alpha_1 = 1.0$，$b = 1000\text{mm}$。

(2) 偏心受拉构件类型判别。

$$e_0 = \frac{M}{N} = \frac{120 \times 10^6}{280 \times 10^3} = 428.6\text{mm} > \frac{h}{2} - a_s = 125 - 40 = 85\text{mm}$$

为大偏心受拉构件。

$$e = e_0 - \frac{h}{2} + a_s = 428.6 - 125 + 40 = 343.6\text{mm}$$

(3) 求 A_s 和 A'_s。取 $x = \xi_b h_0$ 可使总配筋最少，即将 $\alpha_{s,\max} = 0.384$ 代入式(7.13)有

$$A'_s = \frac{Ne - \alpha_1 f_c bx\left(h_0 - \frac{x}{2}\right)}{f'_y(h_0 - a'_s)} = \frac{Ne - \alpha_{s,\max}\alpha_1 f_c bh_0^2}{f'_y(h_0 - a'_s)}$$

$$= \frac{280 \times 10^3 \times 343.6 - 0.384 \times 1.0 \times 14.3 \times 1000 \times 210^2}{360 \times (210 - 40)} < 0$$

按最小配筋率配置受压钢筋，有

$$A'_s=\rho_{min}bh=0.002\times1000\times250=500(\text{mm}^2)$$

选配Φ 12@200，$A'_s=565\text{mm}^2$，满足要求。

再按A'_s已知情况计算，即

$$\alpha_s=\frac{Ne-f'_yA'_s(h_0-a'_s)}{\alpha_1f_cbh_0^2}=\frac{280\times10^3\times343.6-360\times565\times(210-40)}{1.0\times14.3\times1000\times210^2}$$

$$=0.0977$$

$$\xi=1-\sqrt{1-2\alpha_s}=1-\sqrt{1-2\times0.0977}=0.103$$

$$x=\xi h_0=0.103\times210=21.63(\text{mm})<2a'_s=80\text{mm}$$

因为$x<2a'_s$，取$x=2a'_s=80\text{mm}$，对受压钢筋合力作用点取矩，计算受拉钢筋A_s为

$$e'=e_0+\frac{h}{2}-a'_s=428.6+125-40=513.6(\text{mm})$$

$$A_s=\frac{Ne'}{f_y(h_0-a'_s)}=\frac{280\times10^3\times513.6}{360\times(210-40)}=2349.8(\text{mm}^2)$$

查本书附表 18 选配Φ 16@85，$A_s=2365\text{mm}^2$。

(4) 验算配筋率(略)。

截面配筋如图 7.5 所示。

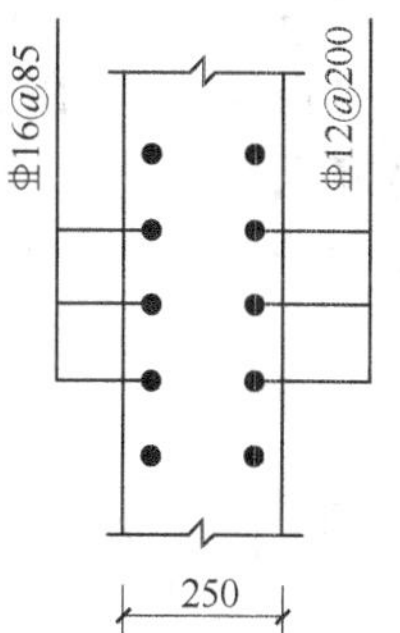

图 7.5　池壁截面配筋图

【例 7.3】 矩形截面偏心受拉构件，截面尺寸为$b\times h=250\text{mm}\times400\text{mm}$，承受轴向拉力设计值$N=600\text{kN}$，弯矩设计值$M=48\text{kN}\cdot\text{m}$，混凝土采用 C30 级，钢筋采用 HRB500 级，试计算构件的配筋。

解：(1) 参数选取。C30：$f_c=14.3\text{N/mm}^2$，$f_t=1.43\text{N/mm}^2$；HRB500 钢筋：$f_y=f'_y=435\text{N/mm}^2$；取$a_s=a'_s=40\text{mm}$，则$h_0=400-40=360(\text{mm})$。

(2) 偏心受拉构件类型判别。

$$e_0=\frac{M}{N}=\frac{48\times10^6}{600\times10^3}=80\text{mm}<\frac{h}{2}-a_s=\frac{400}{2}-40=160(\text{mm})$$

为小偏心受拉构件。

(3) 求A_s和A'_s。

$$e=\frac{h}{2}-e_0-a_s=\frac{400}{2}-80-40=80(\text{mm})$$

$$e'=\frac{h}{2}+e_0-a'_s=\frac{400}{2}+80-40=240(\text{mm})$$

代入式(7.20)和式(7.21)有

$$A_s=\frac{N}{2f_y}+\frac{M}{f_y(h_0-a'_s)}=\frac{600\times10^3}{2\times435}+\frac{48\times10^6}{435\times(360-40)}=1034.5(\text{mm}^2)$$

$$A'_s=\frac{N}{2f_y}-\frac{M}{f_y(h_0-a'_s)}=\frac{600\times10^3}{2\times435}-\frac{48\times10^6}{435\times(360-40)}=345(\text{mm}^2)$$

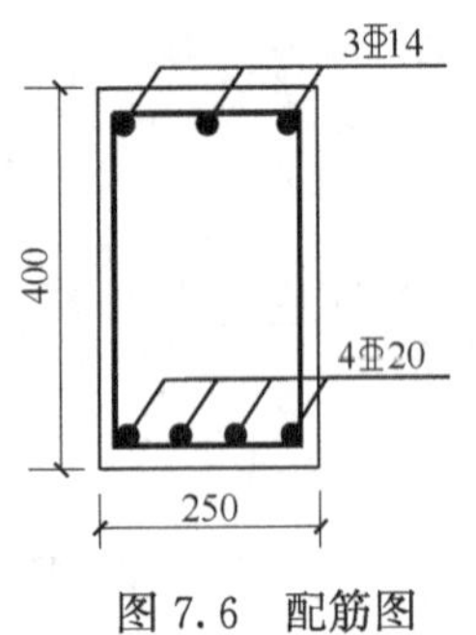

图 7.6　配筋图

查本书附表 17 选配钢筋，靠近轴向力一侧的钢筋 A_s 选配 4 ⌀ 20，$A_s=1256\text{mm}^2$；远离轴向力一侧的钢筋 A_s'选配 3 ⌀ 14，$A_s'=461\text{mm}^2$。

(4) 验算配筋率。

$$\rho=\begin{cases}\dfrac{A_s}{bh}=\dfrac{1256}{250\times400}=1.265\%\\ \dfrac{A_s'}{bh}=\dfrac{461}{250\times400}=0.46\%\end{cases}$$

$$\rho_{\min}=\max\{0.45f_t/f_y,0.002\}=0.2\%$$

$\rho>\rho_{\min}$，满足最小配筋率要求，截面配筋如图 7.6 所示。

7.4　偏心受拉构件斜截面受剪承载力

当偏心受拉构件同时作用剪力时，由于轴向拉力的存在，构件的主拉应力增加，使得斜裂缝更易出现，在小偏心受拉情况下甚至形成贯通全截面的斜裂缝，致使**斜截面受剪承载力降低**。受剪承载力的降低与轴向拉力 N 的数值有关，《规范》给出了矩形截面偏心受拉构件受剪承载力的计算公式，即

$$V\leqslant V_u=\frac{1.75}{\lambda+1.0}f_tbh_0+f_{yv}\frac{A_{sv}}{s}h_0-0.2N \tag{7.24}$$

式中：N ——与剪力设计值 V 相对应的轴向拉力设计值；

λ ——剪跨比，其取值与偏心受压构件相同。

当式(7.24)右边的计算值小于 $f_{yv}\dfrac{A_{sv}}{s}h_0$ 时，考虑剪压区完全消失，斜裂缝将贯通全截面，剪力全部由箍筋承担，此时受剪承载力应取

$$V_u=f_{yv}\frac{A_{sv}}{s}h_0 \tag{7.25}$$

为防止发生斜拉破坏，还要满足最小配箍率要求，取 $\rho_{sv,\min}=0.36\dfrac{f_t}{f_{yv}}$，则

$$f_{yv}\frac{A_{sv}}{s}h_0\geqslant0.36f_tbh_0 \tag{7.26}$$

小　　结

(1) 轴心受拉构件。构件开裂前，钢筋和混凝土变形协调，构件处于弹性阶段，可用换算截面换弹性理论计算。构件开裂后，开裂截面混凝土退出工作，全部拉力由钢筋承受。

(2) 偏心受拉构件类型的判别。轴向拉力 N 在 A_s 外侧的为大偏心受拉，即 $e_0>\dfrac{h}{2}-a_s$；轴向拉力 N 在 A_s 与 A_s'之间的为小偏心受拉，即 $0<e_0<\dfrac{h}{2}-a_s$。

(3) 大偏心受拉构件承载力计算时，要满足 $\xi \leqslant \xi_b$、$x \geqslant 2a'_s$ 和 $A_s \geqslant \rho_{min}bh$ 的适用条件。当 $x < 2a'_s$ 时，可取 $x = 2a'_s$，对受压钢筋 A'_s 合力作用点取矩，直接求出 A_s；当 $\xi > \xi_b$ 时，受拉钢筋 A_s 不屈服，类似于超筋梁的脆性破坏，应避免采用；在截面设计时，若 A_s 与 A'_s 均未知，可取 $\xi = \xi_b$ ($x = \xi_b h_0$) 为补充条件；当为对称配筋时 ($x < 0$)，按 $x < 2a'_s$ 的情况计算配筋。

(4) 小偏心受拉构件的配筋 A_s 和 A'_s 均应满足受拉钢筋最小配筋率的要求。

(5) 偏心受拉构件由于轴向拉力的存在导致斜截面受剪承载力的降低。

思　考　题

7.1　轴心受拉构件的极限承载能力只与所配置的钢筋有关，那么混凝土起到什么作用？

7.2　大小偏心受拉构件的破坏形态如何划分？

7.3　说明大偏心受拉构件非对称配筋截面设计的基本计算步骤，并分析大偏心受拉构件与大偏心受压构件的异同。

7.4　大偏心受拉构件承载力计算公式的适用条件有哪些？为什么要有这些适用条件？

7.5　轴向拉力的存在对受剪承载力有何影响？当斜裂缝贯通全截面时，如何计算受剪承载力？

7.6　非对称配筋的钢筋混凝土大偏心受拉构件，如果在计算中出现 $x < 2a'_s$ 或者为负值时，如何进行计算？出现这种现象的原因是什么？

习　　题

一、选择题(单选题)

7.1　钢筋混凝土受拉构件开裂后，混凝土退出工作，裂缝截面处混凝土的拉应力为零，原来由混凝土承担的拉力将转移给钢筋，使钢筋的应力增加，其增加量 $\Delta\sigma_s$ 为____。

A. f_t　　B. $\alpha_E f_t$　　C. $2\alpha_E f_t$　　D. f_t/ρ

7.2　钢筋混凝土受拉构件开裂瞬间，钢筋和混凝土承担的拉力分别为____。

A. $2\alpha_E f_t A_s$ 和 $f_t A_c$　　B. $\alpha_E f_t A_s$ 和 $\alpha_E f_t A_c$

C. $2\alpha_E f_t A_s$ 和 0　　D. $\sigma_s A_s$ 和 $\sigma_t A_c$

7.3　关于钢筋混凝土轴心受拉构件开裂后的承载能力，以下说法正确的是____。

A. 轴心受拉构件中，混凝土只是在开裂前发挥作用，开裂后是没有作用的

B. 承载力计算公式没有考虑混凝土的作用，低估了受拉承载能力

C. 钢筋混凝土轴心受拉构件和承载能力相等的钢结构受拉构件完全相同

D. 混凝土的存在，减小了构件的变形，提高了构件的刚度

7.4　矩形截面大、小偏心受拉构件的判别是____。

A. 当 $e_0 > \frac{h}{2} - a_s$ 时为大偏心受拉构件,当 $e_0 \leqslant \frac{h}{2} - a_s$ 时为小偏心受拉构件

B. 当 $e_0 > \frac{h_0}{2} - a_s$ 时为小偏心受拉构件,当 $e_0 \leqslant \frac{h_0}{2} - a_s$ 时为大偏心受拉构件

C. 当 $\xi > \xi_b$ 时为大偏心受拉构件,当 $\xi \leqslant \xi_b$ 时为小偏心受拉构件

D. 当 $\xi \leqslant \xi_b$ 时为大偏心受拉构件,当 $\xi > \xi_b$ 时为小偏心受拉构件

7.5 下列关于大偏心受拉构件的描述,正确的是____。

A. 大偏心受拉构件轴向拉力 N 的偏心距 $e_0 > \frac{h_0}{2} - a_s$

B. 靠近轴向力 N 一侧的钢筋 A_s 受拉,远离轴向力 N 一侧钢筋 A'_s 受压

C. 受拉区混凝土开裂后,裂缝会贯通整个截面

D. 受拉侧钢筋 A_s 达到屈服,受压侧钢筋 A'_s 达不到屈服

7.6 下列关于大偏心受拉构件的描述,不正确的是____。

A. A_s 与 A'_s 均未知,当 $x < 2a'_s\left(\xi < \frac{2a'_s}{h_0}\right)$时,可按 $A_s = \frac{Ne'}{f_y(h_0 - a'_s)}$ 计算 A_s

B. A_s 与 A'_s 均未知,任何情况均可按 $A'_s = A_s = \frac{Ne'}{f_y(h_0 - a'_s)}$ 计算 A_s 与 A'_s

C. 已知 A'_s,要求确定 A_s,如果 $\xi > \xi_b$,则应按 A_s 和 A'_s 均未知计算 A_s 与 A'_s

D. 已知 A'_s,要求确定 A_s,如果 $\xi < \frac{2a'_s}{h_0}$,应按 $A_s = \frac{Ne'}{f_y(h_0 - a'_s)}$ 计算 A_s

7.7 小偏心受拉构件,由于弯矩 M 的存在,使得____。

A. A_s 增大,A'_s 减小　　B. A_s 增大,A'_s 也增大

C. A_s 减小,A'_s 增大　　D. A_s 减小,A'_s 减小

7.8 小偏心受拉构件,在设计中如果有不同的内力组合(N,M)时,应按____。

A. (N_{max},M_{max})的内力组合计算 A'_s,(N_{max},M_{min})的内力组合计算 A_s

B. (N_{max},M_{max})的内力组合计算 A_s,(N_{max},M_{min})的内力组合计算 A'_s

C. (N_{min},M_{max})的内力组合计算 A_s,(N_{max},M_{max})的内力组合计算 A'_s

D. (N_{max},M_{max})的内力组合计算 A_s 和 A'_s

7.9 在截面设计时,若 A_s 与 A'_s 均未知,有三个未知数,需补充条件来求解。为使总钢筋用量($A_s + A'_s$)最小,可取 $\xi = \xi_b$($x = \xi_b h_0$)为补充条件,然后计算 A_s 与 A'_s。这种计算思路适用于____。

A. 双筋矩形截面受弯、大偏心受压和大偏心受拉构件

B. 双筋矩形截面受弯和大偏心受压构件,大偏心受拉构件不适用

C. 双筋矩形截面受弯,大偏心受压和大偏心受拉构件不适用

D. 双筋矩形截面受弯和大偏心受拉构件,大偏心受压构件不适用

7.10 下列关于钢筋混凝土受拉构件裂缝间应变不均匀系数的描述,不正确的是____。

A. 钢筋混凝土受拉构件开裂前,沿构件全长等值,$\psi = 1$

B. 当钢筋与混凝土的黏结沿构件全长破坏时 $\psi=1$

C. ψ 反映出裂缝间混凝土参与工作的能力

D. 随着钢筋的应力的不断增加，应变不均匀系数 ψ 不断增大

二、判断题(正确的画"√"，错误的画"×")

7.11　混凝土强度等级对轴心受拉构件正截面受拉承载力没有影响。（　）

7.12　钢筋混凝土轴心受拉构件由于裂缝间钢筋应力应变的不均匀性，构件的变形加大。（　）

7.13　钢筋混凝土轴心受拉构件存在着受拉钢化效应，偏心受拉构件和受弯构件的截面受拉区不存在这种现象。（　）

7.14　在裂缝截面附近混凝土的应力为零($\sigma_t=0$)，在两条裂缝的中间截面处应力最大($\sigma_{t,max}$)，一般情况下抗拉强度 $\sigma_{t,max}\geqslant f_t$。（　）

7.15　配筋率越大，轴心受拉构件开裂后钢筋的应力增量 $\Delta\sigma_s$ 越大。（　）

7.16　钢筋混凝土轴心受拉构件开裂后，钢筋和混凝土仍然能够共同受力，变形协调。（　）

7.17　大偏心受拉构件正截面受拉破坏时，混凝土开裂后不会裂通，离轴向力较远一侧的钢筋受压，离轴向力较近一侧的钢筋受拉。（　）

7.18　轴心受拉构件全部纵向钢筋的最小配筋百分率和偏心受拉构件一侧的受拉钢筋的最小配筋百分率都是取 0.2%和$(45f_t/f_y)$%中的较大值。（　）

7.19　大偏心受拉构件和大偏心受压构件基本计算公式的适用条件都是 $x\leqslant\xi_b h_0$ 或 $\xi\leqslant\xi_b$，$x\geqslant 2a'_s$。（　）

7.20　小偏心受拉构件，弯矩 M 越大，总的钢筋用量就越大。（　）

三、计算题

7.21　某矩形截面偏心受拉构件，截面尺寸 $b\times h=300\text{mm}\times400\text{mm}$，承受轴向拉力设计值 $N=500\text{kN}$，弯矩设计值 $M=50\text{kN}\cdot\text{m}$，采用 C30 级混凝土，HRB400 级钢筋，试计算该偏心受拉构件的截面配筋。

7.22　某钢筋混凝土矩形水池，池壁厚 $h=300\text{mm}$，根据水池荷载组合计算出的最大轴向拉力设计值 $N=280\text{kN}$，弯矩设计值 $M=140\text{kN}\cdot\text{m}$，混凝土采用 C30，钢筋采用 HRB400 级，水池沿池壁高度方向取 $b=1000\text{mm}$，试计算池壁截面配筋。

7.23　已知某矩形构件，截面尺寸为 $b\times h=300\text{mm}\times400\text{mm}$，对称配筋，且上下各配置 3⌀20($A_s=A'_s=942\text{mm}^2$) 的 HRB400 级钢筋，混凝土采用 C30，承受轴向拉力设计值 $N=160\text{kN}$，弯矩设计值 $M=80\text{kN}\cdot\text{m}$，试验算该截面是否安全。

第 8 章　受扭构件承载力计算

本章提要

(1) 纯扭构件受扭承载力计算。

(2) 弯剪扭构件承载力计算。

(3) 拉弯剪扭构件和压弯剪扭构件计算。

(4) 构造要求及实例。

8.1　概　　述

在建筑结构中，很多构件受扭矩作用，但在实际工程中，受到纯扭矩作用的构件很少，大多数都是处于弯矩、剪力、扭矩共同作用下的复合受扭构件，例如框架边梁、吊车梁、雨棚梁等，都属于弯、剪、扭复合受扭构件，扭转图例如图 8.1 所示。个别情况中还有压力(或拉力)、弯矩、剪力和扭矩共同作用的构件。

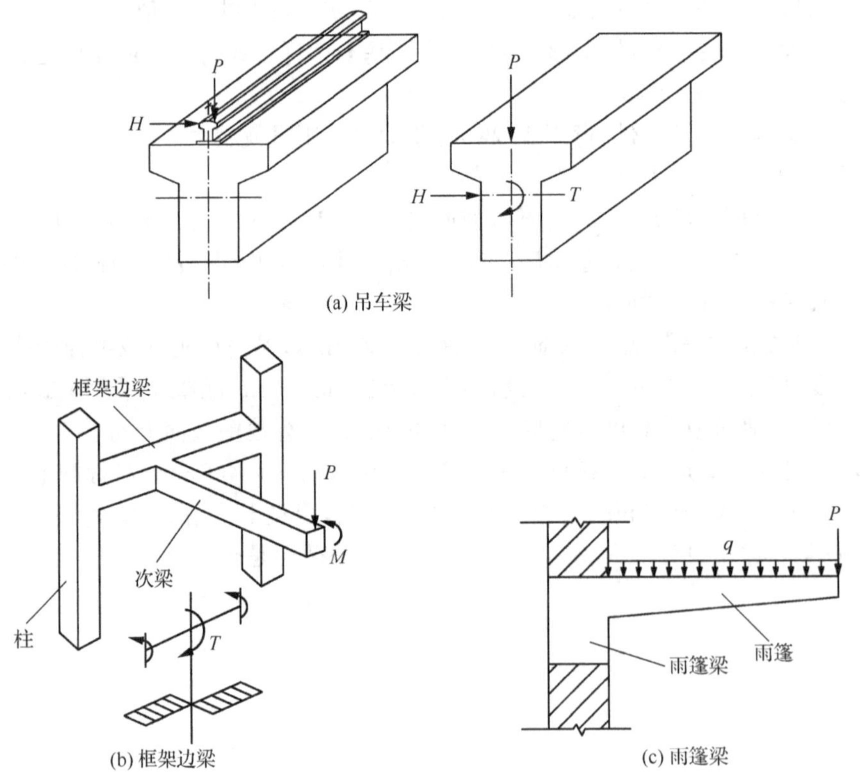

图 8.1　扭转图例

实际工程中按扭矩形成的原因分为两类受扭构件，即**平衡扭转和协调扭转**。

静定结构中，荷载产生的扭矩可以直接由构件的静力平衡条件求出，与构件刚度无关，称为平衡扭转。如图8.1所示的吊车梁和雨篷梁，对于平衡扭转，受扭构件设计时必须有足够的抗扭承载力，否则不能与作用扭矩相平衡，从而引起破坏。

超静定结构中，作用在构件上的扭矩除应满足静力平衡条件外，还必须由相邻构件的变形协调条件才能求出的，称为协调扭转。协调扭转中扭矩大小与受扭构件的抗扭刚度有关，混凝土构件开裂后扭矩随抗扭刚度发生非线性变化，而不是平衡扭转的定值，设计中需要考虑塑性内力重分布进行扭矩计算。如图8.1所示现浇框架的边梁，由于次梁在支座（边梁）处的转角，使边梁产生扭转，边梁因而受扭，边梁一旦开裂后，其抗扭刚度逐渐降低，边梁对次梁转角的约束作用也减小，相应地边梁的扭矩也减小。

8.2　纯扭构件受扭承载力计算

在建筑结构中，结构受纯扭的情况很少，绝大多数处于弯矩、剪力和扭矩共同作用下的复合受力状态。但是，对钢筋混凝土受纯扭作用构件的抗扭机理、受力模型和设计计算方法的研究，是深入研究复合受扭构件受力性能、破坏形态及具体设计计算的基础，因此本节首先研究纯扭构件。

8.2.1　裂缝出现前的性能

钢筋混凝土纯扭构件开裂前，基本符合材料力学的规律，在扭矩较小时，扭矩与扭转角成直线，扭转刚度与按弹性理论的计算值十分接近。当扭矩增加接近开裂扭矩 T_{cr} 时，扭矩与扭转角曲线偏离直线。构件开裂前扭矩-扭转角关系曲线如图8.2所示。构件开裂前受扭钢筋的应力很低，因此在分析开裂前构件受扭受力性能时，一般忽略钢筋的影响。

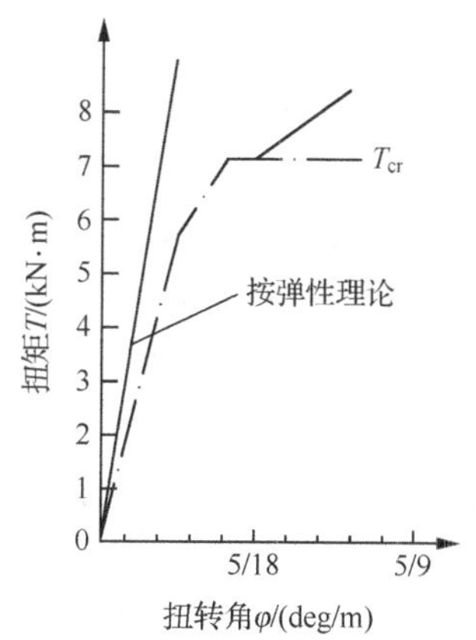

图8.2　开裂前扭矩-扭转角关系

8.2.2　裂缝出现后的性能

混凝土即将开裂时，材料进入弹塑性阶段，当扭矩等于开裂扭矩时，扭转角和钢筋应力显著增加。由材料力学可知，矩形截面构件受扭后，剪应力的最大值出现在长边中点，即在构件侧面的中点产生主拉应力 σ_{tp} 和主压应力 σ_{cp}，它们在数值上等于剪应力 τ $(\sigma_{tp}=\sigma_{cp}=\tau)$，并作用在与构件轴线成45°的方向上。当主拉应力达到混凝土抗拉强度时，首先在构件某一侧矩形截面长边中点形成裂缝，与构件轴线成45°夹角，然后迅速向上、下扩展并延伸到顶面和底面，最后形成三面受拉开裂，一面受压的螺旋形空间扭曲面，如图8.3所示。破坏时构件的承载能力很低，并表现出明显的脆性特征。

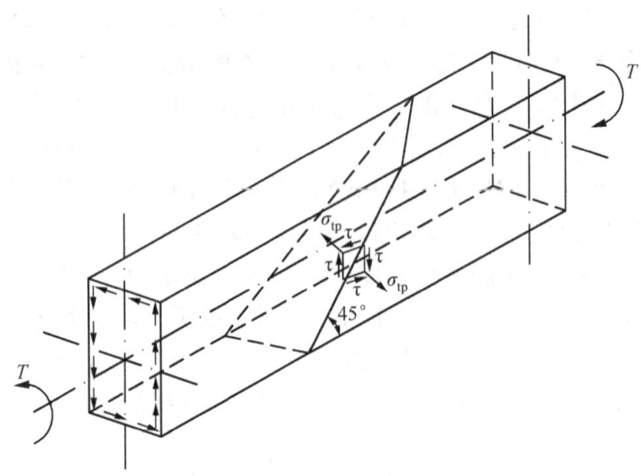

图 8.3 受扭构件开裂性能

8.2.3 矩形截面纯扭构件开裂扭矩的计算

弹性材料纯扭构件在扭矩 T 作用下的剪应力分布如图 8.4(a)所示,**其最大剪应力 τ_{max} 发生在截面长边中点**。若将混凝土视为理想弹性材料,随扭矩 T 的增大,当主拉应力 $\sigma_{tp}=\tau_{max}=f_t$ 时,构件将开裂,此时的扭矩即为开裂扭矩 T_{cr}。根据材料力学公式,构件开裂扭矩 T_{cr} 按下式计算:

$$T_{cr}=W_{te}f_t \tag{8.1}$$

$$W_{te}=\alpha b^2 h \tag{8.2}$$

式中:W_{te}——**截面受扭的弹性抵抗矩**;

α——形状系数,与比值 h/b 有关,$\alpha=0.208\sim0.313$;

h,b——矩形截面的高度和宽度;

f_t——混凝土抗拉强度设计值。

若按塑性力学理论,将混凝土视为理想的弹塑性材料,可将截面上剪应力划分为四个部分,如图 8.4(b)所示。当截面上剪应力全截面达到混凝土抗拉强度 f_t 时,构件开裂,其开裂扭矩即可由各部分扭剪应力的合力组成的合力偶来计算,如图 8.4(c)所示,计算公式为

$$T_{cr}=f_t\times\left[\frac{1}{2}\times b\times\frac{b}{2}\times\left(h-\frac{b}{3}\right)+2\times\frac{b}{2}\times\frac{b}{2}\times\frac{2b}{3}+(h-b)\times\frac{b}{2}\times\frac{b}{2}\right]$$

$$=f_t\times\frac{b^2}{6}\times(3h-b) \tag{8.3}$$

令 $W_t=\dfrac{b^2}{6}(3h-b)$,则

$$T_{cr}=W_t f_t \tag{8.4}$$

式中:W_t——受扭构件的**截面受扭塑性抵抗矩**。

实际上,混凝土既非理想弹性材料,也非理想塑性材料,按弹性理论式(8.1)计算的开

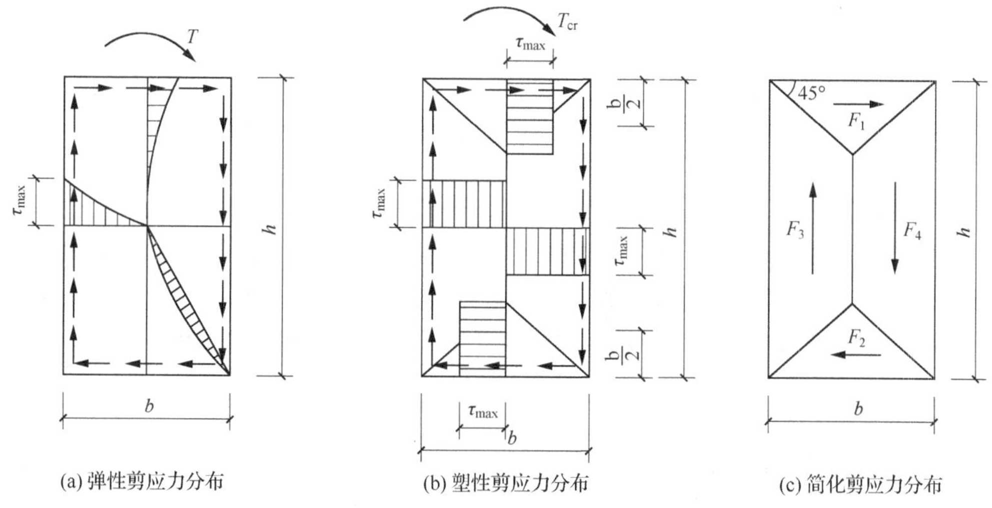

图 8.4　扭剪应力分布图

裂扭矩 T_{cr} 比试验值低，按塑性理论式(8.4)计算的开裂扭矩 T_{cr} 比试验值高。为方便计算，开裂扭矩可近似采用图 8.4(b)所示的理想弹塑性材料的应力分布图进行计算，但应乘以一个降低系数。《规范》将降低系数统一取为 0.7，故开裂扭矩计算公式为

$$T_{cr}=0.7f_tW_t \tag{8.5}$$

式中：T_{cr}——钢筋混凝土纯扭构件的开裂扭矩。

8.2.4　受扭构件的破坏形态

根据上述分析，受扭构件最有效的配筋形式是沿主拉应力迹线的方向布置钢筋，钢筋形式呈螺旋形式，但是螺旋形钢筋施工复杂而且需要两个方向同时布置，以抵抗变号扭矩的作用。实际工程中为了施工方便，将该主拉应力分解为水平和竖直方向的两个分力，来**布置抗扭纵筋和抗扭箍筋，抗扭箍筋必须为封闭的**，配筋示意图如图 8.5 所示。

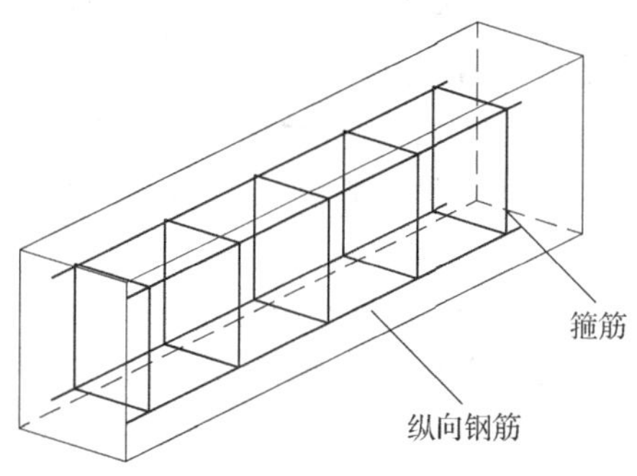

图 8.5　受扭构件配筋示意图

由于受扭构件的抗扭钢筋由抗扭纵筋和抗扭箍筋两种钢筋组成，受扭构件的破坏形态与抗扭钢筋的多少以及两种钢筋配筋比例有关。受扭构件的破坏形态可分为适筋破坏、超筋破坏、少筋破坏和部分超筋破坏。

1. 适筋破坏

当构件纵筋和箍筋都配置适中时,在外扭矩作用下,纵筋和箍筋首先屈服,然后混凝土被压碎。破坏要经历较长时间,有较明显预兆,属延性破坏,类似适筋梁。

2. 超筋破坏

当纵筋和箍筋都配置过多时出现此种破坏。破坏时混凝土被压碎,而纵筋和箍筋都不屈服,破坏突然,因而延性差,类似于梁正截面设计时的超筋破坏。**设计中一般用限制截面最小尺寸的方法来避免因纵筋和箍筋配置过多而发生的超筋脆性破坏**。

3. 少筋破坏

当纵筋和箍筋配置不足时,斜裂缝一旦出现,纵筋和箍筋便会被拉断,使构件突然破坏。破坏属于脆性破坏,类似于梁正截面承载能力时的少筋破坏。**设计中通过限制抗扭纵筋和箍筋最小配筋率的方法来防止少筋脆性破坏**。

4. 部分超筋破坏

当纵筋或箍筋其中之一配置过多时出现此种破坏。破坏时配筋率小的纵筋或箍筋达到屈服,配置过多的另一种钢筋达不到屈服,破坏过程有一定的延性,但较适筋破坏的延性差。由于部分超筋破坏有一定延性,理论上设计时可以采用,但是部分超筋破坏总有一种钢筋不屈服,会造成钢筋浪费,使设计不经济,因此实际**设计时一般采用限制受扭纵筋和受扭箍筋配筋比例的方法,使纵筋和箍筋的比例适当,破坏时都能达到屈服,从而避免部分超筋破坏**。

8.2.5 矩形截面纯扭构件扭曲截面受扭承载力计算

如前所述,钢筋混凝土受扭构件当受扭纵筋和受扭箍筋配筋均适当时,构件将发生适筋破坏,配置钢筋后不但可以提高构件的抗扭承载力,还可以提高构件的延性。对于钢筋混凝土构件扭曲截面受扭承载力计算有很多理论模型,主要有两种计算模型为实际的计算方法提供理论基础,分别是**变角度空间桁架模型和扭曲破坏面极限平衡理论(斜弯理论)**。我国的《规范》的设计方法以前者为基础,公路桥梁设计规范以后者为基础。下面简要介绍变角度空间桁架模型。

变角度空间桁架模型认为,钢筋混凝土受扭构件的核心部分混凝土对产生抵抗扭矩贡献甚微,因此可以将其计算简图简化为等效箱形截面,如图 8.6(a)所示。构件提供抗扭承载力的部分是由四周侧壁混凝土、抗扭箍筋、抗扭纵向钢筋组成的空间受力结构体系。每个侧壁受力状况相当于一个平面桁架,纵筋为桁架的弦杆,箍筋为桁架的竖腹杆,斜裂缝间的混凝土为桁架的斜腹杆。斜裂缝与构件轴线夹角 α 会随抗扭纵筋与箍筋的强度比值的变化而变化(故称为变角度)。

关于钢筋混凝土受扭构件的计算,是建立在变角度空间桁架模型的基础之上的。变角度空间桁架模型的基本假定如下所述。

(1) 混凝土只承受压力，具有螺旋形裂缝的混凝土外壳组成桁架的斜压杆，其倾角为 α。

(2) 纵筋和箍筋只承受拉力，分别为桁架的弦杆和竖腹杆。

(3) 忽略核心混凝土的受扭作用和钢筋的销栓作用。

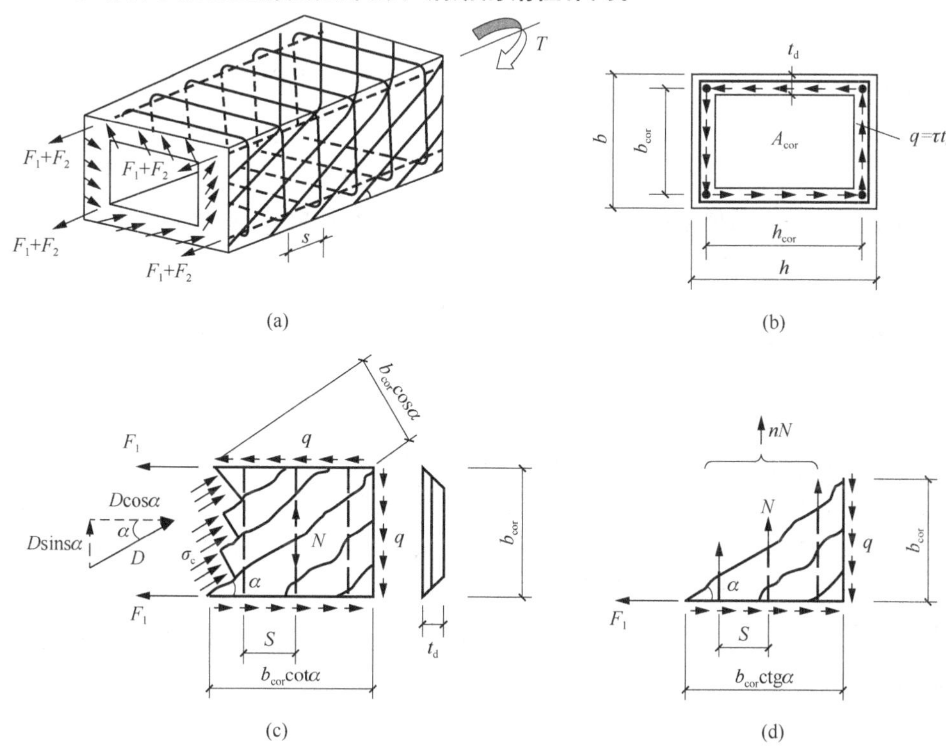

图 8.6　变角度空间桁架模型

按弹性薄壁理论，在扭矩 T 的作用下，沿箱形截面侧壁产生大小相等的环向剪力流 q，如图 8.6(b)所示。其计算公式为

$$q=\tau t_{\mathrm{d}}=\frac{T}{2A_{\mathrm{cor}}} \tag{8.6}$$

式中：τ ——扭剪应力；

t_{d} ——箱形截面侧壁厚度；

A_{cor} ——剪力流路线围成的面积，取按箍筋内表面围成的核心混凝土面积。

变角度空间桁架模型由 4 榀变角度平面桁架组成，如图 8.6(a)所示。为建立受扭承载力计算方程，先研究竖向的变角度平面桁架。环向剪力流 q 引起的桁架内力如图 8.6(c)所示，图中斜压杆的倾角为 α，其平均应力为 σ_{c}，斜压杆总应力为 D，由静力平衡可求得：

斜压力

$$D=\frac{qb_{\mathrm{cor}}}{\sin\alpha}=\frac{\tau t_{\mathrm{d}}b_{\mathrm{cor}}}{\sin\alpha} \tag{8.7}$$

混凝土平均压应力

$$\sigma_c = \frac{D}{t_d b_{cor}\cos\alpha} = \frac{q}{t_d \sin\alpha\cos\alpha} = \frac{T}{2A_{cor} t_d \sin\alpha\cos\alpha} \tag{8.8}$$

纵筋拉力

$$F_1 = \frac{1}{2}D\cos\alpha = \frac{1}{2}qb_{cor}\cot\alpha = \frac{1}{2}\tau t_d b_{cor}\cot\alpha = \frac{Tb_{cor}}{4A_{cor}}\cot\alpha \tag{8.9}$$

箍筋拉力[图 8.6(d),箍筋间距为 S,与斜裂缝相交的箍筋数量 $n=\frac{b_{cor}\cot\alpha}{s}$]

$$N = \frac{qb_{cor}}{n} = qs\tan\alpha = \tau t_d s\tan\alpha = \frac{T}{2A_{cor}}s\tan\alpha \tag{8.10}$$

设水平变角度平面桁架的斜压杆倾角也为 α ,同理可得纵向钢筋的拉力为

$$F_2 = \frac{Th_{cor}}{4A_{cor}}\cot\alpha \tag{8.11}$$

则全部纵筋的总拉力为

$$F = 4(F_1 + F_2) = \frac{Tu_{cor}}{2A_{cor}}\cot\alpha \tag{8.12}$$

式中:u_{cor} ——截面核心部分的周长(箍筋内皮所围周长),$u_{cor}=2(b_{cor}+h_{cor})$ 。

综上所述,得到变角度空间桁架模型的 4 个基本方程,环向剪力流式(8.6)、混凝土平均压应力式(8.8)、箍筋拉力式(8.10)和纵筋拉力式(8.12)。当构件发生适筋破坏时,受扭纵筋和箍筋均屈服,即纵筋和箍筋的应力均能达到抗拉强度 f_y 和 f_{yv} ,设全部受扭纵筋的截面面积为 A_{stl} ,受扭箍筋的单肢截面面积为 A_{stl} ,则纵筋的总拉力和箍筋的总拉力分别为

$$F = \frac{Tu_{cor}}{2A_{cor}}\cot\alpha = A_{stl}f_y \tag{8.13}$$

$$N = \frac{T}{2A_{cor}}s\tan\alpha = A_{stl}f_{yv} \tag{8.14}$$

因此可得适筋受扭构件的受扭承载力计算公式为

$$T_u = 2A_{stl}f_y\frac{A_{cor}}{u_{cor}}\tan\alpha \tag{8.15}$$

$$T_u = 2A_{stl}f_{yv}\frac{A_{cor}}{s}\cot\alpha \tag{8.16}$$

式(8.15)和式(8.16)两式联立消去 T_u ,得

$$\tan\alpha = \sqrt{\frac{f_{yv}A_{stl}u_{cor}}{f_y A_{stl}s}} = \sqrt{\frac{1}{\zeta}} \tag{8.17}$$

将式(8.17)代入式(8.15),得到受扭承载力计算公式为

$$T_u = 2\sqrt{\zeta}\frac{A_{stl}f_{yv}}{s}A_{cor} \tag{8.18}$$

式中:ζ ——受受扭构件中受扭的纵向钢筋和箍筋的配筋强度比值;

$$\zeta = \frac{f_y A_{stl}\cdot s}{f_{yv}A_{stl}\cdot u_{cor}} \tag{8.19}$$

T_u——用变角度空间桁架模型计算的纯扭构件抗扭承载力；

A_{stl}——沿截面周边配置的箍筋单肢截面面积；

f_{yv}——受扭箍筋的抗拉强度设计值；

s——受扭箍筋的间距；

A_{cor}——**截面核心部分的面积，为按箍筋内侧计算的截面核心部分的短边和长边尺寸之积，取 $A_{cor}=b_{cor}h_{cor}$，**如图 8.6(b)所示；

A_{stl}——**取对称布置的全部纵向抗扭纵筋的总面积，若实际布置的纵筋是非对称的，只能取对称布置的面积；**

f_y——受扭纵筋的抗拉强度设计值。

ζ 为受扭的纵向钢筋和箍筋的配筋强度比值。引入这个比值的意义在于控制受扭纵筋和箍筋的配筋比例，确保构件发生适筋破坏。如前所述，由于受扭的钢筋由箍筋和受扭纵筋两部分组成，其受扭性能及其极限承载力不仅与总配筋量有关，还与两部分钢筋的配筋比例有关，如果一种钢筋过多，另一种钢筋太少，前一种钢筋就可能不屈服，从而出现部分超配筋的情况，**故设计中用配筋强度比 ζ 来控制，防止出现部分超筋的情况**。

实验研究表明，当 $0.5\leqslant\zeta\leqslant2.0$ 时，受扭纵筋和箍筋均会屈服，不会发生部分超筋破坏。**纵筋和箍筋的配筋强度比值 ζ 应满足 $0.6\leqslant\zeta\leqslant1.7$。设计中通常可取 $\zeta=1.2$，保证纵向钢筋和箍筋的抗扭作用都能发挥到最佳**。

8.2.6　纯扭构件的配筋计算方法

1. 矩形截面承载力计算

由变角度空间桁架模型计算公式的计算结果与试验值比较，发现其计算结果与试验结论并不完全符合，主要有以下原因：该理论假设构件开裂后混凝土完全失去作用，并不考虑钢筋的销栓作用，而由于混凝土骨料之间的咬合力，只要裂缝的开展受到钢筋销栓作用的制约，混凝土就仍具有一定的受扭承载力。因此，对于配筋较少的构件，计算值较试验值偏低；当配筋较多时，由于纵筋和箍筋有时不能同时屈服，计算值又会比试验值高。

我国《规范》在变角度空间桁架模型计算公式的基础上，考虑了混凝土的抗扭能力。在基于试验结果的基础上，本节提出了由混凝土承担的扭矩和钢筋承担的扭矩两项相加的设计计算公式，其公式形式与受弯构件斜截面受剪承载力计算公式形式类似，具体公式为

$$T\leqslant T_u=0.35f_tW_t+1.2\sqrt{\zeta}\cdot\frac{f_{yv}A_{stl}}{s}\cdot A_{cor} \tag{8.20}$$

第一项为混凝土承担的扭矩，取混凝土纯扭构件开裂扭矩值的一半；第二项为抗扭钢筋承担的扭矩，系数根据试验得到。

2. T 形和 I 形截面承载力计算

对于 T 形和 I 形截面纯扭构件受扭承载力的计算，我们仍可以利用矩形截面的计算公式(8.20)进行计算。**计算时首先将 T 形和 I 形截面划分成几个矩形截面，分别按公式(8.20)计算各矩形截面的配筋，然后再将各矩形截面的配筋叠加**，得到 T 形和 I 形截面

的实际配筋。计算的关键在于划分矩形截面，**划分的原则是首先保证腹板的完整性**，然后再划分受拉翼缘和受压翼缘的面积，如图 8.7 所示。

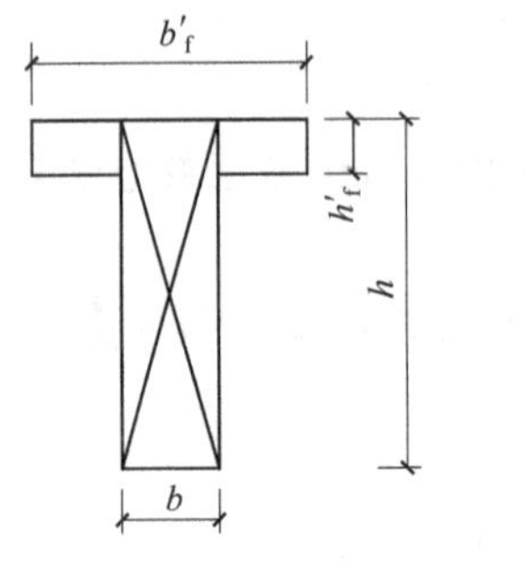

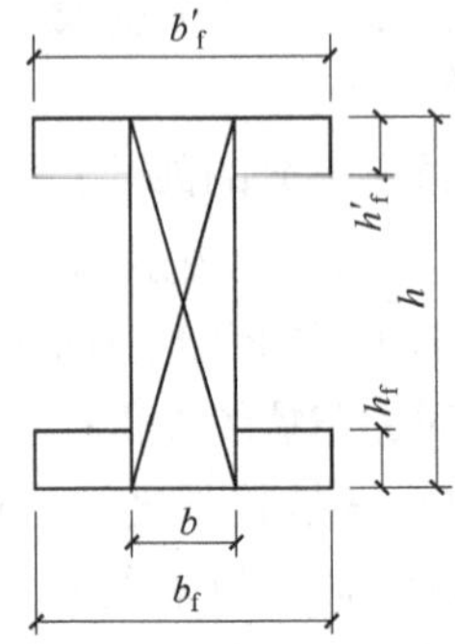

图 8.7　T形和I形截面的矩形划分方法

每个矩形截面的扭矩设计值，可按各矩形截面的受扭塑性抵抗矩与截面总的受扭塑性抵抗矩的比例进行分配，计算公式为

(1) 腹板

$$T_w = \frac{W_{tw}}{W_t} T \tag{8.21}$$

(2) 受压翼缘

$$T'_f = \frac{W'_{tf}}{W_t} T \tag{8.22}$$

(3) 受拉翼缘

$$T_f = \frac{W_{tf}}{W_t} T \tag{8.23}$$

式中：T_w、T'_f、T_f——腹板、受压翼缘和受拉翼缘所承受的扭矩设计值；

W_{tw}、W'_{tf}、W_{tf}——腹板、受压翼缘和受拉翼缘部分的矩形截面受扭塑性抵抗矩，分别取为：$W_{tw}=\frac{b^2}{6}(3h-b)$，$W'_{tf}=\frac{h'^2_f}{2}(b'_f-b)$，$W_{tf}=\frac{h_f^2}{2}(b_f-b)$；

W_t——T形和I形截面的受扭塑性抵抗矩，$W_t=W_{tw}+W'_{tf}+W_{tf}$。

计算时取用的翼缘宽度和腹板高度尚应符合下列条件：$b'_f \leqslant b+6h'_f$，$b_f \leqslant b+6h_f$ 及 $h_w/b \leqslant 6$。

3. 箱形截面承载力计算

箱形截面纯扭构件受扭承载力计算公式为

$$T \leqslant T_u = 0.35\alpha_h f_t W_t + 1.2\sqrt{\zeta} \cdot \frac{f_{yv} A_{stl}}{s} \cdot A_{cor} \tag{8.24}$$

式中：α_h——箱形截面壁厚影响系数 $\alpha_h=2.5t_w/b_h$，当 $\alpha_h>1.0$ 时，取 $\alpha_h=1.0$；

t_w——箱形截面壁厚，其值不应小于 $b_h/7$；

b_h——箱形截面的宽度。

4. 轴向压力和扭矩共同作用下矩形截面受扭构件的承载力计算

当存在轴向压力时，轴向压力 N 的作用会抑制受扭斜裂缝的发展，提高受扭承载力，压扭构件的计算公式为

$$T \leqslant T_u = \left(0.35 f_t + 0.07 \frac{N}{A}\right) W_t + 1.2\sqrt{\zeta} \cdot \frac{f_{yv} A_{stl}}{s} \cdot A_{cor} \tag{8.25}$$

式中：N ——与扭矩设计值 T 相应的轴向压力设计值，当 $N > 0.3 f_c A$ 时，取 $N = 0.3 f_c A$。

5. 轴向拉力和扭矩共同作用下矩形截面受扭构件的承载力计算

当存在轴向拉力时，轴向拉力 N 的作用会使纵筋产生拉应力，从而使纵筋的抗扭能力削弱，因此会降低受扭承载力，拉扭构件的计算公式为

$$T \leqslant T_u = \left(0.35 f_t - 0.2 \frac{N}{A}\right) W_t + 1.2\sqrt{\zeta} \cdot \frac{f_{yv} A_{stl}}{s} \cdot A_{cor} \tag{8.26}$$

式中：N ——与扭矩设计值 T 相应的轴向拉力设计值，当 $N > 1.75 f_t A$ 时，取 $N = 1.75 f_t A$。

8.3　弯剪扭构件的扭曲截面承载力

8.3.1　弯剪扭构件的破坏形态

1. 弯剪扭构件破坏的影响因素

弯剪扭构件即在弯矩、剪力和扭矩共同作用下的钢筋混凝土构件，是实际工程中最常见的受扭构件。钢筋混凝土弯剪扭构件的受力状态极为复杂，其破坏特征及承载力与以下两个因素有关。

(1) 内在因素：即构件的截面形状、尺寸、配筋及材料强度。

(2) 外部荷载条件：即扭矩和弯矩之间的比例关系，以及扭矩与剪力之间的比例关系。

由于多种内力的共同作用使钢筋混凝土弯剪扭构件处于复杂应力状态，理解扭矩的存在对构件的受弯承载力和受剪承载力的影响对于研究弯剪扭构件的破坏类型很重要。

扭矩对受弯承载力的影响：如前所述，扭矩使纵筋产生拉应力，与受弯时的下部钢筋拉应力叠加，使钢筋拉应力增大，从而会使受弯承载力降低，如图 8.8 所示。

扭矩对受剪承载力的影响：如图 8.8 所示，扭矩和剪力产生的剪应力总会在构件的一个侧面上叠加，因此扭矩的存在会降低构件的受剪承载力，同样剪力的存在也会降低构件的受扭承载力，**即剪扭共同作用的构件其承载力总是小于剪力和扭矩单独作用的承载力**。

2. 弯剪扭构件的破坏类型

钢筋混凝土弯剪扭构件随弯矩、剪力、扭矩的比值和配筋不同，有三种破坏类型。

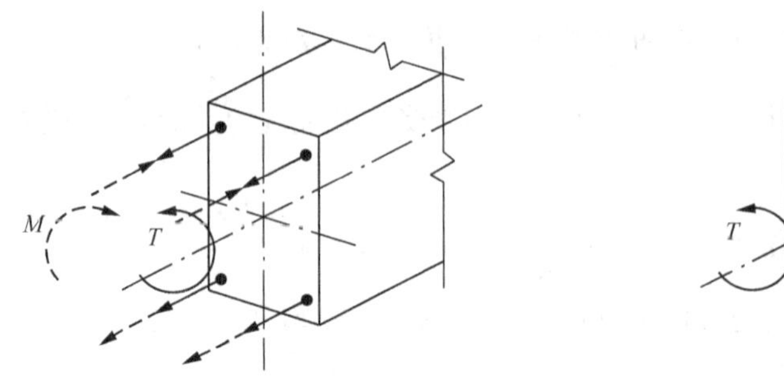

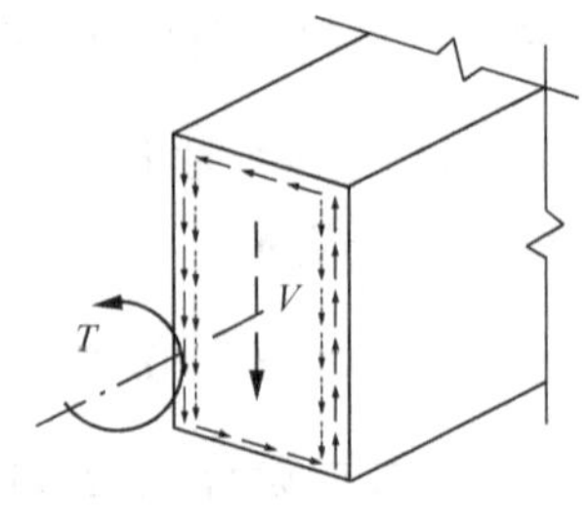

图 8.8 弯剪扭构件内力的相互影响

1) **弯型破坏**

当弯矩较大,剪力和扭矩均较小时,弯矩起主导作用,裂缝首先在弯曲受拉底面出现,然后发展到两个侧面。底部的纵向受力钢筋受弯矩和扭矩产生的叠加的拉应力作用,当底部纵筋配筋适当时,则破坏始于底部纵筋屈服,终于顶部混凝土被压碎,承载力由底部纵向受力钢筋控制,如图 8.9(a)所示。构件的受弯承载力因扭矩的存在而降低。

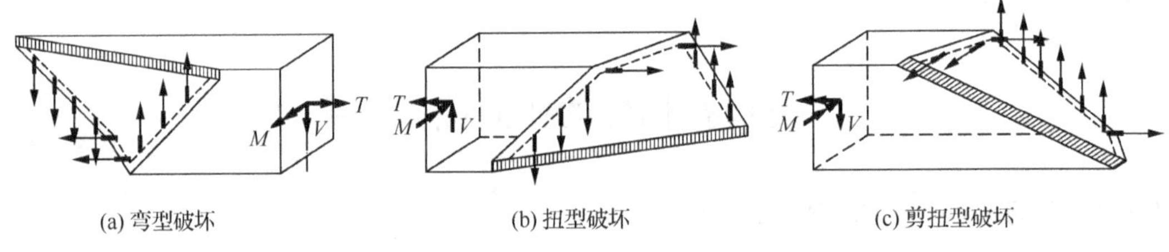

图 8.9 弯剪扭构件的破坏形态

2) **扭型破坏**

当扭矩较大、弯矩和剪力较小,且顶部纵筋的数量小于底部纵筋的数量时,由扭矩引起顶部纵筋的拉应力很大,而因为弯矩很小,弯矩在顶部产生的压应力也很小,所以导致顶部纵筋所受的拉应力大于底部纵筋,构件破坏是由于顶部纵筋先达到屈服,然后底部混凝土被压碎,承载力由顶部纵筋所控制,如图 8.9(b)所示。

由于弯矩对构件顶部产生压应力,抵消了一部分由于扭矩产生的拉应力,弯矩的存在会提高扭型破坏的抗扭承载力。但是应该注意,对于顶部和底部纵筋对称布置情况,总是底部纵筋先达到屈服,将不可能出现扭型破坏。

3) **剪扭型破坏**

当弯矩较小,对构件的承载力不起控制作用时,构件主要在剪力和扭矩共同作用下产生剪扭型或扭剪型的受剪破坏。

裂缝从一个长边(剪应力方向一致的一侧)中点开始出现,并向顶面和底面延伸,当配筋适当时,随剪力和扭矩的增加,与斜裂缝相交的纵筋和箍筋达到屈服,最后在另一侧长边混凝土被压碎,从而达到破坏,如图 8.9(c)所示。当扭矩较大时,以受扭破坏为主;当剪力较大时,以受剪破坏为主。

8.3.2　剪扭相关性

如前所述,同时受剪力和扭矩的构件,扭矩和剪力产生的剪应力总会在构件的一个侧面上叠加,其承载力总是小于剪力和扭矩单独作用的承载力。《规范》中受剪和纯扭的计算公式中,都有反映混凝土抗力的一项,受剪计算中的 $0.7f_tbh_0\left(或\dfrac{1.75}{\lambda+1}f_tbh_0\right)$,纯扭计算中的 $0.35f_tW_t$。当剪力和扭矩共同作用时,为了避免重复利用混凝土的抗力,应考虑混凝土抗力的剪扭相关性。

无腹筋剪扭构件的试验研究表明,无量纲剪扭承载力的相关关系符合四分之一圆的规律,如图 8.10(a)所示;对于有腹筋剪扭构件,假设混凝土部分对剪扭承载力的贡献与无腹筋剪扭构件一样,也可认为符合四分之一圆的规律,如图 8.10(b)所示。

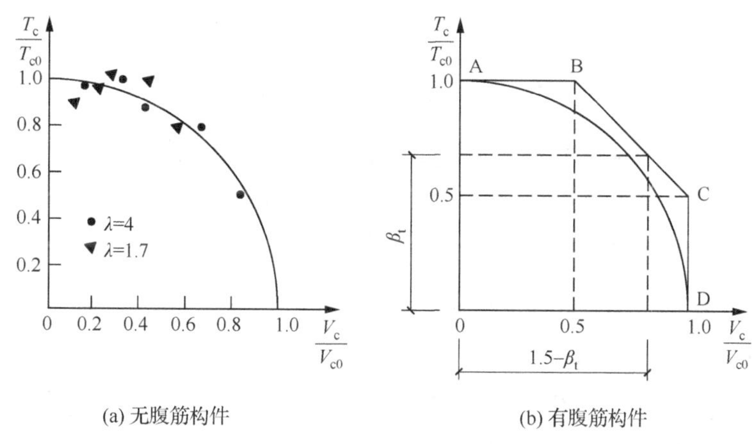

图 8.10　剪-扭承载力相关关系

采用折减系数反映剪扭共同作用下混凝土承载力的贡献,为简化计算,**采用三折线近似表示四分之一圆的关系**,如图 8.10(b)所示。

AB 段:$V_c/V_{c0}\leqslant 0.5$ 时,说明剪力对于抗扭承载力影响很小,$T_c/T_{c0}=1.0$。

CD 段:$T_c/T_{c0}\leqslant 0.5$ 时,说明扭矩对于抗剪承载力影响很小,$V_c/V_{c0}=1.0$。

BC 段:$V_c/V_{c0}>0.5$,$T_c/T_{c0}>0.5$ 时为斜线段,应考虑剪力和扭矩同时存在对于承载力的影响,则有

$$\frac{T_c}{T_{c0}}+\frac{V_c}{V_{c0}}=1.5 \tag{8.27}$$

式中:T_c,V_c——有腹筋剪扭构件混凝土的受扭承载力和受剪承载力;

T_{c0},V_{c0}——有腹筋纯扭及扭矩为零受剪构件混凝土的受扭承载力和受剪承载力,其中 $T_{c0}=0.35f_tW_t$,$V_{c0}=0.7f_tbh_0$。

若令 $\beta_t=T_c/T_{c0}$,则 $V_c/V_{c0}=1.5-\beta_t$,由公式(8.27)可得到

$$\beta_t=\frac{1.5}{1+\dfrac{V_c}{V_{c0}}\cdot\dfrac{T_{c0}}{T_c}} \tag{8.28}$$

近似用剪力设计值和扭矩设计值的比值 V/T 代替 V_c/T_c，将 $T_{c0}=0.35f_tW_t$，$V_{c0}=0.7f_tbh_0$ 代入式(8.28)，得

$$\beta_t=\frac{1.5}{1+0.5\frac{V}{T}\cdot\frac{W_t}{bh_0}} \tag{8.29}$$

式中：β_t——一般剪扭构件混凝土受扭承载力降低系数：当 $\beta_t\leqslant0.5$ 时，取 $\beta_t=0.5$；当 $\beta_t\geqslant1.0$ 时，取 $\beta_t=1.0$；

V、T——构件的剪力设计值和扭矩设计值；

W_t——受扭构件的截面受扭塑性抵抗矩。

对于集中荷载作用下的独立剪扭构件，将 $T_{c0}=0.35f_tW_t$，$V_{c0}=\frac{1.75}{\lambda+1}f_tbh_0$ 代入式(8.28)，得

$$\beta_t=\frac{1.5}{1+0.2(\lambda+1)\frac{V}{T}\cdot\frac{W_t}{bh_0}} \tag{8.30}$$

式中：β_t——集中荷载作用下独立剪扭构件混凝土受扭承载力降低系数：当 $\beta_t\leqslant0.5$ 时，取 $\beta_t=0.5$；当 $\beta_t\geqslant1.0$ 时，取 $\beta_t=1.0$；

λ——计算截面的剪跨比，$1.5\leqslant\lambda\leqslant3.0$。

8.3.3 弯剪扭构件的配筋计算方法

由于在弯矩、剪力和扭矩的共同作用下，各项承载力是相互关联的，其相互影响会导致计算十分复杂。为了简化，本节基于试验研究结果，在弯剪扭承载力计算中**采用了实用配筋计算方法，该方法的具体思路为：**

(1) 混凝土部分：对于剪扭共同作用的构件考虑混凝土的作用，为避免混凝土部分的抗力被重复利用，对于混凝土部分考虑剪扭相关性。

(2) 钢筋部分：对于钢筋的抗力采用简单叠加的方法。纵向钢筋截面面积应分别按受弯构件的正截面受弯承载力和剪扭构件的受扭承载力计算，然后进行叠加并配置在相应的位置；箍筋截面面积应分别按剪扭构件的受扭承载力和受剪承载力计算，然后进行叠加并配置在相应的位置。

1. 矩形截面剪扭构件计算公式

如前所述，对于剪扭构件采用实用计算方法，钢筋和混凝土同时提供抗力，混凝土考虑剪扭相关性，受剪和受扭承载力分别计算，公式一般形式为

$$T_u=T_c+T_s=\beta_tT_{c0}+T_s \tag{8.31}$$

$$V_u=V_c+V_s=(1.5-\beta_t)V_{c0}+V_s \tag{8.32}$$

对于剪力和扭矩共同作用下的矩形截面一般剪扭构件，计算公式为：

受剪承载力

$$V\leqslant V_u=0.7(1.5-\beta_t)f_tbh_0+f_{yv}\frac{A_{sv}}{s}h_0 \tag{8.33}$$

受扭承载力

$$T \leqslant T_u = 0.35\beta_t f_t W_t + 1.2\sqrt{\zeta}\frac{f_{yv}A_{stl}A_{cor}}{s} \tag{8.34}$$

式中：β_t——一般剪扭构件混凝土受扭承载力降低系数，计算公式为式(8.29)；

ζ——受扭纵向钢筋和箍筋的配筋强度比值，计算公式为式(8.19)；

A_{sv}——受剪承载力所需的箍筋截面面积。

对于集中荷载作用下的独立剪扭构件，其受剪承载力的计算公式为

$$V \leqslant V_u = \frac{1.75}{\lambda+1}(1.5-\beta_t)f_t bh_0 + f_{yv}\frac{A_{sv}}{s}h_0 \tag{8.35}$$

受扭承载力仍应按公式(8.34)计算，但公式(8.34)和公式(8.35)中的 β_t 应按公式(8.30)计算。

2. T 形和 I 形截面剪扭构件的计算思路

对于 T 形和 I 形弯剪扭构件的计算思路与纯扭构件类似，先将截面划分成若干矩形截面，划分时要保证腹板的完整性，然后每个矩形截面分别计算配筋，最后将配筋叠加完成计算。

(1) 对于受剪承载力，由材料力学分析可知，剪力产生的剪应力最大值发生在截面中部，向截面边缘逐渐减小，截面上下边缘剪应力为零，因此在进行截面受剪承载力计算时仅考虑腹板的抗剪性能。

对于一般剪扭构件，按式(8.33)计算受剪承载力，公式中 β_t 按式(8.29)计算；对于集中荷载作用的独立剪扭构件，按式(8.35)计算受剪承载力，公式中 β_t 按式(8.30)计算。计算中应注意公式中的扭矩 T 用 T_w 代替，W_t 用 W_{tw} 代替。

(2) 对于受扭承载力，腹板和翼缘对抗扭都有贡献，不能只考虑其中某一部分，因此在计算截面受扭承载力时应同时考虑腹板和翼缘的抗扭性能。

① 腹板。腹板中混凝土的抗力应考虑剪扭相关性，按式(8.34)计算受扭承载力，公式中 β_t 按式(8.29)计算，计算中应注意公式中的扭矩 T 用 T_w 代替，W_t 用 W_{tw} 代替。

② 翼缘。对于剪扭构件，翼缘对于抗剪承载力没有贡献，因此翼缘中混凝土的抗力不考虑剪扭相关性。翼缘的受扭承载力按纯扭构件公式(8.20)计算。计算中应注意，计算受压翼缘时，公式中的扭矩 T 用 T_f' 代替，W_t 用 W_{tf}' 代替；计算受拉翼缘时，公式中的扭矩 T 用 T_f 代替，W_t 用 W_{tf} 代替。

3. 箱形截面剪扭构件计算公式

(1) 一般剪扭构件：

受剪承载力

$$V \leqslant V_u = 0.7(1.5-\beta_t)f_t bh_0 + f_{yv}\frac{A_{sv}}{s}h_0 \tag{8.36}$$

受扭承载力

$$T \leqslant T_u = 0.35\alpha_h\beta_t f_t W_t + 1.2\sqrt{\zeta}\frac{f_{yv}A_{stl}A_{cor}}{s} \tag{8.37}$$

式中：β_t——按公式(8.29)计算，但式中的 W_t 代之为 $\alpha_h W_t$；

ζ——按公式(8.19)计算，并符合《规范》之规定。

(2) 对于集中荷载作用下的独立剪扭构件，其受剪承载力的计算公式为

$$V \leqslant V_u = \frac{1.75}{\lambda+1}(1.5-\beta_t) f_t b h_0 + f_{yv}\frac{A_{sv}}{s}h_0 \tag{8.38}$$

受扭承载力仍应按公式(8.37)计算，但公式(8.37)和公式(8.38)中的 β_t 应按公式(8.30)计算。

4. 当剪力或扭矩较小时可忽略剪力或扭矩的影响

构件在弯矩、剪力和扭矩的共同作用下，对于剪力或扭矩较小的矩形、T形和箱形截面，可忽略剪力或扭矩对构件承载力的影响。

(1) 当一般剪扭构件的剪力 $V \leqslant 0.35 f_t b h_0$ 时，或集中荷载作用的独立剪扭构件的剪力 $V \leqslant 0.875 f_t b h_0/(\lambda+1)$ 时，认为作用在构件上的剪力很小，可仅按受弯构件的正截面受弯承载力和纯扭构件的受扭承载力分别进行计算。

(2) 当扭矩 $T \leqslant 0.175 f_t W_t$ 或 $T \leqslant 0.175\alpha_h f_t W_t$（箱形截面）时，认为作用在构件上的扭矩很小，可仅按受弯构件的正截面受弯承载力和斜截面受剪承载力分别进行计算。

8.4 压弯剪扭构件和拉弯剪扭构件的扭曲截面承载力

8.4.1 压弯剪扭构件的承载力计算

同压扭构件类似，轴向压力 N 的作用会抑制受扭斜裂缝的发展，提高受扭承载力，因此压弯剪扭构件的计算公式为：

受剪承载力

$$V \leqslant V_u = (1.5-\beta_t)\left(\frac{1.75}{\lambda+1} f_t b h_0 + 0.07N\right) + f_{yv}\frac{A_{sv}}{s}h_0 \tag{8.39}$$

受扭承载力

$$T \leqslant T_u = \beta_t\left(0.35 f_t + 0.07\frac{N}{A}\right)W_t + 1.2\sqrt{\zeta}\frac{f_{yv}A_{stl}A_{cor}}{s} \tag{8.40}$$

式中：N，β_t，ζ，λ 等的含义同前。

压弯剪扭构件的计算与弯剪扭构件的计算类似，对于纵向钢筋，应先按偏心受压构件正截面承载力公式计算受压弯的纵向钢筋截面面积，再按压弯剪扭构件的受扭承载力计算公式计算受扭的纵向钢筋截面面积，然后叠加并放在相应的位置；对于箍筋，应分别按压弯剪扭构件的受剪承载力和受扭承载力计算所需的箍筋截面面积，然后叠加并放在相应的位置。

8.4.2 拉弯剪扭构件的承载力计算

同拉扭构件类似，轴向拉力 N 的存在会降低受扭承载力，因此拉弯剪扭构件的计算公式为：

受剪承载力

$$V \leqslant V_u = (1.5 - \beta_t)\left(\frac{1.75}{\lambda + 1} f_t b h_0 - 0.2N\right) + f_{yv} \frac{A_{sv}}{s} h_0 \tag{8.41}$$

受扭承载力

$$T \leqslant T_u = \beta_t \left(0.35 f_t - 0.2 \frac{N}{A}\right) W_t + 1.2\sqrt{\zeta} \frac{f_{yv} A_{stl} A_{cor}}{s} \tag{8.42}$$

当公式(8.41)右边的计算值小于 $f_{yv}\frac{A_{sv}}{s}h_0$ 时，取为 $f_{yv}\frac{A_{sv}}{s}h_0$；当公式(8.42)右边的计算值小于 $1.2\sqrt{\zeta}\frac{f_{yv}A_{stl}A_{cor}}{s}$ 时，取为 $1.2\sqrt{\zeta}\frac{f_{yv}A_{stl}A_{cor}}{s}$。

8.5　受扭构件的构造要求

8.5.1　构件截面最小尺寸要求

为保证构件截面尺寸及混凝土强度不至过小，从而避免混凝土先被压碎而发生脆性破坏，弯剪扭构件的截面应符合下列条件：

当 $h_w/b \leqslant 4$(或 $h_w/t_w \leqslant 4$) 时

$$\frac{V}{bh_0} + \frac{T}{0.8W_t} \leqslant 0.25\beta_c f_c \tag{8.43}$$

当 $h_w/b = 6$(或 $h_w/t_w = 6$) 时

$$\frac{V}{bh_0} + \frac{T}{0.8W_t} \leqslant 0.2\beta_c f_c \tag{8.44}$$

当 $4 < h_w/b < 6$(或 $4 < h_w/t_w < 6$) 时，按线性内插法确定。

式中：V，T ——剪力设计值和扭矩设计值；

b ——矩形截面的宽度，T 形或 I 形截面取腹板宽度，箱形截面取两侧壁总厚度 $2t_w$；

t_w——箱形截面壁厚，其值不应小于 $b_h/7$，此处，b_h 为箱形截面宽度；

h_w——截面的腹板高度：对矩形截面，取有效高度 h_0；对 T 形截面，取有效高度减去翼缘高度；对 I 形和箱形截面，取腹板净高。

如计算中不满足上述要求，应加大构件截面尺寸，或提高混凝土强度等级。

8.5.2　构件截面构造配筋要求

当弯剪扭构件截面尺寸符合下列公式要求时，均可不进行构件受剪扭承载力计算，但应按《规范》规定的构造要求配置构造纵向受扭钢筋和箍筋。

弯剪扭构件：

$$\frac{V}{bh_0} + \frac{T}{W_t} \leqslant 0.7 f_t \tag{8.45}$$

压弯剪扭构件：

$$\frac{V}{bh_0}+\frac{T}{W_t}\leqslant 0.7f_t+0.07\frac{N}{bh_0} \tag{8.46}$$

8.5.3　弯剪扭构件中受扭纵筋的最小配筋率

弯剪扭构件中受扭纵向钢筋的最小配筋率应符合下列规定：

$$\rho_{tl,\min}=\frac{A_{stl,\min}}{bh}=0.6\sqrt{\frac{T}{Vb}}\frac{f_t}{f_y} \tag{8.47}$$

当 $T/(Vb)>2.0$ 时，取 $T/(Vb)=2.0$。

式中：$\rho_{tl,\min}$——受扭纵向钢筋的最小配筋率，取 $A_{stl}/(bh)$；

A_{stl}——沿截面周边布置的受扭纵筋总截面面积。

沿截面周边布置的受扭纵向钢筋的间距不应大于200mm及梁截面短边长度 b；受扭纵筋除应在梁截面四角设置外，其余受扭纵向钢筋宜沿截面周边均匀对称布置。受扭纵向钢筋应按受拉钢筋锚固在支座内。

在弯剪扭构件中，配置在截面弯曲受拉边的纵向受力钢筋，其截面面积不应小于按受弯构件受拉钢筋最小配筋率计算的钢筋截面面积与按上述受扭纵向钢筋配筋率计算并分配到弯曲受拉边的钢筋截面面积之和。

8.5.4　弯剪扭构件中箍筋的最小配箍率

在弯剪扭构件中，箍筋的配筋率应满足下式要求：

$$\rho_{sv,\min}=0.28\frac{f_t}{f_{yv}} \tag{8.48}$$

其中**受扭所需的箍筋应做成封闭式，且应沿截面周边布置；当采用复合箍筋时，位于截面内部的箍筋不应计入受扭所需的箍筋面积**。受扭所需箍筋的末端应做成135°弯钩，弯钩端头平直段长度不应小于 $10d$，d 为箍筋直径。箍筋的最小直径要求和最大间距要求同受弯构件。

在超静定结构中，考虑协调扭转而配置的箍筋，其间距不宜大于 $0.75b$，此处 b 按8.5.1节之规定取用，但对箱形截面构件，b 均应以 b_h 代替。

8.6　矩形截面弯剪扭构件配筋计算实例

8.6.1　矩形截面弯剪扭构件配筋计算步骤

当构件同时受弯矩、剪力和扭矩作用时，其承载力的计算步骤如下(以一般剪扭构件为例)：

(1) 内力分析。计算并确定控制截面的弯矩设计值 M、剪力设计值 V 和扭矩设计值 T。

(2) 验算截面尺寸是否符合要求。按式(8.43)或式(8.44)验算截面尺寸是否满足最小尺寸要求，如不满足，应加大构件截面尺寸或提高混凝土强度等级。

(3) 验算是否可以构造配筋。按式(8.45)或式(8.46)验算截面是否满足构造配筋要求。如满足，即可按《规范》的构造要求配置受扭纵筋和箍筋；如不满足应计算配筋。

(4) 进行构件正截面受弯承载力计算。由弯矩设计值 M 计算受弯纵筋 A_s 和 A_s'，配筋应满足受弯构件相关要求。

(5) 验算是否可以忽略剪力或扭矩的影响，而不考虑剪扭相关性计算配筋。当剪力 $V \leqslant 0.35 f_t b h_0$ 时，可仅按纯扭构件计算所需的受扭纵筋和箍筋；当扭矩 $T \leqslant 0.175 f_t W_t$ 时，可仅按受弯构件斜截面受剪承载力计算受剪箍筋。若不满足上述要求，则需考虑剪扭相关性。

(6) 按剪扭相关性计算所需的纵筋和箍筋。

① 计算受扭箍筋和纵筋。首先计算 β_t，应注意 $0.5 \leqslant \beta_t \leqslant 1.0$；然后取最佳配筋强度比，即取 $\zeta = 1.2$，由式(8.34)求受扭箍筋 A_{stl}/s；最后将 A_{stl}/s 和 $\zeta = 1.2$ 代入式(8.19)计算受扭纵筋 A_{stl}，并满足受扭纵筋的最小配筋率要求。

② 计算受剪箍筋。由式(8.33)计算受剪的箍筋 A_{svl}/s。

(7) 叠加计算得到的纵筋和箍筋，放在相应的位置。

① 叠加受弯和受扭的纵向钢筋，即将 A_s、A_s'和 A_{stl} 对位叠加组合，如图 8.11 所示，并满足相关的构造要求。

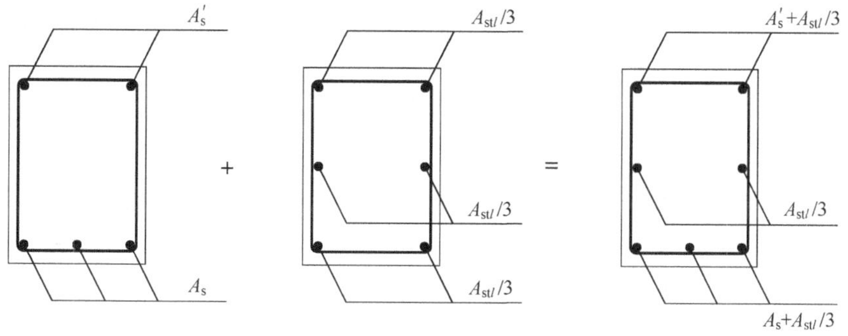

图 8.11　受弯纵筋和受扭纵筋叠加图

② 叠加受剪和受扭的箍筋，即将 A_{svl}/s 和 A_{stl}/s 对位叠加组合，如图 8.12 所示，并满足相关的构造要求。

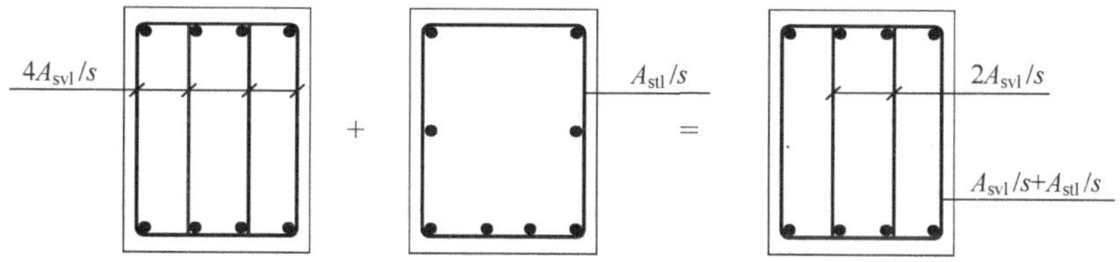

图 8.12　受剪箍筋和受扭箍筋叠加图

矩形截面弯剪扭构件配筋计算流程见图 8.13。

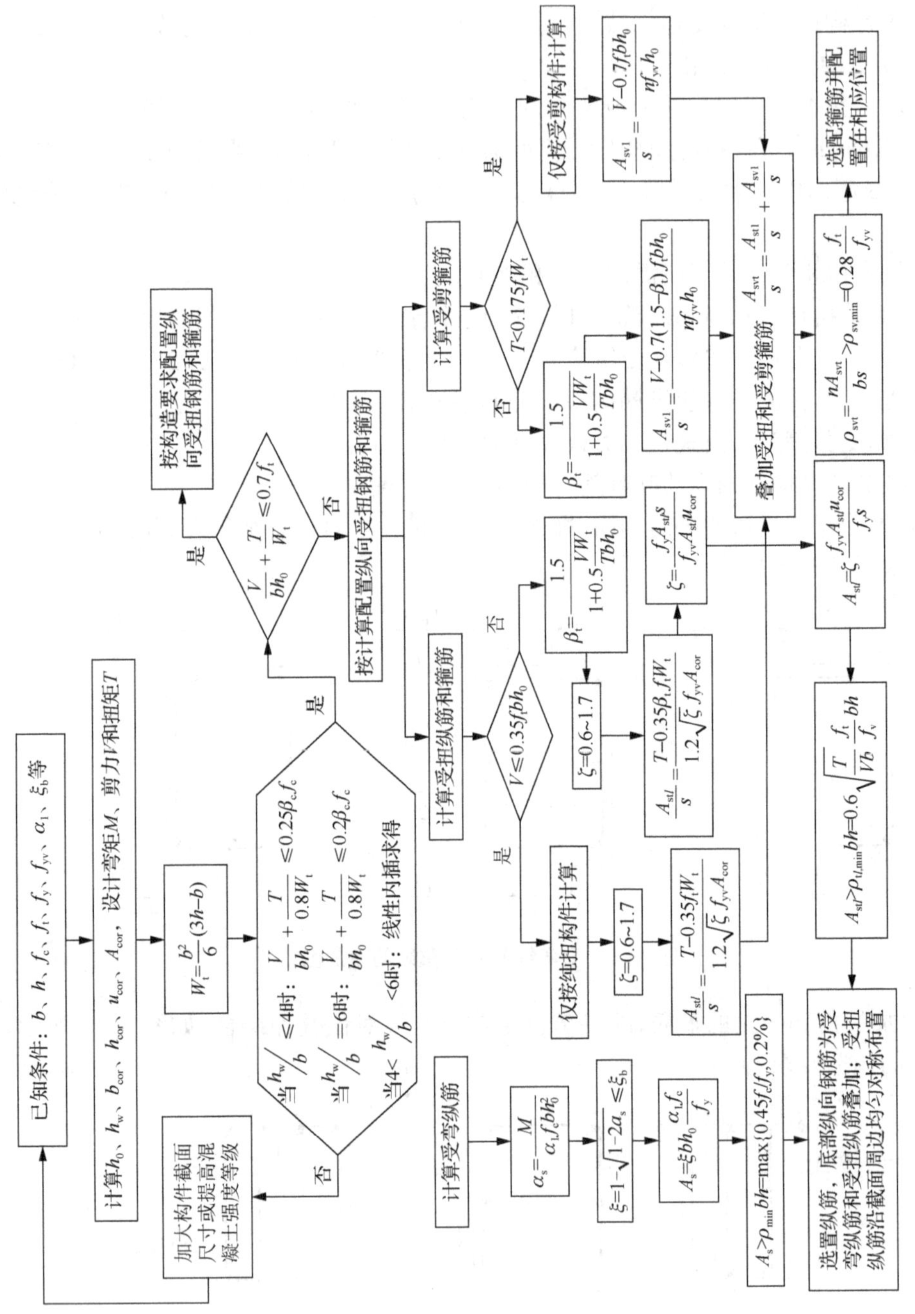

图8.13 矩形截面弯剪扭构件配筋计算流程图

8.6.2　例题

【例 8.1】 某钢筋混凝土矩形截面梁 $b\times h=250mm\times 500mm$，控制截面承受扭矩设计值 $T=16kN\cdot m$，弯矩设计值 $M=93kN\cdot m$，剪力设计值 $V=102kN$，混凝土为 $C25$，纵筋和箍筋均为 $HRB400$ 级钢筋，环境类别为一类。试设计该截面所需的配筋。

解:(1) $HRB400$ 级钢筋，相关设计参数计算。由已知条件，可得 $C25$ 混凝土 $f_c=11.9N/mm^2$，$f_t=1.27N/mm^2$；$\alpha_1=1.0$，$f_y=360N/mm^2$，$\xi_b=0.518$。环境类别为一级，保护层厚度为 $20mm$，假设纵筋为一排，箍筋直径为 $8mm$，纵筋直径为 $20mm$，则 $h_0=500-20-8-10=462(mm)$。

截面核心部分的长短边尺寸、周长和面积分别为：

短边：$b_{cor}=250-2\times(20+8)=194mm$；长边：$h_{cor}=500-2\times(20+8)=444(mm)$。

周长：$u_{cor}=2\times(194+444)=1276mm$；面积：$A_{cor}=194\times 444=86\,136(mm^2)$。

截面塑性抵抗矩为

$$W_t=\frac{b^2}{6}(3h-b)=\frac{250^2}{6}\times(3\times 500-250)=13.02\times 10^6(mm^3)$$

(2) 验算截面尺寸。

$$\frac{V}{bh_0}+\frac{T}{0.8W_t}=\frac{102\times 10^3}{250\times 462}+\frac{16\times 10^6}{0.8\times 13.02\times 10^6}=2.42(N/mm^2)$$

$$<0.25\beta_c f_c=0.25\times 1.0\times 11.9=2.975(N/mm^2)$$

截面尺寸满足要求。

(3) 验算是否可以构造配筋。

$$\frac{V}{bh_0}+\frac{T}{W_t}=\frac{102\times 10^3}{250\times 462}+\frac{16\times 10^6}{13.02\times 10^6}=2.11(N/mm^2)$$

$$>0.7f_t=0.7\times 1.27=0.889(N/mm^2)$$

必须按计算配置钢筋。

(4) 确定计算方式，验算是否可以忽略剪力或扭矩的影响。

$$0.35f_tbh_0=0.35\times 1.27\times 250\times 462=51.34(kN)<V=102kN$$

$$0.175f_tW_t=0.175\times 1.27\times 13.02\times 10^6=2.894(kN\cdot m)<T=16kN\cdot m$$

剪力和扭矩都不能忽略，应按剪扭共同作用计算配筋。

(5) 正截面受弯承载力计算受弯纵筋。

$$\alpha_s=\frac{M}{\alpha_1 f_c bh_0^2}=\frac{93\times 10^6}{1.0\times 11.9\times 250\times 462^2}=0.146<\alpha_{max}=0.384$$

$$\xi=1-\sqrt{1-2\alpha_s}=1-\sqrt{1-2\times 0.146}\approx 0.159<\xi_b=0.518$$

$$A_s=\xi bh_0\frac{\alpha_1 f_c}{f_y}=0.159\times 250\times 462\times\frac{1.0\times 11.9}{360}=607(mm^2)$$

$$>\rho_{min}bh=\max\{0.45f_t/f_y,0.2\%\}\times 250\times 500=250(mm^2)$$

(6) 计算受扭钢筋。

$$\beta_t=\frac{1.5}{1+0.5\frac{VW_t}{Tbh_0}}=\frac{1.5}{1+0.5\times\frac{102\times10^3\times13.02\times10^6}{16\times10^6\times250\times462}}=1.103>1.0$$

取 $\beta_t=1.0$。

① 计算受扭箍筋:为使纵筋和箍筋达到最佳配比,取 $\zeta=1.2$,并设计为双肢箍,$n=2$。由式(8.34)得

$$\frac{A_{stl}}{s}=\frac{T-0.35\beta_t f_t W_t}{1.2\sqrt{\zeta}f_{yv}A_{cor}}$$

$$=\frac{16\times10^6-0.35\times1.0\times1.27\times13.02\times10^6}{1.2\times\sqrt{1.2}\times360\times86\ 136}=0.25(\mathrm{mm^2/mm})$$

② 计算受扭纵筋:由式(8.19) $\zeta=\frac{f_y A_{stl}s}{f_{yv}A_{stl}u_{cor}}$ 得

$$A_{stl}=\zeta\frac{f_{yv}A_{stl}u_{cor}}{f_y s}=1.2\times\frac{360\times0.25\times1276}{360}=382.8(\mathrm{mm^2})$$

验算受扭纵筋最小配筋率

$$\frac{T}{Vb}=\frac{16\times10^6}{102\times10^3\times250}=0.627<2$$

$$\rho_{tl}=\frac{A_{stl}}{bh}=\frac{382.8}{250\times500}=0.306(\%)$$

$$>\rho_{tl,\min}=0.6\sqrt{\frac{T}{Vb}}\frac{f_t}{f_y}=0.6\times\sqrt{0.627}\times\frac{1.27}{360}=0.17(\%)$$

受扭纵筋满足最小配筋率要求。

(7) 计算受剪箍筋。由公式(8.22)得

$$\frac{A_{svl}}{s}=\frac{V-0.7(1.5-\beta_t)f_t bh_0}{nf_{yv}h_0}$$

$$=\frac{102\times10^3-0.7\times(1.5-1)\times1.27\times250\times462}{2\times360\times462}=0.152(\mathrm{mm^2/mm})$$

(8) 选配钢筋。

① 确定纵筋。根据截面尺寸,并满足受扭纵筋的排列间距要求不大于 200*mm*,纵筋分 4 层布置,顶层和中间 2 层的配筋为

$$\frac{A_{stl}}{4}=\frac{382.8}{4}=95.7(\mathrm{mm^2})$$

选用 2⏀12,$A_s=226mm^2$,满足相关构造要求。

底部纵向钢筋应将受弯和受扭纵筋叠加,则

$$\frac{A_{stl}}{4}+A_s=\frac{382.8}{4}+607=703(\mathrm{mm^2})$$

选用 3⏀18,$A_s=763mm^2$,满足相关构造要求。

② 确定箍筋。$\frac{A_{stl}}{s}+\frac{A_{svl}}{s}=0.25+0.152=0.402(\mathrm{mm^2/mm})$

箍筋直径采用Φ 8，$A_{svl}=50.3\text{mm}^2$，则

$$s=\frac{50.3}{0.402}=125.1(\text{mm})$$

确定箍筋为双肢箍Φ 8@120。

验算最小配箍率为

$$\rho_{sv}=\frac{nA_{svl}}{bs}=\frac{2\times50.3}{250\times120}=0.335(\%)$$

$$>\rho_{sv,\min}=0.28\frac{f_t}{f_{yv}}=0.28\times\frac{1.27}{360}=0.10(\%)$$

最小配箍率满足要求。截面配筋图如图8.14所示。

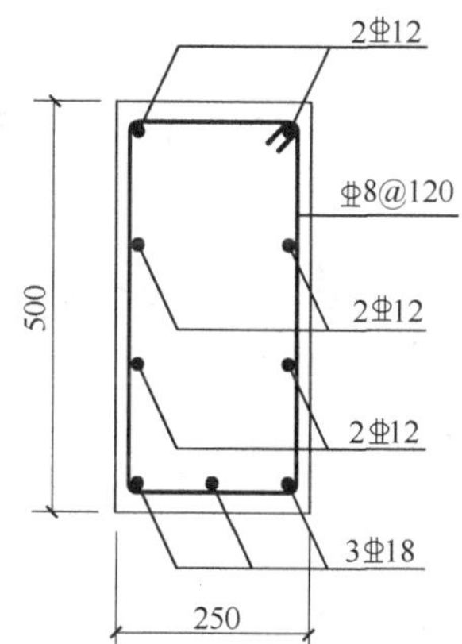

图8.14　例8.1中的截面配筋图

【例8.2】　T形截面弯剪扭构件的设计例题。

某钢筋混凝土T形截面梁，截面尺寸如图8.15所示。截面扭矩设计值$T=25\text{kN}\cdot\text{m}$，弯矩设计值$M=130\text{kN}\cdot\text{m}$，剪力设计值$V=125\text{kN}$；混凝土$C30$，纵筋$HRB400$，箍筋$HPB300$，环境类别为一类。试设计该截面所需的配筋。

解：(1) 相关设计参数计算。

查表可得：$f_c=14.3\text{N/mm}^2$，$f_t=1.43\text{N/mm}^2$，$f_y=360\text{N/mm}^2$，$f_{yv}=270\text{N/mm}^2$；混凝土强度等级小于$C50$，则$\alpha_1=1.0$，$\xi_b=0.518$。环境类别为一类，保护层厚度为20mm，假设纵筋为一排，箍筋直径为10mm，纵筋直径为20mm，则$h_0=500-20-10-10=460(\text{mm})$。

腹板的截面塑性抵抗矩为

$$W_{tw}=\frac{b^2}{6}(3h-b)=\frac{250^2}{6}\times(3\times500-250)$$

$$=13.02\times10^6(\text{mm}^3)$$

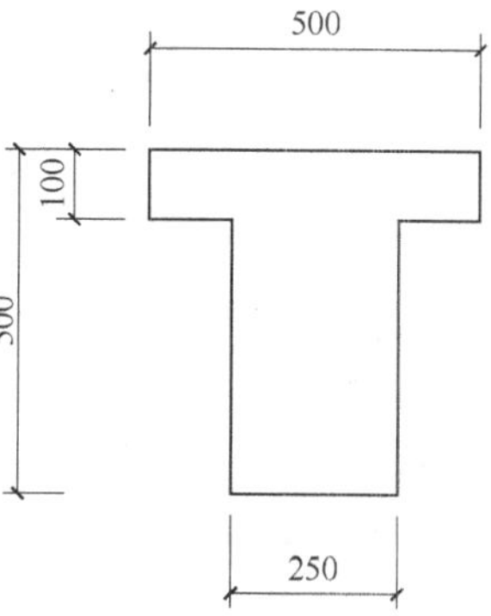

图8.15　例题的截面尺寸图

翼缘的截面塑性抵抗矩为：$W'_{tf}=\frac{h'^2_f}{2}(b'_f-b)=\frac{100^2}{2}\times(500-250)=1.25\times10^6(\text{mm}^3)$

截面总的塑性抵抗矩为：$W_t = W_{tw} + W'_{tf} = 13.02\times10^6 + 1.25\times10^6 = 14.27\times10^6 (mm^3)$

腹板所受扭矩：$T_w = \dfrac{W_{tw}}{W_t}T = \dfrac{13.02\times10^6}{14.27\times10^6}\times25 = 22.81(kN\cdot m)$

翼缘所受扭矩：$T'_f = \dfrac{W'_{tf}}{W_t}T = \dfrac{1.25\times10^6}{14.27\times10^6}\times25 = 2.19(kN\cdot m)$

(2) 验算截面尺寸。

$$\frac{V}{bh_0}+\frac{T}{0.8W_t}=\frac{125\times10^3}{250\times460}+\frac{25\times10^6}{0.8\times14.27\times10^6}=3.28(N/mm)^2$$
$$<0.25\beta_c f_c=0.25\times1.0\times14.3=3.575(N/mm^2)$$

截面尺寸满足要求。

(3) 验算是否可以构造配筋。

$$\frac{V}{bh_0}+\frac{T}{W_t}=\frac{125\times10^3}{250\times460}+\frac{25\times10^6}{14.27\times10^6}=2.84N/mm^2>0.7f_t=0.7\times1.43=1.0(N/mm^2)$$

必须按计算配置钢筋。

(4) 确定计算方式，验算是否可以忽略剪力或扭矩的影响。

$0.35f_tbh_0=0.35\times1.43\times250\times460=57.56(kN)<V=125kN$

$0.175f_tW_t=0.175\times1.43\times14.27\times10^6=3.57(kN\cdot m)<T=25kN\cdot m$

剪力和扭矩都不能忽略，应按剪扭共同作用计算配筋。

(5) 正截面受弯承载力计算受弯纵筋。

先判断属于哪类 T 形截面，即

$M=130kN\cdot m<\alpha_1f_cb'_fh'_f(h_0-0.5h'_f)$

$\quad=1.0\times14.3\times500\times100\times(460-0.5\times100)=293.15kN\cdot m$

属于第一类 T 形截面，故按 $b'_f\times h$ 的矩形截面计算。

$$\alpha_s=\frac{M}{\alpha_1f_cb'_fh_0^2}=\frac{130\times10^6}{1.0\times14.3\times500\times460^2}=0.086<\alpha_{max}=0.384$$
$$\xi=1-\sqrt{1-2\alpha_s}=1-\sqrt{1-2\times0.086}=0.09<\xi_b=0.518$$
$$A_s=\xi b'_fh_0\frac{\alpha_1f_c}{f_y}=0.09\times500\times460\times\frac{1.0\times14.3}{360}=822(mm^2)$$
$$>\rho_{min}bh=\max\{0.45f_t/f_y,0.2\%\}\times250\times500=250(mm^2)$$

(6) 腹板的配筋计算。

腹板的截面核心部分的长短边尺寸、周长和面积分别如下。

短边：$b_{cor}=250-2\times(20+10)=190(mm)$；

长边：$h_{cor}=500-2\times(20+10)=440(mm)$；

周长：$u_{cor}=2\times(190+440)=1260(mm)$；

面积：$A_{cor}=190\times440=83\ 600(mm^2)$。

① 计算受扭箍筋。

$$\beta_t=\frac{1.5}{1+0.5\dfrac{VW_{tw}}{T_wbh_0}}=\frac{1.5}{1+0.5\times\dfrac{125\times10^3\times13.02\times10^6}{22.81\times10^6\times250\times460}}=1.145>1.0\ (取\ \beta_t=1.0)$$

为使纵筋和箍筋达到最佳配比，取 $\zeta=1.2$，并设计为双肢箍，$n=2$，则

$$\frac{A_{stl}}{s}=\frac{T_w-0.35\beta_t f_t W_{tw}}{1.2\sqrt{\zeta}f_{yv}A_{cor}}=\frac{22.81\times10^6-0.35\times1.0\times1.43\times13.02\times10^6}{1.2\times\sqrt{1.2}\times270\times83600}=0.55$$

② 计算受扭纵筋。

由 $\zeta=\frac{f_y A_{stl}s}{f_{yv}A_{stl}u_{cor}}$ 得

$$A_{stl}=\zeta\frac{f_{yv}A_{stl}u_{cor}}{f_y s}=1.2\times\frac{270\times0.55\times1260}{360}=624(\text{mm}^2)$$

验算受扭纵筋最小配筋率为

$$\frac{T_w}{Vb}=\frac{22.81\times10^6}{125\times10^3\times250}=0.73<2$$

$$\rho_{tl}=\frac{A_{stl}}{bh}=\frac{624}{250\times500}=0.50\%$$

$$>\rho_{tl,\min}=0.6\sqrt{\frac{T_w}{Vb}}\frac{f_t}{f_y}=0.6\times\sqrt{0.73}\times\frac{1.43}{360}=0.20(\%)$$

受扭纵筋满足最小配筋率要求。

③ 计算受剪箍筋。

$$\frac{A_{stl}}{s}=\frac{V-0.7(1.5-\beta_t)f_t bh_0}{nf_{yv}h_0}=\frac{125\times10^3-0.7\times0.5\times1.43\times250\times460}{2\times270\times460}=0.27$$

④ 选配腹板纵筋。

根据截面尺寸，并满足受扭纵筋的排列间距不大于 200*mm*，纵筋分 4 层布置，顶层和中间 2 层的配筋为

$$\frac{A_{stl}}{4}=\frac{624}{4}=156(\text{mm}^2)$$

选用 2⌀12，$A_s=226\text{mm}^2$，满足相关构造要求。

底部纵向钢筋应将受弯和受扭纵筋叠加，则

$$\frac{A_{stl}}{4}+A_s=\frac{624}{4}+822=978(\text{mm}^2)$$

选用 2⌀20+1⌀22，$A_s=628+380=1008(\text{mm}^2)$，满足相关构造要求。

⑤ 确定腹板箍筋。

$\frac{A_{stl}}{s}+\frac{A_{svl}}{s}=0.55+0.27=0.82$，箍筋直径采用Φ10，$A_{svl}=78.5\text{mm}^2$，则 $s=\frac{78.5}{0.82}=$ 96(mm)，确定箍筋为双肢箍Φ10@90。

验算最小配箍率为

$$\rho_{sv}=\frac{nA_{svl}}{bs}=\frac{2\times78.5}{250\times90}=0.70\%>\rho_{sv,\min}=0.28\frac{f_t}{f_{yv}}=0.28\times\frac{1.43}{270}=0.148(\%)$$

最小配箍率满足要求。

(7) 翼缘的配筋计算。

翼缘的截面核心部分的长短边尺寸、周长和面积分别如下。

$b'_{cor}=500-250-2\times(20+10)=190(mm)$；

$h'_{cor}=100-2\times(20+10)=40(mm)$；

$u'_{cor}=2\times(190+40)=460(mm)$；

$A'_{cor}=190\times40=7600(mm^2)$。

由于翼缘只受扭矩作用,按纯扭构件设计。

① 计算受扭箍筋。

仍取 $\zeta=1.2$,并设计为双肢箍,$n=2$,则

$$\frac{A_{stl}}{s}=\frac{T'_f-0.35f_tW'_{tf}}{1.2\sqrt{\zeta}f_{yv}A'_{cor}}=\frac{2.19\times10^6-0.35\times1.43\times1.25\times10^6}{1.2\times\sqrt{1.2}\times270\times7600}=0.58$$

② 计算受扭纵筋。

$$A_{stl}=\zeta\frac{f_{yv}A_{stl}u'_{cor}}{f_ys}=1.2\times\frac{270\times0.58\times460}{360}=240(mm^2)$$

验算受扭纵筋最小配筋率为

$$\frac{T'_f}{Vb}=\frac{2.19\times10^6}{0\times250}>2\ (取为\ 2)。$$

$$\rho_{tl}=\frac{A_{stl}}{(b'_f-b)h'_f}=\frac{240}{(500-250)\times100}=0.96(\%)$$

$$>\rho_{tl,\min}=0.6\sqrt{\frac{T'_f}{Vb}}\frac{f_t}{f_y}=0.6\times\sqrt{2}\times\frac{1.43}{360}=0.34(\%)$$

受扭纵筋满足最小配筋率要求。

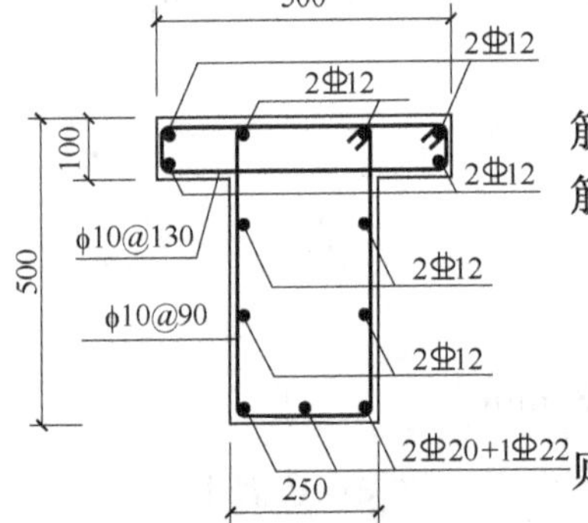

图 8.16　例题的截面配筋图

③ 选配翼缘纵筋。

由于受扭纵筋的截面面积很小,加之腹板和翼缘配筋在顶部有叠合,按相关构造要求在四角配 4 ⌀ 12 钢筋,截面面积为 $452mm^2$。

④ 选配翼缘箍筋。

$\frac{A_{stl}}{s}=0.58$,箍筋直径采用Φ 10, $A_{svl}=78.5mm^2$,则: $s=\frac{78.5}{0.58}=135(mm)$,故选用双肢箍Φ 10 @130,最小配箍率满足要求。截面配筋图如图 8.16 所示。

小　　结

(1) 钢筋混凝土构件的扭转可分为平衡扭转和协调扭转两类。

(2) 纯扭构件的破坏形态可分为适筋破坏、少筋破坏、超筋破坏和部分超筋破坏。

(3) 基于变角度空间桁架计算模型,建立纯扭构件承载力计算公式。公式中对受扭承载力的贡献分为两个部分:其一是钢筋,其二是混凝土。

(4) 为了保证受扭纵筋和箍筋全部屈服,《规范》规定了受扭纵筋和受扭箍筋的配筋

强度比 ζ 的取值范围 $(0.6 \leqslant \zeta \leqslant 1.7)$。

(5) 弯剪扭构件中，由于构件受扭、受弯与受剪承载力之间相互影响，为简化计算，弯剪扭构件对混凝土提供的抗力考虑其相关性，以避免构件受剪扭时混凝土的抗力被重复利用，钢筋提供的抗力采用叠加方法。

(6) T形和I形弯剪扭构件的计算，是在保证腹板完整性的前提下，将截面划分成若干矩形截面，分别计算每个矩形截面的配筋，最后叠加。腹板承受所有的剪力以及按受扭塑性抵抗矩分配的扭矩；翼缘只承受扭矩，按纯扭构件计算。

(7) 为了避免构件发生超筋和少筋破坏，计算中应验算构件的最小截面尺寸和配筋率，并应满足其他构造要求。

思　考　题

8.1　简述平衡扭转和协调扭转的含义。

8.2　纯扭构件的破坏形态有哪些？简述每种破坏形态的破坏特征。

8.3　如何理解配筋强度比？其作用是什么？《规范》规定的范围是什么？

8.4　变角度空间桁架模型的基本假设有哪些？

8.5　简述扭矩的存在对受弯承载力和受剪承载力的影响。

8.6　弯剪扭构件的破坏形态有哪些？

8.7　简述钢筋混凝土纯扭构件和弯剪扭构件的计算步骤。

8.8　简述弯剪扭构件按《规范》实用配筋计算方法的内容。

8.9　简述T形和I形截面剪扭构件的计算思路。

8.10　弯剪扭构件计算和配筋时应注意哪些构造要求？

习　　题

一、选择题

8.1　关于受扭构件配筋，下列说法正确的是____。

A. 纵筋受扭，箍筋不受扭　　B. 箍筋受扭，纵筋不受扭

C. 纵筋和箍筋均受扭　　D. 纵筋和箍筋均不受扭

8.2　关于变角度空间桁架模型，下列说法正确的是____。

A. 混凝土只承受压力　　B. 箍筋和纵筋即承受拉力，也承受压力

C. 考虑核心混凝土抗扭　　D. 考虑钢筋的销栓作用

8.3　规定配筋强度比值 ζ 满足限值的目的是____。

A. 保证不发生超筋破坏　　B. 保证不发生少筋破坏

C. 保证不发生部分超筋破坏　　D. 保证纵筋屈服，箍筋不屈服

8.4　T、I形截面纯扭构件计算时，下列说法正确的是____。

A. 划分矩形截面时保证翼缘的完整性

B. 划分矩形截面时，忽略翼缘的作用，与受剪承载力计算相同

C. 各矩形截面的扭矩按总扭矩计算

D. 各矩形截面的扭矩应按该矩形的塑性抵抗矩与总塑性抵抗矩的比例进行分配确定

8.5 弯剪扭构件破坏时裂缝首先在弯曲受拉底面出现,然后发展到两个侧面,当底部配筋适当时,破坏始于底部钢筋屈服,终于顶部混凝土被压碎,此破坏属于____类型。

A. 弯型破坏　　B. 扭型破坏

C. 剪扭型破坏　　D. 超筋破坏

8.6 下列关于混凝土受扭承载力降低系数 β_t 取值,正确的是____。

A. $0.5 \leqslant \beta_t \leqslant 1.0$

B. $\beta_t < 0.5$,且 $\beta_t > 1.0$

C. 当 $\beta_t < 0.5$ 时,不考虑剪力对受扭承载力的影响

D. 当 $\beta_t > 1.0$ 时,不考虑扭矩对受剪承载力的影响

8.7 下列关于弯剪扭构件计算的叙述,错误的是____。

A. 为避免混凝土部分的抗力被重复利用,对于混凝土部分考虑剪扭相关性

B. 纵筋面积按受弯构件的正截面受弯承载力和剪扭构件的受扭承载力计算,并叠加

C. 箍筋面积按剪扭构件的受扭承载力和受剪承载力计算,并叠加

D. 钢筋面积按纯扭承载力计算和纯剪承载力计算,并叠加

8.8 T形和I形弯剪扭构件的受扭承载力计算时,下列说法正确的是____。

A. 仅考虑腹板的抗扭能力,忽略翼缘的抗扭作用

B. 仅考虑翼缘的抗扭能力,忽略腹板的抗扭作用

C. 同时考虑腹板和翼缘的抗扭作用

D. 分别按纯剪构件承载力和纯扭构件承载力计算公式计算配筋

8.9 矩形截面受扭纵筋除应设置在梁的四角外,其余受扭纵筋宜沿____。

A. 截面周边均匀对称布置　　B. 截面短边中点布置

C. 截面长边中点布置　　D. 截面任意位置布置

8.10 关于矩形截面弯剪扭构件受扭箍筋的构造要求,正确的是____。

A. 箍筋可以封闭,可以不封闭

B. 受扭所需箍筋的末端应做成135°弯钩,弯钩端头平直段长度不应小于 $5d$

C. 当采用复合箍筋时,位于截面内部的箍筋不应计入受扭所需的箍筋截面面积

D. 最小配箍率与受纯剪时的最小配箍率相同

二、判断题(下列描述,正确的画"√",错误的画"×")

8.11 扭矩与构件刚度无关的扭转,称为协调扭转。（　）

8.12 变角度空间桁架模型考虑了核心混凝土的作用。（　）

8.13 纯扭计算公式考虑了混凝土的抗扭作用。（　）

8.14　T、I 形截面纯扭构件计算时划分矩形截面的原则是保证腹板的完整性。（　　）

8.15　压扭构件中，轴向压力的有利影响主要是约束了箍筋应变。（　　）

8.16　弯剪扭构件当构件的顶部和底部纵筋对称布置时，不可能出现扭型破坏。（　　）

8.17　弯剪扭构件计算时，当剪力很小时，可仅按受弯构件的正截面受弯承载力和纯扭构件的受扭承载力分别进行计算。（　　）

8.18　弯剪扭构件计算时，当截面尺寸不满足要求时，应提高配筋率。（　　）

8.19　剪扭构件计算时，如果剪力和扭矩都很小，可以按构造配筋。（　　）

8.20　弯剪扭构件计算时，用受弯纵筋和全部受扭纵筋的面积之和验算配筋率。（　　）

三、计算题

8.21　某钢筋混凝土受扭构件，截面尺寸 $b\times h=250\text{mm}\times500\text{mm}$，环境类别为二 a 类，承受扭矩设计值 $T=18\text{kN}\cdot\text{m}$，混凝土强度等级为 C25，纵筋和箍筋均采用 HRB400。试确定纵向钢筋和箍筋的数量，并画出截面配筋图。

8.22　某砌体结构雨篷如图 8.17 所示，雨篷上承受的均布永久荷载(包括自重)标准值 $q=2.4\text{KN/m}^2$，在雨篷板自由端沿板宽度方向每米承受的活荷载标准值 $P=1.0\text{kN/m}$。雨篷梁的截面尺寸为 240mm×300mm，计算跨度为 $L=2.5\text{m}$，混凝土强度等级为 C20，纵筋采用 HRB400，环境类别为二 a 类。经计算可知，雨篷梁承受的最大设计弯矩 $M=15\text{kN}\cdot\text{m}$，最大剪力设计值 $V=25\text{kN}$。试确定该雨篷梁的配筋，并画出截面配筋图。

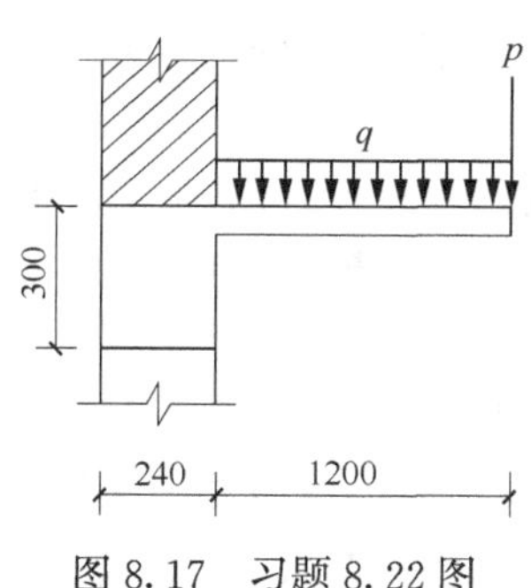

图 8.17　习题 8.22 图

8.23　某钢筋混凝土弯剪扭构件，$b\times h=250\text{mm}\times400\text{mm}$，混凝土强度等级为 C25，纵筋和箍筋均采用 HRB400 级，环境类别为一类。控制截面处弯矩设计值 $M=55\text{kN}\cdot\text{m}$，剪力设计值 $V=65\text{kN}$，扭矩设计值 $T=15\text{kN}\cdot\text{m}$。试确定该构件的配筋并画出配筋图。

第 9 章　正常使用极限状态验算

本章提要

（1）裂缝类型、裂缝出现、分布和发展的机理及最大裂缝宽度计算公式的建立。

（2）受弯构件刚度计算公式的建立及变形验算。

（3）结构在正常使用状态下保证耐久性的设计方法和措施。

混凝土结构和构件除了为满足安全性必须进行承载能力极限状态的设计以外，还应根据结构的功能要求，考虑适用性和耐久性要求进行正常使用极限状态的验算。本章主要介绍钢筋混凝土结构的适用性和耐久性的具体要求及其设计计算方法。

结构的适用性是指结构在正常使用的过程中持续表现出的良好使用性能。例如，吊车梁若变形较大将使吊车不能正常运行；屋盖结构变形过大会产生积水；过大的侧向变形会影响门窗开启和关闭等；结构振动频率或幅度过大会令使用者感觉不舒服；裂缝和变形过大不但有碍观感且会使用户在心理上产生不安全感等。这些都会使结构的正常使用受到影响。

结构的耐久性是指结构在预定的使用期限内（设计使用寿命期间）不需要大的维修和加固的情况下，结构的安全性和适用性仍满足预定功能要求的能力。例如，因混凝土的碳化和裂缝过宽会导致钢筋锈蚀，钢筋截面减小；混凝土因碱集料反应、侵蚀性介质的腐蚀等导致强度降低等。这些都会使得结构的承载力和刚度降低，随着时间的推移进而影响到结构的安全性和适用性。

影响结构适用性和耐久性的因素很多，许多问题仍然是目前混凝土结构领域的研究热点。本章主要学习影响结构适用性和耐久性的两个主要结构参数——裂缝宽度和变形的验算。

对于结构超过正常使用极限状态的情况，由于其对生命财产的危害性比超过承载能力极限状态要小，相应的可靠度水平可比承载能力极限状态低一些。正常使用极限状态的荷载效应设计值采用荷载的标准值进行计算，一般考虑标准组合和准永久组合两种情况，具体的计算方法和公式见第 3 章。

9.1　裂缝宽度验算

9.1.1　混凝土结构裂缝的类型

引起混凝土构件产生裂缝的原因很多，主要有两种类型：**一是直接荷载作用产生的受力裂缝**，如受弯构件在弯矩或剪力作用下的裂缝等，也称为**受力裂缝**；**二是间接荷载因素引起的裂缝**，如混凝土的收缩、地基不均匀沉降、温度变化等，也称为**间接裂缝**。

1. 受力裂缝

钢筋混凝土结构在各类荷载作用下，截面内部会产生单向的拉应力或空间受力状态的主拉应力，当结构的拉应力达到一定程度，使得拉应变达到混凝土的极限拉应变时，在垂直于拉应力的方向就会出现**受拉裂缝**。构件或结构承受的荷载主要有拉、压、弯、剪、扭等，以及由它们不同的组合形成的复合受力状态；此外还有局部受压、冲切、疲劳等其他受力形式。在混凝土结构构件中，由于受力形式的多样性，受力裂缝产生的原因也十分复杂。

(1) **受弯裂缝**。承受弯矩的构件，存在着受拉区和受压区，当受拉区边缘混凝土的拉应变达到混凝土的极限拉应变时，混凝土就会开裂。如图 9.1 所示，其中图(a)所示简支梁的跨中正弯矩受弯裂缝，图(b)所示连续梁的跨中正弯矩裂缝和支座负弯矩裂缝，图(c)所示悬臂梁的负弯矩受弯裂缝。由于混凝土的抗拉强度很低，一般混凝土构件在使用过程中都会出现裂缝，但裂缝宽度不能超过规范规定的限制。如果混凝土的裂缝超过有关规范要求时，要引起警惕，查明裂缝原因并及时进行处理。

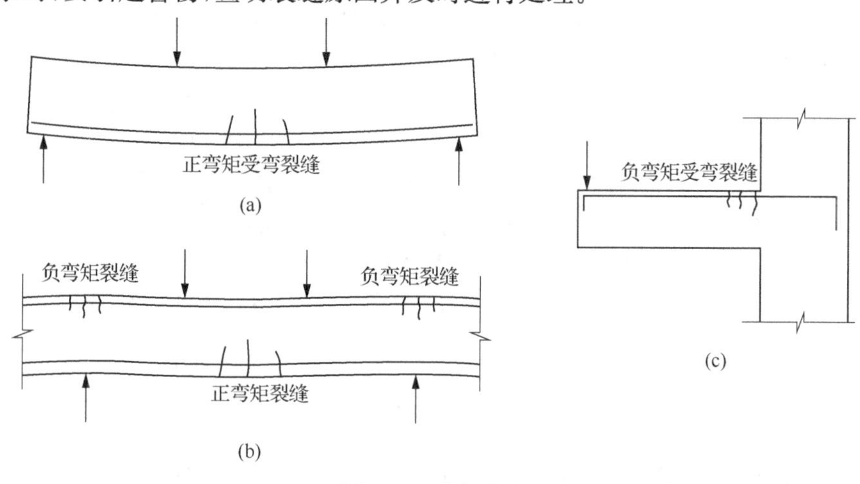

图 9.1　受弯裂缝

(2) **受拉裂缝**。轴心受拉和小偏心受拉构件的受拉裂缝均为贯穿截面的横向裂缝，大偏心受拉构件的受拉裂缝不会贯穿全截面，受拉裂缝与主拉应力迹线垂直。如图 9.2 所示，其中图(a)所示轴心受拉构件的受拉裂缝，图(b)所示偏心受拉构件的裂缝。一般受拉裂缝不影响承载能力，但影响结构的耐久性，如果裂缝宽度超过规范限值时，需要进行封闭处理。

(3) **受剪裂缝**。实际构件中，单纯受剪产生的裂缝较少，一般是在复合受力下产生的裂缝。如图 5.2 所示的弯剪斜裂缝和腹剪斜裂缝。受压构件在水平荷载作用下，特别是地震的水平反复作用，会在柱头和柱脚产生如图 9.3 所示的弯剪斜裂缝。受剪裂缝的出现表明构件抗剪能力不足，会引起脆性破坏，应及时查明原因并处理。

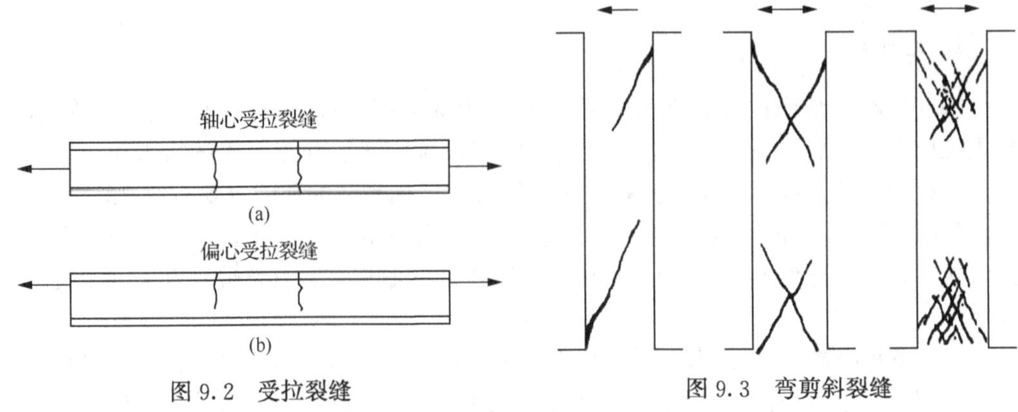

图 9.2　受拉裂缝

图 9.3　弯剪斜裂缝

(4) **受压裂缝**。混凝土受压构件,在荷载作用下当压应力接近或者达到混凝土的抗压强度时,在混凝土表面上出现平行、短小、不连续的纵向裂缝,裂缝走向平行于主压应力方向。当压应变达到混凝土的极限压应变时,构件出现压溃破坏。图 9.4 所示为受压构件的裂缝和破坏过程。受压裂缝的出现,是受压构件达到承载能力极限状态的标志,可能由于超载、混凝土强度不足、配筋过少等原因造成,一旦发现,必须及时处理。

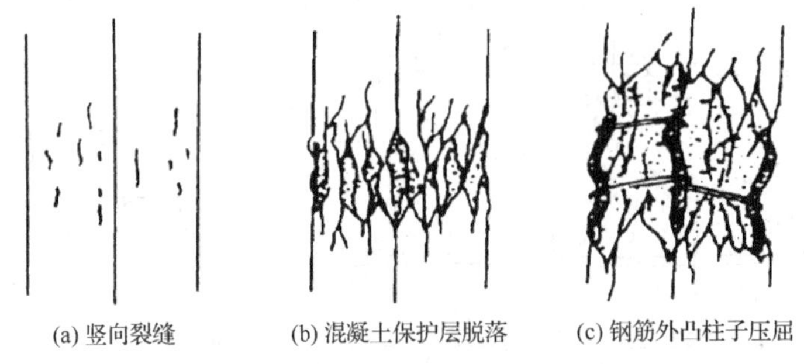

(a) 竖向裂缝　(b) 混凝土保护层脱落　(c) 钢筋外凸柱子压屈

图 9.4　受压构件的裂缝和破坏过程

(5) **受扭裂缝**。受扭裂缝裂缝一般在构件表面出现与轴线成 45°方向,三面受拉开裂,一面受压的螺旋形连续裂缝(图 8.3)。由于扭矩的分布形式的不同,又有单向扭转裂缝和双向扭转裂缝,如图 9.5 所示。受扭裂缝在实际工程中一般不多见,常常与受剪斜裂缝相混淆。

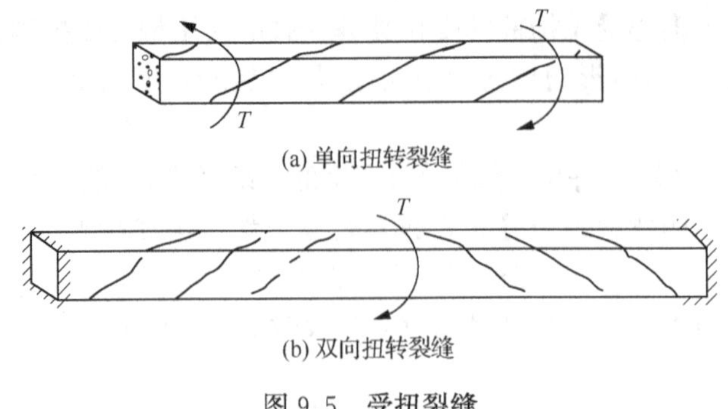

(a) 单向扭转裂缝

(b) 双向扭转裂缝

图 9.5　受扭裂缝

(6) **局部受压裂缝**。当混凝土构件或结构受到局部较大集中荷载作用时，其压应力可能会超过混凝土的极限抗压强度，产生局部受压破坏。如梁(柱)支承处、预应力钢筋的锚固区、设备支承处等，常常会出现局部受压破坏。

2. 间接裂缝

混凝土中常见的间接裂缝包括混凝土收缩裂缝、温度裂缝和不均匀沉降裂缝等。

1) **收缩裂缝**

混凝土的收缩裂缝(图 9.6)常见的有混凝土的**表面收缩裂缝**和**构件横向收缩裂缝**。

混凝土的表面收缩裂缝多数因表层混凝土干燥、失水等原因引起，通常裂缝深度较浅，呈不规则裂缝状态[图 9.6(a)]。这种收缩裂缝一般在干热或大风天气出现，裂缝多呈中间宽、两端细且长短不一、互不连贯状态。

在长度较大的混凝土构件或结构中，由于收缩变形积聚过多而不能释放，会在结构的中部或者其他薄弱部位产生收缩裂缝，该裂缝常称之为结构构件的横向收缩裂缝。如图 9.6(b)所示为混凝土条形基础梁的横向收缩裂缝，图 4.2(a)所示为高度较高的梁，如果在其侧面没有布置腰筋或配置不足，可能在梁侧产生混凝土沿梁长度方向的收缩裂缝。

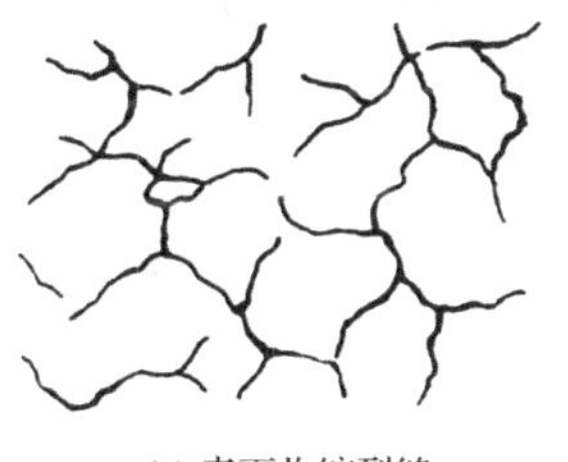

(a) 表面收缩裂缝

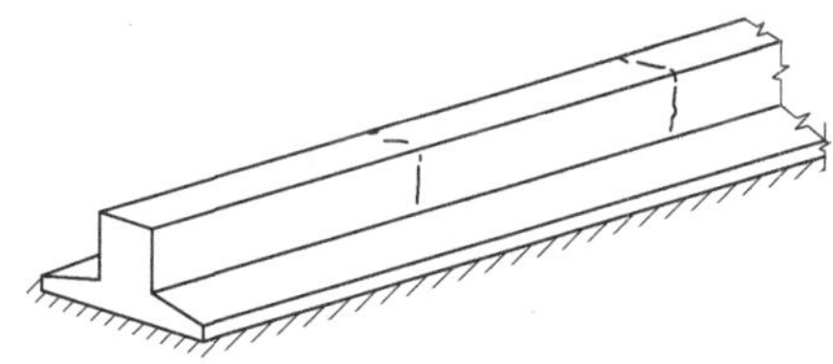

(b) 构件横向收缩裂缝

图 9.6　混凝土收缩裂缝

2) **温度裂缝**

温度裂缝多发生在大体积混凝土表面或温差变化较大地区的混凝土结构中。

混凝土浇筑后的硬化过程中，水泥水化产生大量的水化热。由于混凝土的体积较大，大量的水化热聚集在混凝土内部而不易散发，导致内部温度急剧上升，而混凝土表面散热较快，这样就形成内外的较大温差，较大的温差造成内部与外部热胀冷缩的程度不同，使混凝土表面产生一定的拉应力。当拉应力导致的拉应变超过混凝土的极限拉应变时，混凝土表面就会产生裂缝[图 9.7(a)]。对于混凝土阳台、雨棚、檐口板等长期暴露在室外的构件，受季节变化、昼夜交替引起的温差影响，常常产生温度裂缝[图 9.7(b)]。

3) **不均匀沉降裂缝**

不均匀沉降裂缝的产生是由于建筑物地基土质不匀、松软或回填土不实或浸水而造成不均匀沉降所致；此外，由于建筑物的荷载不均匀性，也会产生地基沉降的差异，如有较大的高度差，高层建筑与裙房等。在施工过程中，由于模板刚度不足，模板支撑间距过大或支撑底部松动等也会导致不均匀沉降。基础沉降相当于结构支座的位移，对于超静定结构，不均匀沉降就会产生约束内力，当相应的拉应力超过一定限度后，就会产生裂缝。不均匀沉降属于外界施加的强迫位移，因此也称为强迫位移。

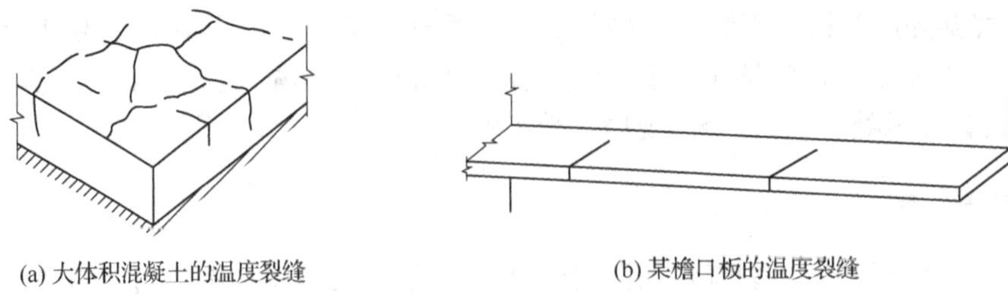

(a) 大体积混凝土的温度裂缝　　(b) 某檐口板的温度裂缝

图 9.7　混凝土温度裂缝

在建筑物中因差异沉降引起的裂缝,是在相应弯矩和剪力作用下产生的弯剪斜裂缝,如图 9.8(a)所示为地基不均匀沉降引起的裂缝,且整体结构若坐落在不均匀地基上,中间沉降小,两端沉降大,则在上部建筑两端产生的"八"字形裂缝;图(b)所示中间沉降大,两端沉降小,在上部建筑两端产生的"倒八"字形裂缝;图(c)所示相邻建筑高层引起的不均匀沉降裂缝。图 9.9(a)为结构局部沉降引起的裂缝,图(b)为施工过程中的模板和支承变形引起的裂缝。

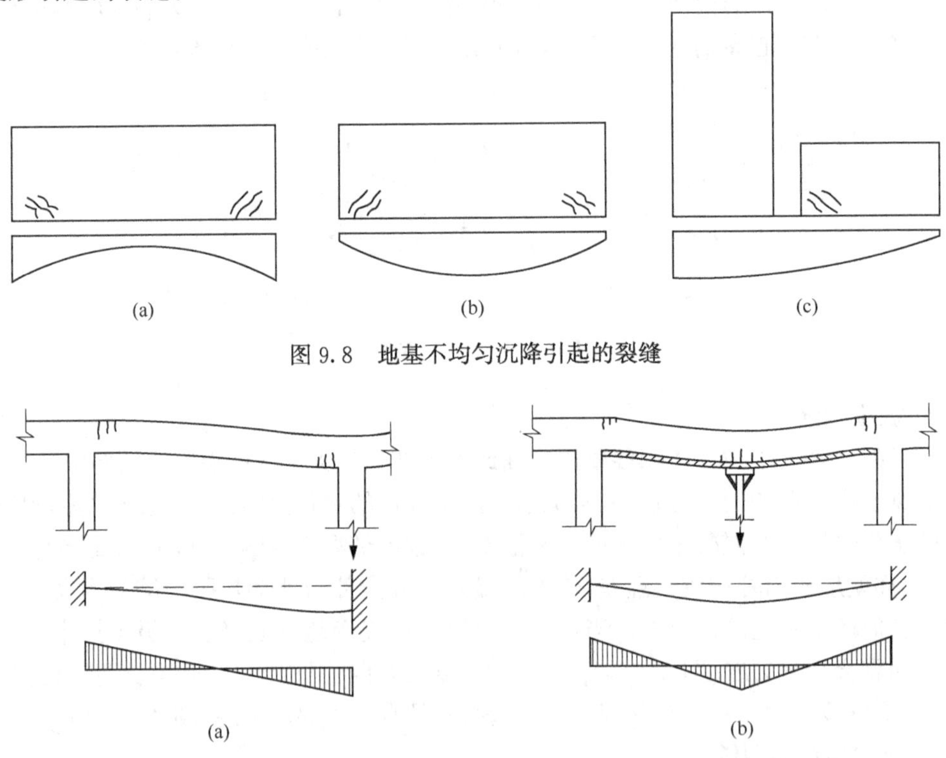

(a)　(b)　(c)

图 9.8　地基不均匀沉降引起的裂缝

(a)　(b)

图 9.9　局部沉降引起的裂缝

荷载裂缝在实际工程中只占很小的比例,绝大多数的可见裂缝均属于"间接裂缝"(也称非荷载裂缝)。对于上述"间接裂缝"目前难以采用明确的计算设计方法来避免,只能从结构方案设计、原材料及配合比的合理选择、施工质量保证、使用状态的有效监管等方面来加以控制和避免。裂缝的存在是混凝土结构耐久性降低的主要原因,直接影响结构的可靠性。

本节主要介绍构件因轴力或弯矩等荷载效应引起的垂直裂缝的宽度验算。

9.1.2　验算公式

根据正常使用阶段对结构构件裂缝的不同要求，将裂缝的控制等级分为三级：正常使用阶段严格要求不出现裂缝的构件，裂缝控制等级属于**一级**；正常使用阶段一般要求不出现裂缝的构件，裂缝控制等级属于**二级**；正常使用阶段允许出现裂缝的构件，裂缝控制等级属于**三级**。

钢筋混凝土结构构件由于混凝土的抗拉强度低，在正常使用阶段是带裂缝工作的，因此其裂缝控制等级属于三级。若要使结构构件的裂缝达到一级或二级要求，必须对其施加预应力，将结构构件做成预应力混凝土结构构件。试验研究和工程实践表明，在一般环境条件下，只要将钢筋混凝土结构构件的裂缝宽度限制在一定的范围以内，结构构件内的钢筋并不会锈蚀，对结构构件的耐久性也不会构成威胁。因此，裂缝宽度的验算公式为

$$w_{\max} \leqslant w_{\lim} \tag{9.1}$$

式中：$w_{\max}$——**按荷载效应准永久组合并考虑长期作用影响计算的最大裂缝宽度**；

$w_{\lim}$——最大裂缝宽度限值，一般建筑结构构件的最大裂缝宽度限值见本书附表 14。

裂缝宽度验算的主要工作是按荷载效应准永久组合并考虑长期作用影响计算最大裂缝宽度，然后根据式(9.1)判定是否满足设计要求。

9.1.3　最大裂缝宽度的计算方法

1. 裂缝的出现、分布和发展

以受弯构件为例，在裂缝出现以前，受拉区由钢筋和混凝土共同受力，二者变形相同，沿构件轴线方向各截面上钢筋与混凝土的应力分布是均匀的，如图 9.10(a)所示。因混凝土抗拉强度的不均匀性，沿构件轴线的实际抗拉强度分布不均匀，因此，随着荷载的增加，截面应变不断增大，当受拉区外边缘混凝土在最薄弱的截面处达到其极限拉应变时，就会出现第一批裂缝(一条或几条裂缝)，如图 9.10(b)中的 a—a、c—c 截面。

在裂缝出现瞬间，裂缝截面处的受拉混凝土退出工作，应力降至零，开裂前由混凝土承担的拉力转由钢筋承担，使开裂截面处钢筋的应力突然增大，如图 9.10(b)所示。混凝土一开裂，原受拉张紧的混凝土就会向裂缝两侧回缩，但这种回缩受到与其黏结在一起的钢筋的约束。在混凝土回缩的长度段 l 中，混凝土与钢筋之间有相对滑移的趋势，产生黏结应力。通过黏结力的作用，随着离开裂缝截面距离的增大，钢筋的拉应力因传递给混凝土而逐渐减小；混凝土拉应力由裂缝处的零逐渐增大，离开开裂截面的长度达到 l 后，黏结应力消失，钢筋和混凝土又具有相同的拉伸应变，各自的应力又趋于均匀分布，如图 9.10(b)所示。在此，l 即为黏结应力作用长度，也称为传递长度。

裂缝出现后，在黏结应力作用长度 l 以外的那部分混凝土仍处于受拉张紧状态之中，因此当弯矩继续增大时，就有可能在离裂缝截面超过 l 的另一薄弱截面处出现新的裂缝，如图 9.10(c)所示中的 b—b 截面。但裂缝的条数并不是无限增加的，达到一定阶段后，

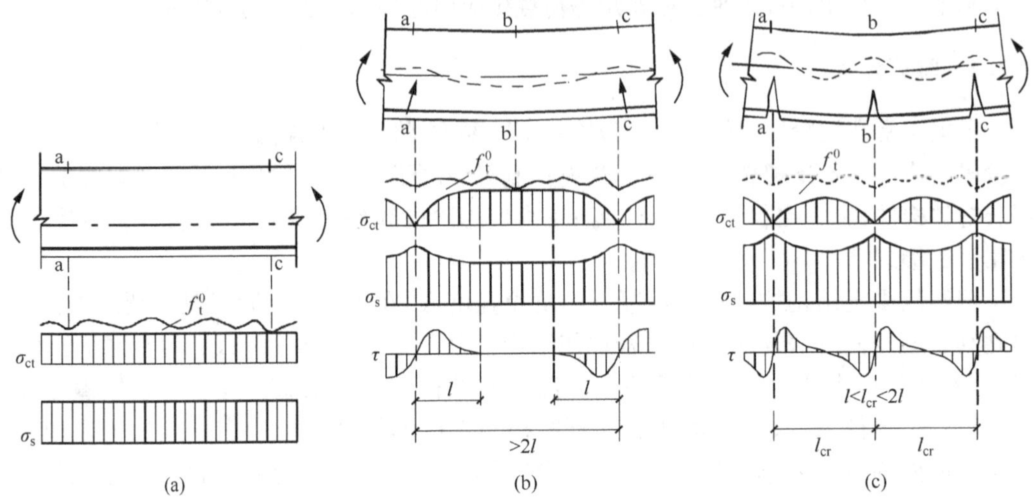

图 9.10　裂缝的出现、分布和发展

在原有裂缝两侧 l 范围内或当间距小于 $2l$ 的已有裂缝间,将不可能再出现新的裂缝。因为在这些范围内,通过黏结应力传递的混凝土拉应力将小于混凝土的实际抗拉强度,即已不足使拉区混凝土开裂,此时裂缝基本出齐,裂缝间距及裂缝分布情况趋于稳定。此后,随着荷载的继续增加,裂缝的间距及其数量将不再发生变化,只是裂缝的宽度增大并向受压区延伸。从理论上讲,最小裂缝间距为 l,最大裂缝间距为 $2l$,当然,由于混凝土的非均匀性,实际裂缝分布有很大的离散性。但是裂缝间距在最小裂缝间距 l 到最大裂缝间距 $2l$ 之间变化,以平均裂缝间距代表相邻两条裂缝间的距离。

2. 平均裂缝间距

试验分析表明,影响裂缝间距的主要因素是纵向受拉钢筋配筋率、纵向钢筋直径及外形特征、混凝土保护层厚度等。纵向受拉钢筋配筋率越高、钢筋直径越细,裂缝间距就越小;采用变形钢筋的裂缝间距要小于光面钢筋的裂缝间距;混凝土保护层厚度越大,裂缝间距越大。

考虑上述诸多因素并根据试验资料,给出了平均裂缝间距计算公式为

$$l_{cr}=\beta\left(1.9c_s+0.08\frac{d_{eq}}{\rho_{te}}\right) \tag{9.2}$$

式中:l_{cr} ——**平均裂缝间距**。当计算的 l_{cr} 大于构件箍筋间距时,可取 l_{cr} 为构件箍筋间距;

c_s ——**最外层纵向受拉钢筋外边缘至受拉区底边的距离**(mm):当 $c_s<20$mm 时,取 $c_s=20$mm,当 $c_s>65$mm 时,取 $c_s=65$mm;

β ——系数,对轴心受拉构件取 $\beta=1.1$,对受弯、偏心受压构件取 $\beta=1.0$;对偏心受拉构件取 $\beta=1.5$;

ρ_{te} ——**按有效受拉混凝土截面面积计算的纵向受拉钢筋配筋率**,$\rho_{te}=A_s/A_{te}$,当 $\rho_{te}<0.01$ 时,取 $\rho_{te}=0.01$,A_{te} 为有效受拉混凝土截面面积:对轴心受拉构件,取构件截面面积,对受弯、偏心受压和偏心受拉构件,取 $A_{te}=0.5bh+$

$(b_f - b)h_f$，具体取法见图 9.11；

d_{eq}——**受拉区纵向钢筋的等效直径**(mm)，$d_{eq}=\frac{\sum n_i d_i^2}{\sum n_i \nu_i d_i}$，$n_i$ 为受拉区第 i 种纵向钢筋的根数，d_i 为受拉区第 i 种纵向钢筋的公称直径，ν 为纵向受拉钢筋相对黏结特征系数，对变形钢筋，取 $\nu=1.0$；对光圆钢筋，取 $\nu=0.7$。

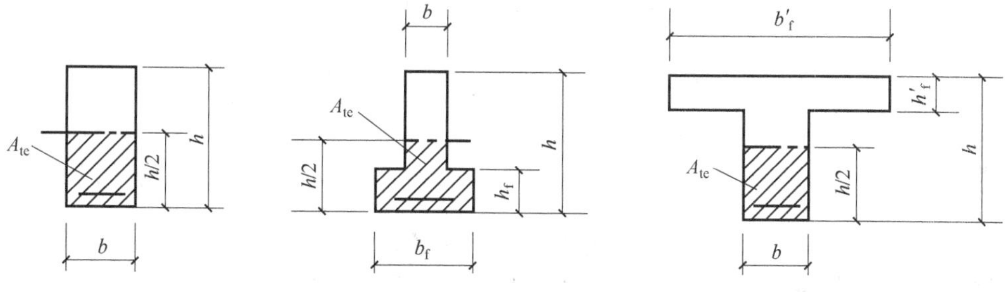

图 9.11　有效受拉混凝土截面面积

3. 平均裂缝宽度

裂缝宽度是指受拉钢筋截面重心处构件侧表面上的裂缝宽度。试验表明，裂缝宽度的离散性比裂缝间距更大些，因此，平均裂缝宽度的确定必须以平均裂缝间距为基础。

平均裂缝宽度是指混凝土在裂缝截面处的回缩量，根据黏结滑移理论，平均裂缝宽度 w_m 等于裂缝平均间距范围内钢筋截面重心处钢筋的平均伸长值与相应水平处构件侧表面混凝土的平均伸长值之差。如图 9.12 所示，平均裂缝宽度的计算为

$$w_m=\varepsilon_{sm}l_{cr}-\varepsilon_{ctm}l_{cr}=\varepsilon_{sm}\left(1-\frac{\varepsilon_{ctm}}{\varepsilon_{sm}}\right)l_{cr}=\alpha_c\varepsilon_{sm}l_{cr} \tag{9.3}$$

式中：ε_{sm}——裂缝间纵向钢筋的平均拉应变；

ε_{ctm}——裂缝间混凝土的平均拉应变；

α_c——裂缝间混凝土自身伸长对裂缝宽度的影响系数，$\alpha_c=1-\varepsilon_{ctm}/\varepsilon_{sm}$。

试验研究表明，混凝土的平均拉应变 ε_{ctm} 要比纵向钢筋的平均拉应变 ε_{sm} 小得多，根据实测，对受弯和偏心受压构件 α_c 可取为 0.77，其他构件取为 0.85。由图 9.13 所示的试验梁实测纵向受拉钢筋应变分布图可以看出，沿构件轴线方向各截面上钢筋应变是不均匀分布的，裂缝截面处最大，非裂缝截面的钢筋应变逐渐减小，这是因为裂缝之间的混凝土仍然能承担拉力的缘故。图中的水平虚线表示平均应变 ε_{sm}。

设 ψ 为**裂缝之间纵向受拉钢筋应变不均匀系数，其值为裂缝间钢筋的平均拉应变 $\boldsymbol{\varepsilon_{sm}}$ 与开裂截面处钢筋的应变 $\boldsymbol{\varepsilon_s}$ 之比**，即 $\psi=\varepsilon_{sm}/\varepsilon_s$，又由于 $\varepsilon_s=\sigma_{sq}/E_s$，则平均裂缝宽度 w_m 可表达为

$$w_m=\alpha_c\psi\frac{\sigma_{sq}}{E_s}l_{cr} \tag{9.4}$$

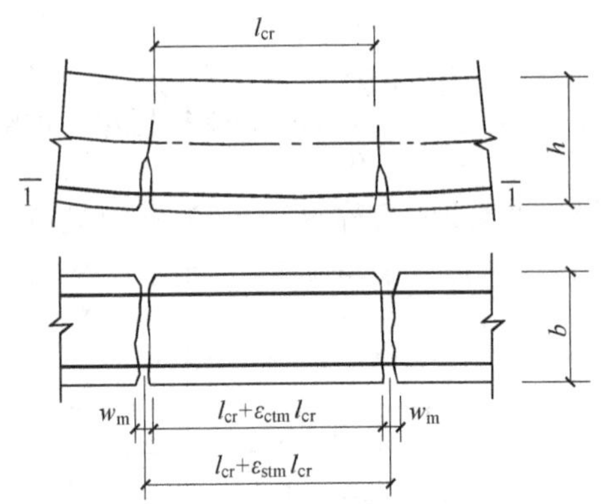

图 9.12　平均裂缝宽度计算图

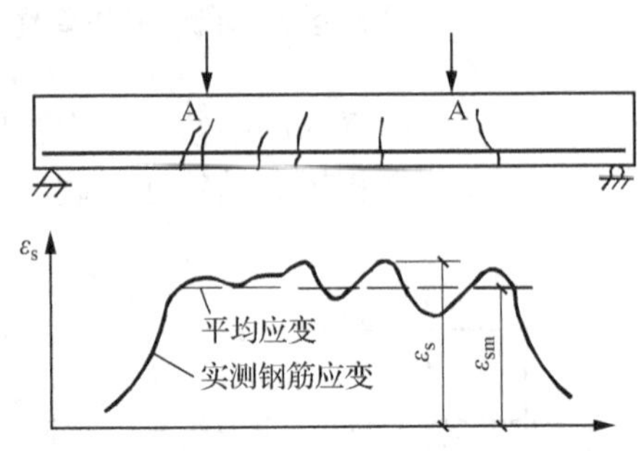

图 9.13　纯弯段内受拉钢筋的应变分布图

由式(9.4)可以看出,裂缝宽度主要取决于裂缝截面的钢筋应力 σ_{sq},而裂缝间距 l_{cr} 和裂缝间纵向受拉钢筋应变不均匀系数 ψ 也是两个重要的参数。

(1) **裂缝截面处钢筋应力。**在荷载效应的准永久组合作用下,构件裂缝截面处纵向受拉钢筋的应力 σ_{sq},根据使用阶段的应力状态(图 9.14)可按下列公式计算为:

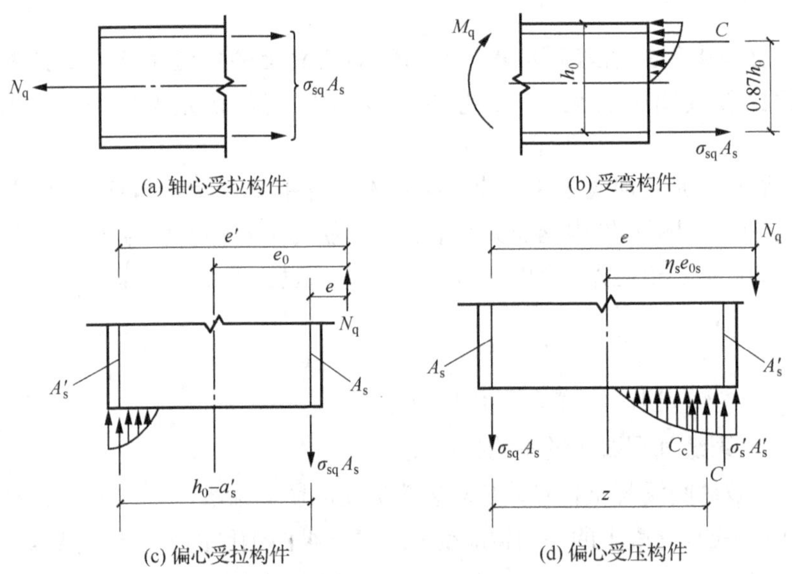

C—受压区总压应力合力;C_c—受压区混凝土总压应力合力。

图 9.14　构件使用阶段的应力状态

① 轴心受拉构件[图 9.14(a)]

$$\sigma_{sq}=\frac{N_q}{A_s} \tag{9.5a}$$

② 受弯构件[图 9.14(b)]

$$\sigma_{sq}=\frac{M_q}{0.87h_0A_s} \tag{9.5b}$$

③ 偏心受拉构件[图 9.14(c)]

$$\sigma_{sq}=\frac{N_q e'}{A_s(h_0-a'_s)} \tag{9.5c}$$

④ 偏心受压构件[图 9.14(d)]

$$\sigma_{sq}=\frac{N_q(e-z)}{A_s z} \tag{9.5d}$$

$$z=\left[0.87-0.12(1-\gamma'_f)\left(\frac{h_0}{e}\right)^2\right]h_0$$

$$e=\eta_s e_0+y_s$$

$$\eta_s=1+\frac{1}{4000\dfrac{e_0}{h_0}}\left(\frac{l_0}{h}\right)^2$$

当 $\dfrac{l_0}{h}\leqslant 14$ 时，可取 $\eta_s=1.0$。

式中：N_q、M_q ——按荷载效应的准永久组合计算的轴向力设计值和弯矩设计值；

A_s ——受拉区纵向钢筋截面面积，对轴心受拉构件取全部纵向钢筋截面面积，对偏心受拉构件取受拉较大边的纵向钢筋截面面积，对受弯构件和偏心受压构件取受拉区纵向钢筋截面面积；

e' ——轴向拉力作用点至受压区或受拉较小边纵向钢筋合力点之间的距离；

e ——轴向压力作用点至纵向受拉钢筋合力点之间的距离；

z ——纵向受拉钢筋合力点至受压区合力点之间的距离，且 $z\leqslant 0.87h_0$；

η_s ——使用阶段的偏心距增大系数；

y_s ——截面重心至纵向受拉钢筋合力点的距离，对矩形截面 $y_s=h/2-a_s$；

γ'_f ——受压翼缘截面面积与腹板有效截面面积之比值，$\gamma'_f=\dfrac{(b'_f-b)h'_f}{bh_0}$，且 $h'_f\leqslant 0.2h_0$。

(2) **纵向受拉钢筋应变不均匀系数**。试验表明，纵向受拉钢筋应变不均匀系数 ψ 与混凝土轴心抗拉强度 f_{tk}、钢筋的应力 σ_{sq} 以及有效受拉区混凝土面积范围内的配筋率 ρ_{te} 有关。**ψ 实质上反映了裂缝间混凝土参与受拉的程度。f_{tk} 越大，ψ 值越小，表示混凝土参与承受拉力的程度越大；随着荷载的增大，钢筋应力 σ_{sq} 增大，钢筋与混凝土之间的滑移增加，黏结应力逐渐遭到破坏，受拉区混凝土逐渐退出工作，ψ 值也逐渐趋近于 1**。另外，ψ 的大小还与配筋率 ρ 有关。ρ 越小，说明周围混凝土的截面相对越大，则混凝土参与受拉的程度将越大，因而 ψ 值越小。考虑到混凝土参与受力主要是在钢筋周围一定范围内的混凝土(称为有效受拉区混凝土面积)起作用，因而 ψ 值仅与有效受拉区混凝土面积范围内的配筋率 ρ_{te} 有关，其计算公式为

$$\psi=1.1-0.65\frac{f_{tk}}{\rho_{te}\sigma_{sq}} \tag{9.6}$$

为了避免高估混凝土协助钢筋抗拉的作用，当按式(9.6)计算的 $\psi<0.2$ 时，取 $\psi=0.2$；当 $\psi>1.0$ 时，取 $\psi=1.0$。对直接承受重复荷载的构件，取 $\psi=1.0$。

4. 最大裂缝宽度

由于混凝土的非匀质性及其随机性,裂缝并非完全均匀分布,具有较大的离散性,在荷载短期效应组合作用下,其短期最大裂缝宽度应等于平均裂缝宽度 w_m 乘以荷载短期效应裂缝扩大系数 τ_s。根据可靠概率为95%的要求,该系数可由实测裂缝宽度分布直方图的统计分析求得:对于轴心受拉和偏心受拉构件 $\tau_s=1.9$;对于受弯和偏心受压构件 $\tau_s=1.66$。

考虑在长期荷载作用下,由于受拉区混凝土的应力松弛和滑移徐变,裂缝间受拉钢筋平均应变还将继续增长;同时混凝土收缩,也使裂缝宽度有所增大。因此,短期最大裂缝宽度还需乘以荷载长期效应裂缝扩大系数 τ_l。对于各种受力构件,均取 $\tau_l=1.5$。最大裂缝宽度可按下列公式计算:

$$w_{max}=\tau_s\tau_l w_m=\tau_s\tau_l\alpha_c\psi\frac{\sigma_{sq}}{E_s}\beta\left(1.9c_s+0.08\frac{d_{eq}}{\rho_{te}}\right) \tag{9.7}$$

令

$$\alpha_{cr}=\tau_s\tau_l\alpha_c\beta$$

即可得到用于各种受力构件正截面最大裂缝宽度的统一计算公式为

$$w_{max}=\alpha_{cr}\psi\frac{\sigma_{sq}}{E_s}\left(1.9c_s+0.08\frac{d_{eq}}{\rho_{te}}\right) \tag{9.8}$$

式中:α_{cr} ——构件受力特征系数,利用式(9.7)和前述数据可求得:对轴心受拉构件 $\alpha_{cr}=2.7$;对偏心受拉构件 $\alpha_{cr}=2.4$;对受弯和偏心受压构件 $\alpha_{cr}=1.9$。

试验表明,对于偏心受压构件,当 $e_0/h_0\leqslant 0.55$ 时,裂缝宽度较小,均能符合要求,可不验算裂缝宽度。

9.1.4　控制及减小裂缝宽度的措施

当计算处的最大裂缝宽度不满足要求时,可采取下列措施减小裂缝宽度。

(1) **合理布置钢筋**。受拉钢筋直径与裂缝宽度成正比,在相同面积情况下,直径越大裂缝宽度也越大,因此在满足《规范》对纵筋最小直径和钢筋之间最小间距的前提下,梁内尽量采用直径小、根数多的配筋方式,这样可以有效地分散裂缝,减小裂缝的宽度。

(2) **适当增加钢筋截面面积**。裂缝宽度与裂缝截面受拉钢筋应力成正比,与有效受拉配筋率成反比,因此可适当增加钢筋截面面积 A_s,以提高 ρ_{te} 降低 σ_{sq}。

(3) **尽可能采用变形钢筋**。光圆钢筋的相对黏结特性系数为0.7,带肋的变形钢筋为1.0,带肋变形钢筋与混凝土的黏结较光圆钢筋要好得多,裂缝宽度也将减小。

【例9.1】 已知某教学楼钢筋混凝土楼面简支梁,计算跨度 $l_0=6.0\text{m}$,梁的截面尺寸 $b\times h=250\text{mm}\times 600\text{mm}$,永久荷载(包括梁自重)标准值 $g_k=19\text{kN/m}$,可变荷载标准值 $q_k=16\text{kN/m}$,准永久系数 $\psi_q=0.5$,混凝土强度等级为C30,HRB400级钢筋,已配置2⌀22+2⌀20的纵向受拉钢筋,环境等级为一类,最大裂缝宽度限值为0.3mm,试验算梁的裂缝宽度是否满足要求。

解：(1) 确定基本数据。C30 混凝土，轴心抗拉强度标准值 $f_{tk}=2.01\text{N/mm}^2$；HRB400 级钢筋，弹性模量$E_s=2.0\times10^5\text{N/mm}^2$；由本书附表 12 查得，钢筋的混凝土最小保护层厚度为 20mm，假设箍筋直径为 6mm，则 $a_s=20+6+\frac{22}{2}=37(\text{mm})$，梁的有效高度 $h_0=h-a_s=600-37=563(\text{mm})$，$c_s=20+6=26(\text{mm})$；$A_s=760+628=1388(\text{mm}^2)$。

(2) 计算跨中弯矩标准值。荷载准永久组合下的弯矩值

$$M_q=\frac{1}{8}(g_k+\psi_q q_k)l_0^2=\frac{1}{8}(19+0.5\times16)\times6.0^2=121.5(\text{kN}\cdot\text{m})$$

(3) 计算裂缝截面受拉钢筋的应力。

$$\sigma_{sq}=\frac{M_q}{0.87h_0A_s}=\frac{121.5\times10^6}{0.87\times563\times1388}=178.71(\text{N/mm}^2)$$

(4) 按有效受拉混凝土截面面积计算钢筋的配筋率。

$$\rho_{te}=\frac{A_s}{A_{te}}=\frac{1388}{0.5\times250\times600}=0.0185\geqslant0.001$$

(5) 计算受拉钢筋应变不均匀系数 ψ。

$$\psi=1.1-0.65\times\frac{f_{tk}}{\rho_{te}\sigma_{sq}}=1.1-0.65\times\frac{2.01}{0.0185\times178.71}=0.705\qquad0.2\leqslant\psi\leqslant1.0$$

(6) 计算受拉区纵向钢筋的等效直径。

$$d_{eq}=\frac{\sum n_id_i^2}{\sum n_i\nu_id_i}=\frac{2\times22^2+2\times20^2}{2\times1\times22+2\times1\times20}=21.05(\text{mm})$$

(7) 计算最大裂缝宽度。

$$\begin{aligned}w_{max}&=\alpha_{cr}\psi\frac{\sigma_{sq}}{E_s}\left(1.9c_s+0.08\frac{d_{eq}}{\rho_{te}}\right)\\&=1.9\times0.705\times\frac{178.71}{2.0\times10^5}\times\left(1.9\times26+0.08\times\frac{21.05}{0.0185}\right)\\&=0.17(\text{mm})<w_{lim}=0.3\text{mm}\end{aligned}$$

裂缝宽度满足要求。

9.2　受弯构件的变形验算

受弯构件的变形验算主要是指其挠度的验算，挠度值的计算中最重要的工作是确定受弯构件的抗弯刚度，而钢筋混凝土材料的非线性性质决定了其抗弯刚度 B 是一个变量，且受荷载长期作用的影响。本节主要介绍钢筋混凝土受弯构件的短期刚度和长期刚度的计算方法及其挠度的验算。

9.2.1　验算公式

进行受弯构件的挠度验算时，要求满足下列条件为：

$$f_{max}\leqslant[f]\tag{9.9}$$

式中：$f_{\max}$ ——受弯构件按荷载的准永久组合并考虑长期作用影响所计算的挠度最大值；

$[f]$ ——受弯构件的挠度限值，一般建筑结构中受弯构件的挠度限值见本书附表16。

9.2.2 受弯构件最大挠度的计算

1. 受弯构件挠度与刚度的特点

匀质弹性材料受弯构件的挠度可由材料力学公式求出，如分别承受均布荷载 q 或跨中一个集中荷载 P，计算跨度为 l 的简支梁跨中挠度分别为：

均布荷载

$$f=\frac{5}{384}\frac{ql^4}{EI}=\frac{5}{48}\frac{Ml^2}{EI} \tag{9.10}$$

集中荷载

$$f=\frac{1}{48}\frac{Pl^3}{EI}=\frac{1}{12}\frac{Ml^2}{EI} \tag{9.11}$$

则

$$f=S\frac{Ml^2}{EI}=S\phi l^2$$

式中：M ——梁的跨中最大弯矩；

S ——与荷载形式、支承条件等有关的挠度系数；

EI ——截面抗弯刚度；

ϕ ——截面曲率。

截面抗弯刚度与截面曲率的关系为

$$\phi=\frac{M}{EI}\rightarrow EI=\frac{M}{\phi} \tag{9.12}$$

由上式可见，截面抗弯刚度 EI 体现了截面抵抗弯曲变形的能力，同时也反映了截面弯矩与曲率之间的物理关系。对于弹性匀质材料截面，EI 为常量，弯矩与曲率的关系为直线。由第4章的学习可知，钢筋混凝土受弯构件由于混凝土开裂、纵向钢筋屈服、非线性的应力应变关系等因素的影响，适筋梁的弯矩-曲率不再是一条直线，而是随着弯矩的增大，截面曲率呈曲线变化(图4.8)，曲率的增长速度逐渐加快，在混凝土开裂后，曲线有明显的转折，纵筋屈服后，弯矩-曲率曲线趋向于水平。可见，钢筋混凝土梁的抗弯刚度不是一个始终不变的常数，而是随着荷载或弯矩的增加而不断降低的，通常采用 B 来表示钢筋混凝土受弯构件的抗弯刚度。

2. 受弯构件短期刚度 B_s 的计算

对于普通钢筋混凝土受弯构件来讲，在正常使用荷载作用下，通常处于带裂缝工作的第Ⅱ阶段。图9.15所示为钢筋混凝土梁在弯矩作用下出现裂缝后截面应变分布和中和轴位置的情况。可以看出，开裂截面混凝土的受压区高度较之未开裂截面的要小，随着趋近于均匀的裂缝分布，梁的中和轴呈波浪形变化；受压区混凝土的压应变 ε_c、受拉区纵筋的拉应变 ε_s、截面的曲率 ϕ 均沿构件长度而变化，开裂截面的曲率较大，而未开裂截面的曲率较小。

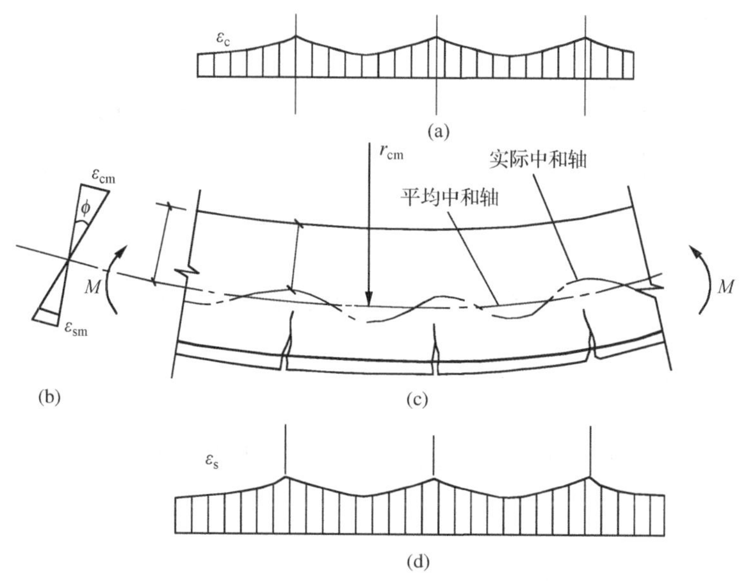

图 9.15　使用阶段梁纯弯段的应变分布和中和轴位置

试验研究表明，钢筋混凝土梁出现裂缝后平均应变符合平截面假定，平均曲率可表示为

$$\phi=\frac{\varepsilon_{cm}+\varepsilon_{sm}}{h_0} \tag{9.13}$$

式中：ε_{cm}——受压区边缘混凝土的平均压应变；

ε_{sm}——纵向受拉钢筋的平均拉应变。

据公式(9.12)，截面的短期刚度为

$$B_s=\frac{M}{\phi}=\frac{Mh_0}{\varepsilon_{cm}+\varepsilon_{sm}} \tag{9.14}$$

可见，只要能求出 ε_{cm} 和 ε_{sm}，就可确定梁的短期刚度 B_s。图 9.16 为带裂缝工作阶段梁在准永久组合弯矩 M_q 作用下裂缝截面钢筋和混凝土的应力图，受压区混凝土的压力合力 C 和纵向受拉钢筋的合力 T 可表示为

$$C=T=\frac{M_q}{\eta h_0} \tag{9.15}$$

式中：ηh_0——**裂缝截面的内力臂，一般取 $\boldsymbol{\eta=0.87}$。**

将曲线变化的混凝土压应力等效为均匀分布，则受压区混凝土的压力合力 C 为

$$C=\omega\sigma_{cq}[(b'_f-b)h'_f+b\xi_0h_0]=\omega\sigma_{cq}\left[\frac{(b'_f-b)h'_f}{bh_0}+\xi_0\right]bh_0=\omega\sigma_{cq}(\gamma'_f+\xi_0)bh_0 \tag{9.16}$$

式中：ω——混凝土压应力图形丰满程度系数；

ξ_0——裂缝截面处混凝土受压区相对高度;

γ'_f——受压翼缘的加强系数,$\gamma'_f=(b'_f-b)h'_f/bh_0$。

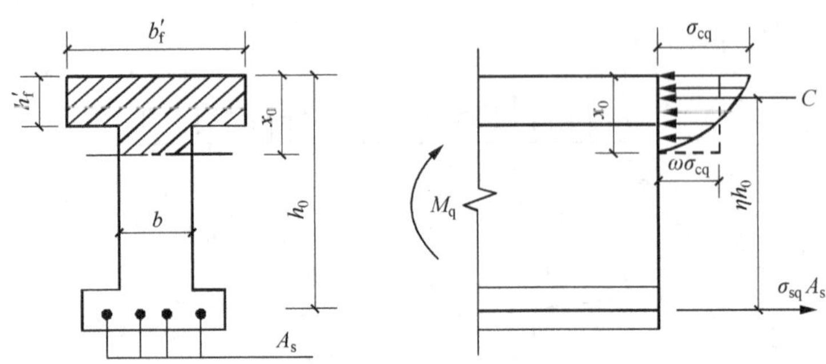

图 9.16 使用阶段梁裂缝截面钢筋和混凝土的应力图

受拉区纵向钢筋的拉力合力 T 为

$$T=\sigma_{sq}A_s \tag{9.17}$$

据公式(9.15)~式(9.17)计算,则裂缝截面处受压区边缘混凝土和纵向钢筋的应变分别为

$$\varepsilon_{cq}=\frac{\sigma_{cq}}{\nu E_c}=\frac{M_q}{\omega(\gamma'_f+\xi_0)\eta bh_0^2\nu E_c} \tag{9.18}$$

$$\varepsilon_{sq}=\frac{\sigma_{sq}}{E_s}=\frac{M_q}{A_s\eta h_0E_s} \tag{9.19}$$

式中:E_c,E_s——混凝土和钢筋的弹性模量;

ν——混凝土受压时的塑性变形系数。

由本章第一节可知钢筋的应变不均匀系数为 ψ,设受压区边缘混凝土的压应变不均匀系数为 ψ_c,则裂缝截面处混凝土和钢筋的平均应变为

$$\varepsilon_{cm}=\psi_c\varepsilon_{cq}=\psi_c\frac{M_q}{\omega(\gamma'_f+\xi_0)\eta bh_0^2\nu E_c} \tag{9.20}$$

$$\varepsilon_{sm}=\psi\varepsilon_{sq}=\psi\frac{M_q}{A_s\eta h_0E_s} \tag{9.21}$$

令 $\zeta=\omega\nu(\gamma'_f+\xi_0)\eta/\psi_c$,则式(9.20)可简化为

$$\varepsilon_{cm}=\frac{M_q}{\zeta bh_0^2E_c} \tag{9.22}$$

式中:ζ——受压区边缘混凝土平均应变综合系数。

将式(9.21)和式(9.22)代入式(9.14),分子和分母同乘以 $E_sA_sh_0^2$,并取 $\alpha_E=E_s/E_c$,$\rho=A_s/bh_0$,即可求得受弯构件短期刚度为

$$B_s=\frac{E_sA_sh_0^2}{\dfrac{\psi}{\eta}+\dfrac{E_sA_sh_0^2}{\zeta E_cbh_0^3}}=\frac{E_sA_sh_0^2}{\dfrac{\psi}{\eta}+\dfrac{\alpha_E\rho}{\zeta}} \tag{9.23}$$

近似取 $\eta=0.87$,并通过对各种常见截面形状受弯构件的实测结果分析,可取

$$\frac{\alpha_E\rho}{\zeta}=0.2+\frac{6\alpha_E\rho}{1+3.5\gamma_f'} \tag{9.24}$$

将式(9.24)代入式(9.23)，即可得钢筋混凝土受弯构件短期刚度的表达式为

$$B_s=\frac{E_sA_sh_0^2}{1.15\psi+0.2+\dfrac{6\alpha_E\rho}{1+3.5\gamma_f'}} \tag{9.25}$$

式中：ψ——裂缝间受拉钢筋应变不均匀系数，可按式(9.6)计算；

α_E——钢筋与混凝土的弹性模量之比；

ρ——纵向受拉钢筋配筋率。

3. 受弯构件长期刚度 B 的计算

钢筋混凝土受弯构件在荷载长期作用下，混凝土会发生徐变，即混凝土的应变将随时间的增长而增加。此外，裂缝间受拉混凝土的应力松弛以及钢筋与混凝土之间的徐变滑移，使受拉混凝土不断退出工作，导致受拉钢筋的平均应变也随时间增长。因而，在长期荷载作用下，受弯构件的曲率增大，刚度降低，挠度增加。

矩形、T 形、倒 T 形和 I 形截面受弯构件按荷载效应的准永久组合并考虑荷载长期作用影响的抗弯刚度可按下列公式计算：

$$B=\frac{B_s}{\theta} \tag{9.26}$$

式中：θ——**考虑荷载长期作用对挠度增大的影响系数**。对于钢筋混凝土受弯构件，当 $\rho'=0$ 时，取 $\theta=2.0$；当 $\rho'=\rho$ 时，取 $\theta=1.6$；当 ρ' 为中间数值时，θ 按线性内插法取用，此处 $\rho'=A_s'/bh_0$，$\rho=A_s/bh_0$。

对翼缘位于受拉区的倒 T 形截面，θ 应增加 20%。

4. 受弯构件挠度的计算

如上所述，钢筋混凝土受弯构件截面的抗弯刚度随弯矩增大而减小，一般钢筋混凝土受弯构件的截面弯矩沿构件长度是变化的，这就是说，即使是等截面的钢筋混凝土受弯构件，其各个截面的抗弯刚度也是不相等的。如图 9.17 示出一承受均布荷载作用的钢筋混凝土简支梁，当梁开裂后，弯矩较大的跨中截面的抗弯刚度较小，而靠近支座弯矩较小截面的抗弯刚度较大。显然，按照沿梁长变化的刚度来计算挠度是十分烦琐且没有必要的，为简化计算，**对于等截面受弯构件，可假定各同号弯矩区段内的刚度相等，并取用该区段内最大弯矩截面处的刚度作为该区段的抗弯刚度，也即最小刚度计算挠度。这就是受弯构件挠度计算中的最小刚度原则。**

对于有正负弯矩作用的连续梁或伸臂梁，当计算跨度内的支座截面刚度不大于跨中截面刚度的两倍或不小于跨中截面刚度的二分之一时，该跨也可按等刚度构件进行计算，其构件刚度可取跨中最大弯矩截面的刚度。采用最小刚度原则按等刚度方法计算构件挠度，相当于使近支座截面刚度比实际刚度减小，使计算挠度值会偏大。但实际情况是，在接近支座处的剪跨区段内还存在着剪切变形，甚至可能会出现少量斜裂缝，这些都会使梁

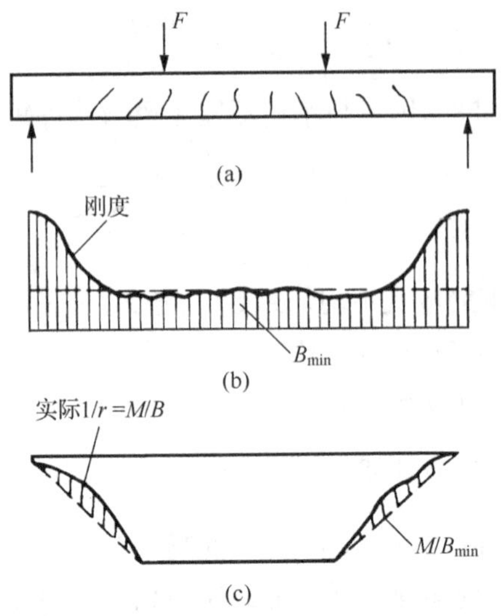

图 9.17　沿梁长的刚度和曲率分布

的挠度增大。一般情况下,这些使挠度增大的影响与按照最小刚度计算时的偏差大致可以相抵。经对国内外数百根梁的试验数据进行对比分析,结果显示,计算值与试验值符合较好。这说明采用最小刚度原则用等刚度法计算钢筋混凝土受弯构件的挠度是可以满足工程要求的。

受弯刚度确定后,即可按结构力学的方法计算钢筋混凝土受弯构件的挠度,并按照公式(9.9)验算挠度是否满足要求。

9.2.3　减小受弯构件挠度的措施

减小受弯构件挠度最有效的措施是增加构件的截面高度,提高抗弯刚度,以减小变形;其次,减小 θ 也可以增加刚度,可以通过配置受压钢筋以减小混凝土的徐变,降低 θ 值;但选择合理的截面形状、增加纵向受拉钢筋的截面面积或提高混凝土的强度等级的效果不明显。

【例 9.2】 已知某试验楼钢筋混凝土楼面简支梁,计算跨度 $l_0=6.3\text{m}$,梁的截面尺寸 $b\times h=250\text{mm}\times500\text{mm}$,永久荷载(包括梁自重)标准值 $g_k=16.5\text{kN/m}$,可变荷载标准值 $q_k=8.2\text{kN/m}$,准永久系数 $\psi_q=0.5$,混凝土强度等级为 C35,HRB400 级钢筋,已配置 2⌀20+2⌀16 的纵向受拉钢筋,环境等级为一类。试验算梁的挠度是否满足要求。

解:(1) 确定基本数据。C35 混凝土,$f_{tk}=2.2\text{N/mm}^2$,$E_c=3.15\times10^4\text{N/mm}^2$;HRB400 级钢筋,$E_s=2.0\times10^5\text{N/mm}^2$;钢筋的混凝土最小保护层厚度 $c=20\text{mm}$,$a_s=36\text{mm}$,则梁的有效高度 $h_0=h-a_s=500-36=464(\text{mm})$,$A_s=628+402=1030(\text{mm}^2)$。

(2) 计算跨中弯矩。荷载准永久组合下的弯矩值为

$$M_q=\frac{1}{8}(g_k+\psi_q q_k)l_0^2=\frac{1}{8}(16.5+0.5\times8.2)\times6.3^2=102.2(\text{kN}\cdot\text{m})$$

(3) 计算受拉钢筋应变不均匀系数 ψ。

$$\sigma_{sq}=\frac{M_q}{0.87h_0A_s}=\frac{102.2\times10^6}{0.87\times464\times1030}=245.80(\text{N/mm}^2)$$

$$\rho_{te}=\frac{A_s}{A_{te}}=\frac{1030}{0.5\times250\times500}=0.0165$$

$$\psi=1.1-0.65\times\frac{f_{tk}}{\rho_{te}\sigma_{sq}}=1.1-0.65\times\frac{2.2}{0.0165\times245.80}=0.747$$

(4) 计算短期刚度 B_s。

$$\alpha_E=\frac{E_s}{E_c}=\frac{2.0\times10^5}{3.15\times10^4}=6.35,\rho=\frac{A_s}{bh_0}=\frac{1030}{250\times464}=0.0089$$

$$B_s=\frac{E_sA_sh_0^2}{1.15\psi+0.2+\dfrac{6\alpha_E\rho}{1+3.5\gamma_f'}}=\frac{2.0\times10^5\times1030\times464^2}{1.15\times0.747+0.2+\dfrac{6\times6.35\times0.0089}{1+3.5\times0}}$$

$$=31\ 721.41\times10^9(\text{N}\cdot\text{mm}^2)$$

(5) 计算长期刚度 B。

$\rho'=0$，取 $\theta=2.0$

$$B=\frac{B_s}{\theta}=\frac{31\ 721.41\times10^9}{2}=15\ 860.71\times10^9(\text{N}\cdot\text{mm}^2)$$

(6) 计算跨中挠度。

$$f=\frac{5}{48}\frac{M_ql_0^2}{B}=\frac{5\times102.2\times10^6\times6300^2}{48\times15\ 860.71\times10^9}=26.6(\text{mm})$$

查本书附表 16 可知梁的允许挠度限值为

$$l_0/200=6300/200=31.5(\text{mm})$$

则

$$f=26.6\text{mm}<f_{lim}=31.5\text{mm}$$

满足要求。

9.3　耐久性设计

混凝土结构在自然环境和人为环境的长期作用下，发生着极其复杂的物理化学反应，除应保证建成后的承载力和适用性外，还应能保证在其预定的使用年限内，不出现无法接受的承载力减小、使用功能降低和不能接受的外观破损等的耐久性要求，以免影响结构的使用寿命。

9.3.1　耐久性及其影响因素

混凝土结构的耐久性是指结构在规定的工作环境中，在预定的设计使用年限内，在正常维护条件下不需要进行大修就能完成预定功能要求的能力。规定的工作环境是指建筑物所在地区的环境及工业生产所形成的环境等；设计使用年限是设计规定的一个时期，在这一时期内，只需正常维修(不需大修)就能完成预定功能，即房屋建筑在正常设计、正常施工、正常使用和维护所应达到的使用年限。

影响混凝土结构耐久性的因素很多，如裂缝、混凝土碳化和腐蚀环境(如除冰盐、海洋环境)等导致钢筋锈蚀、冻融循环和碱集料反应等引起混凝土强度降低、构件表面机械损伤和风化等造成构件截面减小等。在各种因素的长期复合作用下,使得材料强度、结构承载力和刚度降低,结构表面观感受到影响,并首先影响到结构的正常使用,如漏水、挠度变形和开裂增大,并最终可能导致结构的破坏和垮塌。各种影响混凝土结构耐久性的因素有时又相互影响,造成的结果又会使这些不利影响加重。

上述影响混凝土结构耐久性的因素可分为内部和外部两方面。内部因素有混凝土的强度、密实性和渗透性、保护层厚度、水泥品种、强度和用量、氯离子及碱含量、水灰比及外加剂等;外部因素主要有环境温度、湿度、CO_2 含量、侵蚀性介质、冻融及磨损等。混凝土结构在内部因素与外部因素的综合作用下,将会发生耐久性能下降或耐久性能失效。现将影响耐久性的几个主要因素分析如下。

(1) **混凝土的碳化**。混凝土的碳化是指大气中的二氧化碳与混凝土中的碱性物质发生化学反应,使其碱性下降的过程。混凝土碳化的实质是混凝土的中性化。混凝土碳化本身对结构是无害的,但当碳化到钢筋表面时,使钢筋的保护膜受到破坏,造成钢筋发生锈蚀的必要条件。同时,混凝土碳化还会加剧混凝土的收缩,可导致混凝土开裂。因此,混凝土碳化是影响混凝土结构耐久性的重要因素之一。

减小混凝土碳化的措施主要有:合理设计混凝土的配合比,尽量提高混凝土的密实性和抗渗性,合理选用掺合料,满足钢筋的最小保护层厚度,采用覆盖层隔离混凝土表面与大气环境的接触等。

(2) **钢筋锈蚀**。钢筋锈蚀的产物体积大幅增加会引起锈胀,影响混凝土保护层,严重的会产生纵向裂缝。同时锈蚀后钢筋的有效面积减小,截面强度和延性降低,破坏钢筋与混凝土的黏结,使结构的承载力下降,甚至导致结构破坏。钢筋锈蚀是影响钢筋混凝土结构耐久性的重要因素。

防止钢筋锈蚀的主要措施有:加强混凝土的养护,降低水灰比,提高混凝土的密实性,混凝土中的掺和料要符合标准,严格控制含氯量;合理采用覆盖层,防止 CO_2、O_2、氯离子的渗入;保证足够的混凝土保护层的厚度,采用涂面层、钢筋阻锈剂等。

(3) **混凝土的冻融破坏**。混凝土水化结硬后,内部有很多毛细孔。浇筑混凝土时,为得到必要的和易性,往往添加的水量比水泥水化需要的水量要多些,多余的水分滞留在混凝土毛细孔中,当毛细孔中的水分遇到低温时就会结冰,结冰产生的体积膨胀会引起混凝土内部结构的破坏。反复冻融多次,混凝土的损伤累积到一定的程度就会引起结构破坏。

防止混凝土冻融破坏的主要措施有降低水灰比、减少混凝土中的多余水分及提高混凝土的抗冻性能等。

(4) **混凝土的碱集料反应**。混凝土集料中的某些活性矿物与混凝土微孔中的碱性溶液产生的化学反应称为碱集料反应。碱集料反应产生的碱-硅酸盐凝胶,吸水后体积膨胀可增大 3～4 倍,从而导致混凝土开裂、剥落、钢筋外露锈蚀、强度降低,直至结构构件失效。

防止碱集料反应的主要措施有:采用低碱水泥,或掺用粉煤灰等掺和料来降低混凝土中的碱性,对含活性成分的骨料加以控制等。

(5) **侵蚀性介质的腐蚀**。在一些特殊环境条件下,环境中的侵蚀性介质对混凝土结构的耐久性影响很大,如在石化、化学、冶金及港湾工程中,混凝土会受到硫酸盐、酸、盐类结晶、海水等侵蚀性化学介质的作用。有些化学介质侵入造成混凝土中的一些成分被溶解、流失，从而引起混凝土裂缝、孔隙，甚至松散破碎；有些化学介质侵入，与混凝土中的一些成分产生化学反应，生成的物质体积膨胀，引起混凝土结构的开裂和损伤破坏。

防止侵蚀性介质的腐蚀，应根据实际情况采取相应的技术措施，如从生产流程上防止有害物质的散溢，采用耐酸或耐碱混凝土等。

9.3.2　耐久性设计内容

混凝土结构耐久性问题涉及面广、影响因素多，进行房屋混凝土结构的耐久性设计应主要考虑这几方面的内容：确定结构的环境类别并针对不同环境，采取不同的措施；提出材料的耐久性质量要求；确定构件中钢筋的混凝土保护层厚度；提出保证耐久性的构造措施和施工技术措施；提出结构使用阶段的检测与维护要求等。

1. 混凝土结构的工作环境分类

混凝土结构的耐久性与结构所处的使用环境有密切关系。同一结构在强腐蚀环境中的使用寿命要比一般大气环境中的使用寿命短，对混凝土结构使用环境进行分类，可以在设计时针对不同的环境类别和耐久性作用等级采取相应的措施，以达到设计使用年限的要求。混凝土结构的耐久性应根据环境类别和设计使用年限进行设计，环境类别分为五类，具体的划分见本书附表 11。

2. 结构混凝土材料的耐久性质量要求

从建筑材料的角度控制混凝土质量是保证结构耐久性的有效措施。合理设计混凝土的配合比，严格控制集料中的含盐量、含碱量，保证混凝土必要的强度，提高混凝土的密实性和抗渗性是保证混凝土耐久性的重要措施。对处于一、二、三类环境中，设计使用年限为 50 年的结构混凝土材料耐久性的基本要求，如最大水胶比、最低强度等级、最大氯离子含量和最大碱含量等，均作了明确规定，结构混凝土材料的耐久性基本要求见本书附表 15。

对在一类环境中设计使用年限为 100 年的混凝土结构，钢筋混凝土结构的混凝土最低强度等级为 C30，预应力混凝土结构的混凝土最低强度等级为 C40；混凝土中的最大氯离子含量为 0.05%；宜使用非碱活性骨料，当使用碱活性骨料时，混凝土中的最大碱含量为 $3.0\mathrm{kg/m^3}$。

3. 钢筋的混凝土保护层厚度

混凝土保护层对减少混凝土碳化，防止钢筋锈蚀，提高混凝土结构的耐久性有重要作用，各国规范都有关于混凝土最小保护层厚度的规定。我国提出构件中受力钢筋的保护层厚度不应小于钢筋直径；对设计使用年限为 50 年的混凝土结构，最外层钢筋（包括箍筋和构造钢筋）的保护层厚度应符合本书附表 12 的规定；对设计使用年限为 100 年的混凝土结构，保护层厚度不应小于本书附表 12 中数值的 1.4 倍。当有充分依据并采取有效措施时，可适当减少混凝土保护层的厚度，这些措施包括：构件表面有可靠的保护层；采用工厂化生产预制构件，并能保证预制构件混凝土的质量；在混凝土中掺加阻锈剂或采用阴极保护处理等防锈措施;另外,当对地下室墙体采取可靠的建筑防水做法时,与土壤接触侧钢筋的保护层厚度可适当减少,但不应小于 25mm。

4. 满足耐久性要求相应的技术措施

对处在不利环境条件下的结构,以及在二类和三类环境中设计使用年限为 100 年的混凝土结构,应采取专门的有效防护措施。这些措施包括如下几点。

(1) 预应力混凝土结构中的预应力筋应根据工程的具体情况采取表面防护、管道灌浆、加大混凝土保护层厚度等措施;预应力筋外露锚固端应采取封锚和混凝土表面处理等有效措施;必要时,可采用可更换的预应力体系。

(2) 有抗渗要求的混凝土结构,混凝土的抗渗等级应符合有关标准的要求。

(3) 严寒及寒冷地区的潮湿环境中,结构混凝土应满足抗冻要求,混凝土抗冻等级应符合有关标准的要求。

(4) 处于三类环境中的混凝土结构,受力钢筋可采用环氧树脂涂层钢筋、镀锌预应力筋或采取阴极保护处理等防锈措施。

(5) 处于二、三类环境中的悬臂构件宜采用悬臂梁-板的结构形式,或在其上表面增设防护层。

(6) 处于二、三类环境中的结构,其表面的预埋件、吊钩、连接件等金属部件应与混凝土中的钢筋隔离,并采取可靠的防锈措施。

5. 混凝土结构在设计使用年限内的维护与检测

要保证混凝土结构的耐久性,还需要在设计使用年限内对结构进行正常的检查维修,不得随意改变建筑物所处的环境类别,这些检查维护的措施包括如下几点。

(1) 结构应按设计规定的环境类别使用,并定期进行检查维护。

(2) 设计中的可更换混凝土构件应按规定定期更换。

(3) 构件表面的防护层应按规定进行维护或更换。

(4) 结构出现可见的耐久性缺陷时,应及时进行检测处理。

我国《规范》主要对处于一、二、三级环境中的混凝土结构的耐久性要求作了明确规定;对处于四、五类环境中的混凝土结构,其耐久性要求应符合有关标准的规定。

对设计使用年限为 25 年的混凝土结构,可按相应环境及用途将耐久性作用等级降低一级进行设计。

对临时性(设计使用年限为 5 年)的混凝土结构,可不考虑混凝土的耐久性要求。

小　　结

(1) 钢筋混凝土构件的裂缝、变形和耐久性问题,属于结构的正常使用状态,对其进行验算的目的是保证其适用性和耐久性。

(2) 工程中常见的裂缝有荷载裂缝和非荷载裂缝,本章的裂缝宽度验算只限于荷载引起的正截面裂缝验算。

(3) 钢筋混凝土受弯构件的裂缝宽度是按荷载效应的准永久组合并考虑长期作用影响进行验算。

(4) 钢筋混凝土受弯构件的挠度是按荷载效应的准永久组合计算短期刚度 B_s，并考虑对长期荷载的影响计算长期刚度 B 进行验算。

(5) 结构的耐久性设计主要是针对结构所处的环境类别，提出了保证耐久性的混凝土材料质量要求、钢筋的混凝土保护层厚度要求，并提出了保证耐久性的技术措施和结构使用阶段的检测与维护要求等。

思　考　题

9.1　正常使用极限状态的验算内容有哪些？验算目的是什么？

9.2　引起混凝土构件裂缝的原因有哪些？

9.3　设计结构构件时，为什么要控制裂缝宽度和变形？受弯构件的裂缝宽度和变形计算应以哪一受力阶段为依据？

9.4　简述裂缝的出现、分布和开展的过程。影响裂缝间距的因素有哪些？

9.5　说明钢筋应变不均匀系数 ψ 的物理意义。为什么裂缝间距和宽度的计算中要用 ρ_{te} 而不用 ρ？

9.6　最大裂缝宽度公式是怎样建立起来的？为什么不用裂缝宽度的平均值而用最大值作为评价指标？

9.7　何谓构件的截面抗弯刚度？怎样建立受弯构件的刚度公式？

9.8　何谓最小刚度原则？试分析应用该原则的合理性。

9.9　影响受弯构件长期挠度变形的因素有哪些？如何计算长期挠度？

9.10　减少受弯构件挠度和裂缝宽度的有效措施有哪些？

9.11　什么是混凝土结构的耐久性？结构的环境等级如何分类？耐久性对混凝土有哪些要求？

习　　题

一、选择题

9.1　普通的钢筋混凝土结构进行正常使用极限状态验算时，下述关于荷载、材料强度以及荷载组合原则的描述中正确的是(　　)。

A. 荷载和材料强度均采用设计值，荷载组合采用标准组合

B. 荷载和材料强度均采用标准值，荷载组合采用标准组合

C. 荷载和材料强度均采用设计值，荷载组合采用准永久组合

D. 荷载和材料强度均采用标准值，荷载组合采用准永久组合

9.2　关于裂缝分布疏密与裂缝宽度大小的描述中错误的是(　　)。

A. 黏结强度高则黏结应力传递长度 l 短，裂缝间距就会密一些，裂缝宽度小一些

B. 纵筋配筋率越低,滑移量越大,l 变长,裂缝间距就会疏一些,裂缝宽度大一些

C. 钢筋面积相同时配置细直径钢筋,则钢筋的总表面积小,因而 l 长,裂缝就分布疏一些

D. 钢筋面积相同时配置粗直径钢筋,则钢筋的总表面积小,因而 l 长,裂缝就分布疏一些

9.3 其他条件相同时,钢筋的保护层厚度与平均裂缝间距、裂缝宽度(指构件表面处)的关系是(　　)。

A. 保护层越厚,平均裂缝间距越大,裂缝宽度也越大

B. 保护层越厚,平均裂缝间距越小,但裂缝宽度越大

C. 保护层厚度对平均裂缝间距没有影响,但保护层越厚,裂缝宽度越大

D. 保护层厚度对平均裂缝间距没有影响,但保护层越厚,裂缝宽度越小

9.4 在钢筋混凝土构件中,钢筋表面处的裂缝宽度比构件表面处的裂缝宽度(　　)。

A. 小得多　　B. 大得多　　C. 稍小些　　D. 稍大些

9.5 裂缝间纵向受拉钢筋应变不均匀系数 ψ 越大(接近 1.0),表明(　　)。

A. 混凝土参加工作程度越高,受拉纵向钢筋应变变化幅度越大

B. 混凝土参加工作程度越高,受拉纵向钢筋应变变化幅度越小

C. 混凝土参加工作程度越低,受拉纵向钢筋应变变化幅度越小

D. 混凝土参加工作程度越低,受拉纵向钢筋应变变化幅度越大

9.6 下列关于裂缝宽度验算的描述中,错误的是(　　)。

A. 裂缝宽度计算公式的适用范围 $20\text{mm} \leqslant c_s \leqslant 65\text{mm}$

B. $\rho_{te} < 0.01$ 时,取 $\rho_{te} = 0.01$,以限制计算最大裂缝宽度公式的应用范围

C. 直接承受吊车荷载但不需作疲劳验算的受弯构件,因吊车荷载满载的可能性较小,所以可将计算求得的最大裂缝宽度应乘以 0.85

D. 对于 $e_0/h_0 < 0.55$ 的偏压构件,一般不会受拉开裂,因此可不予验算

9.7 下面对钢筋混凝土梁截面抗弯刚度变化规律的叙述正确的一项是(　　)。

A. 截面抗弯刚度沿构件纵向是不变的,但它随时间的增长而减小

B. 截面抗弯刚度沿构件纵向是变化的,而且还随时间的增长而增大

C. 截面抗弯刚度随荷载的增大而减小,但它随时间的增长而增大

D. 截面抗弯刚度随荷载的增大而减小,而且还随时间的增长而减小

9.8 在计算钢筋混凝土受弯构件的挠度时,截面抗弯刚度是取(　　)。

A. 最大刚度　　B. 最小刚度　　C. 平均刚度　　D. 1.5 倍的平均刚度

9.9 提高受弯构件抗弯刚度(减小挠度)最有效的措施是(　　)。

A. 提高混凝土强度等级　　B. 增加受拉钢筋的截面面积

C. 加大截面的有效高度　　D. 加大截面宽度

9.10 以下对混凝土耐久性的影响不明显的因素是(　　)。

A. 截面形状与尺寸　　B. 保护层厚度

C. 环境温湿度　　D. 水灰比

二、判断题(正确的画"√",错误的画"×")

9.11　正常使用极限状态的验算主要是为了满足结构的适用性和安全性。　(　　)

9.12　两条裂缝之间的纵向受力钢筋应力和应变值是变化的,裂缝截面处最小。(　　)

9.13　正常配筋率的梁在正常使用阶段,可以认为其裂缝间距已基本稳定。(　　)

9.14　钢筋混凝土梁的裂缝宽度是指梁底面处的裂缝宽度。　(　　)

9.15　考虑长期荷载作用的影响,最大裂缝宽度比平均裂缝宽度扩大了 1.5 倍。(　　)

9.16　裂缝宽度验算不满足要求时,能采取的最有效的措施是减小钢筋直径。(　　)

9.17　匀质弹性梁的截面弯曲刚度 EI 是一个常数,既与弯矩无关,也不受时间影响。(　　)

9.18　影响徐变、收缩的因素都会影响钢筋混凝土梁的截面弯曲刚度。　(　　)

9.19　双筋截面时考虑荷载长期作用对挠度增大的影响系数 θ 的取值,要小于单筋截面时的取值。(　　)

9.20　采用"最小刚度原则"计算的挠度和构件的实测挠度之间的误差较为明显。(　　)

三、计算题

9.21　已知某屋架下弦按轴心受拉构件设计,截面尺寸 $(b \times h)=200\text{mm}\times 160\text{mm}$,配置 4⌀16HRB400 级钢筋,轴向拉力准永久组合值为 150kN,混凝土强度等级为 C40,环境等级为二 a 类,裂缝控制等级为三级。最大裂缝宽度的限值为 $w_{\lim}=0.2\text{mm}$,试验算其是否满足正常使用要求。

9.22　已知某矩形水池,壁厚为 $h=300\text{mm}$,经内力分析,求得跨中水平方向每米宽度上最大弯矩设计值 $M=123\text{kN}\cdot\text{m}$(最大弯矩准永久组合值为 $89.89\text{kN}\cdot\text{m}$),相应的每米宽度上的轴向拉力设计值 $N=245\text{kN}$(轴向拉力准永久组合值为 179.78kN),该水池的混凝土强度等级为 C30,采用 HRB400 级钢筋,环境等级为二 b 类。求:①水池在该处所需的 A_s 及 A_s' 值。②裂缝控制等级为三级,最大裂缝宽度的限值为 $w_{\lim}=0.2\text{mm}$。试验算是否满足正常使用要求。

9.23　已知某钢筋混凝土楼面简支梁,计算跨度 $l_0=5.2\text{m}$,梁的截面尺寸 $b\times h=200\text{mm}\times 450\text{mm}$,承受均布荷载,其中永久荷载(包括梁自重)标准值 $g_k=5\text{kN/m}$,可变荷载标准值 $q_k=10\text{kN/m}$,准永久系数 $\psi_q=0.5$,混凝土强度等级为 C30,HRB400 级钢筋,已配置 3⌀16 的纵向受拉钢筋,环境等级为一类。最大裂缝宽度限值 $w_{\lim}=0.3\text{mm}$,试验算梁的最大裂缝宽度是否满足要求?若挠度限值为 $f_{\lim}=l_0/250$,试验算梁的挠度是否满足要求。

9.24　某钢筋混凝土楼面简支梁,计算跨度 $l_0=6.3\text{m}$,梁的截面尺寸 $b\times h=250\text{mm}\times 650\text{mm}$,承受均布荷载,其中永久荷载(包括梁自重)标准值 $g_k=18.5\text{kN/m}$,可变荷载标准值 $q_k=14.2\text{kN/m}$,准永久系数 $\psi_q=0.5$,混凝土强度等级为 C30,HRB400 级钢筋,已配置 2⌀22+2⌀20 的纵向受拉钢筋,环境等级为一类。试验算梁的最大裂缝宽度和挠度是否满足要求。

第 10 章　预应力混凝土构件的计算

本章提要

(1) 预应力混凝土的概念、特点、分类及施工方法。

(2) 张拉控制应力及预应力损失。

(3) 预应力轴心受拉构件的应力分析及设计计算方法。

(4) 预应力受弯构件的应力分析及设计计算方法。

(5) 预应力混凝土构件的一般构造要求。

10.1　预应力混凝土基本知识

10.1.1　预应力混凝土的概念和特点

1. 预应力混凝土的概念

在普通钢筋混凝土结构或构件中，由于混凝土的抗拉强度及极限拉应变值都很低(其极限拉应变值为 $1.0\times10^{-4}\sim1.5\times10^{-4}$)，对使用上不允许开裂的构件，受拉钢筋的应力只能用到 20～30N/mm^2，不能充分利用其强度。对于允许开裂的构件，当裂缝宽度为 0.2～0.3mm 时，受拉的钢筋应力也只能用到 150～250N/mm^2。若采用高强度钢筋，在使用阶段其应力可达到 500～1000N/mm^2，即在结构中钢筋的强度得到了充分利用，但其裂缝宽度已经很大，以致无法满足正常使用时裂缝和变形控制的要求。另外，在普通钢筋混凝土结构中，提高混凝土强度等级对增加其极限拉应变的作用是极其有限的，即采用高强度混凝土也是不合理的。因此，在普通钢筋混凝土结构中采用高强度钢筋是不能充分发挥其作用的，这就使普通钢筋混凝土结构用于大跨度或承受动力荷载的结构成为不可能或很不经济。采用预应力混凝土是改善构件抗裂性能、解决这一问题的有效途径。

工程实践中，为了避免普通钢筋混凝土结构过早地出现裂缝，可以设法在结构构件承受外荷载作用之前，预先对由外荷载引起的混凝土受拉区施加压力，用预压应力来抵冲未来外荷载在该截面区域所引起的混凝土全部或部分拉应力。这样，在外荷载施加之后，裂缝就可延缓或不致产生，即使产生了，裂缝宽度也不会开展过宽，可以满足使用要求。这种在构件受荷载以前预先对混凝土受拉区施加压应力的结构称为**预应力混凝土结构**。

图 10.1 所示为预应力钢筋混凝土简支梁，在外荷载作用之前，预先在梁的受拉区施加一对大小相等、方向相反的偏心预压应力 N_p，使梁截面下边缘混凝土产生预压应力 σ_c，上边缘产生预拉应力 σ_{ct}，使梁产生反拱，如图 10.1(a)所示。正常情况下在外荷载 q(包括梁自重)作用下，梁截面的下边缘将产生拉应力 σ_{ct}，上边缘将产生压应力 σ_c，如图 10.2(b)所示。将外荷载 q 施加在图 10.1(a)所示的预应力梁上，梁截面上的最后应力应

是上述两种情况下截面应力的叠加，其截面下边缘的拉应力将减至 $\sigma_{ct}-\sigma_c$，梁上边缘应力一般为压应力，也可能为拉应力，如图 10.1(c)所示。

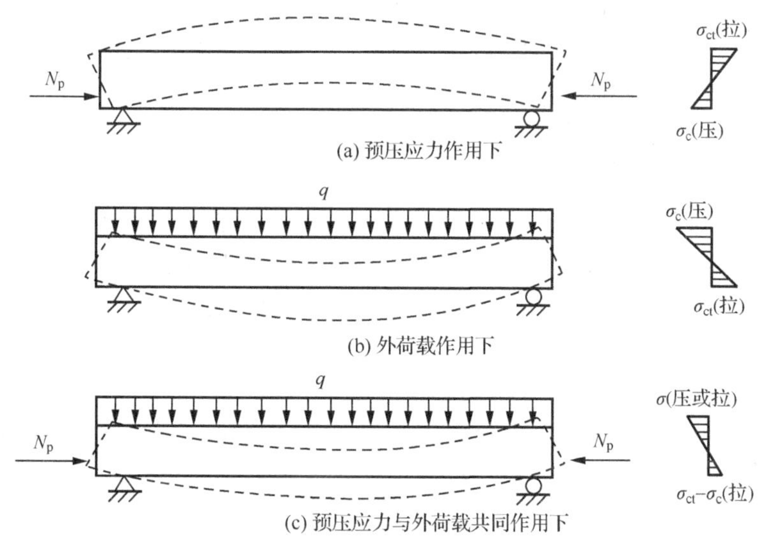

图 10.1　预应力钢筋混凝土简支梁

由于预压应力 N_p 的大小可控制，这样就可通过对预压应力 N_p 的控制来达到抗裂控制等级的要求。对抗裂控制等级为**一级**的构件(严格要求不出现受力裂缝的构件)，可使预压应力 N_p 作用下截面下边缘(使用荷载作用下的受拉侧)的压应力 σ_c 大于使用荷载产生的拉应力 σ_{ct}，截面受拉边缘混凝土就不会出现拉应力；对于允许出现裂缝的构件，同样可以通过施加预应力来延缓混凝土的开裂，提高构件的抗裂度和刚度，节约材料，减轻结构的自重，从根本上克服了普通钢筋混凝土抗裂性差的主要缺点。

预应力混凝土实际上就是预先储存了一定压应力的混凝土。对混凝土施加压力的高强度钢筋(称预应力钢筋)既是施加预应力的钢筋，同时也是构件的受力钢筋。由于混凝土的徐变、收缩和其他一些原因会产生较大的预应力损失，预应力混凝土构件应采用高强度钢筋，同时应采用高强度混凝土。

2. 预应力混凝土的特点

与普通混凝土相比，预应力混凝土具有如下特点。

(1) **提高了构件的抗裂能力**。由于承受外荷载之前预应力混凝土构件的受拉区已有预压应力存在，在外荷载作用下，只有当混凝土的预压应力被全部抵消转而受拉且拉应变超过混凝土的极限拉应变时，构件才会开裂。

(2) **构件刚度增大，变形减小**。预应力混凝土构件在正常使用时，在荷载效应的标准组合或准永久组合下可能不开裂或只有很小的裂缝，混凝土基本上处于弹性阶段，因而构件的刚度比普通混凝土构件要大一些，结构或构件的变形量相应减小。

(3) **自重小，节约材料**。预应力混凝土能充分发挥高强度钢筋和高强度混凝土的能力，减少了钢筋用量和构件截面尺寸，同时减轻构件的自重、节约材料、降低造价。

(4) **扩大了混凝土结构的应用范围**。由于预应力混凝土改善了混凝土的抗裂性能,因而可用于有防水、抗渗及抗腐蚀要求的环境。如水池、储油池、核反应堆、压力管道、混凝土船体结构,受到侵蚀性介质作用的工业厂房,以及水利、海洋工程结构等。预应力能有效提高结构或构件的刚度,减少自重和变形,并能充分发挥高强材料的作用,因此在大跨结构、承受重荷载或反复荷载作用的结构或构件中使用非常合适。

10.1.2 施加预应力的方法

对混凝土施加预应力的方法,一般通过张拉预应力钢筋,利用钢筋被拉伸后产生的弹性回缩来挤压混凝土,使混凝土受到预压。根据张拉钢筋与浇筑混凝土的先后次序,可分为**先张法**与**后张法**两大类。

1. 先张法

先张法是指首先在台座上或者钢模内张拉钢筋,并加以临时锚固,然后浇筑混凝土的一种施工方法。台座张拉设备如图 10.2 所示。

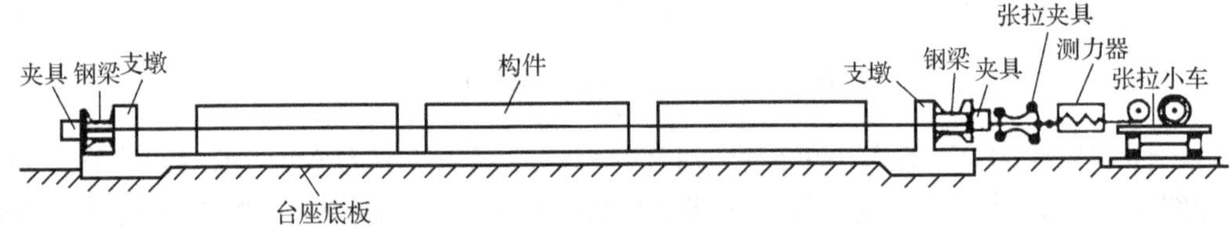

图 10.2 台座张拉设备

先张法主要施工工序(图 10.3)如下。

(1) 在固定台座(或钢模)上穿置预应力筋,使钢筋就位,如图 10.3(a)所示。

(2) 用张拉机械将预应力钢筋张拉至规定控制应力或伸长值后,将预应力钢筋用夹具固定在台座或钢模上,再卸去张拉机具,如图 10.3(b)、(c)所示。

(3) 支模、绑扎非预应力钢筋,浇筑并养护混凝土,如图 10.3(c)所示。

(4) 待混凝土达到规定强度后(约为设计强度的75%以上),切断或放松预应力钢筋,预应力钢筋回缩使混凝土受到挤压,产生预压应力,如图 10.3(d)所示。

在先张法预应力混凝土构件中,预应力是通过钢筋与混凝土之间的黏结力来传递的。其预压应力的建立是通过端部一定长度(**传递长度** l_{tr})挤压混凝土来实现的,这种方式称为**自锚**。在建立预压应力时,切断并放松预应力筋的过程称为**放张**。此方法适用于在预制厂大批制作中、小型构件,如预应力混凝土楼板、屋面板、梁等。

2. 后张法

后张法是指先浇筑混凝土构件,待混凝土达到规定强度后直接在构件上张拉预应力钢筋的一种施工方法。

后张法主要施工工序(图 10.4)如下。

(1) 先浇筑混凝土构件,并在构件中预留穿预应力钢筋的孔道和灌浆孔,如图 10.4(a)所示。

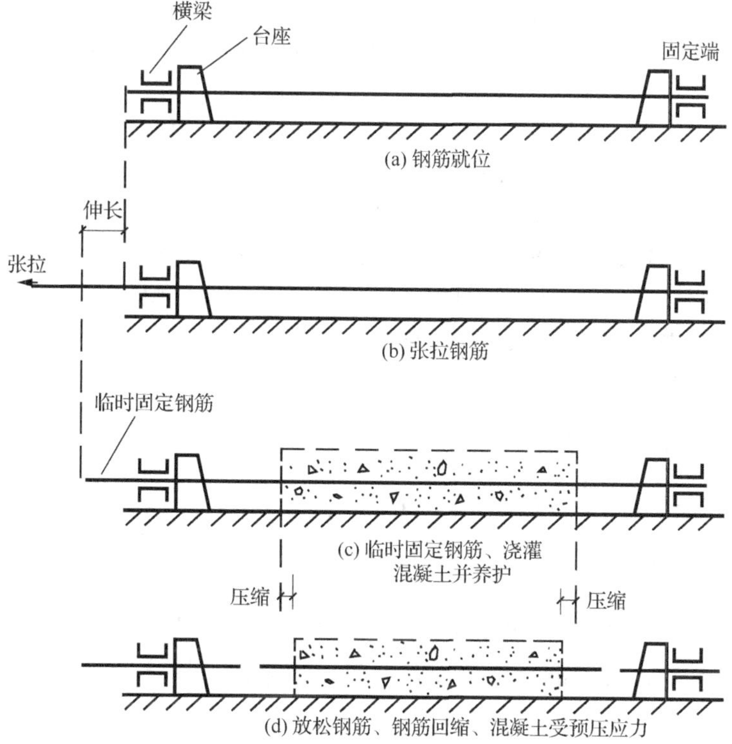

图 10.3　先张法主要工序

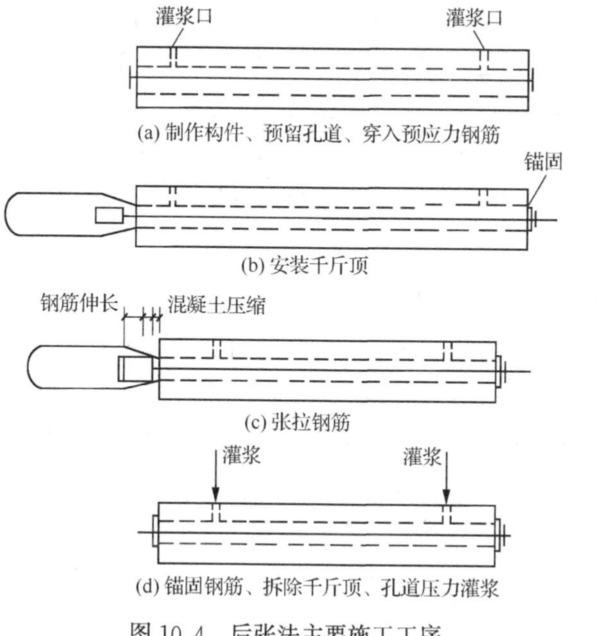

图 10.4　后张法主要施工工序

(2) 待混凝土达到规定的强度后,将预应力钢筋穿入预留孔道,安装固定端锚具,利用构件自身作为加力台座,用千斤顶张拉预应力钢筋,在张拉预应力筋的同时使混凝土受到预压,如图 10.4(b)所示。

(3) 当预应力钢筋张拉到设计规定应力后,用锚具将张拉端预应力钢筋锚固(锚具留在构件上,不再取下),使混凝土受到预压应力,如图 10.4(c)所示。

(4) 最后用压力泵将高强水泥浆灌入预留孔道,使预应力钢筋与混凝土形成整体,即形成有黏结的预应力构件,如图 10.4(d)所示,也可以不灌浆,形成无黏结预应力构件。

后张法构件是依靠其两端的锚具锚住预应力钢筋并传递预应力的,锚具就成为构件的一部分,是永久性的,不能重复使用。此方法适用于在施工现场制作大型构件,如预应力屋架、吊车梁、大跨度桥梁等。

10.1.3　预应力混凝土的分类

根据制作、设计和施工特点,预应力混凝土有不同的分类。

1. 先张法和后张法

如前所述,先张法是先张拉钢筋后浇筑混凝土,而后张法是先浇筑混凝土、后张拉钢筋,两种不同方法制作出的混凝土构件在预应力损失、使用阶段的受力特点等方面各有不同。

2. 全预应力和部分预应力

设计预应力混凝土构件时,通过控制预加力的大小程度,可以制作出全预应力或部分预应力的混凝土。**全预应力**是在使用荷载作用下,构件截面混凝土不出现拉应力,即为全截面受压。**部分预应力**是在使用荷载作用下,构件截面混凝土允许出现拉应力或开裂,即只有部分截面受压。部分预应力又分为 A、B 两类,A 类是指在使用荷载作用下,构件预压区混凝土正截面的拉应力不超过规定的容许值;B 类是指在使用荷载作用下,构件预压区混凝土正截面的拉应力允许超过规定的限值,但当出现裂缝时,其宽度不超过容许值。

3. 有黏结预应力与无黏结预应力

有黏结预应力是指沿预应力筋全长其周围均与混凝土黏结、握裹在一起的预应力混凝土结构。先张法预应力结构及预留孔道穿筋压浆的后张法预应力结构均属此类。

无黏结预应力是指预应力筋可自由滑动、伸缩,不与周围混凝土黏结在一起的预应力混凝土结构。这种结构的预应力筋表面涂有润滑剂和防锈材料,外套防老化的塑料管,防止与混凝土黏结。无黏结预应力混凝土结构通常与后张法预应力工艺相结合。

无黏结预应力混凝土构件施工时跟普通混凝土一样,将钢筋放入设计位置可以直接浇混凝土,不必预留孔洞、穿筋、灌浆,简化了施工程序。由于无黏结预应力混凝土有效预压应力增大,降低造价,适用于大跨度的曲线配筋梁体。

10.1.4　预应力混凝土材料

1. 钢筋

预应力构件中用作建立预压应力的钢筋(钢丝)称为**预应力钢筋**,不施加预应力的钢筋为**非预应力钢筋**,非预应力钢筋的选用与钢筋混凝土结构中的普通钢筋相同。预应力钢筋宜选用预应力钢丝、钢绞线和预应力螺纹钢筋。选用预应力钢筋的原则是强度高、塑性好,具有良好的加工性能,且与混凝土之间有良好的黏结性能。

2. 混凝土

预应力混凝土构件是通过张拉预应力钢筋来预压混凝土,以提高构件的抗裂能力,因此混凝土强度等级越高,能够承受的预压应力也越高。采用较高强度的混凝土可减小构件的截面尺寸和减轻自重,以适应大跨度的要求。对于先张法构件,采用较高强度的混凝土,可提高黏结强度,减少预应力钢筋的应力传递长度。对于后张法构件,可增大端部混凝土的承压能力,便于锚具的布置和减少锚具垫板的尺寸。因此,《规范》规定预应力混凝土结构的混凝土强度等级**不宜低于 C40**,且**不应低于 C30**。

10.1.5　锚具

为了阻止被张拉的钢筋发生回缩,必须将钢筋端部进行锚固。锚固预应力钢筋的工具分为锚具和夹具两类。预应力构件制成后能够取下重复使用的为**夹具**(先张法构件中使用),而留在构件上不再取下的称为**锚具**(后张法构件中使用)。夹具和锚具之所以能夹住或锚住钢筋,主要是依靠摩阻、握裹和承压的锚固作用。

预应力混凝土结构中使用的锚具应具有足够的强度和刚度,性能可靠安全,滑移变形少,构造简单,易加工制作,施工方便,造价低廉。锚具的种类繁多,按其安装位置不同可分为**张拉端锚具**和**固定端锚具**;按其构造形式及锚固原理,可以分为**锥塞式锚具**、**夹片式锚具**、**支承式锚具**、**握裹式锚具**等基本类型。本节介绍几种常用典型锚具的构造及工作原理。

1. 锥塞式锚具

如图 10.5 所示,此锥塞式锚具用于锚固高强度的钢丝束或钢绞线束,通常同时锚固 12 根直径为 5mm、7mm、9mm 的钢丝,或锚固 12 根直径为 13mm、15mm 的钢绞线。锚具由带锥孔的锚环和锥形锚塞两部分组成。锚环在构件混凝土浇筑前预先埋置在构件端部,预应力筋被夹在两者中间,并在端部形成喇叭形。

这种锚具可用于张拉端,也可用于固定端。张拉时采用特制的双作用或三作用弗氏千斤顶。三作用弗氏千斤顶除具有在张拉的同时顶紧锚塞的两个作用外,还设有将夹持钢绞线或钢丝的楔块自动松脱的装置。

2. 夹片式锚具

如图 10.6(a)所示的 QM 型及 XM 型锚具均属于夹片式锚具,可用来锚固钢绞线或

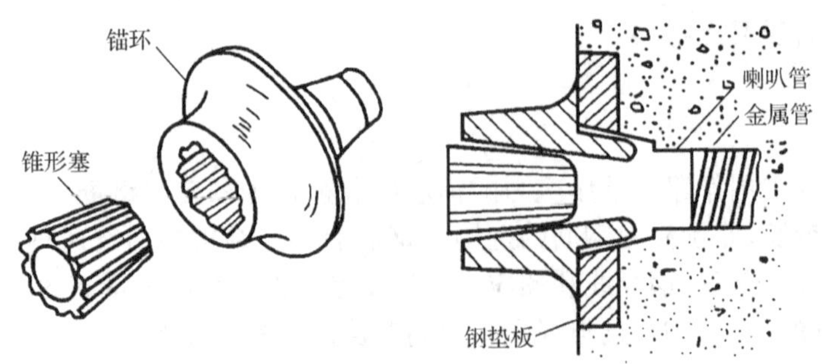

图 10.5　锥塞式锚具

钢丝束。锚具由锚环和夹片组成,分单孔和多孔两类,如图 10.6(b)、(c)所示。根据钢绞线的根数可选用单孔或多孔的锚具。多孔锚具又称群锚,其特点是每根钢绞线均分开锚固,分别由一组三个楔形夹片夹紧,各自独立地放置在锚环的一个锥形孔内,任何一组夹具滑移、破裂或钢绞线拉断,都不会影响同束中其他钢绞线的锚固,故其锚固可靠,互换性好,自锚性能强。群锚多为圆形,为了克服预应力过于集中、锚具两个方向尺寸均较大的缺点,也可采用如图 10.6(d)所示的扁锚。

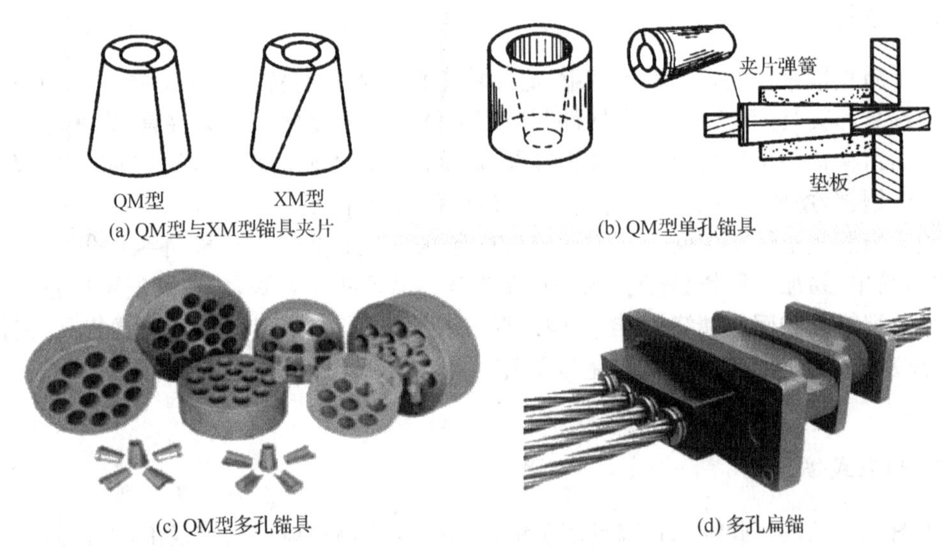

图 10.6　夹片式锚具

3. 支承式锚具

常见的支承式锚具有螺母锚具和镦头锚具。

精轧螺纹筋锚具(图 10.7)属于螺母锚具的一种,其工作原理是将拉力通过钢筋端部螺纹的剪切作用传给螺帽并挤压垫板和混凝土。精轧螺纹钢筋是不带纵肋的直条钢筋,这种钢筋沿全长表面热轧成大螺距的螺纹,任何一处都可截断并用连接器或锚具进行连接或锚固,如图 10.7 所示。

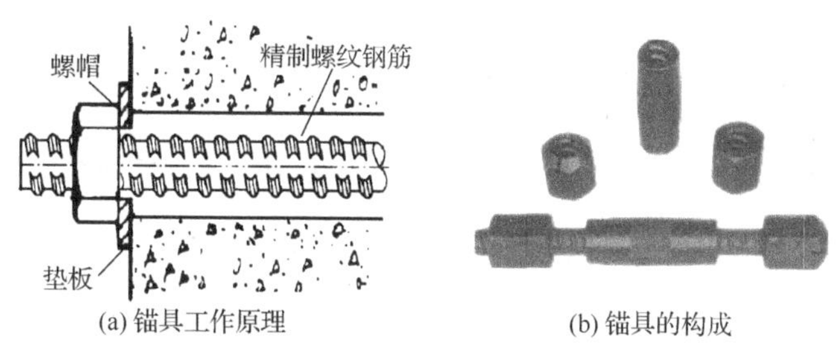

(a) 锚具工作原理　　(b) 锚具的构成

图 10.7　精轧螺纹筋锚具

镦头锚具(图 10.8)用于锚固钢丝束或钢筋束。张拉端采用锚环,如图 10.8(a)所示,固定端采用锚板,如图 10.8(b)所示。先将钢丝或钢筋端头镦粗成球形,穿入锚环孔内,边张拉边拧紧锚环的螺帽。每个锚具可同时锚固几根到 100 多根的 ϕ5mm～ϕ7mm 的高强钢丝,也可用于锚固单根粗钢筋。采用这种锚具时,要求钢丝或钢筋的下料长度精确度较高,否则会使预应力钢筋受力不均匀。

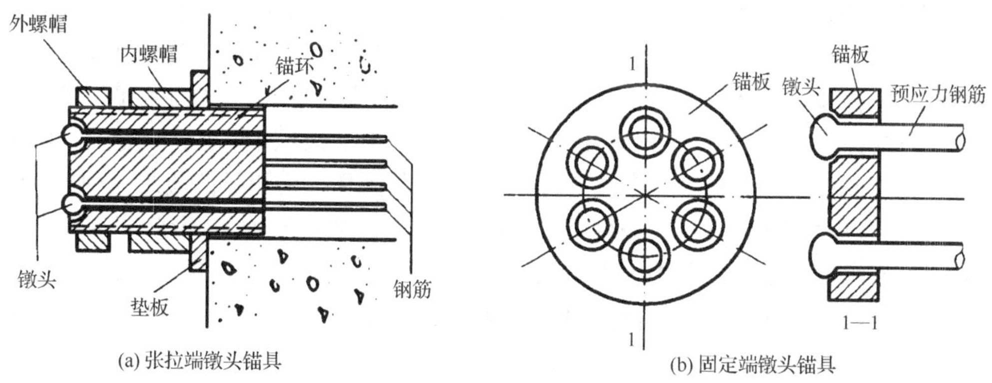

(a) 张拉端镦头锚具　　(b) 固定端镦头锚具

图 10.8　镦头锚具

4. 握裹式锚具

钢绞线束固定端的锚具除了可以采用与张拉端相同的锚具外,还可选用握裹式锚具(图 10.9)。握裹式锚具有挤压锚具和压花锚具两类。

挤压锚具是利用液压压头机将套筒挤紧在钢绞线端头上的一种锚具,如图 10.9(a)所示。套筒内衬有硬钢丝螺旋圈,在挤压后硬钢丝全部脆断,一半嵌入外钢套,一半压入钢绞线,从而增加钢套筒与钢绞线之间的摩阻力。锚具下设有钢垫板与螺旋筋。这种锚具适用于构件端部的设计应力较大或端部尺寸受到限制的情况。

压花锚具是利用液压压花机将钢绞线端头压成梨形散花状的一种锚具,如图 10.9(b)所示。多根钢绞线梨形头应分排埋置在混凝土内。为提高压花锚具四周混凝土及散花头根部混凝土抗裂强度,在散花头的头部配置构造筋,在散花头的根部配置螺旋筋,压花锚具距构件截面边缘不小于 300mm。

(a) 挤压锚具　　(b) 压花锚具

图 10.9　握裹式锚具

10.2　张拉控制应力和预应力损失

10.2.1　张拉控制应力

张拉控制应力是指张拉预应力钢筋时,张拉设备的测力仪表所显示的总张拉力除以预应力钢筋截面面积所得的应力值,以 $\boldsymbol{\sigma}_{con}$ 表示。它是预应力钢筋在构件受荷以前所经受的最大应力,其取值应适当。张拉控制应力 σ_{con} 取值越高,预应力钢筋对混凝土的预压作用越大,构件使用时的抗裂度也越高。但 σ_{con} 取值过高,则会产生以下问题:①在施工阶段会使构件的某些部位受到拉力甚至开裂,还可能使后张法构件端部混凝土产生局部受压破坏;②使构件开裂荷载与破坏荷载很接近,构件破坏前无明显的预兆,呈脆性破坏;③为了减少预应力损失,往往要进行超张拉,由于钢材材质的不均匀,钢筋的强度有一定的离散性,有可能在超张拉过程中使个别钢筋被拉断。另外,σ_{con} 过高,还会增大预应力钢筋的松弛损失,因此对预应力钢筋的张拉控制应力 σ_{con} 应有所限制。同时,为了保证构件中建立必要的有效预应力,σ_{con} 也不能太小。

预应力筋的张拉控制应力值 σ_{con} 应符合下列规定:

消除应力钢丝、钢绞线

$$\sigma_{con} \leqslant 0.75 f_{ptk} \tag{10.1}$$

中强度预应力钢丝

$$\sigma_{con} \leqslant 0.70 f_{ptk} \tag{10.2}$$

预应力螺纹钢筋

$$\sigma_{con} \leqslant 0.85 f_{pyk} \tag{10.3}$$

式中:f_{ptk} ——预应力钢筋极限强度标准值;

f_{pyk} ——预应力螺纹钢筋屈服强度标准值。

消除应力钢丝、钢绞线、中强度预应力钢丝的张拉控制应力值不应小于 $\boldsymbol{0.4 f_{ptk}}$;预应力螺纹钢筋的张拉控制应力值不宜小于 $\boldsymbol{0.5 f_{pyk}}$。

当符合下列情况之一时,上述张拉控制应力限值可提高 $0.05 f_{ptk}$ 或 $0.05 f_{pyk}$:

① 要求提高构件在施工阶段的抗裂性能而在使用阶段受压区内设置的预应力筋。

② 要求部分抵消由于应力松弛、摩擦、钢筋分批张拉以及预应力筋与张拉台座之间的温差等因素产生的预应力损失。

10.2.2　预应力损失

由于预应力施工工艺和材料性能等原因，预应力钢筋中的初始预应力，在制作、运输及使用过程中不断降低，这种现象称为预应力损失。预应力损失从张拉钢筋开始，在整个使用期间都存在。下面分项讨论引起预应力损失的原因，损失值的计算以及减少损失的措施。

1. 锚具变形和钢筋内缩引起的预应力损失 σ_{l1}

（1）**预应力损失 σ_{l1} 的计算**。直线预应力钢筋经张拉后，便锚固在台座或构件上，由于锚具受力后的变形、垫板缝隙被挤紧以及钢筋在锚具中的内缩滑移等引起的预应力损失 σ_{l1} 按下式计算：

$$\sigma_{l1}=\frac{a}{l}E_{\mathrm{s}} \tag{10.4}$$

式中：a ——张拉端锚具变形和预应力钢筋内缩值 a（mm），按表 10.1 采用；

l ——张拉端至锚固端之间的距离（mm）。

表 10.1　锚具变形和预应力钢筋内缩值 a

锚具类别		a/mm
支承式锚具（钢丝束镦头锚具等）	螺帽缝隙	1
	每块后加垫板的缝隙	1
夹片式锚具	有顶压时	5
	无顶压时	6～8

注：1. 表中的锚具变形和钢筋内缩值也可根据实测数据确定；

2. 其他类型的锚具变形和钢筋内缩值应根据实测数据确定。

锚具变形引起的损失只考虑张拉端。因为锚固端锚具变形已在张拉钢筋的过程中完成，不会因卸掉千斤顶后再次变形而引起损失。

对块体拼成的结构，其预应力损失尚计其块体间填缝的预压变形。当采用混凝土或砂浆为填缝材料时，每条填缝的预压变形值可取为 1mm。

（2）**减小预应力损失 σ_{l1} 的措施**。

① **选择锚具变形小或使预应力筋内缩小的锚具、夹具，尽量少用垫板**。因为每增加一块垫板，a 值就增加 1mm。

② **增加台座长度**。在锚具、钢材等相同时，构件长度（或台座）愈长，则预应力损失 σ_{l1} 愈小，两者之间成反比。对于先张法应尽量采用长线台座生产预应力构件，当台座长度为 100m 以上时，σ_{l1} 可以忽略不计。

2. 预应力筋与孔道壁之间的摩擦引起的预应力损失 σ_{l2}

后张法张拉预应力筋是在混凝土构件上进行的。预应力筋放置在预留的孔道内，由于孔道壁表面粗糙不平，孔道中心与预应力筋中心不完全重合造成的局部偏差，以及曲线配筋时预应力筋对孔道壁的径向压力等,都会使预应力筋与孔道壁之间产生摩擦力,从而使预应力筋的应力随距张拉端距离的增大而逐渐减小,这种应力差称为摩擦损失 σ_{l2}。

(1) **预应力损失 σ_{l2} 的计算**。其值可按下式计算:

$$\sigma_{l2}=\sigma_{\text{con}}\left(1-\frac{1}{e^{\kappa x+\mu\theta}}\right) \tag{10.5}$$

式中:κ ——考虑孔道每米长度局部偏差的摩擦系数,按表 10.2 采用;

x ——从张拉端部至计算截面的孔道长度,可近似取该段孔道在纵轴上的投影长度(m),如图 10.10 所示;

θ ——从张拉端至计算截面曲线孔道各部分切线的夹角(rad)之和,如图 10.10 所示;

μ ——预应力筋与孔道壁之间的摩擦系数,按表 10.2 采用。

表 10.2　摩擦系数

孔道成型方式	κ /m^{-1}	μ	
		钢绞线、钢丝束	预应力螺纹钢筋
预埋金属波纹管	0.0015	0.25	0.50
预埋塑料波纹管	0.0015	0.15	—
预埋钢管	0.0010	0.30	—
抽芯成型	0.0014	0.55	0.60
无黏结预应力筋	0.0040	0.09	—

注:表中系数也可根据实测数据确定。

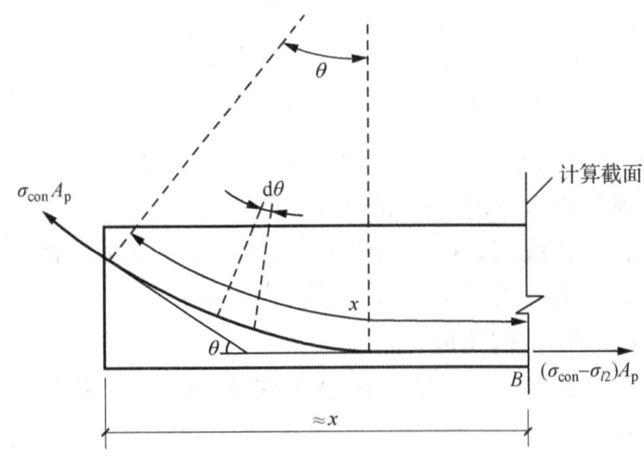

图 10.10　x、θ 计算简图

当 $\kappa x+\mu\theta\leqslant 0.3$ 时,σ_{l2} 可按下式近似计算:

$$\sigma_{l2}=(\kappa x+\mu\theta)\sigma_{\text{con}} \tag{10.6}$$

(2) **减小预应力损失 σ_{l2} 的措施**。

① **两端张拉**。对较长的构件采用两端张拉,可使摩擦损失减小一半。

② **采用超张拉**。张拉程序为:张拉应力由零加至 $1.1\sigma_{\text{con}}$ 持荷 2min,而后将张拉应力

降至 $0.85\sigma_{con}$，再增加到 σ_{con}，预应力损失就会减小，预应力分布也比较均匀。

对先张法预应力构件，当采用折线型预应力筋时，应考虑预应力筋在转折处因垂直压力引起的摩擦损失，即式(10.6)中的 $\mu\theta$ 项。

3. 温差引起的预应力损失 σ_{l3}

先张法构件中受张拉的钢筋与承受拉力的台座支墩之间，因蒸汽养护产生的温差所引起的预应力损失称为 σ_{l3}。

(1) **预应力损失 $\boldsymbol{\sigma_{l3}}$ 的计算**。在先张法构件的生产过程中，为了缩短其生产周期，浇筑混凝土后常采用蒸汽养护的方法来加速混凝土的凝结。升温时，新浇的混凝土尚未结硬，钢筋受热自由膨胀，但两端的台座是固定不动的，亦即距离保持不变，这样，张紧的预应力筋就有点放松，致使预应力筋产生预应力损失 σ_{l3}。降温时，钢筋与混凝土结成整体一起回缩，因两者的温度线膨胀系数相近，此时将产生基本相同的收缩，其应力不再变化，使得预应力损失 σ_{l3} 无法恢复。

若预应力筋与台座之间的温差为 Δt(℃)，钢筋的温度线膨胀系数为 $\alpha=0.000\ 01/℃$，则 σ_{l3} 可按下式计算：

$$\sigma_{l3}=\alpha E_s\Delta t=0.000\ 01\times 2\times 10^5\times\Delta t=2\Delta t \tag{10.7}$$

(2) **减小预应力损失 $\boldsymbol{\sigma_{l3}}$ 的措施**。

① **采用分段升温养护的方法**。先在常温下养护，待混凝土达到一定强度后再升温养护，此时钢筋与混凝土已结成整体，两者能够一起膨胀而不会再产生预应力损失。

② **在钢模上张拉预应力筋**。由于预应力筋是锚固在钢模上的，升温时两者温度相同，则无温差损失。

4. 钢筋应力松弛引起的预应力损失 σ_{l4}

钢筋在高应力长期作用下具有随时间增长产生塑性变形的性质。在钢筋长度保持不变的情况下，钢筋应力值会随时间的增长而逐渐降低，这种现象称为钢筋的应力松弛。此外，在钢筋应力保持不变的条件下，其应变会随时间的增长而逐渐增大，这一现象称为钢筋的徐变。因钢筋的松弛和徐变所引起预应力筋的预应力损失统称为钢筋应力松弛损失 σ_{l4}。

(1) **预应力筋应力松弛引起的预应力损失 $\boldsymbol{\sigma_{l4}}$ 的计算**。根据应力松弛的长期试验结果，建议应力松弛损失 σ_{l4} 的计算如下。

① 消除应力钢丝、钢绞线：

普通松弛

$$\sigma_{l4}=0.4\left(\frac{\sigma_{con}}{f_{ptk}}-0.5\right)\sigma_{con} \tag{10.8}$$

低松弛

当 $\sigma_{con}\leqslant 0.7f_{ptk}$ 时

$$\sigma_{l4}=0.125\left(\frac{\sigma_{con}}{f_{ptk}}-0.5\right)\sigma_{con} \tag{10.9}$$

当 $0.7f_{ptk}<\sigma_{con}\leqslant 0.8f_{ptk}$ 时

$$\sigma_{l4}=0.2\left(\frac{\sigma_{con}}{f_{ptk}}-0.575\right)\sigma_{con} \tag{10.10}$$

② **中强度预应力钢丝**

$$\sigma_{l4}=0.08\sigma_{con} \tag{10.11}$$

③ **预应力螺纹钢筋**

$$\sigma_{l4}=0.03\sigma_{con} \tag{10.12}$$

当 $\sigma_{con}/f_{ptk}\leqslant 0.5$ 时,预应力筋的应力松弛损失值可取为零。

(2) **减小预应力损失 σ_{l4} 的措施。**

① **进行超张拉。**先将控制张拉应力达到(1.05～1.1) σ_{con},持荷 2～5min,待卸荷后再次张拉应力至 σ_{con},这样就可以减小松弛引起的预应力损失。

② **采用低松弛的高强钢材。**

5. 混凝土的收缩、徐变引起的预应力损失 σ_{l5}

混凝土结硬时产生体积收缩,而在预应力作用下,沿压力方向混凝土发生徐变。这都使得构件缩短,从而使预应力筋回缩,引起预应力损失。收缩与徐变虽然是两种性质完全不同的现象,但它们的影响因素和变化规律较为相似,为此《规范》将两种预应力损失合在一起考虑。

(1) **混凝土的收缩、徐变引起预应力损失 σ_{l5} 的计算。**

① **先张法构件**

$$\sigma_{l5}=\frac{60+340\dfrac{\sigma_{pc}}{f'_{cu}}}{1+15\rho} \tag{10.13}$$

$$\sigma'_{l5}=\frac{60+340\dfrac{\sigma'_{pc}}{f'_{cu}}}{1+15\rho'} \tag{10.14}$$

② **后张法构件**

$$\sigma_{l5}=\frac{55+300\dfrac{\sigma_{pc}}{f'_{cu}}}{1+15\rho} \tag{10.15}$$

$$\sigma'_{l5}=\frac{55+300\dfrac{\sigma'_{pc}}{f'_{cu}}}{1+15\rho'} \tag{10.16}$$

式中:σ_{pc},σ'_{pc}——受拉区、受压区预应力筋合力点处的混凝土法向压应力,计算 σ_{pc}、σ'_{pc} 时,仅考虑混凝土预压前的第一批损失,σ_{pc}、σ'_{pc} 值不得大于 $0.5f'_{cu}$,当 σ'_{pc} 为拉应力时,取 $\sigma'_{pc}=0$ 计算;

f'_{cu}——施加预应力时的混凝土立方体抗压强度;

ρ、ρ'——受拉区、受压区预应力筋和非预应力筋的配筋率的确定,如图 10.11 所示。

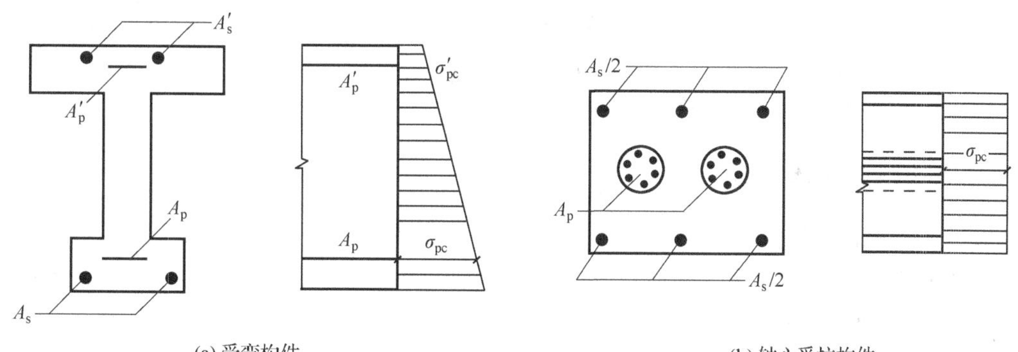

(a) 受弯构件　　(b) 轴心受拉构件

图 10.11　计算 σ_{l5} 时配筋率的确定

对先张法构件

$$\rho=\frac{A_p+A_s}{A_0},\ \rho'=\frac{A_p'+A_s'}{A_0} \tag{10.17a}$$

对后张法构件

$$\rho=\frac{A_p+A_s}{A_n},\ \rho'=\frac{A_p'+A_s'}{A_n} \tag{10.17b}$$

式中：A_0——先张法构件换算截面面积，$A_0=A_c+\alpha_E A_p+\alpha_E A_s$；

A_n——先张法构件扣除孔道后的净截面面积，$A_n=A_c+\alpha_E A_s$；

α_E——预应力钢筋或非预应力钢筋的弹性模量与混凝土弹性模量的比值。

对于对称配置预应力筋和普通钢筋的构件，配筋率 ρ、ρ' 应按钢筋总截面面积的一半计算。

在此应注意以下几点。

① 式(10.13)～式(10.16)右边第一项分数代表收缩引起的损失值(后张法比先张法损失值小)，第二项分数代表徐变引起的损失值。

② 式(10.13)～式(10.16)是在一般相对湿度条件下得出的计算公式，当结构处于年平均相对湿度低于 40%的环境下，σ_{l5} 和 σ_{l5}' 值应增加 30%；而对处于高湿度条件下的构件(如储水池、桩等)，则可降低 50%。

③ 混凝土收缩、徐变引起的预应力损失在全部预应力损失中占有很大的比例，应采取有效措施减少混凝土收缩与徐变，以提高有效预应力值。

(2) **减小预应力损失 $\boldsymbol{\sigma_{l5}}$ 的措施。**

① 采用高强度等级的水泥，减少水泥用量，降低水胶比，采用干硬性混凝土。

② 采用级配较好的骨料，加强振捣，提高混凝土的密实性。

③ 加强养护，以减少混凝土的收缩。

6. 环形截面构件受张拉的螺旋式预应力筋挤压混凝土引起的预应力损失 σ_{l6}

采用螺旋式预应力钢筋作配筋的环形构件，由于预应力钢筋对混凝土的挤压，使环形构件的直径有所减小，预应力钢筋中的拉应力就会降低，从而引起预应力筋的应力损失 σ_{l6}。

σ_{l6} 的大小与环形构件的直径 d 成反比，直径越小，损失越大。为此：当环形构件的直径 $d\leqslant 3\text{m}$ 时，$\sigma_{l6}=30\text{N/mm}^2$；当直径 $d>3\text{m}$ 时，$\sigma_{l6}=0$。

减少此项损失的措施是增大环形构件的直径。

10.2.3　预应力损失值的组合

上面介绍的六种预应力损失并不同时存在，也不同时发生。有的只发生在先张法构件中，有的只发生在后张法构件中，有的是两种构件都发生，且是分批产生的，如先张法(除采用折线预应力筋时)不会有摩擦损失，后张法构件不应有温差引起的损失。为了分析计算方便，将预应力损失分为两个阶段：**第一阶段指预应力损失在混凝土预压时能完成的，称为第一批损失，用 $\boldsymbol{\sigma}_{l\mathrm{I}}$ 表示；第二阶段指预应力损失是在混凝土预压后逐渐完成的，称为第二批损失，用 $\boldsymbol{\sigma}_{l\mathrm{II}}$ 表示。总的预应力损失为 $\boldsymbol{\sigma}_l=\boldsymbol{\sigma}_{l\mathrm{I}}+\boldsymbol{\sigma}_{l\mathrm{II}}$。**对于预应力构件在各阶段预应力损失值的组合可按表 10.3 的规定进行相应的组合。

表 10.3　各阶段预应力损失值的组合

预应力损失值的组合	先张法构件	后张法构件
混凝土预压前(第一批)的损失 $\sigma_{l\mathrm{I}}$	$\sigma_{l1}+\sigma_{l2}+\sigma_{l3}+\sigma_{l4}$	$\sigma_{l1}+\sigma_{l2}$
混凝土预压后(第二批)的损失 $\sigma_{l\mathrm{II}}$	σ_{l5}	$\sigma_{l4}+\sigma_{l5}+\sigma_{l6}$

注：先张法构件由于钢筋应力松弛引起的损失值 σ_{l4} 在第一批和第二批损失中所占的比例，如需区分，可根据实际情况确定，一般可各取 50%。

当进行制作、运输、吊装等施工阶段验算时，应按构件的实际情况考虑预应力损失值的组合，σ_{l5} 还应考虑时间对混凝土收缩和徐变损失的影响系数，详见《规范》的规定。

考虑到预应力损失计算的误差，避免因总损失计算值过小而产生的不利影响，当计算求得的预应力总损失值小于下列数值时，应按下列数值取用：

先张法构件：100N/mm^2；

后张法构件：80N/mm^2。

10.3　预应力混凝土轴心受拉构件

10.3.1　轴心受拉构件各阶段的应力分析

预应力轴心受拉构件从张拉钢筋开始到构件破坏，截面中混凝土和钢筋应力的变化可以分为两个阶段：施工阶段和使用阶段。各阶段中又包括若干个受力过程，其中各过程中的预应力钢筋与混凝土分别处于不同的应力状态。这样就需分析和掌握预应力构件从张拉钢筋到加荷破坏各过程中预应力筋及混凝土的应力状态，以及相应阶段的外荷大小。

对于预应力混凝土构件采用 A_{p} 和 A_{s} 表示预应力钢筋和非预应力钢筋的截面面积，A_{c} 为混凝土截面面积；以 σ_{p}、σ_{s} 及 σ_{pc} 来表示预应力钢筋、非预应力钢筋及混凝土的应力。以下的推导中规定：σ_{p} 以受拉为正，σ_{s} 及 σ_{pc} 以受压为正。

预应力混凝土构件在混凝土开裂或钢筋屈服以前，若混凝土能与钢筋保持协调变形，

则二者的应变变化量相等。钢筋屈服前完全弹性，混凝土开裂前可看作弹性体，则

$$\frac{\Delta\sigma_c}{E_c}=\frac{\Delta\sigma_s}{E_s}$$

故任意时段的钢筋应力变化量与混凝土的应力变化量成正比

$$\Delta\sigma_s=\frac{E_s}{E_c}\Delta\sigma_c=\alpha_E\Delta\sigma_c \tag{10.18}$$

应用上式可以求出任意"变形协调"时段预应力钢筋或非预应力钢筋的应力变化量，关键是根据混凝土应力的变化特点找好"变形协调"的起点。无论是发生了预应力损失还是产生了弹性回缩或伸长，都能应用上式确定钢筋应力变化量的大小，便于预应力混凝土构件在各阶段的应力分析。

表 10.4 和表 10.5 分别为先张法和后张法预应力混凝土轴心受拉构件各阶段的截面应力分析。

1. 先张法构件

(1) **施工阶段**。

① 在台座上张拉截面面积为 A_p 的预应力钢筋至张拉控制应力 σ_{con}，此时钢筋的总拉力为 $\sigma_{con}A_p$，见表 10.4 中的 b 项。如果构件中布置有非预应力钢筋 A_s，则该阶段中它不承受任何应力。

② 在混凝土受到预压应力之前，构件完成第一批预应力损失 σ_{lI}，见表 10.4 中的 c 项。张拉钢筋完毕，将预应力钢筋锚固在台座上，由于锚具变形和钢筋回缩产生预应力损失 σ_{l1}，此时预应力钢筋的应力为 $\sigma_{con}-\sigma_{l1}$。浇筑混凝土、养护构件，直至放松钢筋前，又产生温差损失 σ_{l3} 和部分钢筋松弛损失 σ_{l4}，第一批预应力损失 $\sigma_{lI}=\sigma_{l1}+\sigma_{l3}+0.5\sigma_{l4}$ 完成，这时预应力钢筋的应力降为 $\sigma_{con}-\sigma_{lI}$，由于混凝土尚未受力，混凝土应力 $\sigma_{pc}=0$，非预应力钢筋应力 $\sigma_s=0$。

③ **当混凝土达到 75%以上的强度设计值**后，放松预应力钢筋，见表 10.4 中的 d 项。依靠钢筋与混凝土之间的黏结力，使混凝土因受压而产生回缩，钢筋亦将随着缩短，此时钢筋回缩对混凝土产生的预压应力若为 σ_{pcI}，由钢筋与混凝土变形协调可知，此时混凝土、预应力钢筋、非预应力钢筋的预压应力分别为

$$\sigma_{pc}=\sigma_{pcI}$$

$$\sigma_s=\alpha_{E_s}\sigma_{pcI}$$

$$\sigma_p=\sigma_{con}-\sigma_{lI}-\alpha_E\sigma_{pcI}$$

由截面内力平衡条件，可得

$$\sigma_pA_p=\sigma_{pc}A_c+\sigma_sA_s$$

$$(\sigma_{con}-\sigma_{lI}-\alpha_E\sigma_{pcI})A_p=\sigma_{pcI}A_c+\alpha_{E_s}\sigma_{pcI}A_s \tag{10.19}$$

整理后，可得

$$\sigma_{pcI}=\frac{(\sigma_{con}-\sigma_{lI})A_p}{A_c+\alpha_{E_s}A_s+\alpha_EA_p}=\frac{N_{pI}}{A_0} \tag{10.20}$$

表 10.4　先张法预应力混凝土轴心受拉构件各阶段的截面应力分析

受力阶段		简图	预应力钢筋应力 σ_p	混凝土应力 σ_{pc}	非预应力钢筋应力 σ_s
施工阶段	a. 在台座上穿钢筋	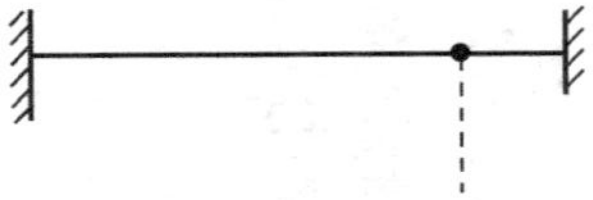	0	—	—
	b. 张拉预应力钢筋	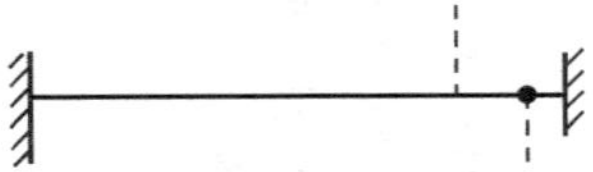	σ_{con}	—	—
	c. 完成第一批损失	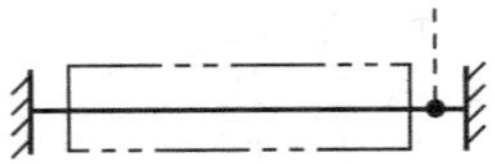	$\sigma_{con}-\sigma_{lI}$	0	0
	d. 放松钢筋	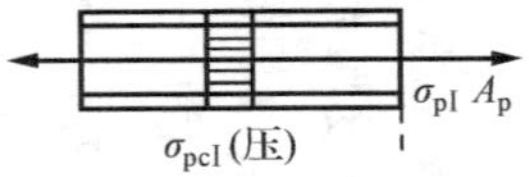 $\sigma_{pI}A_p$；σ_{pcI}(压)	$\sigma_{pI}=\sigma_{con}-\sigma_{lI}-\alpha_E\sigma_{pcI}$	$\sigma_{pcI}=\dfrac{(\sigma_{con}-\sigma_{lI})A_p}{A_0}$(压)	$\sigma_{sI}=\alpha_E\sigma_{pcI}$(压)
	e. 完成第二批损失	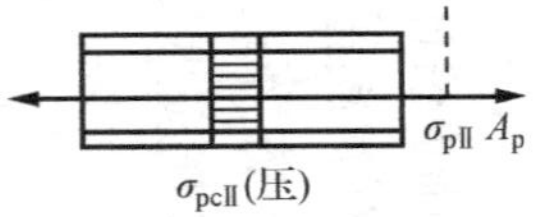 $\sigma_{pII}A_p$；σ_{pcII}(压)	$\sigma_{pII}=\sigma_{con}-\sigma_l-\alpha_E\sigma_{pcII}$	$\sigma_{pcII}=\dfrac{(\sigma_{con}-\sigma_l)A_p-\sigma_{l5}A_s}{A_0}$(压)	$\alpha_{Es}\sigma_{pcII}+\sigma_{l5}$(压)
使用阶段	f. 加载至 $\sigma_{pc}=0$	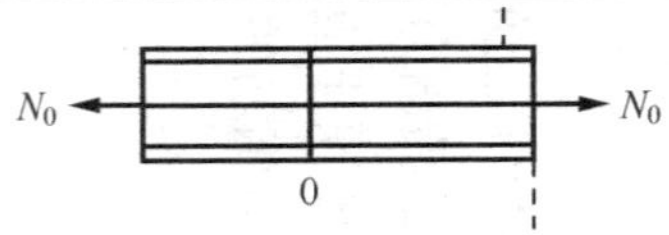 N_0；0；N_0	$\sigma_{p0}=\sigma_{con}-\sigma_l$	0	σ_{l5}(压)
	g. 加载至裂缝即将出现	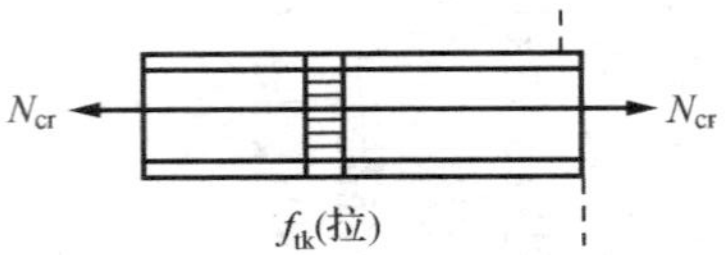 N_{cr}；f_{tk}(拉)；N_{cr}	$\sigma_{pcr}=\sigma_{con}-\sigma_l+\alpha_Ef_{tk}$	f_{tk}(拉)	$\alpha_{Es}f_{tk}-\sigma_{l5}$(拉)
	h. 加载至破坏	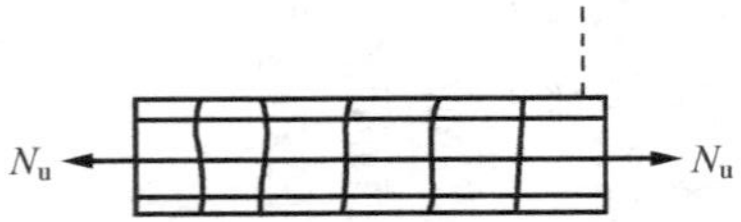 N_u；N_u	f_{py}	0	f_y(拉)

表 10.5　后张法预应力混凝土轴心受拉构件各阶段的截面应力分析

受力阶段		简图	预应力钢筋应力 σ_p	混凝土应力 σ_{pc}	非预应力钢筋应力 σ_s
施工阶段	a. 穿钢筋		0	0	0
	b. 张拉钢筋	$\sigma_{pe}A_p$ σ'_{pe}(压)	$\sigma_{con}-\sigma_{l2}$	$\sigma'_{pc}=\dfrac{(\sigma_{con}-\sigma_{l2})A_p}{A_n}$(压)	$\sigma_s=\alpha_{Es}\sigma_{pc}$(压)
	c. 完成第一批损失	$\sigma_{pI}A_p$ σ_{pcI}(压)	$\sigma_{pI}=\sigma_{con}-\sigma_{lI}$	$\sigma_{pI}=\dfrac{(\sigma_{con}-\sigma_{lI})A_p}{A_n}$(压)	$\sigma_{sI}=\alpha_{Es}\sigma_{pcI}$(压)
	d. 完成第二批损失	$\sigma_{pII}A_p$ σ_{pe}(压)	$\sigma_{pII}=\sigma_{con}-\sigma_l$	$\sigma_{pcII}=\dfrac{(\sigma_{con}-\sigma_l)A_p-\sigma_{l5}A_s}{A_n}$(压)	$\alpha_{Es}\sigma_{pcII}+\sigma_{l5}$(压)
使用阶段	e. 加载至 $\sigma_{pe}=0$	N_0　N_0 0	$\sigma_{p0}=\sigma_{con}-\sigma_l+\alpha_E\sigma_{pcII}$	0	σ_{l5}(压)
	f. 加载至裂缝即将出现	N_{cr}　N_{cr} f_{tk}(拉)	$\sigma_{pcr}=\sigma_{con}-\sigma_l+\alpha_E\sigma_{pcII}+\alpha_E f_{tk}$	f_{tk}(拉)	$\alpha_E f_{tk}-\alpha_{l5}$(拉)
	g. 加载至破坏	N_u　N_u	f_{py}	0	f_y(拉)

式中：A_c ——扣除预应力钢筋和非预应力钢筋截面面积后的混凝土截面面积；

A_0——构件**换算截面面积**，$A_0 = A_c + \alpha_{E_s} A_s + \alpha_E A_p$；

N_{pI} ——完成第一批损失后，预应力钢筋的总预拉力，$N_{pI} = (\sigma_{con} - \sigma_{lI}) A_p$。

公式(10.20)可以理解为放松预应力钢筋时，预应力钢筋总拉力 N_{pI} 作用在整个构件的换算截面 A_0 上，由此所产生的预压应力为 σ_{pcI}。

④ 随着钢筋应力松弛损失 σ_{l4} 的完成以及混凝土收缩、徐变预应力损失 σ_{l5} 产生后，见表 10.4 中的 e 项，第二批预应力损失 $\sigma_{lII} = 0.5\sigma_{l4} + \sigma_{l5}$ 完成。此时，预应力钢筋的总预应力损失为 $\sigma_l = \sigma_{lI} + \sigma_{lII}$，混凝土的压应力由 σ_{pcI} 降为 σ_{pcII}，此时混凝土、预应力钢筋、非预应力钢筋的预压应力分别为

$$\sigma_{pc} = \sigma_{pcII}$$

$$\sigma_p = \sigma_{con} - \sigma_l - \alpha_E \sigma_{pcII}$$

$$\sigma_s = \alpha_{E_s} \sigma_{pcII} + \sigma_{l5}$$

通过截面平衡条件，有

$$(\sigma_{con} - \sigma_l - \alpha_E \sigma_{pc}) A_p - (\alpha_E \sigma_{pc} + \sigma_{l5}) A_s = \sigma_{pc} A_c$$

则此时混凝土的有效预应力为

$$\sigma_{pcII} = \frac{(\sigma_{con} - \sigma_l) A_p - \sigma_{l5} A_s}{A_c + \alpha_{E_s} A_s + \alpha_E A_p} = \frac{(\sigma_{con} - \sigma_l) A_p - \sigma_{l5} A_s}{A_0} = \frac{N_{pII}}{A_0} \tag{10.21}$$

式中：σ_{pcII} ——**完成全部损失后混凝土最终建立起来的预压应力，称为混凝土有效预应力**；

N_{pII} ——完成第二批损失后预应力钢筋的总预拉力，$N_{pII} = (\sigma_{con} - \sigma_l) A_p - \sigma_{l5} A_s$。

(2) **使用阶段**。

① **消压状态**。在使用阶段，构件承受外荷载后，混凝土的有效预应力逐渐减少，钢筋拉应力相应增大，当达到某一阶段时，由轴向拉力产生的混凝土拉应力恰好全部抵消混凝土的有效预压应力 σ_{pcII}，使截面处于消压状态，即 $\sigma_{pc} = 0$，此时对应的外加荷载称为"消压轴力"N_0。此时预应力钢筋应力增加，非预应力筋的应力减小为

$$\sigma_{pc} = 0$$

$$\sigma_p = \sigma_{p0} = \sigma_{con} - \sigma_l$$

$$\sigma_s = \sigma_{l5}$$

由截面平衡条件可得消压轴力为

$$N_0 = (\sigma_{con} - \sigma_l) A_p - \sigma_{l5} A_s \tag{10.22}$$

比较式(10.21)与式(10.22)，则消压轴力可表达为

$$N_0 = \sigma_{pcII} A_0 \tag{10.23}$$

② **即将开裂状态**。当轴向拉力超过消压轴力 N_0 后，混凝土开始受拉，随着荷载的增加，其拉应力亦不断增加。当外荷载增加到 N_{cr} 时，即混凝土的拉应力达到混凝土轴心抗拉强度标准值 f_{tk} 时，混凝土即将开裂，此时

$$\sigma_{pc} = -f_{tk}$$

$$\sigma_p = \sigma_{con} - \sigma_l + \alpha_E f_{tk}$$

$$\sigma_s = \sigma_{l5} - \alpha_{E_s} f_{tk}$$

构件的**开裂荷载 N_{cr}** 也可通过截面平衡条件求得，即

$$\begin{aligned} N_{cr} &= (\sigma_{con} - \sigma_l + \alpha_E f_{tk}) A_p - (\sigma_{l5} - \alpha_{E_s} f_{tk}) A_s - (-f_{tk}) A_c \\ &= (\sigma_{con} - \sigma_l) A_p - \sigma_{l5} A_s + A_0 f_{tk} \end{aligned} \tag{10.24}$$

将式(10.21)代入式(10.24)，有

$$N_{cr} = (\sigma_{pcII} + f_{tk}) A_0 \tag{10.25}$$

式(10.25)表明，由于有效预压应力的作用（σ_{pcII} 比 f_{tk} 大得多），使得预应力混凝土轴心受拉构件要比普通混凝土构件的开裂荷载大了许多，这就是预应力混凝土构件抗裂性能好的原因。

③ **构件破坏状态**。当轴向拉力超过 N_{cr} 时，混凝土开裂，裂缝截面的混凝土退出工作，截面上拉力全部由预应力钢筋与非预应力钢筋承担，当预应力钢筋与非预应力钢筋分别达到其抗拉设计强度 f_{py} 和 f_y 时，构件破坏，此时的外荷载为 N_u，则

$$N_u = f_{py} A_p + f_y A_s \tag{10.26}$$

式(10.26)表明，**对于相同截面、材料以及配筋的预应力构件，其与非预应力构件两者的极限承载能力相同**，也就是说，预应力混凝土并不能提高构件的极限承载能力，但能保证高强钢筋充分发挥作用。

2. 后张法构件

后张法构件的应力状态与先张法构件有许多共同点，但由于张拉工艺不同，又具有自己的特点。

(1) **施工阶段**。

① 浇筑混凝土后，养护直至钢筋张拉前，可认为截面中不产生任何应力，见表 10.5 中的 a 项。

② 张拉钢筋，见表 10.5 中 b 项。张拉钢筋的同时，千斤顶的反作用力通过传力架传给混凝土，使混凝土受到弹性压缩，并在张拉过程中产生摩擦损失 σ_{l2}。将预应力钢筋张拉到 σ_{con} 时，设混凝土的应力为 σ_{cc}，则此时任意截面处有

$$\sigma_{pc} = \sigma_{cc}$$

$$\sigma_p = \sigma_{con} - \sigma_{l2}$$

$$\sigma_s = \alpha_{E_s} \sigma_{cc}$$

由截面内力平衡条件可得

$$(\sigma_{con} - \sigma_{l2}) A_P = \alpha_{E_s} \sigma_{cc} A_s + \sigma_{cc} A_c$$

整理后，得

$$\sigma_{cc} = \frac{(\sigma_{con} - \sigma_{l2}) A_p}{A_c + \alpha_{E_s} A_s} = \frac{(\sigma_{con} - \sigma_{l2}) A_p}{A_n} \tag{10.27}$$

式中：σ_{cc} ——混凝土预压应力；

A_n ——构件扣除孔洞以后的换算截面面积，$A_n = A_c + \alpha_{E_s} A_s$。

在式(10.27)中，当 $\sigma_{l2} = 0$（张拉端）时，σ_{cc} 达到最大值，即

$$\sigma_{cc}=\frac{\sigma_{con}A_p}{A_n} \tag{10.28}$$

③ 混凝土受到预压应力之前完成第一批损失,见表 10.5 中 c 项。预应力钢筋张拉完毕,用锚具在构件上锚固钢筋,锚具变形和钢筋回缩引起的应力损失为 σ_{l1},此时第一批预应力损失 $\sigma_{lI}=\sigma_{l1}+\sigma_{l2}$ 完成,设此时混凝土上的压应力为 σ_{pcI},则

$$\sigma_{pc}=\sigma_{pcI}$$
$$\sigma_p=\sigma_{con}-\sigma_{lI}$$
$$\sigma_s=\alpha_{E_s}\sigma_{pcI}$$

由平衡方程,得

$$(\sigma_{con}-\sigma_{lI})A_p=\sigma_{pcI}A_c+\alpha_{E_s}\sigma_{pcI}A_s$$

则

$$\sigma_{pcI}=\frac{(\sigma_{con}-\sigma_{lI})A_p}{A_c+\alpha_{E_s}A_s}=\frac{N_{pI}}{A_n} \tag{10.29}$$

④ 混凝土受到预压应力之后,完成第二批损失,见表 10.5 中 d 项。随着时间的增长,将发生由于预应力钢筋松弛、混凝土的收缩和徐变而引起的应力损失 σ_{l4}、σ_{l5},第二批预应力损失完成,设此时混凝土上的压应力为 σ_{pcII},则

$$\sigma_{pc}=\sigma_{pcII}$$
$$\sigma_p=\sigma_{con}-\sigma_l$$
$$\sigma_s=\alpha_{E_s}\sigma_{pcII}+\sigma_{l5}$$

由平衡方程,得

$$(\sigma_{con}-\sigma_l)A_p=\sigma_{pcII}A_c+(\alpha_{E_s}\sigma_{pcII}+\sigma_{l5})A_s$$

则

$$\sigma_{pcII}=\frac{(\sigma_{con}-\sigma_l)A_p-\sigma_{l5}A_s}{A_c+\alpha_{E_s}A_s}=\frac{(\sigma_{con}-\sigma_l)A_p-\sigma_{l5}A_s}{A_n}=\frac{N_{pII}}{A_n} \tag{10.30}$$

σ_{pcII} 即为后张法构件最终建立起来的混凝土有效预压应力。

(2) **使用阶段。**

① **消压状态**。加荷至消压轴力 N_0,此时,混凝土应力为零,见表 10.5 中 e 项。此时

$$\sigma_{pc}=0$$
$$\sigma_p=\sigma_{p0}=\sigma_{con}-\sigma_l+\alpha_E\sigma_{pcII}$$
$$\sigma_s=\sigma_{l5}$$

由截面平衡条件可得消压轴力,即

$$N_0=(\sigma_{con}-\sigma_l+\alpha_E\sigma_{pcII})A_p-\sigma_{l5}A_s=(\sigma_{con}-\sigma_l)A_p-\sigma_{l5}A_s+\alpha_E\sigma_{pcII}A_P \tag{10.31}$$

将式(10.30)代入式(10.31),有

$$N_0=\sigma_{pcII}A_n+\alpha_E\sigma_{pcII}A_p=\sigma_{pcII}A_0 \tag{10.32}$$

② **即将开裂状态**。当外荷载增加至 N_{cr} 时,混凝土的拉应力达到 f_{tk},裂缝即将出现,见表 10.5 中 f 项。此时

$$\sigma_{pc}=-f_{tk}$$

$$\sigma_p = \sigma_{con} - \sigma_l + \alpha_E(\sigma_{pcII} + f_{tk})$$

$$\sigma_s = \sigma_{l5} - \alpha_{E_s} f_{tk}$$

由截面平衡条件可得开裂轴力，即

$$\begin{aligned} N_{cr} &= (\sigma_{con} - \sigma_l + \alpha_E \sigma_{pcII} + \alpha_E f_{tk}) A_p - (\sigma_{l5} - \alpha_{E_s} f_{tk}) A_s - (-f_{tk}) A_c \\ &= (\sigma_{con} - \sigma_l) A_p - \sigma_{l5} A_s + \alpha_E A_p \sigma_{pcII} + A_0 f_{tk} \end{aligned}$$

参考式(10.30)，开裂轴力 N_{cr} 用混凝土有效压应力表示为

$$N_{cr} = (\sigma_{pcII} + f_{tk}) A_0 = N_0 + f_{tk} A_0 \tag{10.33}$$

③ **构件破坏状态**。见表 10.5 中 g 项，和先张法相同，开裂截面处钢筋承担全部荷载，因此，构件的荷载承载力

$$N_u = f_{py} A_p + f_y A_s \tag{10.34}$$

3. 先张法构件与后张法构件计算公式比较

(1) **钢筋应力**。先张法构件和后张法构件的非预应力钢筋各阶段计算公式的形式均相同，这是由于两种方法中非预应力钢筋与混凝土协调变形的起点均是混凝土应力为零处。预应力钢筋应力公式中后张法比先张法的相应时刻应力多一项 $\alpha_E \sigma_{pc}$，这是因为后张法构件在张拉预应力钢筋的过程中，混凝土也同时受压。因此，在这两种施工工艺中，预应力钢筋与混凝土协调变形的起点不同。

(2) **混凝土应力**。在施工阶段，两种张拉方法的 σ_{pcI} 与 σ_{pcII} 计算公式形式相似，差别在于先张法公式中用构件的换算截面面积 A_0，而后张法用构件的换算净截面面积 A_n。由于 $A_0 > A_n$，若两者的张拉控制应力 σ_{con} 相同，则后张法预应力构件中混凝土有效预压应力要大于先张法构件；反之，如果要求两种工艺生产的预应力构件具有相同的有效预压应力，则先张法构件的张拉控制应力 σ_{con} 应大于后张法预应力构件。

(3) **轴向拉力**。在使用阶段，先张法与后张法预应力混凝土构件的特征荷载 N_0、N_{cr} 和 N_u 计算公式的表达形式完全相同，均采用构件的换算截面面积 A_0。由开裂轴力 $N_{cr} = N_0 + f_{tk} A_0$ 可知，预应力构件的开裂荷载要远大于普通混凝土构件。由构件极限荷载 $N_u = f_{py} A_p + f_y A_s$ 可知，预应力混凝土构件并不能提高构件的极限承载能力，但可以保证高强度钢筋能充分发挥作用。

10.3.2　预应力混凝土轴心受拉构件的设计

预应力混凝土轴心受拉构件计算包括使用阶段的承载力计算与裂缝控制验算、施工阶段的承载力计算以及后张法构件局部承压承载力验算等内容。

1. 使用阶段正截面承载力计算

构件破坏时，全部荷载由预应力钢筋和非预应力钢筋承担，破坏时的计算简图如图 10.12(a)所示，其正截面受拉承载力按下式计算：

$$N \leqslant N_u = f_{py} A_p + f_y A_s \tag{10.35}$$

式中：N ——轴向拉力设计值；

f_{py}, f_y ——预应力钢筋、非预应力钢筋的抗拉强度设计值。

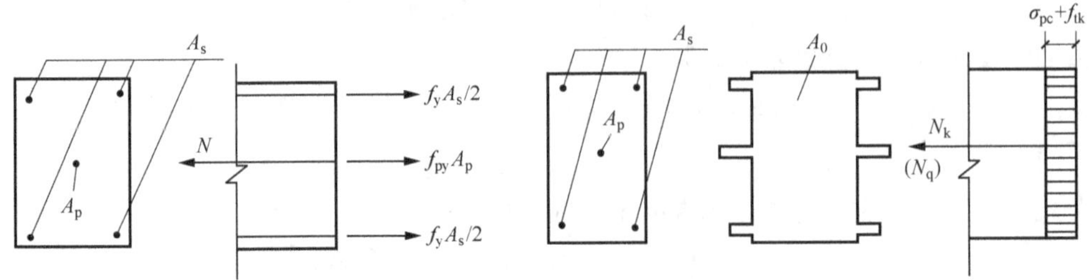

(a) 预应力轴心受拉构件的承载力计算　　(b) 预应力轴心受拉构件的抗裂度验算

图 10.12　预应力轴心受拉构件使用阶段承载力计算

应用上式进行截面设计时，一般先按构造要求或经验定出非预应力钢筋的数量，然后按公式计算 A_p。

2. 使用阶段裂缝控制验算

我国按环境类别将结构构件正截面的受力裂缝控制等级分为三级。其中，一级为严格要求不出现裂缝的构件；二级为一般要求不出现裂缝的构件；三级为允许出现裂缝的构件。前两种构件要求进行抗裂验算。

预应力混凝土轴心受拉构件，应按所处环境类别和结构类型选用相应的裂缝控制等级，并按下列规定进行混凝土拉应力或正截面裂缝宽度验算。由于属正常使用极限的验算，须采用荷载效应的标准组合或准永久组合，且材料强度采用标准值。

(1) **一级——严格要求不出现受力裂缝的构件**。在荷载效应的**标准组合**下，构件受拉边缘混凝土不应产生拉应力，即

$$\sigma_{ck}-\sigma_{pc}\leqslant 0 \tag{10.36}$$

其中

$$\sigma_{ck}=\frac{N_k}{A_0} \tag{10.37}$$

式中：σ_{ck} ——荷载效应标准组合下抗裂验算边缘的混凝土法向应力；

σ_{pc} ——扣除全部预应力损失后，在抗裂验算边缘混凝土的预压应力；

N_k ——按荷载效应标准组合计算的轴向拉力。

(2) **二级——一般要求不出现受力裂缝的构件**。在荷载效应的标准组合下，构件受拉边缘混凝土拉应力不应大于混凝土抗拉强度的标准值，即

$$\sigma_{ck}-\sigma_{pc}\leqslant f_{tk} \tag{10.38}$$

(3) **三级——允许出现受力裂缝的构件**。预应力混凝土构件的最大裂缝宽度按荷载效应的**标准组合**并考虑长期作用效应影响计算的最大裂缝宽度不应超过规定的最大裂缝宽度限值，即

$$w_{max}\leqslant w_{lim} \tag{10.39}$$

对环境类别为二 a 类的预应力混凝土构件，在荷载效应的准永久组合下，构件受拉边缘混凝土拉应力尚应符合下列条件：

$$\sigma_{cq}-\sigma_{pc}\leqslant f_{tk} \tag{10.40}$$

其中

$$\sigma_{cq}=\frac{N_q}{A_0} \tag{10.41}$$

式中：σ_{cq}——荷载效应准永久组合下抗裂验算边缘的混凝土法向应力；

N_q——按荷载效应准永久组合计算的轴向拉力。

预应力混凝土轴心受拉构件最大裂缝宽度 w_{max} 的计算方法与第 9 章钢筋混凝土构件基本相同，只是预应力混凝土构件的最大裂缝宽度是按荷载效应的标准组合计算的（钢筋混凝土构件按荷载效应准永久组合计算），计算时尚应考虑消压轴力 N_0 的影响。预应力混凝土轴心受拉构件的最大裂缝宽度可按下式计算：

$$w_{max}=\alpha_{cr}\psi\frac{\sigma_{sk}}{E_s}\left(1.9c_s+0.08\frac{d_{eq}}{\rho_{te}}\right) \tag{10.42}$$

其中

$$\sigma_{sk}=\frac{N_k-N_{p0}}{A_p+A_s} \tag{10.43}$$

$$\rho_{te}=\frac{A_s+A_p}{A_{te}} \tag{10.44}$$

式中：α_{cr}——构件受力特征系数，对预应力混凝土轴心受拉构件，取 2.2；

N_k——按荷载效应标准组合计算的轴向拉力；

N_{p0}——计算截面上预应力钢筋合力点处混凝土法向预应力等于零时预应力钢筋及非预应力钢筋的合力为

$$N_{p0}=\sigma_{p0}A_p-\sigma_{l5}A_s \tag{10.45}$$

先张法

$$\sigma_{p0}=\sigma_{con}-\sigma_l$$

后张法

$$\sigma_{p0}=\sigma_{con}-\sigma_l+\alpha_E\sigma_{pcII}$$

其余符号含义和计算方法与普通钢筋混凝土构件相同。

3. 施工阶段的验算

当放张预应力钢筋（先张法）或张拉预应力钢筋完毕（后张法）时，混凝土将受到最大的预压应力 σ_{cc}，而这时混凝土强度通常仅达到设计强度的 75%，构件强度是否足够，应予以验算。这包括以下两方面。

（1）**施工阶段承载力验算**。混凝土预压应力应满足下列条件

$$\sigma_{cc}\leqslant 0.8f'_{ck} \tag{10.46}$$

式中：σ_{cc}——放松或张拉预应力钢筋时混凝土承受的预压应力。对先张法按第一批损失出现后计算，即 $\sigma_{cc}=(\sigma_{con}-\sigma_{lI})A_p/A_0$；对后张法按未加锚具前的张拉端计算，即不考虑锚具和摩擦损失，$\sigma_{cc}=\sigma_{con}A_p/A_n$；

f'_{ck}——放松或张拉预应力钢筋时，混凝土立方体抗压强度 f'_{cu} 相应的轴心抗压强度标准值，按附表 A8 以线性内插法确定。

（2）**构件端部锚固区局部受压承载力验算**。后张法混凝土的预压应力是通过锚头对端部混凝土的局部压力来维持的。由于张拉端钢筋比较集中，预留孔道对混凝土截面削

弱甚多,锚头下垫板又不能很大,造成张拉时锚头下混凝土出现很大的局部压力,且需通过一定的距离才能比较均匀地扩散到整个截面上。据理论分析及试验资料得知,锚固区的混凝土处于三向受力状态,近垫板处 σ_y 为压应力,距离端部较远处为拉应力,构件端部混凝局部受压时的内分布如图 10.13[(a)~(c)]所示。当横向拉应力超过混凝土抗拉强度时,构件端部将发生纵向裂缝,导致局部受压承载力不足而破坏。因此,需要进行锚具下混凝土的截面尺寸和承载能力的验算。

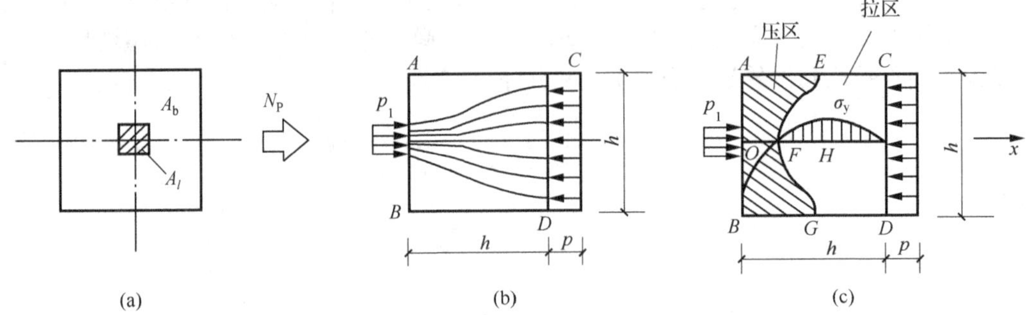

图 10.13 构件端部混凝土局部受压时的内力分布

① **局部受压区的截面尺寸验算**。锚固区的抗裂性能主要取决于垫板及构件的端部尺寸。局部受压区的截面尺寸应符合下列要求:

$$F_l \leqslant 1.35\beta_c\beta_l f_c A_{ln} \tag{10.47}$$

$$\beta_l = \sqrt{\frac{A_b}{A_l}} \tag{10.48}$$

式中:F_l ——局部受压面上作用的局部荷载或局部压力设计值,对有黏结预应力混凝土构件,取 1.2 倍张拉控制力;

β_c ——混凝土强度影响系数,当混凝土强度等级不大于 C50 时,取 $\beta_c=1.0$,当混凝土强度等级为 C80 时,取 $\beta_c=0.8$,其间按线性内插法确定;

β_l ——混凝土局部受压时的强度提高系数;

f_c ——混凝土轴心抗压强度设计值,在后张法预应力混凝土构件的张拉阶段验算中,应根据相应阶段的混凝土立方体抗压强度 f'_{cu} 值按本书附表 8 以线性内插法确定;

A_l ——混凝土局部受压面积;

A_{ln} ——混凝土局部受压净面积,对后张法构件,应在混凝土局部受压面积中扣除孔道、凹槽部分的面积;

A_b ——局部受压的计算底面积[图 10.14(a)~(f)],可按局部受压面积与计算底面按同心、对称的原则确定。对常用情况,可按图 10.14 取用。

② **局部受压承载力计算**。为保证端部局部承压承载能力,可配置方格网式或螺旋式间接钢筋,如图 10.15 所示,当配置方格网式或螺旋式间接钢筋,且其核心面积 $A_{cor}\geqslant A_l$ 时,局部受压承载力应按下式计算:

$$F_l \leqslant 0.9(\beta_c\beta_l f_c + 2\alpha\rho_v\beta_{cor}f_{yv})A_{ln} \tag{10.49}$$

当为方格网式配筋时,如图 10.15(a)所示,其体积配筋率

$$\rho_v = \frac{n_1A_{s1}l_1 + n_2A_{s2}l_2}{A_{cor}s} \tag{10.50}$$

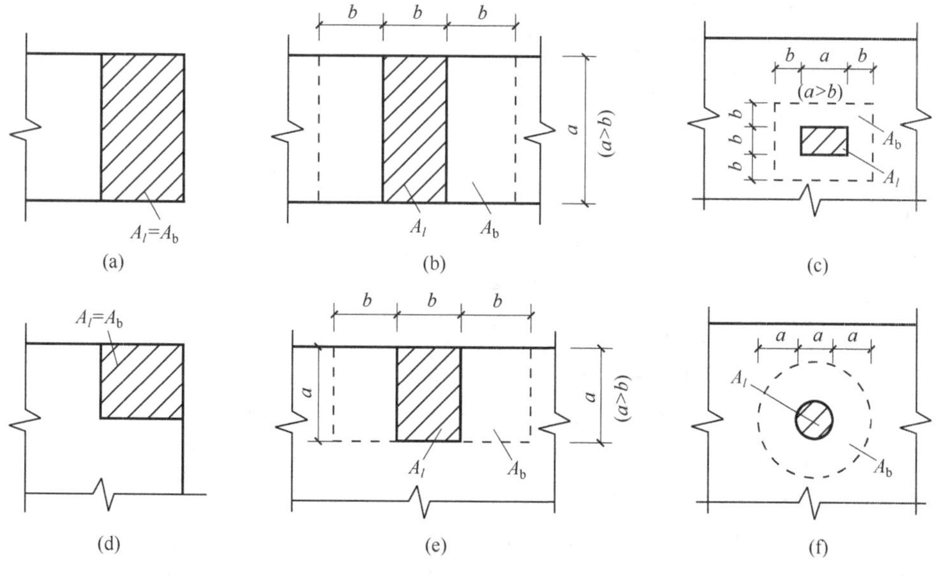

图 10.14　局部受压的计算底面积

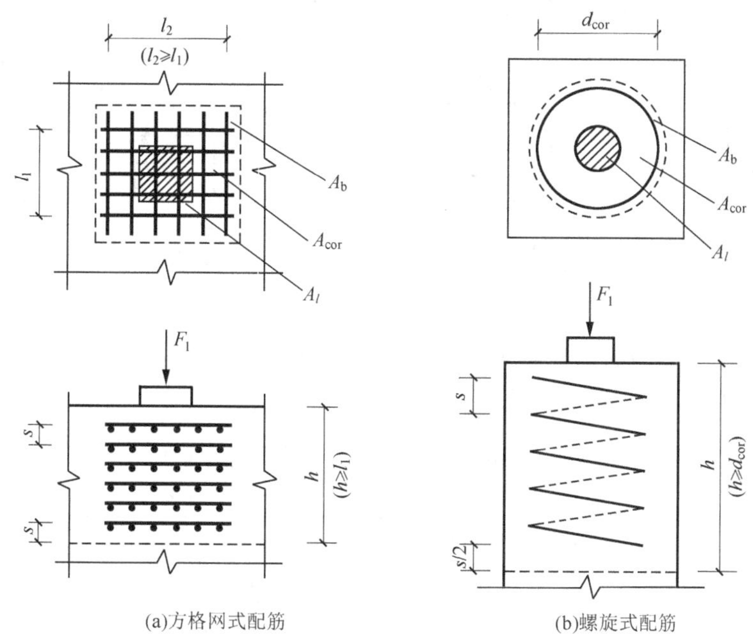

图 10.15　局部受压区的间接钢筋

此时，钢筋网两个方向上单位长度内钢筋截面面积的比值不宜大于 1.5。

当为螺旋式配筋时，如图 10.15(b)所示，其体积配筋率

$$\rho_v = \frac{4A_{ss1}}{d_{cor}s} \tag{10.51}$$

式中：β_{cor} ——配置间接钢筋的局部受压承载力提高系数，按式(10.48)计算，但公式中 A_b 以 A_{cor} 代替，当 $A_{cor} > A_b$ 时，取 $A_{cor} = A_b$；

α ——间接钢筋对混凝土约束的折减系数,当混凝土强度等级不大于 C50 时,取 $\alpha=1.0$,当混凝土强度等级为 C80 时,取 $\alpha=0.85$,其间按线性内插法确定;

f_{yv} ——间接钢筋的抗拉强度设计值;

A_{cor} ——方格网式或螺旋式间接钢筋内表面范围内的混凝土核心面积,其重心应与 A_l 的重心重合,计算中仍按同心、对称的原则取值;

ρ_v ——间接钢筋的体积配筋率;

n_1、A_{s1}——方格网沿 l_1 方向的钢筋根数、单根钢筋的截面面积;

n_2、A_{s2}——方格网沿 l_2 方向的钢筋根数、单根钢筋的截面面积;

s ——方格网式或螺旋式间接钢筋的间距,宜取 30～80mm;

A_{ss1}——螺旋式单根间接钢筋的截面面积;

d_{cor} ——螺旋式间接钢筋内表面范围内的混凝土截面直径。

间接钢筋应配置在图 10.15 所规定的高度 h 范围内,对方格网式钢筋,不应少于 4 片;对螺旋式钢筋,不应少于 4 圈。

【例 10.1】 某 18m 跨度的预应力混凝土拱形屋架端部构造图,如图 10.16(a)～(d)所示,采用后张法张拉,设计条件如表 10.6 所示。试对下弦杆进行使用阶段承载力计算、抗裂验算,施工阶段承载力验算及端部受压承载力计算。

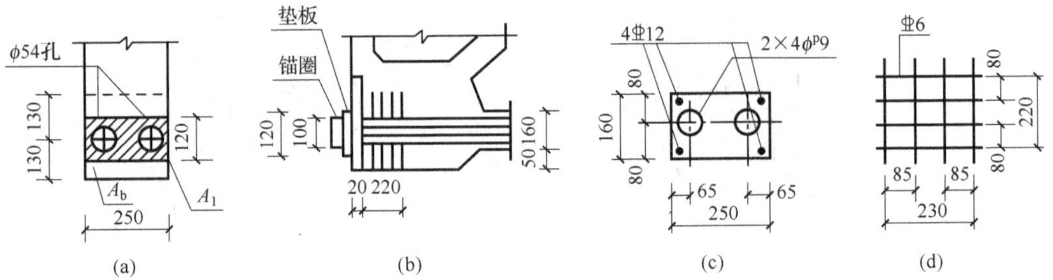

图 10.16　例 10.1 预应力混凝土拱形屋架端部构造图

表 10.6　例 10.1 设计条件

材料	混凝土	预应力钢筋	非预应力钢筋
品种和强度等级	C40	消除应力钢丝	HRB400
截面	250mm×160mm 孔道 2ϕ54		4⌀12(A_s=452mm^2)
材料强度/(N/mm^2)	$f_c=19.1$　$f_{ck}=26.8$ $f_{tk}=2.39$	$f_{ptk}=1570$ $f_{py}=1110$	$f_y=360$
弹性模量/(N/mm^2)	$E_c=3.25\times10^4$	$E_p=2.05\times10^5$	$E_s=2.0\times10^5$
张拉工艺	后张法,一端超张拉,采用 JM-12 锚具,孔道为充压橡皮管抽芯成型,一次张拉		
张拉控制应力/(N/mm^2)	$\sigma_{con}=0.75f_{ptk}=0.75\times1570=1177.5$		
张拉时混凝土强度/(N/mm^2)	$f'_{cu}=f_{cu}=40, f'_{ck}=26.8$		
下弦杆拉力/kN	$N=643,\ N_k=490$		
裂缝控制等级	二级		
环境类别	二 b		
张拉端至锚固端之间的距离	l=18 000mm		

解:(1) 使用阶段正截面承载力计算。由式(10.35),得

$$A_p \geqslant \frac{N - f_y A_s}{f_{py}} = \frac{643 \times 10^3 - 360 \times 452}{1110} = 432.7(\text{mm}^2)$$

选用预应力钢筋 2×4 Φ^p 9(光面消除应力钢丝,$A_p = 509\text{mm}^2$)。

(2) 使用阶段裂缝控制计算。

① 截面几何特征。

$$A_n = A_c + \alpha_{E_s} A_s = 250 \times 160 - 2 \times \frac{3.14}{4} \times 54^2 - 452 + \frac{2.0 \times 10^5}{3.25 \times 10^4} \times 452 = 37\ 750(\text{mm}^2)$$

$$A_0 = A_n + \alpha_E A_p = 37\ 750 + \frac{2.05 \times 10^5}{3.25 \times 10^4} \times 509 = 40\ 960(\text{mm}^2)$$

② 张拉控制应力 σ_{con}。

$$\sigma_{con} = 0.75 f_{ptk} = 0.75 \times 1570 = 1177.5(\text{N/mm}^2)$$

③ 预应力损失。

a. 锚具变形及钢筋回缩损失 σ_{l1}。由于采用 JM-12 锚具,查表 10.1 得 $a = 5\text{mm}$,有

$$\sigma_{l1} = \frac{a}{l} E_s = \frac{5}{18\ 000} \times 2.05 \times 10^5 = 56.9(\text{N/mm}^2)$$

b. 孔道摩擦损失 σ_{l2}。由于预应力钢筋为直线布置,故 $\theta = 0°$,又由表 10.2 得 $\kappa = 0.0014$,一端张拉 $x = 18\text{m}$,$\kappa x + \mu\theta = 0.025 < 0.3$,则由式(10.6),得

$$\sigma_{l2} = (\kappa x + \mu\theta)\sigma_{con} = 0.025 \times 1177.5 = 29.4(\text{N/mm}^2)$$

则混凝土预压前第一批预应力损失为

$$\sigma_{lI} = \sigma_{l1} + \sigma_{l2} = 56.9 + 29.4 = 86.3(\text{N/mm}^2)$$

代入式(10.29),得

$$\sigma_{pcI} = \frac{(\sigma_{con} - \sigma_{lI})A_p}{A_n} = \frac{(1177.5 - 86.3) \times 509}{37\ 750}$$

$$= 14.71\text{N/mm}^2 < 0.5 f'_{cu} = 0.5 \times 40 = 20(\text{N/mm}^2)$$

c. 预应力钢筋的松弛损失 σ_{l4}。因选用普通松弛的消除应力钢丝,由式(10.8)得

$$\sigma_{l4} = 0.4\left(\frac{\sigma_{con}}{f_{ptk}} - 0.5\right)\sigma_{con} = 0.4 \times (0.75 - 0.5) \times 1177.5 = 117.75(\text{N/mm}^2)$$

d. 混凝土的收缩、徐变损失 σ_{l5}。由于对称配置预应力钢筋及非预应力钢筋,钢筋面积应减半计算,则由式(10.18),得

$$\rho = \frac{A_p + A_s}{A_n} = 0.5 \times \frac{509 + 452}{37\ 750} = 1.27(\%)$$

因 $\sigma_{pc} = \sigma_{pcI} = 14.71\text{N/mm}^2$,张拉时 $f'_{cu} = f_{cu} = 40\text{N/mm}^2$,则由式(10.15),得

$$\sigma_{l5} = \frac{55 + 300\dfrac{\sigma_{pc}}{f'_{cu}}}{1 + 15\rho} = \frac{55 + 300 \times \dfrac{14.71}{40}}{1 + 15 \times 0.0127} = 138.87(\text{N/mm}^2)$$

则第二批预应力损失为

$$\sigma_{lII} = \sigma_{l4} + \sigma_{l5} = 117.75 + 138.87 = 256.62(\text{N/mm}^2)$$

总预应力损失为

$$\sigma_l = \sigma_{lI} + \sigma_{lII} = 86.3 + 256.62 = 342.92(\text{N/mm}^2) > 80\text{N/mm}^2$$

④ 裂缝控制验算。由式(10.30),得

$$\sigma_{pc}=\sigma_{pcII}=\frac{(\sigma_{con}-\sigma_l)A_p-\sigma_{l5}A_s}{A_n}=\frac{(1177.5-342.92)\times 509-138.87\times 452}{37\ 750}$$

$$=9.59(\text{N/mm}^2)$$

该下弦杆的环境类别为二 b,裂缝控制等级为二级,要求在荷载效应标准组合下,受拉边缘应力不应大于混凝土抗拉强度的标准值,则

$$\sigma_{ck}=\frac{N_k}{A_0}=\frac{490\times 10^3}{40\ 960}=11.96(\text{N/mm}^2)$$

$$\sigma_{ck}-\sigma_{pc}=11.96-9.59=2.37\text{N/mm}^2<f_{tk}=2.39(\text{N/mm}^2)$$

满足要求。

(3) 施工阶段承载力验算。由于采用一次张拉工艺,则由式(10.28)得

$$\sigma_{cc}=\frac{\sigma_{con}A_p}{A_n}=\frac{1177.5\times 509}{37\ 750}=15.88\text{N/mm}^2<0.8f'_{ck}=0.8\times 26.8=21.44(\text{N/mm}^2)$$

满足要求。

(4) 张拉时锚具下局部受压承载力验算。

① 端部承压区截面尺寸验算。

$$A_l=120\times 250=30\ 000(\text{mm}^2)(\text{钢垫板尺寸})$$

$$A_{ln}=120\times 250-2\times\frac{\pi}{4}\times 54^2=25\ 422(\text{mm}^2)$$

$$A_b=250\times 260=65\ 000(\text{mm}^2)$$

代入式(10.48),得

$$\beta_l=\sqrt{\frac{A_b}{A_l}}=\sqrt{\frac{65\ 000}{30\ 000}}=1.472$$

$$F_l=1.2\sigma_{con}A_p=1.2\times 1177.5\times 509=719\ 217(\text{N})$$

当混凝土强度等级为 C40 时,取 $\beta_c=1.0$,由式(10.47),得

$$1.35\beta_c\beta_l f_c A_{ln}=1.35\times 1.0\times 1.472\times 19.1\times 25\ 422=964\ 905(\text{N})>F_l=719\ 217\text{N}$$

截面尺寸满足要求。

② 局部受压承载力计算。如图 10.16(d)所示,钢筋网片为 HRB400 级钢筋,直径为 6mm,取 $n_1=n_2=4$,$l_1=220$mm,$l_2=230$mm,间距 $s=50$mm,$f_y=360\text{N/mm}^2$。

$$A_{cor}=220\times 230=50\ 600(\text{mm}^2)<A_b=65\ 000\text{mm}^2$$

$$\beta_{cor}=\sqrt{\frac{A_{cor}}{A_l}}=\sqrt{\frac{50\ 600}{30\ 000}}=1.30$$

代入式(10.50),得

$$\rho_v=\frac{n_1A_{s1}l_1+n_2A_{s2}l_2}{A_{cor}s}=\frac{4\times 28.3\times 220+4\times 28.3\times 230}{50\ 600\times 50}=0.02$$

由式(10.49),得

$$\begin{aligned}0.9(\beta_c\beta_l f_c+2\alpha\rho_v\beta_{cor}f_y)A_{ln}&=0.9\times(1.0\times 1.472\times 19.1+2\times 1.0\\&\quad\times 0.02\times 1.3\times 360)\times 25\ 420\\&=1\ 071\ 580(\text{N})>F_l=719\ 217\text{N}\end{aligned}$$

局部承压承载力满足要求。

10.4　预应力混凝土受弯构件

10.4.1　受弯构件的应力分析

预应力混凝土受弯构件中，预应力钢筋 A_p 一般都放置在使用阶段的截面受拉区，但对梁底受拉区需配置较多预应力钢筋的大型构件，当梁自重在梁顶产生的压应力不足以抵消偏心预压力在梁顶预拉区所产生的预拉应力时，往往在梁顶部也需配置预应力钢筋 A'_p。对在预压力作用下允许预拉区出现裂缝的中小型构件，可不配置 A'_p，但需控制其裂缝宽度。为了防止在制作、运输和吊装等施工阶段出现裂缝，在梁的受拉区和受压区通常也配置一些非预应力钢筋 A_s 和 A'_s。

在预应力轴心受拉构件中，预应力钢筋 A_p 和非预应力钢筋 A_s 在截面上的布置是对称的，预应力钢筋的总拉力可认为作用在截面的形心轴上，混凝土受到的预压应力是均匀的，即全截面均匀受压。在受弯构件中，如果截面只配置 A_p，则预应力钢筋的总拉力对截面是偏心的压力，所以混凝土受到的预应力是不均匀的，上边缘的预应力和下边缘的预压应力分别用 σ_{pc} 和 σ'_{pc} 表示，见图 10.17(a)。如果同时配置 A_p 和 A'_p（一般 $A_p > A'_p$），则预应力钢筋 A_p 和 A'_p 的张拉力的合力位于 A_p 和 A'_p 之间，仍然是一个偏心压力，此时，混凝土的预应力图形有两种可能：如果 A'_p 少，应力图形为两个三角形，σ'_{pc} 为拉应力；如果 A'_p 较多，则应力图形为梯形，σ'_{pc} 为压应力，其值小于 σ_{pc}，见图 10.17(b)。

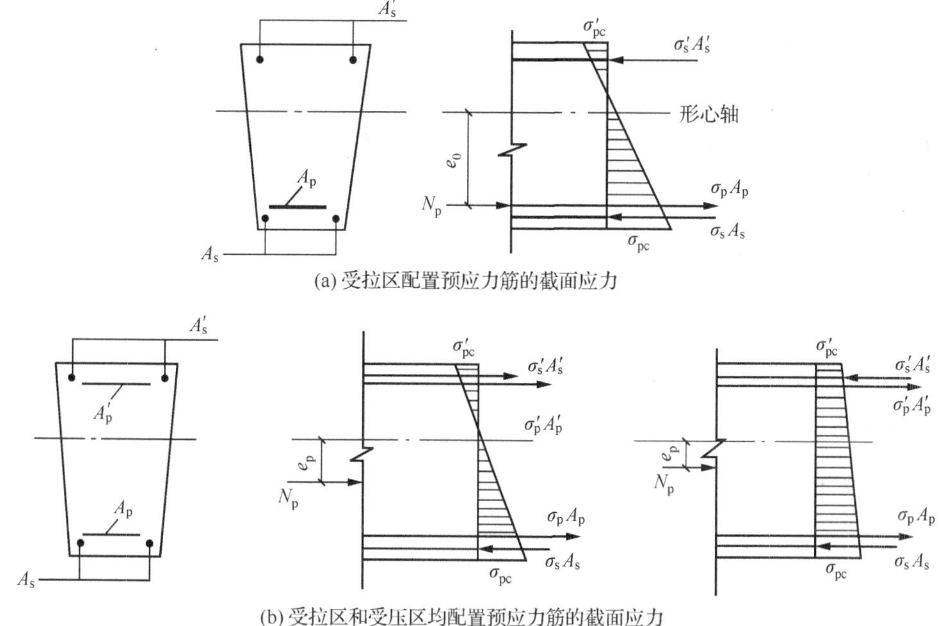

(a) 受拉区配置预应力筋的截面应力

(b) 受拉区和受压区均配置预应力筋的截面应力

图 10.17　预应力混凝土受弯构件截面混凝土应力

由于对混凝土施加了预应力,构件在使用阶段截面不产生拉应力或不开裂,可把预应力钢筋的合力视为作用在换算截面上的偏心压力,并把混凝土看作理想弹性体,按材料力学公式计算混凝土的预应力。

表 10.7 和表 10.8 为仅在截面受拉区配置预应力钢筋 A_p 的先张法和后张法预应力混凝土受弯构件在各阶段的应力分析。

图 10.18 所示为配有预应力钢筋 A_p、A'_p 和非预应力钢筋 A_s、A'_s 的不对称截面受弯构件的截面形式。对照预应力混凝土轴心受拉构件相应各受力阶段的截面应力分析,同理,可得出预应力混凝土受弯构件截面上混凝土法向预应力 σ_{pc}、预应力钢筋的拉应力 σ_p,先张法(后张法)预应力钢筋和非预应力钢筋的合力 N_p 及其偏心距 e_{p0}(e_{pn})等的计算公式。

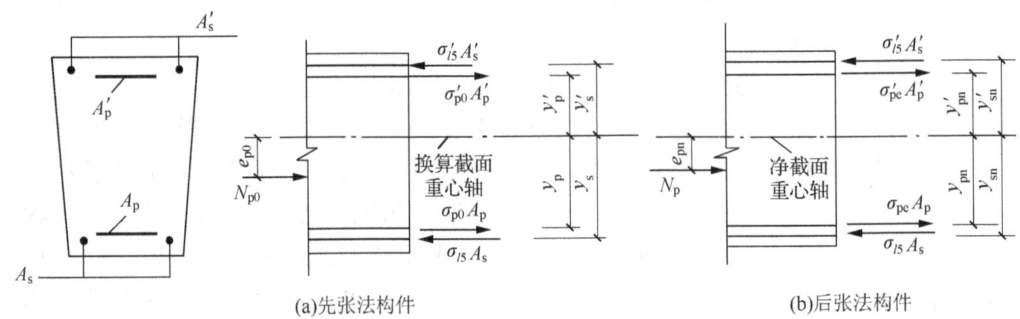

图 10.18 配有预应力钢筋 A_p、A'_p 和非预应力钢筋 A_p、A'_p 的预应力混凝土受弯构件截面形式

1. 施工阶段

(1) 先张法构件。

① 张拉钢筋时,A_p 和 A'_p 的控制应力为 σ_{con} 和 σ'_{con},第一批损失出现后,预应力筋的拉力分别为 $A_p(\sigma_{con}-\sigma_{lI})$ 和 $A'_p(\sigma'_{con}-\sigma'_{lI})$,预应力筋和非预应力筋的合力(此时非预应力筋应力为零)为

$$N_{p0I}=A_p(\sigma_{con}-\sigma_{lI})+A'_p(\sigma'_{con}-\sigma'_{lI}) \tag{10.52}$$

此时 N_{p0I} 对换算截面形心轴的距离 e_{p0I} 为

$$e_{p0I}=\frac{A_p(\sigma_{con}-\sigma_{lI})y_p-A'_p(\sigma'_{con}-\sigma'_{lI})y'_p}{N_p} \tag{10.53}$$

② 放松预应力筋时,与轴心受拉构件相似,把预应力筋 A_p、A'_p 和非预应力筋 A_s、A'_s 的合力 N_{pI} 看作外力,作用在换算截面 A_0 上($A_0=A_c+\alpha_E A_p+\alpha_{E_s}A_s+\alpha_E A'_p+\alpha_{E_s}A'_s$,当钢筋弹性模量不同时,应分别取用)。

此时,偏心压力 N_{pI} 作用下截面各点混凝土的法向应力 σ_{pcI} 为

$$\sigma_{pcI}=\frac{N_{p0I}}{A_0}\pm\frac{N_{p0I}e_{p0I}}{I_0}y_0 \tag{10.54}$$

式中:I_0——换算截面惯性矩;

y_0——换算截面重心至所计算纤维的距离;

y_p,y'_p——受拉区、受压区预应力筋合力至换算截面形心的距离。

表 10.7　先张法预应力混凝土受弯构件各阶段的应力分析

受力阶段		简图	钢筋应力 σ_p	混凝土应力 σ_{pc}（截面下边缘）	说明
施工阶段	张拉钢筋		σ_{con}	—	钢筋被拉长 钢筋拉应力等于张拉控制应力
	完成第一批损失		$\sigma_{con}-\sigma_{l\mathrm{I}}$	0	钢筋拉应力降低，减小了 $\sigma_{l\mathrm{I}}$ 混凝土尚未受力
	放松钢筋	$\sigma'_{pc\mathrm{I}}$ $\sigma_{pc\mathrm{I}}$(压)	$\sigma_{con}-\sigma_{l\mathrm{I}}-\alpha_E\sigma_{pc\mathrm{I}}$	$\sigma_{pc\mathrm{I}}=\dfrac{N_{p0\mathrm{I}}}{A_0}+\dfrac{N_{p0\mathrm{I}}e_{p0\mathrm{I}}}{I_0}y_0$ $N_{p0\mathrm{I}}=(\sigma_{con}-\sigma_{l1})A_p$	混凝土上边缘受拉伸长 下边缘受压缩短，构件产生反拱 混凝土下边缘压应力为 $\sigma_{pc\mathrm{I}}$ 钢筋拉应力减小了 $\alpha_E\sigma_{pc\mathrm{I}}$
	完成第二批损失	$\sigma'_{pc\mathrm{II}}$(压) $\sigma_{pc\mathrm{II}}$(压)	$\sigma_{con}-\sigma_l-\alpha_E\sigma_{pc\mathrm{II}}$	$\sigma_{pc\mathrm{II}}=\dfrac{N_{p0\mathrm{II}}}{A_0}+\dfrac{N_{p0\mathrm{II}}e_{p0\mathrm{II}}}{I_0}y_0$ $N_{p0\mathrm{II}}=(\sigma_{con}-\sigma_l)A_p$	混凝土下边缘压应力降低到 $\sigma_{pc\mathrm{II}}$ 钢筋拉应力继续减小
使用阶段	加载至 $\sigma_{pc}=0$	p_0　p_0 0	$\sigma_{con}-\sigma_l$	0	混凝土上边缘由拉变压 下边缘压应力减小到零 钢筋拉应力增加了 $\alpha_E\sigma_{pc\mathrm{II}}$ 构件反拱减小，并略有挠度
	加载至受拉区裂缝即将出现	p_{cr}　p_{cr} f_{tk}(拉)	$\sigma_{con}-\sigma_l+2\alpha_E f_{tk}$	f_{tk}	混凝土上边缘压应力增加 下边缘拉应力增加了 $2\alpha_E f_{tk}$ 构件挠度增加
	加载至破坏	p_u　p_u	f_{py}	0	截面下部裂缝开展，构件挠度剧增 钢筋拉应力增加到 f_{py} 混凝土上边缘压应力增加到 $\alpha_1 f_c$

表 10.8　后张法预应力混凝土受弯构件各阶段的应力分析

受力阶段		简图	钢筋应力 σ_{p}	混凝土应力 σ_{pc}（截面下边缘）	说明
施工阶段	穿钢筋		0	0	
	张拉钢筋	σ'_{pc} σ_{pc}(压)	$\sigma_{con}-\sigma_{l2}$	$\sigma_{pc}=\dfrac{N_{p}}{A_{n}}+\dfrac{N_{p}e_{pn}}{I_{n}}y_{n}$ $N_{p}=(\sigma_{con}-\sigma_{l2})A_{p}$	钢筋被拉长摩擦损失同时产生 钢筋拉应力比控制应力 σ_{con} 减小了 σ_{l2} 混凝土上边缘受拉伸长，下边缘受压缩短，构件产生反拱
	完成第一批损失	σ'_{pcI} σ_{pcI}(压)	$\sigma_{con}-\sigma_{lI}$	$\sigma_{pcI}=\dfrac{N_{pI}}{A_{n}}+\dfrac{N_{pI}e_{pnI}}{I_{n}}y_{n}$ $N_{pI}=(\sigma_{con}-\sigma_{lI})A_{p}$	混凝土下边缘压应力减小到 σ_{pcI} 钢筋拉应力减小了 σ_{lI}
	完成第二批损失	σ'_{pcII} σ_{pcII}(压)	$\sigma_{con}-\sigma_{l}$	$\sigma_{pcII}=\dfrac{N_{pII}}{A_{n}}+\dfrac{N_{pII}e_{pnII}}{I_{n}}y_{n}$ $N_{pII}=(\sigma_{con}-\sigma_{l})A_{p}$	混凝土下边缘压应力降低到 σ_{pcII} 钢筋拉应力继续减小
使用阶段	加载至 $\sigma_{pc}=0$	p_{0}　p_{0} 0	$(\sigma_{con}-\sigma_{l})+\alpha_{E}\sigma_{pcII}$	0	混凝土上边缘由拉变压，下边缘压应力减小到零 钢筋拉应力增加了 $\alpha_{E}\sigma_{pcII}$ 构件反拱减小，略有挠度
	加载至受拉区裂缝即将出现	p_{cr}　p_{cr} f_{tk}(拉)	$\sigma_{con}-\sigma_{l}+\alpha_{E}\sigma_{pcII}$ $+2\alpha_{E}f_{tk}$	f_{tk}	混凝土上边缘压应力增加，下边缘拉应力到达 f_{tk} 钢筋拉应力增加了 $2\alpha_{E}f_{tk}$ 构件挠度增加
	加载至破坏	p_{u}　p_{u}	f_{py}	0	截面下边缘裂缝开展，构件挠度剧增 钢筋拉应力增加到 f_{py} 混凝土上边缘压应力增加到 $\alpha_{1}f_{c}$

式(10.54)中右边第二项与第一项方向相同时取正号，相反时取负号。

此时，预应力筋、非预应力筋的拉应力为

$$\begin{cases}\sigma_{pI}=\sigma_{con}-\sigma_{lI}-\alpha_E\sigma_{pcI}\\ \sigma'_{pI}=\sigma'_{con}-\sigma'_{lI}-\alpha_E\sigma'_{pcI}\end{cases}\tag{10.55}$$

$$\begin{cases}\sigma_{sI}=-\alpha_E\sigma_{pcI}\\ \sigma'_{sI}=\alpha_E\sigma'_{pcI}\end{cases}\tag{10.56}$$

注意：式(10.55)和式(10.56)中的 σ_{pcI}、σ'_{pcI} 是指预应力钢筋或非预应力钢筋各自合力位置处的混凝土应力，故各自的取值不同。

③ 完成第二批损失后，考虑混凝土收缩和徐变对 A_s、A'_s 的影响，公式相应改变。此时，全部预应力筋与非预应力筋的合力为

$$N_{p0II}=A_p(\sigma_{con}-\sigma_l)+A'_p(\sigma'_{con}-\sigma'_l)-A_s\sigma_{l5}-A'_s\sigma'_{l5}\tag{10.57}$$

N_{pII} 对换算截面形心轴的距离 e_{p0II} 为

$$e_{p0II}=\frac{A_p(\sigma_{con}-\sigma_l)y_p-A'_p(\sigma'_{con}-\sigma'_l)y'_p-A_s\sigma_{l5}y_s+A'_s\sigma'_{l5}y'_s}{N_{pII}}\tag{10.58}$$

混凝土截面上各点的应力，也即混凝土有效预压应力为

$$\sigma_{pcII}=\frac{N_{p0II}}{A_0}\pm\frac{N_{p0II}e_{p0II}}{I_0}y_0\tag{10.59}$$

式中：y_s，y'_s——受拉区、受压区非预应力筋合力点至换算截面形心的距离。

此时，预应力筋、非预应力筋的拉应力为

$$\begin{cases}\sigma_p=\sigma_{con}-\sigma_l-\alpha_E\sigma_{pcII}\\ \sigma'_p=\sigma'_{con}-\sigma'_l-\alpha_E\sigma'_{pcII}\end{cases}\tag{10.60}$$

$$\begin{cases}\sigma_s=\alpha_E\sigma_{pcII}+\sigma_{l5}\\ \sigma'_s=\alpha_E\sigma'_{pcII}+\sigma'_{l5}\end{cases}\tag{10.61}$$

(2) **后张法构件**。

① 张拉钢筋并将预应力钢筋锚固后，已完成第一批预应力损失，此时的预应力钢筋和非预应力钢筋的合力 N_{pI} 作为外力作用在换算净截面 A_n 上 $(A_n=A_c+\alpha_{E_s}A_s+\alpha_{E_s}A'_s)$

$$N_{pI}=A_p(\sigma_{con}-\sigma_{lI})+A'_p(\sigma'_{con}-\sigma'_{lI})\tag{10.62}$$

N_{pI} 对换算截面形心轴的距离 e_{pnI} 为

$$e_{pnI}=\frac{A_p(\sigma_{con}-\sigma_{lI})y_{pn}-A'_p(\sigma'_{con}-\sigma'_{lI})y'_{pn}}{N_{pI}}\tag{10.63}$$

混凝土截面上各点的应力为

$$\sigma_{pcI}=\frac{N_{pI}}{A_n}\pm\frac{N_{pI}e_{pnI}}{I_n}y_n+\sigma_{p2}\tag{10.64}$$

式中：A_n、I_n——净截面的面积和惯性矩；

y_n——截面所计算应力纤维处对换算净截面重心轴的距离；

y_{pn}，y'_{pn}——受拉区、受压区预应力筋合力点对换算净截面重心轴的距离；

σ_{p2}——由预应力次应力引起的混凝土截面法向应力，具体计算方法见《规范》。

式(10.63)中右边第二项与第一项方向相同时取正号,相反时取负号。

此时,预应力筋、非预应力筋的拉应力为

$$\left.\begin{aligned}\sigma_{\mathrm{pI}}&=\sigma_{\mathrm{con}}-\sigma_{l\mathrm{I}}\\ \sigma'_{\mathrm{pI}}&=\sigma'_{\mathrm{con}}-\sigma'_{l\mathrm{I}}\end{aligned}\right\}\tag{10.65}$$

$$\left.\begin{aligned}\sigma_{\mathrm{sI}}&=-\alpha_{\mathrm{E}}\sigma_{\mathrm{pcI}}\\ \sigma'_{\mathrm{sI}}&=-\alpha_{\mathrm{E}}\sigma'_{\mathrm{pcI}}\end{aligned}\right\}\tag{10.66}$$

② 完成第二批损失后,全部预应力筋与非预应力筋的合力为

$$N_{\mathrm{pII}}=A_{\mathrm{p}}(\sigma_{\mathrm{con}}-\sigma_{l})+A'_{\mathrm{p}}(\sigma'_{\mathrm{con}}-\sigma'_{l})-A_{\mathrm{s}}\sigma_{l5}-A'_{\mathrm{s}}\sigma'_{l5}\tag{10.67}$$

N_{PII} 对换算截面形心轴的距离 e_{pnII} 为

$$e_{\mathrm{pnII}}=\frac{A_{\mathrm{p}}(\sigma_{\mathrm{con}}-\sigma_{l})y_{\mathrm{pn}}-A'_{\mathrm{p}}(\sigma'_{\mathrm{con}}-\sigma'_{l})y'_{\mathrm{pn}}-\sigma_{l5}A_{\mathrm{s}}y_{\mathrm{ns}}+\sigma'_{l5}A'_{\mathrm{s}}y'_{\mathrm{ns}}}{N_{\mathrm{pII}}}\tag{10.68}$$

式中:y_{ns},y'_{ns}——受拉区、受压区非预应力筋合力点对换算净截面重心轴的距离。

混凝土有效预压应力为

$$\sigma_{\mathrm{pcII}}=\frac{N_{\mathrm{pII}}}{A_{\mathrm{n}}}\pm\frac{N_{\mathrm{pII}}e_{\mathrm{pnII}}}{I_{\mathrm{n}}}y_{\mathrm{n}}+\sigma_{\mathrm{p2}}\tag{10.69}$$

此时,预应力筋、非预应力筋的拉应力为

$$\left.\begin{aligned}\sigma_{\mathrm{pII}}&=\sigma_{\mathrm{con}}-\sigma_{l}\\ \sigma'_{\mathrm{pII}}&=\sigma'_{\mathrm{con}}-\sigma'_{l}\end{aligned}\right\}\tag{10.70}$$

$$\left.\begin{aligned}\sigma_{\mathrm{s}}&=-\alpha_{\mathrm{E}}\sigma_{\mathrm{pcII}}-\sigma_{l5}\\ \sigma'_{\mathrm{s}}&=-\alpha_{\mathrm{E}}\sigma'_{\mathrm{pcII}}-\sigma'_{l5}\end{aligned}\right\}\tag{10.71}$$

2. 使用阶段

在外荷载作用下,截面受到弯矩 M 的作用,使截面产生应力 $\sigma=My_0/I_0=M/W_0$,其中 W_0 为换算截面受拉边缘弹性抵抗矩。

(1) **消压状态**。当加荷至截面受拉边缘混凝土为零时,这一状态称为消压状态,所对应的弯矩称为消压弯矩 M_0。此时,在 M_0 作用下截面受拉边缘混凝土上的拉应力正好抵消受拉边缘混凝土的预压应力 σ_{pc},即

$$\frac{M_0}{W_0}-\sigma_{\mathrm{pc}}=0\quad\text{或}\quad M_0=\sigma_{\mathrm{pc}}W_0\tag{10.72}$$

由于受弯构件截面应力分布不均匀,当荷载加到 M_0 时,只是截面下边缘混凝土应力为零,截面其他纤维的应力并不等于零。

(2) **即将开裂状态**。当荷载产生的弯矩超过 M_0 后,截面下边缘混凝土开始受拉,当受拉区混凝土拉应力达到其抗拉强度标准值 f_{tk} 时,混凝土即将出现裂缝,此时截面上受到的开裂弯矩为

$$M_{\mathrm{cr}}=M_0+\gamma f_{\mathrm{tk}}W_0=(\sigma_{\mathrm{pc}}+\gamma f_{\mathrm{tk}})W_0\tag{10.73}$$

截面即将开裂时,受拉区混凝土的塑性变形已充分发展,截面受拉区应力图形实际应呈曲线分布,可近似取为梯形[图 10.19(a)]。为了简化计算,能够继续应用材料力学的弹性计算公式,按抗裂弯矩相等的原则,可将受拉区混凝土应力图变为三角形应力图,并

取受拉边缘的应力为 γf_{tk}［图10.19(b)］。这样，普通钢筋混凝土构件的抗裂弯矩即为 $\gamma f_{tk}W_0$。γ 为截面抵抗矩塑性影响系数，可根据两种应力图形下，素混凝土截面开裂弯矩相等的条件求得。γ 与截面形状和高度有关，建议按下式确定：

$$\gamma=\left(0.7+\frac{120}{h}\right)\gamma_m \tag{10.74}$$

式中：γ_m ——截面抵抗矩塑性影响系数基本值，取值见表10.9；

h ——截面高度。当 $h<400$mm 时，取 $h=400$mm；当 $h>1600$mm 时，取 $h=1600$mm；对圆形、环形截面，取 $h=2r$，此处 r 为圆形截面半径或环形截面的外环半径。

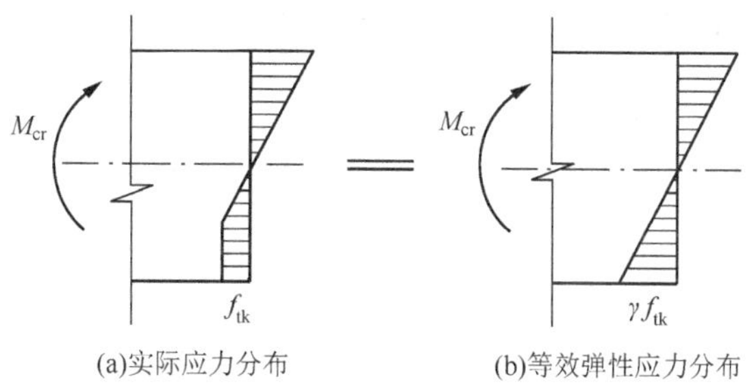

图10.19　开裂弯矩

表10.9　截面抵抗矩塑性影响系数基本值 γ_m

截面形状	矩形截面	翼缘位于受压区的T形截面	对称工字形截面或箱形截面		翼缘位于受拉区的倒T形截面		圆形和环形截面
			$b_f/b\leqslant 2$ h_f/h 为任意值	$b_f/b>2$ $h_f/h<0.2$	$b_f/b\leqslant 2$ h_f/h 为任意值	$b_f/b>2$ $h_f/h<0.2$	
γ_m	1.55	1.50	1.45	1.35	1.50	1.40	$1.6-0.24r_1/r$

注：r 为圆形和环形截面外径；r_1 为环形截面内径。

(3) **承载能力极限状态**。当截面弯矩超过 M_{cr} 后，受拉区将出现裂缝，裂缝截面混凝土退出工作，拉力全部由钢筋承受，当加荷至破坏时，与普通混凝土截面应力状态类似，计算方法也基本相同。需要指出的是，在使用阶段，先张法与后张法求 M_0、M_{cr} 以及破坏弯矩 M_u 的计算公式是完全相同的，只是在 M_0、M_{cr} 公式中，求 σ_{pc} 时，先张法与后张法是不同的。

受压区的预应力钢筋 A'_p 在施工阶段是受拉的，进入使用阶段后，随着荷载的增加，A'_p 中的拉应力逐渐减少，构件破坏时，A'_p 可能受拉也可能受压，但一般达不到屈服强度 f'_{py}，可近似取极限状态时 A'_p 的应力为

$$\sigma'_p=\sigma'_{p0}-f'_{py} \tag{10.75}$$

式中：σ'_{p0}——受压区预应力筋合力作用点处混凝土法向应力为零时该预应力筋的应力值。对于先张法构件，$\sigma'_{p0}=\sigma'_{con}-\sigma'_l$；后张法构件，$\sigma'_{p0}=\sigma'_{con}-\sigma'_l+\alpha_E\sigma'_{pc}$。

10.4.2　预应力混凝土受弯构件的设计

预应力混凝土受弯构件的计算包括以下主要内容。

1. 使用阶段正截面受弯承载力计算

(1) 矩形截面。预应力混凝土受弯构件正截面受弯破坏时,受拉区预应力钢筋先达到屈服,然后受压区边缘的压应变达到混凝土的极限压应变而破坏。如果在截面上还有非预应力钢筋 A_s、A'_s,破坏时其应力均能达到屈服强度。而受压区预应力钢筋 A'_p 在截面破坏时的应力 σ'_p 应按式(10.75)计算。因此,对于图 10.20 所示的矩形截面预应力混凝土受弯构件,其正截面受弯承载力计算的基本公式为

$$\alpha_1 f_c bx - \sigma'_p A'_p + f'_y A'_s = f_{py} A_p + f_y A_s \tag{10.76}$$

$$M \leqslant M_u = \alpha_1 f_c bx \left(h_0 - \frac{x}{2}\right) + f'_y A'_s (h_0 - a'_s) - \sigma'_p A'_p (h_0 - a'_p) \tag{10.77}$$

混凝土受压区高度 x 应符合下列要求:

$$x \leqslant \xi_b h_0 \tag{10.78}$$

$$x \geqslant 2a' \tag{10.79}$$

式中:a'——受压区全部纵向钢筋合力点至截面受压边缘的距离,当受压区未配置预应力钢筋或 σ'_p 为拉应力时,可取 $a' = a'_s$;

a'_s、a'_p——受压区纵向非预应力钢筋合力点、预应力钢筋合力点至截面受压边缘的距离;

ξ_b——预应力混凝土受弯构件相对受压区高度,对于无明显屈服点的预应力钢筋按下式计算,非预应力钢筋的计算同第 4 章。若在截面受拉区内配置不同种类的钢筋或预应力值不同时,其截面相对界限受压区高度应分别计算,并取较小值。

$$\xi_b = \frac{\beta_1}{1 + \dfrac{0.002}{\varepsilon_{cu}} + \dfrac{f_{py} - \sigma_{p0}}{E_s \varepsilon_{cu}}} \tag{10.80}$$

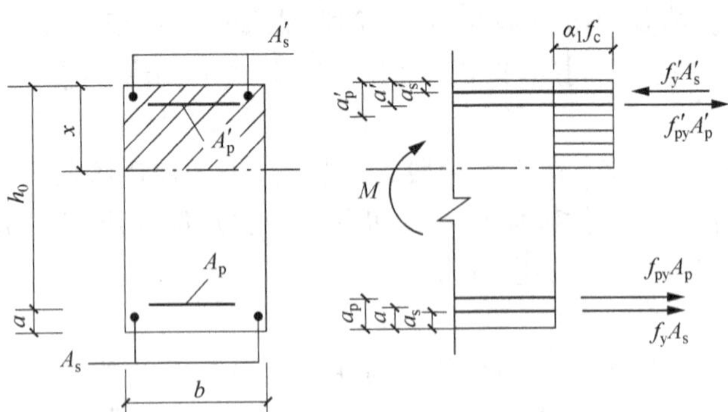

图 10.20　矩形截面受弯构件正截面承载力计算

当 $x<2a'$ 时，且 $\sigma'_p>0$ 即为拉应力时，可忽略 A'_p，取 $x=2a'_s$，则正截面受弯承载力可按下列公式计算为

$$M\leqslant M_u=f_{py}A_p(h-a_p-a'_s)+f_yA_s(h-a_s-a'_s) \tag{10.81}$$

当 $x<2a'$ 时，且 $\sigma'_p<0$ 即为压应力时，可取 $x=2a'$，则正截面受弯承载力可按下列公式计算：

$$M\leqslant M_u=f_{py}A_p(h-a_p-a')+f_yA_s(h-a_s-a') \tag{10.82}$$

(2) T 形截面。如图 10.21 所示，T 形截面预应力混凝土受弯构件正截面承载力计算时，根据混凝土受压区高度 x 是否大于截面受压翼缘高度 h'_f 分为两种情况。

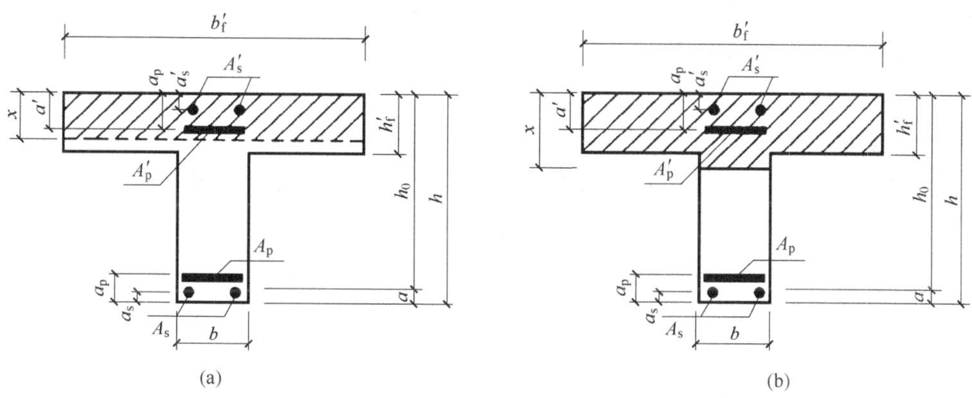

图 10.21　T 形截面受弯构件正截面承载力计算

① $x\leqslant h'_f$ 时的第一类 T 形截面。当满足以下条件时，属于第一类 T 形截面：

$$\alpha_1f_cb'_fh'_f-\sigma'_pA'_p+f'_yA'_s\geqslant f_{py}A_p+f_yA_s \tag{10.83}$$

$$M\leqslant\alpha_1f_cb'_fh'_f\left(h_0-\frac{h'_f}{2}\right)+f'_yA'_s(h_0-a'_s)-\sigma'_pA'_p(h_0-a'_p) \tag{10.84}$$

第一类 T 形截面的混凝土受压区位于 T 形截面的翼缘范围内，可按宽度为 b'_f 的矩形截面计算，其正截面受弯承载力计算公式为

$$\alpha_1f_cb'_fx-\sigma'_pA'_p+f'_yA'_s=f_{py}A_p+f_yA_s \tag{10.85}$$

$$M\leqslant M_u=\alpha_1f_cb'_fx\left(h_0-\frac{x}{2}\right)+f'_yA'_s(h_0-a'_s)-\sigma'_pA'_p(h_0-a'_p) \tag{10.86}$$

② $x>h'_f$ 时的第二类 T 形截面。当满足以下条件时，属于第二类 T 形截面，即

$$\alpha_1f_cb'_fh'_f-\sigma'_pA'_p+f'_yA'_s<f_{py}A_p+f_yA_s \tag{10.87}$$

$$M>\alpha_1f_cb'_fh'_f\left(h_0-\frac{h'_f}{2}\right)+f'_yA'_s(h_0-a'_s)-\sigma'_pA'_p(h_0-a'_p) \tag{10.88}$$

第二类 T 形截面的中和轴位于 T 形截面的腹板范围内，混凝土受压区可分为两个矩形，其正截面受弯承载力计算公式为

$$\alpha_1f_cbx+\alpha_1f_c(b'_f-b)h'_f-\sigma'_pA'_p+f'_yA'_s=f_{py}A_p+f_yA_s \tag{10.89}$$

$$M\leqslant M_u=\alpha_1f_cbx\left(h_0-\frac{x}{2}\right)+\alpha_1f_c(b'_f-b)h'_f\left(h_0-\frac{h'_f}{2}\right)+f'_yA'_s(h_0-a'_s)-\sigma'_pA'_p(h_0-a'_p) \tag{10.90}$$

(3) 正截面受弯承载力与开裂弯矩的关系。为了控制受拉钢筋总配筋量不能过少,使构件具有应有的延性,防止预应力受弯构件开裂后的突然脆断,规范规定预应力混凝土受弯构件的正截面承载力应不小于其开裂弯矩,即

$$M_u \geqslant M_{cr} \tag{10.91}$$

式(10.91)中的开裂弯矩采用式(10.73)计算。

2. 使用阶段正截面裂缝控制验算

预应力混凝土受弯构件的正截面抗裂度及裂缝宽度验算与预应力混凝土轴拉构件基本相同,根据三个裂缝控制等级的不同要求应分别满足式(10.36)、式(10.38)、式(10.39)和式(10.40)。不同之处有以下几点。

(1) 混凝土有效预压应力 σ_{pcII} 应根据先张法或后张法预应力受弯构件的受力特征按式(10.59)或式(10.69)计算。

(2) 上述验算公式中抗裂验算边缘混凝土的法向应力 σ_{ck}、σ_{cq} 应按下式计算:

$$\begin{cases} \sigma_{ck} = \dfrac{M_k}{W_0} \\ \sigma_{cq} = \dfrac{M_q}{W_0} \end{cases} \tag{10.92}$$

式中:M_k、M_q ——按荷载的标准组合或准永久组合计算的弯矩值;

W_0——构件换算截面受拉边缘的弹性抵抗矩。

(3) 预应力混凝土受弯构件裂缝宽度的计算方法及公式同普通混凝土,但构件受力特征系数 $\alpha_{cr}=1.5$。按标准组合计算的预应力混凝土构件纵向受拉钢筋等效应力 σ_{sk} 按下式计算:

$$\sigma_{sk} = \frac{M_k - N_{p0}(z - e_p)}{(\alpha_1 A_p + A_s)z} \tag{10.93}$$

其中

$$z = \left[0.87 - 0.12(1-\gamma'_f)\left(\frac{h_0}{e}\right)^2\right] h_0 \tag{10.94}$$

$$\gamma'_f = \frac{(b'_f - b)h'_f}{bh_0} \tag{10.95}$$

$$e = \frac{M_k}{N_{p0}} + e_p \tag{10.96}$$

$$e_p = y_{ps} - e_{p0} \tag{10.97}$$

式中:z ——受拉区纵向预应力钢筋和非预应力钢筋合力点至截面受压区压力合力点的距离,且不大于 $0.87h_0$;

e_p ——混凝土法向预应力等于零时,全部纵向预应力和非预应力钢筋的合力 N_{p0} 的作用点至受拉区纵向预应力和非预应力钢筋合力点的距离;

α_1——无黏结预应力钢筋的等效折减系数,取 $\alpha_1=0.30$,对灌浆的后张预应力筋取 $\alpha_1=1.0$;

γ'_f——受压翼缘截面面积与腹板有效截面面积的比值，其中，b'_f、h'_f为受压区翼缘的宽度、高度，当$h'_f > 0.2h_0$时，取$h'_f = 0.2h_0$；

e——轴向压力作用点至纵向受拉钢筋合力点的距离；

y_{ps}——受拉区纵向预应力钢筋和非预应力钢筋合力点的偏心距；

e_{p0}——计算截面上混凝土法向预应力等于零时，全部纵向预应力和非预应力钢筋的合力点的偏心距，先张法和后张法分别按照式(10.58)和式(10.68)计算。

3. 使用阶段斜截面受剪承载力验算

试验研究表明，预压应力能抑制和延缓斜裂缝的出现和发展，增加混凝土剪压区高度和骨料咬合力的作用，从而提高了预应力混凝土受弯构件的斜截面受剪承载力，其提高作用类似受压构件的受剪情况。

一般的预应力混凝土受弯构件斜截面受剪承载力按以下公式计算：

$$V \leqslant V_{cs} + V_p + 0.8f_y A_{sb}\sin\alpha_s + 0.8f_{py}A_{pb}\sin\alpha_p \tag{10.98}$$

其中

$$V_p = 0.05N_{p0} \tag{10.99}$$

式中：V_{cs}——构件斜截面上混凝土和箍筋的受剪承载力，与普通钢筋混凝土受弯构件相同；

A_{sb}、A_{pb}——同一弯起平面内非预应力弯起钢筋、预应力弯起钢筋的截面面积；

α_s、α_p——斜截面上非预应力弯起钢筋、预应力弯起钢筋的切线与构件纵向轴线的夹角；

V_p——预应力所提高的构件受剪承载力。与受压构件类似，当计算斜截面处的消压轴力$N_{p0} > 0.3f_c A_0$时，取$N_{p0} = 0.3f_c A_0$；当N_{p0}引起的截面弯矩与荷载产生的外弯矩方向相同时，以及预应力混凝土连续梁和允许出现裂缝的预应力混凝土简支梁，均取$V_p = 0$。

对于先张法预应力混凝土构件，如计算斜截面位置位于预应力钢筋的应力传递长度l_{tr}范围内，则应考虑斜截面位置处预压应力降低的影响。如图10.22所示，设支座边缘截面至构件端部的距离$l_a < l_{tr}$，考虑在应力传递长度范围内预应力钢筋和混凝土的应力可近似按线性规律变化，则此斜截面的V_p可按下式计算：

$$V_p = 0.05N_{p0}\frac{l_a}{l_{tr}} \tag{10.100}$$

其中

$$l_{tr} = \alpha\frac{\sigma_{pI}}{f'_{tk}}d \tag{10.101}$$

式中：σ_{pI}——放张时预应力钢筋的有效预应力；

α——预应力钢筋的外形系数，见表2.6；

f'_{tk}——与放张时混凝土立方体抗压强度f'_{cu}相应的轴心抗拉强度标准值。

当采用骤然放松预应力钢筋的施工工艺时，l_{tr}的起点应从距构件末端$0.25l_{tr}$处开始计算。

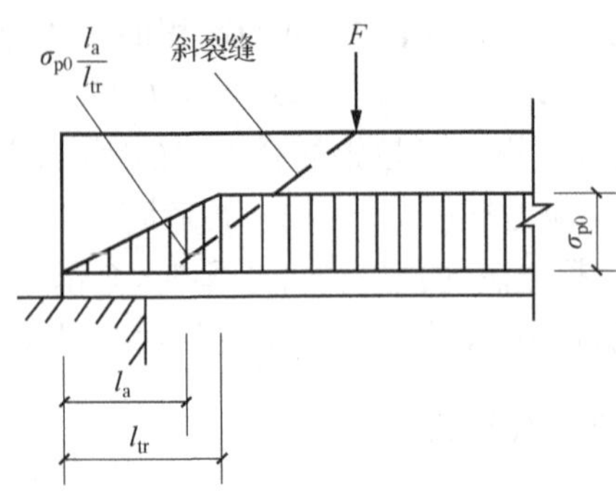

图 10.22　预应力钢筋传递长度范围内有效预应力值的变化

预应力混凝土受弯构件斜截面受剪承载力计算公式的截面限制条件和最小配箍率的要求、斜截面的计算位置等均与普通钢筋混凝土受弯构件相同。当剪力设计值满足下列公式的要求时,则可不进行斜截面受剪承载力计算,仅需按构造要求配置箍筋。

$$V \leqslant V_c + V_p \tag{10.102}$$

4. 使用阶段斜截面抗裂验算

(1) 斜截面抗裂验算的要求。预应力混凝土受弯构件的剪弯段为正应力和剪应力共同存在的复合受力状态,为防止出现斜裂缝,应对剪弯段内各点的混凝土主拉应力 σ_{tp} 和主压应力 σ_{cp} 进行控制,应满足以下要求。

对严格要求不出现裂缝的构件,应满足 $\sigma_{tp} \leqslant 0.85 f_{tk}$;

对一般要求不出现裂缝的构件,应满足 $\sigma_{tp} \leqslant 0.95 f_{tk}$;

对严格要求和一般要求不出现裂缝的构件,均应满足 $\sigma_{cp} \leqslant 0.6 f_{ck}$。

(2) 混凝土主拉应力 σ_{tp} 和主压应力 σ_{cp} 的计算。预应力混凝土构件在斜截面开裂前,基本上处于弹性工作状态,所以主应力可按材料力学方法计算,即

$$\left.\begin{matrix}\sigma_{tp}\\ \sigma_{cp}\end{matrix}\right\} = \frac{\sigma_x + \sigma_y}{2} \pm \sqrt{\left(\frac{\sigma_x - \sigma_y}{2}\right)^2 + \tau^2} \tag{10.103}$$

预应力混凝土受弯构件中各混凝土微元体除了承受由外荷载产生的正应力和剪应力外,还承受由预应力钢筋所引起的预应力。对于配置预应力弯起钢筋 A_{pb} 的简支梁,在预应力和外荷载的联合作用下,计算纤维处产生沿 x 方向的混凝土法向应力 σ_x、剪应力 τ 分别为

$$\sigma_x = \sigma_{pc} + \frac{M_k y_0}{I_0} \tag{10.104}$$

$$\tau = \frac{(V_k - \sum \sigma_p A_{pb} \sin\alpha_{pb}) S_0}{b I_0} \tag{10.105}$$

若在构件的顶面作用有集中荷载(如吊车梁),则在集中力作用点两侧各 0.6h 的长度范围内,由集中荷载标准值 F_k 在混凝土中产生竖向压应力 σ_y 和剪应力 τ_F,其简化分布如图 10.23 所示。从图中可看出,F_k 作用截面上的竖向压应力最大值 $\sigma_{y,max}$、剪应力 τ_F 分别为

$$\sigma_{y,\max}=\frac{0.6F_k}{bh} \tag{10.106}$$

$$\tau_F=\frac{\tau^l-\tau^r}{2}=\frac{1}{2}\left(\frac{V_k^l S_0}{I_0 b}-\frac{V_k^r S_0}{I_0 b}\right) \tag{10.107}$$

式中：τ^l、τ^r ——集中荷载标准值 F_k 作用点左侧、右侧各 0.6h 处截面上的剪应力；

V_k^l、V_k^r ——集中荷载标准值 F_k 作用点左侧、右侧截面上的剪力标准值。

上述公式中 σ_x、σ_y、σ_{pc} 和 $\frac{M_k y_0}{I_0}$，当为拉应力时，以正值代入；当为压应力时，以负值代入。

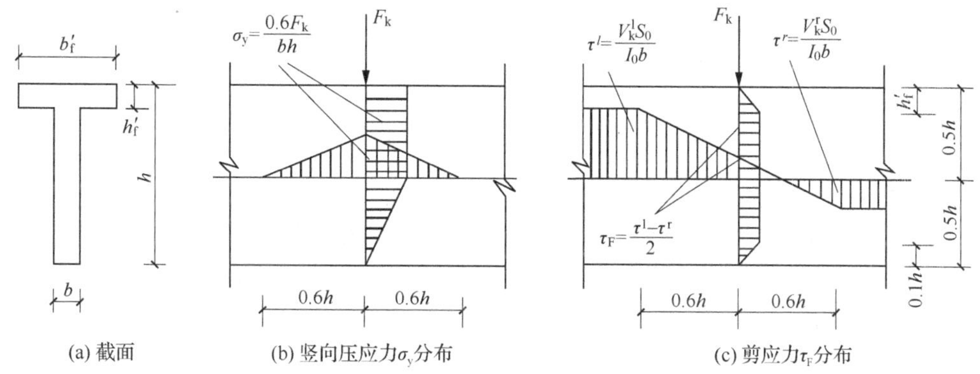

图 10.23　预应力混凝土吊车梁集中荷载作用点附近应力分布

(3) 斜截面抗裂度验算位置。计算混凝土主应力时，应选择跨度内不利位置的截面，如弯矩和剪力较大的截面或外形有突变的截面，并且在沿截面高度上，应选择该截面的换算截面重心处和截面宽度有突变处，如 I 形截面上、下翼缘与腹板交接处等主应力较大的部位。

对先张法预应力混凝土构件端部进行斜截面受剪承载力计算以及正截面、斜截面抗裂验算时，应考虑预应力钢筋在其预应力传递长度 l_{tr} 范围内实际应力值的变化，见图 10.22。预应力钢筋的实际预应力按线性规律增大，在构件端部为零，在其传递长度的末端取有效预应力值 σ_p。

5. 使用阶段挠度验算

预应力受弯构件的挠度由两部分叠加而成：一部分是由荷载产生的挠度 f_1，另一部分是由预加力产生的反拱 f_2。

(1) 荷载作用产生的挠度 f_1。挠度 f_1 可按一般材料力学的方法计算，即

$$f_1=S\frac{M_l^2}{B} \tag{10.108}$$

其中截面弯曲刚度 B 应取构件的长期刚度，长期刚度 B 是在短期刚度 B_s 的基础上修正得到的，对于预应力构件，应取荷载标准组合计算内力，长期刚度 B 的计算采用式(10.109)，对于长期荷载作用对挠度增大的影响系数 θ 取为 2.0。

$$B=\frac{M_k}{M_q(\theta-1)+M_k}B_s \tag{10.109}$$

预应力受弯构件的短期刚度 B_s 的计算不同于普通混凝土结构,可按下列原则进行计算:

① 对于使用阶段要求不出现裂缝的构件

$$B_s=0.85E_cI_0 \tag{10.110}$$

② 对于使用阶段允许出现裂缝的构件

$$B_s=\frac{0.85E_cI_0}{K_{cr}+(1-K_{cr})\omega} \tag{10.111}$$

其中

$$K_{cr}=\frac{M_{cr}}{M_k} \tag{10.112}$$

$$\omega=\left(1+\frac{0.21}{\alpha_E\rho}\right)(1+0.45\gamma_f)-0.7 \tag{10.113}$$

式中:M_{cr}——开裂弯矩,由公式(10.73)计算;

K_{cr}——预应力混凝土受弯构件正截面的开裂弯矩 M_{cr} 与荷载标准组合弯矩 M_k 的比值,当 $K_{cr}>1.0$ 时,取 $K_{cr}=1.0$;

γ_f——受拉翼缘面积与腹板有效截面面积的比值,$\gamma_f=(b_f-b)h_f/bh_0$;

ρ——纵向受拉钢筋配筋率,$\rho=\frac{A_p+A_s}{bh_0}$。

③ 对预压时预拉区出现裂缝的构件,B_s 应降低 10%。

(2) 预加应力产生的反拱 f_2。预应力混凝土构件在偏心距为 e_p 的总预压力 N_p 作用下将产生反拱 f_2,其值可按结构力学公式计算,即按两端有弯矩(等于 N_pe_p)作用的简支梁计算。同时考虑到预应力是长期存在的,对使用阶段的反拱应乘以增大系数 2.0,则

$$f_2=2.0\frac{N_pe_pl_0^2}{8B_s} \tag{10.114}$$

对永久荷载相对于可变荷载较小的预应力混凝土构件,应考虑反拱过大时对正常使用的不利影响,并应采取相应的设计和施工措施。

(3) 挠度验算。预应力受弯构件在荷载标准组合作用下并考虑长期荷载作用影响的挠度计算公式为

$$f=f_1-f_2\leqslant f_{lim} \tag{10.115}$$

当考虑反拱后计算的构件长期挠度不符合上式的要求时,可采用预先起拱的方式控制挠度。如果使用上也允许,则在验算挠度时,可将计算所得的挠度值减去起拱值。对于预应力混凝土构件,制作时的起拱值和预加力产生的反拱值均不宜超过构件在相应荷载组合下的计算挠度值。

6. 施工阶段的验算

预应力受弯构件在制作、运输及安装等施工阶段的受力状态,与使用阶段是不相同

的。在预应力刚施加上的制作阶段，构件处于混凝土强度最低而预应力钢筋应力最高的不利状态，截面上受到的偏心压力使得混凝土下边缘受压，上边缘受拉，如图 10.24(a)所示。而在运输、安装时，搁置点或吊点通常离梁端有一段距离，两端悬臂部分因自重引起负弯矩，与偏心预压力引起的负弯矩是相叠加的，见图 10.24(b)。在截面上边缘(或称预拉区)，如果混凝土的拉应力超过了混凝土的抗拉强度，预拉区将出现裂缝，并随时间的增长裂缝不断开展。在截面下边缘(预压区)，如混凝土的压应力过大，也会产生纵向裂缝。试验表明，预拉区的裂缝虽可在使用荷载下闭合，对构件的影响不大，但会使构件在使用阶段的正截面抗裂度和刚度降低。因此，必须对构件制作阶段的抗裂度进行验算。

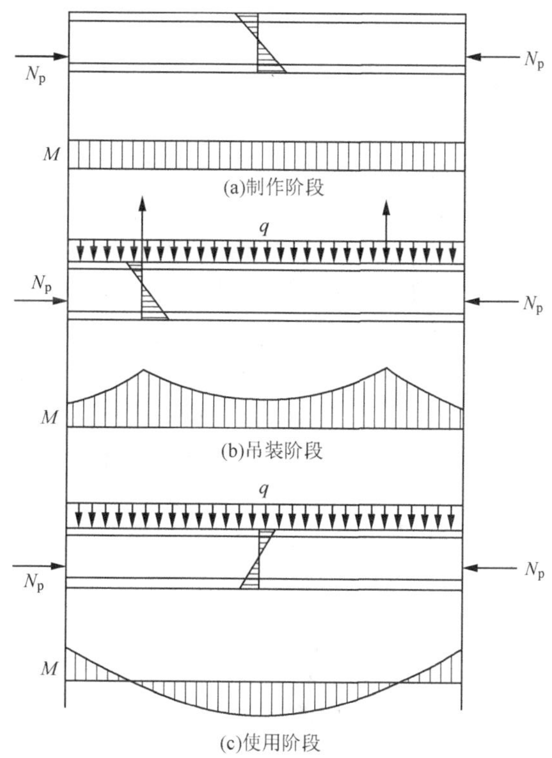

图 10.24　预应力混凝土受弯构件

采用限制边缘纤维混凝土应力值的方法，来满足预拉区不允许出现裂缝的要求，同时保证预压区的抗压强度。对制作、运输及安装等施工阶段，除进行承载能力极限状态验算外，还应对在预加力、自重及施工荷载作用下截面边缘的混凝土法向拉应力 σ_{ct} 和压应力 σ_{cc} 进行控制，其值应满足

$$\sigma_{ct} \leqslant f'_{tk} \tag{10.116}$$

$$\sigma_{cc} \leqslant 0.8f'_{ck} \tag{10.117}$$

式中：σ_{ct}、σ_{cc} ——相应施工阶段计算截面预拉区和预压区边缘的混凝土法向应力；

f'_{tk}、f'_{ck} ——与各施工阶段混凝土立方体抗压强度 f'_{cu} 相对应的抗拉及抗压强度标准值。

施工阶段截面边缘的混凝土法向拉应力 σ_{ct} 和压应力 σ_{cc} 可按下式计算为：

$$\left.\begin{matrix}\sigma_{cc}\\ \sigma_{ct}\end{matrix}\right\}=\sigma_{pc}+\frac{N_k}{A_0}\pm\frac{M_k}{W_0} \tag{10.118}$$

式中：σ_{pc} ——由预加力产生的混凝土法向应力，当 σ_{pc} 为压应力时，取正值，当 σ_{pc} 为拉应力时，取负值；

N_k、M_k ——构件自重及施工荷载的标准组合在计算截面产生的轴向力值及弯矩值；

W_0——验算边缘的换算截面弹性抵抗矩。

运输、吊装阶段搁置点或吊点处截面上、下边缘的混凝土应力为

$$\sigma_{ct}=\sigma'_c+\frac{M_{in}}{W_0} \tag{10.119}$$

$$\sigma_{cc}=\sigma_c+\frac{M_{in}}{W_0} \tag{10.120}$$

式中：M_{in} ——运输、吊装阶段构件中可能出现的最大负弯矩，应考虑动力系数 $\mu=1.5$；

σ'_c、σ_c ——运输、吊装阶段由预应力在截面上、下边缘产生的应力，根据吊装时间可为 σ'_{pcI}、σ_{pcI} 或 σ'_{pcII}、σ_{pcII}，视运输、吊装的时刻而定。

【例 10.2】 12m 预应力混凝土工字形简支梁截面，截面尺寸及有关数据见图 10.25。采用先张法在 100m 长线台座上张拉钢筋，养护温差 $\Delta t=20$℃，采用超张拉，设松弛损失 σ_{l4} 在放松前已完成 50%，预应力钢筋采用$\phi^{H}5$ 消除应力钢丝，张拉控制应力 $\sigma_{con}=\sigma'_{con}=0.75f_{ptk}$，箍筋采用 HPB300 钢筋，混凝土为 C40 级，放松时 $f'_{cu}=35\text{N/mm}^2$。设梁的计算跨度 $l_0=11.65$m，净跨 $l_n=11.25$m，均布荷载标准值 $g_k=11$kN/m，$p_k=11.4$kN/m，准永久值系数为 0.6。此梁为处于室内正常环境的一般构件，裂缝控制等级为二级。吊装时吊点位置设在距梁端 2m 处。计算或验算该梁在各阶段的强度、抗裂度和变形。

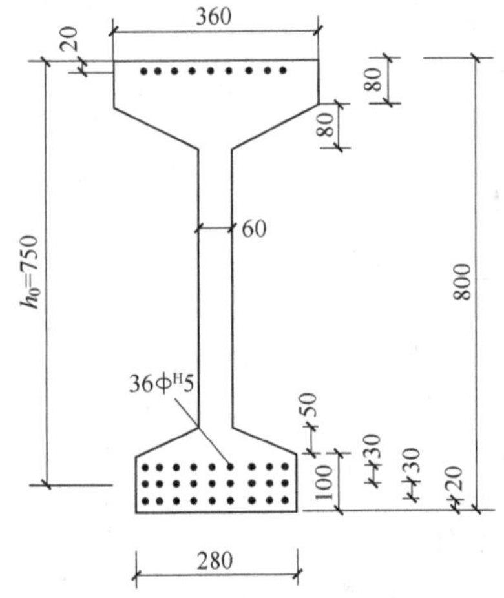

图 10.25　预应力简支梁截面

解：(1) 基本参数计算。

① 材料强度。C40 混凝土：$f_c=19.1\text{N/mm}^2$，$f'_c=16.7\text{N/mm}^2$，$f_{ck}=26.8\text{N/mm}^2$，$f_t=1.71\text{N/mm}^2$，$f'_t=1.57\text{N/mm}^2$，$f_{tk}=2.4\text{N/mm}^2$，$f'_{tk}=2.2\text{N/mm}^2$，$E_c=3.25\times10^4\text{N/mm}^2$；预应力钢筋：$f_{ptk}=1570\text{N/mm}^2$，$f_{py}=1110\text{N/mm}^2$，$f'_{py}=410\text{N/mm}^2$；$E_s=2.05\times10^5\text{N/mm}^2$，$A'_p=177\text{mm}^2$；$A_p=706\text{mm}^2$；箍筋：$f_y=270\text{N/mm}^2$。

② 张拉控制应力

$$\sigma_{con}=\sigma'_{con}=0.75f_{ptk}=0.75\times1570=1177.5(\text{N/mm}^2)$$

③ 控制内力计算。比较永久荷载和可变荷载值可知，荷载基本组合由可变荷载控制，则

弯矩设计值

$$M_{max}=\frac{1}{8}(1.2\times 11+1.4\times 11.4)\times 11.65^2=494.71(\text{kN}\cdot\text{m})$$

剪力设计值

$$V_{max}=\frac{1}{2}(1.2\times 11+1.4\times 11.4)\times 11.25=164.03(\text{kN})$$

荷载效应标准组合内力值

$$M_k=\frac{1}{8}(11+11.4)\times 11.65^2=380.02(\text{kN}\cdot\text{m})$$

$$V_k=\frac{1}{2}(11+11.4)\times 11.25=126(\text{kN})$$

荷载效应准永久组合弯矩值

$$M_q=\frac{1}{8}(11+0.6\times 11.4)\times 11.65^2=302.66(\text{kN}\cdot\text{m})$$

$$V_k=\frac{1}{2}(11+0.6\times 11.4)\times 11.25=100.35(\text{kN})$$

④ 截面几何特征。截面划分及编号见图10.26，例10.2计算参数见表10.10。

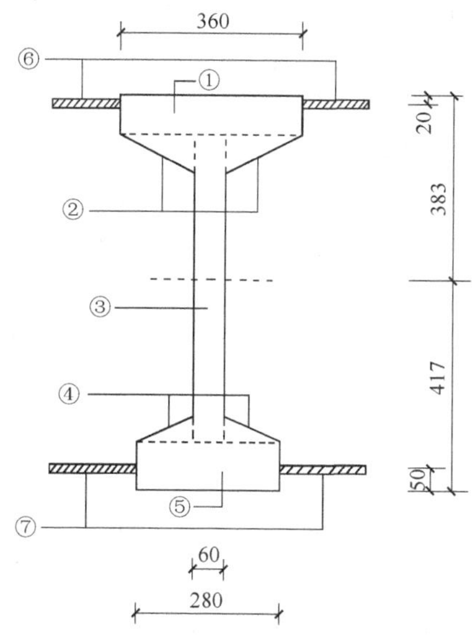

图10.26　截面划分及编号图

钢筋与混凝土的弹性模量比

$$\alpha_E=\frac{E_s}{E_c}=\frac{20.5\times 10^4}{3.25\times 10^4}=6.31$$

下部预应力钢筋重心至截面下边缘的距离

$$a_p=\frac{12\times 20+12\times 50+12\times 80}{36}=\frac{12\times 150}{36}=50(\text{mm})$$

$$h_0=800-50=750(\text{mm})$$

表 10.10 例 10.2 计算参数

编号	A_s	a_i /mm	$S_i=A_ia_i$	y_i /mm	$A_iy_i^2$	I_i
①	360mm×80mm=28 800mm²	760	360mm×80mm×760mm	343	338 829.12×10⁴mm⁴	1536×10⁴mm⁴
②	150mm×80mm=12 000mm²	693	150mm×80mm×693mm	276	91 411.2×10⁴mm⁴	426.67×10⁴mm⁴
③	60mm×620mm=37 200mm²	410	60mm×620mm×410mm	7	182.28×10⁴mm⁴	119 164×10⁴mm⁴
④	110mm×50mm=5500mm²	117	110mm×50mm×117mm	300	49 500.75×10⁴mm⁴	76.39×10⁴mm⁴
⑤	150mm×80mm=12 000mm²	50	150mm×80mm×50mm	367	377 129.2×10⁴mm⁴	2333.33×10⁴mm⁴
⑥	5mm×177mm=885mm²	780	5mm×177mm×780mm	363	1161.56×10⁴mm⁴	
⑦	5mm×706.5mm=3532mm²	50	5mm×706.5mm×50mm	367	47 572.15×10⁴mm⁴	
∑	115 917mm²		48 366 200m³		916 285.51×10⁴mm⁴	123 536.39×10⁴

注：表中 a_i 为各面积 A_i 的重心至底边的距离；y_i 为各面积 A_i 的重心至换算截面重心的距离；I_i 为各面积 A_i 对其自身的惯性矩。

换算截面重心至截面下边缘的距离

$$y_0=\frac{\sum S_i}{\sum A_i}=\frac{48\ 366\ 400}{115\ 917}=417.25(\text{mm})\approx 417\text{mm}$$

换算截面重心至截面上边缘的距离为

$$y'_0=800-417.25=382.75(\text{mm})\approx 383\text{mm}$$

换算截面惯性矩

$$I_0=\sum A_iy_i^2+\sum I_i=915\ 560.26\times 10^4+123\ 536.39\times 10^4$$
$$=1\ 039\ 096.65\times 10^4(\text{mm}^4)$$

(2) 预应力损失计算。

① 钢筋内缩及锚具变形损失

$$\sigma_{l1}=\sigma'_{l1}=0 \qquad (\text{因 100m 长线台座,可以忽略锚具变形损失})$$

② 温差损失

$$\sigma_{l3}=\sigma'_{l3}=2\Delta t=2\times 20\text{N/mm}^2=40(\text{N/mm}^2)$$

③ 钢筋松弛损失

$$\sigma_{l4}=\sigma'_{l4}=0.4\left(\frac{\sigma_{con}}{f_{ptk}}-0.5\right)\sigma_{con}=0.4\times(0.75-0.5)\times 1177.5=118(\text{N/mm}^2)$$

则第一批预应力损失

$$\sigma_{l\text{I}}=\sigma_{l1}+\sigma_{l3}+0.5\sigma_{l4}=40+0.5\times 118=99(\text{N/mm}^2)$$

第一批预应力损失出现后预应力钢筋的合力

$$N_{p\text{I}}=(\sigma_{con}-\sigma_{l\text{I}})A_p+(\sigma_{con}-\sigma'_{l\text{I}})A'_p=(\sigma_{con}-\sigma_{l\text{I}})(A_p+A'_p)$$
$$=(1177.5-99)\times(706+177)=952\ 315.5(\text{N})$$

预应力钢筋合力点至换算截面重心的距离为

$$e_{\mathrm{p0I}}=\frac{(\sigma_{\mathrm{con}}-\sigma_{l1})A_{\mathrm{p}}y_{\mathrm{p}}-(\sigma'_{\mathrm{con}}-\sigma'_{l1})A'_{\mathrm{p}}y'_{\mathrm{p}}}{N_{\mathrm{p0I}}}=\frac{(\sigma_{\mathrm{con}}-\sigma_{l1})(A_{\mathrm{p}}y_{\mathrm{p}}-A'_{\mathrm{p}}y'_{\mathrm{p}})}{N_{\mathrm{p0I}}}$$

$$=\frac{(1177.5-99)\times(706\times367-177\times363)}{952\ 315.5}=220.67(\mathrm{mm})$$

受拉区预应力钢筋 A_{p} 及 A'_{p} 重心处混凝土的预压应力为

$$\sigma_{\mathrm{pcI}}=\frac{N_{\mathrm{p0I}}}{A_0}+\frac{N_{\mathrm{p0I}}e_{\mathrm{p0I}}}{I_0}y_{\mathrm{p}}=\frac{952\ 315.5}{115\ 917}+\frac{952\ 315.5\times220.67}{1\ 039\ 096.65\times10^4}\times367=15.64(\mathrm{N/mm^2})$$

受压区预应力钢筋 A'_{p} 重心处混凝土的预压应力为

$$\sigma'_{\mathrm{pcI}}=\frac{N_{\mathrm{p0I}}}{A_0}-\frac{N_{\mathrm{p0I}}e_{\mathrm{p0I}}}{I_0}y'_{\mathrm{p}}=\frac{952\ 315.5}{115\ 917}-\frac{952\ 315.5\times220.67}{1\ 039\ 096.65\times10^4}\times363=0.87(\mathrm{N/mm^2})$$

④ 混凝土收缩和徐变引起的损失 σ_{l5}

$$\rho=\frac{A_{\mathrm{p}}}{A_0}=\frac{706}{115\ 917}=0.0061,\ \rho'=\frac{A'_{\mathrm{p}}}{A_0}=\frac{177}{115\ 917}=0.0015$$

$$\frac{\sigma_{\mathrm{pcI}}}{f'_{\mathrm{cu}}}=\frac{15.64}{35}=0.45<0.5,\ \frac{\sigma'_{\mathrm{pcI}}}{f'_{\mathrm{cu}}}=\frac{0.87}{35}=0.025<0.5$$

$$\sigma_{l5}=\frac{45+280\dfrac{\sigma_{\mathrm{pcI}}}{f'_{\mathrm{cu}}}}{1+15\rho}=\frac{45+280\times0.45}{1+15\times0.0061}=156.67(\mathrm{N/mm^2})$$

$$\sigma'_{l5}=\frac{45+280\dfrac{\sigma'_{\mathrm{pcI}}}{f'_{\mathrm{cu}}}}{1+15\rho'}=\frac{45+280\times0.025}{1+15\times0.0015}=50.86(\mathrm{N/mm^2})$$

则第二批预应力损失

$$\sigma_{l\mathrm{II}}=0.5\sigma_{l4}+\sigma_{l5}=0.5\times118+156.67=215.67(\mathrm{N/mm^2})$$

$$\sigma'_{l\mathrm{II}}=0.5\sigma'_{l4}+\sigma'_{l5}=0.5\times118+50.86=109.86(\mathrm{N/mm^2})$$

总预应力损失

$$\sigma_l=\sigma_{l\mathrm{I}}+\sigma_{l\mathrm{II}}=93+215.67=308.67(\mathrm{N/mm^2})>100\mathrm{N/mm^2}$$

$$\sigma'_l=\sigma'_{l\mathrm{I}}+\sigma'_{l\mathrm{II}}=93+109.86=202.86(\mathrm{N/mm^2})>100\mathrm{N/mm^2}$$

(3) 使用阶段正截面承载力计算。采用先张法完成全部预应力损失后预应力钢筋的应力为

$$\sigma'_{\mathrm{p0}}=\sigma'_{\mathrm{con}}-\sigma'_l=1177.5-202.86=974.64(\mathrm{N/mm^2})$$

$$\sigma_{\mathrm{p0}}=\sigma_{\mathrm{con}}-\sigma_l=1177.5-308.67=868.83(\mathrm{N/mm^2})$$

构件破坏时受压区预应力钢筋的应力为

$$\sigma'_{\mathrm{p}}=\sigma'_{\mathrm{p0}}-f'_{\mathrm{py}}=974.64-410=564.64(\mathrm{N/mm^2})$$

$$x=\frac{f_{\mathrm{py}}A_{\mathrm{p}}+\sigma'_{\mathrm{p}}A'_{\mathrm{p}}}{\alpha_1f_{\mathrm{c}}b'_{\mathrm{f}}}=\frac{1110\times705.6+564.64\times177}{1.0\times19.1\times360}=128.44(\mathrm{mm})$$

$$x=128.44\mathrm{mm}>h'_{\mathrm{f}}=\left(80+\frac{80}{2}\right)=120(\mathrm{mm})$$

属于第二类 T 形截面，应重新计算受压区高度。

$$x=\frac{f_{py}A_p+\sigma'_pA'_p-\alpha_1f_c(b'_f-b)h'_f}{\alpha_1f_cb}$$

$$=\frac{1110\times706+564.64\times177-1.0\times19.1\times(360-60)\times120}{1.0\times19.1\times60}=171.03(\text{mm})$$

$$x>2a'_p=40\text{mm}$$

$$\xi_b=\frac{\beta_1}{1.6+\frac{f_{py}-\sigma_{p0}}{0.0033E_s}}=\frac{0.8}{1.6+\frac{1110-868.83}{0.0033\times1.95\times10^5}}=0.405$$

$$\xi_bh_0=0.405\times750=303.75\text{mm}>x=171.03(\text{mm})$$

符合适用条件。

$$M_u=\alpha_1f_cbx(h_0-0.5x)+\alpha_1f_c(b'_f-b)h'_f(h_0-0.5h'_f)-\sigma'_pA'_p(h_0-a'_p)$$
$$=1.0\times19.1\times60\times171.03\times(750-0.5\times171.03)+19.1\times(360-60)$$
$$\times120\times(750-0.5\times120)-564.64\times177\times(750-20)=531.73(\text{kN}\cdot\text{m})>M$$
$$=494.71\text{kN}\cdot\text{m}$$

正截面承载力满足要求。

(4) 使用阶段正截面抗裂度验算。扣除全部预应力损失后预应力钢筋的合力为

$$N_{pII}=(\sigma_{con}-\sigma_l)A_p+(\sigma'_{con}-\sigma'_l)A'_p$$
$$=(1177.5-308.67)\times706+(1177.5-202.86)\times177$$
$$=785\ 905.26(\text{N})$$

预应力钢筋合力点至换算截面重心的距离为

$$e_{p0II}=\frac{(\sigma_{con}-\sigma_l)A_py_p-(\sigma'_{con}-\sigma'_l)A'_py'_p}{N_{pII}}$$

$$=\frac{(1177.5-308.67)\times706\times367-(1177.5-202.86)\times177\times363}{785\ 905.26}=206.76(\text{mm})$$

混凝土下边缘的预压应力

$$\sigma_{pc}=\frac{N_{pII}}{A_0}+\frac{N_{pII}e_{p0II}}{I_0}y_0=\frac{785\ 905.26}{115\ 917}+\frac{785\ 905.26\times206.76}{1\ 039\ 096.65\times10^4}\times417=13.30(\text{N/mm}^2)$$

① 在荷载效应标准组合下的截面边缘拉应力

$$\sigma_{ck}=\frac{M_k}{I_0}y_0=\frac{380.02\times10^6}{1\ 039\ 096.65\times10^4}\times417=15.26(\text{N/mm}^2)$$

构件的裂缝控制为Ⅱ级,属于一般不出现裂缝的构件。

$$\sigma_{ck}-\sigma_{pc}=15.26-13.30=1.96\text{N/mm}^2<f_{tk}=2.4(\text{N/mm}^2)$$

满足要求。

② 在荷载长期效应准永久组合下的截面边缘拉应力

$$\sigma_{cq}=\frac{M_q}{I_0}y_0=\frac{302.66\times10^6}{1\ 039\ 096.65\times10^4}\times417=12.15(\text{N/mm}^2)$$

$$\sigma_{cq}-\sigma_{pc}=12.15-13.30=-1.15(\text{N/mm}^2)<0(压)$$

满足要求。

(5) 使用阶段斜截面承载力计算。

① 验算截面尺寸

$$h_w = 490\text{mm}, h_w/b = 490/60 = 8.17 > 6.0$$

$$0.2\beta_c f_c b h_0 = 0.2 \times 1.0 \times 19.1 \times 60 \times 750 = 171.9(\text{kN}) > V = 164.03(\text{kN})$$

满足要求。

② 预应力所提高的构件受剪承载力设计值 V_p 计算。

$$N_{p0} = N_{pII} = 785\ 905.26N > 0.3f_c A_0 = 0.3 \times 19.1 \times 115\ 917 = 664\ 204.41(\text{N})$$

故取

$$N_{p0} = 664.20\text{kN}$$

则

$$V_p = 0.05N_{p0} = 0.05 \times 664.20 = 33.21(\text{kN})$$

③ 验算是否需要按照计算配置箍筋。

$$0.7f_t b h_0 + V_p = 0.7 \times 1.71 \times 60 \times 750 + 33.21 \times 10^3 = 87.08(\text{kN}) < V = 164.03\text{kN}$$

必须按计算配置箍筋。

④ 计算箍筋用量。

$$\frac{A_{sv}}{s} = \frac{V - 0.7f_t b h_0 - V_p}{f_{yv} h_0} = \frac{(164.03 - 87.08) \times 10^3}{270 \times 750} = 0.38(\text{mm}^2/\text{mm})$$

选用双肢箍 $n=2$，ϕ 6，$A_{sv1} = 28.3\text{mm}^2$，则

$$s \leqslant \frac{2 \times 28.3}{0.38} = 148.95(\text{mm})$$

取 $s = 140$mm，选用ϕ 6@140 的箍筋。

(6) 使用阶段斜截面抗裂度验算。沿构件长度方向，均布荷载作用下的简支梁，支座边缘处的剪力最大，并且沿截面高度，其主应力在 1—1、2—2、3—3 截面处较大(图 10.27)，因而必须对这些截面作主应力验算。

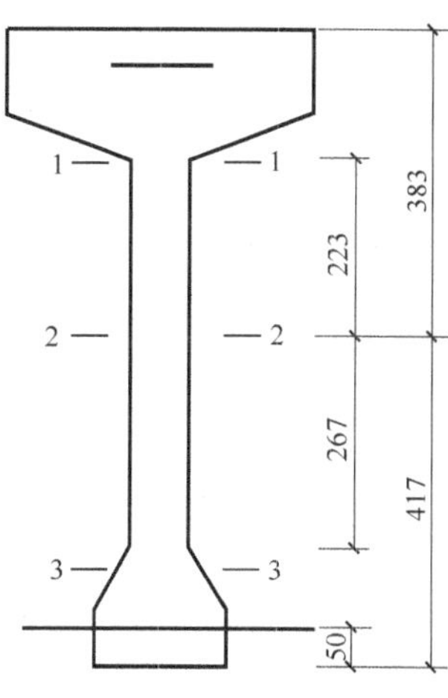

图 10.27　验算截面位置

① 正应力计算。在支座边缘处由荷载产生的剪力及弯矩标准值为

$$V = \frac{1}{2}(g_k + p_k)l_n = \frac{1}{2} \times (11 + 11.4) \times 11.25 = 126(\text{kN})$$

$$M = Va - \frac{1}{2}(g_k + p_k)a^2 = 126 \times \frac{11.65 - 11.25}{2} - \frac{1}{2} \times (11 + 11.4) \times 0.2^2 = 24.75(\text{kN} \cdot \text{m})$$

由 M 在支座边缘截面产生的正应力

$$\sigma = \frac{M}{I_0}y = \frac{24.75 \times 10^6}{1\ 039\ 096.65 \times 10^4}y = 0.0024y$$

截面 1—1 处：

$$\sigma_{1-1} = 0.0024y = -0.0024 \times 223 = -0.53(\text{N/mm}^2)(\text{压})$$

截面 2—2 处：

$$\sigma_{2-2}=0$$

截面 3—3 处:

$$\sigma_{3-3}=0.0024y=0.0024\times 267=0.64(\text{N/mm}^2)$$

由预应力产生的混凝土正应力为

$$\sigma_{pc}=\frac{N_{p\text{II}}}{A_0}\pm\frac{N_{p\text{II}}e_{p0\text{II}}}{I_0}y_0=\frac{785\ 905.26}{115\ 917}\pm\frac{785\ 905.26\times 206.76}{1\ 039\ 096.65\times 10^4}y_0=6.78\pm 0.0156y_0$$

截面 1—1 处:

$$\sigma_{pc}=6.78-0.0156\times 223=3.30(\text{N/mm}^2)$$

截面 2—2 处:

$$\sigma_{pc}=6.78-0.0156\times 0=6.78(\text{N/mm}^2)$$

截面 3—3 处:

$$\sigma_{pc}=6.78+0.0156\times 267=10.95(\text{N/mm}^2)$$

② 剪应力的计算。荷载效应标准组合下支座截面的剪应力

$$\tau=\frac{V_kS_0}{bI_0}=\frac{126\times 10^3S_0}{60\times 1\ 039\ 096.65\times 10^4}=2.02\times 10^{-7}S_0$$

截面 1—1 处:

$$S_{1-1}=28\ 800\times(383-40)+12\ 000\times(383-80-80/3)+60\times 80\times(383-80-80/2)+885\times(383-20)=14\ 778\ 055(\text{mm}^3)$$

$$\tau_{1-1}=2.02\times 10^{-7}\times 14\ 778\ 055=2.99(\text{N/mm}^2)$$

截面 2—2 处:

$$S_{2-2}=14\ 778\ 055+60\times 223\times\frac{223}{2}=16\ 269\ 925(\text{mm}^3)$$

$$\tau_{2-2}=2.02\times 10^{-7}\times 16\ 269\ 925=3.29(\text{N/mm}^2)$$

截面 3—3 处:

$$S_{3-3}=28\ 000\times(417-50)+5500\times(417-100-50/3)+60\times 50\times(417-100-50/2)+3528\times(417-50)=14\ 098\ 609.33(\text{mm}^3)$$

$$\tau_{3-3}=2.02\times 10^{-7}\times 14\ 098\ 609.33=2.85(\text{N/mm}^2)$$

③ 主应力的计算 $(\sigma_x=\sigma+\sigma_{pc},\sigma_y=0)$。

$$\left.\begin{matrix}\sigma_{tp}\\ \sigma_{cp}\end{matrix}\right\}=\frac{\sigma+\sigma_{pc}}{2}\pm\sqrt{\left(\frac{\sigma+\sigma_{pc}}{2}\right)^2+\tau^2}$$

截面 1—1 处

$$\left.\begin{matrix}\sigma_{tp}\\ \sigma_{cp}\end{matrix}\right\}=\frac{-0.53-3.30}{2}\pm\sqrt{\left(\frac{-0.53-3.30}{2}\right)^2+2.99^2}=-1.92\pm 3.55=\begin{cases}1.63(\text{N/mm}^2)\\-5.47(\text{N/mm}^2)\end{cases}$$

截面 2—2 处

$$\left.\begin{matrix}\sigma_{tp}\\ \sigma_{cp}\end{matrix}\right\}=\frac{0-6.78}{2}\pm\sqrt{\left(\frac{0-6.78}{2}\right)^2+3.29^2}=-3.39\pm 4.72=\begin{cases}1.33(\text{N/mm}^2)\\-8.11(\text{N/mm}^2)\end{cases}$$

截面 3—3 处

$$\left.\begin{matrix}\sigma_{tp}\\ \sigma_{cp}\end{matrix}\right\}=\frac{0.64-10.95}{2}\pm\sqrt{\left(\frac{0.64-10.95}{2}\right)^2+2.85^2}=-5.16\pm5.89=\begin{cases}0.73(\text{N/mm}^2)\\ -11.05(\text{N/mm}^2)\end{cases}$$

④ 主应力的比较。

最大主拉应力

$$\sigma_{tp,max}=1.63\text{N/mm}^2<0.95f_{tk}=0.95\times2.4=2.28(\text{N/mm}^2)$$

最大主压应力

$$\sigma_{cp,max}=11.05\text{N/mm}^2<0.6f_{ck}=0.6\times26.8=16.08(\text{N/mm}^2)$$

满足要求。

(7) 使用阶段挠度验算。构件的裂缝控制等级为二级,使用阶段一般不允许出现裂缝。

$$B_s=0.85E_sI_0=0.85\times3.25\times10^4\times1\,039\,096.65\times10^4=2.87\times10^{14}(\text{N}\cdot\text{mm}^2)$$

$$B=\frac{M_k}{M_q(\theta-1)+M_k}B_s=\frac{380.02\times2.87\times10^{14}}{302.66\times(2-1)+380.02}=1.60\times10^{14}(\text{N}\cdot\text{mm}^2)$$

由荷载产生的挠度

$$f_1=\frac{5}{48}\frac{M_kl_0^2}{B}=\frac{5}{48}\times\frac{380.02\times10^6\times(11.65\times10^3)^2}{1.60\times10^{14}}=33.58(\text{mm})$$

由预应力引起的反拱

$$f_2=2\frac{N_{pII}e_{p0II}l_0^2}{8B_s}=\frac{N_{pII}e_{p0II}l_0^2}{4B_s}=\frac{785\,905.26\times206.76\times(11.65\times10^3)^2}{4\times2.87\times10^{14}}=19.21(\text{mm})$$

总的长期挠度为

$$f=f_1-f_2=33.58-19.21=14.37(\text{mm})$$

查附表 16 可知跨度大于 9m 的预应力受弯构件的挠度限值为 $l_0/400$。

$$f=14.37\text{mm}<\frac{l_0}{400}=\frac{11\,650}{400}=29.125(\text{mm})$$

满足要求。

(8) 施工阶段验算。

① 制作阶段的验算。由于长线生产,施工荷载影响很小,制作阶段只考虑构件自重及预应力的影响。

由表 10.10 可知构件的自重荷载为

$$g=(28\,800+12\,000+37\,200+5500+28\,000)\times10^{-6}\times25=2.79(\text{kN/m})$$

完成第一批预应力损失后预应力钢筋的合力为

$$N_{pI}=952\,315.5N,\ e_{p0I}=220.67\text{mm}$$

截面上边缘的混凝土应力为

$$\begin{aligned}\sigma_{ct}&=\frac{N_{pI}}{A_0}-\frac{N_{pI}e_{p0I}}{I_0}y'_0+\frac{gl_0^2}{8I_0}y'_0\\&=\frac{952\,315.5}{115\,917}-\frac{952\,315.5\times220.67}{1\,039\,096.65\times10^4}\times383+\frac{2.79\times11\,650^2}{8\times1\,039\,096.65\times10^4}\times383\\&=8.215-7.746+1.74=2.21(\text{N/mm}^2)\end{aligned}$$

$$\sigma_{ct}=2.21\text{N/mm}^2\approx f'_{tk}=2.2\text{N/mm}^2$$

满足要求。

截面下边缘混凝土的应力

$$\begin{aligned}\sigma_{cc}&=\frac{N_{pI}}{A_0}+\frac{N_{pI}e_{p0I}}{I_0}y-\frac{gl_0^2}{8I_0}y\\&=\frac{952\ 315.5}{115\ 917}+\frac{952\ 315.5\times 220.67}{1\ 039\ 096.65\times 10^4}\times 417-\frac{2.79\times 11\ 650^2}{8\times 1\ 039\ 096.65\times 10^4}\times 417\\&=8.215+8.434-1.89=14.76(\text{N/mm}^2)\end{aligned}$$

$$\sigma_{cc}=14.76\text{N/mm}^2<0.8f'_{ck}=0.8\times 26.8=21.44(\text{N/mm}^2)$$

满足要求。

② 吊装时的验算。已知吊点离梁端为 2m,动力系数取为 1.5,则吊点由自重产生的弯矩为

$$M_k=\frac{1}{2}gl^2\mu=\frac{1}{2}\times 2.79\times 2^2\times 1.5=8.37(\text{kN}\cdot\text{m})$$

弯矩在截面上边缘产生的混凝土应力

$$\begin{aligned}\sigma_{ct}&=\frac{N_{pI}}{A_0}-\frac{N_{pI}e_{p0I}}{I_0}y'-\frac{M_k}{I_0}y'=8.215-7.746-\frac{8.37\times 10^6}{1\ 039\ 096.65\times 10^4}\times 383\\&=0.47-0.31=0.16(\text{N/mm}^2)\end{aligned}$$

$$\sigma_{ct}=0.16\text{N/mm}^2<f'_{tk}=2.2\text{N/mm}^2$$

满足要求。

弯矩在截面下边缘产生的混凝土应力

$$\begin{aligned}\sigma_{cc}&=\frac{N_{pI}}{A_0}+\frac{N_{pI}e_{p0I}}{I_0}y+\frac{M_k}{I_0}y=8.215+8.434+\frac{8.37\times 10^6}{1\ 039\ 096.65\times 10^4}\times 417\\&=16.65+0.34=16.99(\text{N/mm}^2)\end{aligned}$$

$$\sigma_{cc}=16.99\text{N/mm}^2<0.8f'_{ck}=0.8\times 26.8=21.44(\text{N/mm}^2)$$

满足要求。

10.5　预应力混凝土构造要求

预应力混凝土构件除应满足以下基本构造要求以外,尚应符合其他章节的有关规定。

10.5.1　先张法

1. 预应力筋的间距

先张法预应力筋的锚固及预应力传递依靠自身与混凝土的黏结性能,因此预应力筋之间应具有适宜的间距,以保证应力传递所必需的混凝土厚度。先张法预应力筋之间的净间距不应小于其公称直径或等效直径的 2.5 倍和混凝土粗骨料最大粒径的 1.25 倍,当混凝土振捣密实具有可靠保证时,净间距可放宽至最大粗骨料粒径的 1.0 倍,且间距应符

合下列规定：预应力钢丝，不应小于 15mm；三股钢绞线，不应小于 20mm；七股钢绞线，不应小于 25mm。

2. 构件端部的构造措施

先张法预应力传递长度范围内局部挤压造成的环向拉应力容易导致构件端部混凝土出现劈裂裂缝。因此，为保证自锚端的局部承载力，构件端部应采取下列构造措施。

(1) 单根配置的预应力钢筋，其端部宜设置螺旋筋。螺旋筋对混凝土可形成约束，可以保证预应力筋放张时构件端部承受巨大压力时不致局部开裂或受压破坏。

(2) 分散布置的多根预应力钢筋，在构件端部 $10d$（d 为预应力筋的公称直径）且不小于 100mm 范围内宜设置 3～5 片与预应力筋垂直的**钢筋网片**；采用预应力钢丝配筋的薄板，在板端 100mm 范围内应适当加密横向钢筋；槽形板类构件，应在构件端部 100mm 范围内沿构件板面设置附加横向钢筋，其数量不应少于 2 根。这些措施均用于承受预应力筋放张时产生的横向拉应力，防止端部开裂或局压破坏。

(3) 预制肋形板，宜设置加强其整体性和横向刚度的横肋。端横肋的受力钢筋应弯入纵肋内。当采用先张长线法生产有端横肋的预应力混凝土肋形板时，应在设计和制作上采取防止放张预应力时端横肋产生裂缝的有效措施。

(4) 在预应力混凝土屋面梁、吊车梁等构件靠近支座的斜向主拉应力较大部位，宜将一部分预应力钢筋弯起配置。

(5) 预应力筋在构件端部全部弯起的受弯构件或直线配筋的先张法构件，当构件端部与下部支承结构焊接时，应考虑混凝土收缩、徐变及温度变化所产生的不利影响，宜在构件端部可能产生裂缝的部位设置足够的非预应力纵向构造钢筋。

10.5.2　后张法

1. 预留孔道的布置

为保证钢丝束或钢绞线束的顺利张拉，以及预应力筋张拉阶段构件的承载力，后张法预应力混凝土构件的预留孔道应有合适的直径及间距。

(1) 预制构件中预留孔道之间的水平净间距不宜小于 50mm，且不宜小于粗骨料粒径的 1.25 倍；孔道至构件边缘的净间距不宜小于 30mm，且不宜小于孔道直径的一半。

(2) 现浇混凝土梁中预留孔道在竖直方向的净间距不应小于孔道外径，水平方向的净间距不宜小于 1.5 倍孔道外径，且不应小于粗骨料径的 1.25 倍；从孔道外壁至构件边缘的净间距，梁底不宜小于 50mm，梁侧不宜小于 40mm，裂缝控制等级为三级的梁，梁底、梁侧分别不宜小于 60mm 和 50mm。

(3) 预留孔道的内径宜比预应力束外径及需穿过孔道的连接器外径大 6～15mm；且孔道的截面积宜为穿入预应力筋(束)截面积的 3.0～4.0 倍；当有可靠经验并能保证混凝土浇筑质量时，预留孔道可水平并列贴紧布置，但并排的数量不应超过 2 束。

(4) 在现浇楼板中采用扁形锚固体系时，穿过每个预留孔道的预应力钢筋数量宜为 3～5 根；在常用荷载情况下，孔道在水平方向的净间距不应超过 8 倍板厚及 1.5m 中的较大值。

(5) 板中单根无黏结预应力筋间距不宜大于板厚的 6 倍,且不宜大于 1m;带状束的无黏结预应力筋根数不宜多于 5 根,带状束间距不宜大于板厚的 12 倍,且不宜大于 2.4m。

(6) 梁中集束布置的无黏结预应力筋,集束的水平净间距不宜小于 50mm,束至构件边缘的净距不宜小于 40mm。

2. 构件端部锚固区的构造措施

为了防止预应力筋在端部过分集中造成开裂或局压破坏,后张法预应力混凝土构件端部锚固区,应按下列规定配置间接钢筋:

(1) 采用普通垫板时,应按规定进行局部受压承载力计算,并配置间接钢筋,其体积配筋率不应小于 0.5%,垫板的刚性扩散角应取 45°。

(2) 局部受压承载力计算时,局部压力设计值对有黏结预应力混凝土构件取 1.2 倍张拉控制力,对无黏结预应力混凝土构件取 1.2 倍张拉控制力和 $(f_{ptk}A_p)$ 中的较大值。

(3) 在局部受压间接钢筋配置区以外,在构件端部长度 l 不小于截面重心线上部或下部预应力筋的合力点至邻近边缘的距离 e 的 3 倍,但不大于构件端部截面高度 h 的 1.2 倍,且高度为 $2e$ 的附加配筋区范围内,应均匀配置附加防劈裂箍筋或网片,防止端部裂缝的配筋范围如图 10.28 所示,配筋面积可按下列公式计算,且体积配筋率不应小于 0.5%,即

$$A_{sb}=0.18\left(1-\frac{l_1}{l_b}\right)\frac{P}{f_{yv}} \tag{10.121}$$

式中:P——作用在构件端部截面重心线上部或下部预应力筋合力的设计值,可按本条第②款的规定确定;

l_1、l_b——沿构件高度方向 A_1、A_b 的边长或直径,A_1、A_b 按本章局部受压承载力计算的相关要求确定;

f_{yv}——附加防劈裂钢筋的抗拉强度设计值。

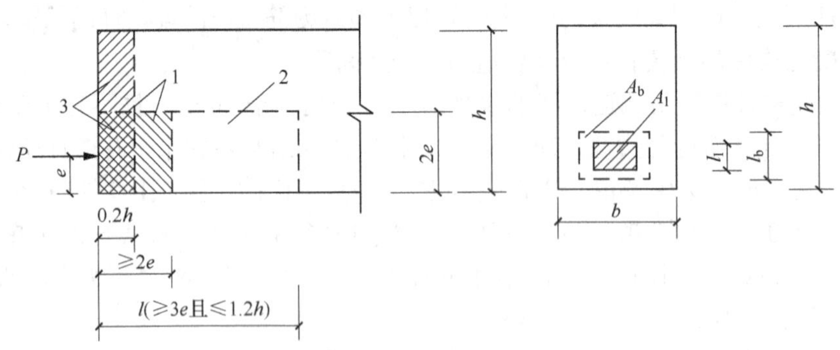

1—局部受压间接钢筋配置区;2—附加防劈裂配筋区;3—附加防端面裂缝配筋区。

图 10.28 防止端部裂缝的配筋范围

(4) 当构件端部预应力筋需集中布置在截面下部或集中布置在上部和下部时,应在构件端部 0.2h 范围内设置附加竖向防端面裂缝构造钢筋,如图 10.28 所示,其截面面积

应符合下列公式要求：

$$A_{sv} \geqslant \frac{T_s}{f_{yv}} \tag{10.122}$$

$$T_s = \left(0.25 - \frac{e}{h}\right)P \tag{10.123}$$

式中：T_s——锚固端端面拉力；

e——截面重心线上部或下部预应力筋的合力点至截面近边缘的距离；

h——构件端部截面高度。

当 e 大于 $0.2h$ 时，可根据实际情况适当配置构造钢筋。竖向防端面裂缝钢筋宜靠近端面配置，可采用焊接钢筋网、封闭式箍筋或其他的形式，且宜采用带肋钢筋。

当端部截面上部和下部均有预应力筋时，附加竖向钢筋的总截面面积应按上部和下部的预加力合力分别计算的较大值采用。

在构件端面横向也应按上述方法计算抗端面裂缝钢筋，并与上述竖向钢筋形成网片筋配置。

(5) 当构件在端部有局部凹进时，应增设折线构造钢筋或其他有效的构造钢筋，如图 10.29 所示。

(6) 构件端部尺寸应考虑锚具的布置、张拉设备的尺寸和局部受压的要求，必要时应适当加大。

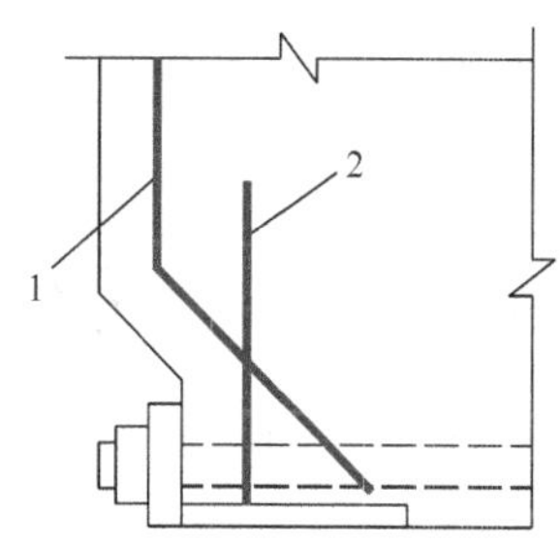

1—折线构造钢筋；2—竖向构造钢筋。

图 10.29　端部凹进处构造钢筋

3. 曲线预应力束的配置要求

(1) 后张法预应力混凝土构件中，常用曲线预应力钢丝束及钢绞线束，为防止混凝土保护层崩裂，预应力束的曲率半径宜按下列公式计算确定(不宜小于 4m)：

$$r_p \geqslant \frac{P}{0.35 f_c d_p} \tag{10.124}$$

式中：r_p——预应力束的曲率半径(m)；

d_p——预应力束孔道的外径；

f_c——混凝土轴心抗压强度设计值；当验算张拉阶段曲率半径时，可取与施工阶段混凝土立方体抗压强度 f'_{cu} 对应的抗压强度设计值 f'_c。

对于折线配筋的构件，在预应力束弯折处的曲率半径可适当减小。当曲率半径 r_p 不满足上述要求时，可在曲线预应力束弯折处内侧设置钢筋网片或螺旋筋。

(2) 在预应力混凝土结构构件中，当沿构件近凹面布置曲线预应力钢丝束、钢绞线束时，应进行防崩裂设计。当曲率半径 r_p 满足公式(10.125)的要求时，可仅配置构造 U 形插筋(图 10.30)；当不满足时，每单肢 U 形插筋的截面面积应按公式(10.126)确定为

$$r_p \geqslant \frac{P}{f_t(0.5d_p + c_p)} \tag{10.125}$$

$$A_{svl} \geqslant \frac{P s_v}{2 r_p f_{yv}} \tag{10.126}$$

式中：P——预应力束的合力设计值，受压承载力计算时，局部压力设计值对有黏结预应

力混凝土构件取 1.2 倍张拉控制力，对无黏结预应力混凝土取 1.2 倍张拉控制力和 ($f_{ptk}A_p$) 中的较大值。当有平行的几个孔道且中心距不大于 $2d_p$ 时，应按相邻全部孔道内的预应力筋确定。

f_t ——混凝土轴心抗拉强度设计值；或与施工张拉阶段混凝土立方体抗压强度 f'_{cu} 相应的抗拉强度设计值 f'_t；

c_p ——预应力筋孔道净混凝土保护层厚度；

A_{svl} ——每单肢插筋截面面积；

s_v ——U 形插筋间距；

f_{yv} ——U 形插筋抗拉强度设计值，当大于 $360N/mm^2$ 时，取为 $360N/mm^2$。

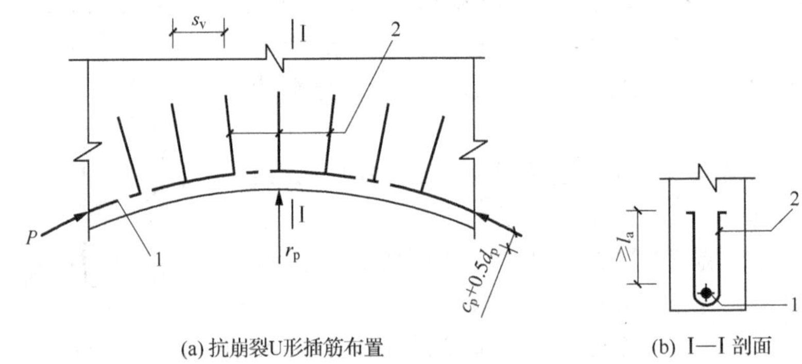

1—预应力束；2—沿曲线预应力束均匀布置的 U 形插筋。

图 10.30　抗崩裂 U 形插筋构造示意图

U 形插筋的锚固长度不应小于 l_a，当实际锚固长度 l_e 小于 l_a 时，每单肢 U 形插筋的截面面积可按 A_{svl}/k 取值，其中 k 取 $l_e/15d$ 和 $l_e/200$ 中的较小值，且 k 不大于 1.0。

4. 构件端部预应力锚具的要求

后张预应力混凝土外露金属锚具应采取可靠的防腐及防火措施，并应符合下列规定。

(1) 无黏结预应力筋外露锚具应采用注有足量防腐油脂的塑料帽封闭锚具端头，并应采用无收缩砂浆或细石混凝土封闭。

(2) 对处于二 b、三 a、三 b 类环境条件下的无黏结预应力锚固系统，应采用全封闭的防腐蚀体系，其封锚端及各连接部位应能承受 10kPa 的静水压力而不得透水。

(3) 采用混凝土封闭时，其混凝土强度宜与构件混凝土强度等级一致，且不应低于 C30。封锚混凝土与构件混凝土应可靠黏结，如锚具在封闭前应将周围混凝土界面凿毛并冲洗干净，且宜配置 1～2 片钢筋网，钢筋网应与构件混凝土拉结。

(4) 采用无收缩砂浆或混凝土封闭保护时，其锚具及预应力筋端部的保护层厚度不应小于：一类环境时 20mm，二 a、二 b 类环境时 50mm，三 a、三 b 类环境时 80mm。

(5) 当无耐火要求时，可采用涂刷防锈漆的方式进行保护，但必须保证能够重新涂刷。

小　　结

(1) 与普通混凝土相比,预应力混凝土显著改善了构件的抗裂性能,能做到在正常使用阶段混凝土不受拉或不开裂(裂缝控制等级为一、二级),因而适用于有防水、抗渗要求的特殊环境以及大跨度、重荷载的结构。

(2) 根据施工时张拉钢筋和浇灌混凝土的先后顺序不同,预应力混凝土分为先张法和后张法两类。先张法依靠预应力筋与混凝土之间的黏结力传递预应力,构件端部有一定的预应力传递长度;后张法依靠锚具传递预应力,端部处于局部受压的应力状态。

(3) 预应力筋的张拉控制应力应取值适当。预应力混凝土构件在不同的受力阶段预应力筋会产生不同种类的预应力损失,应了解 6 种预应力损失产生的原因和计算方法,掌握减小预应力损失的方法,并分阶段组合。

(4) 预应力构件的受力全过程可分为两个阶段:施工阶段和使用阶段;结构内存在两个力系:施工制作时施加的预应力和使用阶段施加的外荷载。

(5) 预应力混凝土构件在开裂前可以视作弹性材料,可根据钢筋与混凝土的协调变形原理来分析预应力筋及非预应力筋的应力变化,计算混凝土上的预应力时可将预应力视为一个预加力 N_p 作用在构件的换算截面 A_0(或净截面 A_n) 上,采用材料力学的公式计算。

(6) 预应力混凝土轴心受拉构件与受弯构件的计算和验算原理及方法应多参考普通混凝土结构,注意预应力本身对构件的受力状态的影响及其施加带来的特殊性。

思　考　题

10.1　何谓预应力混凝土结构? 为什么要对构件施加预应力?

10.2　与普通混凝土构件相比,预应力混凝土构件有何优缺点?

10.3　为什么在普通钢筋混凝土结构中一般不采用高强度钢筋,而在预应力混凝土结构中则必须采用高强度钢筋及高强度混凝土?

10.4　预应力施加方法有几种? 它们主要区别是什么? 其特点和适用范围如何?

10.5　制作预应力构件时锚固预应力钢筋的锚具形式有哪些? 对锚具有何要求?

10.6　预应力混凝土结构对材料有哪些要求?

10.7　什么是张拉控制应力? 为何不能取得过高,也不能取得过低? 为何后张法的 σ_{con} 略低于先张法?

10.8　何谓预应力损失? 主要由哪些因素引起的? 如何针对不同情况减少预应力损失?

10.9　预应力损失值为何要分第一批损失和第二批损失? 先张法和后张法各项预应力损失值是怎样组合的?

10.10　如果先张法构件和后张法构件(都为轴心受拉构件)采用相同的控制应力 σ_{con},且损失值相同,试问当加载到混凝土预压应力为零时,两种构件中的钢筋应力是否相同? 为什么?

10.11　计算施工阶段混凝土预应力时,为什么先张法用构件的截面面积 A_0 换算,而后张法却用构件的净截面面积 A_n 换算？而在使用阶段二者都采用 A_0 换算呢？

10.12 施加预应力能否提高轴心受拉构件的极限承载力？为什么？

10.13 预应力混凝土构件中的非预应力钢筋有何作用？

10.14 预应力混凝土受弯构件的计算内容有哪些？其设计计算步骤如何？

10.15 如何计算预应力混凝土受弯构件的变形？计算方法与普通混凝土有区别吗？

10.16 预应力混凝土构件主要构造要求有哪些？

习 题

一、选择题

10.1 条件相同的钢筋混凝土轴拉构件和预应力混凝土轴拉构件相比较，下列说法正确的是( )。

A. 前者的承载能力高于后者　　B. 前者的抗裂度和刚度比后者好

C. 前者的承载能力低于后者　　D. 前者的抗裂度和刚度比后者差

10.2 施加预应力的目的是( )。

A. 提高构件的承载能力　　B. 提高构件的抗裂度和刚度

C. 对构件的强度进行检验　　D. 提高构件的承载力和抗裂度

10.3 先张法和后张法预应力混凝土构件相比较，下列说法错误的是( )。

A. 先张法工艺简单，只需临时性夹具

B. 后张法需有台座或钢模张拉钢筋，需要永久性的锚具

C. 先张法适用于工厂制作，后张法适用于现场制作

D. 先张法比后张法建立的有效预应力大

10.4 当截面尺寸、配筋、材料强度等级、控制应力相同时，先张法和后张法预应力轴心受拉构件相比，预应力钢筋中的应力 σ_{pII} ( )。

A. 两者相等　　B. 先张法大于后张法

C. 先张法小于后张法　　D. 无法判断大小

10.5 减小锚具变形和钢筋内缩引起的预应力损失的措施，下列说法错误的是( )。

A. 选择变形小的锚具　　B. 尽量减少垫板和螺帽数

C. 选择较长的台座　　D. 采用超张拉

10.6 钢筋的应力松弛是指钢筋受力后( )。

A. 钢筋应力保持不变，应变随时间增长而逐渐增大

B. 钢筋应力保持不变，应变随时间增长而逐渐降低

C. 钢筋长度保持不变，应力随时间增长而逐渐增大

D. 钢筋长度保持不变，应力随时间增长而逐渐降低

10.7 后张法预应力混凝土轴心受拉构件，其第一批预应力损失 σ_{lI} 和第二批预应力损失 σ_{lII} 分别为( )。

A. $\sigma_{lI}=\sigma_{l1}+\sigma_{l2}+\sigma_{l3}$；$\sigma_{lII}=\sigma_{l4}+\sigma_{l5}+\sigma_{l6}$

B. $\sigma_{lI}=\sigma_{l1}+\sigma_{l2}$；$\sigma_{lII}=\sigma_{l4}+\sigma_{l5}+\sigma_{l6}$

C. $\sigma_{lI}=\sigma_{l1}+\sigma_{l2}+\sigma_{l3}+\sigma_{l4}$；$\sigma_{lII}=\sigma_{l5}+\sigma_{l6}$

D. $\sigma_{lI}=\sigma_{l1}+\sigma_{l2}+\sigma_{l4}$；$\sigma_{lII}=\sigma_{l5}+\sigma_{l6}$

10.8　先张法预应力混凝土轴心受拉构件，当截面处于消压状态时，预应力钢筋的拉应力 σ_{p0} 为（　　）。

A. $\sigma_{con}-\sigma_l$　　B. $\sigma_{con}-\sigma_l+\alpha_E\sigma_{pcII}$

C. $\sigma_{con}-\sigma_l-\alpha_E\sigma_{pcII}$　　D. 0

10.9　后张法预应力混凝土轴心受拉构件的开裂荷载 N_{cr} 为（　　）。

A. $N_{cr}=(\sigma_{pcII}-f_{tk})A_0$　　B. $N_{cr}=\sigma_{pcII}A_0$

C. $N_{cr}=(\sigma_{pcII}+f_{tk})A_0$　　D. $N_{cr}=f_{tk}A_0$

10.10　一类环境类别下的预应力混凝土屋面梁、托梁、单向板等，其最大裂缝宽度 w_{max} 的限值为（　　）。

A. 0.3mm　　B. 0.2mm　　C. 0.1mm　　D. 不允许有裂缝

二、判断题（正确的画"√"，错误的画"×"）

10.11　采用钢绞线、钢丝、预应力螺纹钢筋等预应力筋的构件，其混凝土强度等级不应低于 C30。（　　）

10.12　提高混凝土的抗裂度，主要取决于钢筋的预拉应力值，要建立较高的预应力值，就必须采用较高强度等级的钢筋和混凝土。（　　）

10.13　全预应力是指在使用荷载作用下，构件截面混凝土不出现拉应力，即为全截面受压状态的构件。（　　）

10.14　先张法构件总的预应力损失计算值不能小于 120 N/mm^2；后张法构件不能小于 80 N/mm^2。（　　）

10.15　对于相同截面、材料以及配筋的预应力构件，其与非预应力构件两者的极限承载能力相同。（　　）

10.16　预应力轴拉构件中的预应力钢筋在各阶段的应力计算公式中，后张法比先张法的相应时刻应力多一项 $\alpha_E\sigma_{pc}$。（　　）

10.17　一般要求不出现受力裂缝的构件应满足 $\sigma_{ck}-\sigma_{pc}\leqslant f_{tk}$。（　　）

10.18　分析预应力混凝土受弯构件的应力时，可将预应力钢筋的合力视为作用在换算截面上的偏心压力，按材料力学公式计算混凝土的预应力。（　　）

10.19　截面即将开裂时，受拉区混凝土塑性变形充分发展，截面受拉区应力图形呈曲线分布，故等效为弹性的三角形分布时，混凝土受拉边缘的应力取为 γf_{tk}。（　　）

10.20　预应力混凝土受弯构件相对受压区高度 ξ_b 与普通混凝土的取值相同。（　　）

三、计算题

10.21　某 24m 跨折线形预应力混凝土屋架下弦杆，其基本设计条件如下。

（1）构件端部尺寸：$b\times h=250\text{mm}\times160\text{mm}$。

（2）材料：采用 C40 混凝土，预应力钢筋采用普通松弛的钢绞线，非预应力钢筋采用 HRB400 钢筋。

（3）内力：$N=600\text{kN}$，$N_k=520\text{kN}$。

（4）施工方法：后张法，预留 2 个孔道，冲压橡皮管抽芯孔道成型，夹片锚（锚环外径 100mm），超张拉（$1.05\sigma_{con}$），混凝土强度达到设计强度 100%时张拉预应力钢筋，一次张拉。

(5) 裂缝控制等级为二级。

试对该下弦杆进行使用阶段承载力计算、抗裂验算、施工阶段验算及端部受压承载力计算,并根据需要配置相应的钢筋。

10.22　跨度为18m的后张法预应力屋架拉杆端部截面尺寸如图10.31所示。混凝土为C40,张拉预应力筋时的混凝土强度等于设计强度。预应力筋采用刻痕钢丝,钢筋用7Φ^{H}5,张拉控制应力$\sigma_{con}=0.75f_{ptk}$,锚具直径为100mm,锚具下垫板厚20mm,端部配置ϕ8焊接网片,见图所示尺寸,s=50mm,共4片。验算构件端部的局部承载力。

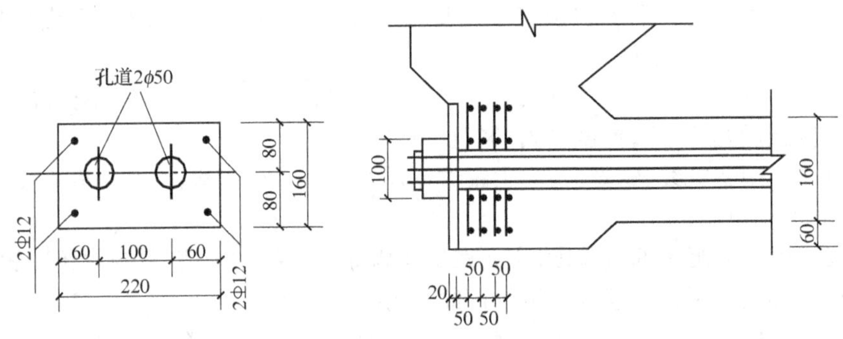

图10.31　习题10.22图

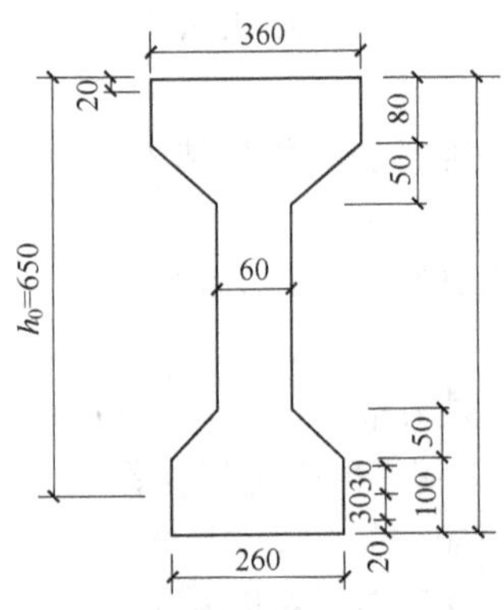

图10.32　习题10.23图

10.23　9m预应力混凝土I形截面梁,截面尺寸如图10.32所示。梁的计算跨度$l_0=8.65$m,净跨度为8.35m,采用先张法在100 m长线台上张拉钢筋,养护温差$\Delta t=20$℃,采用超张拉。预应力钢筋采用Φ^{H}5螺旋肋消除应力钢丝,张拉控制应力$\sigma_{con}=\sigma'_{con}=0.75f_{ptk}$,箍筋用HRB400钢筋,混凝土为C40,当混凝土达到设计强度90%后,放松钢筋。均布荷载标准值$p_k=14$kN/m,准永久系数为0.6。此梁为处于室内环境的一般构件,裂缝控制等级为二级,允许挠度$f_{lim}=l_0/400$。吊装时吊点位置设在距梁端1.8m处。要求计算:

(1) 使用阶段的正截面受弯承载力。

(2) 使用阶段的抗裂验算。

(3) 使用阶段的斜截面承载力计算。

(4) 使用阶段的斜截面抗裂验算。

(5) 使用阶段的挠度。

(6) 施工阶段的抗裂验算。

附录　常用标准

附表 1　普通钢筋强度标准值(N/mm²)

牌号	符号	公称直径 d/mm	屈服强度标准值 f_{yk}	极限强度标准值 f_{stk}
HPB300	Φ	6～14	300	420
HRB400	Φ	6～50	400	540
HRBF400	$Φ^F$			
HRB400E	$Φ^R$			
HRB500	Φ	6～50	500	630
HRBF500	$Φ^F$			

附表 2　普通钢筋强度设计值(N/mm²)

牌号	抗拉强度设计值 f_y	抗压强度设计值 f'_y
HPB300	270	270
HRB400、HRBF400、HRB400E	360	360
HRB500、HRBF500	435	435

附表 3　预应力筋强度标准值(N/mm²)

种类		符号	公称直径 d/mm	屈服强度标准值 f_{pyk}	极限强度标准值 f_{ptk}
中强度预应力钢丝	光面 螺旋肋	$Φ^{PM}$ $Φ^{HM}$	5,7,9	620	800
				780	970
				980	1270
预应力螺纹钢筋	螺纹	$Φ^T$	18,25,32,40,50	785	980
				930	1080
				1080	1230
消除应力钢丝	光面 螺旋肋	$Φ^P$ $Φ^H$	5	—	1570
				—	1860
			7	—	1570
			9	—	1470
				—	1570

续表

种类		符号	公称直径 d/mm	屈服强度标准值 f_{pyk}	极限强度标准值 f_{ptk}
钢绞线	1×3 (三股)	ϕ^S	8.6,10.8,12.9	—	1570
				—	1860
				—	1960
	1×7 (七股)		9.5,12.7,15.2,17.8	—	1720
				—	1860
				—	1960
			21.6	—	1860

注：极限强度标准值为 1960N/mm² 的钢绞线作后张法预应力配筋时，应有可靠的工程经验。

附表 4　预应力筋强度设计值(N/mm²)

种类	极限强度标准值 f_{ptk}	抗拉强度设计值 f_{py}	抗压强度设计值 f'_{py}
中强度预应力钢丝	800	510	410
	970	650	
	1270	810	
消除应力钢丝	1470	1040	410
	1570	1110	
	1860	1320	
钢绞线	1570	1110	390
	1720	1220	
	1860	1320	
	1960	1390	
预应力螺纹钢筋	980	650	400
	1080	770	
	1230	900	

注：当预应力筋的强度标准值不符合本表的规定时，其强度设计值应进行相应的比例换算。

附表 5　钢筋的弹性模量(10^5 N/mm²)

钢筋牌号或种类	弹性模量 E_s
HPB300	2.10
HRB400、HRBF400 HRB500、HRBF500、RRB400 预应力螺纹钢筋	2.00
消除应力钢丝、中强度预应力钢丝	2.05
钢绞线	1.95

注：必要时可采用实测的弹性模量。

附表 6　普通钢筋疲劳应力幅限值(N/mm²)

疲劳应力比值 ρ_s^f	疲劳应力幅限值 Δf_y^f
	HRB400
0	175
0.1	162
0.2	156
0.3	149
0.4	137
0.5	123
0.6	106
0.7	85
0.8	60
0.9	31

注：当纵向受拉钢筋采用闪光接触对焊连接时，其接头处的钢筋疲劳应力幅限值应按表中数值乘以 0.8 取用。

附表 7　预应力筋疲劳应力幅限值(N/mm²)

疲劳应力比值 ρ_p^f	钢绞线 $f_{ptk}=1570$	消除应力钢丝 $f_{ptk}=1570$
0.7	144	240
0.8	118	168
0.9	70	88

注：1. 当 ρ_p^f 不小于 0.9 时，可不作预应力筋疲劳验算；
　　2. 当有充分依据时，可对表中规定的疲劳应力幅限值作适当调整。

附表 8　混凝土轴心抗压强度和轴心抗拉强度标准值(N/mm²)

强度	混凝土强度等级												
	C20	C25	C30	C35	C40	C45	C50	C55	C60	C65	C70	C75	C80
f_{ck}	13.4	16.7	20.1	23.4	26.8	29.6	32.4	35.5	38.5	41.5	44.5	47.4	50.2
f_{tk}	1.54	1.78	2.01	2.20	2.39	2.51	2.64	2.74	2.85	2.93	2.99	3.05	3.11

附表 9　混凝土轴心抗压强度和轴心抗拉强度设计值(N/mm²)

强度	混凝土强度等级												
	C20	C25	C30	C35	C40	C45	C50	C55	C60	C65	C70	C75	C80
f_c	9.6	11.9	14.3	16.7	19.1	21.1	23.1	25.3	27.5	29.7	31.8	33.8	35.9
f_t	1.10	1.27	1.43	1.57	1.71	1.80	1.89	1.96	2.04	2.09	2.14	2.18	2.22

附表 10　混凝土的弹性模量(10^4 N/mm²)

弹性模量	混凝土强度等级												
	C20	C25	C30	C35	C40	C45	C50	C55	C60	C65	C70	C75	C80
E_c	2.55	2.80	3.00	3.15	3.25	3.35	3.45	3.55	3.60	3.65	3.70	3.75	3.80

注：1. 当有可靠试验依据时，弹性模量可根据实测数据确定；
　　2. 当混凝土掺有大量矿物掺合料时，弹性模量可按规定龄期根据实测数据确定。

附表 11　混凝土结构的环境类别

环境类别	条件
一	室内干燥环境； 无侵蚀性静水浸没环境
二 a	室内潮湿环境； 非严寒和非寒冷地区的露天环境； 非严寒和非寒冷地区与无侵蚀性的水或土壤直接接触的环境； 严寒和寒冷地区的冰冻线以下与无侵蚀性的水或土壤直接接触的环境
二 b	干湿交替环境； 水位频繁变动环境； 严寒和寒冷地区的露天环境； 严寒和寒冷地区冰冻线以上与无侵蚀性的水或土壤直接接触的环境
三 a	严寒和寒冷地区冬季水位变动区环境； 受除冰盐影响环境； 海风环境
三 b	盐渍土环境； 受除冰盐作用环境； 海岸环境
四	海水环境
五	受人为或自然的侵蚀性物质影响的环境

注：1. 室内潮湿环境是指构件表面经常处于结露或湿润状态的环境；

2. 严寒和寒冷地区的划分应符合国家现行标准《民用建筑热工设计规范》(GB 50176)的有关规定；

3. 海岸环境和海风环境宜根据当地情况，考虑主导风向及结构所处迎风、背风部位等因素的影响，由调查研究和工程经验确定；

4. 受除冰盐影响环境为受到除冰盐盐雾影响的环境；受除冰盐作用环境指被除冰盐溶液溅射的环境以及使用除冰盐地区的洗车房、停车楼等建筑；

5. 暴露的环境是指混凝土结构表面所处的环境。

附表 12　混凝土保护层的最小厚度 c(mm)

环境等级	板、墙、壳	梁、柱、杆
一	15	20
二 a	20	25
二 b	25	35
三 a	30	40
三 b	40	50

注：1. 混凝土强度等级不大于 C25 时，表中保护层厚度数值应增加 5mm；

2. 钢筋混凝土基础宜设置混凝土垫层，基础中钢筋的混凝土保护层厚度应从垫层顶面算起，且不应小于 40mm；

3. 本表适用于设计使用年限为 50 年的混凝土结构，对设计使用年限为 100 年的混凝土结构，最外层钢筋的保护层厚度不应小于表中数值的 1.4 倍。

附表 13 纵向受力钢筋的最小配筋百分率 ρ_{min}(%)

受力类型			最小配筋百分率
受压构件	全部纵向钢筋	强度级别 500N/mm²	0.55
		强度级别 400N/mm²	0.55
		强度级别 300N/mm²	0.60
	一侧纵向钢筋		0.20
受弯构件、偏心受拉、轴心受拉构件一侧的受拉钢筋			0.20 和 $45 f_t/f_y$ 中的较大值

注：1. 当采用 C60 以上强度等级的混凝土时，受压构件全部纵向钢筋最小配筋百分率，应按表中规定增加 0.10；
2. 偏心受拉构件中的受压钢筋，应按受压构件一侧纵向钢筋考虑；
3. 受压构件的全部纵向钢筋和一侧纵向钢筋的配筋率以及轴向受拉构件和小偏心受拉构件一侧受拉钢筋的配筋率均应按构件的全截面面积计算；
4. 受弯构件、大偏心受拉构件一侧受拉钢筋的配筋率应按全截面面积扣除受压翼缘面积 $(b_f'-b)h_f'$ 后的截面面积计算；
5. 当钢筋沿构件截面周边布置时，“一侧纵向钢筋”系指沿受力方向两个对边中一边布置的纵向钢筋。

附表 14 结构构件的裂缝控制等级及最大裂缝宽度的限值 w_{lim}(mm)

环境类别	钢筋混凝土结构		预应力混凝土结构	
	裂缝控制等级	w_{lim}	裂缝控制等级	w_{lim}
一	三级	0.30(0.40)	三级	0.20
二 a		0.20		0.10
二 b			二级	—
三 a、三 b			一级	—

注：1. 表中的规定适用于采用热轧钢筋的钢筋混凝土构件和采用预应力钢丝、钢绞线及预应力螺纹钢筋的预应力混凝土构件；当采用其他类别的钢丝或钢筋时，其裂缝控制要求可按专门标准确定；
2. 对处于年平均相对湿度小于 60%地区一级环境下的钢筋混凝土受弯构件，其最大裂缝宽度限值可采用括号内的数值；
3. 在一类环境下，对钢筋混凝土屋架、托架及需作疲劳验算的吊车梁，其最大裂缝宽度限值应取为 0.20mm；对钢筋混凝土屋面梁和托梁，其最大裂缝宽度限值应取为 0.30mm；
4. 在一类环境下，对预应力混凝土屋架、托架及双向板体系，应按二级裂缝控制等级进行验算；对一类环境下的预应力混凝土屋面梁、托梁、单向板，按表中二 a 级环境的要求进行验算；在一类和二 a 类环境下需作疲劳验算的预应力混凝土吊车梁，应按不低于二级裂缝控制等级进行验算；
5. 表中规定的预应力混凝土构件的裂缝控制等级和最大裂缝宽度限值仅适用于正截面的验算；预应力混凝土构件斜截面裂缝控制验算尚应符合预应力构件的要求；
6. 对于烟囱、筒仓和处于液体压力下的结构构件，其裂缝控制要求应符合专门标准的有关规定；
7. 对于处于四、五类环境下的结构构件，其裂缝控制要求应符合专门标准的有关规定；
8. 混凝土保护层厚度较大的构件，可根据实践经验对表中最大裂缝宽度限值适当放宽。

附表 15　结构混凝土材料的耐久性基本要求

环境等级	最大水胶比	最低强度等级	最大氯离子含量(%)	最大碱含量(kg/m³)
一	0.60	C20	0.30	不限制
二 a	0.55	C25	0.20	3.0
二 b	0.50(0.55)	C30(C25)	0.10	
三 a	0.45(0.50)	C35(C30)	0.10	
三 b	0.40	C40	0.06	

注：1. 氯离子含量按氯离子占水泥用量的百分比计算。

2. 预应力构件混凝土中的最大氯离子含量为 0.06%，其最低混凝土强度等级宜按表中的规定提高两个等级；
3. 素混凝土构件的水胶比及最低强度等级的要求可适当放松；
4. 有可靠工程经验时，二类环境中的最低混凝土强度等级可降低一个等级；
5. 处于严寒和寒冷地区二 b、三 a 类环境中的混凝土应使用引气剂，并可采用括号中的有关参数；
6. 当使用非碱活性骨料时，对混凝土中的碱含量可不作限制。

附表 16　受弯构件的挠度限值

构件类型		挠度限值
吊车梁	手动吊车	$l_0/500$
	电动吊车	$l_0/600$
屋盖、楼盖及楼梯构件	当 $l_0<7$m 时	$l_0/200(l_0/250)$
	当 7m$\leqslant l_0\leqslant$9m 时	$l_0/250(l_0/300)$
	当 $l_0>9$m 时	$l_0/300(l_0/400)$

注：1. 表中 l_0 为构件的计算跨度；计算悬臂构件的挠度限值时，其计算跨度 l_0 按实际悬臂长度的 2 倍取用；

2. 表中括号内的数值适用于使用上对挠度有较高要求的构件；
3. 如果构件制作时预先起拱，且作用上也允许，则在验算挠度时，可将计算所得的挠度值减去起拱值；对预应力混凝土构件，尚可减去预加力所产生的反拱值；
4. 如果构件制作时预先起拱值和预应力所产生的反拱值，不宜超过构件在相应荷载组合作用下的计算挠度值；
5. 当构件对使用功能和外观较高要求时，设计时可适当加严挠度限值。

附表 17　钢筋的公称直径、公称截面面积及理论质量

公称直径/mm	不同根数钢筋的公称截面面积/mm²									单根钢筋理论质量/(kg/m)
	1	2	3	4	5	6	7	8	9	
6	28.3	57	85	113	142	170	198	226	255	0.222
8	50.3	101	151	201	252	302	352	402	453	0.395
10	78.5	157	236	314	393	471	550	628	707	0.617
12	113.1	226	339	452	565	678	791	904	1017	0.888
14	153.9	308	461	615	769	923	1077	1231	1385	1.21
16	201.1	402	603	804	1005	1206	1407	1608	1809	1.58
18	254.5	509	763	1017	1272	1527	1781	2036	2290	2.00(2.11)
20	314.2	628	942	1256	1570	1884	2199	2513	2827	2.47
22	380.1	760	1140	1520	1900	2281	2661	3041	3421	2.98
25	490.9	982	1473	1964	2454	2945	3436	3927	4418	3.85(4.10)
28	615.8	1232	1847	2463	3079	3695	4310	4926	5542	4.83
32	804.2	1609	2413	3217	4021	4826	5630	6434	7238	6.31(6.65)
36	1017.9	2036	3054	4072	5089	6107	7125	8143	9161	7.99
40	1256.6	2513	3770	5027	6283	7540	8796	10053	11310	9.87(10.34)
50	1963.5	3928	5892	7856	9820	11784	13748	15712	17676	15.42(16.28)

注：括号内为预应力螺纹钢筋的数值。

附表 18 钢筋混凝土板每米宽度的钢筋截面面积(mm^2)

钢筋直径 d/mm	钢筋间距/mm															
	75	80	90	100	120	125	140	150	160	180	200	220	250	280	300	320
4	168	157	140	126	105	101	90	84	78	70	63	57	50	45	42	39
5	262	245	218	196	163	157	140	131	123	109	98	89	79	70	65	61
6	377	354	314	283	236	226	202	189	177	157	141	129	113	101	94	88
6/8	524	491	437	393	327	314	281	262	246	218	196	179	157	140	131	123
8	671	629	559	503	419	402	359	335	314	279	251	229	201	180	168	157
8/10	859	805	716	644	537	515	460	429	403	358	322	293	258	230	215	201
10	1047	981	872	785	654	628	561	523	491	436	393	357	314	280	262	245
10/12	1277	1198	1064	958	798	766	684	639	599	532	479	436	383	342	319	299
12	1508	1414	1257	1131	942	905	808	754	707	628	565	514	452	404	377	353
12/14	1780	1669	1483	1335	1113	1068	954	890	834	742	668	607	534	477	445	417
14	2052	1924	1710	1539	1283	1231	1099	1026	962	855	770	700	616	550	513	481
16	2682	2513	2234	2011	1676	1608	1436	1340	1257	1117	1005	914	804	718	670	628

附表 19 钢绞线的公称直径、公称截面面积及理论质量

种类	公称直径/mm	公称截面面积/mm^2	理论质量/(kg/m)
1×3	8.6	37.7	0.296
	10.8	58.9	0.462
	12.9	84.8	0.666
1×7(标准型)	9.5	54.8	0.430
	12.7	98.7	0.775
	15.2	140	1.101
	17.8	191	1.500
	21.6	285	2.237

附表 20 钢丝的公称直径、公称截面面积及理论质量

公称直径/mm	公称截面面积/mm^2	理论质量/(kg/m)
5.0	19.63	0.154
7.0	38.48	0.302
9.0	63.62	0.499

附表 21　钢筋混凝土矩形截面受弯构件正截面承载力计算系数

ξ	γ_s	α_s	ξ	γ_s	α_s
0.01	0.995	0.010	0.31	0.845	0.262
0.02	0.990	0.020	0.32	0.840	0.269
0.03	0.985	0.030	0.33	0.835	0.276
0.04	0.980	0.039	0.34	0.830	0.282
0.05	0.975	0.049	0.35	0.825	0.289
0.06	0.970	0.058	0.36	0.820	0.295
0.07	0.965	0.068	0.37	0.815	0.302
0.08	0.960	0.077	0.38	0.810	0.308
0.09	0.955	0.086	0.39	0.805	0.314
0.10	0.950	0.095	0.40	0.800	0.320
0.11	0.945	0.104	0.41	0.795	0.326
0.12	0.940	0.113	0.42	0.790	0.332
0.13	0.935	0.122	0.43	0.785	0.338
0.14	0.930	0.130	0.44	0.780	0.343
0.15	0.925	0.139	0.45	0.775	0.349
0.16	0.920	0.147	0.46	0.770	0.354
0.17	0.915	0.156	0.47	0.765	0.360
0.18	0.910	0.164	0.48	0.760	0.365
0.19	0.905	0.172	**0.482**	**0.759**	**0.366**
0.20	0.900	0.180	0.49	0.755	0.370
0.21	0.895	0.188	0.50	0.750	0.375
0.22	0.890	0.196	0.51	0.745	0.380
0.23	0.885	0.204	**0.518**	**0.741**	**0.384**
0.24	0.880	0.211	0.52	0.740	0.385
0.25	0.875	0.219	0.53	0.735	0.390
0.26	0.870	0.226	0.54	0.730	0.394
0.27	0.865	0.234	0.550	0.725	0.399
0.28	0.860	0.241	0.56	0.720	0.403
0.29	0.855	0.248	0.57	0.715	0.408
0.30	0.850	0.255	**0.576**	**0.712**	**0.410**

注：1. 本表数值适用于混凝土强度等级不超过 C50 的受弯构件；

2. $\alpha_s=\frac{M}{\alpha_1 f_c b h_0^2}$，$A_s=\xi b h_0\frac{\alpha_1 f_c}{f_y}$ 或 $A_s=\frac{M}{f_y\gamma_s h_0}$；

3. 表中 $\xi=0.482$ 以下数值不适用于 500MPa 级钢筋，$\xi=0.518$ 以下数值不适用于 400MPa 级钢筋，$\xi=0.550$ 以下数值不适用于 335MPa 级钢筋。

主要参考文献

东南大学，天津大学，同济大学，2008. 混凝土结构. 上册[M]. 北京：中国建筑工业出版社.

顾祥林，2015. 混凝土结构基本原理[M]. 上海：同济大学出版社.

过镇海，时旭东，2003. 钢筋混凝土原理与分析[M]. 北京：清华大学出版社.

江见鲸，李杰，金伟良，2007. 高等混凝土理论[M]. 北京：中国建筑工业出版社.

李晓文，2009. 混凝土结构设计原理[M]. 武汉：华中科技大学出版社.

刘立新，叶燕华，2010. 混凝土结构原理[M]. 武汉：武汉理工大学出版社.

腾智明，1987. 钢筋混凝土基本构件[M]. 北京：清华大学出版社.

叶列平，2005. 混凝土结构. 上册[M]. 北京：清华大学出版社.

中国工程建设标准化协会，2012. 建筑结构荷载规范：GB 50009—2012[S]. 北京：中国建筑工业出版社.

中华人民共和国住房和城乡建设部，2018. 建筑结构可靠性设计统一标准：GB 50068—2018[S]. 北京：中国建筑工业出版社.

中华人民共和国住房和城乡建设部，中华人民共和国国家市场监督管理总局，2019. 混凝土结构耐久性设计标准：GB/T 50476—2019[S]. 北京：中国建筑工业出版社.

中华人民共和国住房和城乡建设部，中华人民共和国国家市场监督管理总局，2019. 混凝土物理力学性能试验方法标准：GB/T 50081—2019[S]. 北京：中国建筑工业出版社.

中华人民共和国住房和城乡建设部，中华人民共和国国家质量监督检验检疫总局，2010. 混凝土结构设计规范：GB 50010—2010(2015年版)[S]. 北京：中国建筑工业出版社.